国家出版基金项目
NATIONAL PUBLICATION FOUNDATION

"十三五"国家重点出版物出版规划项目

持久性有机污染物
POPs 研究系列专著

持久性有机污染物的内分泌干扰效应

周炳升　杨丽华　刘春生　等/著

科学出版社
北京

内 容 简 介

持久性有机污染物（POPs）特别是具有持久性有机污染物特征的新型有机污染物的毒性效应是近十几年来环境科学关注的重要科学前沿，而其内分泌干扰效应以及与野生动物和人类健康之间的关系则是毒理与健康研究领域的热点。本书首先简要介绍了持久性有机污染物的基本特征以及近年来国内外备受关注的新型有机污染物，选择了全氟代化合物（PFCs）、多溴二苯醚（PBDEs）、四溴双酚 A（TBBPA）、五氯酚（PCP）、双酚 A（BPA）、邻苯二甲酸二（2-乙基己基）酯（DEHP）、六溴环十二烷（HBCD）、有机磷阻燃剂（OPFRs）、短链氯化石蜡（SCCPs）和新型溴代阻燃剂（NBFRs）十种(类)典型有机污染物，较为详细地阐述了其对离体细胞和动物的内分泌干扰效应，特别是干扰甲状腺和生殖内分泌系统的作用机制，以及可能对人类健康的潜在危害。

本书可供从事环境科学、环境毒理与健康、环境保护与管理等领域科研和管理的人员参考，也可作为高等院校环境科学、生态毒理学和环境健康、环境化学及相关专业本科生及研究生教学参考书。

图书在版编目（CIP）数据

持久性有机污染物的内分泌干扰效应/周炳升等著. —北京：科学出版社，2018.6

（持久性有机污染物（POPs）研究系列专著）

"十三五"国家重点出版物出版规划项目

ISBN 978-7-03-057808-2

Ⅰ. ①持… Ⅱ. ①周… Ⅲ. ①持久性–有机污染物–研究 Ⅳ. ①X5

中国版本图书馆 CIP 数据核字(2018)第 126171 号

责任编辑：朱　丽　杨新政 / 责任校对：彭珍珍
责任印制：肖　兴 / 封面设计：黄华斌

科学出版社 出版
北京东黄城根北街 16 号
邮政编码：100717
http://www.sciencep.com

北京通州皇家印刷厂 印刷
科学出版社发行　　各地新华书店经销

*

2018 年 6 月第 一 版　　开本：720×1000 1/16
2018 年 6 月第一次印刷　　印张：27 3/4　插页：2
字数：530 000
定价：**168.00 元**

(如有印装质量问题，我社负责调换)

丛　书　序

持久性有机污染物(persistent organic pollutants, POPs)是指在环境中难降解(滞留时间长)、高脂溶性(水溶性很低),可以在食物链中累积放大,能够通过蒸发-冷凝、大气和水等的输送而影响到区域和全球环境的一类半挥发性且毒性极大的污染物。POPs 所引起的污染问题是影响全球与人类健康的重大环境问题,其科学研究的难度与深度,以及污染的严重性、复杂性和长期性远远超过常规污染物。POPs 的分析方法、环境行为、生态风险、毒理与健康效应、控制与削减技术的研究是最近20 年来环境科学领域持续关注的一个最重要的热点问题。

近代工业污染催生了环境科学的发展。1962 年, *Silent Spring* 的出版,引起学术界对滴滴涕(DDT)等造成的野生生物发育损伤的高度关注,POPs 研究随之成为全球关注的热点领域。1996 年, *Our Stolen Future* 的出版,再次引发国际学术界对 POPs 类环境内分泌干扰物的环境健康影响的关注,开启了环境保护研究的新历程。事实上,国际上环境保护经历了从常规大气污染物(如 SO_2、粉尘等)、水体常规污染物[如化学需氧量(COD)、生化需氧量(BOD)等]治理和重金属污染控制发展到痕量持久性有机污染物削减的循序渐进过程。针对全球范围内 POPs 污染日趋严重的现实,世界许多国家和国际环境保护组织启动了若干重大研究计划,涉及POPs 的分析方法、生态毒理、健康危害、环境风险理论和先进控制技术。研究重点包括:①POPs 污染源解析、长距离迁移传输机制及模型研究;②POPs 的毒性机制及健康效应评价;③POPs 的迁移、转化机理以及多介质复合污染机制研究;④POPs 的污染削减技术以及高风险区域修复技术;⑤新型污染物的检测方法、环境行为及毒性机制研究。

20 世纪国际上发生过一系列由于 POPs 污染而引发的环境灾难事件(如意大利Seveso 化学污染事件、美国拉布卡纳尔镇污染事件、日本和中国台湾米糠油事件等),这些事件给我们敲响了 POPs 影响环境安全与健康的警钟。1999 年,比利时鸡饲料二噁英类污染波及全球,造成 14 亿欧元的直接损失,导致该园政局不稳。

国际范围内针对 POPs 的研究,主要包括经典 POPs(如二噁英、多氯联苯、含氯杀虫剂等)的分析方法、环境行为及风险评估等研究。如美国 1991~2001 年的二噁英类化合物风险再评估项目,欧盟、美国环境保护署(EPA)和日本环境厅先后启动了环境内分泌干扰物筛选计划。20 世纪 90 年代提出的蒸馏理论和蚂蚱跳效应较好地解释了工业发达地区 POPs 通过水、土壤和大气之间的界面交换而长距离迁移到南北极等极地地区的现象,而之后提出的山区冷捕集效应则更加系统地解释了高山地区随着海拔的增加其环境介质中 POPs 浓度不断增加的迁移机理,从而为 POPs 的全球传输提供了重要的依据和科学支持。

2001 年 5 月,全球 100 多个国家和地区的政府组织共同签署了《关于持久性有机污染物的斯德哥尔摩公约》(简称《斯德哥尔摩公约》)。目前已有包括我国在内的 179 个国家和地区加入了该公约。从缔约方的数量上不仅能看出公约的国际影响力,也能看出世界各国对 POPs 污染问题的重视程度,同时也标志着在世界范围内对 POPs 污染控制的行动从被动应对到主动防御的转变。

进入 21 世纪之后,随着《斯德哥尔摩公约》进一步致力于关注和讨论其他同样具 POPs 性质和环境生物行为的有机污染物的管理和控制工作,除了经典 POPs,对于一些新型 POPs 的分析方法、环境行为及界面迁移、生物富集及放大,生态风险及环境健康也越来越成为环境科学研究的热点。这些新型 POPs 的共有特点包括:目前为正在大量生产使用的化合物、环境存量较高、生态风险和健康风险的数据积累尚不能满足风险管理等。其中两类典型的化合物是以多溴二苯醚为代表的溴系阻燃剂和以全氟辛基磺酸盐(PFOS)为代表的全氟化合物,对于它们的研究论文在过去 15 年呈现指数增长趋势。如有关 PFOS 的研究在 Web of Science 上搜索结果为从 2000 年的 8 篇增加到 2013 年的 323 篇。随着这些新增 POPs 的生产和使用逐步被禁止或限制使用,其替代品的风险评估、管理和控制也越来越受到环境科学研究的关注。而对于传统的生态风险标准的进一步扩展,使得大量的商业有机化学品的安全评估体系需要重新调整。如传统的以鱼类为生物指示物的研究认为污染物在生物体中的富集能力主要受控于化合物的脂–水分配,而最近的研究证明某些低正辛醇–水分配系数、高正辛醇–空气分配系数的污染物(如 HCHs)在一些食物链特别是在陆生生物链中也表现出很高的生物放大效应,这就向如何修订污染物的生态风险标准提出了新的挑战。

作为一个开放式的公约,任何一个缔约方都可以向公约秘书处提交意在将某一化合物纳入公约受控的草案。相应的是,2013 年 5 月在瑞士日内瓦举行的缔约方大会第六次会议之后,已在原先的包括二噁英等在内的 12 类经典 POPs 基础上,新增 13 种包括多溴二苯醚、全氟辛基磺酸盐等新型 POPs 成为公约受控名单。目前正在进行公约审查的候选物质包括短链氯化石蜡(SCCPs)、多氯萘(PCNs)、六氯丁二烯(HCBD)及五氯苯酚(PCP)等化合物,而这些新型有机污染物在我国均有一定规模的生产和使用。

中国作为经济快速增长的发展中国家,目前正面临比工业发达国家更加复杂的环境问题。在前两类污染物尚未完全得到有效控制的同时,POPs 污染控制已成为我国迫切需要解决的重大环境问题。作为化工产品大国,我国新型 POPs 所引起的环境污染和健康风险问题比其他国家更为严重,也可能存在国外不受关注但在我国环境介质中广泛存在的新型污染物。对于这部分化合物所开展的研究工作不但能够为相应的化学品管理提供科学依据，同时也可为我国履行《斯德哥尔摩公约》提供重要的数据支持。另外，随着经济快速发展所产生的污染所致健康问题在我国的集中显现，新型 POPs 污染的毒性与健康危害机制已成为近年来相关研究的热点问题。

随着 2004 年 5 月《斯德哥尔摩公约》正式生效，我国在国家层面上启动了对 POPs 污染源的研究，加强了 POPs 研究的监测能力建设，建立了几十个高水平专业实验室。科研机构、环境监测部门和卫生部门都先后开展了环境和食品中 POPs 的监测和控制措施研究。特别是最近几年，在新型 POPs 的分析方法学、环境行为、生态毒理与环境风险，以及新污染物发现等方面进行了卓有成效的研究，并获得了显著的研究成果。如在电子垃圾拆解地，积累了大量有关多溴二苯醚（PBDEs）、二噁英、溴代二噁英等 POPs 的环境转化、生物富集/放大、生态风险、人体赋存、母婴传递乃至人体健康影响等重要的数据，为相应的管理部门提供了重要的科学支撑。我国科学家开辟了发现新 POPs 的研究方向，并连续在环境中发现了系列新型有机污染物。这些新 POPs 的发现标志着我国 POPs 研究已由全面跟踪国外提出的目标物，向发现并主动引领新 POPs 研究方向发展。在机理研究方面，率先在珠穆朗玛峰、南极和北极地区"三极"建立了长期采样观测系统，开展了 POPs 长距离迁移机制的深入研究。通过大量实验数据证明了 POPs 的冷捕集效应，在新的源汇关系方面也有所发现，为优化 POPs 远距离迁移模型及认识 POPs 的环境归宿做出了贡献。在污染物控制方面，系统地摸清了二噁英类污染物的排放源，获得了我国二噁英类排放因子，相关成果被联合国环境规划署《全球二噁英类污染源识别与定量技术导则》引用，以六种语言形式全球发布，为全球范围内评估二噁英类污染来源提供了重要技术参数。以上有关 POPs 的相关研究是解决我国国家环境安全问题的重大需求、履行国际公约的重要基础和我国在国际贸易中取得有利地位的重要保证。

我国 POPs 研究凝聚了一代代科学家的努力。1982 年，中国科学院生态环境研究中心发表了我国二噁英研究的第一篇中文论文。1995 年，中国科学院武汉水生生物研究所建成了我国第一个装备高分辨色谱/质谱仪的标准二噁英分析实验室。进入 21 世纪，我国 POPs 研究得到快速发展。在能力建设方面，目前已经建成数十个符合国际标准的高水平二噁英实验室。中国科学院生态环境研究中心的二噁英实验室被联合国环境规划署命名为"Pilot Laboratory"。

2001 年，我国环境内分泌干扰物研究的第一个"863"项目"环境内分泌干扰物的筛选与监控技术"正式立项启动。随后经过 10 年 4 期"863"项目的连续资助，形成了活体与离体筛选技术相结合，体外和体内测试结果相互印证的分析内分泌干扰物研究方法体系，建立了有中国特色的环境内分泌污染物的筛选与研究规范。

2003 年，我国 POPs 领域第一个"973"项目"持久性有机污染物的环境安全、演变趋势与控制原理"启动实施。该项目集中了我国 POPs 领域研究的优势队伍，围绕 POPs 在多介质环境的界面过程动力学、复合生态毒理效应和焚烧等处理过程中 POPs 的形成与削减原理三个关键科学问题，从复杂介质中超痕量 POPs 的检测和表征方法学；我国典型区域 POPs 污染特征、演变历史及趋势；典型 POPs 的排放模式和运移规律；典型 POPs 的界面过程、多介质环境行为；POPs 污染物的复合生态毒理效应；POPs 的削减与控制原理以及 POPs 生态风险评价模式和预警方法体系七个方面开展了富有成效的研究。该项目以我国 POPs 污染的演变趋势为主，基本摸清了我国 POPs 特别是二噁英排放的行业分布与污染现状，为我国履行《斯德哥尔摩公约》做出了突出贡献。2009 年，POPs 项目得到延续资助，研究内容发展到以 POPs 的界面过程和毒性健康效应的微观机理为主要目标。2014 年，项目再次得到延续，研究内容立足前沿，与时俱进，发展到了新型持久性有机污染物。这 3 期"973"项目的立项和圆满完成，大大推动了我国 POPs 研究为国家目标服务的能力，培养了大批优秀人才，提高了学科的凝聚力，扩大了我国 POPs 研究的国际影响力。

2008 年开始的"十一五"国家科技支撑计划重点项目"持久性有机污染物控制与削减的关键技术与对策"，针对我国持久性有机物污染物控制关键技术的科学问题，以识别我国 POPs 环境污染现状的背景水平及制订优先控制 POPs 国家名录，我国人群 POPs 暴露水平及环境与健康效应评价技术，POPs 污染控制新技术与新材料开发，焚烧、冶金、造纸过程二噁英类减排技术，POPs 污染场地修复，废弃 POPs 的无害化处理，适合中国国情的 POPs 控制战略研究为主要内容，在废弃物焚烧和冶金过程烟气减排二噁英类、微生物或植物修复 POPs 污染场地、废弃 POPs 降解的科研与实践方面，立足自主创新和集成创新。项目从整体上提升了我国 POPs 控制的技术水平。

目前我国 POPs 研究在国际 SCI 收录期刊发表论文的数量、质量和引用率均进入国际第一方阵前列，部分工作在开辟新的研究方向、引领国际研究方面发挥了重要作用。2002 年以来，我国 POPs 相关领域的研究多次获得国家自然科学奖励。2013 年，中国科学院生态环境研究中心 POPs 研究团队荣获"中国科学院杰出科技成就奖"。

我国 POPs 研究开展了积极的全方位的国际合作，一批中青年科学家开始在国际学术界崭露头角。2009 年 8 月，第 29 届国际二噁英大会首次在中国举行，来自世界上 44 个国家和地区的近 1100 名代表参加了大会。国际二噁英大会自 1980 年召开以来，至今已连续举办了 38 届，是国际上有关持久性有机污染物（POPs）研究领域影响最大的学术会议，会议所交流的论文反映了当时国际 POPs 相关领域的最新进展，也体现了国际社会在控制 POPs 方面的技术与政策走向。第 29 届国际二噁英大会在我国的成功召开，对提高我国持久性有机污染物研究水平、加速国际化进程、推进国际合作和培养优秀人才等方面起到了积极作用。近年来，我国科学家多次应邀在国际二噁英大会上作大会报告和大会总结报告，一些高水平研究工作产生了重要的学术影响。与此同时，我国科学家自己发起的 POPs 研究的国内外学术会议也产生了重要影响。2004 年开始的"International Symposium on Persistent Toxic Substances"系列国际会议至今已连续举行 14 届，近几届分别在美国、加拿大、中国香港、德国、日本等国家和地区召开，产生了重要学术影响。每年 5 月 17～18 日定期举行的"持久性有机污染物论坛"已经连续 12 届，在促进我国 POPs 领域学术交流、促进官产学研结合方面做出了重要贡献。

　　本丛书《持久性有机污染物（POPs）研究系列专著》的编撰，集聚了我国 POPs 研究优秀科学家群体的智慧，系统总结了 20 多年来我国 POPs 研究的历史进程，从理论到实践全面记载了我国 POPs 研究的发展足迹。根据研究方向的不同，本丛书将系统地对 POPs 的分析方法、演变趋势、转化规律、生物累积/放大、毒性效应、健康风险、控制技术以及典型区域 POPs 研究等工作加以总结和理论概括，可供广大科技人员、大专院校的研究生和环境管理人员学习参考，也期待它能在 POPs 环保宣教、科学普及、推动相关学科发展方面发挥积极作用。

　　我国的 POPs 研究方兴未艾，人才辈出，影响国际，自树其帜。然而，"行百里者半九十"，未来事业任重道远，对于科学问题的认识总是在研究的不断深入和不断学习中提高。学术的发展是永无止境的，人们对 POPs 造成的环境问题科学规律的认识也是不断发展和提高的。受作者学术和认知水平限制，本丛书可能存在不同形式的缺憾、疏漏甚至学术观点的偏颇，敬请读者批评指正。本丛书若能对读者了解并把握 POPs 研究的热点和前沿领域起到抛砖引玉作用，激发广大读者的研究兴趣，或讨论或争论其学术精髓，都是作者深感欣慰和至为期盼之处。

2017 年 1 月于北京

前　言

　　环境内分泌干扰物（endocrine-disrupting chemicals，EDCs）是指能干扰生物体内天然激素的合成、释放、转运、代谢、与受体的结合以及消除等作用的化学物质，主要指的是人类生产和生活活动中排放到环境中的有机污染物。这些物质可模拟、强化或抑制生物体内源激素的作用，干扰内分泌系统和破坏内环境稳定，进而影响生殖、生长发育等重要生命过程。与常规污染物引起的毒性效应不同，EDCs 能够在极低剂量下就影响内分泌系统而引起繁殖、发育等异常，因此在低剂量下发挥生物学效应是 EDCs 的一个作用特点。此外，其另一个特点是非典型剂量-效应关系，呈倒 "U" 型或者 "U" 型的非单调（non-monotonic）关系，即在一定的低剂量下，可能引起很高的生物学效应，而当剂量升高时，生物学效应反而会下降，而在环境低剂量下发挥效应，即为传统毒理学并没有观察到的有毒剂量效应。再者，一些 EDCs 的效应是在低剂量发挥作用，甚至比高剂量的效应更强，或者低剂量比高剂量产生更严重后果，或者作用机制不同。此外 EDCs 也具有作用途径的复杂性，即同一化合物可以通过多种分子作用模式干扰内分泌系统。例如，可能同时具有包括雌激素活性或者甲状腺激素等多种激素活性或者抗某种激素活性等。

　　目前，环境中能够明确为 EDCs 的化学物质有近百种，主要包括人工合成的激素化合物和激素类药物（如乙炔雌二醇、乙烯雌酚、孕激素等）以及农业和工业中使用的一些化学物质。比如，在过去几十年中，世界各国广泛使用的有机氯杀虫剂 [如滴滴涕（dichlorodiphenyltrichloroethane，DDT）]、除草剂等农用化学品类、多氯联苯类工业产品，以及工业生产的副产品如二噁英类等，这些物质是持久性有机污染物（persistent organic pollutants，POPs），同时也是环境内分泌干扰物。近年来国内外的大量研究指出，工业以及商业用的一些有机化合物，如表面防污处理剂类、阻燃剂、塑料增塑剂等及其降解产物，化学性质稳定，可在环境中长期存在，易被机体吸收，而不易被生物降解，故可在机体内长期蓄积，并可通过食物链的放大作用在动物和人体内富集，往往微量即可干扰生物的内分泌系统。其中的一些种类已经纳入 POPs 清单，而有的种类则具有 POPs 的部分特征。由于这些物质广泛存在于环境和人体内，并可能严重影响人类的健康，引起了学术界、政府和公众的高度关注，也是近 20 年来环境科学领域研究的热点问题。很多国家和地区的政府组织及非政府组织致力于 EDCs 方面的研究，因此联合国环境规划署将 EDCs 列为需要全球合作应对的主要环境问题。

一些野外和大量的实验室证据表明，EDCs 能干扰野生动物的内分泌系统，改变体内性激素的含量，使内分泌失衡，体内性激素代谢异常，对依赖性激素的生理过程，如性腺发育、配子形成、成熟等产生严重影响，引起精子和卵子质量及数量下降，导致生殖机能损害。一些对鱼类、两栖类、爬行类、鸟类和哺乳动物的研究已经证明，EDCs 与脊椎动物种群数量下降、减少甚至物种灭绝有关。

自 20 世纪 90 年代以来，大量的临床和人类流行病学数据表明，EDCs 的暴露与人类发育异常、生殖障碍以及某些疾病的发生有关。例如 EDCs 暴露会引起男性精子数量减少、质量下降、精子能力减低和生育能力降低等疾病，以及与睾丸癌、前列腺癌等癌症的发生相关。EDCs 的暴露对女性则表现为性早熟、月经失调、不孕症等以及与子宫癌、卵巢癌和乳腺癌等癌症的发生有关。特别是处于早期发育阶段的个体，尤其是胚胎期，对 EDCs 的作用非常敏感。而对人类而言，很多 EDCs 能通过胎盘传递给发育中的胎儿，特别是处于胚胎发育的关键窗口期，即使是极微量的 EDCs 也有可能干扰依赖内源激素的发育过程，并且可能与成年期的健康和疾病发生有关。现在有足够的实验和流行病学证据表明，一些疾病发生的原因与胚胎期暴露 EDCs 直接相关，广泛支持"胚胎/发育起源的成人疾病"学说。另外新生儿及处于青春发育期个体，对 EDCs 的暴露也极其敏感，摄入极低剂量 EDCs 就可能影响内分泌系统的功能。例如正常儿童受 EDCs 污染与儿童性早熟的发病有密切关系，是其重要的致病因素之一。因此对发育中的个体而言，需要高度关注 EDCs 的暴露而引起的健康风险。近年来的一些研究指出，EDCs 具有跨代传递效应（transgenerational effects），即 EDCs 的暴露能引起母代的一些效应，且造成的某些改变能够通过生殖细胞传递给下一代，而这种变化并非通过改变 DNA 序列，而是通过表观遗传学修饰途径发生的，包括 DNA 甲基化、组蛋白修饰以及非编码 RNA 调控等。

需要指出的是，人类日常接触的一些化学物质，曾被认为是安全的低剂量，但是具有内分泌干扰活性，也能影响人的内分泌系统，并与一些慢性代谢疾病的发生有关。例如双酚 A（bisphenol A，BPA）、邻苯二甲酸酯（phthalate esters，PAEs）等广泛存在于各种环境介质中，是人们日常生活中最频繁接触的化学物质，几乎在所有人体内都能检测到，是典型的雌激素效应内分泌干扰物，能通过细胞核受体信号途径发挥内分泌干扰效应。近年来的一些研究发现，肥胖症、糖尿病等发病率快速上升。一些研究也指出，EDCs 能够促进肥胖症的发生，是肥胖症发病原因之一。糖尿病是一种严重危害人类健康的慢性代谢性疾病，而流行病学研究发现，EDCs 也是引起糖尿病发病的原因之一。

随着我国工农业的迅猛发展和城市化进程，在大量使用人工合成化学物质的同时，这些物质也被释放到环境中，加重了环境污染。而这些化学物质中，一些种类属于新型 POPs，有的则具有部分 POPs 的基本特征，并表现出包括内分泌干扰效应的多种毒性,可能对野生动物的个体和群体以至种群数量产生负面影响。而受到高度关注的是关于其对人类暴露的内分泌干扰效应、引起的健康风险,以及人类流行病学的研究等。我国政府和科学家高度重视 POPs 和 EDCs 方面的研究,早在 2000年,科学技术部、环境保护部、国家自然科学基金委员会、中国科学院等就开始支持一系列与 POPs 和环境内分泌干扰物方面的基础项目(如"973"计划)、高技术领域项目(如"863"计划)和基金委重大项目等研究。经过近 20 年的努力,我国在 POPs 以及环境内分泌干扰物的基础和应用研究领域得到长足发展,取得了一批创新性成果,极大促进了我国在该领域研究水平的提升,并提高了我国的国际影响力,为我国的环境保护、管理决策、POPs 削减等提供了强有力的科学技术支撑。

　　POPs 种类较多,且具有多种毒性效应。大量研究表明,多数 POPs 有内分泌干扰活性,是潜在的内分泌干扰物,在低剂量下就能干扰生物的内分泌系统,从而对生物体的发育、繁殖等依赖激素作用的生命过程造成严重影响。在本书中,我们将总结关于全氟辛基磺酸、多溴二苯醚等 POPs 以及新型有机污染物,如双酚 A 等,对生物的内分泌干扰效应方面的研究成果,其中重点陈述对甲状腺内分泌干扰和对生殖内分泌干扰的内容。

　　本书共 13 章,分别介绍持久性有机污染物和新型有机污染物;脊椎动物内分泌系统;环境污染物的内分泌干扰效应;全氟代化合物的内分泌干扰效应;多溴二苯醚的内分泌干扰效应;四溴双酚 A 的内分泌干扰效应;五氯酚的内分泌干扰效应;双酚 A 的内分泌干扰效应;邻苯二甲酸二(2-乙基己基)酯的内分泌干扰效应;六溴环十二烷的内分泌干扰效应;有机磷阻燃剂的毒性效应;短链氯化石蜡的毒性效应;新型溴代阻燃剂的环境行为和毒理学研究进展。书中所涉的一些化合物并没有纳入POPs 范围,但是具有 POPs 的部分特征,特别是这些化合物大量生产和使用,在环境中广泛存在。引起广泛关注和研究的有机污染物如双酚 A 和酞酸酯,本书也详细介绍其相关研究进展。另外一类化合物,如新型溴代阻燃剂(novel brominated flame retardants,NBFRs),其中以 1,2-二(2,4,6-三溴苯氧基)乙烷[1,2-bis(2,4,6-tribromo-phenoxy)ethane,BTBPE]、十溴二苯乙烷(decabromodiphenyl ethane,DBDPE)等为代表的溴代阻燃剂是传统溴代阻燃剂如多溴二苯醚(polybrominated diphenyl ethers,PBDEs)和六溴环十二烷(hexabromocyclododecane,HBCD)等的替代品,在化学性质方面具有 POPs 的基本特征,且因其生产和使用量上升,在环境以及生物体内的含量接近或者超过 PBDEs,也是受到关注的新型有机污染物,所以本书也对其国内外的研究进展进行了综述。

　　各章中,针对具体某一类化合物,首先简单介绍了相关化合物的基本信息、包括理化性质、用途、使用量、环境行为以及野生动物体内含量和人体的情况,然后比较全面地介绍了相关离体细胞的研究,再详细介绍以不同实验动物为对象的研究概况,以期读者能够比较全面地了解该类化合物的历史、现状,以及内分泌方面的研究内容。而在内分泌干扰效应的研究方面，主要根据化合物的特点，重点阐述甲状腺和生殖内分泌干扰效应的原理和对生物的作用结果。

本书由周炳升策划、统稿。杨丽华、刘春生、华江环、马彦博、朱壁然、方琪、李瑞雯、彭伟、吴晟旻、郭威、王晓晨、史奇朋、吴娟、付娟娟参加了编写工作。书中内容包括了刘春生、史熊杰、余丽琴、邓军、陈联国、陈琦、方琪、马彦博、朱壁然博士论文的部分工作。鉴于我们的研究工作所限，本书在综合国内外相关研究进展的基础上，力争将新型有机污染物的内分泌干扰效应相关研究比较系统、完整地做一论述。

本书作者课题组相关的工作是在国家自然科学基金委员会重大项目（典型持久性有机污染物的环境过程与毒理效应）、面上项目（典型全氟代有机污染物对斑马鱼的发育毒性及雌激素效应的机理研究，有机污染物全氟辛烷磺酰基化合物的分子生态毒理学效应及危险评价）、国家高技术研究发展计划（"863"计划）项目（溴代阻燃剂的暴露与评估新技术）以及中国科学院知识创新重要方向（持久性有机污染物的分子生态毒理学效应及生物可降解性研究）等项目资助下完成，本书出版得到国家出版基金项目资助。衷心感谢《持久性有机污染物（POPs）研究系列专著》丛书主编江桂斌院士在我们进行科研工作和本书撰写过程中给予的指导、鼓励、支持与帮助。感谢科学出版社朱丽编辑耐心细致的工作。感谢所有参加本书编写工作的老师和学生。

由于作者水平有限，本书中存在疏漏之处在所难免，恳请读者批评指正。

作　者
2017 年 12 月

目　　录

丛书序

前言

第1章　持久性有机污染物和新型有机污染物 ·······································1

　1.1　持久性有机污染物问题缘起和背景 ··1

　1.2　持久性有机污染物定义及《斯德哥尔摩公约》·····························2

　1.3　POPs的基本理化特性 ···4

　　1.3.1　环境持久性 ···4

　　1.3.2　生物富集性 ···5

　　1.3.3　长距离传输能力 ···5

　　1.3.4　高毒性 ···6

　1.4　新型POPs和新型有机污染物 ··9

　　参考文献 ··12

第2章　脊椎动物内分泌系统 ···15

　2.1　引言 ···15

　2.2　甲状腺内分泌系统 ···16

　　2.2.1　下丘脑-垂体-甲状腺轴概述 ···16

　　2.2.2　甲状腺激素的合成与释放 ···17

　　2.2.3　甲状腺激素的转运 ···18

　　2.2.4　甲状腺激素的脱碘 ···19

　　2.2.5　甲状腺激素的代谢 ···19

　　2.2.6　甲状腺激素的作用途径 ···20

　2.3　性腺内分泌系统 ···24

　　2.3.1　下丘脑-垂体-性腺轴概述 ···24

　　2.3.2　类固醇激素合成 ···25

　　2.3.3　卵泡发育及其调控 ···26

　　2.3.4　精子发生及调控 ···28

　　2.3.5　性别决定与分化 ···29

　2.4　模式鱼类在内分泌干扰物研究中的应用 ·····································30

　　2.4.1　常用的几种模式鱼类 ···30

　　2.4.2　鱼类在内分泌干扰活性筛查中的应用 ···································33

　　2.4.3　鱼类模型在内分泌干扰效应研究中的应用 ·······························34

2.5 两栖类在内分泌干扰物研究中的应用 ···36
    2.5.1 常见的两栖类动物模型 ···36
    2.5.2 两栖类在甲状腺内分泌干扰研究中的应用 ······················37
    2.5.3 两栖类在生殖内分泌干扰研究中的应用 ··························38
2.6 本章结论 ··39
参考文献 ···40

第3章 环境污染物的内分泌干扰效应 ·······································45
3.1 内分泌干扰物概述 ···45
3.2 内分泌干扰物的来源及分类 ···46
3.3 内分泌干扰物的主要特点 ··48
3.4 内分泌干扰物的分子作用模式 ··48
3.5 环境内分泌干扰物的筛选和评价 ···51
3.6 内分泌干扰物对人类健康的影响 ···59
    3.6.1 对生殖健康的影响 ···59
    3.6.2 对儿童发育的影响 ···61
    3.6.3 诱导肿瘤的发生 ···62
    3.6.4 干扰甲状腺的功能 ···62
    3.6.5 干扰神经系统发育及功能 ···63
    3.6.6 导致相关代谢疾病 ···64
    3.6.7 对免疫系统功能的危害 ···64
3.7 内分泌干扰物对野生动物的影响 ···65
    3.7.1 对鱼类的影响 ···65
    3.7.2 对两栖类的影响 ···66
    3.7.3 对鸟类的影响 ···69
3.8 本章结论 ··71
参考文献 ···71

第4章 全氟代化合物的内分泌干扰效应 ·······························80
4.1 全氟代化合物概述 ···80
    4.1.1 PFCs 的性质和种类 ···81
    4.1.2 PFCs 的生产和使用 ···82
    4.1.3 PFCs 的环境问题 ···84
4.2 PFCs 的生殖内分泌干扰效应 ··86
    4.2.1 PFCs 生殖内分泌干扰效应的离体研究 ····························87
    4.2.2 PFCs 对鱼类生殖内分泌系统的干扰效应 ······················91
    4.2.3 PFCs 对两栖类和鸟类生殖内分泌的干扰效应 ···············94
    4.2.4 PFCs 对哺乳动物生殖内分泌的干扰效应 ······················96
    4.2.5 PFCs 对人体生殖内分泌系统的干扰效应 ····················102

4.3　PFCs 的甲状腺激素内分泌干扰效应 ··105
  4.3.1　PFCs 甲状腺内分泌干扰效应的离体研究 ·······················105
  4.3.2　PFCs 对鱼类的甲状腺内分泌干扰效应 ··························107
  4.3.3　PFCs 对两栖类的甲状腺内分泌干扰效应 ·······················108
  4.3.4　PFCs 对哺乳动物的甲状腺内分泌干扰效应 ····················110
  4.3.5　PFCs 对人体甲状腺内分泌系统的干扰效应 ····················112
4.4　PFCs 对其他内分泌系统的干扰效应 ···115
  4.4.1　离体研究 ···116
  4.4.2　活体研究 ···118
  4.4.3　PFCs 对人体其他内分泌系统的干扰效应 ·······················121
4.5　本章结论 ···122
参考文献 ···123

第 5 章　多溴二苯醚的内分泌干扰效应 ··132
5.1　多溴二苯醚概述 ···134
5.2　PBDEs 的环境行为 ···136
  5.2.1　非生物介质 ··136
  5.2.2　生物介质 ···137
  5.2.3　PBDEs 的代谢 ···138
5.3　PBDEs 的毒性效应 ···138
  5.3.1　肝脏毒性 ···139
  5.3.2　免疫毒性 ···140
  5.3.3　神经毒性 ···141
5.4　PBDEs 的甲状腺内分泌干扰效应 ···142
  5.4.1　PBDEs 甲状腺内分泌干扰效应的离体研究 ·····················143
  5.4.2　PBDEs 对哺乳动物的甲状腺内分泌干扰效应 ··················152
  5.4.3　PBDEs 对鱼类的甲状腺内分泌干扰效应 ························154
  5.4.4　PBDEs 对鸟类和两栖类的甲状腺内分泌干扰效应 ············157
  5.4.5　小结 ··159
5.5　PBDEs 生殖内分泌干扰效应 ··159
  5.5.1　PBDEs 生殖内分泌干扰效应的离体研究 ························159
  5.5.2　PBDEs 对鱼类的生殖内分泌干扰效应 ··························169
  5.5.3　PBDEs 对鸟类及两栖类的生殖内分泌干扰效应 ···············171
  5.5.4　PBDEs 对哺乳动物的生殖内分泌干扰效应 ·····················172
  5.5.5　小结 ··175
5.6　PBDEs 内分泌干扰效应的流行病学研究 ··176
  5.6.1　PBDEs 与人类甲状腺激素功能异常的关系 ·····················176
  5.6.2　PBDEs 与人类生殖发育功能异常的关系 ························177

5.7 PBDEs 内分泌干扰效应研究展望···178
    5.7.1 低剂量长期暴露及传代毒性··178
    5.7.2 内分泌系统间的交互作用···179
    5.7.3 PBDEs 与其他污染物的联合毒性作用······························180
5.8 本章结论···181
参考文献···181

第 6 章 四溴双酚 A 的内分泌干扰效应···194
6.1 四溴双酚 A 概述···194
    6.1.1 四溴双酚 A 的理化性质···195
    6.1.2 四溴双酚 A 的用途···196
    6.1.3 四溴双酚 A 的环境分布···196
6.2 四溴双酚 A 的内分泌干扰效应···197
    6.2.1 四溴双酚 A 的甲状腺内分泌干扰效应····························197
    6.2.2 TBBPA 的其他内分泌干扰效应··································204
参考文献···206

第 7 章 五氯酚的内分泌干扰效应···211
7.1 五氯酚概述···211
    7.1.1 五氯酚的理化性质···212
    7.1.2 五氯酚的环境分布···213
7.2 五氯酚的内分泌干扰效应···215
    7.2.1 离体研究···215
    7.2.2 活体研究···219
7.3 本章结论···227
参考文献···228

第 8 章 双酚 A 的内分泌干扰效应···234
8.1 双酚 A 概述···234
    8.1.1 BPA 的理化性质···235
    8.1.2 BPA 的用途···235
    8.1.3 BPA 的环境分布···236
8.2 双酚 A 的内分泌干扰效应···237
    8.2.1 受体活化机制···237
    8.2.2 类固醇激素生物合成及代谢相关机制····························242
    8.2.3 表观遗传学相关机制···242
8.3 双酚 A 对鱼类的内分泌干扰效应···243
8.4 双酚 A 对哺乳动物的内分泌干扰效应·····································248
8.5 双酚 A 对人类的内分泌干扰效应···249

8.6　双酚 A 替代物的内分泌干扰效应 ……………………………………253
　　8.6.1　双酚 A 的管理 ………………………………………………253
　　8.6.2　BPF 和 BPS 的内分泌干扰效应研究 ………………………254
参考文献 ……………………………………………………………………258

第 9 章　邻苯二甲酸二（2-乙基己基）酯的内分泌干扰效应 …………265
9.1　邻苯二甲酸二（2-乙基己基）酯概述 ………………………………265
9.2　邻苯二甲酸二（2-乙基己基）酯的理化性质 ………………………266
9.3　邻苯二甲酸二（2-乙基己基）酯的环境分布 ………………………267
9.4　DEHP 内分泌干扰效应的离体研究 …………………………………269
　　9.4.1　与生殖相关的内分泌干扰活性的离体研究 ………………269
　　9.4.2　甲状腺内分泌干扰效应的离体研究 ………………………273
9.5　DEHP 对鱼类的内分泌干扰效应 ……………………………………274
　　9.5.1　生殖内分泌干扰效应 …………………………………………274
　　9.5.2　甲状腺内分泌干扰效应 ………………………………………278
9.6　DEHP 对哺乳动物内分泌干扰效应的研究 …………………………280
　　9.6.1　生殖内分泌干扰效应 …………………………………………280
　　9.6.2　母代 DEHP 暴露对子代的影响 ……………………………282
　　9.6.3　甲状腺内分泌干扰效应 ………………………………………284
9.7　DEHP 的人类流行病学研究 …………………………………………286
参考文献 ……………………………………………………………………292

第 10 章　六溴环十二烷的内分泌干扰效应 ………………………………300
10.1　六溴环十二烷简介 ……………………………………………………300
10.2　HBCD 在非生物介质中的分布 ……………………………………303
10.3　HBCD 在生物体内的分布 …………………………………………304
10.4　HBCD 异构体的代谢转化 …………………………………………305
10.5　HBCD 的内分泌干扰效应的离体研究 ……………………………307
　　10.5.1　生殖内分泌干扰效应相关研究 ……………………………307
　　10.5.2　甲状腺内分泌干扰效应相关研究 …………………………309
10.6　HBCD 内分泌干扰效应的活体研究 ………………………………311
　　10.6.1　HBCD 对鱼类和两栖类的内分泌干扰效应 ……………311
　　10.6.2　HBCD 对鸟类的影响 ………………………………………312
　　10.6.3　HBCD 对哺乳动物的内分泌干扰效应 …………………314
10.7　HBCD 暴露对人类影响的研究 ……………………………………316
　　10.7.1　人类吸收 HBCD 的主要途径 ……………………………316
　　10.7.2　人体血清和母乳中的含量 …………………………………317
　　10.7.3　对人类健康的影响 …………………………………………318

参考文献 ·· 320

第 11 章　有机磷阻燃剂的毒性效应 ······································ 327
　11.1　有机磷酸酯概述 ··· 327
　　11.1.1　OPFRs 的理化性质 ·· 328
　　11.1.2　OPFRs 的用量及用途 ··· 329
　　11.1.3　OPFRs 的环境行为 ·· 329
　11.2　OPFRs 的内分泌干扰效应 ··· 331
　　11.2.1　OPFRs 的甲状腺内分泌干扰效应 ························· 331
　　11.2.2　OPFRs 的生殖内分泌干扰效应 ··························· 336
　11.3　OPFRs 的其他毒理学效应 ··· 343
　　11.3.1　生长发育毒性效应 ·· 343
　　11.3.2　神经毒性效应 ·· 345
　11.4　本章结论 ·· 350
　参考文献 ··· 350

第 12 章　短链氯化石蜡的毒性效应 ···································· 355
　12.1　短链氯化石蜡概述 ·· 355
　12.2　SCCPs 的物理化学性质 ·· 356
　12.3　SCCPs 的用途用量 ·· 358
　12.4　SCCPs 的基本化学特征 ·· 358
　　12.4.1　环境持久性 ··· 359
　　12.4.2　生物累积性 ··· 359
　　12.4.3　远距离迁移能力 ··· 359
　12.5　SCCPs 的环境分布 ·· 360
　　12.5.1　环境介质中的含量 ·· 360
　　12.5.2　生物体中的含量 ··· 361
　12.6　SCCPs 的毒性效应研究 ·· 362
　　12.6.1　SCCPs 对培养细胞的离体毒性效应研究 ··············· 362
　　12.6.2　SCCPs 对鱼类的毒性效应 ··································· 364
　　12.6.3　SCCPs 对两栖类和鸟类的毒性效应 ···················· 367
　　12.6.4　SCCPs 对哺乳动物的毒性效应 ··························· 368
　12.7　SCCPs 在人体内含量的调查研究 ································· 372
　12.8　SCCPs 研究展望 ··· 373
　参考文献 ··· 373

第 13 章　新型溴代阻燃剂的环境行为和毒理学研究进展 ········· 380
　13.1　新型溴代阻燃剂概述 ··· 380
　13.2　新型溴代阻燃剂的生产和使用情况及其理化性质 ··········· 381

13.3　我国 NBFRS 的污染现状·································383
　　13.3.1　室内粉尘和室外空气·······················383
　　13.3.2　水体、沉积物和土壤·······················384
　　13.3.3　生物体内·······································385
　　13.3.4　人类体内的研究·····························386
　　13.3.5　新型溴代阻燃剂的特征···················386
13.4　NBFRs 的毒理学效应·································388
　　13.4.1　DBDPE 的毒性效应研究··················388
　　13.4.2　BTBPE 的毒性效应·························393
　　13.4.3　TBB 和 TBPH 的内分泌干扰效应研究····394
　　13.4.4　TBP 的内分泌干扰效应···················399
13.5　本章结论···404
参考文献··404

附录　缩略语（英汉对照）···································411
索引··418
彩图

第1章　持久性有机污染物和新型有机污染物

本章导读

- 首先简要介绍持久性有机污染物（POPs）问题的起源和背景。
- 然后介绍 POPs 定义、种类、《关于持久性有机污染物的斯德哥尔摩公约》以及该公约中 POPs 的受控清单。
- 重点陈述 POPs 的四个主要特征，即环境持久性、生物富集性、长距离传输能力和高毒性。
- 最后简要介绍一些具有 POPs 特征的新型有机污染物。

1.1　持久性有机污染物问题缘起和背景

近百年来世界人口快速增长，据联合国统计，2017 年全球人口达到 76 亿，是 1927 年时全球人口的近 4 倍，比 1993 年增加了 20 亿，比 2005 年增加了 10 亿（United Nations，2017）。随着人口的快速增长，人类对粮食的需求不断增加，农药的生产和使用也随之迅速增长。从 20 世纪 40 年代开始，国际上大量生产和使用滴滴涕（二氯二苯三氯乙烷；dichlorodiphenyltrichloroethane，DDT）、六六六、三氯杀螨醇、氯丹、七氯、艾氏剂和毒杀芬等高毒农药，这些农药也成为我国在 20 世纪 60～80 年代生产和使用的主流农药（彭志源，2006）。据统计，全球累计生产超过 1800 万吨的滴滴涕，特别是 1950～1980 年期间，全球每年用于农业生产的滴滴涕超过 4 万吨（俞福惠等，1982）。同时人口的增加对能源的需求也大幅上升。多氯联苯（polychlorinated biphenyls，PCBs）、多溴二苯醚（polybrominated diphenyl ethers，PBDEs）等化学物质因具备稳定的理化性质、高度耐酸碱和抗氧化，以及良好的电绝缘性和耐热性，被广泛应用于电力变压器和电容器的浸渍剂和绝缘油（降巧龙等，2007）。同时这些化合物还作为其他工业产品，如多种树脂、橡胶、结合剂、涂料、复写纸、陶釉、防火剂、农药延效剂、染料分散剂等的添加剂。据统计，用于电容器绝缘油的多氯联苯全球累计总产量达 135 万吨（陈经涛和李克斌，2007；苑春刚和秦光，2009）。

这些化学物质通过各种途径进入环境，并随着排放量的增加，致使环境问题越来越严重，污染事件频频发生，对生态环境和人类健康构成严重威胁。早在1962年，美国生态学家Rachel Carson在 *Silent Spring*（《寂静的春天》）一书，首次以科普的形式描述了因使用杀虫剂滴滴涕而造成的对野生动物的多种有害效应。这也是首次在公众面前揭示滥用有机氯农药对野生动物的危害以及对人类自身的生存与健康的威胁，引发了美国以至全世界开始关注合成农药杀虫剂引起的环境问题，以及可能对生态环境和人类造成的潜在危害。而在1996年，Theo Colborn在 *Our Stolen Future*（《我们被偷走的未来》）一书中，则揭示了化学痕量有机污染物，包括滴滴涕、多氯联苯、二噁英（dioxin）等能引起人类的免疫功能低下及癌症好发性（特别是乳腺癌及前列腺癌）；干扰人类内分泌系统并与男性精子数量减少和女性不育有关；而有的痕量化学物质可通过母乳传递给下一代，造成子代学习记忆认知等神经行为障碍。在野生动物中会引起雌性化和性别比例失衡等。此书的问世，进一步引起了科学界对痕量有机污染物引发的环境生态风险的极大关注。到目前为止，曾发生多起突发性与有机氯污染物有关的污染事件。例如，1968年日本米糠油事件，被认为是世界八大环境公害事件之一，是由多氯联苯造成的典型污染事件。那次事件共造成近2000人中毒，53人死亡，造成了严重的生命和财产损失。11年后该悲剧又在我国台湾重演，被称为"台湾油症事件"。 此外，1961～1971年越南"橙剂"事件中，含二噁英落叶剂对当地生态环境和公众健康造成严重危害，还有1976年意大利赛维索二噁英污染事件，1986年加拿大多氯联苯泄漏事件，1999年比利时"二噁英鸡"污染事件，2005年德国的"柴鸡蛋"污染事件以及2011年德国的二噁英饲料事件等（黄晓燕，2010；石勇，2011）。这些污染事件进一步增强了国际社会对痕量有机污染物造成的环境与健康问题的重视。而这类有机污染物通常具有环境低剂量、环境长期残留性、生物富集性、能长距离迁移以及对生物和人类具有较高毒性的基本特征，因此也被称为持久性有机污染物（persistent organic pollutants，POPs）。

1.2　持久性有机污染物定义及《斯德哥尔摩公约》

持久性有机污染物（POPs）是指具有环境长期残留性、生物富集性、半挥发性和高毒性，并通过各种环境介质，能够长距离迁移并对生态环境和人类健康具有严重危害的有机污染物（余刚和黄俊，2001）。大量研究表明，POPs广泛存在于全球各地。联合国环境规划署（UNEP）将POPs视为"世界面临的最大环境挑战之一"（Wania and Mackay，1996）。

鉴于POPs对全球环境可能造成的严重危害，2001年5月23日，国际社会共同签署了一项重要的国际环境公约，即《关于持久性有机污染物的斯德哥尔摩公约》（以下简称《斯德哥尔摩公约》）。《斯德哥尔摩公约》的目的是在全球范围内削减和淘汰 POPs，保护人类健康和环境免受 POPs 的危害。《斯德哥尔摩公约》设立了 5 大目标：①先消除 12 类危险的 POPs；②支持向较安全的替代品过渡；③对更多 POPs 采取行动；④消除储存的 POPs 和含 POPs 的设备；⑤协同致力于没有 POPs 的未来。《斯德哥尔摩公约》文本分 30 条、6 个附件，规定了缔约方淘汰、削减和控制 POPs 的各项要求和具体时限，是一份具有强制性的重要国际化学品公约（余刚和黄俊，2001）。我国是《斯德哥尔摩公约》的首批签署国之一。2004 年 11 月 11 日，《斯德哥尔摩公约》已正式在我国生效。截至 2017 年 4 月，已有 169 个缔约国家或地区签署了该公约。

　　《斯德哥尔摩公约》在签署之初提出了需要采取行动的首批 12 种物质，这些物质被称为"肮脏的一打"，即艾氏剂、狄氏剂、异狄氏剂、滴滴涕、氯丹、六氯苯、灭蚁灵、毒杀芬、七氯、多氯联苯、多氯代二苯并-对-二噁英和多氯代二苯并呋喃，也称为传统 POPs（legacy POPs）。2009 年 5 月，《斯德哥尔摩公约》第四次缔约方大会又通过了将其他 9 种典型有机污染物纳入 POPs 的范畴，分别为 α-六氯环己烷、β-六氯环己烷、林丹、十氯酮、五氯苯、六溴联苯、五溴二苯醚、八溴二苯醚、全氟辛基磺酸及其盐类和全氟辛基磺酰氟。2011 年 4 月，《斯德哥尔摩公约》第五次缔约方大会将硫丹列为受管制的 POPs 类物质。2013 年 5 月，《斯德哥尔摩公约》第六次缔约方大会通过了六溴环十二烷作为新增 POPs 类物质的决议。2015 年 5 月，《斯德哥尔摩公约》第七次缔约方大会将五氯苯酚及其盐类和酯类、六氯丁二烯、多氯萘列入受管制的 POPs 类。2017 年 5 月，《斯德哥尔摩公约》第八次缔约方大会通过了将短链氯化石蜡和十溴二苯醚列入 POPs 类物质的决议（武丽辉和张文君，2017）。《斯德哥尔摩公约》的受控 POPs 清单是开放的，已列入清单的 28 种物质包括杀虫剂、工业化学品、无意产生的化学物质三大类，具体见表 1-1。

表 1-1　《斯德哥尔摩公约》受控 POPs 物质清单

年份	有意产生		无意产生
	杀虫剂	工业化学品	
2001	艾氏剂、氯丹、狄氏剂、异狄氏剂、七氯、灭蚁灵、毒杀芬、六氯代苯、滴滴涕	多氯联苯	多氯联苯、六氯代苯、多氯代二苯并-对-二噁英、多氯代二苯并呋喃
2009	林丹、十氯酮、α-六氯环己烷、β-六氯环己烷	五氯苯、六溴联苯、五溴二苯醚、八溴二苯醚、全氟辛基磺酸及其盐类和全氟辛基磺酰氟	五氯苯
2011	硫丹	—	—
2013	—	六溴环十二烷	—
2015	五氯苯酚及其盐类和酯类	六氯丁二烯、多氯萘	多氯萘
2017	—	短链氯化石蜡、十溴二苯醚	—

摘自 http://www.china-pops.org

1.3 POPs 的基本理化特性

与常规有机污染物不同，POPs 在自然环境中滞留时间长，极难降解，毒性极强，能在全球范围内迁移，被生物体摄入后不易分解，并沿着食物链逐级富集放大。国际上公认的 POPs 主要具有以下四个重要特征，即环境持久性、生物富集性、长距离传输能力和高毒性（余刚等，2005）。下面将具体论述 POPs 的这些基本特征。

1.3.1 环境持久性

POPs 的化学性质非常稳定，对自然条件下的生物代谢、生物降解、光降解、化学分解作用均有较高的抵抗能力。POPs 之所以稳定主要是因为其都具有数目不等的卤素取代基团，而且多数含有环烷烃类，或者芳香烃类的分子结构，一般极少含有极性官能团。从分子结构上看，其环境持久性主要是由于其稳定的化学键（如 C—F、C—Cl、C—Br、C—I），而这些化学键含有很高的键焓，需要较高的活化能才能将其打断，这也是在通常环境条件下 POPs 比较惰性，保持稳定的主要原因（陈晓娟和皇甫铮，2011）。现有资料发现，POPs 在水中的半衰期一般大于 180 天，在土壤和沉积物中的半衰期一般大于 360 天。比如七氯在土壤中的半衰期为 2 年，灭蚁灵在土壤中的半衰期长达 10 年，而二噁英类物质在气相中半衰期为 400 天，在水相中为 166 天到 21.9 年，在土壤和沉积物中约为 17～273 年，在人体内的半衰期达 7.1 年（图 1-1）。多氯联苯类物质在大气中的半衰期约为 3 天到 1.4 年，

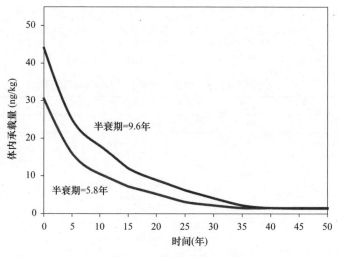

图 1-1 二噁英的持久性

（美国 36 名越战退伍空军军人血清标本二噁英半衰期为 5.8～9.6 年，平均值 7.1 年，摘自文献（Pirkle et al., 1989））

在水相中约为 60 天到 27.3 年，在土壤和沉积物中约为 3～38 年，而在人体内的半衰期约为 7 年（Aaron，2001；杜世勇和翟兆杰，2013）。

1.3.2　生物富集性

由于 POPs 一般具有低水溶性、高脂溶性特性，使得 POPs 容易从周围环境介质中进入有机体，并通过食物链的生物放大作用在高等生物体内累积。POPs 的水相与有机相之间的分配趋势通常用辛醇-水分配系数（$\log K_{ow}$）来表示，该数值高则表明亲脂性强，因此在富含脂肪的组织中通常能检测到含量较高的多种 POPs。生物富集效应通常以生物富集因子（bioconcentration factor，BCF）来表示，即特定化合物在生物体内的浓度与环境介质（如水体）中浓度的比值。如果该值大于 1，表明有生物富集效应。生物富集与很多因素有关，但是与化合物的亲脂性，即 $\log K_{ow}$ 密切相关。所以该数值的大小就在一定程度上决定了生物富集性质（胡海瑛等，2001）。一般而言，具有生物富集性质的化合物通常是具有较高 $\log K_{ow}$ 的有机化合物。但是，也需要指出的是，有些化合物，尽管 $\log K_{ow}$ 较高，但是分子量很大，例如一些聚乙二醇、聚丙烯酰胺等聚合物，分子量大于 1000，很难通过生物膜，并没有表现出强的生物富集能力；另一些化合物尽管 $\log K_{ow}$ 较高，例如五氯酚（pentachlorophenol，PCP），能很快被代谢，也没有表现出很强的生物富集。也有一些化合物具有很高的 $\log K_{ow}$，但是容易吸附在有机表面，不容易被生物所利用，也不能表现出强的生物富集性。《斯德哥尔摩公约》中将 BCF 大于 5000 或者 $\log K_{ow}$ 大于 5 的化合物指定为具有潜在生物富集性的 POPs（陈晓娟和皇甫铮，2011）。

影响 POPs 在生物体内蓄积的因素主要有：①化合物氯取代的位置和氯取代的数量。一般而言，随着氯原子数量的增加，化合物的代谢速率将减慢，更容易蓄积。同时氯取代的位置也很重要，邻、对位有氯取代的 POPs 的代谢速率较慢。②与生物体在食物链中的位置有关。随着生物体在食物链中的营养级别升高，其体内的生物富集量呈指数型上涨（图 1-2）。③与生物的摄食方式有关。即使处于同一食物链层的同种生物，不同的摄食方式也会引起生物富集程度的差异。例如，研究发现以海豹为食的加拿大海象，其体内的 PCBs、DDT、毒杀酚的含量比以鱼类为食的其他种类的海象高（Muir et al.，1995）。④与生物的代谢特征有关。生物代谢特征的差异导致 POPs 在不同生物体内的滞留时间有较大差异。如二噁英在鼠体内半衰期只有几周，而在人体内长达 7 年以上（Pirkle et al.，1989；王亚韡等，2010）。

1.3.3　长距离传输能力

POPs 具有半挥发性、疏水亲颗粒等特征，能够以蒸气形式存在或者吸附在大

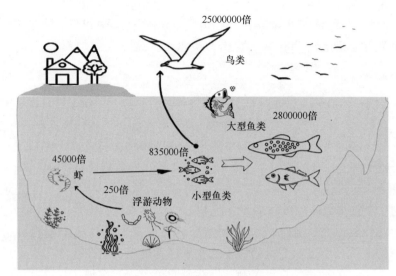

图 1-2   POPs 在食物链中的生物富集规律示意图
(根据文献(Arnot et al., 2006)绘制)

气颗粒物上,表现出越界传输、远距离迁移和环境多介质迁移等现象,这一特性使 POPs 的影响不仅局限在使用地,而且会扩散到全球范围,包括没有人类活动的极地地区。Wania 等在 1996 年提出了 POPs 的全球蒸馏模型(Wania and Mackay,1996),依据该模型,POPs 因具有挥发性能够在一定温度下发生蒸发与沉降。在低纬度地区,高温使 POPs 的蒸发速率大于沉降速率,POPs 趋于从地球表面蒸发,并以蒸气形态或吸附在大气颗粒物上而存在于大气中;在中纬度地区,POPs 随季节温度变化出现间歇性迁移,类似于气相色谱的分离效应,随温度的升高或下降,POPs 在大气层中间歇性地蒸发或沉降,并逐渐向高纬度迁移,这种相对短距离和跳跃形式迁移,称为 POPs 的"蚂蚱跳效应";在高纬度地区,低温促使 POPs 从大气向土壤和水体沉降,同时减缓 POPs 的分解反应,使其能够长期残留而达到所谓的"持久",低温减慢了 POPs 从水体向大气中蒸发的速度,使 POPs 逐渐在地球的两极富集(图 1-3)(Wania and Mackay,1996;臧文超和王琪,2013)。

1.3.4   高毒性

大多数 POPs 对动物和人类有较高毒性。近年来的实验室研究和流行病学调查都表明,很多 POPs 不仅具有"三致"(致癌、致畸、致突变)效应和遗传毒性,还具有内分泌干扰效应,能引起生物体内分泌紊乱,导致生殖及免疫机能失调,损害神经行为和发育紊乱以及诱发癌症等严重疾病(苏丽敏和袁星,2003;杨红莲等,2009)。研究指出,POPs 进入生物体后,其毒性作用方式大致分为两种:

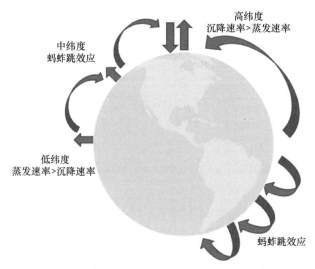

图 1-3　POPs 全球迁移模式

一是来自 POPs 本身特有的化学物质结构的毒性，当 POPs 浓度低于阈值时，不显示任何作用，称为无效应浓度。而当浓度逐渐升高时，则表现出剂量-效应关系的毒性，当浓度达到一定值（致死剂量）时，生物体开始出现死亡现象。二是 POPs 进入生物体后，由于机体的代谢作用，POPs 对机体的毒性作用主要来自其降解的代谢产物。一些 POPs 的代谢产物有可能比母体毒性更强，如七氯，可在生物体内代谢转化为环氧七氯，其毒性比母体强 4 倍（Weatherholtz et al.，1969）。当然，POPs 代谢产物的毒性也可能与母体的毒性相似或者减弱。经过多年的研究，POPs 的毒性主要分为以下几类：

（1）免疫毒性。研究指出，POPs 会抑制动物免疫系统的正常反应，影响巨噬细胞的活性，降低生物体对病毒、细菌等微生物的抵抗能力（李凤玲等，2014）。例如一项研究发现，海豚体内富集的滴滴涕等杀虫剂类 POPs 与 T 淋巴细胞增殖能力的降低显著相关，海豹食用了被多氯联苯污染的鱼会导致维生素 A 和甲状腺激素的缺乏而易被细菌感染（Lahvis et al.，1995）。一项对因纽特人的研究发现，在母乳喂养的婴儿中，其健康 T 细胞和受感染 T 细胞的比率与母乳喂养的时间及母乳中杀虫剂类 POPs 的含量相关（Cikrypt et al.，1994）。也有研究发现，多环芳烃化合物（polycyclic aromatic hydrocarbons，PAHs）对啮齿类动物的免疫系统有一定损害，具体表现为淋巴器官萎缩、淋巴细胞增殖、T 细胞的分化能力以及巨噬细胞的抗原提呈功能都不同程度地减弱（李凤玲等，2014）。也有实验证明全氟辛磺酸（perfluorooctane sulfonate，PFOS）的暴露会增加自然杀伤细胞的活性，减少抗体的产生，并减少 B 淋巴细胞的数量（Qazi et al.，2012；Dixon et al.，2012）。

（2）内分泌干扰效应。一些研究证明，多种 POPs 是潜在的内分泌干扰物。POPs 中的许多种类化合物与激素核受体（例如雌激素受体、雄激素受体、甲状腺激素受体、孕激素受体等）有较强的结合能力，作用于 DNA 中特定反应元件，激活或者抑制基因的转录，产生相关效应。有的化合物会与性激素受体竞争性结合，表现出类(抗)激素效应。例如，研究发现 DDT 能与雌激素受体（estrogenic receptor，ER）结合，形成配体-受体复合物，该复合物能在 DNA 结合区的 DNA 反应元件上，与核内遗传基因领域的激素应答序列结合，诱导出类似雌激素的作用（Friqo et al.，2002）。

（3）生殖和发育毒性。POPs 对生物体暴露后，可通过内分泌干扰效应而引起发育、繁殖等毒性效应，也可引起生殖障碍、先天畸形、机体死亡等现象。野外调查发现，在哺乳动物、鸟类、爬行类和鱼类中都发现了与 POPs 暴露相关的生殖毒性。例如早前研究发现，1950～1975 年间荷兰瓦登海的海豹种群从 3000 多只急剧下降至不到 500 只，在海豹组织中检出大量的多氯联苯，被认为是海豹生殖率降低的重要原因（Reijnders，1986）。在美国佛罗里达州的某淡水湖中，短鼻鳄鱼（Chelydra serpentina）数量急剧减少，雄性鳄鱼的阴茎普遍变小，雌性鳄鱼的卵巢畸形，卵子不成熟，经检测发现鳄鱼血液内的 17β-雌二醇（17β-estradiol）水平异常，同时体内残留较高含量的 DDT（Guillette et al.，1994）。再如，在英国一家污水处理厂下游的湖内检出一定浓度的 DDT，该湖经常会发现一些生殖器畸形的斜齿鳊鱼（Parabramis pekinensis）和精巢发育迟缓的雄性鳟鱼（Salmo playtcephalus）。在美国某地造纸厂下游发现水体中鱼性腺比正常的要小，性成熟慢，成年鱼产卵少，雄鱼体内睾酮（testosterone，T）浓度低，经检测，该水域也含有一定浓度的 DDT 及其降解产物滴滴伊（dichlorodiphenyldichloroethylene，DDE）（Fentress et al.，2006）。这些野外调查结果都说明，POPs 污染能引起野生动物的内分泌干扰效应并影响繁殖。

POPs 也会对人类造成影响。一项对美国密歇根州 236 名儿童的研究（其中 3/4 儿童的母亲在孕期食用了受 POPs 污染的鱼）发现，这些婴儿出生时体重轻、脑袋小，7 个月时认知能力较一般婴儿差，4 岁时读写和记忆能力较一般幼儿弱，11 岁时的智商值较同龄儿童低，读、写、算和理解能力都较差（Jacobson et al.，1990）。

（4）致癌作用。在大量的动物实验及调查基础上，国际癌症研究机构（IARC）对 POPs 的致癌性进行了分类，其中：2,3,7,8-四氯代二苯并-对-二噁英（TCDD）被列为 1 类（人体致癌物），PCBs 混合物被列为 2A 类（较大可能的人体致癌物），氯丹、滴滴涕、七氯、六氯苯、灭蚁灵、毒杀芬被列为 2B 类（可能的人体致癌物）（杨永滨等，2006）。例如研究发现，患乳腺癌的女性与患良性乳腺肿瘤的女性相比，其乳腺组织中 PCBs 和 DDE 的含量较高（苏丽敏和袁星，2003）。

（5）神经毒性效应。国内外许多研究显示，POPs 与很多神经系统的疾病有关。例如有研究指出，帕金森病患者的血液中狄氏剂含量比普通人高，认为狄氏剂可能是导致帕金森病的主要原因，而狄氏剂和林丹能通过诱导氧化应激导致多巴胺能神经元功能障碍，而多巴胺神经元功能性障碍是帕金森病的主要病因（Corrigan et al.，1998）。此外，也有研究指出，一些老年疾病与早年暴露于 POPs 有关。流行病学研究发现，早年长期接触 DDT、艾氏剂、狄氏剂等有机氯农药的农民，在晚年时记忆衰退、视神经萎缩、阿尔茨海默病等症状均比普通农民高（陈晓娟和皇甫铮，2011）。

（6）其他毒性效应。POPs 还会引起一些其他器官组织的病变。例如导致皮肤表现出表皮角化、色素沉着、多汗症和弹性组织病变等症状。一些 POPs 还可能引起人类的精神心理疾患，如焦虑、疲劳、易怒、忧郁等症状（王亚韡等，2010）。

1.4　新型 POPs 和新型有机污染物

近年来，随着现代分析技术的不断发展，检测污染物的能力得到非常大的提高，因此能够从环境介质中检测出很多痕量有机污染物，如全氟代化合物、新型溴代阻燃剂、短链氯化石蜡等不断从环境介质中检出。需要指出的是，在检测出的有机污染物中，并非最近才开始生产和使用，一般都已经生产和使用了很多年，只是近年来才发现其广泛存在于环境、野生动物和人体中，且引起广泛关注，但是其环境行为、毒性效应、生态与健康风险尚不清楚，这些污染物被称为新型有机污染物（emerging organic toxicants）。总体上，这些化合物的使用量较大，环境分布广，人们对其认知还不完善，很多没有纳入环境管理的范围（杨红莲等，2009）。

如上文所述，POPs 具有多种毒性效应，其中内分泌干扰效应是 POPs 的主要毒性，而且一般在低剂量下发挥作用。因此，本书将重点介绍已经纳入 POPs 范围的新型有机污染物，如多溴二苯醚、六溴环十二烷、全氟代化合物及其替代物、五氯酚、短链氯化石蜡内分泌干扰效应方面的研究。此外也将介绍一些备受关注的新型有机污染物的内分泌干扰效应的毒理学研究概况。这些新型有机污染物一般具有部分 POPs 的特征，具体如下所述。

1）四溴双酚 A

四溴双酚 A（tetrabromobisphenol A，TBBPA）与多溴二苯醚（PBDEs）、六溴环十二烷（hexabromocyclododecane，HBCD）属于传统的溴代阻燃剂（brominated flame retardants，BFRs），而在传统溴代阻燃剂中，TBBPA 的生产和使用量最大（占 60%）。化学检测表明其广泛存在于环境中，并且具有典型内分泌干扰效应，也具有持久性有机污染物的部分特征（De Wit，2002）。与 PBDEs 和 HBCD 相似，是广泛关注的有机污染物。

2）双酚 A

双酚 A（bisphenol A，BPA）是由两个不饱和酚环和两个处在对位的羟基组成的联苯复合物，结构类似于雌二醇（estradiol，E2）和己烯雌酚（diethylstilbestrol，DES）。双酚 A 是塑料工业生产聚碳酸酯、环氧树脂、酚醛树脂等物质的前体物质，广泛应用于罐头内包装、食品包装材料、婴儿用品及牙料填充剂等塑料工业，这些物品的反复使用和暴露于高热环境会导致双酚 A 的浸出。全球每年生产超过 2700 万吨含有双酚 A 的塑料（曾妮等，2016）。其在环境介质、野生动物和人体内广泛存在，具有典型的雌激素内分泌干扰效应，是近年来备受关注的有机污染物。

3）有机磷阻燃剂

有机磷阻燃剂（organophosphorus flame retardants，OPFRs）是近年来受到普遍关注的有机污染物。OPFRs 还分为含卤素和不含卤素两种。含有卤素的 OPFRs 主要用作阻燃剂，而不含卤素的 OPFRs 具有良好的增塑性能。此外还作为优秀的乳液稳定剂、消泡剂、添加剂广泛用于工业抛光、润滑和涂料等。不含卤素的 OPFRs 组成与有机磷农药类似，在环境中能较快降解，而含卤素的 OPFRs 则具有较强的耐生物降解、光解和化学分解等能力。大多数 OPFRs 具有半挥发性，使得其在环境中的迁移能力大大增强。一些 OPFRs 具有在生物体蓄积的能力，可通过食物链对各营养级的生物和人类造成潜在危害（van der Veen and de Boer，2012）。不同种类的 OPFRs 在水中的溶解度不同，从易溶于水到微溶于水，跨了近 6 个数量级。OPFRs 的水溶解度一般与其分子量呈反比。低分子量的 OPFRs 溶解度较高，在水环境中的检出率和检出浓度也通常较高。分子量大的 OPFRs 比分量小的 OPFRs 具有更大的 $\log K_{ow}$ 值，其疏水性更强（van der Veen and de Boer，2012；丁锦建，2016）。由于传统 BFRs 中的 PBDEs 和 HBCD 逐步减少或停止生产、使用，OPFRs 成为其主要替代品之一，其生产和使用量迅速升高。其在环境、野生动物和人体中都广泛存在，是近年来受到关注的一类有机污染物。

4）新型溴代阻燃剂

新型溴代阻燃剂（novel brominated flame retardants，NBFRs）是最近受到

关注的有机污染物。有学者将除了传统溴代阻燃剂外的其他溴代阻燃剂统称为 NBFRs，有 30 多种，主要的 NBFRs 包括替代 BDE-209 的十溴二苯乙烷（decabromodiphenylethane, DBDPE）、八溴二苯醚的替代品：1,2-二(2,4,6-三溴苯氧基)乙烷 [1,2-bis(2,4,6-tribromophenoxy)ethane, BTBPE] 以及五溴二苯醚的替代品：四溴邻苯二甲酸双(2-乙基己基)酯 [bis(2-ethylhexyl)-3,4,5,6- tetrabromo-phthalate, TBPH]、2-乙基己基-2,3,4,5-四溴苯酸（2-ethylhexyl-2,3,4,5-tetrabromobenzoate, TBB）。其中 DBDPE 的生产和使用量最大，也是在环境介质中含量最高的 NBFRs，在一些环境介质和野生动物体内，其含量已经超过了 BDE-209。特别需要指出的是，NBFRs 中的一些化合物具有 POPs 的一些基本特征，如环境长期残留性、生物富集性以及长距离传输能力。

5）邻苯二甲酸酯

邻苯二甲酸酯（phthalate esters, PAEs）又称酞酸酯，是一类由邻苯二甲酸酐与醇在酯化作用下形成的有机化合物。PAEs 主要用于聚氯乙烯材料，起到增塑剂的作用，被普遍应用于玩具、食品包装材料、医用血袋和胶管、乙烯地板和壁纸、清洁剂、润滑油、个人护理品等数百种产品中，其中邻苯二甲酸二(2-乙基己基)酯 [di(2-ethylhexyl)phthalate, DEHP] 是最重要的品种，占总 PAEs 的 80% 左右（Gao and Wen，2016）。PAEs 的功能使其生产量和使用量快速增加，如在 1975 年其产量只有 180 万吨，在 2009 年达到 620 万吨，而在 2011 年达到 800 万吨（Gao and Wen，2016）。另外，中国是生产和使用 PAEs 的主要国家之一。由于 PAEs 的环境稳定性及亲脂性，并且可通过食物链积累和传递，导致目前在全世界的各种环境介质中普遍检出 PAEs，同时也广泛存在于多种野生动物和人体中。大量研究表明，环境中微量的 PAEs 具有类似雌激素效应的内分泌干扰活性，影响人类生殖健康，并对后代发育产生负面效应（孙翠竹等，2016；Jia et al.，2017）。由于其使用量巨大，且内分泌干扰效应受到环境科学相关领域的高度关注。美国环境保护署将邻苯二甲酸二甲酯、邻苯二甲酸二乙酯、邻苯二甲酸二丁酯、邻苯二甲酸丁苄酯、邻苯二甲酸二(2-乙基己基)酯、邻苯二甲酸二正辛酯列为优先控制的污染物。

尽管上述有机污染物尚未纳入 POPs 范围加以管理，但是这些新型有机污染物的基本特点都是曾经或者正在大量生产和使用，广泛存在于各种环境介质、野生动物和人体中，同时也具有部分 POPs 的特性，受到环境科学界的广泛关注，成为环境化学领域的研究热点问题。因此，本书中也重点介绍这些新型有机污染物内分泌干扰效应方面的研究成果。

参 考 文 献

陈经涛, 李克斌. 2007. 我国多氯联苯污染及治理研究. 科技咨询, 26: 154-155.

陈晓娟, 皇甫铮. 2011. 持久性有机污染物(POPs)的危害及现状分析. 污染防治技术, 24: 17-21.

丁锦建. 2016. 典型有机磷阻燃剂人体暴露途径与蓄积特征研究. 杭州: 浙江大学博士学位论文.

杜世勇, 翟兆杰. 2013. 多环境介质中持久性有机污染的特征及环境行为. 北京: 科学出版社.

胡海瑛, 陶澎, 卢晓霞. 2001. 用片段常数法估算有机化合物在鱼体内的生物富集因子. 环境科学学报, 21(3): 271-276.

黄晓燕. 2010. 正确认知 POPs. 环境保护, 23: 40-41.

降巧龙, 周海燕, 徐殿斗, 柴之芳, 李一凡. 2007. 国产变压器油中多氯联苯及其异构体分布特征. 中国环境科学, 27: 608-612.

李凤玲, 江艳华, 姚琳, 王联珠, 翟毓秀. 2014. 水生生态系统中 POPs 的免疫毒理学研究进展. 生物学杂志, 31: 71-74.

彭志源. 2006. 中国农药大典. 北京: 中国科学技术出版社.

石勇. 2011. 德国版"三聚氰胺事件". 农经, 2: 78-79.

苏丽敏, 袁星. 2003. 持久性有机污染物(POPs)及其生态毒性的研究现状与展望. 重庆环境科学, 25(9): 62-64.

孙翠竹, 李富云, 涂海峰, 贾芳丽, 李锋民. 2016. 邻苯二甲酸酯类对水生食物链的影响研究进展. 生态毒理学报, 11: 12-24.

王亚韡, 蔡亚岐, 江桂斌. 2010. 斯德哥尔摩公约新增持久性有机污染物的一些研究进展. 中国科学, 40: 99-123.

武丽辉, 张文君. 2017. 《斯德哥尔摩公约》受控化学品家族再添新丁. 农药科学与管理, 10: 38.

杨红莲, 袭著革, 闫峻, 张伟. 2009. 新型污染物及其生态和环境健康效应. 生态毒理学报, 4(1): 28-34.

杨永滨, 郑明辉, 刘征涛. 2006. 二噁英类毒理学研究进展. 生态毒理学报, 1: 105-115.

余刚, 黄俊. 2001. 持久性有机污染物: 倍受关注的全球性环境问题. 环境保护, 4: 37-39.

余刚, 牛军峰, 黄俊. 2005. 持久性有机污染物——新的全球性环境问题. 北京: 科学出版社.

俞福惠, 顾剑秋. 1982. 化学农药的污染问题及其解决途径(调研报告).环境污染与防治, (3): 10-12.

苑春刚, 秦光. 2009. 我国电力行业多氯联苯污染及控制对策初步研究. 中国环境科学学会学术年会论文集. 北京: 中国环境科学学会.

臧文超, 王琪. 2013. 中国持久性有机污染物环境管理. 北京: 化学工业出版社.

曾妮, 王霞, 郑洁, 周春, 马玲, 洪志丹, 张元珍. 2016. 双酚 A 干扰人卵巢颗粒细胞雌二醇生成的机制. 武汉大学学报(医学版), 37(5): 725-729.

Aaron TF, Gary AS, Kerth AH. 2001. Persistent organic pollutants (POPs) in a small herbivorous, Arctic marine zooplankton (*Calanus hyperboreus*): Trends from April to July and the influence of lipids and trophic transfer. Marine Pollution Bulletin, 43: 93-101.

Arnot JA, Gobas FA. 2006. A review of bioconcentration factor (BCF) and bioaccumulation factor

(BAF) assessments for organic chemicals in aquatic organisms. Environmental Reviews, 14: 257-297.

Aston LS, Noda J, Seiber JN, Reece CA. 1996. Organophosphate flame retardants in needles of *Pinus ponderosa* in the Sierra Nevada Foothills. Bulletin of Environmental Contamination and Toxicology, 57(6): 859-866.

Cikrypt P, Furst P, Mclachlan M, Fiedler H, Aust SD, Frank H. 1994. Dioxin '93—13th international symposium on chlorinated dioxins and related compounds, Vienna, Austria, September 20-24, 1993. Environmental Science and Pollution Research International, 1: 59-62.

Corrigan FM, Murray L, Wyatt CL, Shore RF. 1998. Dilrthosubstituted polychlorinated biphenyls in caudate nucleus in Parkinson's disease. Experimental Neurology, 150: 339-342.

De Wit CA. 2002. An overview of brominated flame retardants in the environment. Chemosphere, 46: 583-624.

Dixon D, Reed CE, Moore AB. 2012. Histopathologic changes in the uterus, cervix and vagina of immature CD-1 mice exposed to low doses of perfluorooctanoic acid in a uterotrophic assay. Reproductive Toxicology, 33: 506-512.

Fentress JA, Steele SL, Jr HLB, Cheek AO. 2006. Reproductive disruption in wild longear sunfish (*Lepomis megalotis*) exposed to kraft mill effluent. Environment Health Perspectives, 114: 40-45.

Friqo DE, Burow ME, Mitchell KA, Chianq TC, McLachlan JA. 2002. DDT and its metabolites alter gene expression in human uterine cell lines through estrogen receptor-independent mechanisms. Environmental Health Perspectives, 110: 1239-1245.

Gao DW, Wen ZD. 2016. Phthalate esters in the environment: A critical review of their occurrence, biodegradation, and removal during wastewater treatment processes. Science of the Total Environment, 541: 986-1001.

Guillette L J Jr, Gross TS, Masson GR, Matter JM, Percival HF, Woodward AR. 1994. Developmental abnormalities of the gonad and abnormal sex hormone concentrations in juvenile alligators from contaminated and control lakes in Florida. Environmental Health Perspectives, 102: 680-688.

Jacobson JL, Jacobson SW, Humphrey HE. 1990. Effects of *in utero* exposure to polychlorinated biphenyls and related contaminants on cognitive functioning in young children. Journal of Pediatrics, 116: 38-45.

Jia LL, Lou XY, Guo Y, Leung KSY, Zeng EY. 2017. Occurrence of phthalate esters in over-the-counter medicines from China and its implications for human exposure. Environment International, 98: 137-142.

Lahvis GP, Wells RS, Kuehl DW, Stewart JL, Rhinehart HL, Via CS. 1995. Decreased lymphocyte responses in free-ranging bottlenose dolphins (*Tursiops truncatus*) are associated with increased concentrations of PCBs and DDT in peripheral blood. Environmental Health Perspectives, 103: 67-72.

Muir DC, Seqstro MD, Hobson KA, Stewart RE, Olpinski S. 1995. Can seal eating explain elevated levels of PCBs and organochlorine pesticides in walrus blubber from eastern Hudson Bay (Canada)? Environmental Pollution, 90: 335-348.

Pirkle JL, Wolfe WH, Patterson DG, Needham LL, Michalek JE, Miner JC, Peterson MR, Philips DL. 1989. Estimates of the half-life of 2, 3, 7, 8-tetrachlorodibenzo-*p*-dioxin in Vietnam veterans of operation Ranch Hand. Journal of Toxicology and Environmental Health, 27, 165-171.

Qazi MR, Dean NB, Depierre JW. 2012. High-dose dietary exposure of mice to perfluorooctanoate or perfluorooctane sulfonate exerts toxic effects on myeloid and B-lymphoid cells in the bone marrow and these effects are partially dependent on reduced food consumption. Food and Chemical Toxicology, 50: 2955-2963.

Reijnders PJ. 1986. Reproductive failure in common seals feeding on fish from polluted coastal waters. Nature, 324: 456-457.

United Nations. 2017. World Population Prospects Revised Report 2017. https: // esa.un.org/unpd/ wpp.

van der Veen I, de Boer J. 2012. Phosphorus flame retardants: Properties, production, environment, occurrence, toxicity and analysis. Chemosphere, 88: 1119-1153.

Wania F, Mackay D. 1996. Peer reviewed: Tracking the distribution of persistent organic pollutants. Environmental Science and Technology, 30(9): 390A-396A.

Weatherholtz WM, Campbell TC, Webb RE. 1969. Effect of dietary protein levels on the toxicity and metabolism of heptachlor. Journal of Nutrition, 98: 90-94.

Wensing M, Uhde E, Salthammer T. 2005. Plastics additives in the indoor environment-flame retardants and plasticizers. Science of the Total Environment, 339(1-3): 19-40.

第 2 章　脊椎动物内分泌系统

本章导读

- 从下丘脑-垂体-甲状腺轴的反馈调控、甲状腺激素的合成和释放、转运、代谢以及甲状腺激素的作用途径等方面详细介绍脊椎动物的甲状腺轴内分泌系统。
- 从下丘脑-垂体-性腺轴的反馈调控、类固醇激素的合成、卵泡发育和精子发生及其调控、不同类脊椎动物的性别决定与性别分化等几个方面介绍脊椎动物的性腺轴内分泌系统。
- 介绍两栖类和鱼类在内分泌干扰物的生态毒理学研究中的应用，其中主要关注甲状腺内分泌干扰和生殖内分泌干扰，重点突出利用这两类动物模型开展内分泌干扰物的生态毒理学研究所涉及的研究方法和研究内容。

2.1　引　　言

　　内分泌系统是由各内分泌腺及分布机体全身的内分泌细胞共同构成的信息传递系统，通过释放具有生物活性的化学物质——激素来调节靶细胞（或者靶组织、靶器官）的活动。激素对靶细胞作用所产生的效应往往又可反过来影响内分泌细胞的活动。其中，内分泌腺是指内分泌细胞集中的组织，主要包括脑垂体、甲状腺、甲状旁腺、胰岛、肾上腺、性腺以及松果腺和胸腺等。散在的内分泌细胞则广泛分布于体内的多种组织器官中。在脑组织中，尤其是下丘脑中，存在兼有内分泌功能的神经元。内分泌系统的功能主要包括四方面：①维持内环境的稳态；②调节新陈代谢；③促进组织细胞分化成熟，保证各器官的正常生长发育和功能；④调控生殖器官的生长、发育、成熟和生殖活动。

　　研究表明，环境内分泌干扰物进入人体或动物体内之后，可通过模拟或拮抗内源激素，以结合细胞表面受体或其他方式进入细胞内，干扰内源激素介导的反应，引起内分泌系统紊乱。在脊椎动物体内，下丘脑-垂体-甲状腺（hypothalamus-pituitary-thyroid，HPT）轴和下丘脑-垂体-性腺（hypothalamus-pituitary-gonadal，HPG）轴是两个非常重要的内分泌轴，在动物体的生长发育、繁殖、代谢等过程中发挥着重要的调控作用。在环境内分泌干扰物的毒理学研究中，关注最多的就是 HPT 轴和 HPG 轴。环境内分泌干扰物可通过干扰这两个轴的任何部位，最终破坏机体内环境稳定。鉴于这两个内分泌轴在毒理学领域的重要地位，本章将重点介绍脊椎动物体的这两个内分泌轴的功能及其调控。此外，还介绍了鱼类和两栖类在研究内分泌干扰物生态毒理学效应中的应用。

2.2　甲状腺内分泌系统

甲状腺内分泌系统是脊椎动物重要的内分泌系统之一，对于调控脊椎动物的生长发育（包括中枢神经系统的发育）和新陈代谢等具有极为重要的作用。甲状腺内分泌系统在进化上比较保守，所以，所有脊椎动物的下丘脑-垂体-甲状腺（HPT）轴的负反馈调控和甲状腺激素合成等基本相似（Zoeller et al.，2007）。本章将以哺乳类为代表，介绍脊椎动物的甲状腺内分泌系统，包括 HPT 轴概述、甲状腺激素的合成和释放、甲状腺激素的转运及代谢、甲状腺激素的调控机制等。

2.2.1　下丘脑-垂体-甲状腺轴概述

在哺乳动物中，下丘脑分泌促甲状腺激素释放激素（thyrotropin-releasing hormone，TRH），刺激脑垂体分泌促甲状腺激素（thyroid-stimulating hormone，TSH），TSH 进入甲状腺细胞与 TSH 受体结合并作用于甲状腺促使其吸收碘，合成并释放甲状腺激素（thyroid hormone，TH），主要为 3,5,3′,5′-四碘甲状腺原氨酸（3,5,3′,5′-tetraiodothyronine，T4），少数为 3,5,3′-三碘甲状腺原氨酸（3,5,3′-triiodothyronine，T3）。TH 被甲状腺释放到血液中后，与血液中特定的甲状腺素运载蛋白结合，继而被运送到外周组织或者其他靶组织。进入外周组织的 T4 在外环脱碘酶（outer-ring deiodinases）的作用下脱碘变为 T3，后者可进入血液循环，是血液循环中将近 80%的 T3 的来源。进入到靶组织的 T3、T4 与甲状腺激素受体（thyroid hormone receptor，TR）结合，进而与 DNA 结合，从而调控基因的表达。同时，血液循环中 T3、T4 的含量又对 TSH 的分泌和下丘脑 TRH 神经元的活动起到负反馈作用。血液循环中的 T3、T4 还可进入肝脏，在磺基转移酶（sulfotransferases，SULTs）的作用下发生磺化反应或在尿苷二磷酸葡萄糖醛酸转移酶（uridine diphosphoglucuronyl transferases，UDPGTs）的催化下发生糖脂化，然后经胆汁清除掉（Zoeller et al.，2007）。哺乳动物下丘脑-垂体-甲状腺轴调控的基本途径详见图 2-1。

edЛК

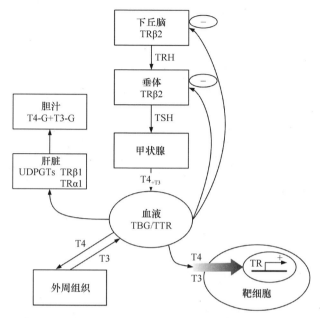

图 2-1　哺乳动物下丘脑-垂体-甲状腺轴调控的基本途径

TRH，促甲状腺激素释放素；TSH，促甲状腺激素；T3，三碘甲状腺原氨酸；T3-G，经糖脂化修饰的三碘甲状腺原氨酸；T4，四碘甲状腺原氨酸；T4-G，经糖脂化修饰的四碘甲状腺原氨酸；TR，甲状腺激素受体；TRα1，甲状腺激素受体 α1；TRβ1/2，甲状腺激素受体 β1/2；UDPGTs，尿苷二磷酸葡萄糖醛酸转移酶；TBG，甲状腺素结合球蛋白；TTR，甲状腺素运载蛋白（图仿自文献（Zoeller et al., 2007））

　　虽然大部分脊椎动物的甲状腺内分泌系统基本相似,但在鱼类中存在一些差别。鱼类 TSH 的分泌主要由下丘脑释放的促肾上腺皮质激素释放激素（corticotropin-releasing hormone，CRH）调控，因此 CRH 具有同时调控 TSH 和促肾上腺皮质激素（adrenocorticotropic hormone，ACTH）的双重作用（Pepels et al.，2002）；同时，血液循环中 T3、T4 的含量又对 TSH 和 CRH 的分泌起到负反馈作用（图 2-2）。与哺乳类由 HPT 轴直接调控甲状腺分泌 T3、T4 不同，鱼类 HPT 轴最主要的作用是保证 T4 的平衡，而 T3 的合成和平衡则通过外周组织中 T4 脱碘转变为 T3 来实现（Eales et al.，1999）。

2.2.2　甲状腺激素的合成与释放

　　在几乎所有脊椎动物中，其甲状腺激素合成途径基本相似。第一步是甲状腺功能单位（甲状腺滤泡）通过离子的主动运输方式从血液中吸收无机碘。第二步包括碘离子被过氧化酶氧化成活性碘以及活性碘与甲状腺球蛋白（thyroglobulin，TG）上的酪氨酸残基作用形成一碘酪氨酸（monoiodotyrosine）和 3,5-二碘酪氨酸。两个碘酪氨酸分子经过缩合反应形成 3,5,3′-三碘甲状腺原氨酸（T3）和 3,5,3′,5′-四

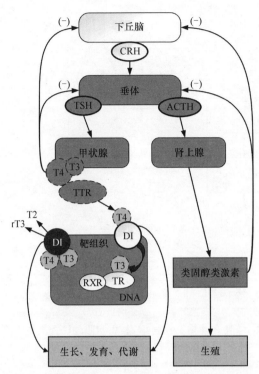

图 2-2　鱼类下丘脑-脑垂体-甲状腺轴/肾上腺轴调控的基本途径

CRH，促肾上腺皮质激素释放激素；TSH，促甲状腺激素；ACTH，促肾上腺皮质激素；T2，二碘甲状腺原氨酸；T3，三碘甲状腺原氨酸；T4，四碘甲状腺原氨酸；rT3，反式三碘甲状腺原氨酸；DI，脱碘酶；TTR，甲状腺素运载蛋白；RXR，维甲酸 X 受体；TR，甲状腺激素受体（图仿自文献（史熊杰等，2009））

碘甲状腺原氨酸（T4）（Blanton and Specker，2007）。甲状腺球蛋白（TG）是甲状腺激素合成的前体，其在甲状腺滤泡细胞的核糖体中合成并被转运到甲状腺滤泡腔内的胶质中，然后 TG 上的酪氨酸残基加碘形成碘化的甲状腺球蛋白。合成的甲状腺激素的残基仍然连接在甲状腺球蛋白分子上。因此，甲状腺激素是以甲状腺球蛋白的形式储存在甲状腺滤泡腔的胶质中，直到在 TSH 的刺激下，胶质滴通过内吞作用被甲状腺滤泡细胞摄取并被运送到浸润在组织液中的细胞一侧。在贯穿甲状腺滤泡细胞的过程中，胶质滴形成的吞饮小泡与溶酶体融合，溶酶体上的酶将碘化的甲状腺球蛋白消化，释放出 T3 和 T4（Zoeller et al.，2007）。从鱼类甲状腺组织释放的 T3 很少，但其生物活性比 T4 强，是甲状腺激素的活性类型（Blanton and Specker，2007）。

2.2.3　甲状腺激素的转运

甲状腺激素被释放到血液中后立即与特定的甲状腺素结合蛋白结合，然后被转运至靶组织。在人类中，75%的 T4 与甲状腺素结合球蛋白（thyroxine-binding globulin，TBG）结合，15%的 T4 与甲状腺素运载蛋白（transthyretin，TTR）结合，剩下的甲状腺激素与白蛋白结合（Zoeller et al.，2007）。且在人类中，这三种甲状腺素结合蛋白与 T4 的亲和力比 T3 强（Fort et al.，2007）。非哺乳类动物没有甲状腺素结合球蛋白，小型的真兽亚纲、有袋类、鸟类和两栖类的最主要甲状腺素结合蛋白是甲状腺素运载蛋白，而白蛋白是爬行类最主要的甲状腺素结合蛋白（Fort et al.，2007）。与人类相反，低等脊椎动物（两栖类和鱼类）的甲状腺素结合蛋白与 T3 的亲和力比 T4 强（Fort et al.，2007）。

2.2.4　甲状腺激素的脱碘

甲状腺激素的活化和失活均在脱碘酶的催化下通过脱碘来实现。根据脱掉的碘在苯环上的位置不同，脱碘过程可分为外环脱碘和内环脱碘。T4 含有 4 个碘原子，在外周组织（非甲状腺组织）中，T4 两个外环上的碘原子在 5'-单脱碘酶（5'-monodeiodinase）作用下脱掉其中一个，形成 T3，此为外环脱碘。T4 也可在内环脱碘酶的作用下通过内环脱碘来实现失活。T4 通过脱掉内环上的一个碘原子转变为反式 T3（reverse T3，rT3），继续脱去一个碘原子则转变为没有生物活性的 T2（3,3'-二碘甲状腺原氨酸，3,3'-diiodothyronine）（Blanton and Specker，2007）。

哺乳类的脱碘酶家族（deiodinases，Dios）包括 I 型（IDI 或 Dio 1）、II 型（IDII 或 Dio 2）和 III 型（IDIII 或 Dio 3）脱碘酶。3 种脱碘酶催化不同的反应：在 Dio 2 和 Dio 1 的催化下，T4 通过外环脱碘转化为有活性的 T3；在 Dio 3 的催化下，T3、T4 可通过内环脱碘转化为不活跃的 rT3 和无活性的 T2（St Germain et al.，2009）（图 2-3）。三种脱碘酶互相协调，调节生物体中 T4、T3 的平衡，保证机体完成正常的生理机能，维持内环境稳定。大多数两栖类中的无尾目只有两种类型的脱碘酶，即 Dio 2 和 Dio 3，在甲状腺和多种靶组织中，Dio 2 催化 T4 进行外环脱碘转变为 T3，Dio 3 则选择性地将 T3 转变为 T2 或者将 T4 转变为反式 T3（rT3）（Fort et al.，2007）。鱼类的脱碘酶与哺乳类相似，只是命名方式不同。例如，负责 T4 外环脱碘的脱碘酶与哺乳类的 Dio 2 相似，负责 T4、T3 内环脱碘的脱碘酶则与哺乳类的 Dio 3 类似（Eales et al.，1999）。

2.2.5　甲状腺激素的代谢

脱碘是甲状腺激素代谢（也即降解）的一种重要途径。在人体内，超过 80% 的 T4 通过脱碘的方式进行代谢，其他降解方式所占比例不到 20%（Engler and Burger，1984）。除了脱碘之外，还存在三条甲状腺激素代谢途径。第一条途径是甲状腺激素与酚式羟基形成共轭化合物或发生糖脂化。血液循环中的 T3、T4 可进

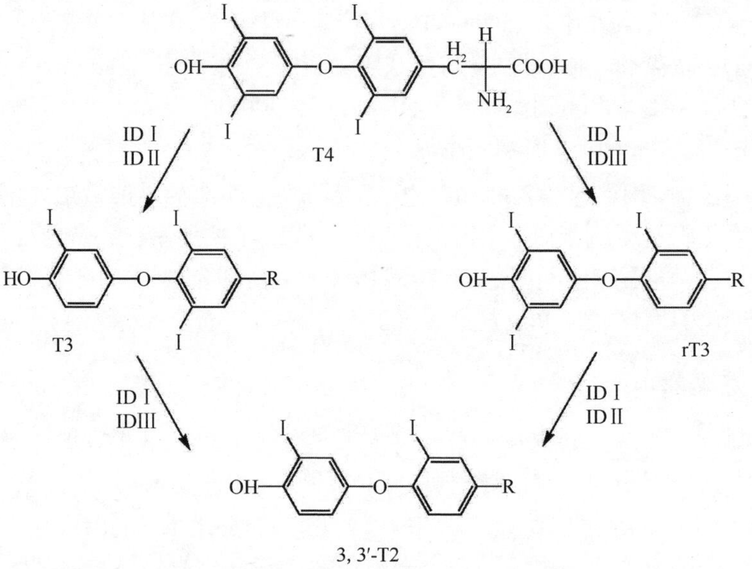

图 2-3　甲状腺激素催化脱碘示意图

IDⅠ，Ⅰ型脱碘酶；IDⅡ，Ⅱ型脱碘酶；IDⅢ，Ⅲ型脱碘酶；T3，三碘甲状腺原氨酸；rT3，反式三碘甲状腺原氨酸；T4，四碘甲状腺原氨酸；3,3'-T2，3,3'-二碘甲状腺原氨酸（图仿自文献（St Germain et al.，2009））

入肝脏，在磺基转移酶的作用下发生磺化反应或在尿苷二磷酸葡萄糖醛酸转移酶的催化下发生糖脂化，然后经胆汁清除（Zoeller et al.，2007）。此外，酚式羟基的修饰可改变脱碘酶的分子作用，阻止外环脱碘。第二条途径是氧化脱氨（oxidative deamination）或醚键断裂（ether-linked cleavage），具体生理功能不详，可能与有毒物质损伤甲状腺有关。第三条途径是血液中的甲状腺激素可能与某些药物或环境污染物相互作用，一并被机体清除（Zoeller et al.，2007）。

2.2.6　甲状腺激素的作用途径

1. 甲状腺激素的经典核受体作用途径

甲状腺激素（TH）的核受体作用途径是通过甲状腺激素受体（TR）来介导的，即甲状腺激素与其受体形成 TH-TR 复合体，再在辅助因子（共激活因子和共抑制因子）的共同参与下调节目标基因的转录（Cheng et al.，2010）（详见图 2-4）。TR 通过识别并结合靶基因启动子的甲状腺激素应答元件（thyroid hormone response element，TRE）来调节基因转录。当缺乏 T3 时，未结合配体的 TR 和维甲酸 X 受体（retinoid X receptor，RXR）形成异源二聚体，与 TRE 结合，并与共抑制因子（corepressor，CoR）（如 SMRT 或 NCoR）作用，使得组蛋白去乙酰化酶的活性得以恢复，修饰染色质导致其结构改变，从而抑制基因转录。当配体 T3 存在时，TR 与之结合，随后 TR 中的丝氨酸残基磷酸化发生构象改变，释放共抑制因子并招募共激活因子（coactivator，CoA）（如 steroid hormone receptor CoA1，SRC-1），产生一个具有转录活性的染色质结构，激活下游基因的转录（Cheng et al.，2010）。在转录调控的过程中，调控元件复合物和局部 T3 水平相互协调，改变辅助因子的解离或聚集，继而调节 TR 的转录活性（Cheng et al.，2010）。

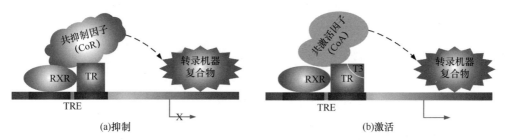

图 2-4　甲状腺激素受体介导的基因转录调控

RXR，维甲酸 X 受体；TR，甲状腺激素受体；TRE，甲状腺激素应答元件；T3，三碘甲状腺原氨酸；CoR，共抑制因子；CoA，共激活因子。当配体缺乏时，甲状腺激素受体（TR）与共抑制因子（CoR）及其相关蛋白相互作用并与 DNA 上的甲状腺激素应答元件（TRE）结合，抑制基因的转录（a）；当 TR 与配体结合时，TR 招募共激活因子（CoA）并与之相互作用，继而与 DNA 上的甲状腺激素应答元件结合，启动下游基因的转录（b）（图仿自文献（Cheng et al., 2010））

在上述甲状腺激素受体介导的作用途径中，除了 CoR 和 CoA 外，TH-TR 复合物还可以通过与细胞内其他蛋白相互作用，来调节 TR 的转录活性。这些蛋白包括细胞周期蛋白 D1（cyclin D1）、孤核受体-2（EAR-2）、抑癌基因 *p53*（tumor suppressor *p53*）、凝溶胶蛋白（gel-solin）、垂体癌转化基因（pituitary tumor-transforming gene，PTTG）和 β 连环蛋白（β-catenin）等（Cheng et al.，2010）。

2. 甲状腺激素的非核受体作用途径

1）起始于细胞膜整合素 αVβ3 的作用途径

大多数情况下，甲状腺激素通过与 TR 相互作用来调控基因的表达，但其也可以通过非核受体作用途径来进行基因调控，如经由细胞膜受体途径发挥作用来调节生物体的生长发育和其他生理机能（Cheng et al.，2010）。这种快速的、通过膜受体介导的作用模式通常涉及激酶或钙调蛋白等的参与（Yen，2001）。T3 和 T4 可以与细胞膜上的整合素 αVβ3（integrin αVβ3）结合，直接参与丝裂原活化蛋白激酶（mitogen-activated protein kinase，MKPK）-细胞外信号调节激酶（extracellular signal-regulated kinase，ERK-1/2）和磷脂酰肌醇-3 激酶（phosphatidylinositol 3-kinase，PI3K）这两条信号通路的激活（图 2-5 中①号途径）。整合素 αVβ3 是由单跨膜的 α 和 β 亚基组成的异二聚体，属于单跨膜招募型受体，其上有一个与 T3

特异性结合的区域，还有 T4 和 T3 均能激活的受体区域（Lin et al.，2009）。

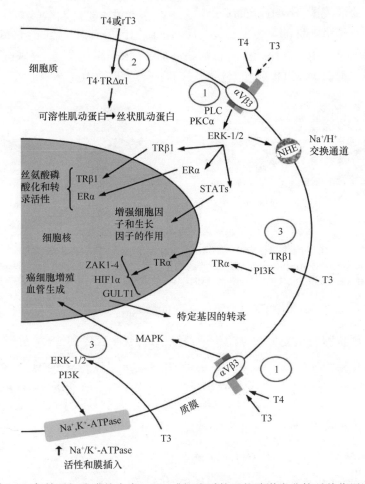

图 2-5　起始于细胞膜整合素 αVβ3 或细胞质的甲状腺激素非核受体作用途径

T3，三碘甲状腺原氨酸；rT3，反式三碘甲状腺原氨酸；T4，四碘甲状腺原氨酸；αVβ3，整合素；PLC，磷脂酶
C；PKC，蛋白激酶 C；TRα，甲状腺激素受体 α；TRβ1，甲状腺激素受体 β1；ERα，雌激素受体 α；ERK-1/2，
细胞外信号调节激酶 1/2；MAPK，丝裂原活化蛋白激酶；PI3K，磷脂酰肌醇-3 激酶；HIF1α，缺氧诱导因子 1α；
ZAKI-4，钙调神经磷酸酶抑制蛋白；GULT1，葡萄糖转运蛋白 1；Na^+-K^+-ATPase，Na^+-K^+交换体/ Na^+-K^+泵。
甲状腺激素与细胞膜上的整合素 αVβ3 结合后，通过磷脂酶 C（PLC）和蛋白激酶 C（PKC）激活 MAPK (ERK-1/2)
信号途径。被甲状腺激素激活的 ERK-1/2 促进细胞内特异的蛋白（包括 ER,TR-1, STAT-1 和 CoA protein Trip230）
进入细胞核，并进一步在活化的 ERK-1/2 的作用下磷酸化。在细胞质中，T3 可与 TRβ 结合，激活 PI3K，促使
相关蛋白进入细胞核内，参与基因的表达，PI3K 被激活后还伴随着细胞膜上 Na^+-K^+-ATPase 活性的增强，使其
嵌入细胞膜（图仿自文献（Cheng et al., 2010））

　　T3/T4 可以与整合素 αVβ3 结合，通过磷脂酶 C（phospholipase C，PLC）和
蛋白激酶 C（protein kinase C，PKC）激活 ERK-1/2 信号通路（Scarlett et al.，2008）

（图 2-5 中的①号途径）。细胞外信号调节激酶属于 MAPK 中的一个亚家族，包括 ERK-1 和 ERK-2 等亚型，可使许多靶蛋白磷酸化并转导下游信号。ERK 不仅磷酸化胞质蛋白，而且磷酸化一些核内的转录因子（如 c-Jun、c-fos、c-myc、Elk-1 和 ATF-2 等），参与细胞凋亡、增殖与分化的调控。大量研究表明，T3/T4-整合素 $\alpha V\beta 3$-ERK-1/2 信号通路具有调节生长发育的重要作用，主要表现在：①促进血管生成。T3/T4-整合素 $\alpha V\beta 3$-ERK-1/2 信号通路激活后，参与血管内皮生长因子（vascular endothelial growth factor，VEGF）和碱性成纤维细胞生长因子（basic fibroblast growth factor，bFGF）及受体基因的转录，而 VEGF 和 bFGF 是促进血管生成的重要的细胞因子（Davis et al.，2004）。②促进细胞增殖。近来研究发现，T3、T4 迅速激活 ERK-1/2 后，细胞内 DNA 合成与细胞迁移增加（Scarlett et al.，2008）。③促进 Na^+-H^+ 交换。细胞膜上的 Na^+-H^+ 交换体可以被 T3/T4-整合素 $\alpha V\beta 3$-ERK-1/2 信号通路激活，进而维持细胞内环境中 pH（Incerpi et al.，1999）。④参与核内作用。被 TH 激活的 ERK-1/2 促进细胞质中的信号转导与转录活化因子（signal transducers and activators of transcriptions，STATs）、TRβ、ERα 等蛋白运输到细胞核中，进入细胞核后，这些蛋白进一步被已激活的 ERK-1/2 磷酸化，或增强其功能，或改变其转录活性等（Cheng et al.，2010）。

　　T3 还可以与整合素 $\alpha V\beta 3$ 上的 T3 特异性结合区结合，激活 PI3K 信号通路，参与细胞分化；也可以促使细胞内特定蛋白的流动，比如使得 TR 从细胞质进入细胞核内，激活特定基因的表达，例如缺氧诱导因子（hypoxia-inducible factor-1，HIF-1）（Lin et al.，2009）。T4 则不能激活 PI3K 信号通路。T4 的脱氨基衍生物——四碘甲腺乙酸，是整合素受体 $\alpha V\beta 3$ 的拮抗剂，与整合素 $\alpha V\beta 3$ 结合后可以阻断甲状腺激素类似物与 $\alpha V\beta 3$ 上的 T4/T3 结合位点及 T3 特异性结合位点结合（Cheng et al.，2010）。

2）起始于细胞质的作用途径

　　T3 可以与细胞质中的 TRβ 结合，激活磷脂酰肌醇-3 激酶/蛋白激酶 B（phosphatidylinositol 3-kinase/protein kinase B，PI3K/PKB）信号通路，影响基因的表达（Cao et al.，2005）（图 2-5 中的③号途径）。该作用机制不依赖于 TRβ 与 DNA 和 TRE 的结合，且该过程起始于细胞质。TH 和 TRβ 结合后，导致 Akt/PKB 磷酸化，从而激活 PI3K 信号通路。在人类皮肤成纤维细胞中，T3 通过 TRβ 来诱导 Akt/PKB 磷酸化，随后导致 PI3K 信号级联反应，最终诱发钙调神经磷酸酶抑制蛋白 α（calcineurin inhibitory protein α，ZAKI-4α）的表达（Cao et al.，2005）。当加入 PI3K 抑制剂后，T3 诱导的磷酸化被封闭，随之 ZAKI-4α 的表达也被封闭。TRα 也有类似于以上 TRβ 的作用。Hiroi 等（2006）发现 TRα1 与 p85α 协同作用，使得 Akt/PKB

磷酸化，从而激活下游的 PI3K 和内皮细胞一氧化氮合成酶。Lei 等（2004）在成年大鼠肺泡上皮细胞中发现，在 Src 激酶的作用下，T3 激活 PI3K/PKB 信号通路，随后上调细胞膜上 Na^+/K^+-ATPase 的活性并使之嵌入细胞膜（图 2-5 中的③号途径）。

3. 甲状腺激素多效作用的调控机制

甲状腺激素发挥生理作用具有组织和发育时期特异性。许多影响甲状腺的污染物通过一个特定的途径干扰甲状腺激素受体的功能，但导致的效应可以多种多样。研究表明，导致甲状腺激素多效作用的机制可能涉及几个方面：①TR 的时空差异性和组织特异性表达（Zoeller et al.，2007）；②其他因子的参与，例如在发育的大脑和成年大脑中，神经颗粒素（neurogranin）可对甲状腺激素产生响应（Iniguez et al.，1993）；③TR 与其他核受体形成异源二聚，例如 TR 极易与视黄酸受体（retinoic acid receptor，RAR）和维甲酸 X 受体形成异源二聚体（Zoeller et al.，2007）。

2.3 性腺内分泌系统

2.3.1 下丘脑-垂体-性腺轴概述

在脊椎动物中，生殖受下丘脑-垂体-性腺（HPG）轴的调控（图 2-6）。下丘脑在中枢神经元释放的神经递质调节下分泌促性腺激素释放激素（gonadotropin-releasing hormone，GnRH），GnRH 通过其对应的受体（GnRHR）作用于垂体，促进垂体分泌卵泡刺激素（follicle-stimulating hormone，FSH）和促黄体生成素（luteotropic hormone，LH），FSH 和 LH 通过血液循环系统，经性腺中的促卵泡素受体（FSHR）和促黄体生成素受体（LHR）进入性腺，促进类固醇激素的生物合成过程以及精子和卵子的发育和成熟。而类固醇激素的生物合成开始于类固醇激素合成急性调节蛋白（steroidogenic acute regulatory protein，StAR），它将胆固醇从线粒体的外膜转入内膜，接着，细胞色素 P450 家族酶（cytochrome P450，CYPs）和羟化类固醇脱氢酶（hydroxysteroid dehydogenase，HSDs）对胆固醇进行一系列的催化作用，进而生成多种类固醇激素，其中以 17α,20β-双羟孕酮（17α,20β-dinydroxy-4-pregnene-3-one，17α,20β-DHP）、雌二醇（estradiol，E2）、睾酮（testosterone，T）和 11-酮基睾酮（11-ketotestosterone，11-KT）为主要的性激素（史熊杰等，2009）。性激素对性腺发育、卵细胞成熟、精子生成和精子排放等生理过程具有重要的调控作用。血液中的睾酮达到一定浓度后可负反馈作用于下丘脑和垂体，抑制 GnRH、LH 和 FSH 的合成，从而使其在血液中维持一定的水平，FSH 和 LH 作用于性腺后还会生成激活素（activin）和抑制素（inhibin），这两种物质通过其受体分别促进和抑制精子和卵子的成熟，当激活素和抑制素在血液中的浓度达到一定水平后也会对下丘脑和垂体构成负反馈调控（史熊杰等，2009）。

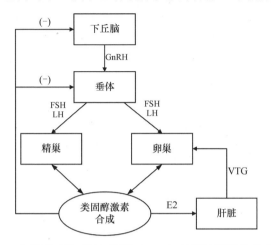

图 2-6 鱼类下丘脑-垂体-性腺（HPG）轴调控繁殖的基本途径

GnRH，促性腺激素释放激素；FSH，卵泡刺激素；LH，促黄体生成素；E2，雌二醇；VTG，卵黄蛋白原（图仿自文献（史熊杰等，2009））

在鱼类中，血液中的 E2 被转运至肝脏中，与雌激素受体（estrogen receptor，ER）结合并启动卵黄蛋白原基因表达，促使卵黄蛋白原（vitellogenin，VTG）的生成。VTG 通过血液循环运输到卵巢，在卵母细胞中通过蛋白水解酶分解为卵黄蛋白，储存在卵黄颗粒中，为胚胎发育提供营养物质。除了肝脏中的 ER，脑中和性腺中的 ER 也介导着生殖反应过程，并与生殖密切相关（史熊杰等，2009）。

2.3.2 类固醇激素合成

哺乳动物卵巢中的颗粒细胞是类固醇激素的合成场所，主要合成雌激素和孕激素。而精巢中的间质细胞（Leydig cell）则合成以睾酮为主的雄激素。另外，肾上腺的网状带细胞也可合成少量性激素。鱼类的许多外周组织，如肾间腺（镶嵌在头肾中的一些特化的细胞，对应哺乳类的肾上腺）、大脑均可合成类固醇激素。其中最主要的类固醇合成部位是性腺和肾间腺，分别在 HPG 轴和 HPI 轴的调控下进行类固醇激素合成（Tokarz et al.，2013）。

脊椎动物类固醇合成途径基本相似，均在酶的作用下，将胆固醇经裂解、羟化、脱侧链形成。以鱼类为例，类固醇激素合成的起始是反应底物胆固醇，在类固醇激素合成急性调节蛋白（StAR）的作用下，由线粒体外膜转运至内膜，然后经过胆固醇侧链裂解酶（cholesterol side chain cleavage enzyme，P450scc）的催化作用，转化为孕烯醇酮，且该步是类固醇合成的限速步骤。在滑面内质网中，3β-羟类固醇脱氢酶（3β-hydroxysteroid dehydrogenase，3β-HSD）催化孕烯醇酮转化为孕酮。17α-羟化酶（又称 17,20-裂解酶，cytochrome P450 17α-hydroxylase，17,20-lyase，CYP17/P450c17/P45017α）催化孕烯醇酮和孕酮转化为雄激素（脱氢表雄酮和雄烯二酮）。17β-羟类固醇脱氢酶III［17β-hydroxysteroid dehydrogenase（HSD）type Ⅲ］催化雄烯二酮转化为 T，11β-羟化酶（11β-hydroxylase，P450$_{11\beta}$）催化 T 向 11β-羟基睾酮的转化，再经 11β-羟类固醇脱氢酶Ⅱ（11β-hydroxysteroid dehydrogenase type Ⅱ，11β-HSD2）作用生成 11-KT，这两种酶对鱼类精巢中 11-KT 的合成具有重要作用。E2 的合成途径有两条：一是芳香化酶（cytochrome P450 aromatase，CYP19/P450arom）催化雄烯二酮转化为雌酮，然后雌酮经 17β-羟类固醇脱氢酶Ⅰ（17β-hydroxysteroid dehydrogenase type Ⅰ，17β-HSD1）催化转化为 E2；二是 T 经芳香化酶催化转变为 E2（Tokarz et al.，2013）。各种酶类催化的反应过程如图 2-7 所示。

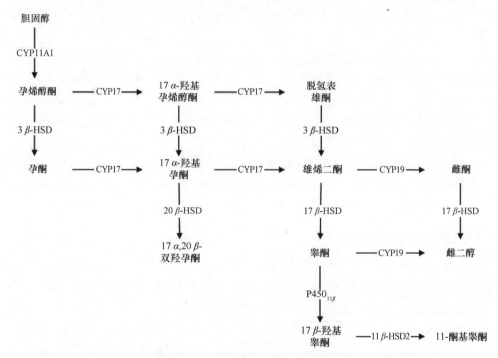

图 2-7　鱼类类固醇激素合成途径

CYP11A1，胆固醇侧链裂解酶；3β-HSD，3β-羟类固醇脱氢酶；CYP17，17α-羟化酶/17,20-裂解酶；20β-HSD，20β-羟类固醇脱氢酶；17β-HSD，17β-羟类固醇脱氢酶；CYP19，芳香化酶；11β-HSD2，11β-羟类固醇脱氢酶Ⅱ；P450$_{11\beta}$，11β-羟化酶（图仿自文献（Tokarz et al.，2013））

2.3.3　卵泡发育及其调控

1. 卵泡发育

脊椎动物卵泡的构成基本相似，主要由卵泡鞘（thecal layer）、颗粒层

（granulosa）、透明带（zona pellucida）及卵母细胞（oocyte）构成（Tyler and Sumpter，1996）。脊椎动物的卵泡发育是一个持续而又复杂的过程，可分为生长期和成熟期。在这个过程中，促性腺激素等调控卵泡中的颗粒细胞增殖、分化，产生分化程度不一的颗粒细胞群，颗粒细胞又通过旁分泌及间隙连接的通讯方式控制卵母细胞的生长和成熟（Nagahama et al.，1993；Tyler and Sumpter，1996）。鱼类卵泡发育的顺序依次是阶段 I（初级生长期）、阶段 II（皮层小泡生长期）、阶段 III（早卵黄期）、阶段 IV（晚卵黄卵期）、阶段 V（卵成熟期及排卵期），其中卵黄生成阶段是鱼类卵泡发育的重要生长期，占据了相当长的时间（Tyler and Sumpter，1996）。

2. 卵泡发育的调控

脊椎动物卵泡发育包括卵泡生长期和成熟期，而激素均可调控这两个期。鱼类卵泡生长期最重要的事件是卵黄生成。促性腺激素刺激卵巢合成和分泌 E2，分泌至血液中的 E2 被转运至肝脏，与雌激素受体（ER）结合并启动卵黄蛋白原基因表达，促使卵黄蛋白原（VTG）的生成，VTG 通过血液循环运输到卵巢被卵母细胞吸收，促进卵母细胞的生长发育（Nagahama et al.，1993）（图 2-8）。当卵黄生成期结束后，鱼类卵泡便进入卵泡成熟期。促性腺激素 LH 刺激卵泡鞘细胞和颗粒细胞的活动，促使颗粒细胞分泌成熟诱导激素（maturation-inducing hormone，MIH）（Nagahama et al.，1993）。在鱼类中，共发现两种 MIH，即 17α,20β-双羟孕酮（17α,20β- DHP）和 20β-S（20β-dihydro-11-deoxycortisol，主要存在于海洋鱼类中）。MIH 与卵母细胞表面的受体结合，通过信号转导，促使卵母细胞合成成熟促进因子（maturation-promoting factor，MPF），诱导发生胚泡破裂（germinal vesicle breakdown），标志着卵母细胞的成熟和卵泡发育完成（Nagahama et al.，1993）（图 2-8）。

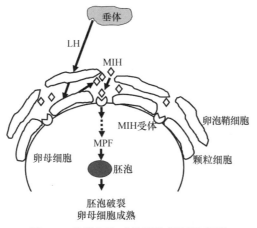

图 2-8　鱼类卵泡成熟调控机制示意图

LH，促黄体生成素；MIH，成熟诱导激素；MPF，成熟促进因子（图根据文献（Nagahama et al.，1993）绘制）

2.3.4 精子发生及调控

1. 精子发生

脊椎动物精子发生的过程一般分为三个时期：第一个时期为增殖期，即精原干细胞通过有丝分裂进行增殖，一方面完成自我更新，另一方面形成精原细胞；第二个时期为减数分裂期，精原细胞形成初级精母细胞，经过第一次减数分裂形成次级精母细胞，随后进行第二次减数分裂，形成精子细胞；第三个时期为精子形成（成熟）期，次级精母细胞经减数分裂形成的精子细胞，经过复杂的形态变化、生理和生化的修饰形成成熟精子（Schulz and Miura，2002）。

2. 精子发生的调控

脊椎动物精子发生是激素依赖的过程，受 HPG 轴的调控。卵泡刺激素（FSH）和促黄体生成素（LH）是调控精子发生最重要的垂体激素，二者不直接作用于生殖细胞，往往通过促进性腺合成类固醇激素（雄激素、雌激素和孕激素）以及刺激生长因子的释放来发挥作用（Schulz and Miura，2002）。其中 FSH 主要参与调控睾丸（精巢）中支持细胞（Sertoli cell）的活动和精子发生早期的生殖细胞的增殖；LH 则促进间质细胞（Leydig cell）（鱼类的支持细胞也可以合成雄激素）合成、分泌雄激素（Schulz and Miura，2002；Schulz et al.，2010）。雄激素是调控精子发生最重要的性激素。在哺乳类中，由间质细胞在 LH 的刺激下合成雄激素，其中最具生物活性的雄激素是睾酮（T）和 5α-二氢睾酮（5α-reduced derivative dihydrotestosterone，DHT）；在鱼类中，支持细胞和间质细胞可分别在 FSH 和 LH 的调控下产生雄激素，其中最主要的是 11-酮基睾酮（11-KT），此外还合成睾酮（Schulz and Miura，2002）。在鱼类中，睾酮可在芳香酶的作用下转化为雌二醇（E2），作用于支持细胞，促使其释放精原干细胞再生因子，促进精原干细胞有丝分裂，进行自我更新。11-酮基睾酮则作用于支持细胞，促使其产生其他因子如胰岛素样生长因子 IGF1 和激活素（activin B），来启动精原细胞增殖（Schulz and Miura，2002）。支持细胞产生的抗缪勒氏管激素（anti-Müllerian hormone，AMH）则能够抑制精原细胞的增殖（Schulz et al.，2010）。有丝分裂完成后，发育晚期的精原细胞（B 型精原细胞，type B spermatogonia）进入减数分裂前期，分化形成初级精母细胞。在鱼类中，此过程由孕激素 17α,20β-双羟孕酮（17α,20β-DHP）所调控。DHP 能够诱导减数分裂标志基因如 *DmcI* 和 *Spo11* 的表达（Schulz et al.，2010）。当进入精子成熟期，LH 刺激睾丸（精巢）合成类固醇激素 11-KT 和 DHP（或 20β-S），后者作用于精子，使精浆中 pH 升高，促使精子成熟（Schulz et al.，2010），具体过程见图 2-9。

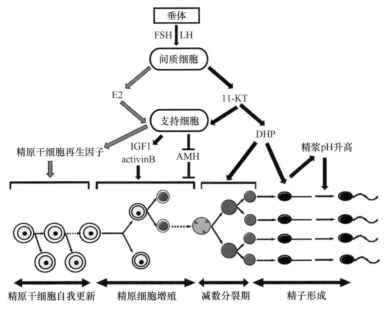

图 2-9　鱼类精子发生调控机制示意图

FSH，卵泡刺激素；LH，促黄体生成素；E2，雌二醇；11-KT，11-酮基睾酮；DHP，17α,20β-双羟孕酮；AMH，抗缪勒氏管激素；activin B，激活素 B；IGF1，胰岛素样生长因子 1（图根据文献（Schulz et al.，2010）绘制）

2.3.5　性别决定与分化

哺乳类和鸟类的性别由性染色体决定，即由遗传所决定的。爬行类的性别决定主要有两种类型：一种由遗传因子决定性别，称为基因型性别决定；另一种由温度决定，温度通过控制性别基因表达或调节雌激素水平来决定性别，称为温度依赖型性别决定（王念民等，2007）。

两栖类和鱼类作为较低等的脊椎动物，其性别由遗传和环境因素共同决定（王念民等，2007）。温度是影响两栖类和鱼类性别分化的一个重要环境因素。在有尾目中，对欧非肋突螈（*Pleurodeles waltl*）和北非肋突螈（*P. poireti*）幼体进行高温暴露后，性别分化的结果差异较大，其中得到的北非肋突螈全部为雌性个体，而欧非肋突螈则全部为雄性个体（Dournon and Houillon，1984）。在无尾目中，高温促使泽蛙（*Rana limnocharis*）雄性化，而低温可使得泽蛙雌性化（李桑等，2008）。上述研究表明，至少在部分两栖类中，温度能影响其性别分化。鱼类的温度依赖型性别决定与爬行类相似，可分为三种类型：第一种类型是高温诱导较多的雄性，而低温则诱导较多的雌性，大多数鱼类均属于此种类型；第二种类型则与之相反，高温下发育为雌性，低温为雄性；第三种类型在高、低温下均诱导出单性雄性种群，中间温度发育成为性别比例 1∶1 的种群（王念民等，2007）。此外，一些环境内分泌干扰物可通过干扰内源激素的合成、释放、转运、代谢、结合和作用等过程影响两栖类和鱼类的内分泌机能，从而影响其性别分化。外源性雌激素和雄激素可分别诱导两栖类或鱼类朝着雌性和雄性的方向发育（Örn et al.，2003；Olmstead et al.，2012；Säfholm et al.，2015）。

2.4 模式鱼类在内分泌干扰物研究中的应用

鱼类作为水生态系统中重要的消费者，对有毒有害物质十分敏感。随着生态/环境毒理学的发展，模式鱼类已成为水生态毒理学，特别是内分泌干扰效应研究的重要实验对象。斑马鱼（*Danio rerio*）、日本青鳉（*Oryzias latipes*）、黑头呆鱼（*Pimephales promelas*）、食蚊鱼（*Gambusia affinis*）、稀有鮈鲫（*Gobiocypris rarus*）和孔雀鱼（*Poecilia reticulata*）是淡水生态毒理学研究常用的模式鱼类。与淡水鱼模型相比，海水鱼模型的研究非常滞后。虽然淡水/河口物种，如羊头小鱼（*Cyprinodon variegatus*）和底鳉（*Fundulus heteroclitus*）也适用于海水环境的生态毒理学研究，但种内个体生长速率差异大、个体差异显著、基因信息贫乏等因素使得其难以推广应用（伍辛泷等，2012）。海水青鳉（*Oryzias melastigma* 或 *Oryzias dancena*），与淡水的日本青鳉（*Oryzias latipes*）同属脊索动物门辐鳍鱼纲颌针鱼目怪颌鳉科青鳉属，在发育形态学、基因序列和对污染物的响应等方面与日本青鳉（*Oryzias latipes*）高度相似（Chen et al.，2008），已成为一种海洋生态毒理学研究的模式鱼类（Dong et al.，2014）。下面将详细陈述这几种主要模式鱼的基本特征。

2.4.1 常用的几种模式鱼类

1）斑马鱼

斑马鱼（*Danio rerio*）为辐鳍亚纲鲤科的一种硬骨鱼，原产印度、巴基斯坦等南亚国家。与其他鱼类相比，斑马鱼更适用于生态毒理学实验，这主要基于以下优势：①体型较小，成鱼体长一般4～6 cm，易饲养和管理，适用于大样本实验；②发育速度快，生殖周期短，孵出后约3～4个月可达性成熟，雌鱼产卵量大，一条雌鱼一次最多可产卵400枚，且产卵不受季节限制；③行体外受精、体外发育，易于控制和观察；④胚胎发育快，受精24 h后，各器官原基已经形成；⑤胚胎整体透明，易于观察和操作，可用于胚胎发育毒性实验等；⑥遗传背景清晰，基因组测序现已完成。基于上述特点，斑马鱼已被广泛应用于淡水生态毒理学研究领域，并展现出其独特的优势。

2）黑呆头鱼

黑呆头鱼（*Pimephales promelas*）是分布于北美各地的一种小型鲤科鱼类，环境适应能力强；易于饲养和管理；一般孵化后 4～5 个月即可性成熟；成鱼易于分辨雌雄，雄性具有一些雌性没有的第二性征，如黑色斑点、婚垫等，用雄激素暴露可诱导雌性个体出现雄性才有的第二性征。已被经济合作与发展组织的指导手册列为标准的实验鱼类，广泛应用于各种水毒理学研究中（Ankley and Villeneuve，2006）。

3）孔雀鱼

孔雀鱼（*Poecilia reticulata*）是一种小型淡水鱼类，鳉形目花鳉科花鳉属，为卵胎生鱼类的代表种。其耐污能力及适应性强，易于饲养；适温范围广（16～37℃），4～5 个月即可性成熟，繁殖力强（在 18～28℃下全年可繁殖，繁殖周期 4～5 周）。该鱼对环境污染物的作用敏感，适合用来评估和监测环境污染物的内分泌干扰作用（谭燕和李远友，2006）。

4）稀有鮈鲫

稀有鮈鲫（*Gobiocypris rarus*）是我国特有的一种小型鲤科淡水鱼类，野生种群主要分布于岷江中游、沱江上游、大渡河中下游和青衣江中下游，包括四川省汉源县、石棉县、双流县、都江堰市、彭州市等地（曹文宣和王剑伟，2003；王剑伟和曹文宣，2017）。其典型生态环境是稻田、沟渠、河流及漫滩，且对环境质量要求相对较高（如溶解氧充沛、人为干扰较少）的自然及农耕环境，这在我国生态系统中有着一定程度的普遍性和共性（王剑伟和曹文宣，2017）。从 1990 年开始，中国科学院水生生物研究所对其分布区与生活习性、形态与分类地位、饲养管理技术、胚胎发育、胚后发育、生长、摄食、对生态因子的适应性、核型与同工酶、饲养方法、繁殖技术、麻醉方法、近交系培育等方面进行了系统的研究（王剑伟，1992）。经过 20 多年的研究，在遗传标记、生物形态标记、饲养环境及微生物控制等关键领域，均达到了国际上对作为模式生物的基本要求。此外，我国还陆续研究并制定了稀有鮈鲫作为实验动物的质量和相关条件标准、检测技术标准与规范，以及进行多个毒性实验时的国家环保标准，建立了清洁级种群和资源保存基地（王剑伟和曹文宣，2017）。在实验室条件下，稀有鮈鲫具有与其他模式鱼类相似的优点，例如，①体型小，成体全长 38～85 mm，饲养方便；②饲养条件下，孵出后 3 个月，部分个体性腺成熟，4 个月左右即可产卵繁殖；③在人工控制条件下可以实现周年繁殖，每条鱼一般 3～6 天产卵一次，产卵间隔为 4 天，每次产卵数百粒；④卵黏性，卵膜径 1.25～1.70 mm，大于斑马鱼、青鳉等模式鱼类，利于操作者观察；⑤卵膜透明，可清楚地观察胚胎发育，也便于核移植等实验操作；⑥胚胎发育温度适应范围广，在 13～30 ℃的温度下胚胎可正常发育，可通过控制温度加快发育速度；⑦对温度、二氧化碳、溶氧、水体硬度等的耐受能力强（曹文宣和王剑伟，2003）。目前，稀有鮈鲫应用最多的是毒理学领域，许多实验证实，其对重金属、农药、持久性有机污染物等化学品非常敏感且实验重复性好，是进行化学品毒性测试和环境水样毒性实验的理想模式鱼类（王剑伟和曹文宣，2017）。2013 年，我国颁布了《化学品　稀有鮈鲫急性毒性试验》国家标准，标志着稀有鮈鲫已成为我国化学品测试中的本土模式生物，具有广泛的应用前景（王剑伟和曹文宣，2017）。

5）日本青鳉

日本青鳉（*Oryzias latipes*）是分布于日本、朝鲜、中国台湾和东南亚等国家和地区的一种小型鳉科鱼类，具有和斑马鱼相似的特点：①体型较小（4.5～23 mm），容易在实验室条件下进行大规模饲养；②性别差异一般可通过不同的鱼鳍形态而快速辨别；③发育速度快，生殖周期短，一般孵化后 2 个月即性成熟，且雌鱼产卵量大；④鱼卵体积较大，直径约 1～2 mm，颜色透明且不易破损，发育各阶段变化明显，极易进行各种实验观察和操作；⑤鱼卵和幼体对环境中各类污染物的胁迫比较敏感（伍辛泷等，2012）。已被经济合作与发展组织的指导手册列为标准的实验鱼类，在鱼类毒理学研究中广泛应用（谭燕和李远友，2006）。

6）海水青鳉

海水青鳉（*Oryzias melastigma*）又名黑点青鳉、海水青鳉和印度马达卡，原产于巴基斯坦、印度、缅甸和泰国沿海及淡水水域，在分类学上与日本青鳉同属青鳉属。除了具有日本青鳉所具有的优点外，其在青鳉属中还拥有其独特的优势——对盐度的适应范围非常广，可在 0‰～35‰的盐度范围内生长、繁殖（Kong et al.，2008）。经过十几年的探索、研究和使用，其遗传背景较为清晰，使其成为海洋生态毒理学研究领域的代表性模式鱼类（Dong et al.，2014）。

7）东部食蚊鱼

东部食蚊鱼（*Gambusia affinis*）是一种小型卵胎生鱼类，鳉形目（Cyprino-dontiformes）胎鳉科（Poeciliidae）食蚊鱼属。作为灭蚊防治疟疾最有效的生物工具，于 19 世纪初便从北美洲和中部美洲引入到世界各地，从而成为了世界性分布的鱼类。食蚊鱼的入侵性非常强，并具有高繁殖力，对其所在的生态系统具有关键的生物效应。该物种对温度和盐度的变化有较强的适应能力，这使其能在不同的生态环境中存活。由于以上的特性，食蚊鱼广泛分布于华南各地，容易捕捞，易于在实验室进行毒性暴露实验，因此被广泛用于生物指示种类。早在 20 世纪 90 年代，食蚊鱼就已经被选为监测造纸废水的环境指示生物（Hou et al.，2011）。

食蚊鱼是卵胎生鱼类，其产仔季节自 3 月份开始，产仔的最低水温 16℃，最高 37℃，至 11 月份结束，每年产仔 6～8 批。雄性食蚊鱼体长较小，为 14.0～27.5 mm；雌鱼体长 16～45 mm，腹部圆，无腹棱，怀孕时在臀鳍上方有一显著黑斑，称为孕斑。成体雄性食蚊鱼臀鳍的第 3、4、5 鳍条延长，演化成为交接器，第 4、5 变态鳍条末端具有数个小钩，当雄鱼交接器插入雌鱼生殖孔时，此小沟具有加强固着的作用。雄性食蚊鱼通过使用由臀鳍高度分化成的生殖足给雌性食蚊鱼输送精子。在雄性食蚊鱼体内，生殖足的发育是由雄激素决定的，但幼鱼和成熟的雌鱼暴露于外源性雄激素时也可以诱导出类似的生殖足。通常情况下，雌鱼的臀鳍条分节数要比雄性的少，但是当雌鱼暴露于雄激素时，它的臀鳍条长度将增加，并伴随着分节数增加。因此，臀鳍条的分节数是一个较好的指示雄激素特性的生物标志物（Hou et al.，2011）。

此外，食蚊鱼椎体脉棘（hemal spine）的发育也具有性别二态性，成体雌性食蚊鱼椎体脉棘一般向后方弯曲，以便支持鱼的肌肉组织，而成体雄性食蚊鱼的第 14、15、16 椎体脉棘则是细长的并向前弯曲，以便为交配期间的运动提供支持。14、15、16 这 3 根脉棘会随着外界环境的激素水平而发生相应的变化。因此利用食蚊鱼臀鳍条长度变化和第 14、15、16 椎体脉棘的骨骼形态变化监测不同水域环境雄激素类物质污染的研究有重要的学术意义和应用价值（Hou et al.，2011）。

2.4.2　鱼类在内分泌干扰活性筛查中的应用

1）生物标志物

在污染物的内分泌干扰活性筛查中，常常选择能够特异性指示化学品某种内分泌干扰活性的生物标志物（biomarker）作为筛查指标。例如作为卵黄蛋白的前体，卵黄蛋白原（vitellogenin，VTG）是常用的一种分子标志物。VTG 是一种雌性特异性蛋白，在正常生理条件下，雌鱼的肝脏在内源性雌激素的诱导下合成，但在具有雌激素活性的外源物质的刺激下，雄鱼的肝脏也能合成 VTG（Örn et al.，2003；Segner，2009），并且 VTG 是非常敏感和特异性高的生物标志物，同时 VTG 在较短时间内即可被诱导（Segner，2009）。目前已成功建立多种鱼类 VTG 蛋白的检测方法，如美国 Cayman 公司开发了用于检测斑马鱼、日本青鳉、黑头呆鱼、虹鳟、鲤、鲑等 VTG 的酶联免疫吸附测定（enzyme-linked immunosorbent assay，ELISA）试剂盒，并将其商业化。这类 ELISA 试剂盒通常适用于血浆样品中 VTG 的测定；但对于处于幼年期的某些小型鱼类（如斑马鱼等），由于无法取血而可以采用全鱼组织匀浆进行测定（Örn et al.，2003）。利用 RT-PCR 检测 VTG 的 mRNA 转录水平也是一种有效的评价潜在雌激素效应的方法，且这种方法的效力与检测 VTG 蛋白基本相当（Hutchinson et al.，2006）。在鱼类中，除了 VTG 外，卵黄壳蛋白（vitelline envelope protein，VEP）也被用作潜在的雌激素活性筛查的分子标志物（Arukwe et al.，1997）。但卵黄壳蛋白疏水性极高，无法用传统的手段检测，只能检测其 mRNA 水平。

相对于 VTG 被广泛作为雌激素类物质的生物标志物而言，评价雄激素类物质的生物标志物则较少。一种名为 spiggin 的糖蛋白可作为理想的雄激素分子标志物。正常生理条件，该种糖蛋白仅在雄性棘鱼肾脏中特异性表达。在外源性雄激素的刺激下，该蛋白可在雌鱼肾脏中表达（Svensson et al.，2013）。可用 ELISA 检测血液中的 spiggin 蛋白（Katsiadaki et al.，2002），也可用 RT-PCR 方法检测其 mRNA 水平。

2）转基因鱼的应用

随着鱼类胚胎显微注射技术的完善，转基因（transgenetic，Tg）鱼类技术也迅速发展起来。例如将绿色荧光蛋白基因整合到斑马鱼目标基因的启动子区，一旦目标基因表达即可启动下游绿色荧光蛋白基因的表达，通过检测绿色荧光的强度即可确定目标基因的表达情况。目前，这种转基因斑马鱼品系已被应用于化学品的内分泌干扰活性的高通量筛选中，成为一种替代标志物用于快速筛查内分泌干扰活性的有效方法。Tg（*ere*-GFP）（Legler et al.，2000）和 Tg（*cyp19a1b*-GFP）（Petersen et al.，2013）是目前应用最多的用于筛选具有雌激素活性的环境内分泌干扰物的转基因斑马鱼品系。此外，也有报道称构建了另外一种转基因斑马鱼 *ere-vtg1*-GFP，这种转基因斑马鱼利用 *vtg1* 的启动子调控报道基因 EGFP 的表达，直观地检测水环境中的雌激素活性污染物（Chen et al.，2010）。除了用于检测雌激素活性污染物的转基因斑马鱼品系，也有用于检测具有甲状腺/肾上腺内分泌干扰物活性的转基因斑马鱼品系的研究，如 Tg（*tshβ*：EGFP）（Ji et al.，2012）和 Tg（*pomc*：EGFP）（Sun et al.，2010）等。

2.4.3　鱼类模型在内分泌干扰效应研究中的应用

1. 鱼类模型在甲状腺内分泌干扰效应研究中的应用

与哺乳类由下丘脑-垂体-甲状腺（HPT）轴直接调控 T4、T3 的分泌不同，鱼

类 HPT 轴最主要的作用是只保证 T4 的平衡，而 T3 的合成和平衡则由外周组织中
T4 脱碘转变为 T3 来实现，这就意味着没有单独的标志物能够直接、全面地反映
甲状腺的功能。所以需要从以下几个层次来研究外源性污染物对鱼类的甲状腺内
分泌干扰效应。

1）HPT 轴调控分泌 T4 至血液（T4 平衡）

可通过测定血浆中甲状腺激素（尤其是 T4）的含量和甲状腺组织学来进行评
价。鱼类的 T4、T3 与哺乳类等其他脊椎动物相同，容易获取抗体，进而采用放射
性免疫（RIA）或者酶联免疫（ELISA）的方法对其进行检测（Blanton and Specker，
2007）。通常采用血浆进行测定，对于仔鱼则采用整体组织匀浆进行测定（Yu et al.，
2011）。由于大多数硬骨鱼类的甲状腺由弥散状的滤泡构成，使得鱼类甲状腺组织
学观察较为困难（Blanton and Specker，2007）。

2）外周组织中 T4 转化为有活性的 T3（T3 平衡）

测定血浆中 T3 的水平并不能确定鱼类外周组织中 T4 脱碘转变为 T3 的情况。
脱碘反应可以作为指示外周组织中 T3 的敏感指标。通过检测脱碘酶来反映脱碘反
应情况。脱碘酶能够反映 TH 的末端利用情况（Blanton and Specker，2007）。

3）甲状腺激素转运蛋白和受体蛋白

甲状腺激素分泌后进入血液循环，大部分 T4 与甲状腺激素转运蛋白结合形成
可逆的易溶性复合物，然后被运输到外周组织细胞中转化为 T3（也称为反式 T3，
rT3）（Fort et al.，2007）。甲状腺激素的合成、分泌、转运以及与甲状腺激素受体
结合构成了 HPT 轴的最前端，可通过检测甲状腺激素转运蛋白和甲状腺激素受体
蛋白的水平来反映甲状腺激素的活性和响应情况（Fort et al.，2007）。

2. 鱼类在生殖内分泌干扰效应研究中的应用

1）全生命周期实验

基于模式鱼类全生命周期（如从受精卵直至性成熟）暴露是广泛研究内分泌
干扰效应的实验方式。这种暴露方式可同时研究污染物对鱼类的发育毒性和生殖
毒性。在长期暴露实验中，污染物的暴露浓度通常采用环境剂量，因此实验结果
更贴近野外环境的真实情况。检测的终点（end points）指标有 VTG、生长发育、
性别分化和性别比例、性腺组织形态及结构、雌鱼产卵量（繁殖力）、受精率等
（Segner，2009）。子一代对内分泌干扰物的敏感性往往高于母代，因此，一些全生
命周期的长期暴露实验常常演变为多代暴露实验（Segner，2009）。

2）部分生命周期实验

全生命周期实验的研究结果具有重要的环境意义，但仍存在两大缺陷：①较长的暴露时间使其成为一种资源密集型、耗费较高的实验；②无法区分最终的生殖毒性是由于早期生长发育或性别分化受影响而导致，还是由于后期暴露对成鱼的影响直接造成。相对全生命周期实验而言，部分生命周期实验大大降低了实验条件的复杂性，可挑选出各个敏感阶段，实验周期短且成本低。部分生命周期实验主要包括：①对成鱼进行短时暴露以测试内分泌干扰物对成鱼生殖能力的影响，一般检测雌鱼产卵量（繁殖力）、受精情况、第二性征、血浆中性激素水平、VTG、性腺组织形态及结构、受精卵质量、配子发育及成熟情况等指标；②选择性别分化和性腺发育的敏感窗口期进行暴露以测试内分泌干扰物对鱼类性别分化和性腺发育的影响，一般以性腺组织病理和性别比例作为检测终点（Segner，2009）。鱼的种类不同，性别分化和性腺发育的敏感窗口期也不同。对于斑马鱼而言，一般采用从受精后开始暴露直到受精后 60～70 天（Örn et al.，2003）。

2.5　两栖类在内分泌干扰物研究中的应用

作为水陆两栖的脊椎动物，两栖类的生活周期比较复杂，幼体生长速度快，皮肤具有渗透性，污染物能在其体内富集和生物放大，这些特性使其成为检测环境污染物的前哨物种，在生态/环境毒理学研究中发挥着越来越重要的作用（周景明等，2006）。作为开发和使用非洲爪蟾研究内分泌干扰物的先驱之一，德国 Kloas 教授及其团队于 1999 年首次报道了酚类物质对非洲爪蟾的内分泌干扰效应，并明确提出非洲爪蟾可以作为研究内分泌干扰物的模型（Kloas et al.，1999）。随着研究的发展，目前，非洲爪蟾（*Xenopus laevis*）、热带爪蟾（*Xenopus tropicalis*）、美洲豹蛙、中华大蟾蜍、黑斑蛙、牛蛙、树蛙等均用于内分泌干扰物的研究中，其中以非洲爪蟾的研究最广泛。

2.5.1　常见的两栖类动物模型

非洲爪蟾在分类系统中属两栖动物纲无尾目爪蟾科爪蟾属光滑爪蟾种。非洲爪蟾因具有诸多优点而被广泛应用于内分泌干扰物的研究中，这主要基于以下优势：①可终生生活在水中，饲养条件简单（一般静水系统即可满足其生长发育）；②常年可以排卵孵化，一次排卵可达上万枚，保证足够实验材料；③卵直径大（约 1.33 mm），动物极呈黑色，植物极呈白色，肉眼容易观察，且易收集、转移和进行显微操作；④体外受精，体外发育，胚胎和幼体直接暴露水中，对环境污染物比较敏感；⑤已积累了大量有关其生长发育和繁殖等方面的基础生物学背景资料；⑥个体发育经历直接受甲状腺激素调控的变态发育过程，该过程对甲状腺激素及具甲状腺干扰活性的内分泌干扰物十分敏感；⑦性别分化和器官发育对性激素及具性激素活性的内分泌干扰物十分敏感（秦占芬和徐晓白，2006）。

近年来，一种新的模式动物——热带爪蟾逐渐进入人们的视线。热带爪蟾与非洲爪蟾是近缘种，与非洲爪蟾相比，具有个体更小、生长周期更短（3~6 个月）、性成熟更快、产卵量更多（2000~3000 个）、基因组结构（2 倍体）更简单和胚胎发育更快等优点（施华宏等，2014）。热带爪蟾基因组草图已于 2010 年公布，且分析显示热带爪蟾与人类基因组拥有相当多的共性（Hellsten et al.，2010），这意味着热带爪蟾的应用具有广阔的发展前景。

2.5.2　两栖类在甲状腺内分泌干扰研究中的应用

甲状腺激素水平异常是甲状腺内分泌干扰效应的一个重要指标。与鱼类相似，可通过检测血浆中甲状腺激素的水平、运载蛋白含量、脱碘酶活性的变化来研究环境污染物对两栖类的甲状腺内分泌干扰效应。

与其他脊椎动物不同，两栖类个体发育经历由蝌蚪到蛙的变态发育过程，且该过程受甲状腺激素调控，因此，该过程可反映甲状腺系统受到的干扰作用（秦晓飞等，2009），这也是两栖类成为研究甲状腺内分泌干扰模型的重要因素。甲状腺内分泌干扰物可通过引起甲状腺激素水平的变化，进而影响两栖类变态发育的速度/时间。尾吸收、累积变态率、累计前腿展开率、某一时间点上发育阶段的分布等变化，是用来反映两栖类变态发育速度/时间的重要终点指标（秦晓飞等，2009）。尾吸收是两栖动物变态发育的重要特征，尾吸收速度在一定程度上标志着变态发育的速度。1998 年，美国内分泌干扰物筛查和确证顾问委员会（Endocrine Disruptor Screening and Testing Advisory Committee，EDSTAC）建议用非洲爪蟾尾吸收试验来评价环境内分泌干扰物的甲状腺内分泌干扰作用（USEPA，1998）。累积变态率是指两栖类在某一时间段内变态成蛙的累积百分率，也用作研究甲状腺内分泌干扰的一个指标（秦晓飞等，2009）。后来又将这一指标转换为累积变态率 50%所用的时间，用来研究溴代阻燃剂的甲状腺内分泌干扰效应（Balch et al.，2006）。前腿展开（58 阶段）是两栖类变态发育过程中一个明显的形态学变化，可用某一时间段内的累计前腿展开率来反映内分泌干扰物的甲状腺干扰作用。某一时间点上爪蟾蝌蚪所处发育阶段的分布也能反映变态发育的速度，可用来评估甲状腺干扰物的干扰效应（秦晓飞等，2009）。

2.5.3　两栖类在生殖内分泌干扰研究中的应用

两栖类生殖内分泌系统所调控的一些生命活动，如性别分化、性腺发育、第二性征维持等，对性激素或类性激素物质的作用比较敏感，因而两栖类也成为研究内分泌干扰物对生殖系统影响的实验动物。非洲爪蟾是发育生物学研究领域的经典模型动物，已经积累了大量基础资料，可为研究污染物对两栖类的生殖内分泌干扰效应提供参考。自 1999 年 Kloas 教授及其团队首次以非洲爪蟾为对象研究生殖内分泌干扰效应以来，国内外已有多个实验室使用非洲爪蟾开展生殖内分泌干扰的研究，并取得一些进展（Qin et al.，2003；Hayes et al.，2003）。就利用两栖类评价污染物的生殖内分泌干扰效应而言，主要检测的实验内容包括性别比例、性腺形态和性腺组织学结构、输卵管和输精管等的发育、性激素水平及相关酶活性、卵黄蛋白原的表达等几个方面。

1）性别分化和性腺发育

两栖类性别分化的遗传机制具有多样性，一部分两栖类为 XY/XX 型性别决定，另一部分为 ZZ/ZW 型性别决定，自然情况下一般不表现出两性表型（Eggert，2004）。然而，两栖类的性别表型还受外界因素的影响，具有雌激素活性和雄激素活性的内分泌干扰物分别可诱导非洲爪蟾的性别比例偏向雌性和雄性（Säfholm et al.，2015；Olmstead et al.，2012）。除性别比例外，两栖类的性腺形态和组织学也已成为研究内分泌干扰物的生殖内分泌干扰效应的重要指标（Hayes et al.，2003；Qin et al.，2003）。

2）喉的发育

喉是雄性脊椎动物的第二性征，其发育过程及功能的维持由雄激素调控。雌性和雄性非洲爪蟾的喉在变态期间没有明显区别，变态完成后到成年这一段时间内，雄性个体的喉在内源性雄激素的调控下发生雄性化，表现为喉的软骨和肌纤维显著增多，而雌性个体则没有喉雄性化过程（Tobias et al.，1991）。影响雄激素分泌或具有雄激素或抗雄激素活性的内分泌干扰物可能会干扰非洲爪蟾喉的雄性化过程，可根据雄性喉的大小、组织学形态评价内分泌干扰物的内分泌干扰作用（秦占芬等，2009）。

3）输卵管的发育

非洲爪蟾在刚变态成蛙时，雌性个体的输卵管为一纤细的直管，随着卵巢的发育和雌激素的分泌，不断变粗、变弯曲。变态完成后一段时间内，雄性同雌性一样具有输卵管，随着精巢的发育，在抗缪勒氏管激素的作用下，输卵管逐渐退化，至变态 7 个月时完全消失（Kelley，1992）。可通过观察非洲爪蟾输卵管的发育情况来研究污染物的内分泌干扰作用。例如，用 PCBs 暴露 46/47 阶段的非洲爪蟾到变态 1 个月，结果导致雄性爪蟾到成年时仍保留输卵管，甚至有的输卵管一定程度上呈现发育特征，说明 PCBs 对非洲爪蟾的生殖管发育可能有雌性化/去雄性化作用（Qin et al.，2007）。

4）鸣叫行为

两栖类的鸣叫行为，如雄蛙的广告鸣叫（advertisement calling）是一种求偶行为，是两栖类最明显的性行为，受雄激素调控（Wetzel and Kelley，1983）。因此，两栖类的广告鸣叫行为能受到某些具有雄激素活性的内分泌干扰物的影响。例如，注射雄激素受体拮抗剂氟他胺后显著减少雄性非洲爪蟾的广告鸣叫行为（Behrends et al.，2010）。

5）性激素水平及相关类固醇合成酶基因的表达

正常的性激素水平是维持生殖内分泌系统结构和功能的重要保障，内分泌干扰物可能通过影响性激素水平而引起生殖内分泌干扰效应，所以血清或血浆中性激素水平的变化，在一定程度上可反映污染物的生殖内分泌干扰作用。性激素作为类固醇类激素，其合成与一系列酶如芳香化酶（aromatase）、类固醇-5α-还原酶（Srd5α）等的活性和表达有关，这些酶的活性和 mRNA 表达通常也能反映生殖内分泌干扰效应（秦占芬等，2009）。

6）卵黄蛋白原生物标志物

同鱼类一样，在两栖类中，非洲爪蟾的 VTG 表达也可作为敏感的生物标志物来评价污染物的雌激素内分泌干扰效应（Palmer et al.，1995）。例如有研究报道，使用 ELISA 方法检测了经滴滴涕（DDT）暴露后成年雄蛙血浆中 VTG 的水平，发现 DDT 同雌激素一样诱导了 VTG 的表达。除了检测 VTG 蛋白水平，其 mRNA 水平也可用来检测内分泌干扰物的雌激素活性。一般而言，VTG 蛋白水平和 mRNA 水平对某一具有雌激素活性的内分泌干扰物的响应基本一致（Oka et al.，2008）。但也有研究结果显示 VTG 蛋白对雌激素的反应较 VTG mRNA 更敏感（Urbatzka et al.，2007）；但 VTG 蛋白对抗雌激素可能不太敏感，而 VTG mRNA 表达对雌激素和抗雌激素都敏感。因此在实际研究中有必要同时检测 VTG 的蛋白水平和 mRNA 水平。

2.6　本章结论

本章详细地陈述了脊椎动物的生殖和甲状腺内分泌系统，以及对内分泌干扰物作用的响应。需要指出的是，脊椎动物的其他内分泌系统也容易受到污染物的影响，例如下丘脑-垂体-肾上腺（hypothalamic-pituitary-adrenal，HPA）轴。此外，内分泌轴之间也存在存在交叉影响（cross-talk）效应（Liu et al.，2011）。因此在研究某些污染物的内分泌干扰效应时，也需要综合考虑可能对其他内分泌系统的影响以及所引起的作用。

参 考 文 献

曹文宣, 王剑伟. 2003. 稀有鮈鲫——一种新的鱼类实验动物. 实验动物科学, 20(s1): 96-99.

李桑, 尤永隆, 林丹军. 2008. 泽蛙的性腺分化及温度对性别决定的影响. 动物学报, 54(2): 271-281.

秦晓飞, 秦占芬, 徐晓白. 2009. 非洲爪蟾在生态毒理学研究中的应用(Ⅱ): 甲状腺干扰作用评价. 环境科学学报, 29(8): 1589-1597.

秦占芬, 李岩, 秦晓飞, 颜世帅, 徐晓白. 2009. 非洲爪蟾在生态毒理学研究中的应用(Ⅲ): 生殖内分泌干扰作用的评价. 生态毒理学报, 4(3): 315-323.

秦占芬, 徐晓白. 2006. 非洲爪蟾在生态毒理学研究中的应用: 概述和实验动物质量控制. 科学通报, 51(8): 873-878.

施华宏, 朱静敏, 朱攀, 杨红伟, 吴粒铰. 2014. 热带爪蟾(*Xenopus tropicalis*)胚胎在生态毒理学中的应用前景. 生态毒理学报, 9(2): 190-198.

史熊杰, 刘春生, 余珂, 邓军, 余丽琴, 周炳升. 2009. 环境内分泌干扰物毒理学研究. 化学进展, 21(2-3): 340-349.

谭燕, 李远友. 2006. 鱼类在内分泌干扰研究中的应用. 水产科学, 25(11): 583-587.

王剑伟. 1992. 稀有鮈鲫的繁殖生物学. 水生生物学报, 16(3): 165-174.

王剑伟, 曹文宣. 2017. 中国本土鱼类模式生物稀有鮈鲫研究应用的历史与现状. 生态毒理学报, 12(2): 20-33.

王念民, 孙大江, 曲秋芝, 张颖, 马国军. 2007. 温度对鱼类性别分化和性别决定的影响. 水产学杂志, 20(2): 91-93.

伍辛泷, 黄乾生, 方超, 董四君. 2012. 新兴海洋生态毒理学模式生物——海洋青鳉鱼(*Oryzias melastigma*). 生态毒理学报, 7(4): 345-353.

周景明, 秦占芬, 徐晓白. 2006. 两栖类动物在环境毒理学研究中的应用. 环境与健康杂志, 23(4): 369-371.

Ankley GT, Villeneuve DL. 2006. The fathead minnow in aquatic toxicology: Past, present and future. Aquatic Toxicology, 78(1): 91-102.

Arukwe A, Knudsen FR, Goksøyr A. 1997. Fish zona radiata (egg shell) proteins: A sensitive biomarker for environmental estrogens. Environmental Health Perspectives, 105(4): 418-422.

Balch GC, Vélez-Espino LA, Sweet C, Alaee M, Metcalfe CD. 2006. Inhibition of metamorphosis in tadpoles of *Xenopus laevis* exposed to polybrominated diphenyl ethers (PBDEs). Chemosphere, 64(2): 328-338.

Behrends T, Urbatzka R, Krackow S, Elepfandt A, Kloas W. 2010. Mate calling behavior of male South African clawed frogs (*Xenopus laevis*) is suppressed by the antiandrogenic endocrine disrupting compound flutamide. General and Comparative Endocrinology, 168(2): 269-274.

Blanton ML, Specker JL. 2007. The hypothalamic-pituitary-thyroid (HPT) axis in fish and its role in fish development and reproduction. Critical Review in Toxicology, 37(1-2): 97-115.

Cao X, Kambe F, Moeller LC, Refetoff S, Seo H. 2005. Thyroid hormone induces rapid activation of Akt/protein kinase B-mammalian target of rapamycin-p70^{S6K} cascade through phosphatidylinositol 3-kinase in human fibroblasts. Molecular Endocrinology, 19(1): 102-112.

Chen H, Hu J, Yang J, Wang Y, Xu H, Jiang Q, Gong Y, Gu Y, Song H. 2010. Generation of a fluorescent transgenic zebrafish for detection of environmental estrogens. Aquatic Toxicology, 96(1): 53-61.

Chen X, Li VW, Yu RM, Cheng SH. 2008. Choriogenin mRNA as a sensitive molecular biomarker for estrogenic chemicals in developing brackish medaka (*Oryzias melastigma*). Ecotoxicology and Environmental Safety, 71(1): 200-208.

Cheng SY, Leonard JL, Davis PJ. 2010. Molecular aspects of thyroid hormone actions. Endocrine Reviews, 31(2): 139-170.

Davis FB, Mousa SA, O'Connor L, Mohamed S, Lin HY, Cao HJ, Davis PJ. 2004. Proangiogenic action of thyroid hormone is fibroblast growth factor-dependent and is initiated at the cell surface. Circulation Research, 94(11): 1500-1506.

Dong S, Kang M, Wu X, Ye T. 2014. Development of a promising fish model (*Oryzias melastigma*) for assessing multiple responses to stresses in the marine environment. Biomed Research International, 2014: 563131.

Dournon C, Houillon C, 1984. Genetic demonstration of functional sex inversion in *Pleurodeles waltlii* Michah (Urodele Amphibian) under the effect of temperature. Reproduction, Nutrition, Development, 24: 361-378.

Eales JG, Brown SB, Cyr DG, Adams BA, Finnson KR. 1999. Deiodination as an index of chemical disruption of thyroid hormone homeostasis and thyroidal status in fish. *In*: Henshel D S, Black M C, Harrass M C. Environmental Toxicology and Risk Assessment: Standardization of Biomarkers for Endocrine Disruption and Environmental Assessment, Volume 8, ASTM STP 1364, American Society for Testing and Materials, West Conshohocken, PA.

Eggert C. 2004. Sex determination: The amphibian models. Reproduction Nutrition Development, 44(6): 539-549.

Engler D, Burger A. 1984. The deiodination of the iodothyronines and their derivatives in man. Endocrine Reviews, 5(2): 151-184.

Fort DJ, Degitz S, Tietge J, Touart LW. 2007. The hypothalamic-pituitary-thyroid (HPT) axis in frogs and its role in frog development and reproduction. Critical Reviews in Toxicology, 37(1-2): 117-161.

Hayes T, Haston K, Tsui M, Hoang A, Haeffele C, Vonk A. 2003. Atrazine-induced hermaphroditism at 0.1 ppb in American leopard frogs (*Rana pipiens*): Laboratory and field evidence. Environmental Health Perspectives, 111(4): 568-575.

Hellsten U, Harland RM, Gilchrist MJ, et al. 2010. The genome of the Western clawed frog *Xenopus tropicalis*. Science, 328(5978): 633-636.

Hiroi Y, Kim HH, Ying H, Furuya F, Huang Z, Simoncini T, Noma K, Ueki K, Nguyen NH, Scanlan TS, Moskowitz MA, Cheng SY, Liao JK. 2006. Rapid nongenomic actions of thyroid hormone. Proceedings of the National Academy of Sciences, 103(38): 14104-14109.

Hou LP, Xie YP, Ying GG, Fang ZQ. 2011. Developmental and reproductive characteristics of western mosquitofish (*Gambusia affinis*) exposed to paper mill effluent in the Dengcun River, Sihui, South China.Aquatic Toxicology, 103: 140-149.

Hutchinson TH, Ankley GT, Segner H, Tyler CR. 2006. Screening and testing for endocrine disruption in fish-biomarkers as "signposts," not "traffic lights," in risk assessment. Environmental Health Perspectives, 114(Suppl 1): 106-114.

Incerpi S, Luly P, De Vito P, Farias RN. 1999. Short-term effects of thyroid hormones on the Na/H antiport in L-6 myoblasts: high molecular specificity for 3,3′,5-triiodo-L-thyronine. Endocrinology, 140: 683-689.

Iniguez M, Rodriguez-Pena A, Ibarrola N, Aguilera M, Morreale de Escobar G, Bernal J. 1993. Thyroid hormone regulation of RC3, a brain-specific gene encoding a protein kinase-C substrate. Endocrinology, 133: 467-473.

Ji C, Jin X, He J, Yin Z. 2012. Use of TSHβ: EGFP transgenic zebrafish as a rapid *in vivo* model for assessing thyroid-disrupting chemicals. Toxicology and Applied Pharmacology, 262(2): 149-155.

Katsiadaki I, Scott AP, Hurst MR, Matthiessen P, Mayer I. 2002. Detection of environmental androgens: A novel method based on enzyme-linked immunosorbent assay of spiggin, the stickleback (*Gasterosteus aculeatus*) glue protein. Environmental Toxicology Chemistry, 21(9): 1946-1954.

Kelley DB. 1992. Sexual differentiation in Xenopus laevis Tinsley RC. The Biology of *Xenopus*. Oxford: Clarendon Press: 153.

Kloas W, Lutz I, Einspanier R. 1999. Amphibians as a model to study endocrine disruptors: II. Estrogenic activity of environmental chemicals *in vitro* and *in vivo*. Science of The Total Environment, 225(1-2): 59-68.

Kong RY, Giesy JP, Wu RS, Chen EX, Chiang MW, Lim PL, Yuen BB, Yip BW, Mok HO, Au DW. 2008. Development of a marine fish model for studying *in vivo* molecular responses in ecotoxicology. Aquatic Toxicology, 86(2): 131-141.

Legler J, Broekhof JLM, Brouwer A, Lanser PH, Murk AJ, van der Saag PT, Vethaak AD, Wester P, Zivkovic D, van der Burg B. 2000. A novel *in vivo* bioassay for (xeno-)estrogens using transgenic zebrafish. Environmental Science and Technology, 34(20): 4439-4444.

Lei J, Mariash CN, Bhargava M, Wattenberg EV, Ingbar DH. 2008. T3 increases Na-K-ATPase activity via a MAPK/ERK1/2-dependent pathway in rat adult alveolar epithelial cells. American Journal of Physiology-lung Cellular and Molecular Physiology, 294(4): L749-L754.

Lei J, Mariash CN, Ingbar DH. 2004. 3, 3′, 5-Triiodo-L-thy-ronine up-regulation of Na, K-ATPase activity and cell surface expression in alveolar epithelial cells is Src kinase-and phosphoinositide 3-kinase-dependent. The Journal of Biological Chemistry, 279: 47589-47600.

Lin HY, Sun M, Tang HY, Lin C, Luidens MK, Mousa SA, Incerpi S, Drusano GL, Davis FB, Davis PJ. 2009. L-Thyroxine *vs.* 3,5,3-triiodo-L-thyronine and cell proliferation: Activation of mitogen-activated protein kinase and phosphatidylinositol 3-kinase. American Journal of Physiology-lung Cellular and Molecular Physiology, 296(5): C980-C991.

Liu C, Zhang X, Deng J, Hecker M, AL-Khedhairy A, Giesy JP, Zhou B. 2011. Effects of prochloraz or propylthiouracil on the cross-talk between the HPG, HPA and HPT Axes in zebrafish. Environmental Science and Technology, 45: 769-775.

Nagahama Y, Yamashita M. 2008. Regulation of oocyte maturation in fish. Development Growth and Differentiation, 50: S195-S219.

Nagahama Y, Yoshikuni M, Yamashita M, Sakai N, Tanaka M. 1993. Molecular endocrinology of oocyte growth and maturation in fish. Fish Physiology and Biochemistry, 11(1-6): 3-14.

Oka T, Tooi O, Mitsui N, Miyahara M, Ohnishi Y, Takase M, Kashiwagi A, Shinkai T, Santo N, Iguchi T. 2008. Effect of atrazine on metamorphosis and sexual differentiation in *Xenopus laevis*. Aquatic Toxicology, 87(4): 215-226.

Olmstead AW, Kosian PA, Johnson R, Blackshear PE, Haselman J, Blanksma C, Korte JJ, Holcombe GW, Burgess E, Lindberg-Livingston A, Bennett BA, Woodis KK, Degitz SJ. 2012. Trenbolone causes mortality and altered sexual differentiation in *Xenopus tropicalis* during larval development. Environmental Toxicology and Chemistry, 31(10): 2391-2398.

Örn S, Holbech H, Madsen TH, Norrgren L, Petersen GI. 2003. Gonad development and vitellogenin production in zebrafish (*Danio rerio*) exposed to ethinylestradiol and methyltestosterone. Aquatic Toxicology, 65(4): 397-411.

Palmer BD, Palmer SK. 1995. Vitellogenin induction by xenobiotic estrogens in the red-eared turtle and African clawed frog. Environmental Health Perspectives, 103(Suppl. 4): 19-25.

Pepels PP, Meek J, Wendelaar Bonga SE, Balm PH. 2002. Distribution and quantification of corticotropin-releasing hormone (CRH) in the brain of the teleost fish *Oreochromis mossambicus* (*tilapia*). Journal of Comparative Neurology, 453(3): 247-268.

Petersen K, Fetter E, Kah O, Brion F, Scholz S, Tollefsen KE. 2013. Transgenic (cyp19a1b-GFP) zebrafish embryos as a tool for assessing combined effects of oestrogenic chemicals. Aquatic Toxicology, 138-139: 88-97.

Qin ZF, Qin XF, Yang L, Li HT, Zhao XR, Xu XB. 2007. Feminizing/demasculinizing effects of polychlorinated biphenyls on the secondary sexual development of *Xenopus laevis*. Aquatic Toxicology, 84(3): 321-327.

Qin ZF, Zhou JM, Chu SG, Xu XB. 2003. Effects of Chinese domestic polychlorinated biphenyls(PCBs)on gonadal differentiation in *Xenopus laevis*. Environmental Health Perspectives, 111(4): 553-556.

Säfholm M, Jansson E, Fick J, Berg C. 2015. Mixture effects of levonorgestrel and ethinylestradiol: Estrogenic biomarkers and hormone receptor mRNA expression during sexual programming. Aquatic Toxicology, 161: 146-153.

Scarlett A, Parsons MP, Hanson PL, Sidhu KK, Milligan TP, Burrin JM. 2008. Thyroid hormone stimulation of extracellular signal-regulated kinase and cell proliferation in human osteoblast-like cells is initiated at integrin alphaVbeta3. Journal of Endocrinology, 196(3): 509-517.

Schulz RW, de França LR, Lareyre JJ, Le Gac F, Chiarini-Garcia H, Nobrega RH, Miura T. 2010. Spermatogenesis in fish. General and Comparative Endocrinology, 165(3): 390-411.

Schulz RW, Miura T. 2002. Spermatogenesis and its endocrine regulation. Fish Physiology and Biochemistry, 26: 43-56.

Segner H. 2009. Zebrafish (*Danio rerio*) as a model organism for investigating endocrine disruption. Comparative Biochemistry and Physiology—Part C: Toxicology and Pharmacology, 149(2): 187-195.

St Germain DL, Galton VA, Hernandez A. 2009. Minireview: Defining the roles of iodothyronine deiodinases: Current concepts and challenges. Endocrinology. 150(3): 1097-1107.

Sun L, Xu W, He J, Yin Z. 2010. *In vivo* alternative assessment of the chemicals that interfere with anterior pituitary POMC expression and interrenal steroidogenesis in POMC: EGFP transgenic zebrafish. Toxicology and Applied Pharmacology, 248(3): 217-225.

Svensson J, Fick J, Brandt I, Brunström B. 2013. The synthetic progestin levonorgestrel is a potent androgen in the three-spined stickleback (*Gasterosteus aculeatus*). Environmental Science and Technology, 47(4): 2043-2051.

Tobias ML, Marin ML, Kelley DB. 1991. Development of functional sex differences in the larynx of *Xenopus laevis*. Developmental Biology, 147(1): 251-259.

Tokarz J, Möller G, de Angelis MH, Adamski J. 2013. Zebrafish and steroids: What do we know and what do we need to know? The Journal of Steroid Biochemistry and Molecular Biology, 137: 165-173.

Tyler CR, Sumpter JP. 1996. Oocyte growth and development in teleosts. Reviews in Fish Biology and Fisheries, 6: 287-318.

Urbatzka R, Bottero S, Mandich A, Lutz I, Kloas W. 2007. Endocrine disrupters with (anti)estrogenic and (anti)androgenic modes of action affecting reproductive biology of *Xenopus laevis*: I. Effects on sex steroid levels and biomarker expression. Comparative Biochemistry and Physiology—Part C: Toxicology and Pharmacology, 144(4): 310-318.

USEPA. 1998. Endocrine disruptor screening and testing advisory committee (EDSTAC): Final report. Available at: https://www.epa.gov/endocrine-disruption/endocrine-disruptor-screening-and-testing-advisory-committee-edstac-final.

Wetzel DM, Kelley DB. 1983. Androgen and gonadotropin effects on male mate calls in South African clawed frogs, *Xenopus laevis*. Hormones and Behavior, 17(4): 388-404.

Yen PM. 2001. Physiological and molecular basis of thyroid hormone action. Physiological Reviews, 81(3): 1097-1142.

Yu L, Lam JC, Guo Y, Wu RS, Lam PK, Zhou B. 2011. Parental transfer of polybrominated diphenyl ethers (PBDEs) and thyroid endocrine disruption in zebrafish. Environmental Science and Technology, 45(24): 10652-10659.

Zoeller RT, Tan SW, Tyl RW. 2007. General background on the hypothalamic-pituitary-thyroid (HPT) axis. Critical Reviews in Toxicology, 37(1-2): 11-53.

第3章 环境污染物的内分泌干扰效应

本章导读

- 首先简要介绍环境内分泌干扰物的定义、来源、种类、主要特点和分子作用模式。
- 然后总结内分泌干扰物的筛选和评价方法，重点陈述基于受体报道基因的重组细胞筛选模型和非受体途径介导的内分泌干扰效应评价体系。
- 主要陈述内分泌干扰物对人类流行病学的研究，包括生殖健康的危害，儿童发育的影响，诱导代谢性疾病、肿瘤和癌症以及干扰甲状腺、神经以及免疫系统等。
- 最后回顾内分泌干扰物对野外鱼类、两栖类以及鸟类的影响，从不同的营养级和生活环境来阐述内分泌干扰物对野生动物的影响。

3.1 内分泌干扰物概述

内分泌干扰物（endocrine-disrupting chemicals，EDCs），有人称之为"环境激素"，有人则将其命名为"导致内分泌障碍的化学物质"（Colborn et al.，1996）。目前普遍认为，内分泌干扰物是指干扰生物体内维持内环境稳定及调节发育过程中激素的合成、释放、代谢、结合、排泄、交互作用的外源性物质，这些物质可模拟、强化或抑制生物体内源激素的作用，干扰内分泌系统，进而引起生殖、生长等方面的损伤（Kavlock et al.，1996）。

早在20世纪30年代，就已经有关于化合物的雌激素效应的报道（Cook et al.，1993）。20世纪60年代，著名的科普著作 Silent Spring（《寂静的春天》）阐述了有机氯农药滴滴涕（DDT）对野生动物的内分泌干扰效应，引起了政府、科技界和公众对环境内分泌干扰物的关注（Carson，1962）。此后，人们于70年代发现乙烯雌酚综合征，80～90年代发现在世界多地野生生物生殖发育异常，包括雄性雌性化、雌雄同体、生殖器官变形、生殖行为异常等（Colborn et al.，1996）。与此同时，越来越多的化学品被证实对生物体具有内分泌干扰效应。1996 年，*Our Stolen Future*（《我们被偷走的未来》）一书的问世，进一步引起了多国政府、工业界、学术界和公众对内分泌干扰物的关注。此后，包括欧盟（European Union，EU）、经济合作与发展组织（Organization for Economic Co-operation and Development，OECD）、联合国协同国际化学品安全规划署（International Program on Chemical Safety，IPCS）和美国环境保护署（United States Environmental Protection Agency，USEPA）等在内的国际组织和政府机构，就内分泌干扰物的暴露对野生生物和人类的健康风险评价等发表了相关专题报告（伍吉云等，2005；卫立等，2007）。目前，环境内分泌干扰物的研究仍是环境科学领域的前沿热点问题，国内外已建立了许多关于环境内分泌干扰物质的专题网站。下面将分别陈述其主要来源、分类、主要特点和分子作用模式。

3.2 内分泌干扰物的来源及分类

内分泌干扰物主要是现代工业污染的产物，在石油、电子、塑料、涂料、农药、医药等生产过程和产品使用中的许多化学物质具有内分泌干扰效应；此外在造纸、冶炼、化工、垃圾处理、汽车尾气排放、吸烟和制药等过程中都能产生具有内分泌干扰活性的物质。内分泌干扰物种类众多，大体可分为两大类：天然化合物和人工合成的化合物。其中，天然化合物较少，主要来源于动、植物体内排放的类固醇物质以及植物、真菌的代谢产物等，又可分为：①动物和人体合成的雌激素，包括雌酮（estrone，E1）、雌二醇（estradiol，E2）和雌三醇（estriol，E3），其中雌二醇作用最强。②植物雌激素，其中植物雌激素是一类在植物中天然存在的、以非甾体结构为主的化合物，其本身或其代谢产物具有弱雌激素活性。目前已知至少有 400 多种植物含有具有生物活性的雌激素样物质，如异黄酮和香豆雌酚。③真菌雌激素，由环境中霉菌产生，如玉米赤霉烯酮（Diamanti-Kandarakis et al.，2009）。

人工合成的化合物主要包括：①用于工业溶剂或润滑剂的合成化学品及其副产品，如多氯联苯（polychlorinated biphenyls，PCBs）、多溴联苯（polybrominated biphenyls，PBBs）、多溴二苯醚（polybrominated diphenyl ethers，PBDEs）、二噁英（dioxin）等；②增塑剂，如双酚 A（bisphenol A，BPA），邻苯二甲酸酯（phthalic acid esters，PAEs）等；③杀虫剂，包括杀虫、杀螨剂及其代谢产物，如林丹、菊酯类（氰戊菊酯、苯醚菊酯和氯菊酯）、有机磷等，还包括氨基甲酸酯类杀虫剂，如马拉硫磷、毒死蜱、七氯、环氧七氯、灭蚁灵等；④除草剂，如阿特拉津等；⑤杀菌剂，如三唑酮、福美锌等；⑥防腐剂，主要包括三氯生、五氯苯酚等；⑦个人护理品，主要包括香味剂：硝基香味剂、多环香味剂、大环香味剂；防晒剂：苯甲酮、甲基苄亚基樟脑；驱虫剂：N,N-二乙基-3-甲基苯甲酰胺等（表 3-1）（石莹和张宏伟，2006；Diamanti-Kandarakis et al.，2009）。在这些内分泌干扰物中，很多化合物已经纳入 POPs 名单中，有的则具有 POPs 的部分特征。在众多的内分泌干扰物中，研究报道较多的是邻苯二甲酸酯和双酚 A，其广泛存在各种环境介质、野生动物和人体内（俞健梅等，2014）。因此，本章将着重总结这两类内分泌干扰物的研究进展。

表 3-1　常见环境内分泌干扰物及其分类（引自文献（Diamanti-Kandarakis et al.，2009））

分类	常见举例
动物和人体合成的雌激素	雌二醇、雌酮和雌三醇
植物雌激素	黄豆苷原、染料木黄酮、香豆雌酚、燃料木素、樱黄素、芒柄花素、红车轴草素、雌马酚、罗汉松树脂酚
真菌雌激素	玉米赤霉烯酮
工业用品	多氯联苯、多溴联苯、二噁英、双酚 A、邻苯二甲酸酯
除草剂	阿特拉津、氟乐灵、氰草津、利谷隆、乙草胺、甲草胺、杀草强、莠去津、嗪草酮、除草醚、二甲戊乐灵、七氯氮苯、氨基丙氟灵
杀虫剂	菊酯类（氰戊菊酯、苯醚菊酯和氯菊酯）、氨基甲酸酯类如对硫磷、马拉硫磷、涕灭威、西维因、毒死蜱、乐果、敌百虫、敌敌畏、克百威、双虫脒、甲萘威、七氯、环氧七氯、灭多威、灭蚁灵、反式九氯、氧化氟丹
杀菌剂	乙烯菌核利、腐霉利、代森类杀菌剂、多菌灵、十三吗啉、乙撑硫脲、氯苯嘧啶醇、腈苯唑、异菌脲、代森锰锌、代森锰、代森联、腐霉利、嘧霉胺、福美双、三唑酮、三唑醇、代森锌、福美锌
防腐剂	三氯生、氯苯、五氯苯酚
个人护理品	香味剂：硝基香味剂、多环香味剂、大环香味剂；防晒剂：苯甲酮、甲基苄亚基樟脑；驱虫剂：N,N-二乙基-3-甲基苯甲酰胺
重金属	铅、砷、镉、汞、铀

根据对内分泌腺及其相关激素的影响，内分泌干扰物还可划分为雌激素、雄激素、甲状腺激素、孕激素、糖皮质激素、胰岛素、肾上腺皮质激素、生长激素干扰物等。其中，①雌激素类干扰物具有与雌激素类似的结构，能够与雌激素受体（estrogen receptor，ER）相互作用，进入生物体后能够模拟或干扰天然雌激素的生理和生化作用，如多氯联苯类化合物、烷基酚类化合物、邻苯二甲酸酯类化合物、双酚类化合物、有机氯杀虫剂和除草剂、某些金属类（如铅、镍）等；②雄激素类干扰物，具有类似体内雄激素或抗体内雄激素的作用，主要包括烯菌酮、滴滴伊（DDE）、邻苯二甲酸酯、林丹和铅等；③甲状腺类干扰物，能够影响甲状腺功能，如导致甲状腺肿大、抑制甲状腺对碘的吸收、抑制甲状腺激素合成、降低血液中甲状腺激素浓度等，主要包括 PCBs 和 PBDEs 等；④其他内分泌干扰

物，如铅、可卡因、去甲可卡因、二硫化碳等干扰肾上腺皮质激素（李剑等，2010）。目前研究较多的是雌激素和甲状腺激素内分泌干扰物。

3.3   内分泌干扰物的主要特点

内分泌干扰物一般具有以下特点：①具有环境持久性。多数内分泌干扰物为亲脂性有机化合物，具有不易挥发、不易降解、残留期长等特点，可在环境中长久存在，并通过生物富集和食物链的放大作用在生物体内富集（王佩华等，2010）。这类化合物一般指的是 POPs，例如 PCBs、DDT 等。②环境分布广泛性。环境内分泌干扰物种类繁多，来源广泛，目前在各种环境介质中，如大气、土壤、水体、沉积物等非生物介质，以及各种生物介质及人体组织中均能检测到。③化学结构复杂性。内分泌干扰物虽具有激素内分泌干扰效应，但在化学结构上，和生物体内天然雌、雄激素，甲状腺激素或其他类固醇激素有很大差别。如雄激素中的睾酮（testosterone，T）和雌激素中的雌酮（E1），虽生理功能完全不同，但二者结构却几乎一样，都是四环结构。而 DDT 和己烷雌酚是两环结构，烷基酚是单环结构，迄今尚无假说可合理地解释这些不同结构的化学物质为何都能同 ER 结合。④作用方式多样性。 内分泌干扰物对生物体的作用方式具有非单一性，有些内分泌干扰物质会随剂量的变化表现出截然相反的作用，对不同组织的作用也可能不同，对神经、免疫系统和内分泌系统中任一种系统的作用都会影响到另两个系统，从而造成了表现形式的多样性。⑤具有毒性作用特异敏感期。发育中的机体其内分泌系统尚缺乏反馈保护机制，或因为幼体的激素受体分辨能力不如成体的那样高，孕期、幼年动物及人体对激素水平远较成体敏感，激素水平的微量改变即可影响动物终生。⑥可引起传代毒性。母体，特别是在妊娠期的母体，经由各种途径接触、摄入的内分泌干扰物，可通过传代方式导致子代胚胎早期、胎儿、新生儿甚至成年期的健康问题，诱发疾病，产生不可逆的损害。⑦毒性效应具有迟发性。在实际环境中，生物体接触到的内分泌干扰物的剂量一般较低，即便暴露发生在胚胎前期、胎儿或新生儿期，但直到后代成熟，甚至到中年期才能表现出明显的损害（李杰和司纪亮，2002）。⑧低剂量暴露。内分泌干扰物在接近或者低于无可观察效应浓度时仍可以诱导生物效应，而环境内分泌干扰物对生物的作用特点一般是长时间低剂量暴露。

3.4   内分泌干扰物的分子作用模式

内分泌干扰物种类繁多、结构多样，且生物体内分泌系统复杂，等等，这些因素决定了内分泌干扰物对生物的作用机制具有多样性。大量研究指出，内分泌干扰物通常可通过多种分子途径发挥作用，从而引起多种多样的效应。总体上，EDCs 可通过以下几种分子作用模式干扰正常的内分泌系统。

1. 直接与受体结合

这是内分泌干扰物发挥效应最直接的作用方式。某些内分泌干扰物可作为配体，与相应的核激素受体竞争性结合，形成配体-受体复合物，配体-受体复合物再结合于 DNA 结合区的 DNA 反应元件上，诱导或抑制靶基因的转录，启动一系列激素依赖性生理生化过程（伍吉云等，2005）（参见图 3-1 中的途径 I）。具有雌激素或雄激素活性的内分泌干扰物可通过雌激素受体（ER）或雄激素受体（androgen receptor，AR）介导的核受体途径发挥效应。除了 ER 和 AR，芳香烃受体（aryl hydrocarbon receptor，AHR）也是研究的较多的受体，许多环境内分泌干扰物如二噁英、多氯联苯等往往通过 AHR 受体途径发挥效应。

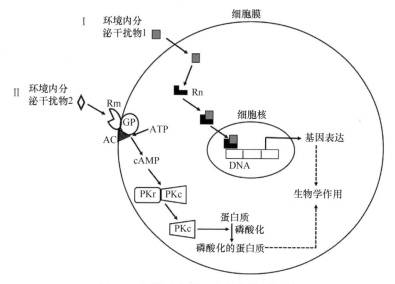

图 3-1 环境内分泌干扰物的作用机制

Ⅰ：核受体途径（基因调节学说）；Ⅱ：膜受体途径（第二信使学说）；Rm，细胞膜受体；Rn，核受体；GP，G 蛋白；AC，腺苷酸环化酶；cAMP，环-磷腺苷；PKr，蛋白激酶调节亚单位；PKc，蛋白激酶催化亚单位；ATP，三磷酸腺苷（图仿自文献（伍吉云等，2005））

除了通过核受体介导的生物学反应外，有的内分泌干扰物还可作为第一信使特异性地与靶细胞膜上相应的受体结合，激活膜上的腺苷酸环化酶系统，在细胞内产生第二信使 cAMP，引起下游一系列级联反应，从而调控细胞的生理活动（参见图 3-1 中的途径 Ⅱ）（伍吉云等，2005）。

2. 影响非受体途径介导的细胞信号通路

某些内分泌干扰物不直接和激素受体结合，但能通过影响激素相关信号通路从而引起相关生物学效应。例如，一些多氯联苯类化合物可影响体内钙平衡和蛋白激酶 C 的活性而发挥内分泌干扰效应（Brouwer et al.，1999）。β-六氯环己烷（β-hexaehlooreyclohexane）诱导一些特异的雌激素受体应答，但并不与雌激素受体相互作用（郑丽舒等，2002）。

3. 干扰和破坏内源激素的合成、分泌、转运、代谢、活性等

一些内分泌干扰物能够通过影响内源激素的分泌和转运过程，或干扰与激素合成和代谢相关的作用途径，进而改变内源激素的生物利用。有的内分泌干扰物通过增强或抑制芳香化酶的活性，影响生物体内雄激素向雌激素的转化过程，进而影响雌雄激素平衡，最终影响生殖等生物学功能（Marques-Pinto and Carvalho，2013）。另外，还有某些内分泌干扰物，特别是激素类化合物对血清白蛋白、性激素结合蛋白、甲状腺素结合蛋白有一定的亲和力，通过与受体竞争性结合，减少受体对天然激素的结合，从而引起内分泌干扰效应。例如多溴二苯醚能与血清甲状腺素结合蛋白竞争性结合，使得血液中游离状态的甲状腺激素含量增加，容易被相关代谢酶降解，从而引起甲状腺激素含量下降，导致靶细胞对甲状腺激素的生物利用减少，最终影响甲状腺激素的生理学功能（Yu et al.，2010）。

4. 影响内分泌系统、神经系统和免疫系统的综合效应

内分泌系统、神经系统、免疫系统是三个既相互独立而又相互作用的体系，三者通过共用的细胞因子、激素及其受体相互协调、共同作用，从而构成复杂的网络关系，使机体在不同条件下维持稳态（伍吉云等，2005）。一方面，内分泌干扰物进入生物体内后，通过模拟或拮抗内源激素，干扰内源激素介导的反应，对内分泌系统造成干扰，进而影响到免疫系统与神经系统；另一方面，当免疫系统与神经系统受到内分泌干扰物的直接影响时，又会使得内分泌系统生理生化功能异常。这一系列连锁反应将导致生物行为异常，包括繁殖行为、化学感知行为、种群行为、活动和反应能力以及认知行为等（伍吉云等，2005）。

以上介绍了内分泌干扰物的基本作用模式，即通过受体途径和非受体途径来发挥内分泌干扰作用。而在受体途径中，核受体是内分泌干扰的重要作用位点。因此根据内分泌干扰物的作用模式，可以建立和发展基于受体途径介导的化学品内分泌干扰活性潜力的筛查技术、方法等。下面将主要介绍已经建立起来并得到应用的离体细胞筛查技术。

3.5　环境内分泌干扰物的筛选和评价

内分泌干扰物种类众多、数量大、化学分析成本高，且每年有大量新合成的化学品投放市场。因此开发高效、灵敏、快速筛选和检测化学品或者污染物内分泌干扰效应的方法，是环境内分泌干扰物研究领域的重要环节。目前科学家已经建立起一些筛选环境内分泌干扰物的方法。总结起来有重组酵母筛选方法、哺乳动物细胞报道基因、H295R 类固醇激素合成检测、哺乳动物细胞增殖实验等（表 3-2）。其中，对于评价一些具有生殖内分泌干扰活性的化学物质的离体细胞模型主要有：人乳腺癌细胞（breast cancer cells），如 MCF-7、MVLN 等，睾丸间质细胞（Leydig cells）、卵巢癌细胞（ovarian cancer cells）和人肾上腺皮质瘤细胞（adrenocortical carcinoma cells），如 H295R 等。此外，以野生型或重组细胞株为模型，建立了基于甲状腺内分泌干扰物作用机制的离体测试体系，用于评价化合物

表 3-2　常见的几种内分泌干扰效应的体外筛查模型（引自文献（方琪等，2017））

模型	原理	应用举例
酵母双杂交系统	构建能够稳定转染雌激素受体（ER）、雌激素相关受体（EER）、雄激素受体（AR）、孕激素受体（PR）、甲状腺激素受体（TR）、维甲酸 X 受体（RXR）等受体基因的酵母杂交菌株，可检测环境内分泌干扰物与特定受体结合及引起相关基因过表达的能力	广泛应用于筛查环境内分泌干扰物的雌激素、雄激素、孕激素、甲状腺激素、维甲酸 X 受体活性（李剑等，2008a，b；Li et al.，2008a，b，c）
基于报道基因的哺乳动物细胞模型	向哺乳动物细胞系如人乳腺癌细胞 MCF-7、正常人乳腺细胞 MDA-Kb2、人子宫内膜细胞 ECC-1、人乳腺管癌细胞 T47D、Hela 细胞、中国仓鼠卵巢细胞 CHO-K1 等稳定转染或瞬时转染激素受体报道基因，用于筛查环境内分泌干扰的相关受体活性	应用于多种环境内分泌干扰物的筛查（Blake et al.，2010；Legler et al.，1999；Lu et al.，2015；Mäkelä et al.，1994；Miller et al.，2000；Orton et al.，2012；Wang et al.，2012；Wilson et al.，2002）
H295R 类固醇激素合成实验	H295R 具有类固醇激素合成的全套基因和酶系统，可通过检测类固醇激素含量、重要基因和蛋白的表达、酶活等来筛查环境内分泌干扰物对类固醇激素合成的干扰	广泛应用于多种环境内分泌干扰物如雌激素、有机酚、杀虫剂、杀真菌剂等对类固醇激素合成途径的内分泌干扰效应（Gracia et al.，2006；Higley et al.，2010；Li and Lin，2007；Prutner et al.，2013）
MCF-7 细胞增殖实验（E-screen 实验）	人乳腺癌细胞 MCF-7 细胞具有雌激素依赖性，细胞在无激素培养基中饥饿一段时间后再加入环境内分泌干扰物，通过细胞增殖反映其是否具有雌激素效应	广泛应用于多种环境内分泌干扰物雌激素、有机氯杀虫剂、有机磷农药、聚全氟碘烷等的雌激素筛查（Okubo et al.，2004；Wang et al.，2012）
GH3 细胞增殖实验（T-screen 实验）	大鼠垂体瘤细胞 GH3 的生长具有甲状腺激素 T3 依赖性，通过细胞增殖反映环境内分泌干扰的 TR 的激动效应或拮抗效应	应用于杀真菌剂等的甲状腺激活性和抗甲状腺激素活性的筛查（Taxvig et al.，2011）

的甲状腺内分泌干扰活性，使用的细胞株主要包括大鼠垂体瘤细胞（rat pituitary tumor cells，GH3）、小鼠垂体细胞（mouse pituitary cells，TαT1）、大鼠甲状腺细胞（rat thyroid cells，FRTL5）、中国仓鼠卵巢细胞（Chinese hamster ovary cells，CHO）和人胚肾细胞（human embryonic kidney cells，HEK293）。下面分别具体介绍几种常用细胞的应用情况。

• **构建基于受体报道基因的重组细胞筛选模型来评价内分泌干扰效应**

1. 重组酵母双杂交系统的构建及其应用

1）酵母双杂交技术

1989 年，Fields 和 Song（Fields and Song，1989）基于对真核生物调控转录起始过程的研究，建立了酵母双杂交系统，这是一种直接在真核活细胞体内研究蛋白质之间相互作用的技术。该系统自建立以来，经过科学家们不断完善和改进，不仅提高了实验结果的可靠性和精确性，而且还发展出了反双向杂交、三向杂交以及核外杂交等多项技术。

2）酵母双杂交系统原理

真核生物起始基因的转录需要有反式转录激活因子的参与，这些典型的反式转录激活因子（例如 GAL4）在结构上是组件式的，即由两个或两个以上结构上可以分开，功能上相互独立的结构域组成，包括转录激活因子发挥功能所必需的 DNA 结合功能域（binding domain，BD）和转录激活结构域（activation domain，AD），前者能够特异性识别 DNA 上的序列，并使转录激活结构域定位于所调节的基因上游，AD 可以和转录复合体的其他成分作用，启动所调节的基因转录（Brückner et al.，2009）。单独的 BD 和 AD 仍具有各自的功能，例如单独的 BD 仍能识别 DNA 上的特异序列。但是一个具有激活基因转录功能的反式转录激活因子必须同时具有 AD 和 BD（郑立双等，2013），并且两者在空间上足够接近时才能呈现完整的转录因子活性。另外，来自不同转录激活因子的 BD 和 AD 重建后会激活与 BD 结合的基因，使之正常转录、表达（何淑雅等，2004）。基于上述原理，研究者们将已知蛋白 X 克隆至含 BD 基因的载体中，构建 X-BD 载体质粒；与此同时将未知待测蛋白 Y 克隆至具有 AD 基因的载体中，组成 Y-AD 载体质粒。随后将这两个载体质粒表达于同一酵母体内，在酵母体内表达 X-BD 融合蛋白和 Y-AD 二聚体蛋白，也分别称为"诱饵"蛋白和"猎物"蛋白或靶蛋白，如果"诱饵"和"猎物"蛋白能够配对成功并发生相互作用，那么这两个蛋白就会成为 BD 和 AD 的"桥梁"，使两个结构域在空间上相互接近，激活反式转录激活因子,从而启动相应的基因转录(李剑等,2008a,b;Mehla et al.,2015)。这个能被激活进行转录表达的基因被称为报道基因(reporter gene),这些基因通常是可以直接进行选择的标记基因和特征性报道基因,在用于转染载体质粒的酵母体内有报道基因但没有报道基因的转录活性。反之,也可以通过对报道基因表达的检测来判断"诱饵"和"猎物"之间是否存在相互作用。综上所述,酵母双杂交技术可以直接、快速地检测、分析活细胞体内蛋白质之间的关系,并被推广到了诸如蛋白质新功能研究、筛选药物作用位点、抗原抗体结合、检测环境中内分泌干扰物等新领域中(李剑等,2008b)。酵母双杂交技术基本原理示意图见图 3-2。

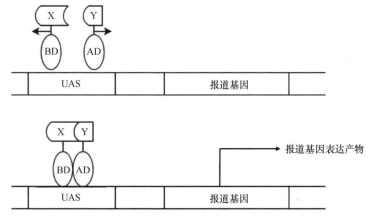

图 3-2　酵母双杂交技术基本原理

UAS,上游激活序列;X,"诱饵"蛋白;Y,靶蛋白(图仿自文献(李剑等,2008b))

基于上述原理,研究者利用酵母双杂交技术构建了人雌激素受体(hER)基因酵母检测系统,用于评价化合物的雌激素活性。根据激素作用的受体理论,天然的人雌激素与受体中的配体结合域(ligand binding domain,LBD)结合形成二聚体,引起构象的改变,之后才能结合协同激活因子,识别特异调控序列,启动基因转录(Hong et al.,1996)。基于酵母双杂交技术原理和激素-受体理论,科学家建立了酵母双杂交系统(yeast two-hybrid system),用于检测环境中具有雌激素活性的化合物。

具体操作过程如下:利用 PCR 扩增人雌激素受体(hER-LBD)基因,将 hER 基因插入含 DNA 结合域的质粒中,构建 AD-hER LBD "诱饵"质粒。另外将人雌激素受体协同激活因子基因克隆至含转录激活结构域的质粒中,形成含有 BD-配体激活因子基因的靶基因,随后将诱饵基因以及靶基因同时转染到含有报道基因的酵母菌株中,如具有 *his3*、*lacZ*、*ura3* 等报道基因,并且菌株具有相应的缺陷型，之后于营养缺陷型培养基上进行筛选（张迪等，2000；李剑等，2008a）。当环境中存在类雌激素化合物时，此化合物会与激素受体结合形成二聚体，改变构象，使 AD-hER LBD 融合蛋白与 BD-配体激活因子融合蛋白相互接近，启动报道基因转录并表达，通过对报道基因产物活性的测定来表征类雌激素物的活性（李剑等，2008a）。对于具有抗雌激素效应的化合物，实验组除了需要待测物质和双杂交酵母，还需要在培养基内加入天然激素（受体的天然配体），再另设一组对照，在此培养基内加入相同浓度的天然激素以及双杂交酵母，但不需要加入待测化合物，将实验组和对照组的报道基因表达产物活性比较，来证明此化合物是否具有抗雌激素效应（李剑等，2008a）。

3）基于人雌激素受体构建的酵母双杂交技术的运用

目前为止，酵母双杂交技术在生态毒理学领域的运用，主要是通过克隆核受体基因以及核受体的共激活因子基因片段，采用双杂交技术重组到酵母细胞中，用于检测环境内分泌干扰效应。目前已经成功构建了多种重组酵母双杂交系统，并应用到快速筛选环境内分泌干扰物的研究中，主要包括雌激素受体（ER）、雌激素相关受体（estrogen-related receptor，EER）、雄激素受体（AR）、孕激素受体（progesterone receptor，PR）、甲状腺激素受体（thyroid hormone receptor，TR）、维甲酸 X 受体（RXR）（Li et al.，2008a，b，c）等。

通过构建激素受体基因酵母的方法，我国学者共检测了 500 多种化合物，包括天然激素、药物、农药、除草剂以及有机酚类等。例如，采用酵母双杂交系统也检测了有机氯杀虫剂（organochlorine pesticides，OCPs）的类/抗激素活性，选择受体包括 ER、AR、PR、ERP。测试化合物包括 1,1-二氯-2,2-双（对氯苯基）乙烯（p,p'-dichlorodiphenylethane，p,p'-DDE）、2,2-双(4-氯苯基)-1,1,1-三氯乙烷（p,p'-dichlorodiphenyltrichloroethane，p,p'-DDT）、六氯苯（hexachlorobenzene，HCB）和 γ-六六六（γ-hexachlorocyclohexane，γ-HCH）。结果显示，p,p'-DDE，p,p'-DDT，HCB 和 γ-HCH 能够与 ER、AR、PR 或者 ERR 中的一种或多种受体相互作用，说明有机氯类化合物的内分泌干扰效应并非由一种激素受体实现，而是通过多种受体联合介导的结果（Li et al.，2008a）。此外，在检测的众多化合物中，发现其中有 64 种呈阳性，这些化合物的共性是本身含有苯酚基或早期通过水解/代谢形成苯酚基，邻位有疏水基团，其他邻位上不含分子量大的基团（Li et al.，2008b）。因此酚类化合物的类雌激素效应受到高度关注。在此基础上，采用构建 hER 和共激活因子双杂交酵母的方法，检测了 9 种酚类物质的雌激素效应，发现只有 3 种没有雌激素效应，其余 6 种中，4-苯酚（4-phenol）、4-辛基苯酚（4-octylphenol）、五氯酚（pentachlorophenol）同时具有类雌激素效应和抗雌激素效应；BPA 和 4-氨基吡啶（4-aminopyridine）只有类雌激素效应；2-叔丁基苯酚（2-*tert*-butylphenol）仅有抗雌激素效应（刘芸等，2009）。

虽然酵母双杂交系统有许多优点，比如操作简便、灵敏度高、实验所需的时间短、无同位素污染等。但是，该方法仍存在一些局限性：①由于哺乳动物与酵母细胞对激素和毒物的代谢有很大的差异，且细胞膜结构不同，可能会影响化合物进入酵母细胞与受体结合；②该方法没有考虑化合物代谢作用及其效应的影响，而这种影响在活体中可能成为十分重要的一个因素；③并非所有已知内分泌干扰效应的化合物都能在重组酵母中验证其相应的内分泌干扰活性（石莹和张宏伟，2006）。因此，酵母双杂交技术构建重组基因酵母的方法还有待于进一步的完善和提高。

2. 基于报道基因的哺乳动物细胞模型的构建及应用

构建基于报道基因的哺乳动物细胞筛选模型，也是筛选环境内分泌干扰物的常用方法和手段。将含有控制激素应答元件转录的报道基因质粒转入细胞，如果细胞无内源性受体或内源性的受体不能有效地进行反式激活，则还要转入一个相关的激素受体表达载体，也可以转入嵌合体受体载体和报道基因质粒，常用的嵌合体系统是 Gal4-HEC0 体系（朱毅等，2003；李剑等，2010）。报道基因质粒的转染方式有两种：稳定转染和瞬时转染。一般而言，瞬时转染细胞对受试物响应灵敏度高；稳定转染细胞则适用于大规模筛查，但对受试物的响应度要低于瞬时转染细胞（李剑等，2010）。常用的报道基因有两类：荧光素酶（Luciferase，Luc）基因，即以荧光素的化学发光效应来衡量内分泌干扰物的活性；氯霉素乙酰转移酶（CAT）基因，即以酶活性来衡量内分泌干扰物活性（石莹和张宏伟，2006）。下面将分别陈述目前用于筛选的几种主要动物细胞模型，包括雌激素活性和甲状腺内分泌干扰活性的细胞株（参见表 3-2）。

1）MCF-7 细胞系

20 世纪 90 年代，Soto 等学者提出利用人乳腺癌细胞（MCF-7）增殖实验来评价环境中化合物的雌激素活性，也称雌激素筛选（E-screen）（Soto et al.，1995）。MCF-7 是一种广泛用于评价环境雌激素效应的细胞系，其细胞增殖的原理是血清中含有一种能特异性抑制雌激素敏感细胞增殖的物质，名为雌激素抑素（estrocolyone-1），而雌激素可以通过与此物质结合而特异地清除其抑制效应，从而诱导细胞增殖，而血清中其他不具有雌激素活性的类固醇激素和生长因子则不能结合该物质能力（朱毅等，2003）。实验通过与作为阳性对照的 E2 以及无雌激素阴性对照比较，来评价样品的总体雌激素效应（刘倩，2013）。人乳腺癌细胞（MCF-7）具有雌激素依赖性，细胞在无激素培养基中饥饿一段时间后再加入内分泌干扰物，通过细胞增殖反映其是否具有雌激素效应（Okubo et al.，2004；Wang et al.，2012）。MCF-7 细胞增殖实验具有诸多优点，例如简单易行、应用广泛、灵敏度高（E2 浓度为 3×10^{-12} mol/L 时，可检测出其雌激素活性）、既能检测雌激素激动剂又可检测雌激素拮抗剂等（石莹和张宏伟，2006）。由于 MCF-7 的 E-screen 增殖实验具有灵敏度高、可同时检测多种环境雌激素的优点，因此越来越多的研究者利用该方法来评价环境化学品的雌激素活性。

2）MVLN 细胞系

MVLN 细胞是一种转染了荧光素酶（Luc）报道基因的、具有 ER 阳性的 MCF-7 细胞株，能够用于评价内分泌干扰物的雌激素效应。具体操作是先构建含有报道基因 Luc 的质粒——pVit-tk-Luc，首先在 Luc 的上游插入胸苷激酶（TK）的启动子以及非洲蟾蜍卵黄生成素 VTGA2（vitellogenin A2）基因的雌激素应答元件；随后将构建的质粒稳定转染到 MCF-7 中，形成重组细胞；最后在 ER 激动剂的诱导下基因进行转录，诱导荧光素酶与特定的底物相互作用，发出荧光，从而评价环境内分泌干扰物的雌激素活性（Wang et al.，2012）。雌激素与 ER 结合后，可以通过 ERE 调控报道基因 Luc 的表达，最后可以在细胞裂解液中检测到产生的荧光素。目前 MVLN 细胞系已用于多项研究中，例如检测酚类化合物、多溴二苯醚、羟基化多氯联苯等多种污染物的雌激素活性（Bonefeld-Jorgensen et al.，2005）。有研究通过 MVLN 细胞系来评价双酚 S（BPS）的雌激素效应，发现 BPS 具有较强的雌激素活性（Kang et al.，2014）。除此之外，我国研究者利用 MVLN 细胞评价了三种卤化双酚 A，即四溴双酚 A（tetrabromobisphenol A，TBBPA）、四氯双酚 A（tetrachlorobisphenol A，TCBPA）和双酚 AF（bisphenol，BPAF）的雌激素活性，通过与 BPA 对比，发现 BPAF 的雌激素活性要高于 BPA，其他两种则无雌激素活性（Song et al.，2014）。这意味着，这些本应该比双酚 A 更安全的替代品并不是如人们想象的那么安全，有些甚至比双酚 A 具有更强的毒性效应。

3）GH3 细胞系

GH3 细胞系来源于大鼠垂体瘤细胞，其特点是具有甲状腺激素 T3 依赖性增殖，也称为 T-screen，可在 T3 的刺激下分泌生长激素（growth hormone，GH）及催乳素（prolactin，PRL），且能够高表达甲状腺激素受体（TR）和脱碘酶（deiodinase，Dio）基因。其基本原理是 T3 与 TR 基因的甲状腺激素应答元件（thyroid hormone response element，TRE）结合，启动基因的表达，促进细胞的生长（Guo and Zhou，2013）。在实验研究中，通过 T3 为阳性对照，比较内分泌干扰物和 T3 对 GH3 细胞增殖或细胞内 TH 相关基因表达（如 *tshβ*、*trα*、*trβ*、*dio1* 或 *dio2*）的影响，从而评价各种化合物的甲状腺内分泌干扰活性，即对 TR 的激动或拮抗活性。该方法具有简便、快速灵敏等特点，所以 GH3 是用于评价污染物或者化学品的甲状腺内分泌活性的良好模型。例如，利用 GH3 细胞对磷酸三苯酯（TPP）的甲状腺内分泌干扰效应研究显示，在 T3 阳性对照组中，*tshβ*、*trα*、*trβ* 基因表达显著下调，相反，TPP 暴露下这些基因表达则显著上调（Kim et al.，2015）。与之类似，在使用 GH3 评价 BPA 及其同系物的甲状腺内分泌干扰活性实验中，观察到 *tshβ*、*trα*、*trβ*、*dio1* 和 *dio2* 基因表达显著上调（Lee et al.，2017）。除了野生型的 GH3 细胞系，科学家们还在 GH3 细胞的基础上，构建了重组基因型 GH3 细胞系（GH3 luciferase reporter gene assays），利用荧光检测来评价化学品的甲状腺内分泌干扰活性（Klopcic and Dolenc，2017；Xiang et al.，2017）。

3. 非受体途径介导的内分泌干扰效应

内分泌干扰物除了通过受体介导的途径发挥效应外，还可以通过非受体介导的途径干扰生物体正常的内分泌活动。例如许多内分泌干扰物通过影响类固醇激素的合成来发挥效应。目前，H295R 细胞是常用于筛选能够干扰类固醇激素合成途径的化学品的离体模型。H295R 细胞株源于人肾上腺皮质瘤，该细胞保留了几乎所有与类固醇激素合成相关的基因和酶，具备合成所有类固醇激素的能力，如孕激素、雄激素、雌激素、糖皮质激素和盐皮质激素等（图 3-3），且在离体情况下容易被化合物诱导、表达（史熊杰等，2009）。因此，H295R 细胞株是评价环境内分泌干扰物通过非受体途径影响类固醇激素合成的理想离体模型。目前，该细胞株已广泛应用于评价多种环境内分泌干扰物，如雌激素、有机酚、杀虫剂、真菌剂等化合物对类固醇激素合成途径的影响（Gracia et al.，2006；Higley et al.，2010；Li and Lin，2007；Prutner et al.，2013）。检测的内容主要包括：①测定重要类固醇激素如睾酮和雌二醇等的含量；②测定与类固醇激素合成途径相关的重要基因和蛋白的表达量；③酶活性检测，尤其是 CYP19 的活力及细胞内第二信使 cAMP 水平的检测（Gracia et al.，2006；Higley et al.，2010）。一般应首先检测污染物对细胞活性的影响，例如存活率，保证评价化合物对类固醇的影响是在细胞存活率为100%的情况下进行，确保引起的内分泌干扰效应并非由于污染物对细胞的毒性。大量实验表明，很多有机污染物都能在不影响细胞存活的基础上，干扰类固醇激素的合成。

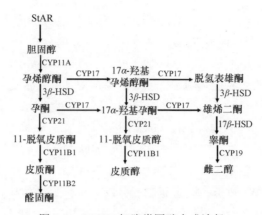

图 3-3　H295R 细胞类固醇合成途径

StAR，类固醇激素合成急性调节蛋白；CYP11A，胆固醇侧链裂解酶；3β-HSD，3β-羟基类固醇脱氢酶；CYP21，21-羟化酶；CYP11B2，醛固酮酶；CYP17，17α-羟化酶/17, 20-裂解酶；CYP11B1，11β-羟化酶；17β-HSD，17β-类固醇脱氢酶；CYP19，芳香化酶（图仿自文献（史熊杰等，2009））

　　尽管 H295R 细胞株在评价环境内分泌干扰物对类固醇激素合成途径影响方面发挥了重要作用，但该细胞株在使用过程中可能会遇到如下问题：①基因表达量的变化与酶活力的变化不一定相关；②基因表达、酶的活力改变与激素的含量（例如雌二醇或者睾酮）也不一定相关（史熊杰等，2009）。这可能是因为基因表达、酶活力的改变和激素含量的变化存在时空差异性。延长暴露时间可能将基因的表达转化为酶活力的变化及激素水平的改变，从某种程度上能避免上述情况（史熊杰等，2009）。如有学者将细胞暴露时间延长至 10 天，研究了 3,3′,4,4′,5-五氯联苯（3,3′,4,4′,5-pentachlorobiphenyl，PCB126）对 H295R 细胞中一些基因表达和激素如皮质醇（cortisol）、醛固酮（aldosterone）含量的影响，得到了基因表达变化和激素含量变化非常一致的关系（Li and Lin，2007）。此外，有必要在不同时间点取样研究，以了解细胞内基因、酶、激素等对内分泌干扰物的时空变化和响应规律。此外，由于很多基因和酶参与类固醇激素合成，而这些基因或者酶之间也存在相互影响，因此某个（些）基因或者酶的变化并不能反映最终的激素含量。最后，在使用该细胞株评价环境污染物干扰类固醇激素合成途径时，需要使用活性炭过滤的血清，以排除血清中存在的激素类物质的影响，提高激素测量的准确性（史熊杰等，2009）。

　　以上内容主要总结了用于筛选和评价内分泌干扰效应的离体细胞模型，重点介绍了评价化学品雌激素活性的酵母双杂交技术以及检测污染物甲状腺激素效应的哺乳动物细胞。另外，还介绍了 H295R 细胞模型，此细胞多用于检测通过影响类固醇激素的合成来发挥内分泌干扰作用的化合物。需要指出的是，尽管离体筛选具有高效、快速、灵敏等优点，能够高通量评价很多化合物的内分泌干扰活性，但是仍属于第一层次的离体初筛（Tier 1 *in vitro* screening）。对于确定化合物是否具有某种内分泌干扰效应，很多情况下需要进行活体评价筛查，例如活体实验动物的短期实验，甚至需要进行第二层次的实验（Tier 2 testing），即以实验动物为对象，进行多代的发育和繁殖实验。

3.6　内分泌干扰物对人类健康的影响

早在 20 世纪 30 年代，就已经有关于化学品雌激素效应的报道，但当时人们并未关注其是否可能影响人体内分泌系统（Cook et al.，1993）。直至 80 年代，人们在研究美国与加拿大五大湖地区化学品污染对区域鱼类等野生动物影响时，发现一些化合物可以通过母体转移给后代，干扰后代的内分泌系统，导致后代发育异常，因此，人们才开始关注化学污染物对生物内分泌系统的影响（Colborn et al.，1996）。大量研究显示，人们在生产生活中接触到的许多化合物，被认为是"安全"的暴露剂量，但是可以干扰人类内分泌系统，进而可能引起生殖、发育、代谢、免疫等生命活动的异常甚至诱发疾病（Hotchkiss et al.，2008）。过去 50 年来，大量流行病学的数据也显示，人类某些疾病的发病率和患病率的攀升与环境内分泌干扰物密切相关，这些疾病主要有生殖能力下降、发育异常、肥胖、糖尿病、癌症（特别是乳腺癌、前列腺癌、睾丸癌）等（Kabir et al.，2015）。后续部分将简要论述环境内分泌干扰物对人类健康危害的研究情况。

3.6.1　对生殖健康的影响

近几十年来，大量流行病学的研究结果显示，患不孕不育症的人数呈不断上升的趋势。由于生殖与发育的过程受多种激素（如雌激素、雄激素、甲状腺激素等）的精确调控，而在人的血液、精液、卵泡液等液体中广泛检测到许多具有内分泌干扰效应的化学品。尽管这些化学物质的含量很低，但是由于内分泌干扰物是在低剂量下发挥效应，因此这些化学品可能通过干扰人体内源激素平衡，对依赖激素的生理过程，特别是生殖产生严重影响。此外环境内分泌干扰物可影响人类早期发育，特别是许多内分泌干扰物可以通过母代传递给子代，从而影响胚胎或胎儿的宫内发育，进而导致不可逆的不良效应甚至传代效应，包括不孕不育等（Marques-Pinto and Carvalho，2013）。总结起来，环境内分泌干扰物对人类生殖健康的影响主要表现在以下几个方面。

1. 干扰激素平衡，引起内分泌系统紊乱、影响生殖能力

环境内分泌干扰物可作用于垂体-下丘脑-性腺（HPG）轴的任何位点，进而干

扰体内促性腺激素、性激素等激素的平衡。研究发现，许多环境内分泌干扰物会影响妇女的月经周期，导致月经周期紊乱等。例如，一项研究发现，加拿大五大湖地区妇女月经周期缩短与食用五大湖中受 PCBs 污染的鱼类密切相关（Mendola et al.，1997）。而受到较多关注的是一些具有雌激素效应的化学物质，例如人们关注血液或者尿液中双酚 A（BPA）的含量与人类生殖发育异常的关系。一项流行病学调查研究发现，不育症患者尿液中双酚 A 的浓度与血液中卵泡刺激激素（follicle-stimulating hormone，FSH）的含量呈正相关，而与血液中雌激素/睾酮比值、游离雄性激素系数（睾酮/性激素结合蛋白）、雌二醇等呈负相关（Meeker et al.，2010）。而另一项研究也显示，在我国台湾，孕妇血液中 LH 的水平与尿液中壬基酚（nonylphenol，NP）的含量成反比（Chang et al.，2014）。这些研究表明，内分泌干扰物可破坏体内激素的平衡。

也有一些研究指出，内分泌干扰物可能影响人类的生育能力。有学者统计分析了大量已发表的文章中的数据，发现在 1940～1990 年间，全世界男性精子的数量从 113×10^6/mL 降到 66×10^6/mL，下降 50%左右，精液量从 3.40 mL 降至 2.75 mL，减少 25%（Carlsen et al.，1992）。自 20 世纪 30 年代以来，一些国家男性精子的质量（正常精子所占比例、精液体积、精子数目等）开始下降，被认为可能影响男性的生育能力，而有研究则指出，几十年来男性生育能力出现下降的趋势（Kabir et al.，2015）。研究者认为，环境污染尤其是环境内分泌干扰物可能是引起男性精子数量和质量下降的重要因素。实际上，流行病学的研究结果显示，一些环境内分泌干扰物如 PAEs、BPA、PCBs、PBDEs 等的暴露水平与精子数量降低、精子运动能力减弱、精子畸形率升高、精子 DNA 损伤等有关（Marques-Pinto and Carvalho，2013）。此外，也有研究指出，环境内分泌干扰物与人类性功能障碍存在一定关系。一项关于职业性接触 BPA 对男性性功能障碍影响的研究表明，与对照组相比，BPA 职业暴露者出现性欲降低、勃起和射精困难等性功能障碍的概率显著增加，职业性 BPA 暴露男性的性功能降低往往与尿液中 BPA 的浓度呈正相关关系（Li et al.，2010b）。同时，另一项研究考察了受调查的职业性 BPA 暴露的男性与其他污染物的关系，排除了其他污染物暴露对结果的影响，说明 BPA 暴露确实是导致男性性功能障碍的原因（Li et al.，2010a，b）。

2. 诱发生殖系统疾病

也有一些研究指出，环境内分泌干扰物暴露可能引起不良妊娠结局和妊娠并发症，如因受精卵不发育导致的妊娠失败；影响受精卵的发育及孕卵着床，出现早孕丢失，发生不被察觉的流产；胚胎发育不良造成流产；干扰胚胎发育关键性基因的表达，导致胚胎发育及器官分化异常等（时国庆等，2011；俞健梅等，2014）。

如有研究指出，暴露 DDT、PCBs、PCP、六六六等 POPs 可增加流产的风险（Hruska et al.，2000；Vandenberg et al.，2007）。此外，环境内分泌干扰物暴露可诱发多种女性生殖系统疾病，如子宫肌瘤、子宫内膜异位、子宫上皮瘤样病变、原发性卵巢功能衰竭、多囊卵巢综合征等（Li et al.，2017；Rattan et al.，2017）。

对男性而言，环境内分泌干扰物的暴露，也可能诱发男性生殖系统疾病。男性的生殖器官如睾丸、前列腺等的正常发育和功能的维持受各种激素的调控，对外界激素比较敏感（Sweeney et al.，2015）。环境内分泌干扰物可能破坏这些组织器官中的激素平衡，从而诱发多种男性生殖系统疾病，包括隐睾病、附睾囊肿、睾丸发育不全综合征及癌症等（Li et al.，2017；Sweeney et al.，2015）。

3.6.2　对儿童发育的影响

环境内分泌干扰物可通过胎盘从母体进入胎儿体内，影响胎儿宫内发育，导致新生儿早产、出生体重偏低等生长发育异常。例如美国的一项研究表明，新生儿早产率自 1981 年以来增加了 1/3，低出生体重（low birth weight，LBW）婴儿的数量自 1990 年以来增加了 20%，两者均在 2006 年达到高峰（Martin et al.，2015）。虽然可能有多种因素导致这一趋势，但流行病学研究显示，环境内分泌干扰物与新生儿早产、LBW 可能有一定关系。例如，一项针对 2006～2008 年期间美国波士顿一家医院的新生儿队列分析发现，在 130 例早产儿母亲（实验组）和 352 例足月产儿母亲（对照组）中，实验组母亲妊娠期尿液中几种酞酸酯的含量明显高于对照组（Ferguso et al.，2014）。再如，LBW 婴儿往往与脐带血中较高浓度的 POPs 有关。例如在 LBW 婴儿的脐带血中检测到 DDT 和其代谢产物 DDE（Lopez-Espinosa et al.，2011）、多氯联苯（Govarts et al.，2012）以及酞酸酯（Jurewicz and Hanke，2011）。需要指出的是，由于母体中可能在暴露多种 POPs 中，因此对新生儿的影响可能是多种化合物共同作用的结果。

此外，环境内分泌干扰物暴露可能与婴儿生殖器官发育异常或畸形相关。例如一些研究指出，酞酸酯、多溴二苯醚、DDT 等暴露被证实与男性隐睾症的发生有关（Jurewicz and Hanke，2011；Li et al.，2017）。此外，也有一些流行病学证据指出，p,p'-DDE、多溴联苯、六氯苯等的暴露与男性尿道下裂有潜在关系（Botta et al.，2014）。大部分研究表明环境内分泌干扰物暴露是导致男性生殖器官异常或者畸形的重要病因。例如，睾丸发育不全综合征，包括尿道下裂、隐睾、生殖器变小等，是环境内分泌干扰物引起的主要男性疾病（Li et al.，2017）。

也有一些研究指出，环境内分泌干扰物也影响儿童的青春期发育。青春期的启动和进程均受到神经内分泌系统的调控，其中下丘脑-垂体-性腺（HPG）轴发挥主要调控作用。许多环境内分泌干扰物可干扰 HPG 轴的功能，从而影响青春期的启动（Wang et al.，2005）。例如，有研究指出，PAEs、BPA 和 DDT、PBBs 的暴露与女孩青春期提前启动以及乳房初发育提前有关（Roy et al.，2009；Jurewicz and Hanke，2011）。而多氯联苯和硫丹可分别推迟男童青春期发育启动和男孩的性成熟（Roy et al.，2009；Wang et al.，2005）。由此可见，具有雌激素活性的环境内分泌干扰物可导致女童性早熟，但推迟男童的青春期发育。总之，处于宫内发育期的幼体，由于免疫系统发育不完善、解毒机制及代谢能力相对较弱，对外界的影响非常敏感，而许多 POPs 物质可以通过胎盘到达胎儿体内，对胎儿的生长发育产生不良影响。而处于发育期的婴儿和儿童，对内分泌干扰物的作用也非常敏感，需要高度关注环境内分泌干扰物对其发育的潜在危害。

3.6.3 诱导肿瘤的发生

一些研究指出，环境内分泌干扰物暴露能诱导肿瘤发生，且主要出现在对激素比较敏感的器官，如子宫、乳腺、前列腺、睾丸、甲状腺等。流行病学调查的结果显示，在一些工业化国家或接触环境内分泌干扰物较多的人群中，乳腺癌、前列腺癌、睾丸癌和甲状腺癌的发病率呈上升趋势（时国庆等，2011）。在全世界范围内，妇女乳腺癌发病率呈不断上升的趋势，体内雌二醇水平升高与乳腺癌的发病率呈正相关。睾丸肿瘤的发生可能与性激素紊乱有关，具有雌激素活性或抗雄激素活性的环境内分泌干扰物，如 DDT 以及代谢产物 p,p'-DDE 可能是诱发睾丸肿瘤的病因之一。此外，子代的隐睾症以及青春期提前也与母亲服用性激素类药物等因素有关。流行病学的调查还显示，前列腺癌的发生与农药、多氯联苯等的暴露呈正相关关系（Prins，2008；时国庆等，2011）。

3.6.4 干扰甲状腺的功能

甲状腺激素在维持人体生理功能方面起重要作用，特别是对个体早期大脑的正常发育、调控机体代谢及参与其他生理活动的调节等。所以，干扰甲状腺的功能或者甲状腺激素的作用，可能对人体生长发育、代谢或其他生理活动造成不良影响。近年来，越来越多的研究关注污染物对甲状腺的内分泌干扰效应。甲状腺内分泌干扰物可影响 HPT 轴中的任何部位，包括碘吸收，甲状腺激素合成、转运，甲状腺激素的相互转化，靶细胞吸收，甲状腺激素相关受体激活，甲状腺激素的分解和清除等，引起甲状腺激素内分泌干扰效应（Patrick et al.，2009）。目前，研究表明，许多环境内分泌干扰物都属于甲状腺干扰物（表 3-3）。由于甲状腺激素在儿童生长发育期起非常重要的作用，特别是在中枢神经系统发育方面，所以，影响甲状腺激素被认为是环境内分泌干扰物影响儿童行为及智力发育的机制之一（Kabir et al.，2015）。

表 3-3 常见甲状腺干扰物及其作用机制和效应 (Patrick et al., 2009; Kabir et al., 2015)

甲状腺干扰物	作用机制	导致的效应
高氯酸 (perchlorate), 硫氰酸盐 (thiocyanate), 硝酸盐 (nitrate), 溴酸盐 (bromate), 邻苯二甲酸酯 (phthalates)	阻止甲状腺细胞对碘的吸收	减少甲状腺激素 T3 和 T4 的合成
甲硫基咪唑 (methimazole), 氨基三唑 (amitrole), 苯甲酮-2 (benzophenone-2)	阻止甲状腺过氧化物酶的合成	减少甲状腺激素 T3 和 T4 的合成
多氯联苯 (PCBs), 五氯苯酚 (pentachlorophenol), 阻燃剂 (flame retardants), 邻苯二甲酸酯 (phthalates)	与甲状腺素运载蛋白 (TTR) 竞争性结合	可能影响胎儿大脑甲状腺激素的合成
二噁英 (dioxin), 多溴二苯醚 (PBDEs), 氯丹 (chlordane)	影响甲状腺素运载蛋白的跨膜运输	促使甲状腺激素 T3 和 T4 经胆汁被清除
乙草胺 (acetochlor), 多氯联苯 (PCBs)	增强肝脏代谢	促使甲状腺激素 T3 和 T4 经胆汁被清除
多氯联苯 (PCBs), 三氯生 (triclosan), 五氯苯酚 (pentachlorophenol), 二噁英 (dioxin)	抑制甲状腺激素的硫酸化过程	减少外周组织中甲状腺激素 T3 合成
多氯联苯 (PCBs)	抑制脱碘酶的活性	减少外周组织中甲状腺激素 T3 合成
多氯联苯 (PCBs), 双酚 A (BPA), 六氯苯 (hexachlorobenzene), 阻燃剂 (flame retardants)	影响甲状腺激素与甲状腺激素受体结合	影响甲状腺激素诱导的基因的表达
滴滴涕 (DDT), 多氯联苯 (PCBs)	抑制 TSH 受体的活性	减少甲状腺激素 T3 和 T4 的合成

3.6.5 干扰神经系统发育及功能

神经系统是人体最重要的调控系统,维持着人体各部分的协调统一,易受到内分泌干扰物的影响。研究发现,干扰不同激素途径的环境内分泌干扰物可引起婴儿、儿童、成人的神经、行为、情感等方面的障碍 (Li et al., 2017)。尤其是甲状腺激素在神经系统发育方面起着重要作用。在胎儿和新生儿期,甲状腺激素失调可能会导致认知和运动障碍;在少年及成年时期,甲状腺激素仍是维持神经细胞稳定所需的激素,所以甲状腺激素受到干扰可能影响到神经系统的发育和正常功能 (时国庆等,2011)。20 世纪 80 年代中期,人们开始关注二噁英、多氯联苯等化合物对婴幼儿行为及智力的影响 (Jacobson et al., 1984; 1985)。此后,越来越多的研究表明,环境内分泌干扰物对人类神经系统具有毒性作用。例如,一项对产前多氯联苯暴露与少年期 (11 岁) 注意力及信息处理能力的相关性研究发现,产前多氯联苯暴露与少年期的易冲动、注意力不集中以及语言、图像、听觉、记忆力差有关 (Jacobson and Jacobson, 2003)。邻苯二甲酸酯类化合物可对儿童的神经发育造成不良影响,如导致注意缺陷障碍、运动能力和智力低下等 (Jurewicz and Hanke, 2011)。此外,某些环境内分泌干扰物可能与精神疾病有关,如 BPA 与精神分裂症的发病有关,而二噁英的暴露则能引起自闭症 (Li et al.,

2017）。

3.6.6 导致相关代谢疾病

肥胖与糖尿病都是全球性的健康问题。近几十年来，这两种疾病在世界范围内都呈显著增加的趋势，一些研究指出，肥胖和糖尿病的显著增加主要与环境因素有关（时国庆等，2011）。尽管肥胖与遗传、生活方式以及环境等很多因素相关，而越来越多的研究表明，环境中的内分泌干扰物是造成肥胖的重要原因，这些化合物会导致脂肪积累、肥胖以及代谢综合征、2 型糖尿病等其他代谢疾病（Casals-Casas and Desvergne，2011）。一项于 2003～2008 年进行的流行病学队列研究，共对 2104 例具有代表性的数据进行分析，结果显示，尿液中 BPA 的含量升高与代谢综合征呈正相关性，且这种现象与年龄、性别、种族、吸烟、乙醇摄入、体力活动和尿肌酐等因素无关（Teppala et al.，2012）。而另外的一项对美国 2016 名成年人的调查发现，糖尿病发病率与血清中 6 种持久性有机污染物（六氯联苯、HpCDD、OCDD、氧氯丹、p,p'-DDT、反式九氯）的含量呈显著正相关关系（Lee et al.，2006），这些化合物的共同特点是都可以与芳香烃受体相互作用。芳香烃受体在调控脂肪生成和血糖平衡中起重要作用。低剂量 TCDD 暴露可以激活芳香烃受体转录活性，改变肝脏中与胆固醇、脂肪酸合成以及葡萄糖代谢相关的多种基因的转录（Sato et al.，2008；时国庆等，2011）。

3.6.7 对免疫系统功能的危害

目前，关于环境内分泌干扰物对人类免疫功能影响的研究越来越多，已有的研究大多数是关于人体偶然性或职业性暴露或通过食物暴露等方式暴露在内分泌干扰物中。例如，早期的研究发现，食用受多氯联苯污染的鱼后，男性体内自然杀伤细胞的活性降低（Svensson et al.，1994），而职业暴露于杀虫剂（如氯丹、狄氏剂、七氯、林丹）可减少人体内抗体的数量，升高男性 T4 淋巴细胞/T8 淋巴细胞的比例（Straube et al.，1999；Stiller-Winkler et al.，1999）。近年来，许多关于人群研究的结果显示，酞酸酯特别是邻苯二甲酸二（2-乙基己基）酯（DEHP）暴露，可增加喘息、哮喘和过敏性反应发生的风险（Jurewicz and Hanke，2011）。此外，也有研究发现，BPA 与喘息或特应性反应的发生有关（Robinson and Miller，2015）。虽然已有一些关于环境内分泌干扰物暴露对人体免疫系统影响的研究报道，但是，由于受到很多因素的影响，例如样本数量、检测的指标等，难以得出明确的结论。尽管如此，学术界一般认为，很多环境内分泌干扰物能影响人体的免疫功能，从而引起某些疾病（Robinson and Miller，2015）。

3.7　内分泌干扰物对野生动物的影响

3.7.1　对鱼类的影响

鱼类是水生态系统中重要的组成部分，在食物链中具有重要位置。在自然水体中，内分泌干扰物对鱼类繁殖的影响非常普遍，实际上，鱼类从胚胎期就可能暴露于水环境里的内分泌干扰物中。此外，大量的研究指出，母代积累的多种包括内分泌干扰物在内的有机污染物，可以传递给子代，也能干扰子代的胚胎发育。无论是影响发育还是繁殖，最终都可能表现为影响鱼类的生存和生物多样性。

大量研究发现，水体中的内分泌干扰物可影响鱼类正常的生理功能，包括性激素含量、性腺分化与发育等与繁殖相关的生理功能。研究比较多的是水体中雌激素或雄激素类物质对鱼类繁殖的影响。在对野外鱼类的研究中，一般检测鱼类的性别比例、性腺是否存在雌雄同体现象，测定血液中性激素的含量，观察性腺发育的组织学等。如果内分泌干扰物的暴露可诱导雌雄同体，则可能造成繁殖失败、受精率和孵化率下降等危害，最终引起鱼类性别比例失衡和后代数量下降，甚至导致种群数量减少乃至灭绝（Harris et al.，2011）。而一些鱼类的性别具有可塑性，易受温度、化学物质等外界环境因子的影响，因此内分泌干扰物的暴露能够改变鱼类的性别分化，特别是一些具有雌激素活性的物质，例如雌二醇、乙炔基雌二醇（ethinylestradiol，EE2）、烷基酚和 BPA 等，在环境低剂量下即可引起鱼类的雌性化，从而造成鱼类性别比例失衡（Korsgaard et al.，2002；Jobling et al.，2006）。在污水处理场出水口附近的受纳水体中，雌激素含量一般较高，因此也经常能够观察到鱼类的雌性化（Vajda et al.，2008；Williams et al.，2009）。

早在 20 世纪 90 年代，就已经发现鱼类的雌雄同体现象。如在美国的密西西比河，发现有 29% 的雄性密西西比铲鲟（*Scaphirhynchus platyorynchus*）出现雌雄同体现象，而这可能与该区域河中存在严重有机氯杀虫剂污染有关（Harshbarger et al.，2000）。关于 POPs 污染会造成野外鱼类的内分泌系统紊乱并导致鱼类生殖障碍的研究报道很多。例如一项国外的野外调查研究显示，在棉花生产区域使用杀虫剂如硫丹、七氯、DDT 对当地鱼类同样能造成影响。研究者选择几内亚罗非鱼和非洲鲶鱼作为实验对象，主要分析几种重要的生物标志物的变化情况，包括生理指数、性腺指数、肝指数、血液中的类固醇激素含量（11-KT，T 和 E2）以及性腺发育的组织学等。研究结果发现，与对照区域的鱼类相比，生活在大量使用硫丹、七氯、DDT 区域的鱼类，生理指数下降，性腺指数（gonadosomatic index，GSI）降低，但是肝脏指数（heptosomatic index，HSI）升高，而且这种变化与鱼

类的性别、季节以及种类无关。同时血浆中 E2 的水平升高，但血浆中 11-KT 和 T
的水平显著下降。组织学切片结果显示，有高达 50%的非洲鲶鱼的精巢组织中出
现卵母细胞，表明具有非常严重的雌性化现象。此外，内分泌干扰物对雄鱼精子
产生的影响主要表现为坏死、纤维化以及小叶腔内存在泡沫细胞。雌鱼卵巢的组
织病理学结果显示排卵前卵泡闭锁比例升高、卵母细胞受损、卵黄直径减小和其
他诸如纤维化、坏死等病变，此外，也观察到肝脏中一些组织病理学变化，如坏
死、细胞肥大、出现空泡化、糖原消失等（Agbohessi et al.，2015）。中国研究人
员近年来发现，在广东东江流域主要污染支流——石马河和淡水河中，食蚊鱼
（*Gambusia affinis*）出现了严重的雄鱼雌性化和雌鱼雄性化现象，进一步研究发现，
雄鱼雌性化比例与河水中的酚类化合物、氯代农药等具有明显的相关性，而雌鱼
雄性化比例与河水中的雄激素物质（如 1,4-雄甾二烯-3,17-二酮、17α-勃地酮、睾
酮）具有明显的相关性（Huang et al.，2016）。

综上所述，对来自大量使用有机农药的农业区域的鱼类进行研究，综合主要
的生理学指标和生物标志物以及性腺发育和肝脏组织学，发现有机农药能对鱼类
造成严重的影响，破坏内分泌系统的稳定以及性腺和肝脏的生理生化功能。

3.7.2 对两栖类的影响

20 世纪 80 年代，在世界范围内，两栖类动物出现种群数目减少、畸形青蛙数
量增加、雌雄兼性等现象，引起了研究人员、政府管理部门和环保人士的广泛关
注和高度重视（Wake，1991；Lunde and Johnson，2012）。经调查研究发现，区域
工业生产的化学品和农业所使用的杀虫剂可能是导致这些现象的主要因素。后续
研究表明，在环境中以及两栖类体内都能检测到工业用品 PCBs、杀虫剂 DDT、除
草剂阿特拉津（atrazine）等化学物质，而这些化合物都具有内分泌干扰效应，这
可能与野生两栖类动物的生殖和发育异常有关（Reeder et al.，1998；2005）。越来
越多的野外调查表明，环境中的除草剂和杀虫剂与两栖类的兼性发生率高度相关，
其中研究较多的是阿特拉津。早在 1998 年，美国学者 Reeder 等（1998）就发现伊
利诺伊州的泽蛙（*Rana limnocharis* Boie，1834）雌雄兼性的发生与使用阿特拉津
有关。随后，美国、加拿大、澳大利亚、南非等国家的科学家开展了大量类似的
野外调查研究。结果表明环境内分泌干扰物对野生两栖类动物的危害包括致畸、
诱导雌雄兼性、干扰甲状腺功能、影响变态发育等方面。Hayes 等（2003）发现，
野外捕获的野生美洲豹蛙（*Rana pipiens*）均出现不同程度的性腺发育迟缓、雌雄
兼性现象，并与采样点的水体中阿特拉津的浓度有一定关系，说明阿特拉津可能
导致北美豹蛙发生雌雄兼性现象。经过实验室暴露，发现阿特拉津可导致性腺发
育延迟（性腺发育不全），以及在雄性性腺中出现卵子（雌雄同体）。发育缓慢的

雄性个体的性腺甚至发生卵母细胞的生长过程，即卵黄生成作用（vitellogenesis）。因此室内的暴露实验证明，环境剂量的阿特拉津即可引起美洲豹蛙的雌性化。而研究者采集了生活在美国各地受到阿特拉津污染区域的北美豹蛙，发现这些蛙的性腺发育不全以及出现雌雄兼性现象。因此，综合野外的结果和室内的实验结果，再加上对非洲爪蟾的研究，得出以下结论：阿特拉津能够破坏两栖类的内分泌系统平衡，导致两栖类种群数量下降。

除了阿特拉津外，一些研究表明，其他工业污染和农业污染与两栖类雌雄兼性的发生高度相关。如 Reeder 等（2005）学者共解剖了 814 只来自伊利诺伊州博物馆中的蟋蟀青蛙（*Acris crepitans*）标本和野外采集的青蛙，试图揭示青蛙数量下降的原因，以及兼性个体数量的时空变化规律。形态学观察显示，在出现有机氯农药前（即 1930 年前），青蛙雌雄兼性的发生率较低（1.2%），在开始使用 PCBs 期间（即 1930～1945 年），这一比例上升至 7.5%；而在 DDT 和 PCBs 使用量最高的工业化期间（即 1946～1959 年），雌雄性青蛙兼性比例达到最高（11.1%）。但是，当公众开始关注有机氯农药对生物体的危害时，政府逐渐对有机氯农药的使用进行管控，减少并禁止使用 DDT 时（即 1960～1979 年），雌雄同体的比例开始下降，而在以后的一段时期（1980～2001 年），随着 PCBs 的使用逐渐减少，雌雄同体的比例继续下降。总体上，雌雄同体的青蛙比例在高度工业化的区域（10.9%）以及密集耕种区域（4.9%）远高于其他集中管理而且生态更加多样化的区域（2.6%）。这一研究结果表明，青蛙雌雄兼性的发生率和时空变化分布规律与工业化污染有关，而且与伊利诺伊州两栖类动物数量下降的趋势相吻合（Reeder et al.，2005）。

在世界上的其他地方，同样存在两栖类雌雄同体现象。例如在加拿大的安大略省的南部区域，高度集约化生产大豆和玉米，而且特别依赖农药和化肥来提高产量。一项历时 3 年（2003～2005 年）的实验研究了内分泌干扰物对于该区域水塘和农业排水中豹蛙（*Rana pipiens*）的影响，同时以非农业区域为对照。结果发现，在农业高度发达区域，雄性豹蛙的雌雄兼性发生率达到 42%，而对照区域只有 7%，进一步研究发现，农业区豹蛙雌雄兼性发生率与该区域检测到的污染物如农药阿特拉津和异丙甲草胺（metolachlor）有关，在大多数检测的样品中，其含量超过 1 μg/L（McDaniel et al.，2008）。此外，也有研究指出，农药影响两栖类的生活习性、性腺发育、性激素含量以及第二性征的发育。在美国佛罗里达州的农业区域，巨型蟾蜍（*Bufo marinus*）的雌雄兼性发生率与农业化程度（实际上是农业化学品的污染程度）呈正相关（McCoy et al.，2008）。McCoy 等学者调查了不同农业化程度区域蟾蜍的性腺异常比例和性腺功能。样本来自 5 个区域，逐渐从 0 到 97%增加农业化程度（即农业区域与非农业区域），发现出现异常的数量和兼性同体的个数与农业化程度呈剂量-依赖性关系。在同体的个体中，睾酮的含量发生改变，但是雌二醇的含量没有变化，最终改变其第二性征，导致雌性化或者雄性化。来自不同农业区域的雌性蟾蜍的形态和生理学没有不同，但是来自农业区域的雄性个体的激素含量、第二性征等特征明显与雌雄同体相近。此外，也发现来自农业区域的雄性个体，具有雌性的皮肤色，而体内类固醇激素的含量、第二性征与繁殖行为相关，因此这些生理学因素的变化会影响蟾蜍的生殖功能，说明农业区域使用的农药会引起两栖类种群数量下降。

英国的一项调查研究也发现，高度农业化地区的幼年蟾蜍（变态发育后 2 个月）兼性发生率高达 42%，远远高于非农业地区；在同一调查中，研究人员从高度农业化地区收集蟾蜍卵并在清水环境中饲养两年，结果发现成年雄性蟾蜍的雌雄兼性发生率同样高达 33%（Orton and Routledge，2011）。集约型农业中使用的农药具有雌激素效应，因此有学者研究引起两栖类种群数量下降的原因。一项以大蟾蜍为对象开展的研究，收集了英国和威尔士 4 个不同程度集约型农业区域的大蟾蜍（*Bufo bufo*）的受精卵，这些受精卵分别在清水中以及当地的环境水中孵化，并观察受精卵的孵化率，以及在胚胎发育过程中异常蝌蚪和前肢的出现，同时分别在发育过程中的 5 个时间点（孵化 5 周、7 周、9 周、12 周、15 周时）分析与形态相关的因子，发现来自高度集约化农业区域的蟾蜍卵，其生长和发育均受到影响，其中一个区域的蟾蜍卵，无论是在清水中还是在当地环境水中孵化，其雌雄兼性发生率都能达到 42%，并且性别比例也基本一致（Orton and Routledge，2011）。研究结果表明，通过母代暴露传递给子代受精卵的污染物对后代的生长、变态发育和性别分化的影响要强于外在的环境因素。该研究的不同在于，并非从幼体就开始暴露，这是首次关于欧洲两栖类雌雄兼性的报道，说明使用本地物种能够直接揭示种群下降的原因。大量的野外调查数据表明，暴露于阿特拉津、PCBs、DDT 等农用除草剂和杀虫剂中的两栖类，其内分泌系统的稳态遭到破坏，这些污染物会引起性激素改变，性腺发育异常，雌雄兼性等异常，从而破坏繁殖，最终导致两栖类种群数量下降。此外，这些研究也表明，两栖类对环境污染物的暴露非常敏感。

对两栖类而言，由于甲状腺激素在变态发育过程中发挥重要的作用，因此两栖类幼体的变态发育过程是研究污染物的甲状腺激素内分泌干扰效应的理想模型。野外调查发现，某些环境内分泌干扰物可通过干扰两栖类的甲状腺内分泌系统，进而影响其生长发育，特别是变态过程。一项以集约化农业区域的水塘蛙（*Rana lessonae*）为实验对象，同时采自无污染区域的水塘蛙为对照的研究，实验检测的指标包括观察雄性的性腺组织学、测定类固醇激素含量、甲状腺激素含量、卵黄蛋白原等。研究发现，来自对照区域的蛙体内雄激素含量达到最高值是在 5 月份，而农业区域的水塘蛙，其体内的雄激素含量最高的月份是在 9 月份，即使如此，其含量也显著低于来自对照区域的蛙，这说明污染区域的农药抑制了性腺发育和成熟。但是生活在农业区域的水塘蛙体内雌二醇的含量高于来自对照区域的蛙，性腺在形态上也不同。此外，来自农业区域的蛙血清中甲状腺激素 T3 和 T4 的含量都显著升高。该研究结果说明，农业区的农药干扰蛙的内分泌系统，改变其体内类固醇激素的含量，影响性腺发育，损害繁殖，最终导致种群数量下降。此外，也有研究指出，生活在油砂开采地的林蛙与对照区域相比，其血清甲状腺素水平更高，且其变态发育过程延迟（Hersikorn and Smits，2011）。一项针对养殖在油砂尾矿区（oil sands region）以及对照区域的林蛙（*Lithobates sylvaticus*）蝌蚪的研究，观察了变态发育时间和甲状腺激素含量，发现养殖在油砂区域的蝌蚪变态发育延迟或者停止变态发育，同时观察到 T3：T4 比率下降，因此能说明暴露于内分泌干扰物中可以影响甲状腺激素的含量，并严重影响两栖类的变态发育。两栖类对环境内分泌干扰物非常敏感，因此在世界范围内，经常能发现畸形的蛙类（Lunde and Johnson，2012）。

两栖类动物在食物链中具有水陆两栖的独特性，其生活周期则比较复杂，幼体生长速度快，卵、鳃和皮肤具有渗透性，污染物能在其体内富集，这些特性使其成为监测环境污染的前哨物种，在环境毒理学研究中发挥着越来越重要的作用。上述大量野外研究表明，两栖类对环境污染物极其敏感，内分泌干扰物的暴露能破坏两栖类的内分泌系统，影响性激素含量与性腺发育，破坏繁殖。尽管在我国没有类似于国外的大规模野外调查研究，但是仍有数据表明我国野外蛙的数量急剧下降，而且中国两栖类物种极危、濒危和易危种类高达 40%（戴建华等，2011）。其中农药毒害等环境因素可能是蛙数量下降的主要原因。我国某些地区农田生态系统的农药污染问题引起了科学家的高度关注，为此开展了一项针对 13 个省的农田池塘蛙种群数量的研究。实验发现，由于水体污染和农药滥用等原因，在很多区域，蛙现已处于绝迹状态（戴建华等，2011）。因此，迫切需要加强对蛙等两栖类的保护工作。

3.7.3　对鸟类的影响

鸟类作为生物链中的重要一环，通常被称为环境污染的哨兵，尤其是那些位于食物链高营养级的鸟类，诸如猛禽、海鸟之类的在环境监测中的作用更为明显。在野生鸟类的体内，能频繁检出内分泌干扰物。由于大多数内分泌干扰物具有较强的脂溶性，很容易储存在生物体内，并经由母代的积累而传递给子代，即存在于鸟蛋中，可直接影响鸟类的繁殖和发育。自 20 世纪 50～60 年代以来，关于化学污染物对鸟类生殖内分泌干扰效应的报道陆续发表。一个著名的事例是发现一些鸟类的蛋壳变薄，特别是处于食物链顶端的肉食性鸟类（如游隼、秃头鹰和鱼鹰)。蛋壳薄的鸟蛋在孵化期间容易被压破,不能孵化出幼鸟,从而影响出生率,导致种群数量下降。通过研究发现,有机氯农药(如 DDT 和其代谢产物 DDE)会干扰鸟类对钙的代谢,致使其生理功能紊乱,结果导致蛋壳变薄(Bowerman et al., 1995)。这些调查结果最终促使北美和欧洲禁用 DDT。随着 DDT 的禁用,肉食性鸟类体内 DDT 含量也逐渐减少了,进而改善了蛋壳的厚度,最终使得这些处于食物链顶端的肉食性鸟类种群的数量得以恢复(Cheek, 2006)。

此外,也有研究指出,POPs 的暴露会影响鸟类的内分泌系统,例如具有雌激素活性的内分泌干扰物会使雄性鸟类生殖系统雌性化或雄性特征消失。美国的一项研究发现,在马萨诸塞州伯德岛的雄性普通燕鸥(Sterna hirundo)的睾丸组织中,发现有卵巢样组织,进一步研究发现,雄鸟雌性化与鸟蛋中的 PCBs 和二噁英有关(Hart et al., 1998)。在后续的研究中则发现,大约有一半新孵出的雄性雏鸟,其原始生殖细胞具有雌性排列特征,但并没有输卵管,而随后观察大约 21 天幼鸟的性腺组织,并没有发现雄性精巢中的兼性情况,也没有影响精巢的功能。研究者没有发现鸟类的雌雄兼性与体内 PCBs 含量的相关性,并认为在自然环境下,存在一定数量的兼性个体,但是并不会永久性改变性腺组织,也不会危害繁殖(Hart et al., 2003)。总之,由于样本数量有限以及受诸多因素的影响,尚没有得出鸟类体内含有的 PCBs 与鸟类繁殖有关的结论。

尽管 DDT 在各种鸟类体内的含量不断降低,但是环境中其他的内分泌干扰物如多溴二苯醚等的含量越来越高,使得野生鸟类体内的含量也不断升高。有研究显示,北美雀隼因食用 PBDEs 污染过的食物而导致其产卵时间延迟,蛋壳变薄、质量变轻和孵化率下降等一系列问题(Fernie et al., 2009)。此外,PBDEs 中的 BDE-209 是中国和北美地区陆生鸟类体内检出的最主要的污染物(Chen and Hale, 2010)。而 PBDEs 具有典型的甲状腺内分泌干扰活性,因而其对鸟类生长发育的影响值得关注。有研究指出,一些具有内分泌干扰活性的 POPs 能影响鸟类的甲状腺激素含量。例如一项国外的研究,测定了海鸟暴风鹱(Fulmarus glacialis)和三趾鸥(Rissa tridactyla)体内卤代有机污染物和血浆中甲状腺激素的含量。结果显示,卤代有机物(多氯联苯、羟基化多氯联苯、有机氯杀虫剂、溴代阻燃剂和全氟代化合物)总体水平比之前研究报道的要低,但这些化合物在暴风鹱体内的含量是三趾鸥的 5 倍。值得注意的是,全氟代化合物是最主要的卤代有机物(在三趾鸥和暴风鹱中分别占 77% 和 69%),这也意味着全氟代有机化合物的使用会带来一些环境问题。此外,研究者发现两种鸟体内的全氟代化合物(PFHpS、PFOS、PFNA)与总甲状腺激素(TT4)呈正相关,而干扰甲状腺激素的平衡可能引起雏鸟的发育毒性(Nøst et al., 2012)。全氟代有机化合物(如 PFOS、PFOA)属于新型 POPs,是近年来环境化学领域重点关注的新型有机化合物,具有甲状腺内分泌干扰效应。本书第 4 章主要陈述全氟代有机化合物的内分泌干扰效应的研究内容。

相对大量关于内分泌干扰物对鱼类和两栖类影响的研究,对鸟类的研究则比较少。由于鸟类特别是一些食肉性鸟类可通过食物链积累 POPs 等污染物,所以应关注 POPs 特别是新型 POPs 积累引起的内分泌干扰效应,包括繁殖行为。此外,对 POPs 类污染物而言,容易积累并传递给子代,可能引起甲状腺内分泌干扰效应,从而造成雏鸟的发育毒性。有研究指出,在最近的几十年来,生态环境的恶化,包括化学品的环境污染,与野生鸟类的数量大幅下降有直接关系。就我国的具体情况而言,对鸟类的研究非常薄弱,包括对野外的或者是实验室内的研究都有待加强。

3.8　本 章 结 论

本章是在前面第 2 章"脊椎动物的内分泌系统"的基础上,首先介绍了内分泌干扰物的种类、主要特点和分子作用模式、离体筛选等基础内容,并重点陈述了内分泌干扰物对人类流行病学的研究以及与疾病发生的关系。此外也主要回顾了内分泌干扰物对野外鱼类、两栖类和鸟类的生态毒理学效应,包括对生殖内分泌系统以及对甲状腺内分泌系统等的干扰作用,以及对繁殖和发育等重要功能的影响。大量野外研究证明,POPs 中的许多物质能对野生动物产生生态毒理学效应。

参 考 文 献

戴建华, 马佳月, 徐玲琳, 魏永强, 顾易凡, 周开亚. 2011. 中国十三省农田池塘蛙类是衰减. 南京师范大学学报(自然科学版), 34, 80-85.

方琪, 马彦博, 张思远, 焦必宁. 2017. 农药内分泌干扰效应研究进展. 生态毒理学报, 12(1): 98-110.

何淑雅, 肖卫纯, 李洁, 李斌元, 孙春莉, 闵凌峰, Zhong Nanbert. 2006. 酵母双杂交系统筛选 CLN8P 相互作用蛋白. 国际遗传学杂志, 29(3): 161-164.

李剑, 马梅, 饶凯锋, 王子健. 2008a. 酵母双杂交技术构建重组人雌激素受体基因酵母. 生态毒理学报, 3(1): 21-26.

李剑, 马梅, 王子健. 2010. 环境内分泌干扰物的作用机理及其生物检测方法. 环境监控与预警, 2(3): 18-25.

李剑, 饶凯锋, 马梅, 王子健. 2008b. 核受体超家族及其酵母双杂交检测技术. 生态毒理学, 3(6): 521-532.

李杰, 司纪亮. 2002. 内分泌干扰物质简介. 中国公共卫生, 18(2): 241-242.

刘倩, 雷炳莉, 安静, 尚羽, 钟玉芳, 康佳, 文育. 2013. 两种实验设计研究 DES 和 EV 对 MCF-7 细胞增殖的联合作用. 环境科学, 34(8): 3303-3308.

刘芸, 李娜, 马梅, 饶凯锋, 王子健. 2009. 酚类化合物雌激素效应的比较研究. 中国环境科学,

29(8): 873-878.

石莹, 张宏伟. 2006. 环境内分泌干扰物的研究进展. 国外医学卫生学分册, 33(6): 342-347.

时国庆, 李栋, 卢晓珅, 王海鸥, 刘丽琴, 魏巍, 宣劲松. 2011. 环境内分泌干扰物质的健康影响与作用机制. 环境化学, 30(1): 211-223.

史熊杰, 刘春生, 余珂, 邓军, 余丽琴, 周炳升. 2009. 环境内分泌干扰物毒理学研究. 化学进展, 21(2-3): 340-349.

万旗东, 郑培忠, 沈健英. 2010. 农药类内分泌干扰物检测技术的研究进展. 现代农药, 9(3): 1-5.

王佩华, 赵大伟, 聂春红, 迟云超. 2010. 持久性有机污染物的污染现状与控制对策. 应用化工, 39(11): 1761-1765.

卫立, 张洪昌, 张爱茜, 尹大强. 2007. 环境内分泌干扰物低剂量-效应研究进展. 生态毒理学报, 2(1): 25-31.

伍吉云, 万祎, 胡建英. 2005. 环境中内分泌干扰物的作用机制. 环境与健康杂志, 22(6): 494-497.

俞健梅, 马艳萍, 李永刚, 武泽, 唐莉, 李云秀. 2014. 环境内分泌干扰物对生殖健康影响的研究进展. 现代生物医学进展, 14(31): 6197-6200.

张迪, 霍克克, 顾科隆, 赵翔, 李育阳. 2000. 酵母双杂交技术研究进展. 高技术通讯, 3: 98-101.

郑立双, 李向楠, 孙城涛, 刘红羽, 刘勋, 贺明, 吕文发. 2013. 酵母双杂交技术及应用的研究进展. 中国畜牧兽医, 40(9): 105-108.

郑丽舒, 金一和, 靳翠红, 张颖花. 2002. 双酚 A 和 β-六氯环己烷对小鼠雌激素活性的实验研究. 中国公共卫生, 18(8): 922-924.

朱毅, 舒为群, 田怀军. 2003. 影响 MCF-7 细胞增殖试验相关因素的初步研究. 第三军医大学学报, 25(11): 977-979.

Agbohessi PT, Toko II, Ouédraogo A, Jauniaux T, Mandiki SNM, Kestemont P. 2015. Assessment of the health status of wild fish inhabiting a cotton basin heavily impacted by pesticides in Benin (West Africa). Science of the Total Environment, 506-507: 567-584.

Barrett RT, Skaare JU, Gabrielsen GW. 1996. Recent changes in levels of persistent organochlorines and mercury in eggs of seabirds from the Barents Sea. Environmental Pollution, 92: 13-18.

Blake LS, Martinović D, Gray LE Jr, Wilson VS, Regal RR, Villeneuve DL, Ankley GT. 2010. Characterization of the androgen-sensitive MDA-kb2 cell line for assessing complex environmental mixtures. Environmental Toxicology and Chemistry, 29(6): 1367-1376.

Bogan JA, Bourne WRP. 1972. Organochlorine levels in Atlantic seabirds. Nature, 240: 358.

Bonefeld-Jorgensen EC, Grünfeld HT, Gjermandsen IM. 2005. Effect of pesticides on estrogen receptor transactivation *in vitro*: A comparison of stable transfected MVLN and transient transfected MCF-7 cells. Molecular and Cellular Endocrinology, 244(1-2): 20-30.

Botta S, Cunha GR, Baskin LS. 2014. Do endocrine disruptors cause hypospadias? Translational Andrology and Urology, 3(4): 330-339.

Bowerman WW, Giesy JP, Best DA, Kramer VJ. 1995. A review of factors affecting productivity of bald eagles in the Great Lakes region: Implications for recovery. Environmental Health Perspectives, 103(Suppl. 4): 51-59.

Braune BM, Norstrom RJ. 1989. Dynamics of organochlorine compounds in herring gulls: III. Tissue distribution and bioaccumulation in Lake Ontario gulls. Environmental Toxicology and Chemistry, 8: 957-968.

Brouwer A, Longnecker MP, Birnbaum LS, Cogliano J, Kostyniak P, Moore J, Schantz S, Winneke G. 1999. Characterization of potential endocrine-related health effects at low-dose levels of exposure to PCBs. Environmental Health Perspectives, 107(Suppl 4): 639-649.

Brückner A, Polge C, Lentze N, Auerbach D, Schlattner U. 2009. Yeast two-hybrid, A powerful tool for systems biology. International Journal of Molecular Sciences, 10(6): 2763-2788.

Carlsen E, Giwercman A, Keiding N, Skakkebaek NE. 1992. Evidence for decreasing quality of semen during past 50 years. BMJ, 305(6854): 609-613.

Carson, R. 1962. Silent Spring. New York: Houghton Mifflin.

Casals-Casas C, Desvergne B. 2011. Endocrine disruptors: from endocrine to metabolic disruption. Annual Review of Physiology, 73: 135-162.

Chang CH, Tsai MS, Lin CL, Hou JW, Wang TH, Tsai YA, Liao KW, Mao IF, Chen ML. 2014. The association between nonylphenols and sexual hormones levels among pregnant women: A cohort study in Taiwan. PLoS One, 9(8): e104245.

Cheek AO. 2006. Subtle sabotage: endocrine disruption in wild populations. Revista de Biologia Tropical, 54: 1-19.

Chen D, Hale RC. 2010. A global review of polybrominated diphenyl ether flame retardant contamination in birds. Environment International, 36(7), 800-811.

Clayton EM, Todd M, Dowd JB, Aiello AE. 2011. The impact of bisphenol A and triclosan on immune parameters in the U.S. population, NHANES 2003—2006. Environmental Health Perspectives, 119(3): 390-396.

Colborn T, Dumanoski D, Peterson Meyers J. 1996. Our Stolen Future. New York: Dutton.

Cook JW, Dodds EC, Hewett CL. 1993. A synthetic oestrus-exciting compound. Nature, 131(3298): 56-57.

Custer TW, Custer CM, Hines RK; Stromborg KL, Allen PD, Melancon MJ, Henshel DS. 2001. Organochlorine contaminants and biomarker response in double-crested cormorants nesting in Green Bay and Lake Michigan, Wisconsin, USA. Archives of Environmental Contamination and Toxicology, 40(1): 89-100.

Diamanti-Kandarakis E, Bourguignon JP, Giudice LC, Hauser R, Prins GS, Soto AM, Zoeller RT, Gore AC. 2009. Endocrine-disrupting chemicals: An endocrine society scientific statement. Endocrine Reviews, 30(4): 293-342.

Ferguson KK, McElrath TF, Meeker JD. 2014. Environmental phthalate exposure and preterm birth. JAMA Pediatrics, 168(1): 61-67.

Fernie KJ, Shutt JL, Letcher RJ, Ritchie IJ, Bird DM. 2009. Environmentally Relevant Concentrations of DE-71 and HBCD Alter Eggshell Thickness and Reproductive Success of American Kestrels. Environmental Science & Technology, 43(6): 2124-2130.

Fields S, Song O. 1989. A novel genetic system to detect protein-protein interactions. Nature, 340(6230): 245-246.

Govarts E, Nieuwenhuijsen M, Schoeters G, Ballester F, Bloemen K, de Boer M, Chevrier C, Eggesbø M, Guxens M, Krämer U, Legler J, Martínez D, Palkovicova L, Patelarou E, Ranft U, Rautio A, Petersen MS, Slama R, Stigum H, Toft G, Trnovec T, Vandentorren S, Weihe P, Kuperus NW, Wilhelm M, Wittsiepe J, Bonde JP, OBELIX/ENRIECO. 2012. Birth weight and prenatal exposure to polychlorinated biphenyls (PCBs) and dichlorodiphenyl dichloroethylene (DDE): A meta-analysis within 12 European Birth Cohorts. Environmental Health Perspectives, 120(2): 162-170.

Gracia T, Hilscherova K, Jones PD, Newsted JL, Zhang X, Hecker M, Higley EB, Sanderson JT, Yu RM, Wu RS, Giesy JP. 2006. The H295R system for evaluation of endocrine-disrupting effects. Ecotoxicology and Environmental Safety, 65(3): 293-305.

Guo Y, Zhou B, 2013. Thyroid endocrine system disruption by pentachlorophenol: An *in vitro* and *in vivo* assay. Aquatic Toxicology, 142-143: 138-145.

Harris CA, Hamilton PB, Runnalls TJ, Vinciotti V, Henshaw A, Hodgson D, Coe TS, Jobling S, Tyler CR, Sumpter JP. 2011. The consequences of feminization in breeding groups of wild fish. Environmental Health Perspectives, 119(3): 306-311.

Harshbarger JC, Coffey MJ, Young MY. 2000. Intersexes in Mississippi River shovelnose sturgeon sampled below Saint Louis, Missouri, USA. Marine Environmental Research, 50(1-5): 247-250.

Hart CA, Hahn ME, Nisbet ICT, Moore MJ, Kennedy SW, Fry DM. 1998. Feminization in common terns (*Sterna hirundo*): Relationship to dioxin equivalents and estrogenic compounds. Marine Environmental Research, 46(1): 174-175.

Hart CA, Nisbet ICT, Kennedy SW, Hahn ME. 2003. Gonadal feminization and halogenated environmental contaminants in common terns (*Sterna hirundo*): Evidence that ovotestes in male embryos do not persist to the prefledgling stage. Ecotoxicology, 12(1-4): 125-140.

Hayes T, Haston K, Tsui M, Hoang A, Haeffele C, Vonk A. 2003. Atrazine-induced hermaphroditism at 0.1 ppb in American leopard frogs (*Rana pipiens*): laboratory and field evidence. Environmental Health Perspectives, 111(4): 568-575.

Henshel D. 1998. Developmental neurotoxic effects of dioxin and dioxin-like compounds on domestic and wild avian species. Environmental Toxicology and Chemistry, 17(1): 88-98.

Henshel DS, Martin JW, Norstrom R, Whitehead P, Steeves JD, Cheng KM. 1995. Morphometric abnormalities in brains of great blue heron hatchlings exposed in the wild to PCDDs. Environmental Health Perspectives, 103(Suppl. 4): 61-66.

Henshel DS, Martin JW, Norstrom RJ, Elliott J, Cheng KM, DeWitt JC. 1997. Morphometric brain abnormalities in double-crested cormorant chicks exposed to polychlorinated dibenzo-*p*-dioxins, dibenzofurans, and biphenyls. Journal of Great Lakes Research, 23(1): 11-26.

Hersikorn BD, Smits JE. 2011. Compromised metamorphosis and thyroid hormone changes in wood frogs (*Lithobates sylvaticus*) raised on reclaimed wetlands on the Athabasca oil sands. Environmental Pollution, 159(2): 596-601.

Higley EB, Newsted JL, Zhang X, Giesy JP, Hecker M. 2010. Assessment of chemical effects on aromatase activity using the H295R cell line. Environmental Science and Pollution Research International, 17(5): 1137-1148.

Hong H, Kohli K, Trivedi A, Johnson DL, Stallcup MR. 1996. GRIP1, a novel mouse protein that serves as a transcriptional coactivator in yeast for the hormone binding domains of steroid receptors. Proceedings of the National Academy of Sciences of the United States of America, 93(10): 4948-4952.

Hotchkiss AK, Rider CV, Blystone CR, Wilson VS, Hartig PC, Ankley GT, Foster PM, Gray CL, Gray LE. 2008. Fifteen years after "Wingspread"—Environmental endocrine disrupters and human and wildlife health: Where we are today and where we need to go. Toxicological Sciences, 105(2): 235-259.

Hruska KS, Furth PA, Seifer DB, Sharara FI, Flaws JA. 2000. Environmental factors in infertility. Clinical Obstetrics and Gynecology, 43(4): 821-829.

Huang GY, Liu YS, Chen XW, Liang YQ, Liu SS, Yang YY, Hu LX, Shi WJ, Tian F, Zhao JL, Chen

J, Ying GG. 2016. Feminization and masculinization of western mosquitofish (*Gambusia affinis*) observed in rivers impacted by municipal wastewaters. Scientific Reports, 6: 20884.

Ike M, Chen MY, Danzl E, Sei K, Fujita M. 2006. Biodegradation of a variety of bisphenols under aerobic and anaerobic conditions. Water Science and Technology, 53: 153-159.

Jacobson JL, Jacobson SW, Schwartz PM, Fein GG, Dowler JK. 1984. Prenatal exposure to environmental toxin: A test of the multiple effects model. Developmental Psychology, 20(4): 523-532.

Jacobson JL, Jacobson SW. 2003. Prenatal exposure to polychlorinated biphenyls and attention at school age. Journal of Pediatrics, 143(6): 780-788.

Jacobson SW, Fein GG, Jacobson JL, Schwartz PM, Dowler JK. 1985. The effect of intrauterine PCB exposure on visual recognition memory. Child Development, 56(4): 853-860.

Jobling S, Williams R, Johnson A, Taylor A, Gross-Sorokin M, Nolan M, Tyler CR, van Aerle R, Santos E, Brighty G. 2006. Predicted exposures to steroid estrogens in U.K. rivers correlate with widespread sexual disruption in wild fish populations. Environmental Health Perspectives, 114(Suppl 1): 32-39.

Jurewicz J, Hanke W. 2011. Exposure to phthalates: Reproductive outcome and children health. A review of epidemiological studies. International Journal of Occupational Medicine and Environmental Health, 24(2): 115-141.

Kabir ER, Rahman MS, Rahman I. 2015. A review on endocrine disruptors and their possible impacts on human health. Environmental Toxicology and Pharmacology, 40(1): 241-258.

Kang JS, Choi JS, Kim WK, Lee YJ, Park JW. 2014. Estrogenic potency of bisphenol S, polyethersulfone and their metabolites generated by the rat liver S9 fractions on a MVLN cell using a luciferase reporter gene assay. Reproductive Biology and Endocrinology, 12: 102.

Kavlock RJ, Daston GP, DeRosa C, Fenner-Crisp P, Gray LE, Kaattari S, Lucier G, Luster M, Mac MJ, Maczka C, Miller R, Moore J, Rolland R, Scott G, Sheehan DM, Sinks T, Tilson HA. 1996. Research needs for risk assessment of health and environmental effects of endocrine disrupters: a report of the US EPA sponsored workshop. Environmental Health Perspectives, 104(Suppl 4): 715-740.

Kim S, Jung J, Lee I, Jung D, Youn H, Choi K. 2015. Thyroid disruption by triphenyl phosphate, an organophosphate flame retardant, in zebrafish (*Danio rerio*) embryos/larvae, and in GH3 and FRTL-5 cell lines. Aquatic Toxicology, 160: 188-196.

Klopcic I, Dolenc MS. 2017. Endocrine activity of AVB, 2MR, BHA, and their mixtures. Toxicological Sciences, 156(1): 240-251.

Korsgaard B, Andreassen TK, Rasmussen TH. 2002. Effects of an environmental estrogen, 17alpha-ethinyl-estradiol, on the maternal-fetal trophic relationship in the eelpout *Zoarces viviparous* (L). Marine Environmental Research, 54(3-5): 735-739.

Kuiper GG, Lemmen JG, Carlsson B, Corton JC, Safe SH, van der Saag PT, van der Burg B, Gustafsson JA. 1998. Interaction of estrogenic chemicals and phytoestrogens with estrogen receptor beta. Endocrinology, 139(10): 4252-4263.

Kuruto-Niwa R, Nozawa R, Miyakoshi T, Shiozawa T, Terao Y. 2005. Estrogenic activity of alkylphenols, bisphenol S, and their chlorinated derivatives using a GFP expression system. Environmental Toxicology and Pharmacology, 19(1): 121-130.

Laks DR. 2009. Assessment of chronic mercury exposure within the U.S. population, National Health and Nutrition Examination Survey, 1999–2006. Biometals, 22(6): 1103-1114.

Lee DH, Lee IK, Song K, Steffes M, Toscano W, Baker BA, Jacobs DR Jr. 2006. A strong dose-response relation between serum concentrations of persistent organic pollutants and diabetes: Results from the National Health and Examination Survey 1999-2002. Diabetes Care, 29(7): 1638-1644.

Lee S, Kim C, Youn H, Choi K. 2017. Thyroid hormone disrupting potentials of bisphenol A and its analogues—*in vitro* comparison study employing rat pituitary (GH3) and thyroid follicular (FRTL-5) cells. Toxicology in Vitro, 40: 297-304.

Legler J, van den Brink CE, Brouwer A, Murk AJ, van der Saag PT, Vethaak AD, van der Burg B. 1999. Development of a stably transfected estrogen receptor-mediated luciferase reporter gene assay in the human T47D breast cancer cell line. Toxicological Sciences, 48(1): 55-66.

Lei B, Xu J, Peng W, Wen Y, Zeng X, Yu Z, Wang Y, Chen T. 2017. *In vitro* profiling of toxicity and endocrine disrupting effects of bisphenol analogues by employing MCF-7 cells and two-hybrid yeast bioassay. Environmental Toxicology, 32(1): 278-289.

Li D, Zhou Z, Qing D, He Y, Wu T, Miao M, Wang J, Weng X, Ferber JR, Herrinton LJ, Zhu Q, Gao E, Checkoway H, Yuan W. 2010a. Occupational exposure to bisphenol A (BPA) and the risk of self-reported male sexual dysfunction. Human Reproduction, 25(2): 519-527.

Li DK, Zhou Z, Miao M, He Y, Qing D, Wu T, Wang J, Weng X, Ferber J, Herrinton LJ, Zhu Q, Gao E, Yuan W. 2010b. Relationship between urine bisphenol-A level and declining male sexual function. Journal of Andrology, 31(5): 500-506.

Li J, Li N, Ma M, Giesy JP, Wang Z. 2008a. *In vitro* profiling of the endocrine disrupting potency of organochlorine pesticides. Toxicology Letters, 183(1-3): 65-71.

Li J, Ma M, Wang Z. 2008b. A two-hybrid yeast assay to quantify the effects of xenobiotics on thyroid hormone-mediated gene expression. Environmental Toxicology and Chemistry, 27(1): 159-167.

Li J, Ma M, Wang Z. 2008c. A two-hybrid yeast assay to quantify the effects of xenobiotics on retinoid X receptor-mediated gene expression. Toxicology Letters, 176(3): 198-206.

Li L, Lin T. 2007. Interacting influence of potassium and polychlorinated biphenyl on cortisol and aldosterone biosynthesis. Toxicology and Applied Pharmacology, 220(3): 252-261.

Li X, Gao Y, Wang J, Ji G, Lu Y, Yang D, Shen H, Dong Q, Pan L, Xiao H, Zhu B. 2017. Exposure to environmental endocrine disruptors and human health. Journal of Public Health and Emergency, 1: 8.

Lopez-Espinosa MJ, Murcia M, Iñiguez C, Vizcaino E, Llop S, Vioque J, Grimalt JO, Rebagliato M, Ballester F. 2011. Prenatal exposure to organochlorine compounds and birth size. Pediatrics, 128(1): e127-134.

Lu M, Du J, Zhou P, Chen H, Lu C, Zhang Q. 2015. Endocrine disrupting potential of fipronil and its metabolite in reporter gene assays. Chemosphere, 120: 246-251.

Lunde KB, Johnson PTJ. 2012. A practical guide for the study of malformed amphibians and their causes. Journal of Herpetology, 46(4): 429-441.

Makela S, Davis VL, Tally WC, Korkman J, Salo L, Vihko R, Santti R, Korach KS. 1994. Dietary estrogens act through estrogen receptor-mediated processes and show no antiestrogenicity in cultured breast cancer cells. Environmental Health Perspectives, 102(6-7): 572-578.

Marques-Pinto A, Carvalho D. 2013. Human infertility: Are endocrine disruptors to blame?. Endocrine Connections, 2(3): R15-29.

Martin JA, Hamilton BE, Osterman MJ, Curtin SC, Matthews TJ. 2015. Births: Final data for 2013. National Vital Statistics Reports, 64(1): 1-65.

McCoy KA, Bortnick LJ, Campbell CM, Hamlin HJ, Guillette LJ, St Mary CM. 2008. Agriculture alters gonadal form and function in the toad *Bufo marinus*. Environmental Health Perspectives, 116(11): 1526-1532.

McDaniel TV, Martin PA, Struger J, Sherry J, Marvin CH, McMaster ME, Clarence S, Tetreault G. 2008. Potential endocrine disruption of sexual development in free ranging male northern leopard frogs (*Rana pipiens*) and green frogs (*Rana clamitans*) from areas of intensive row crop agriculture. Aquatic Toxicology, 88(4): 230-242.

Meeker JD, Calafat AM, Hauser R. 2010. Urinary bisphenol A concentrations in relation to serum thyroid and reproductive hormone levels in men from an infertility clinic. Environmental Science & Technology, 44(4): 1458-1463.

Mehla J, Caufield JH, Uetz P. 2015. The yeast two-hybrid system: A tool for mapping protein-protein interactions. Cold Spring Harbor Protocols, 5: 425-430.

Mendola P, Buck GM, Sever LE, Zielezny M, Vena JE. 1997. Consumption of PCB-contaminated freshwater fish and shortened menstrual cycle length. American Journal of Epidemiology, 146(11): 955-960.

Miller S, Kennedy D, Thomson J, Han F, Smith R, Ing N, Piedrahita J, Busbee D. 2000. A rapid and sensitive reporter gene that uses green fluorescent protein expression to detect chemicals with estrogenic activity. Toxicological Sciences, 55(1): 69-77.

Mosconi G, Di Rosa I, Bucci S, Morosi L, Franzoni MF, Polzonetti-Magni AM, Pascolini R. 2005. Plasma sex steroid and thyroid hormones profile in male water frogs of the Rana esculenta complex from agricultural and pristine areas. General and Comparative Endocrinology, 142(3): 318-324.

Nicolopoulou-Stamati P, Pitsos MA. 2001. The impact of endocrine disrupters on the female reproductive system. Human Reproduction update, 7(3): 323-330.

Nishihara T, Nishikawa J, Kanayama T, Dakeyama F, Saito K, Imagawa M, Takatori S, Kitagawa Y, Hori S, Utsumi H. 2000. Estrogenic activities of 517 chemicals by yeast two-hybrid assay. Journal of Health Science, 46(4): 282-298.

Nøst TH, Helgason LB, Harju M, Heimstad ES, Gabrielsen GW, Jenssen BM. 2012. Halogenated organic contaminants and their correlations with circulating thyroid hormones in developing Arctic seabirds. Science of the Total Environment, 414: 248-256.

Okubo T, Yokoyama Y, Kano K, Soya Y, Kano I. 2004. Estimation of estrogenic and antiestrogenic activities of selected pesticides by MCF-7 cell proliferation assay. Archives of Environmental Contamination and Toxicology, 46(4): 445-453.

Orton F, Rosivatz E, Scholze M, Kortenkamp A. 2012. Competitive androgen receptor antagonism as a factor determining the predictability of cumulative antiandrogenic effects of widely used pesticides. Environmental Health Perspectives, 120(11): 1578-1584.

Orton F, Routledge E. 2011. Agricultural intensity *in ovo* affects growth, metamorphic development and sexual differentiation in the common toad (*Bufo bufo*). Ecotoxicology, 20(4): 901-911.

Patrick L. 2009. Thyroid disruption: mechanism and clinical implications in human health. Alternative Medicine Review, 14(4): 326-346.

Prins GS. 2008. Endocrine disruptors and prostate cancer risk. Endocrine-Related Cancer, 15(3): 649-656.

Prutner W, Nicken P, Haunhorst E, Hamscher G, Steinberg P. 2013. Effects of single pesticides and binary pesticide mixtures on estrone production in H295R cells. Archives of Toxicology, 87(12):

2201-2214.

Rattan S, Zhou C, Chiang C, Mahalingam S, Brehm E, Flaws JA. 2017. Exposure to endocrine disruptors during adulthood: consequences for female fertility. Journal of Endocrinology, 233(3): R109-R129.

Reeder AL, Foley GL, Nichols DK, Hansen LG, Wikoff B, Faeh S, Eisold J, Wheeler MB, Warner R, Murphy JE, Beasley VR. 1998. Forms and prevalence of intersexuality and effects of environmental contaminants on sexuality in cricket frogs (*Acris crepitans*). Environmental Health Perspectives, 106(5): 261-266.

Reeder AL, Ruiz MO, Pessier A, Brown LE, Levengood JM, Phillips CA, Wheeler MB, Warner RE, Beasley VR. 2005. Intersexuality and the cricket frog decline: historic and geographic trends. Environmental Health Perspectives, 113(3): 261-265.

Robinson L, Miller R. 2015. The impact of bisphenol A and phthalates on allergy, asthma, and immune function: A review of latest findings. Current Environmental Health Reports, 2(4): 379-387.

Roy JR, Chakraborty S, Chakraborty TR. 2009. Estrogen-like endocrine disrupting chemicals affecting puberty in humans—A review. Medical Science Monitor, 15(6): RA137-145.

Safe SH. 2000. Endocrine disruptors and human health—Is there a problem? An update. Environmental Health Perspectives, 108(6): 487-493.

Sato S, Shirakawa H, Tomita S. 2008. Low-dose dioxins alter gene expression related to cholesterol biosynthesis, lipogenesis, and glucose metabolism through the aryl hydrocarbon receptor-mediated pathway in mouse liver. Toxicology and Applied Pharmacology, 229(1): 10-19.

Sato S, Shirakawa H, Tomita S, Ohsaki Y, Haketa K, Tooi O, Santo N, Tohkin M, Furukawa Y, Gonzalez FJ, Komai M. 2008. Low-dose dioxins alter gene expression related to cholesterol biosynthesis, lipogenesis, and glucose metabolism through the aryl hydrocarbon receptor-mediated pathway in mouse liver. Toxicology and Applied Pharmacology, 229(1): 10-19.

Song H, Zhang T, Yang P, Li M, Yang Y, Wang Y, Du J, Pan K, Zhang K. 2015. Low doses of bisphenol A stimulate the proliferation of breast cancer cells via ERK1/2/ERRγ signals. Toxicology in Vitro, 30(1 Pt B): 521-528.

Song M, Liang D, Liang Y, Chen M, Wang F, Wang H, Jiang G. 2014. Assessing developmental toxicity and estrogenic activity of halogenated bisphenol A on zebrafish (*Danio rerio*). Chemosphere, 112: 275-281.

Soto AM, Sonnenschein C, Chung KL, Fernandez MF, Olea N, Serrano FO. 1995. The E-SCREEN assay as a tool to identify estrogens: An update on estrogenic environmental pollutants. Environmental Health Perspectives, 103(Suppl 7): 113-122.

Stiller-Winkler R, Hadnagy W, Leng G, Straube E, Idel H. 1999. Immunological parameters in humans exposed to pesticides in the agricultural environment. Toxicology Letters, 107(1-3): 219-224.

Straube E, Straube W, Krüger E, Bradatsch M, Jacob-Meisel M, Rose HJ. 1999. Disruption of male sex hormones with regard to pesticides: Pathophysiological and regulatory aspects. Toxicology Letters, 107(1-3): 225-231.

Svensson BG, Hallberg T, Nilsson A, Schütz A, Hagmar L. 1994. Parameters of immunological competence in subjects with high consumption of fish contaminated with persistent organochlorine compounds. International Archives of Occupational and Environmental Health,

65(6): 351-358.

Sweeney MF, Hasan N, Soto AM, Sonnenschein C. 2015. Environmental endocrine disruptors: Effects on the human male reproductive system. Reviews in Endocrine and Metabolic Disorders, 16(4): 341-357.

Teppala S, Madhavan S, Shankar A. 2012. Bisphenol A and metabolic syndrome: Results from NHANES. International Journal of Endocrinology, 2012(4): 598180.

Vajda AM, Barber LB, Gray JL, Lopez EM, Woodling JD, Norris DO. 2008. Reproductive disruption in fish downstream from an estrogenic wastewater effluent. Environmental Science and Technology, 42(9): 3407-3414.

Vandenberg LN, Hauser R, Marcus M, Olea N, Welshons WV. 2007. Human exposure to bisphenol A (BPA). Reproductive Toxicology, 24(2): 139-177.

Verboven N, Verreault J, Letcher RJ, Gabrielsen GW, Evans NP. 2008. Maternally derived testosterone and 17 beta-estradiol in the eggs of Arctic-breeding glaucous gulls in relation to persistent organic pollutants. Comparative Biochemistry and Physiology—Part C: Toxicology and Pharmacology, 148(2): 143-151.

Wake DB. 1991. Declining amphibian populations. Science, 1991, 253: 860.

Wang C, Wang T, Liu W, Ruan T, Zhou Q, Liu J, Zhang A, Zhao B, Jiang G. 2012. The *in vitro* estrogenic activities of polyfluorinated iodine alkanes. Environmental Health Perspectives, 120(1): 119-125.

Wang RY, Needham LL, Barr DB. 2005. Effects of environmental agents on the attainment of puberty: Considerations when assessing exposure to environmental chemicals in the National Children's Study. Environmental Health Perspectives, 113(8): 1100-1107.

Williams RJ, Keller VD, Johnson AC, Young AR, Holmes MG, Wells C, Gross-Sorokin M, Benstead R. 2009. A national risk assessment for intersex in fish arising from steroid estrogens. Environmental Toxicology and Chemistry, 28(1): 220-230.

Wilson VS, Bobseine K, Lambright CR, Gray LE Jr. 2002. A novel cell line, MDA-kb2, that stably expresses an androgen- and glucocorticoid-responsive reporter for the detection of hormone receptor agonists and antagonists. Toxicological Sciences, 66(1): 69-81.

Wong MH, Leung AO, Chan JK, Choi MP. 2005. A review on the usage of POP pesticides in China, with emphasis on DDT loadings in human milk. Chemosphere, 60(6): 740-752.

Xiang D, Han J, Yao T, Wang Q, Zhou B, Mohamed AD, Zhu G. 2017. Structure-based investigation on the binding and activation of typical pesticides with thyroid receptor. Toxicological Sciences, 160(2), 205-216.

Yu L, Deng J, Shi X, Liu C, Yu K, Zhou B. 2010. Exposure to DE-71 alters thyroid hormone levels and gene transcription in the hypothalamic-pituitary-thyroid axis of zebrafish larvae. Aquatic Toxicology, 97(3): 226-233.

Zhang L, Liu LG, Pan FL, Wang DF, Pan ZJ. 2012. Effects of heat treatment on the morphology and performance of PSU electrospun nanofibrous membrane. Journal of Engineered Fibers and Fabrics, 7: 7-16.

第 4 章　全氟代化合物的内分泌干扰效应

本章导读

- 简单介绍全氟代化合物的理化性质、生产使用情况、替代品的开发以及在环境介质、生物介质及人体中的分布;
- 从受体途径和非受体途径分析全氟代化合物引起生殖内分泌干扰的作用机制,并介绍传统全氟代化合物及其替代品对鱼类、两栖类、鸟类、哺乳动物及人类生殖系统的影响;
- 从受体途径和非受体途径分析全氟代化合物引起甲状腺内分泌干扰的作用机制,并介绍传统全氟代化合物及其替代品对鱼类、两栖类、鸟类和哺乳动物及人类甲状腺内分泌系统的影响;
- 陈述全氟代化合物对其他内分泌系统的影响,特别是对 PPAR 及其他受体介导的信号通路的作用,总结目前离体研究、活体动物实验以及人类流行病学研究的进展。

4.1　全氟代化合物概述

全氟代化合物(perfluorniated compounds,PFCs)是一类人工合成的化学物质,其最典型的特征是连接于碳原子上的氢全部被氟原子所取代(Lau et al.,2007)。目前大量的研究数据显示 PFCs 已成为一种重要的全球性污染物,且其部分同系物具有持久性有机污染物(persistent organic pollutants,POPs)的基本特征,因此受到世界范围的广泛关注。美国环境保护署(United States Environmental Protection Agency,USEPA)于 2001 年将全氟辛基磺酸(perfluuooctane sulfonate,PFOS)列入持久性有机污染物黑名单;英国环境署和加拿大环境部和卫生部也先后对 PFOS 及其盐类的生态风险做出预警;联合国环境规划署于 2009 年 5 月在《斯德哥尔摩公约》第四次缔约方大会上正式将 PFOS 及其盐类列入列入公约附件 B(限制类),并于 2015 年通过了将全氟辛酸(perfluorooctanoic acid,PFOA)及其盐类和相关化合物的附件 D 审查(POPs 特性筛选)。作为《斯德哥尔摩公约》履约国,我国近期更新的《国家实施计划》中，也将 PFOS 纳入了计划以适应新的公约需求（陈舒，2016）。由于全氟代化合物的性质非常稳定，在环境中很难被降解和转化，并且可以在洋流和大气流的推动作用下进入偏远的地区，甚至可以到达北极。因此，PFCs 对全球环境的污染以及对生态系统的潜在风险已经受到越来越多的关注。

4.1.1 PFCs 的性质和种类

PFCs 的分子通式为 C_nF_{2n+1}—R，这类化合物由一个疏水性的烷基碳链（$n= 4 \sim 17$）和一个亲水基团的末端（R）构成。通过在氟化碳链上引入不同的末端基团，可以衍生出数千种 PFCs，其中包括磺酸基团作为末端的全氟磺酸类（perfluoroalkyl sulfonic acids，PFSAs）和羧酸基团作为末端的全氟羧酸类（perfluoroalkyl carboxylic acids，PFCAs）。部分常见 PFCs 的中英文名称和分子式如表 4-1 所示。

表 4-1 典型 PFCs 的中英文名称和分子式

中文名	英文名	英文缩写	分子式
全氟己酸	perfluorohexanoate	PFHxA	$C_5F_{11}CO_2H$
全氟庚酸	perfluoroheptanoate	PFHpA	$C_6F_{13}CO_2H$
全氟辛酸	perfluorooctanoate	PFOA	$C_7F_{15}CO_2H$
全氟壬酸	perfluorononanoate	PFNA	$C_8F_{17}CO_2H$
全氟癸酸	perfluorodecanoate	PFDA	$C_9F_{19}CO_2H$
全氟十一烷酸	perfluoroundecanoate	PFUdA	$C_{10}F_{21}CO_2H$
全氟十二烷酸	perfluorododecanoate	PFDoA	$C_{11}F_{23}CO_2H$
全氟十三烷酸	perfluorotetridecanoate	PFTrDA	$C_{12}F_{25}CO_2H$
全氟十四烷酸	perflurotetradecanoate	PFTeDA	$C_{13}F_{27}CO_2H$
全氟十六烷酸	perfluorohexadecanoate	PFHxDA	$C_{15}F_{31}CO_2H$
全氟十八烷酸	perfluorooctadecanoate	PFODA	$C_{17}F_{35}CO_2H$
全氟己基磺酸	perfluorohexane sulfonate	PFHxS	$C_6F_{13}SO_3H$
全氟辛基磺酸	perfluorooctane sulfonate	PFOS	$C_8F_{17}SO_3H$
全氟癸基磺酸	perfluorodecane sulfonate	PFDS	$C_{10}F_{21}SO_3H$
全氟辛基磺酰胺	perfhiorooctane sulfonamide	PFOSA	$C_8F_{17}SO_2NH_2$

由于氟具有最大的电负性，使得碳-氟键具有非常强的极性，成为自然界中键能最大的共价键之一，因此全氟代化合物普遍具有很高的化学稳定性和生物惰性，即使经受强的加热、光照、化学作用、微生物作用和高等脊椎动物的代谢作用也很难降解（Li et al.，2015）。在众多的 PFCs 同系物中，尤以碳链长度为 8 的同系物最为稳定，应用也最为广泛，其中最典型的例子就是 PFOA 和 PFOS（结构式见图 4-1）。同时 PFOA 和 PFOS 也是多种 PFSAs 前体物质在环境中的最终转化产物，

因此成为环境中最常见的 PFCs 单体。

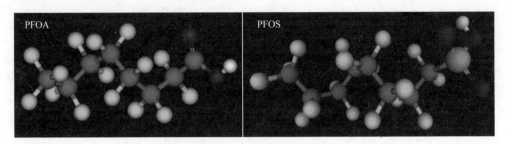

图 4-1　PFOA 和 PFOS 的结构式

灰色为碳原子，青色为氟原子，红色为氧原子，黄色为硫原子，白色为氢原子

4.1.2　PFCs 的生产和使用

1. 传统 PFCs 产品的生产和使用

稳定的全氟基团赋予了 PFCs 良好的化学稳定性、热稳定性、疏水疏油性和高的表面活性，因此自 20 世纪 50 年代开始，PFCs 作为表面活性剂和表面保护剂被广泛地应用于多种工业产品中（Lau et al.，2007）。据估计，1970～2002 年间，每年约有 96000 t 的电解氟化物全氟辛基磺酰氟（perfluoro-1-octanesulfonyl fluoride，POSF）作为原料用于生产合成 PFCs，而如果包含那些生产过程中产生的废弃物，这一数字将达到 122500 t。而另一中间产物含氟调聚物醇（fluorotelomer alcohols，FTOHs）的年平均产量也达到了 5000 t。这些氟化物主要由两个生产厂家制造——美国 3M 和杜邦公司。

迄今为止，已有数百种全氟代化合物产品被开发出来，其应用领域涉及生产及生活消费的各个方面。因此，PFCs 被认为是 20 世纪最重要的化工产品之一。一方面，PFCs 可作为表面防污剂用于纺织品、皮革制品、家具及食品包装材料等。统计数据表明，2000 年，在纺织业中欧盟 PFCs 的使用量为 240 t；英国的年使用量为 48 t，其中地毯行业使用量为 23 t，服装皮革行业使用量为 15 t，装饰品行业使用量为 10 t（EA-UK，2004）。另一方面，PFCs 还可作为中间体用于生产泡沫灭火器、地板上光剂、农药和杀菌剂等。据统计调查，中国大约有 10% 的生产商在其泡沫灭火剂中添加了 PFOS，其年使用量在 120 t 左右（干剂）。此外，PFCs 还可作为表面活性剂用于生产洗涤剂、洗发香波、金属表面处理剂、电镀添加剂等产品（EA-UK，2004）。

出于对生态环境和人类健康的保护，3M 公司自愿从 2001 年起逐步淘汰 PFOS 及与 PFOS 有关的物质的生产。在美国 EPA 的倡导下，包括杜邦、大金、旭硝子、科莱恩等在内的 8 家美国公司于 2007 年签订了 PFOA 减排协议，同意分阶段停止使用 PFOA，并于 2015 年前在所有产品中全面禁用 PFOA。但是由于 PFCs 的特殊性质，市场上对其仍有很大需求。因此过去十几年中，PFOS 的生产由北美转移到了亚洲国家，特别是中国。2008 年，中国 PFOS 的年产量达到 250 t，约占使用量的一半，其中大部分出口到南美洲，少量出口到欧洲（Paul et al.，2009；陈舒，2016）。这些工业用途的生产和各种生活消费品的使用造成大量的 PFCs 排入到环境中造成严重的污染问题。

2. PFOS 和 PFOA 替代品的开发

由于 PFOS 和 PFOA 相关产品的逐步禁用，各国政府和企业纷纷将目光转向了更容易降解、毒性更低的替代产品的开发上。从控制和削减持久性有机污染物的角度，国务院针对《斯德哥尔摩公约》批准的《国家实施计划》也指出，要开展替代技术研发，推广替代品和替代技术（国家履行斯德哥尔摩公约工作协调组办公室，2008）。近些年来，已经有公司成功研发出了一系列具有防水、拒油、易去污性能的 PFOS 和 PFOA 的替代品，并作为新型的整理剂推向市场。

对于 PFOS 和 PFOA 替代品开发的主体思路都是在原有商业产品的基础上进行改造，提高生物降解性，降低毒性效应。目前开发的替代产物大致可以分为三个类型：第一种是使用短碳氟链（C_4 或者 C_6）替代 PFOS 的 C_8 长链（邢航等，2016）。因为 8 个碳属于长链，在环境中难以降解，缩短碳氟链有利于其在环境中的降解，这一类替代品的代表是全氟丁基磺酸（perfluorobutane sulfonate，PFBS）和全氟己基磺酸（perfluorohexane sulfonate，PFHxS）。第二种是在氟碳直链中引入醚键及亚甲基或类似基团对氟碳链结构进行改性，得到更容易被生物降解的全氟聚醚（perfluoropolyethers，PFPEs）。这一类替代品的代表是全氟聚醚羧酸（perfluoroalkyl ether sulfonic acids，PFESAs）和全氟聚醚磺酸（perfluoroalkyl ether carboxylic acids，PFECAs），其中 6：2 氟代聚苯乙烯磺酸（6：2 fluorotelomer sulfonic acid，6：2 FTSA）和 6：2 荧光调聚羧酸（6：2 fluorotelomer carboxylic acid，6：2 FTCA），分别作为 PFOS 和 PFOA 的替代品，六氟环氧丙烷二聚体（dimer of hexafluoropropylene oxide，$HFPO_2$）的铵盐也被用作 PFOA 的替代品。我国工业和信息化部、科学技术部和环境保护部于 2012 年 12 月联合发布的《国家鼓励的有毒有害原料（产品）替代品目录（2012 年版）》将全氟聚醚乳化剂作为 PFOA 的替代品，鼓励企业积极开发和推广应用。此外，还可以用硅或者溴替代氟，得到的产物的性质虽不及 PFOS，但是具有类似的拒水抗油效果。由于 PFCs 的生物毒性主要来源于氟离子，以硅代替氟可降低其毒性，但是由于合成成本较高，技术要求也相对比较严格，因此在国内还未广泛推广。

上述这些新型产品作为传统的 PFOA 和 PFOS 的替代品，其市场需求和使用量都很大。仅以我国为例，每年 PFBS 的使用量大约为 211 t，其用量主要集中在电镀、纺织和消防三大领域（刘敏等，2014）。美国杜邦公司开发的 GenX 已经通过 REACH 注册，年产量为 10～100 t。该产品的主要成分为 $HFPO_2$ 铵盐，可作为氟聚合物树脂生产过程中的加工助剂。随着生产和使用量的不断增加，这些新型产品中的主要成分不可避免地会进入到环境和生物体内造成新的污染问题，而这些替代品是否真的不会对生态环境和人类健康造成危害也需要密切关注。

4.1.3 PFCs 的环境问题

1. 传统 PFCs 的环境问题

典型 PFCs 的环境行为和污染问题已经得到世界各国科学家的广泛关注和长期大量的研究。环境中的全氟代化合物一部分来自于生产中工厂废水废气的排放，以及含氟产品（如防水防污剂、水成泡沫）等使用过程中的渗出和排放，另一部分来自于前体物质的降解。据统计，在 1970～2002 年间，排放至水体/大气中的全氟化合物前体物质 POSF 约达 6800～45250 t，而 PFOS 的排放量也有 450～2700 t。由于全氟代化合物的性质非常稳定，在环境中很难降解和转化，并且可以进入地球化学循环（Paul et al.，2009）。PFOA 和 PFOS 的蒸气压低，在水中的溶解度较高，因此可随地表水系统进入海洋，在洋流的推动作用下进入到偏远的地区，甚至可以到达北极。而部分中性的全氟代化合物如 8∶2 FTOH，虽然在水中的溶解度低很多，但是其蒸气压很高，可随大气进行长距离的迁移，到达比较偏远的地区，最后降解成为全氟羧酸类化合物及全氟磺酸类化合物（陈舒，2016）。因此，PFCs 的污染范围已经扩散至全球范围。

迄今为止，PFCs 已经在世界各地的水体、空气、土壤、野生生物和人体组织中检出，检出种类主要包括全氟羧酸类、全氟磺酸类、全氟酰胺类及全氟调聚醇等，其中又以 PFOA 和 PFOS 最为典型。在我国，包括松花江、辽宁浑河、长江部分水体、武汉地区地表水、广州地表水、珠江以及部分城市自来水、海水和远离人类活动地区的水体等都检测到了 PFOS，其浓度大部分是 pg/L 级别（Chen et al.，2009）。日本学者在表层水中也检测到 PFOA 的前体物质 FTOHs 的存在，检出浓度为 10.8 ng/L。由于 FTOHs 属于挥发性的化学品，因而推测其主要来源是通过雨水沉降进入到水体当中的（Mahmoud et al.，2009）。在很多国家不同空气的样品中已经检测到 PFCs 的存在。如在日本和美国部分城市的空气中，普遍检测出 PFOA，其含量从 0.07 $\mu g/m^3$ 到 0.9 $\mu g/m^3$ 不等（Barton et al.，2006；Harada et al.，2006）。而对美国俄亥俄州和北卡罗莱纳州室内灰尘的研究发现，PFOS 是最主要的 PFCs 污染物，在所有样品中的检出率高达 95%，平均浓度为 201 ng/g，而最大检出浓度高达 12100 ng/g（Strynar and Lindstrom，2008）。研究人员从全球多个区域采集了鱼类、鸟类、海洋哺乳类等野生生物的组织样品，分析了生物组织中 PFOS 的含量，结果发现 PFOS 在全球的野生生物组织中广泛地分布，并且呈现生物累积性和食物链传递的特性（Giesy and Kannan，2001）。针对中国不同地区人群的调查研究表明，沈阳、北京、郑州、金坛、武汉、舟山、贵阳、厦门和福州等地人群血液样品中均有不同浓度的 PFOS 检出，其中沈阳地区人群血样品中的 PFOS 浓度最高，平均值为 79.2 ng/mL，金坛人群血样品中 PFOS 浓度最低，平均值为 3.72 ng/mL（Yeung et al.，2006）。在美国的马萨诸塞州收集的 45 份人乳汁样品中也检测到了 9 种 PFCs 的浓度，其中 PFOS 和 PFOA 的浓度最高，平均值分别为 131 pg/mL 和 43.8 pg/mL（Tao et al.，2008）。

总之，针对世界不同地区的环境介质、野生生物及人体组织样本中 PFCs 污染情况的调查结果均表明，PFCs 已经造成全球范围的普遍污染。

2. PFOS 和 PFOA 替代品的环境问题

尽管 PFOS 和 PFOA 替代品被开发出来以及投入生产和使用的时间还不长，但已有不少研究表明，它们已经广泛存在于各种环境和生物介质中。2004 年中国福兴建立了氟化工业园区，用于合成生产聚四氟乙烯。近期我国学者对该产业园区的底质和河水进行采样测定，发现 PFBS 已成为河水中最主要的污染物，占所有氟化污染物含量的 64%～94 %（Bao et al.，2010）。在我国深圳近岸海域也检测到了 PFBS，其与 PFOS 组成了海域中最主要的全氟类污染物，平均浓度为 2.57 ng/L，且 PFBS 主要分布在表层海水中，所占比例为 20.9 %～46.9 %（刘宝林等，2015）。针对来自中国、美国、日本、印度和加拿大等国家的自来水水样的分析结果表明，中国上海自来水中总 PFCs 含量最高（130 ng/L），其中 PFBS 和 PFHxS 的检出率分别为 74 %和 86 %，平均浓度分别为 2.8 ng/L 和 0.085 ng/L（Mak et al.，2009）。近期的一项研究检测了德国东部和肯尼亚西部地区的河水、污水处理厂的废水以及城市自来水中 PFBS 和 PFHxS 的含量。结果发现，城市自来水中 PFBS 的平均浓度为 1.3 ng/L；河水中 PFBS 的平均浓度为 5.5 ng/L，PFHxS 平均浓度为 0.4 ng/L；在污水处理厂的废水中 PFBS 的浓度高达 174.2 ng/L，比河水中的浓度高了 32 倍，PFHxS 在污水处理厂废水中的浓度比河水中的浓度高 5 倍（Shafique et al.，2017）。上述研究结果可以证明，PFBS 和 PFHxS 已经造成全球水体的普遍污染。与水体相比，河流沉积底质中的 PFBS 含量以及在所有 PFCs 中所占的比例相对较低，这可能与 PFBS 和 PFHxS 的较高水溶性相关（Bao et al.，2010）。

除了环境介质，在生物体内也检测到了 PFOS 替代品的存在。在早期一项研究中，日本学者发现京东湾和大阪湾鱼类血液和肝脏样本中 PFHxS 的最高浓度分别为 121 ng/mL 和 9 ng/g ww（Taniyasu et al.，2003）。我国学者在泉州、厦门和香港地区小白鹭和夜鹭的鸟蛋中也检测到了 PFHxS，其中以厦门地区夜鹭鸟蛋中含量最高，浓度范围为 0.300～0.317 ng/g ww（Wang et al.，2008）。在早期的一项流行病学调查中，研究人员分析了 473 个人体的尿液及血清中 PFHxS 的浓度，这些样本来自美国、哥伦比亚、巴西、比利时、意大利、波兰、印度、马来西亚和韩国等多个国家（Kannan et al.，2004）。结果表明，来自美国、韩国和日本的血清中的 PFHxS 的中值浓度在 1.5～3 ng/mL 的范围内，高于在其他国家中发现的浓度；通过对比发现，来自美国和日本人类样本中，PFHxS 的浓度约为 PFOS 的 1/20～1/10；来自印度和意大利的血清样品中 PFHxS 与 PFOS 浓度的比率高于其他国家的比率（1∶0.3～1∶0.9）。不同国家和地区人群中 PFHxS 和 PFBS 的暴露水平可能与这两种替代品在当地的生产或使用情况有关。此外，在来自亚洲 7 个国家的 184 个乳汁样品中也检测到较高浓度的 PFHxS，其平均浓度为 6.45～15.8 ng/L（Tao et al.，2008），暗示婴幼儿早期发育阶段可能受到暴露。随着 PFOS 的禁用和替代产品的不断推广，会有更多的 PFHxS 和 PFBS 进入环境及人体内。已有研究表明 PFBS 在瑞典妇女血清中的含量呈现逐年上升的趋势，平均每 6 年 PFBS 的含量就会上升一倍（Olsen et al.，2005）。

从以上的研究中可以看出，替代产品中的 PFBS 和 PFHxS 等也可以进入到各种环境介质甚至动物组织和人体中，且随着替代产品的推广和应用，它们在环境和人体内的含量也随之升高。某些新型 PFCs（如 PFHxS）在人体血液中检测到的浓度一般要高于在野生动物体内的浓度，这暗示通过与含有全氟化酸或其衍生物的商业产品接触会产生额外的暴露。

这些传统和新型的 PFCs 不断累积并长期存在于野生生物及人类体内，极有可能会对其健康产生危害。目前已有很多证据显示，PFOS 和 PFOA 及其前体物质 FTOHs 等传统 PFCs 主要表现为对生物体内分泌系统的干扰效应。而作为替代品的 PFCs 进入环境中是否会造成新的环境生态风险，对野生动物特别是人类是否具有内分泌干扰效应等，这些问题还需要进行全面的评估。下述，本章将详细介绍 PFCs 对野生生物及人类生殖、甲状腺及其他内分泌系统的干扰效应及作用机制。

4.2　PFCs 的生殖内分泌干扰效应

2017 年 11 月 9 日，美国加利福尼亚州环境保护局的环境健康危害评估办公室（The California Office of Environmental Health Hazard Assessment，OEHHA）更新了第 65 号化学品清单，将 PFOA 和 PFOS 新增为可导致生殖毒性的物质，并于 11 月 10 日生效。OEHHA 采取这一行动主要依据的是美国 EPA 的调查结果，但 EPA

本身并没有正式监管这些物质。因此，美国化学理事会（American Chemistry Council，ACC）认为，尚不能正式确定 PFOA 或 PFOS 会导致生殖毒性。然而，目前已有的诸多证据显示，PFCs，特别是 PFOA 或 PFOS 可通过受体介导的和非受体介导的途径影响内分泌系统，并在鱼类、两栖类、鸟类及哺乳动物体内均得到了证实。

4.2.1　PFCs 生殖内分泌干扰效应的离体研究

EPA 推荐采用的生殖内分泌干扰物的体外测试方法主要包括雌激素受体（estrogen receptor，ER）结合试验、雌激素受体转录激活试验、雄激素受体（androgen receptor，AR）结合试验、H295R 类固醇合成试验以及芳香化酶试验等，研究人员通过这些方法开展了大量的研究工作，评估了 PFCs 通过受体途径引起的类/抗雌激素活性、类/抗雄激素活性以及通过非受体途径引起对类固醇激素合成的影响。

1. 受体途径介导的生殖内分泌干扰效应

在早期的研究中，我国学者使用原代培养的罗非鱼（*Oreochromis niloticus*）肝细胞为模型，以卵黄蛋白原（vitellogenin，VTG）为雌激素效应的生物标志物，评价了 PFOS、PFOA、FTOHs（4：2 FTOH、6：2 FTOH 和 8：2 FTOH）这些化合物的雌激素和抗雌激素效应。结果表明 mg/L 浓度水平的 PFOS、PFOA 和 6：2 FTOH 暴露 48 h 可以诱导罗非鱼肝细胞产生 VTG；当加入雌激素受体抑制剂——它莫西芬后，PFOS、PFOA 和 6：2 FTOH 对 VTG 的诱导效应被显著抑制，说明这些 PFCs 的类雌激素效应是通过雌激素受体介导的。为了进一步评价 PFCs 的抗雌激素效应，他们将 PFCs 和 17β-雌二醇复合暴露罗非鱼肝细胞，发现 PFOS、PFOA、6：2 FTOH 和 8：2 FTOH 可以显著抑制 E2 对 VTG 的诱导效应，说明这四种 PFCs 同时也具有抗雌激素效应（Liu et al.，2007）。

在之后的研究中，国外研究人员以虹鳟鱼（*Oncorhynchus mykiss*）肝脏细胞质为研究体系，建立了 ER 竞争结合实验方法，并以此评价了 13 种系列结构的全氟烷酸与 ER 的结合能力。结果表明，在所有受试 PFCs 中，碳链长度为 7~11 的全氟烷酸（PFHpA、PFOA、PFNA、PFDA 和 PFUdA）表现出最强的 ER 竞争结合能力，然而即使结合能力最强的 PFDA 仍远远低于其天然配体 E2（<1/10000），但其半数抑制浓度（half maximal inhibitory concentration，IC_{50}）值与具有弱雌激素效应的壬基酚相当。同时，他们通过分子对接方法也发现，PFOA、PFNA、PFDA 和 PFOS 可与人/小鼠/虹鳟鱼中的氨基酸残基形成氢键，且其作用方式与环境中雌激素物质双酚 A 及壬基酚的作用方式相同（Benninghoff et al.，2010）。上述结果表明 PFCs 与 ER 受体具有弱的或极弱的结合能力。

他们进一步以人胚肾细胞（HEK-293T）为对象建立了 ERα 介导的报道基因检测方法，发现 PFOA、PFNA、PFDA、PFUdA 和 PFOS 在 10～1000 nmol/L 的浓度范围内显著增强 ERα 的转录活性（Benninghoff et al.，2010）。类似地，研究人员基于 MVLN 细胞的雌激素受体报道基因方法检测了 7 种 PFCs（PFOS、PFOA、PFHxS、PFDA、PFDoA、PFUnA 和 PFNA）对 ER 的干扰活性，其中 PFHxS 被用作 PFOS 的替代品。他们的研究结果表明，PFOS 和 PFOA 在较高的浓度下显著地诱导了 ER 介导的转录活性，其最低观察效应浓度（lowest observed effect concentration，LOEC）分别为 1×10^{-5} mol/L 和 3×10^{-5} mol/L。作为 PFOS 替代品的 PFHxS 也可以诱导 ER 的转录（LOEC=2×10^{-5} mol/L），且其干扰能力介于 PFOS 和 PFOA 之间（Kjeldsen and Bonefeld-Jørgensen，2013）；而在另外一项报道中，基于 CV-1 细胞的 ER 报道基因试验结果表明，PFOS 在 3×10^{-9}～3×10^{-7} mol/L 的浓度范围内单独暴露 24 h 不能显著诱导 ER 介导的报道基因的表达，但是当其与雌激素 E2 复合暴露时，可以显著地提高 ER 介导的转录活性，增加报道基因的表达，并且这种转录活性的增加具有浓度依赖的效应，表明在较低的剂量下 PFOS 不能干扰 ER 受体转录活性，但可能通过其他途径增强受体与配体的结合能力（Du et al.，2013b）。上述结果均显示，PFCs 可能通过影响 ER 的转录活性及其介导的信号通路，从而表现出类/抗雌激素效应。

为了评价 PFCs 类化合物的类/抗雄激素活性，我国学者以 MDA-Kb2 细胞为基础建立了稳定转染雄激素反应元件报道基因的方法，结果表明 PFOA、PFOS 在测试的浓度范围内（3×10^{-9}～3×10^{-7} mol/L）未表现出对报道基因有明显的诱导或抑制作用（Du et al.，2013a，b）。然而，国外研究人员利用 MVLN 细胞建立了报道基因检测方法，其检测结果表明 PFHxS、PFOS 和 PFOA 表现出类雄激素效应，其最低观察效应浓度分别为 1×10^{-4} mol/L、5×10^{-5} mol/L 和 1×10^{-4} mol/L；同时 PFHxS、PFOS、PFOA、PFNA 和 PFDA 具有抗雄激素效应，其最低观察效应浓度分别为 5×10^{-5} mol/L、5×10^{-6} mol/L、1×10^{-5} mol/L、5×10^{-5} mol/L 和 1×10^{-5} mol/L，其中 PFOS 的替代品 PFHxS 对 AR 的干扰活性低于 PFOS，但与 PFOA 相当（Kjeldsen and Bonefeld-Jørgensen，2013）。上述结果显示，PFCs 可能通过影响 AR 的转录活性及其介导的信号通路，从而表现出类/抗雄激素效应。

上述离体研究证实典型 PFCs（如 PFOS、PFOA 及 FTOHs 等）可以通过核受体途径干扰生殖内分泌系统。值得注意的是，作为替代品的 PFHxS 对雌激素受体和雄激素受体的干扰活性虽然低于 PFOS，但与 PFOA 相当甚至更高，因此 PFHxS 作为 PFOS 替代品的可行性应该进一步考量。此外，我国学者还对比了 PFOS 以及其他四种替代品（全氟丁基有机铵盐阳离子表面活性剂、调聚法合成的"三防"织物整理剂、电解氟化法合成的 C_4 织物"三防"整理剂和电解氟化法合成的 C_6

织物"三防"整理剂）的内分泌干扰效应（杨蓉等，2013）。将通过酵母双杂交技术构建重组的人雌激素受体基因酵母和雄激素受体基因酵母分别暴露于不同浓度的 PFOS 及替代品中，并且结合体外代谢活化技术，检测了直接和间接的类/抗激素活性。实验结果表明，PFOS 表现为雄激素受体拮抗剂，半数效应浓度（50% effective concentration，EC_{50}）为 0.3 mg/L，而经代谢活化后则表现出抗雌激素和抗雄激素效应，其 EC_{50} 值分别为 1.4 mg/L 和 0.3 mg/L。但通过不同途径合成的 4 种短链（C_4 或 C_6）替代品，在测试的浓度范围内无论有无代谢活化均不存在内分泌干扰效应，说明这 4 种物质与 PFOS 相比具有更低的环境健康风险，可以考虑作为 PFOS 的替代品。

2. 非受体途径介导的生殖内分泌干扰效应

除了能通过受体途径发挥内分泌干扰效应外，PFCs 也能通过其他的非依赖于核受体的途径，如影响类固醇激素的合成而发挥内分泌干扰效应。人肾上腺皮质瘤细胞（H295R）由于保留了类固醇激素合成有关的关键基因和酶，能生成包括孕激素、雄激素、雌激素、糖皮质激素和盐皮质激素等在内的诸多类固醇激素，因此，被广泛用作评价有毒物质对类固醇激素合成通路影响的离体细胞模型。

挪威研究人员将 H295R 细胞暴露于最典型的 PFCs（PFOS 和 PFOA，浓度范围为 6 nmol/L～600 μmol/L）中，评价了它们对类固醇合成相关基因的转录水平和激素合成的影响，并通过对雄烯二酮的催化转化程度评价了它们对芳香化酶活性的影响（Kraugerud et al.，2011）。结果表明，经 48 h 暴露后，PFOS 在最高浓度组（600 μmol/L）导致 H295R 细胞中雌二醇、孕酮和睾酮分泌水平的显著升高，但所有浓度组的 PFOS 均不能影响细胞色素 P450 19A（cytochromeP450 19A，*cyp19a*）基因的转录水平或者由它编码的芳香化酶的活性，表明其对类固醇激素合成的影响不是通过干扰芳香化酶实现的。而对于 PFOA，所有暴露浓度下均不能影响 H295R 细胞中雌二醇和孕酮的分泌水平，但在 0.6 μmol/L 和 6 μmol/L 的暴露剂量下可促进睾酮的分泌，而荧光定量 PCR 结果表明，PFOA 可显著抑制 *cyp11a* 基因的转录水平。由 *cyp11a* 编码的胆固醇侧链裂解酶（cholesterol side-chain cleavage enzyme，P450scc）是类固醇激素合成的第一个限速酶，通常情况下 *cyp11a* 的抑制往往伴随着类固醇激素合成的降低，而 PFOA 却可促进睾酮的分泌水平，说明其中还存在其他补偿性的调节机制。上述结果初步证实了 PFOS 和 PFOA 可干扰类固醇激素的合成，并且二者的干扰效应及作用机制均存在差异。但遗憾的是，该研究未能揭示可能的作用途径。

而在另外一项研究中，我国学者同样以 H295R 为模型，研究了 PFOA 在更低的剂量下对类固醇激素合成途径的干扰效应及可能的作用机制（Du et al.，2013a）。

他们的结果表明，FPOA 在 10～300 nmol/L 浓度范围内可以促进 H295R 细胞中 E2 的分泌，同时显著抑制细胞中 T 的分泌，这与之前的报道存在差异，推测可能是由两个研究中所采用的暴露剂量不同导致的。在转录水平上，较低浓度（3 nmol/L 和 30 nmol/L）的 PFOA 暴露主要表现为抑制 *cyp11a*、*cyp17* 和 *17β-hsd4* 等基因的表达，而较高浓度（300 nmol/L）的 PFOA 暴露则显著促进了类固醇激素合成急性调节蛋白（steroidogenic acute regulatory protein, *star*）、细胞色素 P450 酶（如 *cyp21*、*cyp19*、*cyp11b2*）、羟化类固醇脱氢酶（hydroxysteroid dehydrogenase，如 *17β-hsd1* 和 *3β-hsd2*）等多个基因的转录，进一步证实了不同浓度 PFOA 对类固醇激素合成途径的干扰机制不同，而激素水平的变化可能是多个基因形成的网络共同调控的结果。此外，他们进一步探究了 PFOA 对类固醇生成因子-1（steroidogenic factor 1, *sf-1*）表达的影响，发现在所有暴露组中 *sf-1* 的基因转录水平和蛋白质表达水平均显著降低，表明 PFOA 可能是通过调控 *sf-1* 的表达来影响 H295R 细胞中类固醇激素的合成。

除 PFOA 和 PFOS 之外，其他的 PFCs 暴露也能够影响 H295R 细胞的类固醇合成。例如，我国学者研究发现 8：2 FTOH（7.4 μmol/L、22.2 μmol/L 和 66.6 μmol/L）暴露 24 h 后，H295R 细胞培养基中 17α-羟孕酮、雄烯二酮、睾酮、脱氧皮质酮、皮质脂酮和皮质醇的含量均显著降低，说明 8：2 FTOH 暴露抑制了这些激素的合成（Liu et al.，2010）。为了进一步探究相关的干扰机制，他们检测了类固醇合成通路中关键基因的表达和细胞内环磷酸腺苷（cyclic adenosine monophosphate, cAMP）的浓度，发现 8：2 FTOH 暴露显著下调了与类固醇合成相关的基因表达，降低了细胞内 cAMP 的浓度，因此推测 8：2 FTOH 通过降低细胞内 cAMP 的浓度，进而下调了相关类固醇合成基因的表达，最后导致了类固醇激素产量的降低。类似地，研究人员发现全氟辛基碘烷（perfluorooctyl iodide, PFOI）在 100 μmol/L 浓度下可显著诱导 H295R 细胞对醛固酮、皮质醇和 17β-雌二醇的分泌，却抑制了细胞对睾酮的分泌；在基因转录水平上，PFOI 显著诱导了与 9 种类固醇生成的相关基因（*star*、*cyp11a1*、*3β-hsd2*、*17β-hsd*、*cyp17*、*cyp21*、*cyp11b1*、*cyp11b2* 和 *cyp19*）的表达（Wang et al.，2015）。进一步研究发现，PFOI 对 H295R 细胞类固醇激素合成相关基因和激素水平的干扰效应与腺苷酸环化酶激动剂毛喉萜类似，因此作者推测 PFOI 是通过影响腺苷酸环化酶途径干扰 H295R 细胞类固醇激素合成。

目前，针对 PFOA 和 PFOS 替代品是否能够通过非受体途径干扰生殖内分泌系统的研究还不多。在最近一项报道中，我国学者通过分子模拟等手段研究发现，PFOS 和 PFBS 均可以与人血清白蛋白（human serum albumin, HSA）结合，且作用方式相似，都是主要通过静电力和氢键作用力结合。进一步研究发现，当暴露于 1.3×10^{-4} mol/L 的 PFOS 和 PFBS 时，与对照组相比，HSA 的活性分别降低了

28.6%和 54.4 %，说明 PFOS 及其替代品 PFBS 均可与 HSA 结合并影响其活性（Liu et al.，2017）。在动物和人体中，血清白蛋白参与类固醇激素、脂肪酸、氨基酸等物质的运输过程，因此推测 PFBS 可能通过干扰类固醇激素的运输过程导致内分泌系统功能紊乱。在上述许多研究中均发现，虽然 PFBS 对雌激素受体、雄激素受体及 HSA 的干扰活性低于 PFOS，但其干扰效应与 PFOS 十分相似，因此，PFBS 也有可能表现出一定的内分泌干扰能力。

综上所述，到目前为止，所有的离体研究表明，PFCs 可能影响雌激素/雄激素受体及其介导的信号通路，也有可能通过类固醇激素合成通路中的关键限速酶和调控因子干扰性激素的合成。而在生物体内，PFCs 可能同时触发上述途径甚至其他更多更复杂的作用途径，从而干扰体内性激素的合成及相关功能，并最终对生殖系统造成损害。

4.2.2　PFCs 对鱼类生殖内分泌系统的干扰效应

鱼类在水生态系统中具有重要地位，是研究污染物对水生动物环境危害的重要对象和生态系统健康的指示生物。鱼类同时又是人类重要的蛋白质来源，许多环境污染物可以积累在鱼类组织中而通过食物途径对人类的健康产生潜在危害。因此，评价 PFCs 对鱼类生殖功能的影响对于生态系统和健康风险评价均有重要的指导意义。

美国学者通过 21 天短期繁殖实验，以产卵力、血浆 VTG 和性激素水平为终点指标，评价了（0.03 mg/L、0.1 mg/L、0.3 mg/L 和 1 mg/L）PFOS 对黑头呆鱼（*Pimephales promelas*）生殖功能的影响（Ankley et al.，2005）。结果表明，短期暴露 PFOS 可抑制黑头呆鱼的产卵量，其 EC_{50} 值为 0.23 mg/L（95%置信区间）。进一步研究发现，PFOS 的短期暴露并未显著改变雌性黑头呆鱼血浆中性激素的浓度、卵黄蛋白原含量以及脑中芳香化酶的活性，但是 0.3 mg/L PFOS 暴露显著地升高了雄鱼血浆中雄性激素（睾酮和酮基睾酮）的浓度，并且抑制了其脑部芳香化酶的活性。由于芳香化酶是催化睾酮向雌二醇转化的关键酶类，因此作者推测 PFOS 可能通过抑制芳香化酶的活性减少雄性激素向雌性激素的转化，从而导致雄鱼血浆中睾酮和酮基睾酮浓度升高。他们的研究结果表明，PFOS 可影响黑头呆鱼的繁殖功能，且对生殖内分泌系统的影响具有性别差异。

类似地，我国学者通过 21 天短期繁殖实验评价了 PFOS（0.1 mg/L、0.5 mg/L 和 2.5 mg/L）对成年剑尾鱼（*Xiphophorus helleri*）的生殖内分泌系统的影响，结果发现在雌鱼中 PFOS 短期暴露未造成性腺组织形态学的改变，但在 0.5 mg/L PFOS 暴露组，性腺指数（gonadosomatic index，GSI）显著增加；而在雄鱼中性腺组织形态和 GSI 均未发生显著变化，但 2.5 mg/L PFOS 暴露组的肝脏细胞出现边界模糊等损伤，同时肝脏指数（heptosomatic index，HSI）显著增加。这些结果与之前的发现一致，即 PFOS 对鱼类生殖内分泌系统的干扰机制具有性别差异（Han and Fang，2010）。然而值得注意的是，在最高浓度组（2.5 mg/L）出现了致死现象，与之前美国学者发现 1 mg/L PFOS 暴露可导致黑头呆鱼死亡的结果类似（Ankley et al.，2005）。因此本研究中观察到的肝脏组织形态学损伤也有可能是由于高剂量下的急性毒性导致的。Han 和 Fang（2010）的结果还表明，雄鱼肝脏 *vtg* mRNA 的表达水平在 7 天和 14 天显著降低，而在 21 天时显著升高，这可能是由于在活体中 HPG 轴对外源性化合物的应激响应是一个复杂的动态调控过程；而经一周的清水恢复后，除最高剂量组（2.5 mg/L）外，其他暴露组雄鱼肝脏中 *vtg* mRNA 的表达水平与对照组无差异，表明较低剂量下 PFOS 短期暴露诱导的类雌激素效应是可逆的。这与离体研究中认为 PFOS 具有弱雌激素效应的结论相一致。在接下来的研究中，他们发现将剑尾鱼的幼鱼暴露于较低浓度的 PFOS（0.1 mg/L）90 天后，雌雄鱼的 HSI 与对照组相比均显著增加，同时雌鱼的 GSI 以及平均产卵量与对照组相比显著降低，表明即使在较低的浓度下，PFOS 长期暴露也可能导致鱼类生殖功能异常。

因此，研究人员将关注的重点放在了长期低剂量暴露条件下 PFOS 对鱼类的生殖内分泌系统的影响上。例如我国学者将 14 日龄的斑马鱼仔鱼暴露在低剂量的 PFOS（10 µg/L、50 µg/L 和 250 µg/L）中 70 天并在清水中恢复 30 天，发现各暴露组斑马鱼性别比例与对照组没有显著差异。雄鱼肝脏中 *vtg* mRNA 的表达水平在 40 天和 70 天均被显著诱导，即使经 30 天恢复期后，这种诱导效应仍存在于 50 µg/L PFOS 暴露过的雄鱼中；对精巢的组织形态学分析结果并未发现明显的精-卵共存现象。而在雌鱼中，肝脏 *vtg* mRNA 的表达水平仅在 40 天时在最高浓度组显著升高，而经 30 天恢复期后，在最高浓度组反而显著降低；此外雌鱼 GSI 显著降低，即使经过 30 天的清水恢复期，这种现象也仍然存在。这些结果表明，PFOS 长期暴露可能导致对鱼类生殖系统的永久性损伤（Du et al.，2009）。通过上面这些结果也可以看出，基因水平上的变化（如肝脏 *vtg* mRNA）对于外源性化合物的刺激非常敏感，但由于其表达往往是瞬时且可逆的，因此不适于作为内分泌干扰效应的评价指标。

而在另一项长期低剂量暴露的研究中，将受精后 8 小时的斑马鱼胚胎暴露在与上述研究相同剂量的 PFOS（0 µg/L、5 µg/L、50 µg/L 和 250 µg/L）中 5 个月至性成熟，发现斑马鱼成年后（F0）雄：雌比例呈剂量依赖性降低，且在最高浓度组（250 µg/L）与对照组具有显著性的差异。在这项研究中，PFOS 对性别分化的影响比 Du 等（2009）的研究中更为显著。一方面可能是因为采用的暴露周期更长；另一方面，其暴露开始于受精卵时期，而早期发育阶段的斑马鱼对于外源性化合物更为敏感。雄性 F0 代的精子密度和精子活力均出现剂量依赖性的降低；他们进一步通过交叉配对实验，研究了 PFOS 的传代毒性。将 250 μg/L PFOS 暴露组雌鱼与同暴露组雄鱼配对后，雌鱼的产卵量与对照组相比没有显著变化，但其 F1 代胚胎的受精率显著降低，这可能主要是由 F0 代雄鱼的精子密度和精子活力降低造成的。无论是与同暴露组雄鱼还是对照组雄鱼配对，250 μg/L PFOS 暴露组雌鱼所产 F1 代的畸形率均显著升高，且在第 7 天全部死亡；而将 250 μg/L PFOS 暴露组雄鱼分别与 5 μg/L 和 50 μg/L PFOS 暴露组或对照组雌鱼配对后，所产 F1 代的畸形率和存活率与对照组无显著差异，表明其子代生长发育毒性主要遗传自母体（Wang et al.，2011）。在后续研究中，他们还特别关注了 250 μg/L 的 PFOS 长期暴露（8 hour post-fertilization，8 hpf 至 5 个月）对斑马鱼生殖内分泌系统的影响，以期揭示导致上述生殖毒性的可能机制。结果发现在性别分化阶段，斑马鱼幼鱼体内 E2 水平升高，而睾酮水平降低，这可能是导致成年后雌鱼比例增加的主要原因。而达到性成熟后，PFOS 暴露组雄鱼血清中 E2 的水平较对照组升高，且性腺中雌激素受体 *er1* 的转录水平显著升高，且精原细胞数量减少，这可能是导致精子数量降低的主要原因（Chen et al.，2016）。

总之，上述一系列的研究表明，PFOS 在鱼类体内表现出弱的类雌激素效应。在较低剂量下 PFOS 的短期暴露对鱼类生殖内分泌系统的影响较弱，且往往是可逆的；但长期暴露可能对生殖内分泌系统产生不可逆损伤。在长期暴露条件下，PFOS 对鱼类的生殖发育毒性可以传递给子代，而这种传代毒性主要源自于母体。

相关证据显示另外一种典型的全氟代化合物——PFOA 也可干扰鱼类生殖内分泌系统。加拿大学者将成年黑头呆鱼配对后暴露于 PFOA（0.3 mg/L、1 mg/L、30 mg/L 和 100 mg/L）39 天后，发现在 1 mg/L 及更高剂量 PFOA 暴露组雌鱼和雄鱼血浆中睾酮和酮基睾酮的浓度显著降低，在 30 mg/L PFOA 暴露组雌鱼血浆中雌二醇的浓度显著降低；雌鱼首次产卵时间推迟，且累计产卵量呈剂量依赖性降低趋势（Oakes et al.，2004）。类似地，我国学者将性成熟稀有鮈鲫（*Gobiocypris rarus*）分别暴露于不同剂量的 PFOA（3 mg/L、10 mg/L 和 30 mg/L）14 天和 28 天，结果发现 PFOA 暴露可显著上调雌鱼和雄鱼肝脏中雌激素受体 β（*erβ*）和 *vtg* 的转录水平，并促进 VTG 的合成。此外，他们还发现雄鱼的性腺出现了精-卵共存的现象（Wei et al.，2007）。这些均表明，PFOS 在鱼类体内表现出类雌激素效应。

我国学者评价了 6∶2 FTOH（0.03 mg/L、0.3 mg/L 和 3 mg/L）短期暴露对性成熟的斑马鱼生殖内分泌系统的影响，结果表明，6∶2 FTOH 暴露 7 天即导致雌雄鱼血清中睾酮和雌二醇的浓度升高，睾酮和雌二醇的比值在雄鱼中升高而在雌鱼中降低；同时雌雄鱼 GSI 和 HSI 均显著升高，说明 6∶2 FTOH 短期暴露可干扰斑马鱼生殖内分泌系统，并对生殖相关的组织和器官产生影响。紧接着，他们将性成熟斑马鱼暴露于不同浓度的 8：2 FTOH（10 μg/L、30 μg/L、90 μg/L 和 270 μg/L）28 天，评价了其对斑马鱼生殖内分泌系统的影响及传代毒性（Liu et al.，2010）。结果表明，8：2 FTOH 暴露导致雄鱼血浆中 T 的水平降低但 E2 水平升高，精巢发育及精子生成受到显著抑制；而在雌鱼中，血浆 T 和 E2 的水平均显著升高，卵巢中成熟卵泡比例增加，但产卵量显著降低，且卵的直径大小和蛋白质含量均显著降低，受精卵的孵化率也显著降低。上述结果表明，FTOHs 可通过干扰生殖内分泌系统影响斑马鱼的繁殖功能，并且其生殖发育毒性可能传递给子代。

在近期的一项研究中，我国学者将性成熟的斑马鱼暴露于不同浓度（0 mg/L、0.01 mg/L、0.1 mg/L 和 1 mg/L）的 PFNA 中 6 个月，评估了其对斑马鱼的生殖内分泌效应及其作用机制。结果表明，PFNA 暴露显著升高了斑马鱼血清中性激素（雌二醇和睾酮）的浓度，这可能是由于性腺中 *star*、*cyp11a*、*17β-hsd* 和 *cyp19a* 等基因的表达水平显著上调导致相应的酶活增加，进而促进了性激素的合成。同时，肝脏中雌激素受体（*erα* 和 *erβ*）和 *vtg* 的转录水平也显著升高，暗示 PFNA 也可能通过雌激素受体介导的信号通路表现出类雌激素效应（Zhang et al.，2016）。相应地，他们发现 PFNA 长期暴露显著降低了雄鱼性腺体质常数和雌鱼的累积产卵量，同时 F1 代受精后 72 h 的孵化率也显著降低，说明母代 PFNA 暴露引起了生殖毒性效应，同时影响了子代的存活，证实了 PFNA 对斑马鱼生殖功能的影响。

总之，目前的证据显示，很多 PFCs 都可以干扰鱼类生殖内分泌系统，且主要表现为弱的类雌激素效应。在长期暴露条件下，PFCs 可对鱼类生殖系统造成永久性损伤，并且造成子代发育异常。这意味着环境中长期存在的 PFCs 可能对野生环境中的鱼类生殖发育造成危害，并导致种群和生态水平上的潜在风险。

4.2.3　PFCs 对两栖类和鸟类生殖内分泌的干扰效应

1. 两栖动物

两栖类动物是水生生物的重要组成成员，在水生生态系统和食物链中处于关键生态位，对水环境健康具有重要的指示意义。由于两栖动物皮肤的普遍裸露特征，并且具有较高的渗透性，包括环境内分泌干扰物在内的多种环境污染物均可能对其产生毒性效应。目前，两栖动物种群数量的衰减已经受到了广泛的关注，研究发现环境化学品污染可能是造成两栖动物种群数量骤减的重要诱因之一。鉴于 PFCs 在全球范围内的各种环境介质中被广泛的检出，因此可能对两栖类动物的生存和繁衍构成风险。

我国学者以黑斑蛙（*Rana nigromaculata*）为实验对象，重点研究了低剂量（0.001～1 mg/L）PFOA 暴露对雄性黑斑蛙的生殖毒性效应及作用机制（卢向明和陈萍萍，2012）。结果表明，经 PFOA 暴露 20 天后雄性黑斑蛙精巢中精子的畸形率出现剂量依赖性的增加。同时血清中雌二醇的含量显著升高，睾酮含量显著降低，表明 PFOA 可改变黑斑蛙体内性激素的分泌水平和内稳态平衡。进一步研究发现，与类固醇激素合成相关的关键基因，P450 芳香化酶和类固醇激素生成因子-1（*sf-1*）的表达均显著上调，推测 PFOA 可能通过 *sf-1* 促进类固醇激素的合成，从而导致雌激素水平的升高；而 P450 芳香化酶基因表达水平的升高可能导致其活性的增加，使得更多的雄激素向雌激素转化，从而导致雄激素水平降低。

　　另一种典型的全氟代化合物——PFOS 及其替代品 PFBS 也可以影响两栖类动物的生殖内分泌系统。我国学者将非洲爪蟾（*Xenopus laevis*）的蝌蚪暴露在一系列浓度（0.1 μg/L、1 μg/L、100 μg/L 和 1000 μg/L）的 PFOS 和 PFBS 中两个月，并以 100 ng/L 的 E2 作为阳性对照（Lou et al.，2013）。结果发现 E2 暴露导致雌性爪蟾的比例增加，且出现雌雄同体的个体，即雄性爪蟾的精巢出现发育退化、精-卵共存的现象。PFOS 暴露对雌性爪蟾的卵巢组织形态无显著影响，但在 1 μg/L、100 μg/L 和 1000 μg/L 的浓度下导致精巢发育退化，基因表达分析结果也表明，PFOS 可显著诱导雄性爪蟾脑部及肝脏中 ER 表达，但在雌性爪蟾中未观察到类似变化。这些结果说明 PFOS 在非洲爪蟾体内也表现出弱的雌激素效应，并且主要表现为对雄性生殖系统的影响，这与对鱼类的研究结果一致。PFBS 长期暴露并未造成非洲爪蟾性腺组织出现明显损伤，但可诱导雌性和雄性爪蟾脑部及肝脏中 ER mRNA 的表达，表明 PFBS 可激活爪蟾体内 ER 信号通路，但这种影响可能较弱，因而是可逆的。此外，PFOS 和 PFBS 暴露均可导致爪蟾肝脏中出现肝细胞变性、肝细胞肿大、血窦增加等现象，且这些损伤没有性别差异性，暗示 PFBS 的类雌激素效应虽然较 PFOS 更弱，但仍可以造成生殖相关组织和器官的损伤。

　　上述研究证实，典型的 PFOA 和 PFOS 可以干扰两栖动物体内性激素水平，造成生殖相关的组织和器官的损伤。长期暴露条件下，可能影响两栖类动物繁殖并造成个体和种群上的风险。

　　2. 鸟类

　　PFCs 对鸟类的内分泌干扰效应研究相对较少，目前的研究多以 PFOS 等典型化合物为研究对象。我国学者以鹌鹑为代表，评估了 PFOS 暴露对鸟类的生殖内分泌系统的影响。将出生后 9 天的雌鹌鹑连续喂食含有不同浓度 PFOS（0 mg/kg、12.5 mg/kg、25 mg/kg 和 50 mg/kg）的饲料 33 天起至实验结束，50 mg/kg PFOS 暴露组的雌鹌鹑体重显著低于对照组，且出现死亡现象；自连续染毒的第 55 天起，使其与未暴露雄性鹌鹑交配，结果发现雌鹌鹑首次产卵的时间随 PFOS 剂量的增加而越来越晚，而且各组中雌性鹌鹑全部开始产卵的时间也越来越晚，其中 50

mg/kg PFOS 暴露组直到实验结束时只有 43%的雌鹌鹑有产卵行为。而未产卵的雌鹌鹑体重均显著偏低，因此猜测 PFOS 导致的体重降低可能是影响雌鹌鹑产卵的限制因素之一。此外，暴露组雌鹌鹑所产卵的受精率与对照组无显著差异，但孵化率显著降低，孵化后 12 h 内雏鹌鹑的死亡率显著增加，特别是 50 mg/kg PFOS 暴露组雌鹌鹑所产的卵中，仅一枚成功孵化，且在 12 h 内死亡。在较低浓度暴露组存活下来的雏鹌鹑中出现并爪、肛门闭锁、眼睛突出、翅膀下垂、不能站立等畸形的概率均显著高于对照组。这些结果表明，PFOS 长期暴露可影响雌性鹌鹑的产卵行为，并且母体暴露将对子代的生长发育造成严重的危害，这与在鱼类研究中的结果一致。此外，他们还发现 PFOS 暴露组雌鹌鹑所产卵的卵黄中 PFOS 的含量随暴露剂量而增加，表明雌鹌鹑体内的 PFOS 可通过产卵的形式排出，而随着母鹌鹑体内 PFOS 的不断排出及含量的下降，后期所产的卵中 PFOS 的含量也逐渐降低。因此，暴露组雏鹌鹑的生长发育受到严重损害可能在一定程度上与胚胎期受到 PFOS 的直接暴露有关（宋锦兰等，2008）。

类似地，将出生后 9 天的雄性鹌鹑连续喂食含有不同浓度 PFOS（0 mg/kg、10 mg/kg 和 30 mg/kg）的饲料，自第 8 天起至实验结束，30 mg/kg PFOS 暴露组的鹌鹑体重均显著低于对照组，但未出现死亡现象。雄鹌鹑性成熟特征包括开始节奏性啼叫、泄殖腔变大变红、腔上囊膨大并有白色泡沫状分泌物、有爬跨行为等。PFOS 暴露组的雄鹌鹑出现双侧睾丸萎缩、泄殖腔体积小、发育障碍、无白色泡沫状分泌物等发育异常现象，且发生概率随剂量升高而增加。而对于睾丸未严重萎缩雄鹌鹑，其睾丸和附睾脏器系数及附睾中精子数均随着 PFOS 染毒剂量的增加而下降，但与对照组比较没有显著性差异，但睾丸组织中间质细胞数量减少。在激素水平上，PFOS 暴露组雄鹌鹑血清中 T 的含量随暴露剂量的增加而下降，特别是在睾丸未发育的雄鹌鹑血清中 T 浓度甚至低于检测下限（0.02 ng/mL）。此外，他们还检测了睾丸中 PFOS 的含量，发现 PFOS 可在睾丸组织中蓄积，且随暴露剂量升高蓄积量也显著增加。因此推测 PFOS 直接蓄积于睾丸组织中，造成间质细胞减少及生精细胞脱落、生精上皮变薄、支持细胞数量减少使得生精细胞的营养供给不足而发育停滞，最终导致睾丸组织严重萎缩，而睾丸组织损伤影响了 T 的合成和分泌，导致血清中 T 水平下降（张小梅等，2011）。

总体而言，PFOS 对于鸟类具有潜在的生殖内分泌干扰效应。PFOS 对鸟类的生殖发育毒性效应与对鱼类的毒性效应类似，即对雄性个体生殖系统造成直接损伤，而对雌性个体则更多地表现为影响其后代的生长发育。

4.2.4 PFCs 对哺乳动物生殖内分泌的干扰效应

全氟代化合物具有生物富集和生物放大能力，因此这类污染物可能通过食物链或者直接接触暴露等方式进入哺乳动物体内，从而对其内分泌系统产生影响。虽然目前 PFCs 对哺乳动物生殖内分泌系统的研究已有不少，但大多数研究仍集中在比较典型的几种，且其研究结果表明，PFCs 对哺乳动物生殖内分泌系统的毒性效应与对鱼类、鸟类等生物的毒性效应类似。

1. PFOS

美国学者通过多代暴露实验评价了 PFOS 对大鼠的生殖发育毒性。将成年雄性和雌性大鼠（F0）分别在交配前、交配期通过灌胃暴露不同剂量的 PFOS [0 mg/(kg·d)、0.1 mg/(kg·d)、0.4 mg/(kg·d)、1.6 mg/(kg·d)和 3.2 mg/(kg·d)] 6 周，交配完成后，母鼠于妊娠期及哺乳期继续暴露（Luebker et al.，2005）。暴露于 0.4 mg/(kg·d)及以上剂量 PFOS 的 F0 代雌鼠和雄鼠均出现摄食减少和体重降低的情况，生殖行为（交配、发情周期和繁殖力）等未出现明显的异常现象，但在高浓度组 [1.6 mg/(kg·d)和 3.2 mg/(kg·d)] 出现妊娠期缩短、死胎数增加等现象；出生后仔鼠在 1～4 d 内出现大量的死亡，且死亡率及死亡发生时间与母代 PFOS 暴露浓度具有相关性，1.6 mg/(kg·d) PFOS 暴露组有 10% 的母鼠其后代在出生后 1～4 d 内全部死亡，而最高浓度暴露组所有后代在出生后 2 天内几乎全部死亡。存活的 F1 代仔鼠出现开眼时间、耳廓张开、平面翻正、空中翻正等特征的时间推迟，表明仔鼠发育迟缓。通过将暴露组雌鼠与对照组雄鼠进行交叉配对实验，结果发现子代的致死及发育毒性主要源自于母体宫内暴露，这与对鱼类的研究结果一致。为了观察 PFOS 对哺乳动物的生殖发育毒性是否具有滞后性，研究人员将低剂量暴露组 [0.1 mg/(kg·d)和 0.4 mg/(kg·d)] 的 F1 代仔鼠于断奶期开始暴露于与 F0 代相同剂量的 PFOS 至性成熟（出生后 90 天）后进行交配，交配完成后，母鼠于妊娠期及哺乳期 20 天内继续暴露。成年后 F1 代大鼠的摄食和体重与对照组未见显著差异，性成熟特征、生殖行为及自然分娩过程（如妊娠周期、着床位点数以及后代存活数等）也没有出现明显的异常现象，而 F2 代仔鼠除体重出现短暂降低外，也没有发现其他发育异常的现象。因此，可以认为在较低的剂量下即使进行多代暴露 PFOS 也未对其后代造成发育毒性。而我国学者将 Sprague-Dawley（SD）母鼠于怀孕第 12～19 天时以灌胃方式暴露于 PFOS [5 mg/(kg·d)、10 mg/(kg·d)和 20 mg/(kg·d)]，最高剂量暴露组 [20 mg/(kg·d)] 雄性后代的体重、体长、肛殖距及睾丸重量等指标均出现显著性的降低，同时睾丸中类固醇合成基因 *star* 的表达，推测 PFOS 可能是通过抑制 *star* 的转录降低睾酮的合成，进而影响雄性生殖器官的发育（李丽等，2013）。上述研究证实在哺乳动物中 PFOS 对母体暴露可导致子代的生殖发育毒性，但一般发生在较高的剂量下。

在对鱼类及鸟类的研究中，较少涉及 PFCs 对雌性母体生殖内分泌系统干扰机制的研究，大部分研究仅初步揭示了性激素以及类固醇合成相关基因的表达。近期，我国学者在哺乳动物中对此进行了进一步的探讨。将成年雌鼠通过灌胃暴露较低剂量 [0.1 mg/(kg·d)] 的 PFOS 4 个月后，发现其性腺中成熟卵泡以及卵巢黄体数量显著减少，闭锁卵泡数量增加，这可能是由于 PFOS 抑制了排卵前期促黄体生成素（luteinizing hormone，LH）的周期性波动从而抑制了排卵过程。对 PFOS 暴露后的雌鼠注射 E2 和神经肽激素 kisspeptin 均可恢复这种波动，表明这两者在 PFOS 诱导性腺组织损伤的过程中具有重要作用。研究人员进一步探讨了其中的作用机制。一方面，他们发现 PFOS 暴露组雌鼠在发情前期和求偶间期血清中雌激素和孕酮的水平均显著降低，而卵巢中 *star* mRNA 水平降低，但 *p450scc*、*3β-hsd* 和 *p450arom* 基因表达水平未改变；进一步通过免疫共沉淀方法研究表明，StAR 启动子区组蛋白的乙酰化水平降低，而 P450scc 启动子区组蛋白的乙酰化水平未发生显著变化。因此推测 PFOS 可能主要通过抑制卵巢中 StAR 启动子区组蛋白乙酰化水平降低其转录活性，导致类固醇激素合成受到抑制（Feng et al.，2015）。另一方面，暴露组雌鼠腹侧脑室旁核区域（anteroventral periventricular nucleus，AVPV）kisspeptin 神经元的数量及 *Kiss1* mRNA 的表达在发情前期较对照组显著降低，而在求偶间期与对照组并无显著差异；此外，下丘脑促性腺激素释放激素（gonadotropin-releasing hormone，GnRH）含量及血清卵泡刺激素（follicle stimulating hormone，FSH）、LH 水平也在发情前期较对照组显著降低；但在求偶间期下丘脑 GnRH 含量及血清 LH 水平较对照组显著升高；表明不同生理阶段下丘脑-垂体-性腺（HPG）轴对 PFOS 的响应机制存在差异。而将 PFOS 暴露组大鼠切除卵巢后予以注射 E2，PFOS 诱导的 AVPV-Kiss1 mRNA 表达量、下丘脑 GnRH 含量及血清 LH 水平的变化被逆转。基于上述结果，作者推测在长期低剂量暴露条件下 PFOS 直接作用于雌鼠卵巢组织，通过抑制 StAR 启动子区组蛋白的乙酰化作用抑制该基因的转录活性，导致类固醇激素合成受到抑制，因而雌激素水平降低。E2 水平的降低导致发情前期 AVPV kisspeptin 神经元的数量及 *Kiss1* mRNA 表达水平降低，抑制了排卵前期 LH 周期性波动，抑制卵泡成熟及排卵，造成闭锁卵泡比例增加。因此，较低剂量的 PFOS 长期暴露也可影响哺乳动物卵巢中性激素的合成，并反过来影响 HPG 轴对生殖功能的调控。

已经有很多研究证实了 PFOS 对雄性大鼠生殖系统的影响，并对其可能的作用机制进行了初步探讨。我国学者以 Wister 成年雄性大鼠为对象，经口暴露剂量为 0.5 mg/(kg·d)、1.5 mg/(kg·d)、4.5 mg/(kg·d) 的 PFOS，连续暴露 65 天后，发现高浓度 PFOS 暴露组大鼠睾丸重量显著下降，精子数量和精子活力降低，精子的畸形率显著升高（范铁欧等，2005）。类似地，将青春期雄性 SD 大鼠连续经口灌胃暴露于不同剂量的 PFOS [5 mg/(kg·d)、10 mg/(kg·d) 和 20 mg/(kg·d)] 7 天，可导致雄性大鼠在成年后出现体重偏低的现象，并且血清中睾酮浓度水平呈剂量依赖性下降趋势（李洪志等，2012）。根据他们的研究，PFOS 导致雄性大鼠性腺组织损伤的原因可能包括：①降低睾丸组织中与能量供应相关的标志性酶——乳酸脱氢酶同工酶（lactate dehydrogenase isoenzyme-x，LDHx）和山梨醇脱氢酶（sorbitol dehydrogenase，SDH）的活性，引起能量供应不足，造成精子数量及活动度的下降和畸形率的上升；②影响睾丸间质细胞中类固醇激素合成相关因子，如 StAR 和 CYPs，进而干扰雄性激素的合成。

对小鼠的研究也表明，PFOS 可干扰雄性生殖系统。性成熟的 CD1 雄性小鼠经 PFOS 灌胃 21 天后，10 mg/kg 暴露组血清中睾酮水平和附睾精子数著地低于对照组。进一步研究发现，雄鼠下丘脑中 *Kiss1*、*gpr54*、*gnrh* 及垂体中 *gnrhr*、*fsh*、*lh* 等基因的表达水平与对照组无显著差异；但睾丸中 *fshr*、*lhr* 以及与类固醇激素合成相关的关键因子 *star*、*cyp11a1*、*cyp17a-11*、*3β-hsd*、*17β-hsd* 等基因的表达显著下调，表明 PFOS 直接作用于雄性小鼠睾丸组织，降低睾丸间质细胞对 HPG 轴调控的响应能力，抑制性激素的合成（Wan et al.，2011）。

因此，在哺乳动物中 PFOS 暴露可能通过影响睾酮合成途径中相关基因的表达，导致睾酮水平降低，并引起性腺发育异常，最终影响生殖功能。此外，PFOS 可能在较高剂量下引起精巢的氧化损伤，影响能量供应造成精子活力下降和畸形率的上升。

2. PFOA 及其盐类

目前的研究证实，与 PFOS 类似，PFOA 及其盐类也可以干扰哺乳动物生殖内分泌系统，引起生殖发育毒性。

在一项多代暴露研究中，美国学者将 6 周龄的雌性和雄性 SD 大鼠（F0）口服暴露于 0 mg/kg、1 mg/kg、3 mg/kg、10 mg/kg 或 30 mg/kg 的全氟辛酸铵盐（ammonium perfluorooctanoate，APFO），70 天后交配，所产 F1 代仔鼠断奶后以同样的暴露方式继续暴露至性成熟后交配，其后代为 F2 代。结果表明，各代大鼠的交配、生殖能力、自然分娩情况均未受到显著影响；但 F0 和 F1 代雄性大鼠体重降低，肝脏和肾脏重量增加，且最高浓度组 F1 代出生体重偏低，且存活率降低，但 F2 代仔鼠的存活率与对照组无显著差异。此外，F1 代雄鼠成年后睾丸、附睾和精囊腺尺寸显著增大，前列腺发生萎缩，性成熟时间及生殖周期均受到影响（Butenhoff et al.，2004）。上述这些结果表明，APFO 对哺乳动物的生殖发育毒性与 PFOS 类似。

为了进一步揭示母体子宫内暴露导致 F1 代仔鼠生殖发育毒性的可能机制，研究人员将 CD-1 小鼠于妊娠期暴露于 1 mg/(kg·d)、3 mg/(kg·d)、5 mg/(kg·d)或 10 mg/(kg·d)

PFOA 中 17 天后，通过基因芯片技术测定了胎鼠肝脏中基因表达情况（Rosen et al.，2007）。结果发现母体 PFOS 暴露对胎鼠肝脏中基因表达的影响非常显著，受影响的基因涉及脂质转运、生酮作用、糖代谢、脂蛋白代谢、类固醇激素合成与代谢、胆汁酸合成、磷脂代谢、视黄醇代谢和蛋白酶体激活等过程，这些可能是导致仔鼠出生后体重偏低、发育异常甚至死亡的原因。

PFOA 及其盐类对雄性哺乳动物生殖系统的影响也得到了证实。成年雄性 CD 大鼠经口灌胃暴露于 APFO [25 mg/(kg·d)] 14 天后，血清中雌二醇的水平显著升高，同时肝脏中芳香化酶的活性显著升高，猜测 APFO 可能通过提高芳香化酶活性促进雄激素向雌激素的转化。将 APFO 暴露组雄鼠 Leydig 细胞分离后，以人绒膜促性腺激素（human chorionic gonadotropin，hCG）处理，睾酮水平显著升高。而先雄鼠 Leydig 细胞分离后再进行 APFO（100～1000 μmol/L）体外暴露实验则发现，APFO 可抑制 hCG 诱导的睾酮分泌水平（$IC_{50} \approx 200$ μmol/L），表明 APFO 确实可抑制睾丸中睾酮的合成与分泌。但这种效应是可逆的，这可能是导致暴露组雄鼠睾丸细胞间液及血清中睾酮水平没有显著变化的原因（Biegel et al.，1995）。

而将 20 mg/(kg·d)的 PFOA 经口暴露成年雄性大鼠，在第 3 天时即可观察到血清中睾酮和胆固醇的浓度显著降低，第 5 天时进一步降低，表明 PFOA 对雄性大鼠生殖系统的干扰活性高于 APFO。基因芯片分析结果表明，PFOA 对大鼠肝脏中基因表达谱的影响类似于过氧化物酶体增殖物激活受体（peroxisome proliferator activated receptor，PPAR）激动剂，即主要影响脂肪酸代谢相关的信号通路（Martin et al.，2007）。类似地，在另一项研究中，采用基因芯片微阵列技术分析了 PFOA[0 mg/(kg·d)、1 mg/(kg·d)、3 mg/(kg·d)、5 mg/(kg·d)、10 mg/(kg·d)和 15 mg/(kg·d)]暴露 21 天后雄性 SD 大鼠肝脏中基因转录的变化（Guruge et al.，2006）。结果发现共有 500 多个基因的转录水平发生了显著的改变，其中变化最显著的基因主要与脂质尤其是脂肪酸的转化和代谢有关。此外，受影响的还包括许多与细胞通讯、黏着、生长、凋亡、激素调节、蛋白质水解和信号转导等信号通路有关的基因。

3. 全氟十二烷酸（PFDoA）

在为期 14 天的短期暴露实验中，雄性 SD 大鼠经口暴露于不同浓度[1 mg/(kg·d)、5 mg/(kg·d)和 10 mg/(kg·d)]的 PFDoA 后，睾丸的重量在较高剂量暴露组[5 mg/(kg·d)、10 mg/(kg·d)]显著降低，且睾丸间质细胞、支持细胞和生精细胞出现凋亡特征，具体表现为细胞核出现不规则致密体、核膜完整性遭到破坏、染色质凝聚、线粒体空泡化等。同时发现最高剂量暴露组血清中胆固醇含量显著升高，LH 和睾酮的含量显著减少，而血清中雌激素含量也在 5 mg/(kg·d)的剂量下显著降低。荧光定量 PCR 检测结果表明，睾丸中与胆固醇转运以及类固醇激素合成相关的基因表达量（*star*、*cyp11a*、*17β-hsd*、*cyp17a*、*3β-hsd*）在较高的两个暴露剂量下 [5 mg/(kg·d) 和 10 mg/(kg·d)] 显著下调。因此，PFDoA 短期暴露即可干扰雄性大鼠固醇类激素合成相关基因的表达、改变性激素水平以及睾丸组织中细胞的超微结构，最终影响其生殖功能（Shi et al.，2007）。在此基础上，他们进一步研究了长期低剂量暴露条件下，PFDoA 对雄性大鼠生殖内分泌系统的影响。结果表明，将雄性大鼠暴露于 0.02 mg/(kg·d)、0.05 mg/(kg·d)、0.2 mg/(kg·d) 和 0.5 mg/(kg·d) PFDoA 110 天后，最高剂量暴露组大鼠的体重显著降低，且睾丸组织的生精小管中出现细胞脱落现象。而血清中睾酮的水平在 0.2 mg/(kg·d) 和 0.5 mg/(kg·d)PFDoA 暴露组显著降低，这可能是由睾丸中 StAR 和 P450scc 的蛋白和 mRNA 表达水平显著下调造成的（Shi et al.，2009a）。这些结果表明虽然在较低剂量下 PFDoA 对雄性大鼠生殖内分泌系统的干扰能力较低，但经过长期暴露也可能导致生殖系统损伤。

此外，他们通过短期暴露研究证实 PFDoA 也能干扰雌性大鼠的生殖内分泌系统。将断奶后青春期前的雌性 SD 大鼠经口暴露于较低剂量 [0.5 mg/(kg·d)、1.5 mg/(kg·d) 和 3 mg/(kg·d)] 的 PFDoA 28 天后，其青春期发育特征如阴道口张开、第一次发情期等出现的时间与对照组没有异常，且生殖相关的卵巢或子宫的重量、组织形态学等均没有发现明显异常。但最高剂量 [3 mg/(kg·d)] PFDoA 暴露组雌鼠的体重以及血清中雌激素含量显著降低，胆固醇含量显著升高。与雄性大鼠短期暴露实验结果类似，雌性卵巢中与胆固醇转运以及类固醇激素合成相关基因（如 *lhr*、*star*、*cyp11a* 和 *17β-hsd*）的表达显著下调。在最高剂量 PFDoA 暴露组，雌激素受体 ERα 和 ERβ 在卵巢中的相对表达量也显著下调（Shi et al.，2009b）。因此，短期暴露于较低剂量的 PFDoA 可以影响雌性大鼠卵巢中类固醇激素的雌激素合成过程及性激素的水平，但不能影响雌鼠性成熟过程，也未对生殖相关组织造成明显损伤。近期有学者评价了长期低剂量 PFDoA 暴露对大鼠的内分泌干扰效应，证实将 0.1 mg/(kg·d) PFDoA 通过口暴露的方式暴露刚断奶雌性大鼠 180 天，导致血液中 E2 的含量水平呈降低趋势，FSH 的含量显著升高，但 LH 的含量没有显著变化；同时卵巢中 *er* 的基因水平表达显著下调，*fshr* 的基因水平表达上调（陈思怀等，2014）。而在之前的研究中，并没有发现 PFDoA 对 FSH 或 LH 水平的影响。因此推测 PFDoA 慢性暴露导致性激素水平降低，对垂体产生负反馈调节而干扰 FSH 及其调控的内分泌信号通路。

上述研究表明，不论是短期暴露还是长期暴露条件下，PFDoA 对雌性大鼠生殖系统的影响低于对雄性的影响，从这一点来讲，与其他 PFCs 的毒性效应类似。然而 PFDoA 母体暴露是否会对子代生长发育造成影响，还有待证实。

4. PFCs 替代品

美国学者针对 PFOS 的替代品 PFBS 进行了多代生殖研究。在一项多代暴露研究中,将母代大鼠(F0)于交配前 10 周开始经口暴露于 PFBS[0 mg/(kg·d)、30 mg/(kg·d)、100 mg/(kg·d)、300 mg/(kg·d)和 1000 mg/(kg·d)]直至产仔断奶后。所产后代(F1)从断奶开始,以相同的剂量和时间给药,所产后代 F2 代不直接给药暴露(Lieder et al.,2009)。评估的终点指标包括体重、食物消耗、临床体征、发情周期、精子质量等。结果显示,F0 代和 F1 代大鼠在 300 mg/(kg·d)和 1000 mg/(kg·d)出现肝重量增加、肝脏细胞增生现象,但精子数量和质量、交配行为、发情周期、受孕及分娩情况、子代的存活率与对照组相比没有显著差异,表明其生殖行为和生殖能力没有受到影响。但 1000 mg/(kg·d)组的 F1 代雄性幼崽的体重出现了显著性的降低,且包皮分离时间推迟,说明其发育过程推迟。近期的一项研究中,将怀孕小鼠暴露于 PFBS[200 mg/(kg·d)和 500 mg/(kg·d)]导致雌性后代出现发育和生殖异常,包括出生体重降低、开眼时间推迟、阴道开裂和第一次发情的时间推迟等;组织水平上 PFBS 暴露减小了卵巢和子宫的尺寸,降低了卵泡和黄体的数量;激素水平上 PFBS 暴露抑制了血清中雌激素和黄体酮的水平,导致了促黄体激素的升高,这些发现与子宫内膜异位症相关不育患者的内分泌和排卵异常一致(Feng et al.,2017)。有研究表明,PFBS 能够破坏生物的细胞膜并且可能抑制生物体胎盘细胞中的芳香酶的活性(Gorrochategui et al.,2014),这也可能是 PFBS 对生物体产生传代毒性的原因。上述研究均表明 PFBS 在较高剂量下可能影响生殖系统的功能,并造成传代毒性,从活体动物水平证实了 PFBS 具有与 PFOS 相似的生殖内分泌干扰效应。

综上所述,PFCs 可以干扰哺乳动物生殖内分泌系统,其可能的作用机制总结如下(图 4-2):①直接作用于性腺组织,干扰固醇类合成通路上关键基因的表达以及芳香化酶活性,影响性激素的合成;②可以通过 ER 诱导雌激素效应,促进肝脏卵黄蛋白原的生成,进而干扰性腺组织发育;③改变 GnRH、LH 和 FSH 等激素的水平,干扰 HPG 轴的调控,影响生殖系统的正常功能;④对性腺组织造成氧化损伤,如降低超氧化物歧化酶(superoxide dismutase,SOD)和过氧化氢酶(catalase,CAT)的含量,造成丙二醛(malonaldehyde,MDA)的含量升高,影响能量供应,影响卵子和精子的发生。

4.2.5　PFCs 对人体生殖内分泌系统的干扰效应

大量流行病学调查结果显示,PFCs 在人体中被广泛检出,且职业暴露人群血清中 PFCs 的浓度明显高于普通人群。同时,PFCs 在人体脐带血和乳汁中也被广

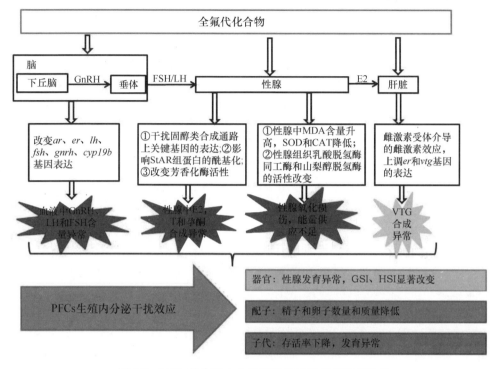

图 4-2　PFCs 的生殖内分泌干扰效应及相关致毒机制

GnRH, 促性腺激素释放激素；FSH, 卵泡刺激素；LH, 促黄体生成素；E2, 雌二醇；StAR, 类固醇激素合成急性调节蛋白；MDA, 丙二醛；SOD, 超氧化物歧化酶；CAT, 过氧化氢酶；VTG, 卵黄蛋白原；GSI, 性腺指数；HSI, 肝脏指数

泛检测到，这对处于宫内发育期的胎儿和新生儿具有潜在威胁。因此，长期暴露于 PFCs 可能会对人类的生殖发育造成危害。

　　针对职业人群的调查显示，PFCs 可能会影响男性的生殖内分泌系统。研究人员于 1993 年和 1995 年分别调查了 111 名和 80 名 3M 公司男性生产员工的健康状况。在两次调查中，PFOA 含量与血清雌二醇和睾酮水平没有显著相关性，但 PFOA 暴露水平最高的员工血清中雌二醇的含量较低暴露水平员工高出约 10%左右（Olsen et al.，1998）。丹麦学者于 2008~2009 年调查了 247 名非职业暴露年轻男性体内 PFOS 的含量与生殖功能的关系。结果表明，血清中 PFOS 的暴露水平与总睾酮、游离睾酮、游离雄激素指数等呈负相关性，但与精子密度、总精子数、正常形态精子比例、正常形态精子数等无明显相关性（Joensen et al.，2012）。类似地，美国学者针对 256 名男性的调查结果表明，血清中 PFOA 和 PFOS 含量与其精子的数量和质量以及促卵泡激素水平无相关性，但与促黄体激素水平呈正相关，而精液中的 PFOS 浓度与促黄体激素水平无相关性（Raymer et al.，2012）。但是欧洲学者对来自格陵兰、波兰和乌克兰的 588 份血清和精液样本分析结果表明，男性血清中 PFOS、PFOA 及 PFHxS 的含量与正常形态精子数目呈负相关，且 PFOA 的含量与精子活力呈显著负相关关系，推测这可能是 PFOS 和 PFOA 干扰了机体的内分泌功能或影响了精子细胞膜功能所致（Toft et al.，2012）。由于流行病学调查结果的干扰因素很多，因此上述调查结果的差异性可能与调查对象的年龄、生活环境和生活习惯等因素有关，也有可能是由于随着人类暴露于 PFCs 等物质的时间越来越长，导致生殖系统受到的影响越来越明显。

最近的生殖流行病学的研究发现，PFCs 环境污染可能与成年女性的生殖能力下降及不孕有关。美国学者的调查结果表明，PFCs 还可能与女性生殖系统疾病，如子宫内膜异位症有关。子宫内膜异位症是女性中常见的妇科疾病，该症会影响女性怀孕成功率甚至导致不孕。在 2007～2009 年间，研究人员在盐湖城和旧金山地区 14 个诊所征集了 495 名计划进行腹腔镜或剖腹手术的女性，以及诊所附近 131 名非手术女性为志愿者，该女性群体的年龄在 18～44 岁。通过分析两组人群血清 PFCs 浓度与子宫内膜异位症的比值比（odds ratio，OR），发现在患有子宫内膜异位症的人群中更易检测到 PFOA 和 PFOS，且手术人群中 PFOA 的 OR 值显著高于非手术人群，这说明 PFOA 可能会增大女性患子宫内膜异位症的概率（Louis et al.，2012）。对丹麦 1240 名妊娠 4～14 周孕妇的调查结果表明，女性血清 PFOA 和 PFOS 浓度水平越高，受孕所需时间越久，说明 PFCs 暴露可能会降低受孕成功概率（Fei et al.，2009，2012）。加拿大研究人员开展了一项环境化学品对母婴影响（The Maternal-Infant Research on Environmental Chemicals，MIREC）的研究。他们于 2008～2010 年从加拿大 10 个不同城市征集了 2001 名女性志愿者（平均年龄 32.8 岁），研究了 PFOA 和 PFOS 对女性生育能力（通过妊娠所需时间来判断）的影响。在控制混杂因素后，分析结果表明，PFOA 每有一个浓度区间的增加，该人群生育能力便降低 11%，不孕率增加 31%；而 PFOS 与生育能力无显著相关关系（Vélez et al.，2015）。这些调查结果均显示，PFCs 特别是 PFOA 可能导致女性生殖系统疾病，并导致生育能力下降。

多项流行病学调查研究表明，女性在妊娠期间接触 PFCs 会影响其子代的生殖发育，这一点与动物实验研究结果类似。丹麦学者招募了 169 名年轻男性和 343 名年轻女性，他们的母亲全部都是 20 年前（1988～1989 年）奥尔胡斯市一项有关孕妇调查的参与者。通过分析男性后代激素水平和精液质量与母亲血清中 PFOA 和 PFOS 含量的关系，发现后代血清中 FSH 和 LH 水平与母亲血清 PFOA 浓度呈显著正相关关系，高 PFOA（≥ 4.40～16.57 ng/mL）组 FSH 和 LH 浓度比低 PFOA（1.26～3.15 ng/mL）组分别高 31% 和 27%；而母亲血清中 PFOS 浓度与子代的精液质量和生殖激素无相关关系（Vested et al.，2013）。而对女性后代的调查结果则显示，妊娠期母亲血清中 PFOA 浓度越高，子代的体重指数（body mass index，BMI）越大，且初潮时间越晚（Kristensen et al.，2013）。这些调查说明妊娠期母体 PFOA 暴露会干扰其后代生殖内分泌系统，影响发育及生殖相关的功能。

综上所述，流行病学调查结果表明，PFCs（尤其是 PFOA）暴露会干扰人体生殖内分泌系统，影响成年男性的精子质量，增加女性生殖系统疾病的风险，降低女性的生育能力。更值得注意的是，妊娠期间母体内 PFCs 的暴露会通过传递效应影响子代的生殖发育过程。

4.3　PFCs 的甲状腺激素内分泌干扰效应

甲状腺内分泌系统是机体的重要调控系统，主要受下丘脑-垂体-甲状腺（hypothalamic-pituitary-thyroid，HPT）轴的调节，对机体的生长、发育和各种代谢行为以及维持内环境的稳定等过程均具有重要的作用。PFCs 可通过作用于这些复杂途径中一个或众多位点干扰甲状腺内分泌系统的功能。正常情况甲状腺激素（thyroid hormone，TH）分子从内分泌细胞产生到分解、排出体外经历了一系列调控过程，包括甲状腺激素的生物合成、活化、释放、转运、与受体结合和产生生理效应，这一过程中的任一环节受到干扰，都会影响甲状腺激素正常生理效应的发挥，进而导致甲状腺内分泌系统功能紊乱。环境中的很多化学污染物，都可以影响野生动物和人类的甲状腺激素含量，引起甲状腺系统的内分泌干扰效应。目前的一些研究显示，PFCs 也可能具有甲状腺内分泌干扰活性。

4.3.1　PFCs 甲状腺内分泌干扰效应的离体研究

以离体细胞为模型研究 PFCs 对甲状腺内分泌干扰效应的报道较少。主要包括受体结合实验、受体介导的基因表达实验和细胞增殖实验，另外还有少数研究涉及甲状腺激素动态平衡。

我国学者利用荧光素分子 FITC 标记的甲状腺激素 T3 为探针，测定了 16 种 PFCs 与甲状腺激素受体 α（thyroid receptor α，TRα）的竞争结合能力。结果表明，除 PFBA、6∶2 FTOH 和 8∶2 FTOH 外，其余 13 种均可与 TRα 结合，然而即使结合能力最强的 PFDA，也只是天然配体 T3 结合能力的二十分之一；与 T3（IC_{50} = 0.3 μmol/L）相比，PFOS（IC_{50} = 16 μmol/L ± 4 μmol/L）和 PFOA（IC_{50} = 42 μmol/L）与 TRα 的结合能力约为 T3 的百分之一；而作为替代品的 PFHxS（IC_{50}=93 μmol/L±62 μmol/L）和 PFBS（IC_{50} > 1000 μmol/L）与 TRα 的结合能力远远低于 PFOS。对于碳链长度为 4～10 的 PFCs，碳链的长度越长，与 TRα 的结合能力越强；但这一规律对碳链 11～18 的 PFCs 并不适用。他们进一步通过分子对接模拟了 16 种 PFCs 与 TRα 的结合作用方式，发现 PFCs 与 TRα 结合时，其酸性尾部朝向结合口袋的内侧，与精氨酸（ARG）228 形成氢键作用，其 C—F 侧链与结合口袋形成疏水作用。由此可见，PFCs 的末端基团极性越高，其与精氨酸形成氢键的能力越强；PFCs 的碳链长度越长，其与口袋形成的疏水作用越强，这也解释了竞争实验所得的构效关系（Ren et al.，2015）。在明确 PFCs 能够与 TR 结合的基础上，研究人员进一步通过大鼠垂体瘤（GH3）细胞增殖实验探究了 PFOS 对 TR 通路的影响。结果发现只有 PFOS、PFHxDA 和 PFOcDA 三种能够促进 GH3 细胞的增殖，表明它们能够与 TR 结合后进一步激活后续基因表达及信号通路，表现出 TR 激动活性，而 PFHxS 和 PFBS 不能诱导 GH3 细胞增殖（Ren et al.，2015）。而在另一项研究中，我国学者将 pUAS-tk-Luc、pGal4-L-TR 和 phRL-tk 三种质粒通过瞬时转染导入非洲绿猴肾细胞（CV-1 细胞）建立了 TR 受体介导的报道基因检测方法，并以此评价了 PFOA、PFOS 对 TR 的干扰活性。结果表明，PFOA 在 $1\times10^{-8}\sim3\times10^{-7}$ mol/L 的浓度范围内能够显著抑制 T3 诱导的 TR 转录活性，PFOS 在 1×10^{-7} mol/L 和 3×10^{-7} mol/L 浓度下也能够显著抑制 T3 诱导的 TR 转录活性，表明 PFOA 和 PFOS 具有抗甲状腺激素活性（杜桂珍，2013）。上述结果表明，PFCs 可能与 TR 结合并影响其转录活性。而 PFBS 和 PFHxS 等替代品对 TR 未表现出干扰活性或表现出较弱的干扰活性。

除 TR 受体介导的途径之外，PFCs 还可能通过干扰与甲状腺激素合成、代谢与转运等过程相关的关键因子来影响甲状腺系统的功能。荷兰学者通过竞争结合实验检测了 24 种 PFCs 与人类甲状腺素运载蛋白（transthyretin，TTR）的结合能力（Weiss et al.，2009）。结果表明，有 15 种可以与甲状腺激素（T4，即甲状腺的运输形式）竞争结合 TTR，其中 PFHxS 的结合能力最强（IC_{50}=717 nmol/L），其次是 PFOS 和 PFOA（IC_{50} 分别为 940 nmol/L 和 949 nmol/L），二者与 TTR 的结合能力相当，PFBS 也表现出弱的 TTR 结合能力（IC_{50} = 19460 nmol/L）。在另一项研究中，加拿大学者以原代培养的家养鸡（*Gallus domesticus*）和银鸥（*Larus argentatus*）神经元细胞为模型，评价了多种 PFCs（PFOS、PFOA、PFSAs、PFCAs、PFBA、PFBS、PFUdA 和 PFDoA）的毒性效应，暴露浓度均为 3 μmol/L 和 10 μmol/L。结果表明，PFOS 和 PFOA 暴露对与甲状腺代谢和转运相关的基因脱碘酶（*dio2*，*dio3*）以及甲状腺素运载蛋白（*ttr*）没有显著影响，但包括 PFBS、PFHxA、PFHxS、PFHpA、PFHpS 在内的多种 PFCs 暴露可以显著影响脱碘酶（*dio2*，*dio3*）和甲状腺素运载蛋白（*ttr*）。此外，PFBS 和 PFHxS 还可以改变与神经发育相关的神经颗粒蛋白，表明这些 PFCs 可能干扰甲状腺激素及神经发育相关的功能（Vongphachan et al.，2011）。

目前所有的离体研究表明，PFCs 可能通过受体介导的和非受体介导的途径干扰甲状腺激素系统。在这些研究中，PFBS、PFHxS 等替代品虽然没有表现出甲状腺激素受体干扰活性或仅表现出较弱的干扰活性，但是对与甲状腺激素转运、代谢过程相关因子的影响甚至高于 PFOS 和 PFOA。因此这些结果也提示我们，对于 PFOS 和 PFOA 的替代品还需要更加全面地评估其毒性效应。

4.3.2　PFCs 对鱼类的甲状腺内分泌干扰效应

鱼类的甲状腺内分泌系统由下丘脑-垂体-甲状腺（hypothalamic-pituitary-thyroidal，HPT）轴调控。但鱼类甲状腺组织的结构以及甲状腺激素在体内的转运机制与哺乳动物有较大的区别。此外，鱼类几乎不合成 T3，鱼类甲状腺滤泡合成甲状腺激素 T4，而大部分的甲状腺激素 T3 来源于在脱碘酶的作用下，将 T4 脱碘转化生成（Orozco and Valverde-R，2005）。以斑马鱼（*Danio rerio*）为例，共发现两种类型的脱碘酶，即 Dio1 和 Dio2。其中 Dio1 的主要作用是催化 T4 外环脱碘形成 T3，在某些作用条件下也可以催化 T4 内环脱碘形成游离 T3（FT3）；Dio2 的催化作用相对单一，只能进行外环脱碘形成具有生物活性的 T3。此外，与其他生物相比，鱼类促肾上腺皮质激素释放激素（corticotrophin-releasing hormone，CRH）对 TSH 分泌的刺激作用比促甲状腺激素释放激素（thyrotropin-releasing hormone，TRH）更强烈（De Groef et al.，2006）。

我国学者将成年青鳉（*Oryzias latipes*）暴露于 PFOS（0 mg/L、0.01 mg/L、0.1 mg/L 和 1 mg/L）和 PFOA（0 mg/L、0.1 mg/L、1 mg/L 和 10 mg/L）14 天，每个暴露组和对照组 F0 代所产的受精卵又分为 4 组，分别暴露于不同浓度的 PFOS 或 PFOA 100 天，暴露结束后通过组织切片方法检测 F1 代青鳉的甲状腺滤泡的形态学。结果表明 PFOS 或 PFOA 暴露组所产 F1 经过 100 天继续暴露后，其甲状腺滤泡出现增生、肥大以及胶质减少等现象，同时生长迟缓（体长体重降低）；而未暴露组青鳉所产的 F1 代其甲状腺滤泡未出现明显损伤，表明对甲状腺系统的毒性主要来自于母体（Ji et al.，2008）。上述结果证实了 PFOA 和 PFOS 对青鳉甲状腺系统的影响，并且母体暴露会对子代甲状腺系统造成严重影响。PFOA 和 PFOS 对甲状腺系统的这种传代毒性与对生殖系统的影响类似。

将受精后 4 h（4 hpf）的斑马鱼胚胎暴露于 PFOS（0 mg/L、0.1 mg/L、0.5 mg/L、1.0 mg/L、3.0 mg/L 和 5.0 mg/L）至 132 hpf，结果发现高于 1.0 mg/L 的 PFOS 暴露导致胚胎孵化时间延长，孵化率降低，并且幼鱼的畸形率显著增加，体长也显著降低。进一步分析发现，与甲状腺发育相关的同源盒蛋白（hematopoietically-expressed homeobox protein，*hhex*）和配对盒基因 8（paired box gene 8，*pax8*）的表达水平显著升高（Shi et al.，2008）。类似地，将斑马鱼胚胎暴露于更低剂量的 PFOS（0 μg/L、100 μg/L、200 μg/L 和 400 μg/L），发现 PFOS 在低剂量下也能够

显著诱导 *hhex* 和 *pax8* 等甲状腺发育相关基因的表达,同时还诱导了促肾上腺皮质激素释放激素 *crh*、钠碘转运体(sodium-iodide symporter, *nis*)及脱碘酶Ⅰ(*dio1*)基因的表达,而促甲状腺激素(thyroid stimulating hormone, *tsh*)及甲状腺球蛋白(thyroglobulin, *tg*)基因的表达呈显著下调,并且转运蛋白基因的表达与 PFOS 暴露浓度呈现剂量-效应关系,进一步证实了 PFOS 可以影响鱼类 HPT 轴相关基因的表达(Shi et al., 2009)。但将受精 14 天的斑马鱼仔鱼暴露于低剂量(0 μg/L、10 μg/L、50 μg/L 和 250 μg/L)的 PFOS 至性成熟(约 70 d)后,并未影响雌、雄鱼体内甲状腺激素 T3 水平(Du et al., 2009)。因此,PFOS 对鱼类甲状腺系统的毒性较低,而 PFOS 对鱼类及其后代的发育毒性是否与其甲状腺内分泌干扰有关尚不清楚。

相比而言,PFNA 则对鱼类表现出较为明显的甲状腺内分泌干扰效应。我国学者将发育早期阶段(F0,受精后 23 天)的斑马鱼仔鱼分别暴露于不同浓度(0 mg/L、0.05 mg/L、0.1 mg/L、0.5 mg/L 和 1.0 mg/L)的 PFNA 中 180 天,所产 F1 代继续暴露于 PFNA 或于清水恢复,180 天后,检测了各代甲状腺组织病理学损伤、血浆甲状腺激素含量和 HPT 轴基因表达水平的变化。结果表明,PFNA 暴露导致 F0 和 F1 代的成年斑马鱼血清中甲状腺激素 T3 含量均显著升高;F0 代雄性斑马鱼的甲状腺组织出现甲状腺滤泡损伤,表现为滤泡胶体腔大小改变、滤泡上皮细胞肥大、滤泡细胞增生,而组织病理学的影响程度与甲状腺激素水平呈现正相关。此外,肝脏中甲状腺素运载蛋白 *ttr* 基因的表达显著上调,而与甲状腺激素代谢相关的 UDP-葡糖醛酸转移酶(UDP-glucuronosyltransferases, *ugts*)基因的表达显著下调(Liu et al., 2011)。在鱼体内 TTR 主要参与甲状腺激素的运载,调节甲状腺激素水平;而Ⅱ相代谢酶 UDPGTs 主要参与甲状腺激素的代谢与清除,PFNA 可能通过促进甲状腺激素转运,抑制其代谢导致血清中 T3 含量升高。

综上所述,典型 PFCs(如 PFOS 和 PFOA)对鱼类甲状腺激素系统的毒性效应较低;但其他 PFCs(如 PFNA)则可能在鱼类体内表现出一定的甲状腺激素干扰能力。这与离体研究结果类似,即其他 PFCs 可能对具有更强的甲状腺激素干扰活性(Ren et al., 2015)。因此,其他 PFCs 同系物对鱼类甲状腺激素系统的干扰效应值得密切关注,而 PFCs 甲状腺激素干扰能力的构效关系也需要进行深入的研究。

4.3.3 PFCs 对两栖类的甲状腺内分泌干扰效应

两栖类的变态过程直接受甲状腺激素的调控,而非洲爪蟾作为研究两栖类脊椎动物发育生物学最典型的代表,在检测外源性化合物内分泌干扰效应的研究中具有突出的优势,甲状腺组织学病变及变态发育过程被经济合作与发展组织(organization for economic cooperation and development, OECD)确定为评价环境污染物对甲状腺系统干扰效应的敏感指标（OECD，2006）。有关 PFCs 对两栖类的甲状腺内分泌干扰效应的研究较少，目前为止的研究多以 PFOS 为研究对象。

在早期的一项研究中，美国学者将发育早期的北方豹蛙（*Rana pipiens*）暴露于较高剂量（3 mg/L）的 PFOS 中至变态发育结束，结果发现北方豹蛙的变态时间推迟，生长减缓，且甲状腺组织出现滤泡病变、胶质减少和空泡化现象，推测是由于 PFOS 暴露干扰了甲状腺系统，从而影响了变态发育过程（Ankley et al.，2004）。我国学者以非洲爪蟾为研究对象，开展了一系列实验来评价 PFOS 对两栖类生物的甲状腺内分泌干扰效应（刘青坡等，2008；刘青坡，2009）。在 21 天两栖类变态实验（amphibian metamorphosis assay，AMA）中，他们将处于 NF51 生长阶段的非洲爪蟾暴露于 0.01 mg/L、0.05 mg/L 和 0.25 mg/L 的 PFOS 中直到对照组蝌蚪大部分达到 NF58 生长阶段，并按照 OECD 标准实验方法检测 PFOS 的甲状腺激素干扰效应。结果显示，PFOS 暴露 7 天后，暴露组爪蟾后肢长度均显著减少，同时发育阶段被显著延迟；暴露 19 天后，各 PFOS 暴露组爪蟾体长和体重均显著减少，在 0.01 mg/L 和 0.25 mg/L 暴露组，其后肢长度显著减小，而在 0.05 mg/L 暴露组，其后肢长度没有受到影响。相应的组织病理学观察发现，PFOS 暴露组的爪蟾甲状腺组织结构出现滤泡数目减少、上皮细胞增生、胶质减少甚至空泡化、甲状腺滤泡之间出现溶通等病理现象（刘青坡，2009）。在两栖类完全变态实验（*Xenopus* completed metamorphosis assay，XCMA）中，将处于 NF48 生长阶段的非洲爪蟾暴露于 0.01 mg/L、0.1 mg/L 和 1.0 mg/L 的 PFOS 中 6 个月，发现各暴露组爪蟾体长体重和蝌蚪尾长等指标与对照组无显著差别；暴露 2 个月后，各组蝌蚪比对照组平均要慢 1 个发育阶段，除 1.0 mg/L 暴露组外，其余各组在 2 个月后均有个体完成变态发育，蝌蚪完成变态时间延长；组织病理学结果显示 PFOS 暴露组爪蟾的甲状腺滤泡出现上皮细胞增生、胶质减少甚至空泡化等现象，且随着暴露浓度增加，上述损伤逐渐加重（刘青坡等，2008）。以上研究通过对非洲爪蟾不同生长阶段不同周期的 PFOS 暴露实验，表明 PFOS 能够抑制爪蟾的变态发育，导致其甲状腺组织结构发生病理学改变，证实 PFOS 对两栖类甲状腺系统具有干扰效应。

在近期的研究中，我国学者将 48 期的非洲爪蟾蝌蚪暴露于 0.01 μmol/L、0.1 μmol/L、1 μmol/L 和 10 μmol/L 的 PFOS 和 1 nmol/L T3 2 天后，检测了其肠道组织中与 TH 调控有关的 6 个基因表达量的变化，其中包括 3 个正向调控基因基本转录元件结合蛋白（basic transcription element-binding protein，*bteb*）、甲状腺激素受体 β（TRβ-A）和基质裂解素（stromelysin-3，ST3），以及 3 个负向调控基因脂肪酸结合蛋白（fatty acid-binding protein，*ifabp*）、羧肽酶 O（carboxypeptidase O，*cpo*）和溶质运载蛋白家族成员 6A19（solute carrier family 6，member 19，*slc6a19*）。

结果发现 PFOS 能够促进 3 个 T3 正向调控基因的表达，同时抑制 3 个 T3 负向调控基因的表达，与阳性对照 T3 的作用相似，但对正向调控基因的影响低于 T3（Ren et al.，2015）。该研究表明 PFOS 在蝌蚪体内能表现出弱的类甲状腺激素效应，但更具体的机制还需要进行深入的研究。

4.3.4　PFCs 对哺乳动物的甲状腺内分泌干扰效应

关于 PFCs 的甲状腺内分泌干扰效应，以哺乳动物为受试生物的研究报道最多。其中，PFOS 的甲状腺内分泌干扰效应最受关注。

对成年大鼠注射 PFOS〔0 mg/(kg·d)、1 mg/(kg·d)和 10 mg/(kg·d)〕两周，发现 PFOS 可能直接通过影响甲状腺激素、皮质脂酮、瘦素和去甲肾上腺激素水平扰乱神经内分泌系统稳态（Austin et al.，2003）。研究者通过在大鼠饲料中添加 PFOS（0.5 mg/kg、1.5 mg/kg 和 4.5 mg/kg）进行 65 天的自由摄食方式暴露，发现 PFOS 能够引起大鼠血清甲状腺激素（T3、T4）含量下降（张颖花等，2005）。以上研究指出，PFOS 的短期和长期暴露均可导致大鼠体内甲状腺激素水平的变化。此外，研究人员以食蟹猕猴（*Cynomolgus monkeys*）为对象，将其慢性暴露于不同浓度 PFOS（0.03 mg/kg、0.15 mg/kg 和 0.75 mg/kg 体重）中 182 天，发现只有 0.75 mg/kg 剂量组出现明显的毒性效应，主要表现为 1/3 的实验动物死亡、体重下降、肝重增加、血清胆固醇含量下降、T3 水平降低等，表明 PFOS 也可以干扰灵长类动物甲状腺激素（Seacat et al.，2002）。这些结果与对大鼠、小鼠的研究结果类似，因此推测 PFOS 对哺乳动物的甲状腺内分泌干扰效应具有普遍性。

研究人员分别以妊娠期的 SD 大鼠（2～20 d）和 CD-1 小鼠（1～17 d）为受试对象，采用直接灌胃的方式暴露于一系列浓度的 PFOS（1 mg/kg、2 mg/kg、3 mg/kg、5 mg/kg 和 10 mg/kg），研究了 PFOS 对妊娠期母代的甲状腺激素干扰效应及对其子代的传代毒性（Lau et al.，2003a；b）。结果发现，PFOS 暴露均能减少两种受试母鼠对食物和水的摄入量，并抑制其在妊娠期体重的增加；与对照组相比，PFOS 染毒一周后的 SD 大鼠及 CD-1 小鼠，其血清甲状腺素 T3 和 T4 的含量显著下降；在妊娠第 2、3 周，其血清总 T4（TT4）和 T3（TT3）以及游离 T4（FT4）的含量显著降低，TT3 降低幅度小于 TT4，但血清中促甲状腺激素的含量没有反馈性升高（Lau et al.，2003a）。另外，使用相同剂量 PFOS（1 mg/kg、2 mg/kg、3 mg/kg、5 mg/kg 和 10 mg/kg）染毒发育时期的 SD 大鼠，导致孕鼠血清中 T3 和 T4 含量下降，仔鼠出生后体内甲状腺素水平也下降，并且前额皮质中胆碱乙酰转移酶的活性也下降；CD-1 孕鼠暴露于 PFOS 后，其血清 T4 含量也会下降。此外，PFOS 暴露组母鼠所产后代出现死亡，且随暴露剂量的升高，仔鼠死亡时间越短，死亡率越高，最高暴露组仔鼠 1 小时左右全部死亡；低剂量暴露组存活的后代仔鼠也出现生长发育迟缓的现象（Lau et al.，2003b）。PFOS 暴露导致甲状腺激素干扰的作用机制，以及母体暴露导致的传代毒性的作用机制还需要进一步探讨。

我国学者以 SD 大鼠为对象开展了亚慢性 PFOS 暴露实验，从 TH 合成和代谢角度探究了 PFOS 干扰 TH 的作用机制（Yu et al.，2009a）。实验结果表明，雄性 SD 大鼠连续喂食含有 1.7 mg/L、5.0 mg/L 或 15.0 mg/L PFOS 的饮用水 91 天后，其血清中 TT4 水平显著降低，并且呈现剂量-效应关系；甲状腺中 TH 合成的关键酶——甲状腺过氧化物酶（thyroid peroxidase，TPO）活性与对照组没有显著差异；但 PFOS 暴露上调了肝脏尿苷二磷酸葡萄糖醛酸转移酶 A1 型酶（ugt1a1）mRNA 的表达，显著抑制了肝脏中脱碘酶（dio1）基因的表达；相关性分析表明，血清 TT4 水平与肝脏中 ugt1a1 和 dio1 表达具有良好的相关性，揭示 PFOS 可能增强了 T4 与肝脏 UDPGTs 结合水平，促进 T4 代谢，导致血清 TT4 水平下降。上述结果表明，PFOS 主要通过增强肝脏对 T4 摄入和排出来增强 T4 葡萄糖醛酸化，使得 T4 的肝脏代谢增强和肝胆排泄提高，进而抑制血清 T4 水平，造成机体甲状腺内分泌紊乱。

进一步以 Wistar 大鼠为模型通过交叉哺育（cross-foster）实验探究了胚胎期与出生后通过乳汁暴露于 PFOS 对子代甲状腺功能的影响（Yu et al.，2009b）。实验中设置了仔鼠胚胎期和出生后均不暴露（对照组）及胚胎期暴露、出生后暴露、胚胎期和出生后均暴露三种不同的形式接触 PFOS（3.2 mg/kg），目的在于阐明哪种暴露方式及哪个发育阶段暴露对仔鼠甲状腺功能的影响程度较大。结果表明，出生前和出生后均暴露 PFOS 的仔鼠在出生后第 14、21 和 35 天血清总 T4（TT4）水平均呈现显著下降；多重比较分析表明，胚胎期暴露 PFOS 或出生后通过乳汁累积 PFOS，对出生后 14 和 21 天仔鼠血清中 T4 水平的影响在统计学上无显著差异。此外，在不同的暴露方式下，PFOS 对仔鼠甲状腺滤泡形态学没有发生显著变化；与 TH 代谢、转运、细胞作用等过程相关基因中只有 ttr 在出生前、后均暴露的仔鼠的肝脏组织中表达，呈现显著性上调，表明 PFOS 可能主要通过影响 TH 的转运干扰甲状腺激素水平和相关功能。单独妊娠期或哺乳期暴露方式下并未观察到明显的甲状腺干扰效应，这可能是由于暴露所采用的剂量低于之前研究中的可观察效应浓度。总之，根据上述结果可以认为，胚胎期及哺乳期对仔鼠甲状腺系统的发育过程都很重要，这两个阶段的连续暴露将会对仔鼠的甲状腺系统及生长发育造成严重的危害。

综合离体和活体研究的结果，PFCs 造成甲状腺内分泌干扰效应可能的作用途径主要归纳为：①直接与甲状腺激素核受体 TR 结合，并进一步激活或抑制下游基因的表达，影响相关信号通路；②与 T4 竞争性结合甲状腺素运载蛋白，该竞争作用可能导致甲状腺激素水平下降；③直接作用于甲状腺组织，造成甲状腺滤泡发生病变，进而引起甲状腺内分泌系统紊乱；④干扰 HPT 轴的调控功能，影响到甲状腺内分泌系统稳态，进而影响动物生长发育（图 4-3）。

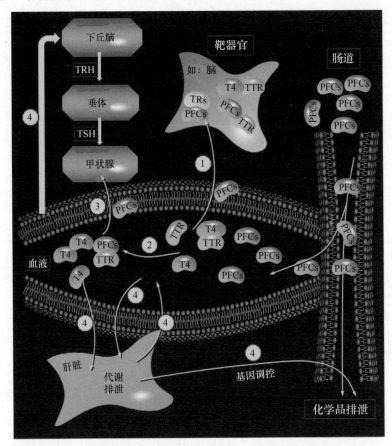

图 4-3　PFCs 造成甲状腺内分泌干扰效应可能的作用途径/机制

①PFCs 表现的激活剂效应直接结合于甲状腺激素核受体，并进一步激活下游基因表达及信号通路；②PFCs 能够与 T4 竞争性结合甲状腺素运载蛋白，该竞争作用可能导致甲状腺激素水平下降；③PFCs 可能直接作用于甲状腺组织，造成甲状腺组织发生病变，进而引起甲状腺内分泌系统紊乱；④PFCs 可能通过干扰 HPT 轴的调控功能，影响到甲状腺内分泌系统稳态，进而影响动物生长发育。TRH：促甲状腺素释放激素；TSH：促甲状腺激素；TRs：甲状腺激素核受体；TTR：甲状腺素运载蛋白；T4：四碘甲状腺原氨酸；PFCs：全氟化合物

4.3.5　PFCs 对人体甲状腺内分泌系统的干扰效应

对人体而言，甲状腺激素几乎作用于每个器官，它既能增强基础代谢率，影响蛋白质合成，又能调节骨骼的生长和神经中枢的发育，同时还能干扰人体免疫系统，对人体的正常生理功能起着至关重要的作用。因此，任何能影响人群甲状腺系统的因素都可能干扰人的正常生理功能。目前，已经针对人类甲状腺疾病或

甲状腺功能异常与生活环境中 PFCs 暴露的相关性开展了一些流行病学调查，但是由于研究方法不统一，调查人群不一致、样本数量不足，干扰因素复杂等原因，尚不能确认 PFCs 暴露是否能引起人类甲状腺内分泌干扰效应（李磊等，2014）。

美国学者为了探究 PFOA 和 PFOS 暴露与甲状腺疾病（甲状腺功能亢进或减退）患病率之间的关系，对 1999～2000 年、2003～2004 年和 2005～2006 年参加美国国家健康与营养检查调查（the National Health and Nutrition Examination Surveys，NHANES）的 3974 个人的相关数据进行了分析。结果显示，男性和女性的甲状腺疾病患病率分别为 3.06%（$n = 69$）和 16.18%（$n = 292$），与药物治疗相关的甲状腺疾病患病率分别为 1.88%（$n = 46$）和 9.89%（$n = 163$）。进一步研究表明，女性人群中 PFOA≥5.7 ng/mL 较 PFOA≤4.0 ng/mL 更容易患甲状腺疾病，男性中亦有类似趋势。对于 PFOS，男性人群中 PFOS≥36.8 ng/mL 较≤25.5 ng/mL 更容易出现甲状腺功能异常，而女性人群中无此现象（Melzer et al.，2010）。以上数据表明，不论在男性还是女性人群中，PFOA 和甲状腺疾病患病率均呈现高的相关性。但该研究的不足之处在于，未将 PFOS、PFOA 浓度，甲状腺激素水平以及甲状腺疾病患病率进行重叠比较；研究中正在接受治疗的甲状腺疾病患者使用的药物是否会影响 PFOA 及 PFOS 的代谢及检测也未可知。

因此，研究人员对分析方法做了改进，并针对 2007～2010 年 NHANES 的 1181 名参与者体内 PFCs 的水平与甲状腺功能的相关性做了进一步的调查分析（Wen et al.，2013）。结果表明，男性（$n=672$）血清中 PFCs 平均水平高于女性（$n = 509$）。在对样品加权分析后显示，在女性中，血清 PFOA 和总 T3 水平存在显著正相关关系，血清中 PFOA 的 log 值每增加 1 U，总 T3 水平增加 6.628 ng/dL；血清 PFOS 与游离 T3 存在负相关关系，与游离 T4 和甲状腺球蛋白水平存在正相关关系。而在男性中，PFOS 和 PFOA 与 T3/T4 之间无显著相关性。而在针对 C8 健康工程的 52296 名成年参与者的调查研究中，美国学者分析了不同性别、年龄组（<20 岁、20～50 岁、>50 岁）人群中 PFOA 和 PFOS 浓度甲状腺功能之间的联系。结果表明，男性血清中 PFOA 和 PFOS 水平普遍高于女性，20～50 岁女性中 PFCs 浓度最低。尽管 PFOA 和 PFOS 水平与 TSH 水平无显著相关性，但却与各年龄组女性和>50 岁的男性血清中 T4 呈显著正相关，与 T3 呈负相关关系（Knox et al.，2011）。

近期一项针对美国纽约 55～74 岁无甲状腺疾病的老年人的研究表明，受调查人群血清中 PFOA 和 PFOS 浓度的几何平均值分别为 9.17 ng/mL 和 31.6 ng/mL。多变量线性回归分析发现，PFOS 的浓度与 FT4 和 TT4 的浓度呈正相关。通过分析 PFOA 浓度、人群年龄以及 FT4 和 T4 浓度之间关系发现，随着年龄和 PFOA 浓度的增加，血液中 FT4 和 T4 水平显著升高。这些结果说明在该人群中，PFOA 和 PFOS 的浓度与甲状腺激素水平的改变有关联，并且这种关联随年龄的变化而变化（Shrestha et al.，2015）。而中国学者针对 1992～2000 年间参加中国卫生基金会的 567 名青少年（12～30 岁）的血清进行了分析，检测了 PFCs、T4 及 TSH 的水平。结果发现，男性血清中 PFOS 平均水平为 8.82 ng/mL，显著高于女性（7.18 ng/mL），且在吸烟人群中更为明显；20 岁以上人群血清中 PFOS 水平明显高于 20 岁以下人群。此外，研究结果还表明 PFOS 在高体重指数人群中普遍较高。然而，甲状腺相关激素检测结果显示，在 PFOA 和 PFOS 水平不同的人群中，游离 T4 和 TSH 水平并无明显变化。这说明在该人群中，PFOA 和 PFOS 与甲状腺激素水平并无显著相关关系（Lin et al.，2013）。

已经有不少研究显示，在人体脐带血和乳汁中检测出了 PFCs 不同程度的污染。胚胎或哺乳期是婴儿发育的关键时期，对污染物的影响非常敏感，而甲状腺激素对生长发育，特别是中枢神经系统发育非常重要。因此，在人体流行病学和临床医学研究中，孕妇体内 PFCs 暴露水平以及 PFCs 暴露是否干扰体内甲状腺激素水平受到广泛关注。日本学者调查分析了 17～37 岁产妇及胎儿脐带血液样品，结果发现两者中均含有 PFOS，而 PFOA 仅在产妇血样中被检测到（Inoue et al.，2004）。进一步分析发现，PFOS 的含量与促甲状腺激素水平无显著相关性。在针对加拿大阿尔伯塔省埃德蒙顿市 974 名妊娠 15～20 周的妇女进行的调查研究中，未发现孕妇血清中 PFOA 和 PFOS 与其甲状腺素水平存在相关性（Chan et al.，2011）。而在以挪威 903 名孕妇为对象的研究中，发现孕妇血浆中共检出 7 种全氟烷基化合物（perflurorinated alkylated substances，PFASs），其中以 PFOS 的浓度最高，为 12.8 ng/mL，TSH 平均浓度为 3.5 μIU/mL。进一步分析发现，血浆中 PFOS 浓度越高的孕妇，其 TSH 的浓度也更高，且 PFOS 浓度每增加 1 ng/mL，TSH 水平就上升 0.8%（Wang et al.，2013）。这一研究说明在该人群中 PFOS 的含量与 TSH 的含量有一定的关系。加拿大学者对来自温哥华的 152 名孕妇血清中 PFASs 含量和甲状腺激素水平之间的相关性进行了调查。根据其甲状腺过氧化物酶抗体（thyroid peroxidase antibody，TPOAb）水平，研究对象被分为高 TPOAb（≥9 IU/mL）组和正常 TPOAb（<9 IU/mL）组。研究结果显示，包括正常 TPOAb 组孕妇血清中 PFOA、PFOS 及其他 PFASs 的含量与游离 T4、总 T4 和 TSH 水平无相关关系，但高 TPOAb 组孕妇血清中 PFOA、PFOS 含量与 TSH 水平呈显著正相关，与游离 T4 有负相关关系（Webster et al.，2014）。该研究结果表明，具有高 TPOAb 的孕妇可能更易受到 PFOA 和 PFOS 诱导的甲状腺干扰效应影响，使原本游离 T4 水平低、TSH 水平高的情况更加严重，从而可能影响到胎儿发育。

在针对不同地区和人群中 PFCs 水平和甲状腺内分泌功能的调查中，虽然由于调查人群所在地域、性别、年龄及其他各种因素的不同，结果存在较大的差异性，但研究结果普遍表明，男性中 PFOA 和 PFOS 水平普遍高于女性；PFOA 和 PFOS

等对人体甲状腺功能的影响随年龄的增加而更加明显。PFCs 对妊娠期女性的暴露及其对甲状腺功能的影响可能对胎儿的甲状腺功能及早期发育造成危害。

4.4　PFCs 对其他内分泌系统的干扰效应

针对 PFCs 对生殖、甲状腺内分泌系统的研究结果并不能完全解释 PFCs 引起的毒性效应，特别是对子代的发育毒性，因此 PFCs 很有可能同时对其他内分泌系统产生干扰效应。研究人员综合分析了已发表的 PFOA 和 PFOS 暴露的鼠肝脏转录组数据，同时与超过 600 个化学品的毒理基因组学参考数据进行了比对分析，发现 PFOA 和 PFOS 影响最显著的基因主要与脂肪酸代谢、脂质转运、胆固醇的生物生成等过程有关，而这些基因大部分参与了过氧化物酶体增殖物激活受体（PPAR）介导的信号通路，还有一部分基因与 CAR/PXR 等受体的调控有关（Ren et al.，2009）。针对 PFCs 开展的很多活体研究中也都观察到了实验动物体重降低、子代出生后死亡及发育过程迟缓等现象，这些很可能与 PPAR 及 CAR/PXR 等受体介导的代谢异常相关。

PPAR 是一类 II 型核激素受体（nuclear hormone receptor）超家族成员，其实质是一类配体调控的转录因子，活化的 PPAR 与视黄醇 X 受体结合形成异二聚体，通过与靶基因启动子上游特异的过氧化物酶体增殖物应答元件（peroxisome proliferator responsive element，PPRE）相互作用而调控靶基因的转录。含有该 DNA 反应元件的基因包括脂酰辅酶 A 氧化酶（acyl-CoA oxidase，ACOX）、过氧化物酶体双功能酶（peroxisomal bifunctional enzyme，BIEN）、肝脏脂肪酸结合蛋白（liver fatty acid binding protein，L-FABP）、微粒体 CYP4A、细胞色素 P450、磷脂转移蛋白（phospholipid transfer protein，PLTP）等。目前发现 PPAR 存在三种亚型：PPARα、PPARβ 和 PPARγ。其中 PPARα 在肝脏中的表达水平很高。动物实验研究表明，肝脏是很多毒物作用的一个重要靶器官，PPARα 很有可能在其中起着重要作用，可以介导污染物对脂肪酸代谢、胆固醇生物合成的干扰，并引起线粒体功能紊乱，导致过氧化酶体增生以及增加肿瘤发生概率等（Latruffe et al.，2000）。而 PPARγ 主要表达于脂肪组织及免疫系统等。值得注意的是，目前的研究发现，脂肪组织是一个具有复杂内分泌及代谢作用的器官，且有可能成为体内最大的内分泌器官。脂肪细胞可分泌包括瘦素和雌激素在内的多种激素。瘦素作用于中枢可抑制下丘脑食欲中枢，减少进食，并且与雌激素一起调节性发育、青春期的萌动及月经周期。已有研究证实，脂肪组织中 PPAR 的激活对其内分泌功能具有调节作用，特别是 PPARγ 可促进脂肪细胞分化，使前脂肪细胞变为成熟脂肪细胞，并且在调节脂类代谢和胰岛素敏感性等方面扮演着重要角色（冷银芝，2016）。

此外，组成性雄甾烷受体（constitutive activated/androstane receptor，CAR）和孕烷 X 受体（pregnane X receptor，PXR）也是核受体家族成员，介导调控糖异生、脂质代谢等一系列异生物质代谢过程。此外，PPARγ 共激活因子 1α（peroxisome proliferators-activated receptor-γ coactivator-1α，PGC-1α）也受到 PXR 和 CAR 的调控。因此，PFCs 暴露引起的代谢和发育异常现象很可能与 PPAR 及 CAR/PXR 等受体介导的信号通路有关。

4.4.1　离体研究

PFCs 在结构上和 PPAR 的主要天然配体脂肪酸具有相似性，可能通过与 PPAR 结合来干扰其介导的信号通路及相关生理功能。因此，目前针对 PFCs 内分泌干扰效应的离体研究，除传统的生殖、甲状腺内分泌系统之外，大多都集中在 PPAR 及其介导的信号通路。

美国学者分别将人、大鼠和小鼠的 PPARα、PPARβ、PPARγ 的配体结合域（LBD）与酵母转录因子 Gal4 的 DNA 结合域（DNA-binding domain，DBD）融合，并以小鼠成纤维细胞 3T3-L1 为研究体系，建立了荧光素酶报道基因方法，检测了 PFOS 和 PFOA（直链和支链异构体）对不同物种 PPAR 的干扰活性（Vanden Heuvel et al.，2006）。结果表明，受试的 PFCs 对 PPARα 的干扰能力最强，直链和支链的 PFOA 异构体和 PFOS 均可与人、大鼠和小鼠等物种 PPARα 的 LBD 结合，并激活其介导的转录活性；受试的 PFCs 也可以诱导人、大鼠和小鼠 PPARγ 介导的转录活性，但与阳性对照罗格列酮（rosiglitazone）相比，其诱导效应均较低；而对于 PPARβ，仅 PFOA 对小鼠 PPARβ 表现出诱导效应。因此，可以认为 PFCs 可能主要通过激活 PPARα 介导的信号通路产生干扰效应，同时对 PPARγ 表现出弱的激动效应。

研究人员克隆了野生贝加尔海豹的 PPARα cDNA 全长，将其转染入非洲绿猴肾细胞 CV-1 建立了荧光素酶报道基因方法，并以此检测了 PFNA、PFOS、PFDA、PFUdA 和 PFOA 对贝加尔海豹 PPARα 的干扰活性。结果表明，这几种 PFCs 都能够诱导 PPARα 介导的转录活性，最低观察效应浓度分别为 125 μmol/L、125 μmol/L、125 μmol/L、62.5 μmol/L 和 62.5 μmol/L。值得注意的是，这几种 PFCs 是在野生贝加尔海豹肝脏中检出的主要单体类型，且检出浓度依次降低（Ishibashi et al.，2008）。因此，这一研究也暗示 PFCs 可能对海洋哺乳类 PPARα 及其介导信号通路和相关功能产生干扰。将鸡胚胎肝脏细胞（CEH）进行为期 36 h 的 PFOS（10～100 μmol/L）暴露，检测 PFOS 对 PPARα 及其下游调控基因 *acox*、*l-fabp*、*bien*、过氧化物酶体 3-酮脂酰硫解酶（peroxisomal 3-ketoacyl thiolase，*pkt*）和苹果酸脱氢酶（malic enzyme，*me*）表达的影响（Cwinn et al.，2008）。结果表明，虽然 PFOS

暴露并未造成 PPARα 转录水平的变化，但 40 μmol/L PFOS 可显著诱导上述 5 个 PPARα 调控基因的表达，从而证实了 PFOS 能诱导鸟类的 PPARα 依赖的转录效应。由于这些基因全部是与脂肪酸代谢有关的，因此可以认为 PFOS 可能对鸟类的脂肪酸代谢过程产生影响。上述这些研究证实了 PFCs 对人、大鼠、小鼠、海豹和鸡等不同物种的 PPARα 及其调控基因的影响，因此可以认为 PFCs 对 PPARα 及其介导的信号通路的影响在生物体内具有普遍性。

　　此外，研究也发现，虽然 PFOA 和 PFOS 对 PPARγ 的干扰活性相对较弱，但其他 PFCs 可能表现出更强的干扰能力。我国学者采用荧光探针技术检测了 PFCs 与人 PPARγ 配体结合域的结合能力，并利用瞬时转染的 HepG2 细胞双荧光素酶报道体系评价了它们对人 PPARγ 的转录激活能力。结果表明，在 16 种受试的 PFCs 中，有 11 种（PFHxA、PFOA、PFNA、PFDA、PFUdA、PFDoA、PFTeDA、PFHxDA、PFOcDA、PFHxS 和 PFOS）可以与人 PPARγ，并且能够激活 PPARγ 介导的转录活性，其中 PFUdA 效力最强（IC_{50} 值为 8.4 μmol/L），其次是 PFDA 和 PFOS（IC_{50} 值分别为 12.2 μmol/L 和 13.5 μmol/L），PFHxS 和 PFOA 的干扰能力相当（IC_{50} 值分别为 41.2 μmol/L 和 43.5 μmol/L），而 PFBS 则未表现出 PPARγ 干扰活性。在碳链长度 4～11 的 PFCs 中，与 PPARγ 的结合能力随碳链长度增加而增强，碳链长度超过 11 之后，结合能力有所下降。并且 3 种磺酸盐对 PPARγ 的结合能力高于相应的羧酸盐单体（Zhang et al.，2014）。与此类似的是，在近期的一项研究中，美国学者将小鼠前脂肪细胞 3T3-L1 暴露于不同浓度的 PFOA（5～100 μmol/L）、PFNA（5～100 μmol/L）、PFOS（50～300 μmol/L）、PFHxS（40～250 μmol/L）PPARα 的激动剂 Wyeth-14，643（WY-14，643）以及 PPARγ 的激动剂罗格列酮，评价了 PFCs 对 13 个 PPAR 调控基因的影响。结果发现，磺基类 PFCs（PFOS 和 PFHxS）对前脂肪细胞中基因的调控作用与 PPARγ 的激动剂罗格列酮类似，而羧酸类 PFCs（PFOA 和 PFNA）的调控作用与 PPARα 的激动剂 WY-14，643 相似；且 PFHxS 对 pparγ、acox1 等基因的影响较 PFOS 和 PFOA 等更为显著。它们还以诱导各个基因表达出现 2 倍差异的浓度计算均值，用以表征化合物对这些基因影响的相对活性，结果表明 PFHxS 是受试 PFCs 中对 PPAR 及其调控基因影响最为显著的（Watkins et al.，2015）。

　　总之，离体研究的结果证实 PFCs 可以干扰 PPARα 和 PPARγ 及其下游调控基因，并可能影响相关生理功能。作为替代品的 PFHxS 以及其他 PFCs 可能表现出较典型的 PFOA、PFOS 等更强的干扰效应，但 PFCs 对 PPAR 干扰的结构-效应关系还需要进一步深入的研究。

4.4.2   活体研究

实际上，PFCs 作为配体激活 PPAR 或 CAR/PXR 信号通路这一理论的提出和证实最早是通过活体实验完成的。在早期开展的多项针对 PFOA 的毒性研究中，都将线索指向了 PPAR 及 CAR/PXR 信号通路。早在 1992 年，在一项以雄性小鼠为模型的研究中，发现喂食含有 PFOA 的食物 5 天后，雄性小鼠肝脏过氧化酶体的脂肪酸 β 氧化受到显著影响，并且据此提出 PFOA 是一种 PPARα 的激活配体的假设（见图 4-4，Sohlenius et al.，1992）。将雄性大鼠以较低剂量的 PFOA [1 mg/(kg·d)、3 mg/(kg·d)、5 mg/(kg·d)、10 mg/(kg·d)和 15 mg/(kg·d)] 暴露 21 天（Guruge et al.，2006），或以较高剂量 [20 mg/(kg·d)] 暴露 5 天（Martin et al.，2007），通过基因芯片技术对肝脏中基因表达的变化进行分析，均发现其中变化最显著的基因主要与脂质尤其是脂肪酸的转化和代谢有关。此外，受影响的还包括许多与细胞通讯、黏着、生长、凋亡、激素调节、蛋白质水解和信号转导等信号通路有关的基因，这些变化与过氧化物酶体增殖物激活受体激动剂引起的效应十分接近。类似地，将孕鼠于妊娠期暴露于 1 mg/(kg·d)、3 mg/(kg·d)、5 mg/(kg·d)、10 mg/(kg·d) PFOA 中 17 天后，研究足月后 F1 代子鼠的肺和肝脏中的基因表达，发现各处理组中与脂肪酸分解代谢、脂质转运、酮体生成、胆固醇和胆汁酸的生物生成、蛋白酶体活化、炎症相关的基因表达发生变化，这些基因均与 PPARα 的转录激活调节相关（Rosen et al.，2007）。值得注意的是，上述研究中受到 PFOA 影响的基因

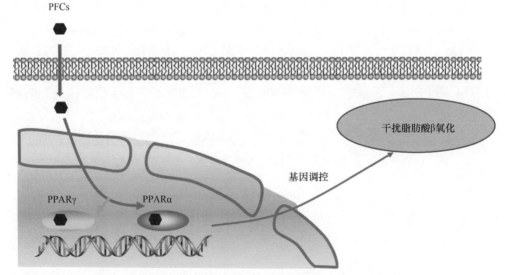

图 4-4   PFCs 通过 PPAR 受体途径影响脂肪酸 β 氧化的理论模型

PFCs，全氟代化合物；PPARγ，过氧化物酶体增殖物激活受体 γ；PPARα，过氧化物酶体增殖物激活受体 α

中，也有很大一部分基因参与了 CAR/PXR 介导的信号通路的调控，因此研究人员猜测 PFOA 可能是通过多个受体介导的信号通路的共同调控作用实现对生物体内分泌及相关生理功能的影响。

随后，研究人员通过基因敲除技术构建的实验动物模型验证了之前提出的假设。将野生型和 PPARα 敲除的小鼠分别暴露于 PFOA（1 mg/kg、3 mg/kg）或 PPARα 激动剂 Wy14，643（50 mg/kg）7 天后，通过基因芯片技术分析肝脏中基因表达变化情况（Rosen et al.，2008）。结果表明，野生型小鼠肝脏中基因表达谱的变化与 Wy14，643 类似，均显著上调了公认的 PPARα 靶基因 *Acox1*、*Me1*、*Bien*、*Slc27a1*（*Fatp1*）和 17*β-hsd* 等基因表达，但是在 PPARα 敲除小鼠肝脏中，没有观察到上述基因的变化。此外，有部分与脂肪酸代谢相关的基因发生了变化，推测可能是由于其他亚型的 PPAR 介导了 PFOA 的干扰效应。

而在另一项研究中，CAR 及其他受体介导 PFCs 内分泌干扰效应的假设也终于得到证实。研究人员以 I 相代谢酶 CYPs 的表达为评价终点，研究了不同受体途径在 PFCs 引起的内分泌干扰中的作用。在野生型小鼠中，PFOA（40 mg/kg）和 PFDA（80 mg/kg）单次皮下注射 2 天后，肝脏中 CYP2B10 和 CYP4A14 的 mRNA 和蛋白质表达水平均显著升高，且 *cyp1a1/2* 的表达均未受到影响；表明 PFDA 和 PFOA 对上述 *cyps* 的影响作用相似。接下来他们以 PFDA 为对象，采用 CAR、PXR 和 PPARα 敲除型小鼠为模型，开展了进一步的研究。结果表明，PFDA 暴露可诱导野生型小鼠肝脏中 *cyp4a14* 的 mRNA 表达，但在 PPARα 敲除小鼠肝脏中，这种诱导效应显著降低；PFDA 暴露可诱导野生型小鼠肝脏中 *cyp2b10* 的 mRNA 表达，但在 CAR 敲除小鼠肝脏中并未发现类似的诱导效应。而在 PXR 和 PXR 敲除小鼠中，PFDA 对 *cyp2b10* 的诱导效应反而较野生型小鼠体内显著升高，但对 *cyp4a14* 的诱导效应与野生型小鼠并无显著差异（Cheng and Klaassen，2008）。上述研究可以证实，PPARα 和 CAR 对于 PFDA 诱导的内分泌干扰效应均有重要的贡献，而 PFDA 对 *cyp2b10* 的干扰可能是通过 CAR 和 PXR 等受体介导的信号通路共同调控的。

在之后的研究中，不断有研究证实除 PFOA 之外，其他的 PFCs 及其替代品可以通过 PPAR 以及 CAR、PXR 等受体介导的途径干扰生物体内分泌系统。我国学者以青鳉鱼胚胎为模型，研究发现 1 mg/L、4 mg/L 和 16 mg/L 的 PFOS 暴露 4 天可导致仔鱼 PPARα 和 PPARβ 的表达显著降低；当暴露时间延长到 10 天的时候，发现上述两个基因在仔鱼体内的表达显著升高。而在两个取样时间点，PFOS 没有影响 PPARγ 的表达（Fang et al.，2012）。进一步研究发现，PFOS 对青鳉鱼 PPAR 的调节受到盐度的影响（黄乾生等，2013）。2 dpf 的鱼卵经 4 mg/L PFOS 暴露 2 天后（4 dpf）取样，发现在较低盐度（15‰和 5‰）下 PFOS 对 PPARα 和 PPARβ 的诱导效应显著高于天然海水盐度（30‰）。在一项以 SD 大鼠为模型的研究中，发现 20 ppm（mg/L）和 100 ppm（mg/L）的 K^+PFOS 暴露 28 天，引起了大鼠的肝肿大（肝脏重量增加）和良性肝肿瘤（肝细胞腺瘤），同时导致血浆中胆固醇和甘油三酯水平降低，肝脏中 CYP2B、CYP3A 和 CYP4A 的蛋白表达水平及活性均显著升高，其作用效应与 PPARα 和 CAR/PXR 的激动剂类似（Elcombe et al.，2012）。因此作者推测 K^+PFOS 对 SD 大鼠的致毒作用很可能是由于同时激活了 PPARα 和 CAR/PXR 介导的信号通路引起的。此外，我国学者研究发现，以 PFDoA 经口灌胃［0 mg/(kg·d)、1 mg/(kg·d)、5 mg/(kg·d) 和 10 mg/(kg·d)］暴露雄性大鼠 14 天后，可显著诱导肝脏中 PPARα 和 PPARγ 的表达（Zhang et al.，2008）；以 PFNA（0 mg/L、0.1 mg/L、0.5 mg/L 和 1.0 mg/L）暴露斑马鱼 180 天后，最高浓度 PFNA 暴露显著抑制了肝脏中 PPARα 的表达（Zhang et al.，2012）。

关于 PFCs 替代品对 PPAR 及其他受体信号通路影响的报道较少，但已有研究证实，某些替代品可以干扰与脂肪酸代谢等过程相关的信号通路，引起肝脏毒性。我国学者研究了 PFOS 的替代品 6∶2 氟代聚苯乙烯磺酸（6∶2 fluorotelomer sulfonic acid，6∶2 FTSA）和 PFOA 的替代品 6∶2 荧光调聚羧酸（6∶2 fluorotelomer carboxylic acid，6∶2 FTCA）对小鼠的肝毒性效应。结果表明，成年雄性小鼠经 5 mg/(kg·d) 的 6∶2 FTSA 和 6∶2 FTCA 暴露 28 天后，血清和肝脏中 6∶2 FTSA 的检出浓度非常高，表明其在生物体内具有较强的生物积累能力和缓慢的降解能力。此外，6∶2 FTSA 暴露组小鼠肝脏重量增加，肝脏组织出现炎症和坏死，而 6∶2 FTCA 并不会引起小鼠明显的肝损伤。在基因表达方面，与 6∶2 FTCA 相比，6∶2 FTSA 暴露引起显著性调节的基因数目较多（412＞39），但 6∶2 FTSA 暴露不会引起脂质代谢关键基因如 PPARα 的显著性变化（Sheng et al.，2017）。本研究结果表明 6∶2 FTSA 更容易在小鼠体内累积，影响小鼠肝脏中脂质代谢相关的众多基因，引起肝脏毒性。相比而言，6∶2 FTCA 的生物累积性和毒性效应都较低，可能是比较合适的替代品。在针对另外两种 PFOS 的新型替代品六氟环氧丙烷二聚体和四聚体（$HFPO_2$，$HFPO_4$）的研究中，将小鼠分别暴露于 $HFPO_2$ 和 $HFPO_4$［1 mg/(kg·d)］暴露 28 天，均可导致肝脏肿大和肝脏病理学损伤，特别是 $HFPO_4$ 暴露组。进一步通过高通量测序分析发现，$HFPO_2$ 和 $HFPO_4$ 暴露后小鼠的肝转录本中分别有 146 个（101 个上调，45 个下调）和 1295 个（716 个上调，579 个下调）基因表达被显著性地改变，其中 111 个（82 个上调，29 个下调）在两种替代品暴露后均出现了显著性调节，这些基因大都与脂质代谢相关（Wang et al.，2017）。因此该研究表明 $HFPO_2$ 和 $HFPO_4$ 对小鼠具有一定的肝毒性并会影响小鼠肝脏的脂质代谢。

根据目前所报道的实验结果，可以认为 PFOA 和 PFOS 等传统 PFCs 的确能够通过 PPAR 介导的信号通路影响脂肪酸代谢、脂质代谢和胆固醇的运输等生理过程，而这些影响可能是由 CAR/PXR 等受体途径的共同参与完成的。PPAR 等受体介导的脂肪酸代谢、脂质代谢干扰效应是否与之前大量活体研究中观察到的实验动物体重降低、子代死亡及发育迟缓等现象有关也值得深入探讨。作为替代品的 PFHxS 在离体研究中表现出较 PFOA、PFOS 更强的 PPAR 干扰活性，这一结果尚需在活体实验中进行验证；其他替代品也表现出对肝脏脂质代谢等过程的影响，至于是否通过 PPAR 和其他受体介导的，也需要进一步证实。

4.4.3　PFCs 对人体其他内分泌系统的干扰效应

流行病学研究中较少涉及外源性化合物对人体 PPAR、CAR、PXR 等信号通路的影响，但已有不少调查结果表明，PFCs 可能会干扰人类的代谢系统。

我国学者检测了 474 例青少年（12～20 岁）和 969 例成年人（≥20 岁）血清中 PFOS 的浓度，结果表明，血清 PFOS 浓度和血清胰岛素浓度呈正相关，与血清高密度脂蛋白（high density lipoprotein，HDL）和胆固醇浓度呈负相关（Lin et al.，2009）。美国学者针对 2003～2004 年 NHANES 征集的 12～80 岁受试者的血清，分析了多种全氟代化合物（包括 PFOA 和 PFOS）浓度和多项代谢指标的相关性研究。他们发现，血清 PFCs 浓度和血清甘油三酯和非高密度胆固醇浓度呈正相关关系，但与胰岛素抗性（insulin resistance，IR）无相关性（Nelson et al.，2010）。对于挪威妊娠期女性开展的调查研究表明，血清中 PFOS 浓度与总胆固醇呈显著正相关关系（Starling et al.，2014）。来自斯洛伐克 184 名产妇的初乳样品中 PFOS 和 PFOA 浓度也与其血清中脂质（总胆固醇、低密度胆固醇和高密度胆固醇）水平有显著相关性（Jusko et al.，2016）。医学研究指出，在妊娠期及哺乳期孕妇脂质水平失调（包括总胆固醇、低密度脂蛋白胆固醇水平升高和高密度脂蛋白胆固醇水平降低）与子痫前期（即怀孕前血压正常的孕妇在妊娠 20 周后出现高血压、蛋白尿等症状）有关。因此，对于 PFCs 对孕妇健康的研究应该受到重视。

除此之外，PFCs 也可能影响人体尿酸水平。Costa 等（2009）对某 PFOA 生产商工人长达 30 年的医学监督结果进行了报道，没有临床迹象表明该人群患有任何明确的疾病，并且所有的生化参数，包括肝脏、肾脏和激素功能，都在正常参考范围以内，但该人群血清 PFOA 浓度与血清总胆固醇和尿酸水平显著正相关。对美国俄亥俄州和西弗吉尼亚州 54951 名居民的横断面研究显示，该人群血清中 PFOA 和 PFOS 水平均与血液尿酸浓度有明显的正相关关系。尿酸是嘌呤代谢的终产物，高浓度尿酸会导致高血压和痛风等疾病（Steenland et al.，2010）。因此，与人体胆固醇和尿酸含量有相关性的 PFOA 和 PFOS 等可能是心血管疾病的威胁所在。

综合前面介绍的流行病学调查结果，可以认为 PFCs 暴露会对人体内分泌系统及相关功能造成影响（图 4-5），主要包括：①干扰生殖激素水平，可能对青少年发育及成年人群生殖能力造成影响；②干扰甲状腺内分泌系统，从而可能导致甲亢和甲减等疾病，甚至影响子代发育；③通过其他内分泌系统干扰营养物质的代谢，影响生长发育等过程。此外，PFCs 可以通过母体传递对后代产生严重的影响，因此有关 PFCs 对孕妇及婴幼儿的影响应该得到更多的关注。由于离体和活体研究均已证实了某些 PFCs 替代品的内分泌干扰效应，它们在人体内的暴露水平以及对人类健康的影响也应引起足够的重视。

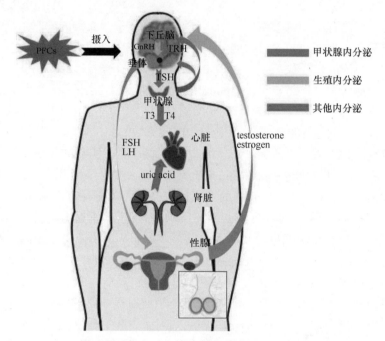

图 4-5　PFCs 对人体内分泌系统的干扰效应

PFCs：全氟代化合物；GnRH：促性腺激素释放激素；TRH：促甲状腺激素释放激素；TSH：促甲状腺激素；
FSH：卵泡刺激素；LH：促黄体生成素；testosterone：睾酮；estrogen：雌激素；uric acid：尿酸

4.5　本章结论

在本章中，我们重点回顾和总结了全氟代化合物对生物体内分泌系统的干扰效应和作用机制。PFCs 可能通过受体介导的和非受体介导的途径干扰生殖和甲状腺内分泌系统，导致鱼类、两栖类、鸟类和哺乳类生物体内引起生殖和甲状腺功能异常，特别是母体妊娠及哺乳期暴露于 PFCs 可对子代的存活和发育造成非常严重的影响。此外，PFCs 可能通过 PPAR 及其他受体介导的途径干扰生物体内的脂质代谢等生理过程。流行病学调查结果也表明 PFCs 可能与人类甲状腺和生殖功能和代谢功能异常具有相关性。总体而言，目前已经开发出来的替代品对生物体的毒性效应低于 PFOS，但部分替代品对内分泌相关的特定指标的干扰活性与 PFOA 相当，甚至更高，表明它们可能造成对野生生物和人类内分泌系统的干扰风险。因此，在 PFOS 和 PFOA 替代品的开发和推广之前需要进行更加全面的毒性效应和生态风险评估。

参 考 文 献

陈舒. 2016. 中国东部地区典型全氟化合物污染地理分布特征及来源辨析. 北京: 中国地质科学院博士学位论文.

杜桂珍. 2013. 全氟化合物 PFOA、PFOS 内分泌干扰效应的研究. 南京: 南京医科大学博士学位论文.

范轶欧, 金一和, 麻懿馨, 张颖花, 张晓芃, 齐藤宪光. 2005. 全氟辛烷磺酸对雄性大鼠生精功能的影响. 卫生研究, 34(1): 37-39.

国家履行斯德哥尔摩公约工作协调组办公室. 2008. 中华人民共和国履行《关于持久性有机污染物的斯德哥尔摩公约》国家实施计划. 北京, 中国环境科学出版社.

黄乾生, 陈亚橘, 方超, 康美, 董四君. 2013. 盐度影响全氟辛烷磺酸对海水青鳉(*Oryzias melastigma*)的毒性. 科学通报, 58(2): 151-157.

冷银芝. 2016. 低剂量双酚 A 通过 PPARγ 促进小鼠 3T3-L1 前脂肪细胞分化的研究. 合肥: 安徽医科大学硕士学位论文.

李洪志, 刘洁婷, 张春雷, 初彦辉, 赵冰海. 2012. PFOS 青春期暴露对成年期雄性大鼠的生殖毒性. 生态毒理学报, 7(4): 434-438.

李磊, 郭晖, 高立超. 2014. 全氟化合物与甲状腺功能关系的研究进展. 中国医学科学院学报, 36(3): 340-345.

李丽, 赵冰海, 初彦辉, 李洪志, 刘洁婷, 张春雷, 金秀东. 2013. 全氟辛烷磺酸盐对胚胎期大鼠雄性生殖系统的影响. 现代生物医学进展, 13(17): 3217-3220.

刘宝林, 张鸿, 谢刘伟, 刘国卿, 王艳萍, 王鑫璇, 李静, 董炜华. 2015. 深圳近岸海域全氟化合物的污染特征. 环境科学, 36(6): 2028-2037.

刘敏, 殷浩文, 陈晓倩, 张京佶, 杨婧. 2014. PFBSK 作为 PFOS 潜在的替代物在工业加工使用过程中的风险评估. 2014 中国环境科学学会学术年会.

刘青坡. 2009. 运用爪蟾(*Xenopus*)检测全氟辛磺酸(PFOS)的甲状腺激素和性激素干扰效应. 华东师范大学.

刘青坡, 钱丽娟, 郭素珍, 施华宏. 2008. 全氟辛磺酸(PFOS)对非洲爪蟾(*Xenopus laevis*)生长发育、甲状腺和性腺组织学的影响. 生态毒理学报, 3(5): 464-472.

卢向明, 陈萍萍. 2012. 低剂量全氟辛酸对雄性黑斑蛙生殖毒效应及机理研究. 环境科学学报, 32(6): 1497-1502.

宋锦兰, 金一和, 李晓娜, 刘利, 于红瑶. 2008. 全氟辛烷磺酸对雌性鹌鹑的生殖毒性研究. 生态毒理学报, 3(5): 457-463.

邢航, 陈现涛, 肖进新. 2016. 氟表面活性剂和氟聚合物(Ⅴ)——PFOS 的短碳氟链替代品. 日用化学工业, 46(5): 247-250.

杨蓉, 李娜, 马梅, 王子健. 2013. 全氟辛基磺酸及其替代产品的内分泌干扰效应评价. 生态毒理学报, 8(5): 702-707.

张小梅, 宋锦兰, 金一和, 刘薇, 刘利, 于红瑶. 2011. 全氟辛烷磺酸对雄性鹌鹑生殖毒性影响. 生态毒理学报, 6(2): 143-148.

张颖花, 范轶欧, 麻懿馨, 张晓芃, 秦红梅, 金一和. 2005. 全氟辛烷磺酸对大鼠血清 T3, T4 和 TSH 的影响. 中国公共卫生, 21(6): 707.

Ankley GT, Kuehl DW, Kahl MD, Jensen KM, Butterworth BC, Nichols JW. 2004. Partial life‐cycle toxicity and bioconcentration modeling of perfluorooctanesulfonate in the northern leopard frog (*Rana pipiens*). Environmental Toxicology and Chemistry, 23(11): 2745-2755.

Ankley GT, Kuehl DW, Kahl MD, Jensen KM, Linnum A, Leino RL, Villeneuve DA. 2005. Reproductive and developmental toxicity and bioconcentration of perfluorooctanesulfonate in a partial life-cycle test with the fathead minnow (*Pimephales promelas*). Environmental Toxicology and Chemistry, 24(9): 2316-2324.

Austin ME, Kasturi BS, Barber M, Kannan K, MohanKumar PS, MohanKumar SM. 2003. Neuroendocrine effects of perfluorooctane sulfonate in rats. Environmental Health Perspectives, 111(12): 1485-1489.

Bao J, Liu W, Liu L, Jin Y, Dai J, Ran X, Zhang Z, Tsuda S. 2010. Perfluorinated compounds in the environment and the blood of residents living near fluorochemical plants in Fuxin, China. Environmental Science and Technology, 45(19): 8075-8080.

Barton CA, Butler LE, Zarzecki CJ, Flaherty J, Kaiser M. 2006. Characterizing perfluorooctanoate in ambient air near the fence line of a manufacturing facility: Comparing modeled and monitored values. Journal of the Air and Waste Management Association, 56(1): 48-55.

Benninghoff AD, Bisson WH, Koch DC, Ehresman DJ, Kolluri SK, Williams DE. 2010. Estrogen-like activity of perfluoroalkyl acids in vivo and interaction with human and rainbow trout estrogen receptors in vitro. Toxicological Sciences, 120(1): 42-58.

Biegel LB, Liu RC, Hurtt ME, Cook JC. 1995. Effects of ammonium perfluorooctanoate on Leydig-cell function: *In vitro*, *in vivo*, and *ex vivo* studies. Toxicology and Applied Pharmacology, 134(1): 18-25.

Butenhoff JL, Kennedy GL, Frame SR, O'Connor JC, York RG. 2004. The reproductive toxicology of ammonium perfluorooctanoate (APFO) in the rat. Toxicology, 196(1): 95-116.

Chan E, Burstyn I, Cherry N, Bamforth F, Martin JW. 2011. Perfluorinated acids and hypothyroxinemia in pregnant women. Environmental Research, 111(4): 559-564.

Chen C, Lu Y, Zhang X, Geng J, Wang T, Shi Y, Hu W, Li J. 2009. A review of spatial and temporal assessment of PFOS and PFOA contamination in China. Chemistry and Ecology, 25(3): 163-177.

Chen J, Wang X, Ge X, Wang D, Wang T, Zhang L, Tanguay RL, Simonich M, Huang C, Dong Q. 2016. Chronic perfluorooctanesulphonic acid (PFOS) exposure produces estrogenic effects in zebrafish. Environmental Pollution, 218: 702-708.

Cheng X, Klaassen CD. 2008. Perfluorocarboxylic acids induce cytochrome P450 enzymes in mouse liver through activation of PPAR-α and CAR transcription factors. Toxicological Sciences, 106(1): 29-36.

Costa G, Sartori S, Consonni D. 2009. Thirty years of medical surveillance in perfluooctanoic acid production workers. Journal of Occupational and Environmental Medicine, 51(3): 364-372.

Cwinn MA, Jones SP, Kennedy SW. 2008. Exposure to perfluorooctane sulfonate or fenofibrate causes PPAR-α dependent transcriptional responses in chicken embryo hepatocytes. Comparative Biochemistry and Physiology Part C: Toxicology and Pharmacology, 148(2): 165-171.

De Groef B, Van der Geyten S, Darras VM, Kühn ER. 2006. Role of corticotropin-releasing hormone as a thyrotropin-releasing factor in non-mammalian vertebrates. General and Comparative Endocrinology, 146(1): 62-68.

Du G, Huang H, Hu J, Qin Y, Wu D, Song L, Xia Y, Wang X. 2013a. Endocrine-related effects of perfluorooctanoic acid (PFOA) in zebrafish, H295R steroidogenesis and receptor reporter gene assays. Chemosphere, 91(8): 1099-1106.

Du GZ, Hu JL, Huang HY, Qin YF, Han XM, Wu D, Song L, Xia YK, Wang XR. 2013b. Perfluorooctane sulfonate (PFOS) affects hormone receptor activity, steroidogenesis, and expression of endocrine-related genes in vitro and in vivo. Environmental Toxicology and Chemistry, 32(2): 353-360.

Du Y, Shi X, Liu C, Yu K, Zhou B. 2009. Chronic effects of water-borne PFOS exposure on growth, survival and hepatotoxicity in zebrafish: A partial life-cycle test. Chemosphere, 74(5): 723-729.

EA-UK. 2004. Environment risk evaluation report: Perfluorooctane Sulfonates (PFOS).

Elcombe CR, Elcombe BM, Foster JR, Chang S-C, Ehresman DJ, Butenhoff JL. 2012. Hepatocellular hypertrophy and cell proliferation in Sprague-Dawley rats from dietary exposure to potassium perfluorooctanesulfonate results from increased expression of xenosensor nuclear receptors PPARα and CAR/PXR. Toxicology, 293(1): 16-29.

Fang C, Wu X, Huang Q, Liao Y, Liu L, Qiu L, Shen H, Dong S. 2012. PFOS elicits transcriptional responses of the ER, AHR and PPAR pathways in *Oryzias melastigma* in a stage-specific manner. Aquatic Toxicology, 106: 9-19.

Fei C, McLaughlin JK, Lipworth L, Olsen J. 2009. Maternal levels of perfluorinated chemicals and subfecundity. Human Reproduction, 24(5): 1200-1205.

Fei C, Weinberg CR, Olsen J. 2012. Commentary: perfluorinated chemicals and time to pregnancy: A link based on reverse causation? Epidemiology, 23(2): 264-266.

Feng X, Cao X, Zhao S, Wang X, Hua X, Chen L, Chen L. 2017. Exposure of pregnant mice to perfluorobutanesulfonate causes hypothyroxinemia and developmental abnormalities in female offspring. Toxicological Sciences, 155(2): 409-419.

Feng X, Wang X, Cao X, Xia Y, Zhou R, Chen L. 2015. Chronic exposure of female mice to an environmental level of perfluorooctane sulfonate suppresses estrogen synthesis through reduced histone H3K14 acetylation of the StAR promoter leading to deficits in follicular development and ovulation. Toxicological Sciences, 148(2): 368-379.

Giesy JP, Kannan K. 2001. Global distribution of perfluorooctane sulfonate in wildlife. Environmental Science and Technology, 35(7): 1339-1342.

Gorrochategui E, Pérez-Albaladejo E, Casas J, Lacorte S, Porte C. 2014. Perfluorinated chemicals: Differential toxicity, inhibition of aromatase activity and alteration of cellular lipids in human placental cells. Toxicology and Applied Pharmacology, 277(2): 124-130.

Guruge KS, Yeung LW, Yamanaka N, Miyazaki S, Lam PK, Giesy JP, Jones PD, Yamashita N. 2006. Gene expression profiles in rat liver treated with perfluorooctanoic acid (PFOA). Toxicological Sciences, 89(1): 93-107.

Han J, Fang Z. 2010. Estrogenic effects, reproductive impairment and developmental toxicity in ovoviparous swordtail fish (*Xiphophorus helleri*) exposed to perfluorooctane sulfonate (PFOS). Aquatic Toxicology, 99(2): 281-290.

Harada KH, Ishii TM, Takatsuka K, Koizumi A, Ohmori H. 2006. Effects of perfluorooctane sulfonate on action potentials and currents in cultured rat cerebellar Purkinje cells. Biochemical and Biophysical Research Communications, 351(1): 240-245.

Inoue K, Okada F, Ito R, Kato S, Sasaki S, Nakajima S, Uno A, Saijo Y, Sata F, Yoshimura Y. 2004. Perfluorooctane sulfonate (PFOS) and related perfluorinated compounds in human maternal and cord blood samples: assessment of PFOS exposure in a susceptible population during pregnancy. Environmental Health Perspectives, 112(11): 1204-1207.

Ishibashi H, Iwata H, Kim EY, Tao L, Kannan K, Amano M, Miyazaki N, Tanabe S, Batoev VB, Petrov EA. 2008. Contamination and effects of perfluorochemicals in baikal seal (*Pusa sibirica*). 1. Residue level, tissue distribution, and temporal trend. Environmental science and Technology, 42(7): 2295-2301.

Ji K, Kim Y, Oh S, Ahn B, Jo H, Choi K. 2008. Toxicity of perfluorooctane sulfonic acid and perfluorooctanoic acid on freshwater macroinvertebrates (*Daphnia magna* and *Moina macrocopa*) and fish (*Oryzias latipes*). Environmental Toxicology and Chemistry, 27(10): 2159-2168.

Joensen UN, Veyrand B, Antignac J-P, Blomberg Jensen M, Petersen JH, Marchand P, Skakkebæk NE, Andersson A-M, Le Bizec B, Jørgensen N. 2012. PFOS (perfluorooctanesulfonate) in serum is negatively associated with testosterone levels, but not with semen quality, in healthy men. Human Reproduction, 28(3): 599-608.

Jusko TA, Oktapodas M, Palkovičová Murinová Lu, Babinská K, Babjaková J, Verner M-A, DeWitt JC, Thevenet-Morrison K, Conka K, Drobná B. 2016. Demographic, reproductive, and dietary determinants of perfluorooctane sulfonic (PFOS) and perfluorooctanoic acid (PFOA) concentrations in human colostrum. Environmental Science and Technology, 50(13): 7152-7162.

Kannan K, Corsolini S, Falandysz J, Fillmann G, Kumar KS, Loganathan BG, Mohd MA, Olivero J, Wouwe NV, Yang JH. 2004. Perfluorooctanesulfonate and related fluorochemicals in human blood from several countries. Environmental Science and Technology, 38(17): 4489-4495.

Kjeldsen LS, Bonefeld-Jørgensen EC. 2013. Perfluorinated compounds affect the function of sex hormone receptors. Environmental Science and Pollution Research, 20(11): 8031-8044.

Knox SS, Jackson T, Frisbee SJ, Javins B, Ducatman AM. 2011. Perfluorocarbon exposure, gender and thyroid function in the C8 Health Project. Journal of Toxicological Sciences, 36(4): 403-410.

Kraugerud M, Zimmer KE, Ropstad E, Verhaegen S. 2011. Perfluorinated compounds differentially affect steroidogenesis and viability in the human adrenocortical carcinoma (H295R) *in vitro*, cell assay. Toxicology Letters, 205(1): 62-68.

Kristensen SL, Ramlau-Hansen C, Ernst E, Olsen SF, Bonde J, Vested A, Halldorsson T, Becher G, Haug L, Toft G. 2013. Long-term effects of prenatal exposure to perfluoroalkyl substances on female reproduction. Human Reproduction, 28(12): 3337-3348.

Latruffe N, Malki MC, Nicolas-Frances V, Clemencet M-C, Jannin B, Berlot J-P. 2000. Regulation of the peroxisomal β-oxidation-dependent pathway by peroxisome proliferator-activated receptor α and kinases. Biochemical Pharmacology, 60(8): 1027-1032.

Lau C, Anitole K, Hodes C, Lai D, Pfahles-Hutchens A, Seed J. 2007. Perfluoroalkyl acids: A review of monitoring and toxicological findings. Toxicological Sciences, 99(2): 366-394.

Lau C, Thibodeaux JR, Hanson RG, Rogers JM, Grey BE, Barbee BD, Richards JH, Butenhoff JL,

Stevenson LA. 2003a. Exposure to perfluorooctane sulfonate during pregnancy in rat and mouse. I: Maternal and prenatal evaluations. Toxicological Sciences, 74(2): 369-381.

Lau C, Thibodeaux JR, Hanson RG, Rogers JM, Grey BE, Stanton ME, Butenhoff JL, Stevenson LA. 2003b. Exposure to perfluorooctane sulfonate during pregnancy in rat and mouse. II: Postnatal evaluation. Toxicological Sciences, 74(2): 382-392.

Li L, Zhai Z, Liu J, Hu J. 2015. Estimating industrial and domestic environmental releases of perfluorooctanoic acid and its salts in China from 2004 to 2012. Chemosphere, 129: 100-109.

Lieder PH, York RG, Hakes DC, Chang S-C, Butenhoff JL. 2009. A two-generation oral gavage reproduction study with potassium perfluorobutanesulfonate (K$^+$PFBS) in Sprague Dawley rats. Toxicology, 259(1): 33-45.

Lin CY, Chen PC, Lin YC, Lin LY. 2009. Association among serum perfluoroalkyl chemicals, glucose homeostasis, and metabolic syndrome in adolescents and adults. Diabetes Care, 32(4): 702-707.

Lin CY, Wen LL, Lin LY, Wen TW, Lien GW, Hsu SH, Chien KL, Liao CC, Sung FC, Chen PC. 2013. The associations between serum perfluorinated chemicals and thyroid function in adolescents and young adults. Journal of Hazardous Materials, 244: 637-644.

Liu C, Deng J, Yu L, Ramesh M, Zhou B. 2010. Endocrine disruption and reproductive impairment in zebrafish by exposure to 8: 2 fluorotelomer alcohol. Aquatic Toxicology, 96(1): 70-76.

Liu C, Du Y, Zhou B. 2007. Evaluation of estrogenic activities and mechanism of action of perfluorinated chemicals determined by vitellogenin induction in primary cultured tilapia hepatocytes. Aquatic Toxicology, 85(4): 267-277.

Liu Y, Cao Z, Zong W, Liu R. 2017. Interaction rule and mechanism of perfluoroalkyl sulfonates containing different carbon chains with human serum albumin. RSC Advances, 7(40): 24781-24788.

Liu Y, Wang J, Fang X, Zhang H, Dai J. 2011. The thyroid-disrupting effects of long-term perfluorononanoate exposure on zebrafish (*Danio rerio*). Ecotoxicology, 20(1): 47-55.

Lou QQ, Zhang YF, Zhou Z, Shi YL, Ge YN, Ren DK, Xu HM, Zhao YX, Wei WJ, Qin ZF. 2013. Effects of perfluorooctanesulfonate and perfluorobutanesulfonate on the growth and sexual development of *Xenopus laevis*. Ecotoxicology, 2(7): 1133-1144.

Louis GMB, Peterson CM, Chen Z, Hediger ML, Croughan MS, Sundaram R, Stanford JB, Fujimoto VY, Varner MW, Giudice LC. 2012. Perfluorochemicals and endometriosis the ENDO study. Epidemiology, 23(6): 799-805.

Luebker DJ, Case MT, York RG, Moore JA, Hansen KJ, Butenhoff JL. 2005. Two-generation reproduction and cross-foster studies of perfluorooctanesulfonate (PFOS) in rats. Toxicology, 215(1-2): 126-148.

Mahmoud MAM, Kärrman A, Oono S, Harada KH, Koizumi A. 2009. Polyfluorinated telomers in precipitation and surface water in an urban area of Japan. Chemosphere, 74(3): 467-472.

Mak YL, Taniyasu S, Yeung LW, Lu G, Jin L, Yang Y, Lam PK, Kannan K, Yamashita N. 2009. Perfluorinated compounds in tap water from China and several other countries. Environmental Science and Technology, 43(13): 4824-4829.

Martin MT, Brennan RJ, Hu W, Ayanoglu E, Lau C, Ren H, Wood CR, Corton JC, Kavlock RJ, Dix DJ. 2007. Toxicogenomic study of triazole fungicides and perfluoroalkyl acids in rat livers predicts toxicity and categorizes chemicals based on mechanisms of toxicity. Toxicological Sciences, 97(2): 595-613.

Melzer D, Rice N, Depledge MH, Henley WE, Galloway TS. 2010. Association between serum perfluorooctanoic acid (PFOA) and thyroid disease in the U.S. National Health and Nutrition Examination Survey. Environmental Health Perspectives, 118(5): 686-692.

Nelson JW, Hatch EE, Webster TF. 2010. Exposure to polyfluoroalkyl chemicals and cholesterol, body weight, and insulin resistance in the General U.S. Population. Environmental Health Perspectives, 118(2): 197-202.

Oakes KD, Sibley PK, Solomon KR, Mabury SA, Van Der Kraak GJ. 2004. Impact of perfluorooctanoic acid on fathead minnow (*Pimephales promelas*) fatty acylcoa oxidase activity, circulating steroids, and reproduction in outdoor microcosms. Environmental Toxicology and Chemistry, 23(8): 1912-1919.

OECD. 2006. Series on Testing and Assessment No.57: Detailed Review Paper on Thyroid Hormone Disruption Assays. http://www.oecd.org/officialdocuments/publicdisplaydocument pdf/?cote=env/jm/mono (2006)24&doclanguage=en.

Olsen GW, Gilliland FD, Burlew MM, Burris JM, Mandel JS, Mandel JH. 1998. An epidemiologic investigation of reproductive hormones in men with occupational exposure to perfluorooctanoic acid. Journal of Occupational and Environmental Medicine, 40(7): 614-622.

Olsen GW, Huang HY, Helzlsouer KJ, Hansen KJ, Butenhoff JL, Mandel JH. 2005. Historical comparison of perfluorooctanesulfonate, perfluorooctanoate, and other fluorochemicals in human blood. Environmental Health Perspectives, 113(5): 539-545.

Orozco A, Valverde R C. 2005. Thyroid hormone deiodination in fish. Thyroid, 15(8): 799-813.

Paul AG, Jones KC, Sweetman AJ. 2009. A first global production, emission, and environmental inventory for perfluorooctane sulfonate. Environmental Science and Technology, 43(2): 386-392.

Raymer JH, Michael LC, Studabaker WB, Olsen GW, Sloan CS, Wilcosky T, Walmer DK. 2012. Concentrations of perfluorooctane sulfonate (PFOS) and perfluorooctanoate (PFOA) and their associations with human semen quality measurements. Reproductive Toxicology, 33(4): 419-427.

Ren H, Vallanat B, Nelson DM, Yeung LW, Guruge KS, Lam PK, Lehmanmckeeman LD, Corton JC. 2009. Evidence for the involvement of xenobiotic-responsive nuclear receptors in transcriptional effects upon perfluoroalkyl acid exposure in diverse species. Reproductive Toxicology, 27(3-4): 266-277.

Ren XM, Zhang YF, Guo LH, Qin ZF, Lv QY, Zhang LY. 2015. Structure-activity relations in binding of perfluoroalkyl compounds to human thyroid hormone T3 receptor. Archives of Toxicology, 89(2): 233-242.

Rosen MB, Abbott BD, Wolf DC, Corton JC, Wood CR, Schmid JE, Das KP, Zehr RD, Blair ET, Lau C. 2008. Gene profiling in the livers of wild-type and PPARalpha-null mice exposed to perfluorooctanoic acid. Toxicologic Pathology, 36(4): 592-607.

Rosen MB, Thibodeaux JR, Wood CR, Zehr RD, Schmid JE, Lau C. 2007. Gene expression profiling in the lung and liver of PFOA-exposed mouse fetuses. Toxicology, 239(1-2): 15-33.

Seacat AM, Thomford PJ, Hansen KJ, Olsen GW, Case MT, Butenhoff JL. 2002. Subchronic toxicity studies on perfluorooctanesulfonate potassium salt in cynomolgus monkeys. Toxicological Sciences, 68(1): 249-264.

Shafique U, Schulze S, Slawik C, Kunz S, Paschke A, Schüürmann G. 2017. Gas chromatographic determination of perfluorocarboxylic acids in aqueous samples—A tutorial review. Analytica Chimica Acta, 949 (1): 8-22.

Sheng N, Zhou X, Zheng F, Pan Y, Guo X, Guo Y, Sun Y, Dai J. 2017. Comparative hepatotoxicity of 6 : 2 fluorotelomer carboxylic acid and 6 : 2 fluorotelomer sulfonic acid, two fluorinated alternatives to long-chain perfluoroalkyl acids, on adult male mice. Archives of Toxicology, 99: 2909-2919.

Shi X, Du Y, Lam PK, Wu RS, Zhou B. 2008. Developmental toxicity and alteration of gene expression in zebrafish embryos exposed to PFOS. Toxicology and Applied Pharmacology, 230(1): 23-32.

Shi XJ, Liu CS, Wu GQ, Zhou BS. 2009c. Waterborne exposure to PFOS causes disruption of the hypothalamus-pituitary-thyroid axis in zebrafish larvae. Chemosphere, 77: 1010-1018.

Shi Z, Ding L, Zhang H, Feng Y, Xu M, Dai J. 2009a. Chronic exposure to perfluorododecanoic acid disrupts testicular steroidogenesis and the expression of related genes in male rats. Toxicology Letters, 188(3): 192-200.

Shi Z, Zhang H, Ding L, Feng Y, Xu M, Dai J. 2009b. The effect of perfluorododecanonic acid on endocrine status, sex hormones and expression of steroidogenic genes in pubertal female rats. Reproductive Toxicology, 27(3-4): 352-359.

Shi Z, Zhang H, Liu Y, Xu M, Dai J. 2007. Alterations in gene expression and testosterone synthesis in the testes of male rats exposed to perfluorododecanoic acid. Toxicological Sciences, 98(1): 206-215.

Shrestha S, Bloom MS, Yucel R, Seegal RF, Wu Q, Kannan K, Rej R, Fitzgerald EF. 2015. Perfluoroalkyl substances and thyroid function in older adults. Environment International, 75: 206-214.

Sohlenius AK, Lundgren B, Depierre JW. 1992. Perfluorooctanoic acid has persistent effects on peroxisome proliferation and related parameters in mouse liver. Journal of Biochemical & Molecular Toxicology, 7(4): 205-212.

Starling AP, Engel SM, Whitworth KW, Richardson DB, Stuebe AM, Daniels JL, Haug LS, Eggesbø M, Becher G, Sabaredzovic A. 2014. Perfluoroalkyl substances and lipid concentrations in plasma during pregnancy among women in the Norwegian Mother and Child Cohort Study. Environment International, 62: 104-112.

Steenland K, Tinker S, Shankar A, Ducatman A. 2010. Association of perfluorooctanoic acid (PFOA) and perfluorooctane sulfonate (PFOS) with uric acid among adults with elevated community exposure to PFOA. Environmental Health Perspectives, 118(2): 229-233.

Strynar MJ, Lindstrom AB. 2008. Perfluorinated compounds in house dust from Ohio and North Carolina, USA. Environmental Science and Technology, 42(10): 3751-3756.

Taniyasu S, Kannan K, Horii Y, Hanari N, Yamashita N. 2003. A survey of perfluorooctane sulfonate and related perfluorinated organic compounds in water, fish, birds, and humans from Japan. Environmental Science and Technology, 37(12): 2634-2639.

Tao L, Ma J, Kunisue T, Libelo EL, Tanabe S, Kannan K. 2008. Perfluorinated compounds in human breast milk from several Asian countries, and in infant formula and dairy milk from the United States. Environmental Science and Technology, 42(22): 8597-8602.

Toft G, Jönsson BA, Lindh CH, Giwercman A, Spano M, Heederik D, Lenters V, Vermeulen R, Rylander L, Pedersen HS. 2012. Exposure to perfluorinated compounds and human semen quality in Arctic and European populations. Human Reproduction, 27(8): 2532-2540.

Vanden Heuvel JP, Thompson JT, Frame SR, Gillies PJ. 2006. Differential activation of nuclear receptors by perfluorinated fatty acid analogs and natural fatty acids: A comparison of human, mouse, and rat peroxisome proliferator-activated receptor-α, -β, and-γ, liver X receptor-β, and retinoid X receptor-α. Toxicological Sciences, 92(2): 476-489.

Vélez MP, Arbuckle TE, Fraser WD. 2015. Maternal exposure to perfluorinated chemicals and reduced fecundity: The MIREC study. Human Reproduction, 30(3): 701-709.

Vested A, Ramlauhansen CH, Olsen SF, Bonde JP, Kristensen SL, Halldorsson TI, Becher G, Haug LS, Ernst EH, Toft G. 2013. Associations of in utero exposure to perfluorinated alkyl acids with human semen quality and reproductive hormones in adult men. Environmental Health Perspective, 121(4): 1-5.

Vongphachan V, Cassone CG, Wu D, Chiu S, Crump D, Kennedy SW. 2011. Effects of perfluoroalkyl compounds on mRNA expression levels of thyroid hormone-responsive genes in primary cultures of avian neuronal cells. Toxicological Sciences, 120(2): 392-402.

Wan HT, Zhao YG, Wong MH, Lee KF, Yeung WS, Giesy JP, Wong CK. 2011. Testicular signaling is the potential target of perfluorooctanesulfonate-mediated subfertility in male mice. Biology of Reproduction, 84(5): 1016-1023.

Wang C, Ruan T, Liu J, He B, Zhou Q, Jiang G. 2015. Perfluorooctyl iodide stimulates steroidogenesis in H295R cells via a cyclic adenosine monophosphate signaling pathway. Chemical Research in Toxicology, 28(5): 848-854.

Wang J, Wang X, Sheng N, Zhou X, Cui R, Zhang H, Dai J. 2017. RNA-sequencing analysis reveals the hepatotoxic mechanism of perfluoroalkyl alternatives, $HFPO_2$ and $HFPO_4$, following exposure in mice. Journal of Applied Toxicology, 37(4): 436-444.

Wang M, Chen J, Lin K, Chen Y, Wei H, Tanguay RL, Huang C, Dong Q. 2011. Chronic zebrafish PFOS exposure alters sex ratio and maternal related effects in F1 offspring. Environmental Toxicology and Chemistry, 30(9): 2073-2080.

Wang Q, Liang K, Liu J, Yang L, Guo Y, Liu C, Zhou B. 2013. Exposure of zebrafish embryos/larvae to TDCPP alters concentrations of thyroid hormones and transcriptions of genes involved in the hypothalamic–pituitary–thyroid axis. Aquatic Toxicology, 126(1): 207-213.

Wang Y, Yeung LW, Taniyasu S, Yamashita N, Lam JC, Lam PK. 2008. Perfluorooctane sulfonate and other fluorochemicals in waterbird eggs from south China. Environmental Science and Technology, 42(21): 8146-8151.

Watkins AM, Wood CR, Lin MT, Abbott BD. 2015. The effects of perfluorinated chemicals on adipocyte differentiation *in vitro*. Molecular and Cellular Endocrinology, 400: 90-101.

Webster GM, Venners SA, Mattman A, Martin JW. 2014. Associations between Perfluoroalkyl acids (PFASs) and maternal thyroid hormones in early pregnancy: A population-based cohort study. Environmental Research, 133(2): 338-347.

Wei Y, Dai J, Liu M, Wang J, Xu M, Zha J, Wang Z. 2007. Estrogen-like properties of perfluorooctanoic acid as revealed by expressing hepatic estrogen-responsive genes in rare minnows (*Gobiocypris rarus*). Environmental Toxicology and Chemistry, 26(11): 2440-2447.

Weiss JM, Andersson PL, Lamoree MH, Leonards PE, van Leeuwen SP, Hamers T. 2009. Competitive binding of poly- and perfluorinated compounds to the thyroid hormone transport protein transthyretin. Toxicological Sciences, 109(2): 206-216.

Wen LL, Lin LY, Su TC, Chen PC, Lin CY. 2013. Association between serum perfluorinated chemicals and thyroid function in U.S. adults: The National Health and Nutrition Examination Survey 2007-2010. Journal of Clinical Endocrinology and Metabolism, 98(9): 1456-1464.

Yeung LW, So MK, Jiang G, Taniyasu S, Yamashita N, Song M, Wu Y, Li J, Giesy JP, Guruge KS. 2006. Perfluorooctanesulfonate and related fluorochemicals in human blood samples from China. Environmental Science and Technology, 40(3): 715-720.

Yu WG, Liu W, Jin YH, Liu XH, Wang FQ, Liu L, Nakayama SF. 2009b. Prenatal and postnatal impact of perfluorooctane sulfonate (PFOS) on rat development: A cross-foster study on chemical burden and thyroid hormone system. Environmental Science and Technology, 43(21): 8416-8422.

Yu WG, Liu W, Jin YH. 2009a. Effects of perfluorooctane sulfonate on rat thyroid hormone biosynthesis and metabolism. Environmental Toxicology and Chemistry, 28(5): 990-996.

Zhang H, Shi Z, Liu Y, Wei Y, Dai J. 2008. Lipid homeostasis and oxidative stress in the liver of male rats exposed to perfluorododecanoic acid. Toxicology and Applied Pharmacology, 227(1): 16-25.

Zhang L, Ren XM, Wan B, Guo LH. 2014. Structure-dependent binding and activation of perfluorinated compounds on human peroxisome proliferator-activated receptor γ. Toxicology and Applied Pharmacology, 279(3): 275-283.

Zhang W, Liu Y, Zhang H, Dai J. 2012. Proteomic analysis of male zebrafish livers chronically exposed to perfluorononanoic acid. Environment International, 42(1): 20-30.

Zhang W, Sheng N, Wang M, Zhang H, Dai J. 2016. Zebrafish reproductive toxicity induced by chronic perfluorononanoate exposure. Aquatic Toxicology, 175: 269-276.

第5章　多溴二苯醚的内分泌干扰效应

本章导读

- 简单介绍多溴二苯醚的理化性质和用途以及在环境介质中的分布;
- 简单介绍多溴二苯醚对生物体肝脏、神经系统和免疫系统的毒性效应;
- 从受体途径和非受体途径分析了多溴二苯醚引起甲状腺内分泌干扰的作用机制,并总结了多溴二苯醚对鱼类、两栖类、鸟类、哺乳动物及人类甲状腺系统的影响;
- 从受体途径和非受体途径分析了多溴二苯醚引起生殖内分泌干扰的作用机制,并总结多溴二苯醚对鱼类、两栖类、鸟类、哺乳动物及人类生殖内分泌系统的影响;
- 从低剂量长期暴露、与其他污染物的联合毒性以及生物体内内分泌系统之间的交互作用等方面对多溴二苯醚的内分泌干扰效应研究进行展望。

火灾是威胁公共安全和社会经济发展的主要灾害之一。根据世界火灾统计中心的统计,大多数国家的火灾直接损失占国民生产总值的2‰以上,进一步相关研究显示,由火灾造成的全部损失值约占国民经济生产总值的1%以上。在中国,火灾事故每年造成2000余人伤亡,直接经济损失高达几十亿元。为了满足人类安全生产和生活的需要以及日益严格的防火安全标准,发达国家通过制造商的自觉行为和国家专门立法,不断提升各种材料的阻燃性能,从而带动了阻燃剂的应用开发不断发展。如今市场上的阻燃剂产品数量已达到数万种,根据不同的标准,可以划分出很多种类(表5-1,李青等,2009)。

溴代阻燃剂(briminated flame retardants,BFRs)是最重要的阻燃剂之一,其具有以下优点:①溴含量高(60%～80%),阻燃效率好,价格适中,性价比高,其他阻燃剂难以匹敌;②C—Br键的键能适中,大多数BFRs在200～300℃分解,与很多塑料的热分解温度匹配,且品种多(75～80种),适用面广;③热稳定性高,可承受很多塑料(包括工程塑料)的加工温度,且对被阻燃基础材料性能的影响较小;④水溶性极低,水解稳定性极佳;⑤制造工艺成熟,产品得率高,"三废"相对较少,且溴来源充足(欧育湘等,2009)。

表 5-1　目前市场上阻燃剂的分类

分类标准	类别	典型举例
组分	无机阻燃剂	主要包括三氧化二锑、氢氧化镁、氢氧化铝、硅系
	有机阻燃剂	主要包括溴系、磷氮系、氮系和红磷及磷化合物
	有机/无机混合阻燃剂	层状氢氧化物
阻燃元素	卤系阻燃剂	主要指溴代阻燃剂，如多溴二苯醚、六溴环十二烷等 氯系阻燃剂，如氯化石蜡、得克隆等
	磷系阻燃剂	包括有机磷系阻燃剂如磷酸三苯酚、磷酸二甲苯酯、丁苯系磷酸酯等， 以及无机磷阻燃剂如红磷阻燃剂、磷酸铵盐、聚磷酸铵等
	磷-卤系阻燃剂	主要为卤代磷酸酯，如磷酸三（1,3-二氯异丙基）酯等
	磷-氮系阻燃剂	如三聚氰胺磷酸盐、三聚氰胺多聚磷酸盐等
加入方式	反应型阻燃剂	卤代酸酐类（四卤邻苯二甲酸酐、氯桥酸酐等）和卤代酚类（三溴苯酚、五溴苯酚等）
	添加型阻燃剂	磷系、氮系、硅系、卤系等有机阻燃剂和无机填料等无机阻燃剂

　　BFRs 的应用历史可追溯至 20 世纪 40～50 年代，当时开发和应用的是用于制造阻燃热固性塑料的反应型 BFRs。用于热塑性塑料的添加型（填料型）BFRs 是 20 世纪 60 年代开始研制的，但是添加型 BFRs 的发展明显快于反应型 BFRs，在 BFRs 中添加型的用量已占总量 80%～85%，而反应型的仅占 15%～20%。经过几十年的发展，BFRs 现已形成了七大系列（四溴双酚 A 系，四溴苯酐系，三溴苯酚系，多溴二苯醚系，其他溴代芳香族化合物系，溴代脂肪族及脂环族化合物系，含溴低聚物、高聚物及共聚物系）近 80 个品种的产品格局，其中产量最大的是四溴双酚 A（tetrabromobisphenol A，TBBPA）及多溴二苯醚（polybrominated diphenyl ethers，PBDEs），两者合计产量占 BFRs 总产量 50%左右，其次是六溴环十二烷（hexabromocyclododecane，HBCD）（欧育湘等，2009）。

　　溴代阻燃剂的大量生产和使用为人类的安全利益提供了极大保障，与此同时它们造成的环境污染问题也逐渐引起了人们的关注。瑞士和德国的科学家证实，PBDEs 及以其阻燃的材料在 500～600 ℃下热裂解时，生成有毒致癌的多溴代二苯并-对-二噁英（polybrominated dibenzo-p-dioxins，PBDDs）及多溴代二苯并呋喃（polybrominated dibenzodibenzofurans，PBDFs）两种有毒物。这一发现使得人们开始担心 BFRs 自身的毒性问题。此后，全球各地的科研人员对一些产量较大的传统 BFRs（如 PBDEs、TBBPA 和 HBCD）对生态环境及人类健康的危害进行了全面、细致、可靠的评估，这项工作使 BFRs 成为历史上危害性评估最彻底的化学品之一。

　　关于 BFRs，由于存在生物毒性，其使用也存在很大争议。鉴于 BFRs 在阻燃领域内的地位和其对防火的重要作用，短期内找不到与其全面等效的替代品。在工程塑料的应用，特别是对耐高温工程塑料，一些低聚型、聚合型及共聚型的 BFRs 仍然独占鳌头，鲜有可替代者。2002～2007 年这 5 年间全球 BFRs 的绝对产量及用量仍保持 2%～3%的年均增长率。目前，根据欧盟对 BFRs 的危害性评估，除了已确认的对环境及人类健康具有危害性的 BFRs（如五溴、八溴和十溴二苯醚以及六溴环十二烷）已被限（禁）用外，大多数 BFRs 仍然可以并且正在被大量使用。

5.1　多溴二苯醚概述

多溴二苯醚（PBDEs）是一系列含溴原子的芳香族化合物，根据苯环上溴原子的个数和位置的不同，多溴二苯醚共有 209 种同系物。PBDEs 的化学结构式为 $C_{12}H_{(9\sim0)}Br_{(1\sim10)}O$，其基本结构如图 5-1 所示。

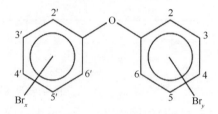

图 5-1　PBDEs 的化学结构式

（引自文献（Darnerud et al.，2001））

两个苯环之间由共轭键（C—O—C）相连，溴原子和苯环之间又形成 p-π 共轭键（C—Br）。分子键包括 C—C、C—O—C、C—Br 和 C—H，其中 C—O 键最短，键能最大，达到 748.9 kJ/mol，最难断键；C—Br 键能最小，为 284.5 kJ/mol，相对最易被破坏（韦朝海等，2015）。由于 C—Br 键较 C—C 和 C—O 键容易断裂，阻燃剂受热时 C—Br 键断裂释放出 Br·，它又与高分子材料反应生成 HBr；HBr 与具有较强活性的自由基（如 OH·、O·、H·）反应，使得 Br·再生，同时活性自由基的浓度减少，致使燃烧的连锁反应受到抑制，燃烧速度减缓甚至中止。同时 HBr 是密度较大和可燃性低的气体，它不仅能稀释空气中的氧，并且能覆盖在材料的表面隔离空气致使材料的燃烧速度降低或自熄，从而达到阻燃的效果（Rahman et al.，2001）。由于 C—Br 的键能适中，大多数 BFRs 在 200～300℃分解，与很多塑料的热分解温度匹配，适用面宽。此外，与其他含卤阻燃剂（如氯系阻燃剂）相比，H—Br 的键能为 365.7 kJ/mol，而 H—Cl 的键能为 435.1 kJ/mol，因此 HBr 捕获游离基的能力比 HCl 强，即含溴阻燃剂的效能比含氯阻燃剂的高，这也是 BFRs 比其他含卤阻燃剂应用更为广泛的原因之一（韦朝海等，2015）。

　　在 PBDEs 的 209 种同系物中，根据溴原子取代数目又可分为一溴到十溴 10 种同系物组。这些 PBDEs 的沸点介于 310~425℃之间，正辛醇/水分配系数（$\log K_{ow}$）大多数在 5~10 之间，在水中的溶解度很小，且随着溴原子数增加，$\log K_{ow}$ 值增加，溶解度降低。而作为阻燃剂添加使用于工业生产的商业化 PBDEs 主要是四溴二苯醚、五溴二苯醚、八溴二苯醚和十溴二苯醚。实际上，商业化的 PBDEs 都是混合物，其组成成分相当复杂，根据组分的不同，PBDEs 商业化混合物的用途也有所不同（表 5-2）。

表 5-2　商业化 PBDEs 的成分及使用情况

商业化混合物		五溴二苯醚	八溴二苯醚	十溴二苯醚
成分组成（%）		三溴（0~1） 四溴（24~38） 五溴（50~62） 六溴（4~8）	六溴（10~12） 七溴（43~44） 八溴（31~35） 九溴（9~11） 十溴（0~1）	九溴（0.3~3） 十溴（97~98）
用途		用于生产环氧树脂、酚类树脂、聚酯、聚氨酯泡沫以及纤维等，作为室内装潢和家具制作的原材料，其添加含量为 10%~30%	用于生产丙烯腈-丁二烯-苯乙烯树脂、聚碳酸酯和热固塑料等，作为电话、传真机、台灯等小家电外壳、电器接插件、汽车零部件和一些办公用具生产的原材料，添加量范围为 12%~18%	用于生产丙烯腈-丁二烯-苯乙烯树脂、环氧树脂、酚醛树脂、不饱和聚酯树脂、聚苯醚、聚乙烯、硅橡胶、聚碳酸酯和热固塑料等，作为生产橡胶、纺织、电子、塑料等产品的原材料，添加范围为 6%~30%
需求量（t）	1990 年	4000	6000	30000
	1999 年	8500	3825	54800
	2008 年	9800	18000	65000

　　PBDEs 的生产主要集中在法国、英国、以色列、日本及美国。1970 年以来，全球范围内对 PBDEs 的需求量迅猛增加。二噁英事件之后，PBDEs 的环境危害性逐渐引起重视。大量的研究表明，四溴、五溴、六溴和八溴二苯醚均具有 POPs 的典型特征，这直接导致五溴二苯醚和八溴二苯醚的工业品于 2009 年被正式列入《斯德哥尔摩公约》POPs 名单。十溴二苯醚工业品中的主要成分为 BDE-209，但由于 BDE-209 极易降解成多种有害的低溴同系物产生环境危害，十溴二苯醚工业品也于 2017 年被列入 POPs 名单。

　　就化学性质而言，商业化产品中的 PBDEs 同系物在环境中极其稳定，具有强的抗物理、化学和生物降解能力，这意味着环境中 PBDEs 含量的下降还需要相当长的一段时间。而且 PBDEs 都具有高亲脂性，可以在生物体内积累并通过食物链富集放大，因此很可能对生态系统和人类健康产生长期危害。

5.2 PBDEs 的环境行为

PBDEs 是添加型溴代阻燃剂，无化学键结合，特别容易从产品中释放出来，存在于多种环境介质之中。

5.2.1 非生物介质

大量研究表明，PBDEs 广泛存在于各种非生物介质中，包括空气、水体、沉积物及土壤等。世界各地大气环境调查研究表明，PBDEs 在气相当中浓度差异较大，而造成差异的因素有很多。首先，空气中的 PBDEs 污染与其生产、使用及焚烧处理等活动有关。含阻燃剂的产品广泛应用于室内装饰材料、家具和电器中，由于 PBDEs 的蒸气压较低，室温下即会不同程度地逸散到空气中，成为室内空气中 PBDEs 主要污染源。因此，室内空气中 PBDEs 的含量一般高于室外。例如美国大湖地区室内空气中 PBDEs 水平高达 800 pg/m^3，在中国中南部城市室内灰尘中检测到的 PBDEs 的含量为 186.6～9656 ng/g（Hites，2004；Huang et al.，2010）。研究结果表明，室外空气中 PBDEs 的水平大致在 5～300 pg/m^3 之间，且城市高于农村地区。而在生产和处理比较集中的场地，空气中 PBDEs 浓度会更高，如一些职业环境中 PBDEs 高达 67000 pg/m^3（Hites，2004）。更典型的问题是在电子垃圾处理区，大气中 PBDEs 约为 1618 ng/m^3，是其他地区报道值的 58～691 倍（Deng et al.，2007）。这种高浓度污染与当地大量露天焚烧电子垃圾有关。2005 年，我国十溴二苯醚的用量高达 30000 t，并且每年的用量以 8% 的比例增长。同时，每年大约有 35000 t 电子垃圾非法进入中国进行处理，比每年国内生产的阻燃剂总量（10000 t）还要高（Guan et al.，2007）。因此，电子垃圾引起的污染问题将会对中国的环境造成长期影响。

PBDEs 在空气中的含量还存在季节性的差异。例如夏天采集到的空气中 PBDEs 浓度普遍会比冬天高，一方面是高温增强了 PBDEs 的挥发性，另一方面温度变化影响了土壤吸附/解吸过程，导致原来吸附在土壤中的 PBDEs 解吸后又转移到空气中。此外，温度变化还会影响 PBDEs 在大气中长距离迁移。PBDEs 在大气中的存在形态也有差异。低溴同系物如 BDE-47、BDE-99、BDE-100、BDE-153 和 BDE-154，因其蒸气压较低，基本通过挥发途径进入大气中，并以气态形式发生长距离迁移，遇到冷空气后通过干湿沉降进入水体。高溴同系物如 BDE-209，主要吸附在气溶胶颗粒物上，随着颗粒物迁移或沉降进入水体或土壤等环境介质中（Wang et al.，2007）。

PBDEs 属于疏水物质，且溶解度随着溴原子的增加而降低。PBDEs 在自然水体中浓度相对较低，一般低于 100 ng/L。研究报道的对不同年间的世界各地的河流、湖泊及海洋的研究中，PBDEs 的浓度从 0.031 ng/L 至 392 ng/L 不等（Guan et al.，2007；Peng et al.，2009）。其中，BDE-47 及 BDE-99 是 PBDEs 在自然水体中的主要成分。研究还表明 PBDEs 的浓度随时间和城市化程度呈增加趋势。Oros 等（2005）通过对旧金山湾区河口水质调查，城市化程度高的南部海域水体中 PBDEs 的浓度高于城市化水平低的北部地区。我国珠江三角洲地区污水处理厂的出水中 PBDEs 的浓度仍有 0.9～4.4 ng/L（Peng et al.，2009）。基于 PBDEs 的高疏水性以及强附着性等特点，悬浮颗粒物和沉积物成为其在水环境中的主要归宿。例如，在比利时斯凯尔特河悬浮物中，研究者检测到高浓度的 BDE-209，其含量达到 4600 μg/kg dw（de Boer et al.，2003）。世界范围内的河流、湖泊和海洋沉积物中都能检测到 PBDEs，其中 BDE-209 是沉积物中最主要的单体。我国珠江三角洲区域的沉积物和污水处理厂底泥中检测到的 BDE-209 含量分别为 7340 ng/g dw（Guan et al.，2007）和 22894 ng/g dw（Peng et al.，2009）。

电子垃圾处理会造成严重的土壤污染。研究表明，广东贵屿电子垃圾处理地区的土壤中，PBDEs 的含量非常高。在电子垃圾焚烧区域中，PBDEs 含量高达 33000～97400 ng/g dw，是离该点约 10 km 对照点浓度的 930 倍；酸溶区和堆放区含量也达到 2720～4250 ng/g dw 和 593～2890 ng/g dw，明显高于稻田（34.7～70.9 ng/g dw）及库区（2.0～6.2 ng/g dw）土壤；其中 BDE-209 是最主要的单体，占 PBDEs 总量的 35%～82%（Wang et al.，2005；Zou et al.，2007）。土壤中的 PBDEs 可能渗入污染地下水，也可能随地表径流流入海洋，进入水体和沉积物中。

5.2.2　生物介质

PBDEs 具有高亲脂性并可在环境中长期存在，可在水生动物及陆生动物体内富集（Kierkegaard et al.，1999），并随着食物链的传递作用进入人体（Darnerud et al.，2001）。PBDEs 的低溴同系物比高溴同系物更容易被生物体吸收富集，而且高溴同系物可以光解为低溴同系物。因此，在多数生物体内检测到的 PBDEs 主要是低溴同系物。研究表明，5 种 PBDEs 同系物（BDE-47、BDE-99、BDE-100、BDE-153 和 BDE-154）在人体组织中的含量占优势，通常占到人类总 PBDEs 负荷水平的 90%（McDonald，2005）。多年研究调查表明，PBDEs 以约 5 年或 7 年的周期在海洋哺乳类动物体内富集增加，与研究人员估计的人类体内 PBDEs 含量增值的周期相仿（Hites，2004）。

综上所述，由于 PBDEs 存在于各种非生物介质中，包括大气、沉积物、土壤等以及多种生物体内，可能导致环境中野生生物的高暴露风险并引起毒性相关的效应，而其对人体，尤其是对生长发育期婴幼儿的健康效应尤其值得高度重视。

5.2.3   PBDEs 的代谢

PBDEs 在非生物和生物介质中可以通过化学降解、光降解、微生物降解和生物降解等途径代谢转化。PBDEs 的光解有两种方式：一种是通过依次脱去溴原子生成低溴同系物；另一种是分子内环化后脱去 HBr，产生剧毒的 PBDFs 和 PBDDs。其中第一种是主要光解方式（Ahn et al.，2006）。PBDEs 的微生物降解分为两方面：一是在好氧条件下，通过 2,3 双加氧酶催化 2,3 碳键，生成 2,3-二羟基二苯醚，之后再在邻位或者间位裂解开环（Pfeifer et al.，1993）；二是在厌氧条件下，高溴代同系物还原脱溴，转化为低溴同系物后再进一步降解（Zhu and Hites，2005）。PBDEs 在生物体内主要分布于肝脏、肾脏和脂肪等组织中，其中肝脏是 PBDEs 最主要的代谢场所，肝外代谢则可能发生在胃肠道上皮细胞或通过肠道菌群代谢。

研究显示 PBDEs 在生物体内的代谢除脱溴途径外，还存在羟基化（OH—）和甲氧基化（MeO—）的途径，但这一代谢过程相对比较缓慢。然而，很多研究显示 PBDEs 代谢物的生物活性较母体化合物更强，因此表现出更高的毒性效应（Alm et al.，2006）。我国学者采用大鼠肝脏微粒体酶系统（S9）和鼠肝癌细胞系（H4IIE）两种体系代谢活化 PBDEs 混合物和 BDE-209，并采用重组甲状腺激素受体基因的酵母检测 PBDEs 混合物和 BDE-209 母体及其代谢产物的类/抗甲状腺激素效应。此实验的结果表明，PBDEs 混合物和 BDE-209 母体均未表现出甲状腺激素效应，但是经 S9 和 H4IIE 细胞代谢活化后，其代谢产物表现出明显的类甲状腺激素活性和抗甲状腺激素活性，这可能是由于 BDE-209 在体内代谢生成的 OH-PBDEs 与 T3 竞争性结合甲状腺激素受体（thyroid hormone receptor，TR）所致（刘芸等，2008）。因此，在评价 PBDEs 的毒性效应和环境风险时，应充分考虑其代谢过程及代谢产物的作用。

5.3   PBDEs 的毒性效应

研究人员在近 20 年对 PBDEs 进行了大量的毒理学研究。PBDEs 的急性毒性较低，且不同同系物的毒性强度存在差异。商业产品中，五溴二苯醚的毒性较低，大鼠口服的半数致死剂量（median lethal dose，LD_{50}）范围为 0.5～5 g/kg（Darnerud，2003）。而八溴和十溴二苯醚的急性毒性则更低：大鼠经口灌胃给予 FR-300-BA（含 77.4%的 BDE-209、21.8%的九溴二苯醚和 0.8%的八溴二苯醚），在剂量为 2000 mg/kg bw 下未观察到明显的急性毒性效应（Norris et al.，1975）。以 8000 mg/kg BDE-209 经皮肤暴露兔子，同样也没有观察到明显的急性毒性效应（Hardy et al.，

2002）。在对大鼠进行的亚慢性毒性实验中，五溴二苯醚的无可观察效应浓度低于10 mg/(kg·d)，而十溴二苯醚的 NOAEL 通常是在 g/(kg·d)的级别范围（Darnerud et al.，2001）。更多的慢性毒性实验表明，PBDEs 的长期暴露会引起多种毒性，如神经发育毒性、内分泌干扰毒性、生殖毒性和潜在的致癌毒性，并且还能通过母乳、胎盘传递到下一代的体内，并损害下一代神经系统发育、引起甲状腺内分泌及免疫系统功能紊乱等。

5.3.1　肝脏毒性

动物实验表明，PBDEs 很容易在肝脏中蓄积，从而对肝脏组织形态及功能造成一定的损伤。在虹鳟中，经食物暴露于 BDE-209［7.5～10 mg/(kg·d bw)］120 d后，其肝脏指数增加（Kierkegaard et al.，1999）。同样，在啮齿类动物的实验中也发现类似的现象。将怀孕小鼠暴露于 10 mg/(kg·d)、500 mg/(kg·d)和 1500 mg/(kg·d)剂量的 BDE-209，会导致雄性子代小鼠的肝细胞肿大（Tseng et al.，2008）。越来越多的研究表明，BDE-209 暴露会增加啮齿类动物肝癌的发生率（Darnerud et al.，2001）。关于 PBDEs 肝脏毒性的作用机制尚不十分清楚，目前的研究主要认为有以下两种途径。

一种途径是诱导肝脏微粒体酶活性。肝脏是外源性化合物在生物体内转化的重要器官，富含参与物质代谢的重要酶系——细胞色素 P450 氧化酶（cytochrome P450，CYPs）。外源化合物在被 P450 酶代谢转化的过程中，亦会对某些 CYP450 酶产生诱导或抑制作用，从而影响肝脏的代谢和解毒功能，导致肝细胞损伤以及组织病理学改变。研究表明，PBDEs 同系物和商业混合物均具有与芳香烃受体（aryl hydrocarbon receptor，AhR）结合的能力，可诱导肝脏内细胞色素 P450 的表达。在一项针对雌性大鼠幼仔的研究中，以 10 mg/(kg·d)、30 mg/(kg·d)、100 mg/(kg·d)和 300 mg/(kg·d)的剂量分别投喂 DE-71 和 DE-79 商业混合物 4 天，可显著诱导肝脏内 7-乙氧基-3-异吩噁唑酮-脱乙基酶（7-ethoxyresorufin-O-deethylase，EROD）和吡喃葡萄糖氧化酶（pyranose oxidase，PROD）的活性（Zhou et al.，2001）。类似地，成年雌性小鼠经急性暴露（一次性灌胃给予 0.8 mg/kg、4 mg/kg、20 mg/kg、100 mg/kg、500 mg/kg DE-71）或亚慢性暴露[连续经口给予 18 mg/(kg·d)、36 mg/(kg·d)和 72 mg/(kg·d) DE-71 两周]，其肝脏中 PROD 活性被诱导了 3～5 倍，而 EROD 和总微粒体细胞色素 P450 只在亚慢性暴露条件下被显著诱导（Fowles et al.，1994）。研究者普遍认为，在 PBDEs 同系物中，低溴二苯醚比高溴二苯醚具有更强的诱导肝脏酶的能力，其诱导能力依次为：五溴二苯醚>八溴二苯醚>十溴二苯醚（Hooper and McDonald，2000）。

另一种途径是造成氧化损伤。经 PBDEs 暴露，可诱导产生过多的活性氧自由基，使细胞内氧化-抗氧化机制失衡，产生脂质过氧化并进而引起细胞损伤。在细胞中，线粒体是活性氧产生的主要来源，而肝脏含有丰富的线粒体，因此肝脏也是活性氧类（reactive oxygen species，ROS）攻击的主要器官。体外实验发现，用 BDE-209 暴露肝 HepG2 细胞可促进活性氧自由基产生，诱导细胞凋亡，抑制细胞增殖，且与暴露时间及浓度均呈正相关关系（Hu et al.，2007）。我国学者将鲫鱼的离体肝脏组织暴露于不同浓度的 BDE-47 和 BDE-209，结果显示，过氧化氢酶和谷胱甘肽过氧化物酶的活性随着 BDE-47 和 BDE-209 的暴露剂量增加而逐渐下降，甚至失活，从而使清除活性氧自由基的能力下降，导致 ROS 对细胞造成氧化损伤（吴伟等，2009）。但是需要指出的是，PBDEs 暴露引起的氧化损伤效应，一般发生在较高的暴露剂量下。

5.3.2 免疫毒性

已有研究表明，低溴同系物 BDE-47 暴露可能减弱机体的免疫反应。研究人员将来自正常人群的外周血单核细胞暴露于 100 nmol/L BDE-47，发现培养上清中粒细胞-巨噬细胞集落刺激因子、白细胞介素 6、肿瘤坏死因子 α、巨嗜细胞炎症蛋白等免疫相关因子的分泌水平显著下降（Ashwood et al.，2009）。活体研究也表明，PBDEs 暴露可引起相关实验动物的免疫反应。如在鱼类中，我国学者利用基因芯片技术研究发现，成年雄性斑马鱼（*Danio rerio*）暴露于 0.1 mg/L BDE-47 2 周后，其体内有 37 个免疫相关基因发生显著变化，其中 21 个基因上调，16 个基因下调，这些基因可能参与 p53、转化生长因子 β、自噬调节、细胞凋亡等信号通路的调控。因此推测，BDE-47 可能会促进细胞凋亡，从而减弱机体的免疫应答反应（刘文敏，2014）。在对鸟类的研究中，研究人员将美国红隼鸟蛋暴露于 BDE-47、BDE-99、BDE-100 和 BDE-153 的混合物（测得 ΣPBDEs ≈ 1500 ng/g l.w），孵化后雏鸟继续按 15.6 ng/(g·d)±0.3 ng/(g·d)的剂量经口暴露 29 d，发现雏鸟体内 T 细胞介导的免疫应答增强，且脾脏生发中心细胞数量减少而胸腺组织中巨噬细胞数量增加（Fernie et al.，2005a）。目前，PBDEs 对哺乳动物影响的研究相对较多。以低溴代的商业化混合物 DE-71 [18 mg/(kg·d)、36 mg/(kg·d)和 72 mg/(kg·d)] 连续经口暴露成年雌性小鼠 14 d 后，其胸腺/体重比下降，且注射绵羊红细胞后脾脏中形成的细胞溶血空斑数量较对照组减少，表明其免疫功能受到抑制（Fowles et al.，1994）。高溴代 PBDEs 的免疫毒性相对较弱，短期低剂量 BDE-209 暴露对大鼠免疫系统的影响并不显著，但将母代大鼠持续暴露于高剂量 BDE-209 [300 mg/(kg·d)] 至断乳，发现其子代大鼠胸腺重量及胸腺指数明显低于对照组，与免疫相关的 T 淋巴细胞亚群 CD3+百分比以及 CD4+/CD8+的比值明显低于对照组，表明母体长期暴露于 BDE-209 可影响子代免疫系统的发育和相关功能（周俊，2006）。

上述研究均表明，PBDEs 暴露会对生物体免疫系统产生抑制作用。

5.3.3 神经毒性

研究发现 PBDEs 会缓慢地在大脑内积累。以 ^{14}C 标记的 BDE-99 暴露出生后 3 d、10 d 及 19 d 的小鼠，24 h 后发现 BDE-99 在脑中的积累量约为暴露剂量的 3.7‰~5.1‰（Eriksson et al.，2002）。

PBDEs 的长期积累可能导致动物神经行为的异常，主要表现为运动行为异常和认知能力下降（Dufault et al.，2005）。对啮齿类动物开展的行为学研究表明，PBDEs 的同系物能引起动物相同的行为效应，也没有性别特异性。特别需要指出的是，在大鼠或者小鼠脑生长发育时期暴露 PBDEs，如 BDE-47、BDE-99、BDE-153、BDE-183、BDE-203、BDE-206 及 BDE-209 等，可能引起永久性损伤其自主运动行为和认知能力，甚至有可能随着年龄的增加表现得更为明显（Eriksson et al.，2001）。

对于 PBDEs 引起神经毒性的分子机制，科研人员也开展了大量的研究，目前认为主要有以下几种可能的途径：

（1）神经发育蛋白。多种 PBDEs 同系物（包括四溴二苯醚、五溴二苯醚、八溴二苯醚和十溴二苯醚）被证实都能够引起大脑皮层和纹状体中与突触可塑性和大脑发育相关的关键蛋白，如脑酸溶性蛋白 1（brain acid soluble protein 1，Basp1）、细胞骨架相关蛋白-23（cytoskeleton associated protein-23，CAP-23）、膜细胞骨架连接蛋白（Ezrin）、α 微管蛋白（α-tubulin）、微管相关蛋白-2（microtubule associated protein 2，MAP-2）、生长相关蛋白-43（growth associated protein 43，GAP-43）等水平的变化，而且不同同系物之间的效应差别不大（Alm et al.，2006；Dingemans et al.，2007）。因此，神经系统的早期发育阶段被认为是 PBDEs 暴露的敏感期。

（2）细胞凋亡。离体实验发现四溴、五溴和十溴二苯醚能够诱导原代培养的神经元或者神经细胞凋亡，而引起氧化损伤被认为是主要的途径（李晋和王爱国，2009）。一些研究发现，培养的哺乳动物大脑皮质细胞、小脑颗粒细胞、神经胶质细胞、星状细胞等，在 PBDEs（如 BDE-47、BDE-99、BDE-209 以及 DE-71 混合物）暴露时，可诱导产生大量的 ROS，破坏细胞内的抗氧化系统，引起氧化损伤和细胞凋亡（Kodavanti and Ward，2005）。PBDEs 导致细胞凋亡的其他可能途径还有 p53 信号通路、钙离子平衡紊乱、诱导 DNA 损伤、DNA-蛋白交联等（李晋和王爱国，2009）。

（3）神经递质。目前，一些研究也发现，PBDEs（主要是四溴和五溴二苯醚）暴露也影响神经递质，包括类胆碱功能的烟碱酸受体、乙酰胆碱、多巴胺、5-羟色胺、谷氨酸和 γ-氨基丁酸等（Dufault et al.，2005；Wang et al.，2015，2016）。影响的环节可能涉及神经元发育、突触前神经递质的动态平衡、细胞内信号通路、神经递质释放到突触后神经递质受体等一系列与神经传递相关的过程（Dingemans et al.，2007；Wang et al.，2015）。

（4）信号转导。有研究证实，PBDEs 可通过影响第二信使（如花生四烯酸和 Ca^{2+}等）干扰细胞内的信号转导过程。DE-71 在 10 μg/mL 的浓度下可显著促进大鼠小脑颗粒神经元细胞内第二信使花生四烯酸的释放，降低花生四烯酸在脑细胞中的含量，以及通过增加蛋白激酶 C 的迁移，抑制 Ca^{2+}被微粒体和线粒体的摄取，增加细胞胞浆中 Ca^{2+}浓度（Kodavanti and Ward，2005）。对人母瘤神经细胞株 SK-N-SH 细胞的研究也表明，DE-71 可以通过 *N*-甲基-D-天冬氨酸受体（*N*-methyl-D-aspartic acid receptor，NMDA）促进 Ca^{2+}的摄入，导致细胞内 Ca^{2+}浓度显著升高，并进一步导致细胞发生异常死亡（Yu et al.，2008）。

（5）通过甲状腺激素途径。由于 PBDEs 的分子结构与四碘甲状腺原氨酸（tetraiodothyronine，T4）和三碘甲状腺原氨酸（triiodothyronine，T3）非常相似，已被证实具有甲状腺内分泌干扰效应。由于甲状腺激素在神经系统早期分化，神经元的发育成熟，轴突延伸和突触形成，神经胶质的发育、轴突的髓鞘化，小脑神经元增殖、移行和分化等过程中均有重要作用，因此甲状腺内分泌干扰也可能成为 PBDEs 引起神经毒性效应的重要途径之一。

5.4 PBDEs 的甲状腺内分泌干扰效应

由于 PBDEs 特别是 OH-PBDEs 的结构与甲状腺激素 T4 和 T3 十分相似，能够与 T3、T4 竞争性结合甲状腺素运载蛋白（transthyretin，TTR）、甲状腺素运载结合球蛋白（thyroxine-binding globulin，TBG）等甲状腺激素转运蛋白和 TRα、TRβ 等甲状腺激素受体，从而干扰甲状腺激素的体内平衡和功能。研究发现，几乎所有商业化的 PBDEs 同系物（如五溴、八溴和十溴二苯醚）均具有甲状腺激素内分泌干扰效应。相对而言，高溴代的 BDE-209 的甲状腺激素干扰活性较低，但是其在生物体内能被代谢成为低溴代和羟基化的产物，表现出较强的甲状腺激素干扰效应。甲状腺激素在中枢神经系统分化、发育及各种功能的形成过程中均发挥着十分关键的作用，并与胎儿、婴幼儿的智力发育水平密切相关。因此，发育早期阶段的个体，如果暴露于 PBDEs，可直接影响其甲状腺激素分泌以及生理学，进而影响中枢神经系统的发育和功能，引起神经毒性效应。所以，就 PBDEs 的毒性效应而言，其甲状腺内分泌干扰效应及作用机制是关注的焦点问题，也是研究的重点。

5.4.1　PBDEs 甲状腺内分泌干扰效应的离体研究

为了提高化合物毒性测试的效率，减少实验动物的使用，寻求不依赖于动物实验的安全评价方法，研究人员以野生型或重组细胞株为模型，建立了一套基于甲状腺内分泌干扰物作用机制的离体测试体系，其中使用的细胞株模型主要包括人胚肾细胞（human embryonic kidney cells，HEK293T）、中国仓鼠卵巢细胞（Chinese hamster ovary cells，CHO）、小鼠垂体细胞（mouse pituitary cells，TαT1）、大鼠甲状腺细胞（rat thyroid cells，FRTL5）和大鼠垂体瘤细胞（rat pituitary tumor cells，GH3），筛选的指标涉及以下环节：①下丘脑-垂体-甲状腺（hypothalamo-pituitary-thyroid，HPT）轴的中枢调控及负反馈，如促甲状腺激素释放激素（thyrotropin-releasing hormone，TRH）、促甲状腺激素（thyroid stimulating hormone，TSH）及其受体；②TH 的合成，如钠碘转运体（sodium/iodide symporter，NIS）和甲状腺球蛋白（thyroglobolulin，TG）；③TH 的循环过程，如 TTR 和 TBG；④TH 的代谢转化，如脱碘酶（deiodinases，Dios）、尿苷二磷酸葡萄糖醛酸转移酶（UDPGTs）和磺基转移酶（SULTs）；⑤TH 的跨膜运输以及在细胞内的活化、失活，如多药耐药蛋白（multidrug resistance proteins，MDRs）、多药耐药联合蛋白（multidrug resistance associated proteins，MRPs）和有机阴离子转运多肽（organic anion transporting polypeptides，OATPs）；⑥细胞膜、线粒体及细胞核上的 TR 及其他受体（Murk et al.，2013）。同时，为了更加深入地揭示污染物与生物大分子的相互作用模式和作用机制，科研人员引入了分子对接、分子动力学等计算毒理学方法。这类方法不仅具有低成本、高效率等优点，而且可以从分子甚至原子水平上阐明污染物小分子与生物大分子的相互作用模式。此外，还可以根据离体测试的毒性数据建立定量结构-活性关系（quantitative structure-activity relationship，QSAR）模型，在应用域内预测化合物的毒性效应。因此，近年来在毒理学研究领域的应用越来越广泛。

到目前为止，针对 PBDEs 的甲状腺内分泌干扰效应的离体研究主要侧重于它们对 TR 及其他受体和转运蛋白的竞争结合，以及对甲状腺激素代谢的影响等方面。

1. 受体途径

1）甲状腺激素受体

甲状腺激素受体（TR）属于 II 型核受体，位于细胞核内，有 α 和 β 两种亚型，与维甲酸 X 受体（retinoid X receptor，RXR）形成二聚体。甲状腺激素受体作为 DNA 结合转录因子，与甲状腺激素应答元件相结合，调控组织特异性的基因转录表达。对于 TR 受体途径介导的 PBDEs 及其代谢物的甲状腺内分泌干扰效应研究已经有很多。目前的研究结果表明,其可能的作用机制包括:与 TH 竞争结合 TR、影响共激活因子或共抑制因子的招募、影响 TR 的转录活性及其下游调控基因的相关功能等(图 5-2)。

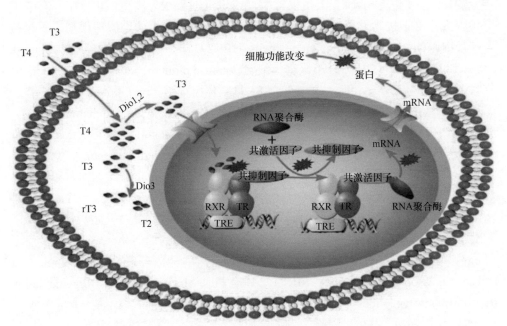

图 5-2　甲状腺激素受体介导的 PBDEs 的甲状腺内分泌干扰效应

PBDEs 可能与甲状腺激素(T3/T4)竞争结合其受体 TR,或影响受体-配体复合物对共抑制因子或共激活因子的招募,影响 TR 的转录活性及对目标基因及相关功能的调控。T4:四碘甲状腺原氨酸;T3:三碘甲状腺原氨酸;rT3:反式三碘甲状腺原氨酸;T2:二碘甲状腺原氨酸;Dio1,2:Ⅰ型、Ⅱ型脱碘酶;RXR:维甲酸 X 受体;TR:甲状腺激素受体;TRE:甲状腺激素应答元件(修改自文献(Pascual and Aranda, 2013))

　　国外学者通过 GH3 细胞增殖实验(T-screen)评价了 19 种 PBDEs 在 1 μmol/L 或者 0.5 μmol/L 的暴露浓度下的类/抗甲状腺激素干扰活性(Hamers, 2006)。结果表明,BDE-127 和 BDE-185 在单独暴露条件下可诱导 GH3 细胞的增殖,表明其具有类甲状腺激素活性;而 BDE-206 在与 0.25 nmol/L T3 共同暴露时,可显著抑制 T3 诱导的 GH3 细胞增殖,表明其具有抗甲状腺激素活性。此外,有 8 种(BDE-19、BDE-28、BDE-38、BDE-49、BDE-100、BDE-127、BDE-155 和 BDE-183)可以促进 T3 诱导的 GH3 细胞增殖,但除 BDE-127 外,其余 7 种单独暴露均不能诱导 GH3 细胞增殖,表明这些 PBDEs 单体本身不具有类/抗甲状腺激素干扰活性,但是可以增强甲状腺激素对细胞增殖的诱导效应。值得注意的是,T-screen 方法的基本原理是 T3 可通过 TR 途径诱导 GH3 细胞的增殖,故可根据其单独及与 T3 复合暴露条件下对细胞增殖的影响来评估外源性化合物的类/抗甲状腺激素干扰活性。然而，外源性化合物不一定直接激活 TR 的转录调控，有可能通过辅助因子（如共抑制因子、共激活因子等）影响 TR 对下游基因的调控（图 5-2）。此外，TR 也不是唯一介导 GH3 细胞增殖的信号通路，还存在雌激素受体及其他非受体途径信号通路的作用（Avtanski et al.，2014）。因此，上述结果并不能充分证实所观察到的对甲状腺激素活性的干扰是否通过 TR 途径实现的。在之后的报道中，研究人员将非洲爪蟾甲状腺激素受体 TRα 和 TRβ 转染入非洲绿猴肾脏细胞 CV-1 建立了荧光素酶报道基因方法，并以此评价了 BDE-28 和 BDE-206 对 T3 诱导的 TRα 和 TRβ 转录活性的干扰能力。结果表明，BDE-28 在 10 nmol/L、100 nmol/L 和 1000 nmol/L 的暴露浓度下均不能影响 T3 诱导的 TRα 的转录水平，但在 100 nmol/L 和 1000 nmol/L 暴露浓度下可以显著增强 T3 诱导的 TRβ 的转录活性，证明 BDE-28 对 T3 诱导的 GH3 细胞增殖的促进作用确实与 TRβ 有关，然而考虑到 BDE-28 本身不能影响 GH3 细胞的增殖（Hamers，2006），故而推测其可能是通过其他途径增强 T3 对 TRβ 转录活性的诱导作用。而 BDE-206 在 100 nmol/L 和 1000 nmol/L 暴露浓度下可以显著抑制 T3 诱导的 TRα 和 TRβ 转录活性，表明 BDE-206 的确具有 TRα 和 TRβ 拮抗效应（Schriks et al.，2007）。上述研究证实了部分 PBDEs 单体可以干扰甲状腺激素受体及其调控的相关功能。

为了研究 PBDEs 的代谢产物对甲状腺激素受体途径的影响，研究人员以大鼠肝脏微粒体对 13 种 PBDEs 单体进行了生物转化，提取其代谢产物，并通过 T-screen 方法检测了类/抗甲状腺激素干扰活性（Hamers et al.，2008）。结果表明，BDE-100 的代谢提取物对 T3 诱导的 GH3 细胞增殖的促进作用低于其母体化合物，表明其代谢过程中生成了甲状腺激素干扰活性更低的成分；而 BDE-185 的代谢提取物可以增强 T3 诱导的 GH3 细胞增殖，且其效应甚至高于阳性对照 1000 nmol/L T3，表明其代谢过程中生成了甲状腺激素干扰活性极强的成分，初步证实了生物体内的代谢过程会影响 PBDEs 的甲状腺激素干扰活性。此后，研究人员通过不同研究方法和体系对 PBDEs 代谢产物对甲状腺激素受体的干扰能力及可能的作用机制进行了一系列的研究。

在一项以大鼠垂体细胞 MtT/E-2 的细胞核提取物为对象的研究中，研究人员通过受体竞争结合实验评价了 PBDEs 及其代谢产物（包括 2 种 PBDEs 单体，6 种羟基取代物和 1 种甲氧基取代物）的甲状腺激素受体 TR 的结合能力。结果表明，4-OH-BDE-90 和 3-OH-BDE-47 在 1～100 μmol/L 的浓度范围内可以显著抑制 0.1 nmol/L 的 T3 与 TR 的结合；而 BDE-138、BDE-209、4-MeO-BDE-90、4′-OH-BDE-49、4-OH-BDE-42、4′-OH-BDE-17、3′-OH-BDE-7 等则不能与 T3 竞争结合 TR。结果还表明，对位或间位的羟基取代，以及两个相邻的溴原子对 PBDEs 与甲状腺受体结合能力有很大贡献（Kitamura et al.，2008）。

日本学者将 TRα 或 TRβ 转染入中国仓鼠卵巢细胞建立了报道基因方法,评价了 8 种 PDBEs 母体化合物(BDE-15、BDE-28、BDE-47、BDE-85、BDE-99、BDE-100、BDE-153 和 BDE-209)、4 种对-羟基取代物(4′-OH-BDE-17、4-OH-BDE-42、4′-OH-BDE-49 和 4-OH-BDE-90)和 4 种对-甲氧基取代物(4′-MeO-BDE-17、4-MeO-BDE-42、4′-MeO-BDE-49 和 4-MeO-BDE-90)对甲状腺激素受体的干扰能力。结果发现所有的受试母体化合物及代谢产物均不具有 TRα 或 TRβ 激动效应,但 4-OH-BDE-90 对两种 TR 亚型均表现出弱的拮抗效应,其产生 20%抑制效应的浓度(EC_{20})分别为 8.1 μmol/L 和 7.3 μmol/L(Kojima et al.,2009)。

在另一项研究中,研究人员将 TRα 或 TRβ 分别与甲状腺激素应答元件(TRE)共转染入非洲绿猴肾脏细胞 CV-1 建立了报道基因法,用于评价 PBDEs 和 OH-PBDEs 对甲状腺激素受体的干扰能力(Ibhazehiebo et al.,2011)。结果表明,受试的 PBDEs 和 OH-PBDEs 单独暴露均不能影响 TRα 或 TRβ 的转录活性;当与 T3 共暴露时,BDE-100、BDE-153、BDE-154 和 BDE-209 等单体以及混合物 DE-71 可抑制 T3 对 TRβ 调控的转录活性的诱导,其中 BDE-209 的最低可观察效应浓度低至 0.01 nmol/L;此外 BDE-209 还可以抑制 T3 诱导的 TRα 的转录活性。然而,在此前的研究中,BDE-209 均未表现出对 TR 的干扰活性。他们又通过双杂交方法以类固醇激素受体共激活因子或共抑制因子分别与 TRβ 共转染 CV-1 细胞,用来研究 PBDEs 及其代谢产物对配体-受体作用过程中辅助因子的影响。结果表明,BDE-209 及其他受试 PBDEs 和 OH-PBDEs 均不能影响 T3 依赖性的共激活因子或共抑制因子的招募。但是通过 DNA pull-down 方法研究发现,在 T3 存在的条件下,1 nmol/L 的 BDE-209 可以使 40%的 TR 从 TRE 上解离下来,因此 BDE-209 可能是通过影响 TR 与 DNA 的结合过程来干扰其下游调控基因及相关功能,他们的研究表明 PBDEs 及其代谢产物对 TR 的干扰作用发生于 DNA 结合域而不是配体结合域。

由于采用的研究体系和方法不同,得出的结果有时存在差异,但目前普遍认可的是,PBDEs 及其代谢产物对 TR 的干扰能力随溴化程度、取代基团种类和取代位置等因素有关(Kitamura et al.,2008;Ren et al.,2013)。为了更深入地了解引起上述差异的原因,研究人员引入了分子对接等计算毒理学方法,并且建立了定量结构-活性关系(QSAR)模型来预测 PBDEs 及其代谢产物对甲状腺激素受体的干扰能力(杨先海等,2015)。

我国学者采用分子对接方法,分析了甲状腺素受体 TRβ 与 2 种 PBDEs 及 18 种 OH-PBDEs 的相互作用(Li et al.,2010,2012),发现 OH-PBDEs 中的羟基氧原子可以与 TRβ 受体中的精氨酸 282(Arg 282)和异亮氨酸 276(Ile 276)残基中的氢形成氢键，而羟基氢原子可以与亮氨酸 341（Leu341）残基中羧基氧形成氢键；OH-PBDEs 中的芳环可与苯丙氨酸 272 和 455（Phe 272 和 Phe 455）残基中的芳环形成 π-π 相互作用；同时，OH-PBDEs 分子和 TRβ 受体结合空腔周围的氨基酸残基［如组氨酸 242（His 242）残基］间存在疏水相互作用。但在 2,4,6-三溴二苯醚和 2,3,4,5,6-五溴二苯醚与 TRβ 的氨基酸残基之间未发现氢键作用。这些研究结果表明，氢键、π-π 键、疏水相互作用是影响 PBDEs 和 OH-PBDEs 与 TRβ 相互作用的主要因素。在之后的报道中，研究人员通过 T-screen、甲状腺受体结合实验和共激活因子结合实验等方法对 10 种不同溴化程度的 OH-PBDEs 的 TRα 和 TRβ 的干扰活性做了比较（Ren et al.，2013）。结果发现，OH-PBDEs 与人 TR 的结合能力随着溴化程度增加而增加，且低溴代的 OH-PBDEs 表现出激动效应而高溴代 OH-PBDEs 则表现为拮抗效应；分子对接分析的结果表明，低溴代（主要为 1~4 溴取代）的 OH-PBDEs 趋向于结合到 TRα/TRβ 活性空腔的内部，而高溴代（主要为 5~7 溴取代）的 OH-PBDEs 趋向于结合到 TRα/TRβ 活性空腔的外部，这可能是导致不同溴化程度的 PBDEs 及 OH-PBDEs 表现出 TR 干扰活性差异的原因之一。

研究人员认为，OH-PBDEs 与 TR 的相互作用与以下两个过程有关：①化合物在水相和生物相间的分配；②OH-PBDEs 分子与 TR 间的相互作用。因此，可以选择这两个过程中的关键参数来表征这些相互作用，建立 QSAR 模型，从而预测结构相似的化合物对 TR 的干扰活性（杨先海等，2015）。目前关于 PBDEs 与 TR 相互作用的 QSAR 模型研究有限，且基本都是针对 TRβ 构建的。我国学者以重组 TR 基因酵母研究发现，18 种受试 OH-PBDEs 均具有 TRβ 激动效应，并以诱导产生 20%最大效应时的浓度（REC_{20}）为毒性终点指标，选择溴原子数目、正辛醇/水分配系数（$logK_{ow}$）、芳香性指数、分子最低未占据轨道能、亲电性指数和偶极矩等为主要参数，构建了$-logREC_{20}$ 的 QSAR 模型。该模型具有较好的拟合优度和稳定性，并且对相似结构的化合物对 TRβ 的干扰活性具有较好的预测能力。他们还采用欧几里得距离方法和 Williams 图表征了该 QSAR 模型的应用域，证实了 OH-PBDEs 与 TRβ 的结合能力与其分子中溴原子取代个数及 $logK_{ow}$ 具有相关性（Li et al.，2010）。在之后的报道中，研究人员基于 OH-PBDEs 与 TRβ 的相互作用数据（REC_{20}），通过比较分子相似性指数（comparative similarity indices analysis，CoMSIA）方法构建了$-logREC_{20}$ 的 QSAR 模型，发现立体场、静电场、氢键供体场和氢键受体场有关对$-logREC_{20}$ 的贡献率分别为 1.7%、44.8%、21.6% 和 31.6%，说明 OH-PBDEs 与 TRβ 的相互作用主要与静电和氢键相互作用相关。

上述研究从理论上揭示了溴化程度、取代基团种类和取代位置等结构因素造成 PBDEs 及其代谢产物对 TR 干扰能力表现出显著差异的主要原因，同时也为甲状腺激素干扰物的快速筛选提供了新的方法。

2）PXR 及其他受体

孕烷 X 受体（pregnane X receptor，PXR），又称甾体激素及外源性化合物受体，属于核受体超家族中的 NR1I2 亚家族。当 PXR 受体被配体激活后，其构象发生改变并与 RXR 结合形成异源二聚体，作用于靶基因调控序列的 DNA 应答元件。外源性化合物反应元件（xenobiotic response enhancer module，XREM），激活后的转录调节因子与顺式元件 DNA 序列发生蛋白质-DNA 相互作用，识别并结合于各自特异性 DNA 序列，从而发挥转录调节作用，引发一系列的生物学效应（胡辛楠，2010）。PXR 是调节机体内类固醇、内外源性化合物解毒代谢酶和转运蛋白的重要反应元件，使机体适应内外源性化合物的暴露压力。因此，PXR 能被大量内外源性化合物所激活，而 PXR 信号通路异常也可能导致机体的正常代谢受到干扰。PXR 受体参与很多下游基因的调控，其中包括 I 相代谢酶 CYPs（如 CYP3A）、II 相代谢酶（如 UDPGTs 和 SULTs）和III相代谢酶（即药物转运体，如 MRPs、MDRs 和 OATPs）等，这些代谢酶在甲状腺激素调节过程中均有重要作用（胡辛楠，2010）。

已有不少研究证实 PBDEs 可以激活 PXR。研究人员将小鼠 PXR 转染入 HepG2 细胞建立了报道基因方法，检测了 BDE-47、BDE-99 及 BDE-209 在 $0.1\sim100$ μmol/L 浓度范围内对 PXR 的干扰活性（Pacyniak et al.，2007）。结果表明，在最高浓度下 3 种单体均可诱导 PXR 的转录活性，这 3 种单体最低可观察效应浓度分别为 1 μmol/L、0.1μmol/L 和 100 μmol/L，BDE-99 的诱导活性最强。在活体实验部分，他们以 BDE-47、BDE-99 及 BDE-209 [100 μmol/L/(kg·d)，皮下注射 4 d] 暴露野生型及 PXR 基因敲除小鼠，结果表明这 3 种单体暴露均可诱导野生型小鼠肝脏中 *cyp3a11* 和 *cyp2b10* mRNA 及蛋白质表达水平的升高。但在 PXR 敲除小鼠体内，*cyp3a11* mRNA 和蛋白质的基础表达水平与 PBDEs 的诱导效应均受到抑制；同时，PBDEs 对 *cyp2b10* mRNA 的诱导效应受到抑制，而对 CYP2B10 蛋白质表达水平的诱导效应则完全消失。上述研究首次揭示了 PBDEs 及 PXR 及其下游调控基因的影响，但同时也证实 PXR 并不是介导 PBDEs 对肝脏代谢酶影响的唯一途径，其他受体（如 CAR）水平的变化也可能起到一定的作用。我国学者也构建了 hPXR 驱动的双荧光素酶报道基因系统和稳定转染 hPXR 受体的高表达 HepG2 细胞株，进一步证实了 BDE-47 对 PXR 及其下游调控基因如 I 相代谢酶 CYP3A4、II 相代谢酶 UGT1A3 和 SULT2A1 的诱导作用，并且具有明显的剂量-效应关系（Hu et al.，2014）。因此，PBDEs 可能通过 PXR 及其调控的下游基因，影响甲状腺激素的代谢及相关功能（图 5-3）。

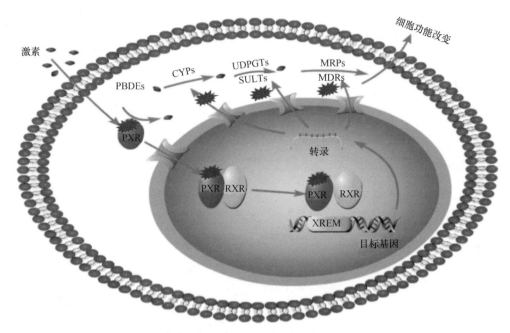

图 5-3　PXR 介导的 PBDEs 甲状腺内分泌干扰效应

PBDEs 可能与细胞内的 PXR 结合，PXR 与 RXR 在细胞核内形成异源二聚体，结合于目的基因上的应答元件，激活下游基因转录，并通过 I 相代谢酶（如 CYPs）、II 相代谢酶（如 UDPGTs 和 SULTs）和Ⅲ相代谢酶（即药物转运体，如 MRPs 和 MDRs）等影响甲状腺激素的相关功能。PXR：孕烷 X 受体；RXR：维甲酸 X 受体；XREM：外源性化合物反应元件；CYPs：细胞色素 P450；UDPGTs：尿苷二磷酸葡萄糖醛酸转移酶；SULTs：磺基转移酶；MRPs：多药耐药联合蛋白；MDRs：多药耐药蛋白（参考文献（胡辛楠，2010））

　　维甲酸 X 受体（RXR）是许多核受体激活的公共异源二聚体。TR 和 PXR 在被配体激活后，需要与 RXR 结合形成异源二聚体，作用于相应基因启动子上的外源性化合物反应元件从而引发一系列的生物学效应（胡辛楠，2010）。目前关于 PBDEs 对 RXR 受体干扰效应的研究还比较少。在最近的一项研究中，我国学者分别将野生型、RXRα 高表达和 RXRα 低表达的 MCF-7 细胞暴露于一系列浓度（0 μmol/L、5 μmol/L、10 μmol/L、25 μmol/L、50 μmol/L、100 μmol/L 和 200 μmol/L）的 BDE-47，通过分析细胞毒性结果发现，RXRα 高表达型细胞株的 IC_{50}（82.78 μmol/L）远大于 RXRα 低表达型 MCF-7 细胞株（30.16 μmol/L）及野生型 MCF-7 细胞株（23.15 μmol/L），说明 RXRα 受体高表达可以增加细胞对于 BDE-47 的耐受性。同时，他们的研究还发现，在 3 种细胞株中 BDE-47 均可以抑制 RXRα mRNA 和蛋白质的表达水平，并且在相同剂量 BDE-47 作用下 RXRα 高表达细胞中 ERβ 表达量高于野生型细胞和 RXRα 低表达 MCF-7 细胞，而 ERα 的表达量低于野生型细胞和 RXRα 低表达细胞，表明 BDE-47 可影响 RXRα 受体的表达，并进一步影响与其形成异源二聚体的受体（如 ER）的表达（肖悦等，2016）。关于 RXR 与其他核受体（如 TR、PXR 和 ER）分子信号转导通路之间的交互作用，尚需要进一步深入研究，为从受体通路阐释 PBDEs 内分泌干扰毒性作用机制提供科学依据。

2. 非受体途径

除了受体介导的作用模式之外，PBDEs 还能通过其他的非依赖于核受体的途径，如影响内源激素的生成、转运及代谢等干扰甲状腺内分泌系统。

1）转运

甲状腺素运载蛋白（TTR）和 TBG 作为甲状腺激素的主要转运载体，在甲状腺激素运输过程中发挥了重要作用。由于 PBDEs 及其代谢产物与甲状腺激素具有高度的结构相似性，可以与甲状腺激素（主要是 T4）竞争性地结合运输载体，从而影响机体内循环甲状腺激素的水平。

研究人员以大鼠肝脏微粒体对 17 种 PBDEs 单体进行了生物转化并提取其代谢产物，通过体外竞争结合实验比较了母体化合物及代谢提取物与 TTR 的结合能力，结果表明 17 种受试的 PBDEs 母体化合物均不与 T4 竞争结合 TTR，而除 BDE-32、BDE-138、BDE-183、BDE-190 之外，其他单体的代谢提取物则可与 T4 竞争结合 TTR，表明代谢过程中生成了与 TTR 具有亲和力的产物（Meerts et al.，2000）。他们的研究还表明，3 种结构类似甲状腺激素 T2、T3、T4 的 OH-PBDEs 与 T4 竞争结合 TTR 的顺序为：与 T4 结构类似的 OH-BDEs >与 T3 结构类似的 OH-BDEs >与 T2 结构类似的 OH-BDEs。也就是说，OH-PBDEs 与 T4 结构越相近，羟基附近溴越多，与 TTR 的结合越强。而在另外一系列报道中，研究人员发现受试的 19 种 PBDEs 中有 8 种（BDE-38、BDE-47、BDE-49、BDE-127、BDE-169、BDE-181、BDE-185 和 BDE-190）可与 T4 竞争结合 TTR（Hamers，2006）；经大鼠肝脏微粒体代谢后，大部分单体的代谢提取物都表现出对 TTR 的结合能力，其中 BDE-47 的代谢提取物与 TTR 的结合能力提高 10 倍以上；而将 BDE-47 的羟基化代谢产物（2′-OH-BDE-66、3-OH-BDE-47、4-OH-BDE-42、4′-OH-BDE-49、5-OH-BDE-47、6-OH-BDE-47）单独测试发现，其与 TTR 的结合能力是母体化合物的 160～1600 倍，特别是具有间位-和对位-羟基取代的四种代谢物与 TTR 的结合能力高于其天然配体 T4（Hamers et al.，2008）。类似地，之后的研究证实，BDE-47 及其代谢产物与 T3、T4 竞争结合 TTR 的能力顺序为：BDE-47< 6-MeO-BDE-47 < 6-OH-BDE-47 和 4′-OH-BDE-49。可见，—OH 和—MeO 的存在提高了 PBDEs 与 TTR 的亲和力，而且—OH 的贡献大于—MeO（Ucán-Marín et al.，2009）。

上述研究表明，PBDEs 及其代谢产物对 TTR 的干扰能力与溴化程度、取代基团种类和取代位置等因素有关。对此，研究人员通过计算毒理学方法进行了深入研究。分子对接结果表明，OH-PBDEs 中的羟基可与人甲状腺素蛋白（hTTR）的氨基酸残基形成氢键相互作用（Yang et al.，2011）。进一步研究发现，PBDEs 及其代谢产物中的芳香环和溴原子基团也是影响它们与 TTR 相互作用的关键因素：PBDEs 及 OH-PBDEs 中的芳环可与 hTTR 的 Lys15 残基侧链的—NH$_3^+$ 形成阳离子-π键相互作用，而溴原子可通过溴-氧键和溴-氢键、诱导效应和疏水效应影响化合物与 hTTR 的相互作用（Yang et al.，2013）。他们的研究还表明，—OH 等可电离基团的解离行为对化合物与 hTTR 的相互作用有着十分显著的影响：量子力学耦合分子力学（quantum mechanics/molecular mechanics，QM/MM）方法分析结果表明，阴离子形态的羟基化取代物与 hTTR 的相互作用强于其分子形态；而由于—O$^-$基团在与 hTTR 中氨基酸残基形成离子对（静电）和氢键等相互作用时具有方向性，导致—O$^-$基团在 hTTR 配体结合空腔中具有优势取向，即指向结合空腔的入口方向，这一现象使得电离的阴离子形态和未电离的分子形态的羟基化取代物与 hTTR 具有截然不同的分子作用机制。在此基础上，他们选取了表征疏水相互作用、静电相互作用、氢键和 π 键相互作用以及非键相互作用的 16 个分子描述符，并考虑了分子和离子形态的影响，采用偏最小二乘法（partial least squares，PLS）构建了 QSAR 模型，用以表征和预测包括 PBDEs 和 OH-PBDEs 在内的卤代酚类化合物与 TTR 的相互作用（Yang et al.，2013）。上述研究初步阐明了 PBDEs，特别是 OH-PBDEs 分子中的羟基、芳环、卤素基团（溴原子）等结构因素以及可电离基团（—OH 等）的解离过程对化合物与 hTTR 结合能力的影响，为揭示 PBDEs 及其代谢产物与 TTR 的相互作用机制提供了理论上的依据。

2）代谢

在哺乳动物体内，外源性污染物可能通过脱碘、丙氨酸侧链修饰、硫酸化和葡萄苷酸化等代谢途径干扰 TH 的活化、灭活以及清除，从而干扰 TH 的内稳态平衡过程（Murk et al.，2013）。研究人员将人肝脏微粒体与 T4、T3 孵育后，通过液相色谱-质谱联用方法测定其脱碘代谢产物（T3，rT3，T2、3-甲状腺原氨酸），根据代谢程度表征对脱碘过程及相应脱碘酶活性的影响，并用这一方法对 BDE-99 和 4 种 OH-PBDEs 进行了研究。结果表明，BDE-99 和 5-OH- BDE-47、4′-OH-BDE-101 不能抑制甲状腺激素的脱碘过程，但 5′-OH-BDE-99 和 6′-OH-BDE-99 均可显著抑制 T3 的生成。由于人类肝脏中不存在 II 型脱碘酶，因此可以认为 5′-OH-BDE-99 和 6′-OH-BDE-99 通过 I 型脱碘酶抑制了 T4 的脱碘过程从而阻止了 T3 的生成（Butt et al.，2011）。之后，研究人员将人碘酪氨酸脱碘酶基因导入 HEK-293T 细胞，并利用转染细胞的微粒体研究了 44 种化合物（包括 15 种 PBDEs）对该脱碘酶活性的抑制效应。结果发现，除 OH-PBDEs 表现出抑制了活性外，PBDEs 以及 MeO-PBDEs 均未表现出干扰活性，说明卤素原子和—OH 取代对脱碘酶抑制活性的重要性（Shimizu et al.，2013）。

II 相代谢酶 UDPGTs 和 SULTs 在甲状腺激素代谢过程中具有重要作用。国外研究人员将猪卵巢滤泡细胞暴露于 BDE-47 6 h 后，发现其中 SULT1A 的活性被显著诱导，但随着暴露时间延长，这种变化消失（Karpeta et al.，2012）。研究人员进一步通过计算毒理学方法证实 OH-PBDEs 可以与 SULT1A1 发生相互作用，从而获得了理论上的证据。他们采用分子对接模拟 OH-PBDEs 与 SULT1A1 的相互作用，发现所有对位取代的 OH-PBDEs 可与 SULT1A1 中的赖氨酸 106（Lys 106）和组氨酸 108（His 108）残基形成氢键；而邻位和间位取代的 OH-PBDEs（单溴、双溴、三溴代的 OH-PBDEs 除外）则不会和上述氨基酸残基形成氢键。他们以 OH-PBDEs 对甲状腺素磺酸基转移酶转化 T2 的抑制效应（IC_{50}）为终点指标构建了 QSAR 模型，证实了 IC_{50} 与化合物的酸解离常数 pK_a、溴原子数和对位羟基数相关，即 pK_a 越小的 OH-PBDEs 对甲状腺素磺酸基转移酶的抑制效应越强（Butt and Stapleton，2013）。上述研究也存在一定的局限性，如 PBDEs 和 OH-PBDEs 分子结构中芳环和溴原子对化合物与 SULT1A1 相互作用的影响；以及疏水场、静电场、氢键和 π 键相互作用以及非键相互作用等对 QSAR 模型准确性和预测能力的影响，这些问题都还不清楚。因此，PBDEs 及代谢产物对 SULTs 的干扰能力和作用机制仍需要进一步深入研究。

在以上的研究中，证实了 PBDEs 及其代谢产物对甲状腺内分泌系统关键基因和蛋白的干扰能力，并深入揭示了其作用机制。特别是计算毒理学方法的引入，使我们的认识拓展到分子甚至原子水平上。但是目前关于 PBDEs 甲状腺内分泌效应的离体研究涉及的作用靶点和环节还不够全面，因此在毒性效应评价和预测方面的应用也受到一定的限制。但是随着毒理学研究的迅速发展，许多新的技术手段（如计算毒理学方法）不断引入，这些方法在污染物毒性效应的快速筛查，以及深入揭示污染物小分子与目标蛋白质大分子的相互作用机制方面具有独特优势，相信这些会大大提升我们对 PBDEs 等污染物毒性作用机制的了解以及毒性效应预测的能力，为最终实现不依赖于实验动物的化学品安全评价等目标提供有力的支持。

5.4.2　PBDEs 对哺乳动物的甲状腺内分泌干扰效应

1975 年的一项研究首次报道了经八溴和十溴二苯醚暴露后的成年大鼠体内出现甲状腺增生的现象（Norris et al.，1975）。此后，关于 PBDEs 甲状腺毒性和内分泌干扰效应的研究报道迅速增加，研究也日益系统和深入。

许多研究均表明，PBDEs 暴露会引起甲状腺组织形态学的改变。低溴代的商业混合物 DE-71 [3 mg/(kg·d)、30 mg/(kg·d)和 60 mg/(kg·d)] 经口暴露雄性和雌性大鼠 20 d 和 31 d 后，最高剂量组雌性和雄性大鼠甲状腺滤泡上皮细胞均出现增生现象（Stoker et al.，2004）。类似地，我国学者以 BDE-99 单体 [30 mg/(kg·d)、60 mg/(kg·d)和 120 mg/(kg·d)] 经口暴露 Sprague-Dawley（SD）大鼠 15 d 后，也发现其甲状腺滤泡上皮细胞出现增生，滤泡细胞的粗面内质网扩张，滤泡腔内胶状物质减少，且甲状腺组织损伤随剂量的升高而加重（杜凤英，2006）。而将怀孕小鼠暴露于 10 mg/(kg·d)、500 mg/(kg·d)和 1500 mg/(kg·d)剂量的 BDE-209，仅最高剂量的暴露组 [1500 mg/(kg·d)] 小鼠的雄性后代甲状腺中少数滤泡出现胶质区放大的情况，立方上皮细胞变为鳞状上皮细胞，表明 BDE-209 较低溴代 BDEs 对甲状腺的毒性更低（Tseng et al.，2008）。上述研究均表明，甲状腺可能是 PBDEs 作用的靶器官。

而首次发现 PBDEs 暴露引起甲状腺激素含量变化是在 1994 年。美国学者将成年大鼠暴露于 DE-71 [18 mg/(kg·d)、36 mg/(kg·d)和 72 mg/(kg·d)] 两周后，发现其血清中总 T4 和游离 T4 的含量出现剂量依赖性的下降（Fowles et al.，1994）。此后，有关 PBDEs 影响甲状腺激素水平的报道越来越多。大量的研究表明，从低溴到高溴代 PBDEs 都能影响动物的甲状腺激素水平。例如，低溴代单体 BDE-47 可以导致成年大鼠 [暴露剂量为 1.0 mg/(kg·d)、6.0 mg/(kg·d)和 18 mg/(kg·d)] 和小鼠 [暴露剂量为 18 mg/(kg·d)]体内的 T4 水平下降（Hallgren and Darnerud，2002；Hallgren et al.，2001）；以更低剂量的 BDE-47 [0.2 μg/(kg·d)、2 μg/(kg·d)和 20 μg/(kg·d)] 暴露孕期绵羊（第 5～15 周）会导致幼年羊羔血浆中 T3 和 T4 均显著下降，而成年羊体内甲状腺激素水平没有发生变化（Abdelouahab et al.，2009）。对于 BDE-209，以 10 mg/(kg·d)、500 mg/(kg·d)和 1500 mg/(kg·d)的剂量暴露怀孕小鼠，不会影响雄性后代血浆中 T4 水平，但会显著降低 T3 水平（Tseng et al.，2008）；而将刚出生的雄性大鼠暴露于 BDE-209 [6 mg/(kg·d)和 20 mg/(kg·d)] 14 d 后，发现其血清 T4 水平下降（Rice et al.，2007）。研究人员在评估 PBDEs 的甲状腺激素干扰效应时，同样发现了随着溴化程度的增加，而毒性降低的规律。比如低溴代 PBDEs 同系物较溴化程度更高的商业化混合物对 T4 的影响效力更大（Zhou et al.，2001）。然而，大量的哺乳动物实验数据表明，T3 和 T4 水平可能由于暴露时间的不同，物种的差异以及 PBDEs 单体/混合物的暴露浓度的不同而呈现不同的变化趋势，PBDEs 的甲状腺效应干扰更多地表现在 T3 和 T4 的动态平衡。一般而言，处于发育早期的个体，其体内的甲状腺激素更容易受到 PBDEs 暴露的影响。

总之，大量研究指出，PBDEs 的暴露可影响哺乳动物体内甲状腺激素水平及内稳态平衡，其主要干扰途径包括：在甲状腺滤泡中，PBDEs 可能通过 NIS 和 TG 等影响碘的摄入和储存，从而干扰甲状腺激素的合成；合成后的甲状腺激素进入血液，在载体蛋白 TTR 的作用下运输到不同组织，而 PBDEs 可通过与甲状腺激素竞争结合 TTR 影响其在血液中的循环过程；在肝脏中，PBDEs 可通过影响 AhR、PXR 及其调控的 I 相代谢酶（如 CYP1A1、CYP3A1）、II 相代谢酶（如 UDPGTs 和 SULTs）和III相代谢酶（如 MRPs、MDRs 和 OATPs）等影响甲状腺激素的代谢和清除过程；在各靶组织中，PBDEs 可能通过 TR 影响与甲状腺激素相关的生长、代谢、繁殖和发育等多个过程（Szabo et al.，2009）。PBDEs 对哺乳动物甲状腺激素的干扰机制可总结如图 5-4 所示。

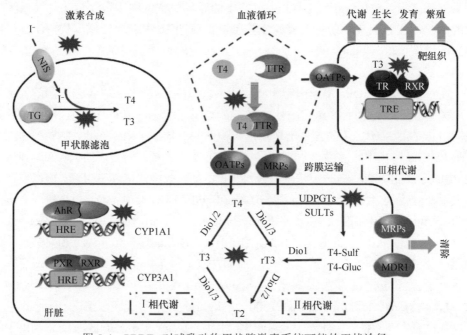

图 5-4　PBDEs 对哺乳动物甲状腺激素系统可能的干扰途径

PBDEs 可能通过影响碘的摄入干扰甲状腺激素的合成；与甲状腺激素竞争结合 TTR 影响其在血液中的循环；通过 AhR、PXR 受体及其调控的 I/II/III 相代谢酶影响甲状腺激素的代谢和清除；通过甲状腺激素受体影响生长代谢发育繁殖等功能。T4：四碘甲状腺原氨酸；T3：三碘甲状腺原氨酸；rT3：反式三碘甲状腺原氨酸；T2：二碘甲状腺原氨酸；NIS：钠碘转运体；TG：甲状腺球蛋白；TTR：甲状腺素运载蛋白；TR：甲状腺激素受体；RXR：维甲酸 X 受体；TRE：甲状腺激素应答元件；AhR：芳香烃受体；PXR：孕烷 X 受体；HRE：激素应答元件；CYP1A1/3A1：细胞色素 P450 酶 1A1/3A1；Dio 1/2/3：I/II/III 型脱碘酶；UDPGTs：尿苷二磷酸葡萄糖醛酸转移酶；SULTs：磺基转移酶；MRPs：多药耐药联合蛋白；MDR1：多药耐药蛋白 1；OATPs：有机阴离子转运多肽

5.4.3　PBDEs 对鱼类的甲状腺内分泌干扰效应

近年来，关于鱼类的大量研究结果表明，PBDEs 及其代谢产物同样会影响鱼

类体内甲状腺激素的动态平衡，而其作用方式与哺乳动物的类似，即干扰甲状腺激素的合成、分泌、转运及代谢，此外还可能通过影响甲状腺的早期发育、HPT轴的调控来影响鱼类的甲状腺内分泌系统的发育和相关功能。

以低剂量 $[2.38~\mu g/(kg \cdot d)$ 和 $12.30~\mu g/(kg \cdot d)]$ 的 BDE-47 经口暴露成年黑头呆鱼 7 d，发现雌鱼血浆中 T4 浓度下降（T3 水平未检测），垂体 *tshβ* mRNA 表达在低浓度组上调，脑部 *trα* mRNA 水平上调，*trβ* mRNA 水平则显著下调，但肝脏 *trα* 和 *trβ* mRNA 没有显著变化。对于雄鱼而言，血浆中 T4 浓度下降，T3 水平没有显著变化，垂体中 *tshβ* mRNA 表达在低浓度组上调，脑部 *trα* mRNA 没有变化，*trβ* mRNA 水平则显著下调，而肝脏 *trα* 和 *trβ* mRNA 也没有显著变化，表明 BDE-47 对黑头呆鱼体内 *trs* 基因的影响具有组织特异性和性别差异性（Lema et al.，2008）。他们还进一步研究了 BDE-47 暴露对 TR 的下游调控基因——基本转录元件结合蛋白（basic transcription element-binding protein，BTEB）在脑部的转录水平影响，结果发现，雌鱼脑部 *bteb* mRNA 水平未发生显著变化，但雄鱼脑部 *bteb* mRNA 水平则显著降低。BTEB 可以结合至 TRβ 的启动子，从而调控 TH 诱导的神经元分化和神经突分支等过程。因此，雄鱼血浆中 T4 水平以及脑部 *trβ* 和 *bteb* mRNA 水平的降低可能暗示，BDE-47 可以通过影响甲状腺激素水平，以及甲状腺激素受体调节基因的转录，影响神经发生和脑部发育过程。此外，他们发现与雌鱼相比，雄鱼血浆中 T4 的含量以及脑部 *bteb* mRNA 和肝脏 *trβ* mRNA 的表达水平都更高，因此其甲状腺激素调节系统可能具有更高的敏感性。

低溴代的商业混合物 DE-71 也可以影响鱼类甲状腺内分泌系统。在一项以欧洲比目鱼（*Platichthys flesus*）为对象的研究中，研究人员以沉积物（μg/g）和食物（μg/g）组合暴露的方式将其暴露于 DE-71（0 + 0.014、0.007 + 0.14、0.07 + 1.4、0.7 + 14、7 + 140、70 + 1400 和 700 + 14000）101 d 后，发现血浆 T4 和 T3 的含量水平与对照组相比没有显著差异，但 T4 的含量水平与肌肉中 BDE-47 的含量具有负相关性（Kuiper et al.，2008）。将斑马鱼胚胎/幼鱼暴露于 DE-71（1μg/L、3μg/L 和 10 μg/L）14 d 后，最高浓度组 T4 含量显著降低（Yu et al.，2010）；而以相同剂量的 DE-71 将斑马鱼胚胎暴露至性成熟（F0），发现 F0 代雌鱼血浆中 T4 显著降低，但雄鱼血浆中 T4 没有显著变化；将暴露后 F0 代配对产卵，无论幼鱼（F1）是否继续暴露于 DE-71，其体内 T4 和 T3 的含量均显著升高（Yu et al.，2011）。上述结果与之前研究结果一致，即低溴代 PBDEs 的暴露对鱼类甲状腺激素系统的干扰主要表现为影响 T4 的含量（Lema et al.，2008），这与哺乳动物中的结果相似（Zhou et al.，2001）。

我国学者针对斑马鱼的研究也揭示了 DE-71 干扰甲状腺内分泌系统的作用机制（Yu et al.，2010，2011），主要涉及以下环节：

（1）甲状腺系统的早期发育和激素合成。甲状腺转录因子（thyroid transcription factor-1，TTF-1）是 NKX2 转录因子家族的成员，因此又称为 Nkx2.1，是甲状腺早期发育的关键因子。而双链复合蛋白 8（paired box gene 8，Pax8）是甲状腺滤泡细胞后期发育过程中必需的（Kambe et al.，1996；Zoeller et al.，2007）。Nkx2.1 和 Pax8 均在斑马鱼甲状腺发育中发挥着重要作用，并且可以调节钠碘转运体（*nis*）和甲状腺球蛋白（*tg*）等基因的转录过程（Kambe et al.，1996；Zoeller et al.，2007）。NIS 主要负责从血管中摄取碘，而 TG 由甲状腺滤泡上皮细胞合成，是甲状腺素的前体物质，二者均在甲状腺激素的合成过程中具有重要作用。而胚胎期 DE-71 的暴露导致幼鱼体内 *Nkx2.1a*、*Pax8*、*nis* 和 *tg* mRNA 的水平显著上调，这可能是通过诱导甲状腺发育相关基因表达，促进甲状腺原基的生长和甲状腺激素的合成，以补偿 T4 水平的下降。

（2）甲状腺激素的代谢转化。胚胎期 DE-71 暴露可导致幼鱼体内与甲状腺激素代谢相关的基因（*dio1*、*dio2* 和 *ugt1ab*）的表达水平均显著上调。尿苷二磷酸葡萄糖醛酸转移酶（UDPGTs）在生物体内 T4 的代谢方面有重要作用。在啮齿动物中，PBDEs 暴露引起 T4 水平的降低通常伴随着 UDPGTs 的活性或基因转录水平的升高（Hallgren and Darnerud，2002；Szabo et al.，2009；Zhou et al.，2001）。因此，幼鱼体内 *ugt1ab* mRNA 水平的上调，表明 DE-71 可能通过促进 T4 的葡糖醛酸化，增加胆清除共轭甲状腺激素的速度从而降低 T4 水平。脱碘酶在调节甲状腺激素的动态平衡上起着关键作用，而且也被认为可以作为评价甲状腺内分泌干扰物的生物标志物。在斑马鱼中主要有 3 种脱碘酶，其中脱碘酶 1（Dio1）和 2（Dio2）通过从 T4 外环消除碘原子而将 T4 转化为具有生物活性的 T3，而 Dio1 还可通过从 T3 内环消除碘原子从而将其转化为 T2（Heijlen et al.，2013）。因此，DE-71 暴露引起的 *dio2* 基因的转录上调可能是 T4 水平降低的重要原因，而 *dio1* 转录水平的上升可能是机体对 T3 浓度上升的应激机制，用来降解体内多余的甲状腺激素。

（3）HPT 轴的中枢调控和负反馈调节。DE-71 暴露后幼鱼体内促肾上腺皮质激素释放激素（corticotropin releasing hormone，CRH）的编码基因 *crh* 和 *tshβ* 的转录水平出现剂量依赖性地上调。需要指出的是，与哺乳动物不同，在鱼类和两栖动物中，CRH 是 HPT 轴的调控因子，它可以刺激 TSH 的分泌，从而调节鱼类体内甲状腺激素的动态平衡。同时，甲状腺激素水平的变化可以触发 HPT 轴的负反馈调节导致 CRH 和 TSH 的变化（Zoeller et al.，2007）。因此，斑马鱼幼鱼体内 *crh* 和 *tshβ* mRNA 水平的变化表明 T4 水平的降低触发了 HPT 轴的负反馈调节效应。

（4）甲状腺激素受体及其调控基因网络。在鱼类及其他脊椎动物中，TR 存在不同的亚型，而每个亚型在不同的组织和发育阶段均有不同分布特征，这可能与甲状腺激素在不同生命过程中的作用有关，但目前这些还需要大量的基础研究（Heijlen et al.，2013）。将斑马鱼胚胎短期暴露于 DE-71 后，幼鱼体内 *trα* 和 *trβ* mRNA 呈降低趋势，但与对照组没有显著差异。而在之前的研究中，BDE-47 短期暴露可以影响黑头呆鱼体内 *trα* 和 *trβ* 基因的表达，且具有性别差异和组织特异性（Lema et al.，2008）。究其原因，首先，可能由于受试生物的物种和生命阶段不同带来的差异；其次，针对斑马鱼的研究中采用的是幼鱼的整体匀浆样品，从而稀释了 *trs* 微弱的变化（Yu et al.，2010）；最后，也可能是由于成分的差异：DE-71 的主要成分虽然为 BDE-47（37%），但仍含有 BDE-99（48%）、BDE-100（8%）以及其他单体。离体研究表明，不同的单体可能表现出不同甚至相反的甲状腺激素干扰活性，如 BDE-99 表现出类甲状腺激素活性，而 BDE-100 则表现出较强的抗甲状腺激素活性（Hamers，2006）。因此，DE-71 混合物暴露时有可能由于其中某些单体的拮抗作用而并不会引起明显的变化。

　　类似地，高溴代的 PBDEs 也可以干扰鱼类的甲状腺内分泌系统。将斑马鱼胚胎暴露于 BDE-209 14 d 后，幼鱼体内 T4 的含量水平显著降低，T3 的含量显著升高，且 T3/T4 的比值显著增加。*crh*、*tshβ*、*Nkx2.1a*、*Pax8*、*nis*、*tg*、*trα* 和 *trβ* mRNA 水平显著上调，被认为是对 T4 水平的降低做出的补偿性调控；同时 *dio1* 和 *dio2* mRNA 水平显著上调，其中 *dio2* 基因的转录上调与 T4 水平的降低有关，而 *dio1* 转录水平的上升可能是机体对 T3 浓度上升的调控机制，用来降解体内多余的甲状腺激素（Chen et al.，2012）。需要指出的是，基因表达水平的变化并不等同于蛋白质水平上的变化。如 BDE-209 暴露导致斑马鱼幼鱼体内 *ttr* mRNA 水平降低，*tg* mRNA 水平上调，但其蛋白水平的变化趋势则刚好相反，即 TTR 蛋白含量升高，TG 蛋白含量降低。蛋白质水平上的变化对于揭示 PBDEs 的内分泌干扰的研究具有更直接的指示作用。在另一项研究中，我国学者以更低浓度的 BDE-209 分别暴露稀有鮈鲫幼鱼和成鱼 21 d，发现幼鱼体内 *dio2* 和 *nis*，以及成鱼肝脏中 *trα*、*ttr*、*dio2* 和 *nis* mRNA 水平均显著上调，但肝脏中 *dio2* 和 *nis* mRNA 水平则显著下调，表明 BDE-209 对鱼类甲状腺激素相关基因的影响也具有组织特异性（Li et al.，2014）。

　　上述的研究表明，无论是低溴代还是高溴代的 PBDEs 均对鱼类甲状腺内分泌系统具有干扰效应，且其主要干扰机制与哺乳动物体内类似，即通过其 HPT 轴及相关基因网络的共同调控实现的。因此，有必要开展蛋白质水平和 HPT 轴基因调控网络的研究，进一步揭示 PBDEs 及其他污染物对甲状腺系统的干扰效应和作用机制。

5.4.4　PBDEs 对鸟类和两栖类的甲状腺内分泌干扰效应

　　野外研究结果表明，在野生鸟类秃头鹰（*Haliaeetus leucocephalus*）和北极鸥

（*Larus hyperboreus*）体内 TH 水平和 PBDEs 浓度不具有相关性（Verreault et al., 2007；Cesh et al., 2010），但是在秃头鹰雏鸟中 T3 水平和 OH-PBDEs 的含量呈正相关关系（Cesh et al., 2010）。在实验室研究中，加拿大学者将美国红隼鸟蛋暴露于 BDE-47、BDE-99、BDE-100、BDE-153 的混合物（ΣPBDEs ≈ 1500 ng/g），孵化后雏鸟继续按（15.6 ± 0.3）ng/(g·d)的剂量经口暴露 29 d，结果发现，雏鸟甲状腺组织结构和血浆中 T3 的含量未发生显现变化，但是血浆中 T4 含量下降（Fernie et al., 2005b）。比利时学者将成年雌性欧洲椋鸟（*Sturnus vulgaris*）暴露于工业五溴二苯醚混合物（～1740 μg/kg 体重，一次性注射），在暴露后 10～14 d、2 个月和 6 个月分别检测血浆中 T3 和 T4 的水平，均未发现与对照组有显著性差异（van den Steen et al., 2010）。在另外一项报道中，研究人员将斑马雀（*Taeniopygia guttata*）鸟蛋暴露于环境剂量的 BDE-99（10 ng/枚、100 ng/枚和 1000 ng/枚，一次性注射），斑马雀成年后血浆中总 T3、游离 T3、总 T4 和游离 T4 的水平均未发生显著变化，体重与对照组也没有差异，但其子代的体重在最高组较对照组降低（Winter et al., 2013）。遗憾的是作者没有对后代的甲状腺激素水平进行测定，因此不能确定是否存在与哺乳类和鱼类中类似的现象，即 PBDEs 可以引起传代毒性，对子代甲状腺激素的影响比母代中更为显著。总之，野外和室内研究表明，PBDEs 暴露对鸟类甲状腺激素水平的影响并不像在哺乳动物和鱼类中那样显著。

　　两栖动物存在一个明显的变态发育过程，而这一过程主要受到甲状腺激素的调控。因此，两栖动物的变态发育时间、甲状腺组织学形态、甲状腺激素水平以及与甲状腺相关基因的表达等，可以作为评价甲状腺干扰效应。目前，关于 PBDEs 对两栖动物甲状腺内分泌干扰作用的研究相对较少。加拿大学者将非洲爪蟾（*Xenopus laevis*）蝌蚪投喂含 DE-71（0.0001 μg/g、0.01 μg/g、1 μg/g、1000 μg/g 和 5000 μg/g）的饲料 14 d，然后投喂不含 DE-71 的饲料 7 d，结果发现最高剂量暴露组蝌蚪的甲状腺腺体大小和细胞结构未发生明显变化，但是在 1 μg/g 及更高剂量暴露组蝌蚪的变态发育过程受到显著的抑制（Balch et al., 2006）。我国学者将变态发育期的非洲爪蟾蝌蚪暴露于环境浓度（1 ng/L、10 ng/L、100 ng/L、1000 ng/L）的十溴二苯醚的工业产品 DE-83R，发现所有浓度组蝌蚪甲状腺均出现代偿性的组织改变，包括多层滤泡上皮细胞、滤泡腔内胶质面积减少等，同时蝌蚪尾部 *trβa* mRNA 表达水平显著降低，这些结果暗示着甲状腺激素水平可能被降低（Qin et al., 2010a）。类似地，以十溴二苯醚 BDE-209（100 ng/L）暴露变态发育期的黑斑蛙蝌蚪，导致其前腿展开时间有延长的趋势，但与对照组没有显著性差异；但蝌蚪甲状腺滤泡腔内胶质面积减少，甲状腺滤泡上皮细胞高度显著增加等代偿性改变，并且脑组织内 *dio2* 和尾组织内 *dio3* 的表达水平受到抑制，但 *trβa* 的表达水平无显著性变化(徐海明等,2014)。上述结果表明,无论是低溴代还是高溴代的 PBDEs 均可对两栖类动物的甲状腺内分泌系统及相关功能产生影响。

5.4.5　小结

在本小节中,我们重点分析和总结了多溴二苯醚对甲状腺内分泌系统的干扰效应和作用机制。PBDEs 及其代谢产物可通过受体介导的和非受体介导的途径产生甲状腺内分泌干扰活性,而其干扰能力取决于溴化程度、取代基团种类和取代位置等结构因素。在环境相关剂量下,低溴代和高溴代的 PBDEs 可在哺乳动物、鱼类、两栖类和鸟类等生物体内引起甲状腺内分泌干扰效应,而这种效应甚至可以传递至子代。因此,PBDEs 很可能对环境和野生生态系统造成潜在风险,在生态风险评价和环境管理中应引起充分的重视。

5.5　PBDEs 生殖内分泌干扰效应

5.5.1　PBDEs 生殖内分泌干扰效应的离体研究

目前用于评价生殖内分泌干扰效应的体外测试方法有荧光素酶报道基因法、重组酵母筛选方法、细胞增殖法、原代细胞培养法等,使用的离体细胞模型主要有卵巢癌细胞(ovarian cancer cells)、乳腺癌细胞(breast cancer cells)、睾丸间质细胞(Leydig cells)和人肾上腺皮质癌(H295R)细胞等。基于不同方法和模型的大量研究证据都显示,PBDEs 具有生殖内分泌干扰效应。PBDEs 对生殖内分泌系统的作用机制也可分为受体介导的和非受体介导的作用途径。

1. 受体途径

与 TR 不同的是,雌激素受体(estrogen receptor,ER)或雄激素受体(androgen receptor,AR)均属于 I 型核受体,这类核受体通常与热休克蛋白(heat shock protein,HSP)形成复合物,位于细胞质中。当雌激素与受体结合后,ER 受体与 HSP 解离,进入细胞核中,形成同源二聚体,结合至 DNA 的雌激素应答元件(estrogen response elements,EREs)。DNA-受体复合物富集共激活因子蛋白并激活雌激素响应基因的转录(Oyola et al.,2016)。PBDEs 可以作为 ER 或 AR 的激动剂或拮抗剂对生殖内分泌系统的产生干扰(Meerts et al.,2001;Hamers,2006),其可能的作用机制包括与雌激素或雄激素竞争结合其受体,通过分子伴侣影响受体-配体复合物的稳定性,干扰共激活因子或共抑制因子的招募,影响目标基因的转录活性及其下游调控基因的相关功能等(图 5-5)。

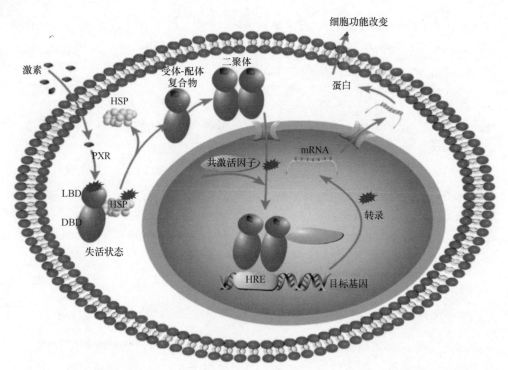

图 5-5　类固醇激素受体介导的 PBDEs 的生殖内分泌干扰效应（修改自 Oyola et al.，2016）
PBDEs 可能与性激素激素（E2 或 T）竞争结合其受体（ER 或 AR），通过分子伴侣（如 HSP）影响受体-配体复合物的稳定性，影响 DNA-复合物对共抑制因子或共激活因子的招募，影响类固醇激素受体的转录活性及对目标基因及相关功能的调控。LBD：配体结合域；DBD：DNA 结合域；HSP：热休克蛋白；HRE：激素应答元件

1）ER

　　大量研究证实，PBDEs 及其代谢产物对 ER 可能表现出激动效应，也可能表现出拮抗效应，具体可能随不同单体的结构（溴化程度、取代基团和取代位置）而有所差异，同时还可能与所采用的测试方法和体系有关。

　　研究人员选择了 3 种细胞系，建立了雌激素受体的化学活性荧光素酶报道基因表达方法（chemical activated luciferase gene expression，CALUX），并以此研究了 PBDEs 和 OH-PBDEs 的雌/抗雌激素活性。结果表明：在人乳腺癌细胞 T47D 中，11 种 PBDEs 和 2 种 OH-PBDEs 表现为 ER 激动剂，而 3 种高溴代 PBDEs（BDE-153、BDE-166 和 BDE-190）表现出抗雌激素效应；在稳定转染特异性 ERα 或 ERβ 的人胚胎肾细胞系（293-ERα/β-Luc）中，BDE-30、BDE-100 和 OH-PBDEs 均表现为 ERα 和 ERβ 受体激动剂。他们的研究还发现，与甲状腺激素结构类似的 OH-PBDEs 的雌激素活性顺序为：与 T2 结构类似的 OH-PBDEs（EC_{50}=0.1 μmol/L）>与 T3 结构类似的 OH-PBDEs（EC_{50}=0.5 μmol/L）>>与 T4 结构类似的 OH-PBDEs，即 OH-PBDEs 中羟基附近溴越少雌激素活性越强（Meerts et al.，2001）。 在之后的一系列报道中，研究人员通过类似的 ER-CALUX 方法检测了 27 种溴代阻燃剂潜在的雌激素干扰活性，发现低溴代的四溴至六溴二苯醚（如 BDE-19、BDE-28、BDE-38、BDE-47、BDE-49、BDE-79、BDE-100 和 BDE-155）表现为 ER 激动剂，其中 BDE-19 的活力最强；而七溴二苯醚（BDE-181、BDE-183、BDE-185 和 BDE-190）和 6-OH-BDE-47 表现为 ER 拮抗剂，其中 6-OH-BDE-47 的抗雌激素效应最强（Hamers，2006；Hamers et al.，2008）。

　　研究人员建立了雌激素反应元件驱动的荧光素酶报道基因（ERE-luciferase）方法，并比较了 DE-71 在大鼠肝脏微粒体代谢前后的诱导活性，发现经微粒体代谢后 DE-71 对该报道基因的诱导活性增强。他们还通过重组 ERα 受体竞争结合实验和荧光素酶报道基因实验研究了 DE-71 及其 6 种主要代谢产物的雌激素干扰活性，结果发现，DE-71 不能从重组 ERα 受体上将 E2 替换下来，而其代谢产物均可以与 E2 竞争结合 ERα 受体，并且对位羟基化代谢物（4-OH-BDE-17、4-OH-BDE-42 和 4'-OH-BDE-49）与 ERα 受体的结合能力高于邻、间位代谢物（2-OH-BDE-28、3-OH-BDE-47 和 6-OH-BDE-47）。此外，DE-71 可显著诱导稳定转染 ERE-luciferase 的卵巢癌细胞（BG1LucE2）中报道基因的表达（$EC_{50} = 3.7×10^{-5}$ mol/L），其代谢产物（除 6-OH-BDE-47 外）均可诱导报道基因的表达，其中对位羟基化代谢产物 4'-OH-BDE-17 的雌激素诱导活性是 DE-71 的 10 倍左右（$EC_{50} = 4.7×10^{-5}$ mol/L），对羟基化的 4-OH-BDE-42 和 4'-OH-BDE-49 也表现出一定的雌激素诱导活性，而邻位羟基化代谢物 2-OH-BDE-28 表现出抗雌激素活性，间位和邻位代谢物 3-OH-BDE-47 雌激素活性非常弱甚至无雌激素活性。因此，他们推测 DE-71 表现出来的弱雌激素效应可能主要由其代谢产物引起，且对位代谢产物的贡献大于邻位和间位代谢产物（Mercado-Feliciano and Bigsby，2008）。

　　类似地，日本学者以中国仓鼠卵巢细胞为对象，使用 ERα/β-CALUX 方法，检测了 8 种 PBDEs、4 种对 OH-PBDEs 和 4 种对 MeO-PBDEs 的雌激素干扰活性。结果发现，有 6 种表现为 ERα 激动剂（活性顺序为：4'-HO-BDE-17 >> 4'-MeO-BDE-17、4-HO-BDE-42 > BDE-100 > BDE-47 > BDE-28），6 种表现为 ERα 拮抗剂（4'-HO-BDE-49、4-MeO-BDE-90 > BDE-153 > 4'-MeOBDE-49 > BDE-99 > 4'-HO-BDE-17），2 种表现为 ERβ 激动剂（4'-HO-BDE-17、4-HOBDE-42）；6 种表现为 ERβ 拮抗剂（4'-HO-BDE-49 > BDE-100、BDE-153 > 4'-MeO-BDE-49 > 4-MeO-BDE-90 > BDE-99），其中对羟基化的 4'-HO-BDE-17 和 4'-HO-BDE-49 分别表现出最强的雌激素活性和抗雌激素活性（Kojima et al.，2009）。

　　总之，上述研究表明，PBDEs 的羟基化代谢产物对 ER 的干扰活性高于母体化合物和甲氧基代谢产物，且 OH-PBDEs 对 ER 的干扰活性与—OH 的取代位置有关，一般来说，对位取代的 OH-PBDEs 的干扰活性高于邻位和间位取代的 OH-PBDEs。为了更进一步了解 PBDEs 及其代谢产物的结构特征（溴原子取代数目、取代基团种类和取代位置等）与其 ER 干扰活性的关系，研究人员也采用计算毒理学方法进行了一系列的研究，并且根据研究结果建立了 QSAR 模型用于预测与 PBDEs 具有相似结构的化合物的雌/雄激素干扰活性。

我国学者利用分子对接方法研究了 47 种 PBDEs 及代谢产物（包括 30 种母体化合物和 17 种代谢产物）与人雌激素受体 α（hERα）的结合构象特征，并整理了文献报道的雌激素干扰活性的离体测试结果，通过对比分析了具有类/抗雌激素活性的 PBDEs 及代谢产物与 hERα 的结构特征和作用方式（Yang et al.，2010）。结果表明，对于 PBDEs 母体化合物，低溴代同系物与 hERα 对接构象打分值普遍偏高，即具有较好的结合能力，而高溴代同系物与 hERα 对接构象打分值则普遍偏低，即结合能力较差，这与离体测试中低溴代同系物表现出类雌激素效应，而高溴代同系物没有类雌激素效应的结果相一致。然而 BDE-15（4,4'-BDE）、BDE-39（3,4',5-BDE）和 BDE-77（3,3',4,4'-BDE）等低溴代同系物，虽然也可与 hERα 对接，但在离体测试中并没有表现出类雌激素活性，这可能是由于它们没有邻位取代的溴原子，因而热力学性质十分稳定，不能诱导雌激素活性。对于 OH-PBDEs 而言，是否表现出类雌激素活性，与苯环上的—OH 是否能够与 hERα 中的残基 GLU53 和/或 ARG394 形成氢键有密切关系：3'-HO-BDE-7、4'-HO-BDE-17、4'-HO-BDE-69 等均可以与 GLU53 和/或 ARG394 形成氢键，而它们在离体测试中表现出具有类雌激素活性；4'-HO-BDE-49、4-HO-BDE-90、4'-HO-BDE-121 和 3-HO-BDE-47 等单体主要与 hERα 的其他残基形成了氢键，而 2'-HO-BDE-28 不能与 hERα 形成氢键，相应地，它们在离体测试中均未表现出类雌激素活性。而对于 MeO-PBDEs，决定其是否具有类雌激素活性的关键因素并不是氢键，而是疏水作用力。邻位取代的 MeO-PBDEs（如 2'-MeO-BDE-68 和 6-MeO-BDE-47）上的疏水性 MeO—可以很好地与疏水性的 hERα 的配体结合区匹配，且位于结合腔的中部，而对位取代的 MeO-PBDEs（如 4-MeO-BDE-42、4'-MeO-BDE-49 和 4-MeO-BDE-90），其 MeO—位于结合腔两端的亲水区，且与两端的亲水基团不匹配，这一现象从理论上解释了为何邻位取代的 MeO-PBDE 具有较强的类雌激素活性，而对位取代的 MeO-PBDE 的类雌激素活性较弱或不具有类雌激素活性。此外，他们的研究还表明，PBDEs 及代谢产物是否具有抗雌激素活性决定于它们和 ER 的结合方式。对接构象的分析结果表明，大部分在离体测试中具有类雌激素活性的 PBDEs 及代谢产物与 hERα 结合方式与天然配体 E2 相似，即位于由 GLU53、ARG394、GLY420 和 HIS524 等残基构成的配体结合腔内部，而在离体测试中表现出抗雌激素活性的 PBDEs 及代谢产物的部分结构将取代 hERα 受体的螺旋 H12，从螺旋 H3 和螺旋

H11 之间的通道伸出，这种构象与雌激素受体拮抗剂雷洛昔芬和 4-羟基他莫昔芬的结合方式类似。总之，PBDEs 及代谢产物对雌激素受体的干扰活性决定于其自身的分子结构特征（溴原子取代数目、取代基团的种类和取代位置）以及由此导致的与雌激素受体的结合作用力、结合位点、结合构象等差异。

在另外一项研究中，我国学者基于文献报道的 PBDEs 与 ER 的相互作用数据，通过比较分子场分析法（comparative molecular field analysis，CoMFA）和 CoMSIA 建立了 log（1/EC$_{50}$）的 QSAR 模型，分析了不同作用力对 PBDEs 与 ER 结合能力的贡献（高长安等，2007）。结果表明，疏水作用在 PBDEs 与 ER 结合中的贡献最大，而立体空间效应和静电效应也可能影响 PBDEs 与 ER 的疏水性相互作用，因此对 PBDEs 与 ER 结合也有重要作用；而氢键给体/受体场的贡献几乎为零，暗示在 PBDEs 与 ER 结合过程中不太容易形成氢键，或者氢键并不稳定，这可能与离体测试中 PBDEs 与 ER 的结合能力不强，从而表现出弱雌/抗雌激素效应有关。但是上述模型的拟合优度不高，因而对结构类似的化合物与 ER 结合能力的预测能力有限。

意大利学者根据文献中 BFRs（包括 PBDEs）对 ER 的干扰活性数据将其分成不同活性等级，并基于邻近算法（k-nearest neighbor method，k-NN）建立 QSAR 模型预测具有类似结构的 BFRs 是否具有雌激素干扰活性（Kovarich et al.，2011）。其中，类雌激素干扰活性的预测模型包括两个二维参数，即表征溴化程度的平均电性拓扑态（mean electrotopological state，Ms）和表征原子范德华体积的 Burden 矩阵最高特征值（highest eigen value n.7 of Burden matrix，BEHv7）。根据这一模型，具有雌激素活性的 PBDEs 主要为低溴代（二溴至四溴）的同系物，其中溴原子取代为（2,2′,6）和（2,2′,4）的同系物出现频率最高，这与 Hamers 等（2001）的离体测试结果一致。但是该模型在预测 OH-PBDEs 及双酚 A 等化合物的雌激素干扰活性时，表现并不理想，这可能与建模时采用的数据有限，且与这些物质的结构上差异有关。抗雌激素干扰活性的预测模型也包括两个二维参数，即表征取代程度、溴取代基与氧原子距离的准-维纳和基尔霍夫指数以及芳环上羟基的数量（number of aromatic hydroxyls，nArOH）。而根据这一模型，具有抗雌激素活性的主要包括高溴代（七溴至八溴）的 PBDEs 同系物以及 OH-PBDEs。这与 Hamers（2006）的离体测试结果基本一致。值得注意的是，上述这些模型选择的参数都比较简单，而且多是基于配体化合物的结构特征，因此应用范围和预测准确性都有局限性。要想建立具有准确预测能力的模型，需要细化模型参数和表征方法，同时还要明确其毒作用模式，比如污染物是通过与受体结合而产生内分泌干扰效应，还是通过对酶活性的诱导或抑制引起性激素水平变化而产生内分泌干扰效应。

2）AR

已经有很多的离体研究证实，PBDEs 及其代谢产物对 AR 主要表现为拮抗效应。在一项以大鼠前列腺细胞质为研究对象的研究中，研究人员通过受体竞争结合实验测试了 5 种 PBDEs 单体（BDE-47、BDE-99、BDE-100、BDE-153 和 BDE-154）以及 1 种商业化混合物 DE-71 与 AR 的直接结合能力，结果发现所有受试混合物及单体均可以抑制［^{3}H］R1881 与 AR 的结合，其中 DE-71 和 BDE-100 对 AR 的竞争结合能力最强；他们进一步以人乳腺癌细胞 MDA-Kb2 为研究对象，通过 AR 转录激活的荧光报道基因方法研究发现，DE-71、BDE-47 和 BDE-100 抑制双氢睾酮（dihydrotestosterone，DHT）诱导的 AR 转录激活，其余三种单体则不能抑制 AR 的转录激活（Stoker et al.，2005）。

在另一项报道中，研究人员以人成骨细胞 U-2 OS 为研究对象，使用 AR-CALUX 方法对 19 种 PBDEs 单体、一种五溴 PBDEs 混合物 DE-71、一种八溴 PBDEs 混合物 Octa LM，还有一种 OH-PBDEs（6-OH-BDE-47）的 AR 干扰活性进行了测试（Hamers，2006）。结果表明，所有受试的 PBDEs 单体及混合物对 AR 均无诱导活性。但除了 BDE-169、BDE-206、BDE-209 外均可以抑制双氢睾酮诱导的 AR 转录活性，其中抑制能力最强的单体是邻位取代的 BDE-19（2,2′,6-BDE，$IC_{50} = 0.060$ μmol/L）和邻间对位取代 BDE-49（2,2′,4,5′-BDE，$IC_{50} = 0.067$ μmol/L），其次是邻对位取代的 BDE-47（2,2′,4,4′-BDE，$IC_{50} = 1$ μmol/L）和 BDE-100（2,2′,4,4′,6-BDE，$IC_{50} = 1$ μmol/L），这几种单体对 AR 转录活性的抑制能力甚至超过了作为阳性对照的抗雄激素药物氟他胺（$IC_{50} = 1.3$ μmol/L）；羟基化的 6-OH-BDE-47 对 AR 转录活性的抑制能力（$IC_{50} = 2.0$ μmol/L）低于其母体化合物 BDE-47；五溴 PBDEs 混合物 DE-71 对 AR 转录活性的抑制能力（$IC_{50} = 2.0$ μmol/L）高于八溴混合物（$IC_{50} > 15$ μmol/L）。

类似地，日本学者以中国仓鼠卵巢细胞为对象，通过 AR-CALUX 方法检测了 8 种 PBDEs、4 对 OH-PBDEs 和 4 对 MeO-PBDEs 的雄激素活性。结果表明，所有受试 PBDEs 及代谢产物均不能诱导 AR 的转录活性；但除 BDE-15、BDE-153、BDE-209 和 4-HO-BDE-90 外，其余 12 种均可抑制双氢睾酮诱导的 AR 转录活性，其抑制能力从高到低的顺序为：4′-HO-BDE-17 > BDE-100 > 4-HO-BDE-42、BDE-47>BDE-85 > 4′-HO-BDE-49 > BDE-28 > 4′-MeO-BDE-17、BDE-99 > 4′-MeO-BDE-49、4-MeO-BDE-42、4-MeO-BDE-90（Kojima et al.，2009）。

我国学者以人乳腺癌细胞 MDA-Kb2 为对象建立了雄激素应答元件驱动的报道基因方法，研究了 8 种 OH-PBDEs 和 8 种 MeO-PBDEs 的雄激素干扰活性，结果发现，所有受试的 OH-PBDEs 和 MeO-BDE 均不具有雄激素激动活性，而

6′-HO-BDE-17、6′-MeO-BDE-17、6-MeOBDE-47、4′-HO-BDE-49、6-MeO-BDE-90、6-MeO-BDE-85、6-HO-BDE-90、3-MeO-BDE-100、2-HO-BDE-123 和 4′-MeO-BDE-49 表现出抗雄激素活性,其中邻位取代的 6′-HO-BDE-17 的干扰能力最强(Wang et al.,2013)。

　　总之,到目前为止的离体研究表明,PBDEs 及其代谢产物不具有类雄激素活性,但具有较强的抗雄激素活性,其活性随溴原子数目增加而降低;而相同溴原子数目的同系物中,邻位取代的同系物的抗雄激素活性高于间位和对位取代的同系物,并且母体化合物的抗雄激素活性高于其羟基化代谢产物。研究人员通过计算毒理学方法进一步揭示了 PBDEs 及其代谢产物的结构特征(溴原子取代数目、取代基团种类和取代位置等)与其 AR 干扰活性的关系。

　　瑞典学者通过 AR-CALUX 方法对 26 种 BFRs(包括 19 种 PBDEs,1 种 OH-PBDE,6 种其他溴代阻燃剂及衍生物)的抗雄激素活性进行了测试,并基于获得的数据建立了 QSAR 模型,模型参数包括分子能量值、转动惯量、平均分子极化率、总偶极矩、溶剂可及体积及表面积、邻间对位溴原子数目,以及溴原子在芳环上的分布等共 25 个表征化合物电子、亲脂性和结构特征的理化参数(Harju et al.,2007)。根据模型预测结果,BDE-19(2,2′,6-BDE)的抗雄激素活性最高,其次为 BDE-10(2,6-BDE)、BDE-24(2,3,6-BDE)、BDE-30(2,4,6-BDE)、BDE-45(2,2′,3,6-BDE)、 BDE-50(2,2′,4,6-BDE)、 BDE-51(2,2′,4,6′-BDE)、 BDE-62(2,3,4,6-PBDE)和 BDE-65(2,3,5,6-BDE)等低溴代 PBDEs。通过对模型参数进一步分析发现,这类化合物的抗雄激素活性主要与其分子大小和构象(扭转能和转动惯量)、电子特征(偶极子指数和亲核性)有关,而邻位取代的 PBDEs(如 BDE-19)这些参数的贡献尤为突出,这可能从理论上解释了邻取代位对抗雄激素活性具有重要作用的原因。此外,不同芳环上溴原子的取代位置的不对称分布的 PBDEs 同系物往往具有更强的抗雄激素活性。

　　我国学者基于文献报道的 PBDEs 与 AR 的相互作用数据(IC_{50}),通过 CoMSIA 方法构建了–$logIC_{50}$ 的 QSAR 模型,发现立体场、静电场和疏水作用力对–$logIC_{50}$ 的贡献率分别为 13.1%、61.0% 和 25.9%,说明 OH-PBDEs 与 AR 的相互作用主要与静电和疏水作用力相关,并且进一步证实了溴取代基在邻位的 PBDEs,其抗雄激素活性则较强,而溴取代基在间、对位的 PBDEs,其抗雄激素活性则相对弱(Yang et al.,2009)。意大利学者根据文献报道的 BFRs(主要为 PBDEs)对 AR 的干扰活性数据,以表征溴原子数目和取代位置的 8 阶拓扑电荷指数为参数,基于 k-NN 方法建立了 QSAR 模型预测具有类似结构的 BFRs 是否具有雄激素干扰活性(Kovarich et al.,2011)。预测结果表明,不具有抗雄激素活性的化合物绝大部分含有间位和对位的取代基团,说明间位和对位的取代基团不利于化合物的抗雄激素活性，且这一规律在与 PBDEs 结构类似的化合物（TBBPA 衍生物和其他 BDE-209 替代品）中同样存在。

上述研究表明，PBDEs 及其代谢产物对雌激素受体既可表现为激动剂又可表现为拮抗剂，而对雄激素受体则主要表现为拮抗剂。PBDEs 及其代谢产物中取代基团的位置对其雌激素受体和雄激素受体干扰活性的贡献有所差异：对位取代基团有利于对雌激素受体的干扰活性，而邻位取代基团有利于对雄激素受体的干扰活性。

2. 非受体途径

除了受体介导反应模式之外，PBDEs 还能通过破坏内源性激素的合成、转化和代谢等发挥内分泌干扰活性（Hamers，2006；He et al.，2008）。在具有类固醇激素分泌超微结构的细胞（如肾上腺皮质细胞、卵巢细胞和睾丸间质细胞等）中，由垂体分泌的刺激因子，如绒毛膜促性腺激素（chorionic gonadotropin，CG）和促黄体生成素（luteotropic hormone，LH）等与其受体结合，激活 G 蛋白，诱导腺苷酸环化酶（adenylate cyclase，AC）的活化，导致环状磷酸腺苷（cyclic adenosine monophosphate，cAMP）水平的升高，并进一步通过蛋白激酶 A（protein kinase A，PKA）激活类固醇激素合成相关的信号通路。其中类固醇激素合成急性调节蛋白（steroidogenic acute regulatory protein，StAR）调控胆固醇从线粒体外向内的转运过程，是类固醇激素合成的第一个限速步骤。胆固醇在线粒体内胆固醇侧链裂解酶（cholesterol side-chain cleavage enzyme，P450scc）的作用下转化为 22(R)-羟基胆固醇（22R-hydroxycholesterol，22R-HC）并进一步转化为孕烯醇酮，孕烯醇酮在 3β-羟类固醇脱氢酶（3β-hydroxysteroid dehydrogenase，3β-HSD）的催化作用下转化为孕酮。孕酮在多种 CYPs 基因编码的酶（如 CYP17，CYP21，CYP11B1）和羟类固醇脱氢酶（3β-HSD，17β-HSD）的作用下生成睾酮（testosterone，T），而 T 在芳香化酶的作用下转化为雌二醇。

由 CYP19 编码的 P450 芳香化酶能催化雄烯二酮向雌激素酮的转化，以及睾酮向雌二醇的转化过程，在雌激素的生成以及性激素的平衡过程中具有关键作用。研究人员以人肾上腺皮质癌（H295R）细胞为研究体系，以 ^{3}H$_2$O 的生成量反映同位素标记的雄烯二酮被催化转化的程度来表征芳香化酶的活性，通过这种方法评价了 19 种 PBDEs、5 种 OH-PBDEs 和 1 种 MeO-PBDE 在 0.5～7.5 μmol/L 的剂量范围内对芳香化酶活性的影响（Cantón et al.，2005）。结果表明，在受试的 PBDEs 母体化合物中，低溴代的 BDE-28 和 BDE-38 在最高浓度 7.5 μmol/L 时，对芳香化酶有非常弱的诱导；高溴代的 BDE-206 和 BDE-209 在最高浓度 7.5 μmol/L 时，显著抑制芳香化酶活性，这与之前研究中发现的低溴代 PBDEs 具有雌激素活性，高溴代 PBDEs 具有抗雌激素活性的现象相一致（Meerts et al.，2001）。而在受试的 OH-PBDEs 中，—OH 取代位在 6 位的 PBDEs（如 6-OH-BDE-99 和 6-OH-BDE-47）能显著抑制芳香化酶活性，而—OH 在 2,4 位的 PBDEs（如 2-OH-BDE-28、4-OH- BDE-42 和 4-OH-BDE-49）却未观察到抑制芳香化酶活性的效应，表明 6 位取代的—OH 对抑制芳香化酶的活性有重要的贡献（Cantón et al.，2005）。他们的研究结果还表明，虽然 BDE-47 不能抑制芳香化酶的活性，但其代谢产物 6-OH-BDE-47 和 6-MeO-BDE-47 均可显著抑制芳香化酶的活性，且 6-MeO-BDE-47 的抑制能力更高，这一点不同于它们对雌激素受体和雄激素受体的干扰活性（OH-PBDEs 的干扰活性往往高于 MeO-PBDEs）。

　　CYP17 基因编码的 CYP17 酶，可以催化孕烯醇酮和孕酮的 17-羟化过程（即表现出 17α-羟化酶活性）以及由 17-羟孕酮转化为雄烯二酮、由 17-羟孕烯醇酮转化为脱氢表雄酮的过程（即表现出 17,20-裂解酶活性），在甾体激素生成的关键分支点起重要作用。研究人员以 H295R 细胞为研究体系，通过孕烯醇酮向脱氢表雄酮的转化程度表征 CYP17 酶活性，并以此方法评价了 6 种 PBDEs、5 种 OH-PBDEs 和 2 种 MeO-PBDEs 在 0.01~10 μmol/L 的剂量范围内对 CYP17 酶活性的影响（Cantón et al.，2006）。结果表明，在 1 μmol/L 的剂量下，仅 6-MeO-BDE-47 可以显著抑制 CYP17 酶的活性；而在 10 μmol/L 的剂量下，对除了 BDE-183 外其他受试的 PBDEs 母体化合物（BDE-47、BDE-49、BDE-99、BDE-100 和 BDE-209）均不能影响 CYP17 酶的活性；但除 4′-OH-BDE-42 和 4′-MeO-BDE-49 外，几乎所有受试的代谢产物均可显著抑制 CYP17 酶的活性，其抑制能力小大依次为：6-MeO-BDE-47 > 6-OH-BDE-99 > 4′-OH-BDE-49 > 2′-OH-BDE-47 > 2′-OH-BDE-28，表明 PBDEs 的代谢产物较母体化合物对 CYP17 酶活性的影响更为显著，而代谢产物对 CYP17 酶活性的影响与—MeO 和—OH 的取代位置有关。然而，根据细胞活力检测结果，4′-OH-BDE-49 和 2′-OH-BDE-28 处理组的细胞活力显著降低，因此作者推测，这些代谢产物对 CYP17 的抑制效应在一定程度上可能与—OH 引起的细胞毒性有关。

　　我国学者以 H295R 细胞为对象，研究了 PBDEs 代谢产物（包括 8 种 OH-PBDEs 和 8 种 MeO-PBDEs）对该细胞中 E2 和 T 的合成、芳香化酶活性以及包括 CYP19 在内的 10 种与类固醇激素的合成和代谢有关基因的影响（He et al.，2008）。结果表明，6-MeO-BDE-85 可以显著诱导 H295R 细胞中的 T 和 E2 的生成（分别比对照组增加 0.8 倍和 2.27 倍），同时显著诱导芳香化酶的活性（增加 2.65 倍）以及 cyp19、cyp11b2、cyp21、3β-hsd2 和 17β-hsd1 等基因的表达，表明 6-MeO-BDE-85 可能通过促进类固醇激素的合成关键基因的表达促进性激素的合成，并通过诱导芳香化酶活性促进 T 向 E2 的转化；6-MeO-BDE-137 可通过抑制芳香化酶的活性，显著增加 T 的含量水平，同时诱导 *cyp19*、*cyp11b2*、*3β-hsd2*、*17β-hsd1* 和 *17β-hsd4* 等基因的表达；2′-MeO-BDE-28 可显著抑制 E2 的生成，对芳香化酶的活性没有显著影响，但可以诱导 *cyp11a*、*cyp11b2*、*cyp17*、*cyp19*、*17β-hsd1*、*17β-hsd4* 和 *star* 等基因的表达。这些结果表明，PBDEs 代谢产物对类固醇激素的影响是在多个环节的共同调控下完成的。此外，还有 2 种 MeO-PBDEs（6-MeO-BDE-47 和 2′-MeO-BDE-68）可影响芳香化酶的活性，而其他 3 种 MeO-PBDEs 和所有受试的 OH-PBDEs 虽然可以在不同程度上影响类固醇激素的合成关键基因的表达，但是对芳香化酶活性无影响，也不能影响 E2 和 T 的生成，这与之前在 H295R 细胞试验中发现的，邻位取代的—MeO 代谢产物与其他取代位的—MeO 代谢产物和—OH 代谢产物相比，对酶活性影响较更为显著的结果相一致。

　　正如以上研究所示，PBDEs 对性激素合成的影响是多个环节共同作用的结果，关于其中的具体调节机制，研究人员也开展了进一步研究，但多集中于 BDE-47 等主要单体。如我国学者以原代培养的大鼠成体睾丸间质细胞（rat adult Leydig cells，ALCs）研究了 BDE-47 对 T 的合成及类固醇激素合成过程中的关键因子 cAMP、StAR 和 P450scc 的影响（Zhao et al.，2011）。结果表明，在较低剂量范围（$10^{-8} \sim 10^{-5}$ mol/L）内，BDE-47 不能影响 ALCs 细胞 T 的基础合成水平和 StAR 的蛋白表达量，但当分别加入 8-Br-cAMP（cAMP 的类似物）和 22*R*-HC（P450scc 的反应底物）作为刺激因子后，BDE-47 可显著诱导 ALCs 细胞中 T 的合成，表明较低浓度的 BDE-47 可激活 cAMP 调控的信号通路和 P450scc 酶的活性。值得注意的是，这些关键因子的改变，并不一定导致性激素水平的变化，这与 He 等（2008）的研究结果相一致，原因可能是存在其他补偿性的调节机制。而当 BDE-47 剂量达到 10^{-4} mol/L 时，ALCs 细胞中 StAR 的蛋白表达量均显著升高，并且 T 的基础合成和 22*R*-HC 诱导的合成水平均显著升高，但 8-Br-cAMP 诱导的 T 的合成与对照组相比没有显著差异，表明在高剂量下，BDE-47 可以通过 StAR 调节的胆固醇的摄入以及 P450scc 酶的催化作用促进 T 的合成。

　　我国学者进一步研究了在小鼠睾丸间质瘤细胞（mouse Leydig tumor cells，mLTC-1）中，较低剂量（0.04～25 μmol/L）的 BDE-47 对胆固醇生成孕酮过程的影响和作用机制（Han et al.，2012）。结果表明，5 μmol/L 和 25 μmol/L BDE-47 可以抑制人绒毛膜促性腺激素（hCG，可激活黄体生成素受体）和腺苷酸环化酶激活剂 forskolin 诱导的 cAMP 和孕酮的生成，表明 BDE-47 可能通过抑制 LH 和 AC 介导的生化过程中 cAMP 的生成影响孕酮的合成；但 BDE-47 不能影响霍乱霉素（cholera toxin，CT，可激活 G 蛋白）诱导的 cAMP 和孕酮的生成，即 CT 可以消除 BDE-47 对 cAMP 和孕酮生成的抑制效应，表明 G 蛋白可能参与细胞内的补偿性调节。类似地，他们也证实了 BDE-47 可以影响 cAMP 之后的调控因子：在分别加入 8-Br-cAMP、22*R*-HC 和孕烯醇酮（3*β*-HSD 的反应底物）后，BDE-47 依然可以抑制孕酮的生成；相应地，他们发现 5 μmol/L 和 25 μmol/L 的 BDE-47 可以显著降低 *p450scc* mRNA 及蛋白质的含量，以及 *3β-hsd* mRNA 的表达量，进一步证实了 BDE-47 可以通过这两种酶来影响孕酮的生成。但在测试浓度范围内（0.04～25 μmol/L），BDE-47 不能影响 *star* mRNA 及蛋白质表达水平，这与之前在低剂量下不能影响 StAR 的结果一致（Zhao, et al., 2011）。上述结果表明，在较低剂量下 BDE-47 不能影响胆固醇的摄入过程。类似地，后续相关研究表明，四溴和五溴二苯醚的混合物 PBDE-710 可以诱导原代培养的大鼠睾丸间质细胞中 cAMP 的生成并导致 T 的基础合成增加；通过 hCG、8-Br-cAMP 和 forskolin 等刺激因子的加入，证实了 PBDE-710 对 cAMP/PKA 信号通路的影响，并且通过免疫染色和免疫印迹方法证实了对 PKA 转位的影响；此外，他们还发现 PBDE-710 可以 P450scc 酶的活性以及 *star* 基因的表达（Wang et al., 2011）。

在以上的研究中，证实了 PBDEs 可能通过类固醇激素合成过程中的多个环节，影响性激素的合成及转化。然而对于 PBDEs 及其代谢产物对性激素系统的影响和作用机制，特别是结构-效应关系的进一步探索，不仅会完善我们对 PBDEs 的内分泌干扰效应及作用机制的了解，同时也将为化合物毒性效应预测及风险管理提供新的思路和方法。

5.5.2　PBDEs 对鱼类的生殖内分泌干扰效应

在鱼类中，生殖功能是由下丘脑-垂体-性腺（hypothalamic-pituitary-gonadal, HPG）轴以及肝脏（liver），也称为 HPGL 轴调控的。离体研究表明，PBDEs 可以通过干扰类固醇激素的合成过程影响性激素水平和内稳态平衡，也可以影响性激素受体及其调节的信号通路，并导致与生殖相关的组织和细胞发生形态学改变（Hamers, 2006；He et al., 2008）。上述结果在鱼类研究中得到了证实。美国学者评估了美国哥伦比亚河中雄性鲶鱼的生殖指标，发现血浆中 *vtg* 含量与 BDE-47、BDE-153 和 ΣPBDEs 的含量呈正相关关系，而精子活力与 ΣPBDEs（BDE-47、BDE-100、BDE-153、BDE-154）的含量呈负相关关系，证实野生生物的生殖系统损伤与环境中 PBDEs 的暴露具有相关性（Jenkins et al., 2014）。

大量实验室研究也表明，PBDEs 可以影响鱼类生殖功能。黑头呆鱼经口暴露于 BDE-47（约 28.7 μg/对成鱼）25 d 后，雄鱼精巢中精母细胞数量增加而成熟精子数量减少 50%，雌鱼产卵力下降，并于两周内繁殖活动停止（Muirhead et al., 2006）。类似地，将斑马鱼暴露于不同浓度（5 μg/L、16 μg/L、50 μg/L、160 μg/L 和 500 μg/L）的 DE-71 30 d 后观察产卵情况，发现在 50 μg/L 及更高浓度组产卵量显著下降，而 500 μg/L 暴露组斑马鱼在 19 d 左右几乎不再产卵（Kuiper et al.,

2008）。我国学者将成年稀有鮈鲫暴露于较低浓度（0.01 μg/L、0.1 μg/L、1 μg/L 和 10 μg/L）的 BDE-209 21d 后，发现 10 μg/L 浓度组雌性稀有鮈鲫性腺指数（gonadosomatic index，GSI）降低，但未伴随明显的卵巢组织病理学变化，而雄鱼中虽然 GSI 没有显著变化，但是精子发生受到抑制（Li et al.，2014）。上述研究表明，低溴和高溴代 PBDEs 的短期暴露均可导致鱼类生殖系统受损并影响正常的繁殖功能。

　　然而在长期暴露条件下，PBDEs 对鱼类生殖系统的影响更为显著，并且可能会将这种影响传递给子代。我国学者将斑马鱼长期胚胎暴露于低剂量的 DE-71（5 ng/L、1 μg/L 和 50 μg/L）至性成熟，发现 F0 代雄鱼脑部 *ghrh*，垂体 *fshβ*、*lhβ* 和精巢 *fshr*、*lhr*、*cyp19a* 等基因的转录水平显著升高，而精巢中 *cyp11a*、*3β-hsd* 和肝脏中 *erα*、*vtg* 和 *ar* 基因的转录水平显著降低，同时雄鱼血清中 E2 水平降低，T 和 11-KT 水平显著升高，且 T/E2 和 11-KT/E2 的比值呈剂量依赖性增加，精巢中精母细胞的比例降低而成熟精子细胞比例增加，且 GSI 较对照组升高。上述结果表明，DE-71 在雄鱼中可能通过 HPGL 轴的调控，促进性激素的合成，改变性激素的内稳态平衡，增加雄性激素的水平和比例，表现出雄激素效应，促进雄性性腺的发育（Han et al.，2011；2013）。而在 F0 代雌鱼脑部 *ghrh* 和垂体 *fshβ*、*lhβ* 以及肝脏 *erα* 和 *ar* 的转录水平也显著升高，但脑 *erβ*、*th*、*tph* 和垂体 *ghrhr* 的转录水平显著降低，而在激素水平上仅发现 E2 水平显著降低，T 和 11-KT 未见显著变化。同时病理组织学结果表明，5 ng/L 浓度组卵巢中卵原细胞（oogonia，Oo）比例增加，卵黄发生前期卵母细胞（previtellogenic oocytes，PreV）比例显著降低，而在 1 μg/L 和 50 μg/L 浓度组卵巢中，Oo、PreV 和卵黄期卵母细胞（vitellogenic oocytes，Vit）的比例显著降低，排卵前期卵母细胞（preovulatory oocytes，PreO）比例显著增加，表明 DE-71 在低浓度下抑制卵子发生过程，而在高浓度下促进卵子发生过程。此外，将 F0 代雌雄鱼配对后，发现平均产卵量和受精率在 5 ng/L 浓度组显著降低，而在 1 μg/L 和 50 μg/L 浓度组显著升高，进一步表明 DE-71 在不同浓度下对鱼类的生殖内分泌系统会表现出不同的干扰效应。以上结果表明，PBDEs 导致鱼类生殖系统损伤的具体作用机制可能十分复杂，除了与自身结构和对作用靶点（如 ER、AR 和 CYPs）的干扰活性有关外，还与暴露剂量、暴露周期和受试生物的生命阶段、性别等因素有关。

　　类似地，将斑马鱼胚胎暴露于一系列浓度的 BDE-209（约为 0.96～960 μg/L）至性成熟（5 个月），发现 F0 代成年后雌雄鱼的 GSI 均显著降低，且雄性 F0 代的精巢重量、精子密度和精子活力等指标均显著降低；将 F0 代配对产卵后，F1 代胚胎的受精卵和孵化率均显著下降，表明 BDE-209 长期暴露会影响斑马鱼生殖系统的发育和繁殖功能（He et al.，2011）。

总之，上述研究表明，PBDEs 暴露会对鱼类生殖系统的发育和繁殖功能产生影响，并且会传递给子代，从而可能造成种群上的退化引起生态学效应。

5.5.3 PBDEs 对鸟类及两栖类的生殖内分泌干扰效应

1）鸟类

已有大量研究报道了 PBDEs 在世界各地鸟类不同组织及鸟蛋中的存在（Lam et al.，2008），而 PBDEs 对鸟类生殖系统的影响也得到了证实。比利时学者将成年雌性欧洲椋鸟暴露于工业五溴二苯醚混合物（约 1740 μg/kg 体重，一次性注射），17 d 后与雄鸟进行配对，发现对产卵行为没有显著影响，但卵的重量和体积有显著增加；而在注射后 10～14 d、2 个月和 6 个月分别检测雌鸟血浆中 E2 和 T 的水平，均未发现与对照组有显著性差异（van den Steen et al.，2009，2010）。

加拿大学者以成年美国茶隼（*Falco sparverius*）为研究对象，经口暴露于 DE-71（0.3 mg/L 和 1.6 mg/L）75 d 后，发现雄鸟的交配次数和寻巢次数减少（Fernie et al.，2008）。在后续研究中，他们以上述暴露后的成年茶隼为 F0 代，将其 F1 代雄鸟与未暴露雌鸟配对，研究了 PBDEs 对雄性鸟类生殖系统的传代毒性（Marteinson et al.，2010，2011）。结果表明，F1 代雄鸟的交尾、鸣叫等求偶行为减少，交配后产卵的窝卵数和受精率下降，卵的质量和体积显著降低，并且这些指标与 ΣPBDEs（BDE-47、BDE -85、BDE -99、BDE -100、BDE -153、BDE -154、BDE-138 和 BDE-183）的含量具有相关性。进一步研究发现，暴露后雄鸟精巢重量及性腺指数增加，且与 PBDEs 总量以及 BDE-100、BDE-47、BDE-85 和 BDE-183 等单体具有正相关关系。组织学观察结果表明，精巢中生精小管管腔数量增加，但具有成熟精子细胞的生精小管的比例下降（与 BDE-47、BDE-85、BDE-49 和 BDE-28 具有负相关关系），因此推测精巢重量的增加不是通过促进精子发生实现的，而是与生精小管数量增加有关。有趣的是，暴露后雄鸟的成熟精子数量在一开始呈增加趋势。通常情况下，成熟精子数量增加会导致受精卵数量的增加，但他们却发现暴露组鸟蛋的受精率降低。因此，DE-71 暴露可能的确降低了这些鸟类精子的受精能力，而成熟精子数量的增加可能仅仅是因为交配频率减少导致射精浓度增加。此外，他们还发现雄鸟血浆中 T 的水平呈降低趋势。在近期的一项报道中，研究人员也发现家雀血浆中 DHT 的水平与其体内 BDE-100 的含量具有相关性（Nossen et al.，2016）。由于 T 在控制雄鸟生殖行为的过程中具有关键作用，这一结果可以为解释交配次数减少、受精率下降、繁殖成功率降低等现象提供依据。

目前，关于 PBDEs（包括不同单体以及代谢产物）干扰鸟类生殖内分泌系统的分子机制研究还很少。值得注意的是，在上面提到的研究中繁殖期成年茶隼暴露后所产鸟蛋中 PBDEs 的含量与野生鸟类的鸟蛋检测到的含量水平相当或在同一个数量级（Fernie et al.，2008；Marteinson et al.，2010，2011），因此上述研究结果表明，环境相关剂量的 PBDEs 暴露可以导致鸟类的生殖行为异常，其潜在的生态毒理学效应应予以充分的重视。

2）两栖类

PBDEs 对两栖类的生殖发育也有一定的影响。以 DE-71 经口暴露（0.0001 μg/g、0.01 μg/g、1 μg/g、1000 μg/g 和 5000 μg/g 食物）非洲爪蟾的蝌蚪，在 1000 μg/g 和 5000 μg/g 暴露组发现蝌蚪尾部吸收受到抑制，变态发育延迟，以及身体色素沉着受到影响等（Balch et al.，2006）。研究人员随后通过腹腔注射的方式将蝌蚪暴露于 DE-71 混合物（0.6 μg/只、6 μg/只和 60 μg/只）以及 BDE-47 和 BDE-99 两种单体（1 μg/只和 100 μg/只），发现类似的抑制效应存在 DE-71 混合物和 BDE-47 单体暴露组，但未见于 BDE-99 暴露组。上述结果表明，虽然 BDE-99 在 DE-71 混合物中的含量高于 BDE-47（48.1% *vs.* 30.8%），但 BDE-47 对生殖内分泌干扰的贡献更大。

我国学者评价了 BDE-209 对非洲爪蟾生殖系统的毒性作用。他们发现较低剂量的（≤10 μg/L）BDE-209 除了延长蝌蚪变态时间，还能使爪蟾的性别比例发生改变，而组织病理学结果显示，精巢出现退行性变化，主要表现为：生殖细胞减少或使睾丸中有大量的精原细胞而后期的精母细胞、精细胞等很少，并且在精巢组织中出现雌性化特征，如卵巢中特有的组织空隙、早期卵和成熟卵细胞的出现（李焕婷等，2009）。之后的研究表明，在更低剂量下（100 ng/L），BDE-209 对非洲爪蟾变态发育没有显著的影响，也不会影响其性别比例；性腺组织学结果显示，在该浓度水平下 BDE-209 对雌性非洲爪蟾卵巢组织学结构没有明显的影响，但可以导致雄性爪蟾精巢内出现空腔，不过并没有发现睾丸卵的存在（徐海明，2014）。

目前有限的研究表明，PBDEs 在较低剂量下即可影响两栖类动物的生殖和发育过程，而在长期暴露条件下则可能造成两栖类生物的种群退化并引起生态毒理学效应。

5.5.4 PBDEs 对哺乳动物的生殖内分泌干扰效应

哺乳动物生殖系统的发育存在两个极其重要的关键期，一个是宫内的胚胎期，另一个就是出生后的青春期。大量的研究表明，PBDEs 的暴露，特别是胚胎期和青春期阶段的暴露，会干扰哺乳动物生殖内分泌系统，影响生殖相关组织的发育过程及第二性征等。

1）雌性生殖

PBDEs 对雌性动物的影响可能表现为青春期延迟、影响雌性动物的性行为、降低繁殖能力等。研究人员将出生后 21 d 的雌性大鼠经口暴露于 DE-71（3 mg/kg、30 mg/kg 和 60 mg/kg 体重）20 d 后，最高浓度组雌鼠表现出青春期延迟，但其卵巢和子宫的重量与对照组没有显著差异，性腺组织也未出现明显的结构损伤（Stoker et al.，2004）。在之后的报道中，研究人员以 DE-71 的主要成分 BDE-47（140 µg/kg 和 700 µg/kg，一次性灌胃给药）暴露怀孕大鼠（F0），其雌性后代（F1）出生后 38 d，卵巢重量显著降低，三级卵泡数量减少，表明卵泡生成受到抑制，同时血清 E2 水平降低。以上结果表明，BDE-47 对雌性大鼠生殖系统表现为抗雌激素效应（Talsness et al.，2008）。

DE-71 的另一种主要成分 BDE-99 也可以影响雌性大鼠的生殖功能。BDE-99（1 mg/kg 和 10 mg/kg）通过皮下注射的方式暴露怀孕后大鼠 9 d，其雌性后代表现出青春期延迟，同时出现肛殖距（肛门与生殖器间距离）减小等现象，卵巢中初级卵泡细胞和次级卵泡减少，但血清中的性激素水平无明显变化（Lilienthal et al.，2006）。在另一项研究中，以同样方式、同样剂量的 BDE-99 暴露怀孕大鼠 9 d，发现其雌性后代成年后，卵巢重量显著增加，子宫重量没有显著变化，但子宫内雌激素的靶基因 *pr* mRNA 水平显著降低，而雌激素受体 *erα*、*erβ* 的基因表达在低剂量暴露组上调。将对照组及暴露组雌性后代的卵巢切除，皮下注射 E2（10 µg/kg）6 h 后，发现对照组子宫内 *pr* mRNA 显著上调，而雌激素受体 *erα*、*erβ* 的基因表达显著下降，但 BDE-99 暴露组雌性后代子宫内 *pr* mRNA 以及 *erα*、*erβ* mRNA 水平与对照组一致，且变化程度更为明显（Ceccatelli et al.，2006）。上述结果表明，BDE-99 可能主要通过促进卵巢发育，增加子宫对雌激素调控的敏感性来影响雌性大鼠的生殖功能。

在上述研究中，混合物 DE-71 以及 BDE-99 和 BDE-47 对雌性大鼠生殖系统的影响存在差异。究其原因，一方面可能是由于研究中受试生物的生命阶段不同，BDE-99 和 BDE-47 对胚胎期大鼠雌性生殖系统的影响更为显著；另一方面可能是由于 DE-71 是一种混合物，其中不同成分对生殖内分泌系统的干扰效应具有差异，因而出现了相互抵消的现象。

高溴代的 BDE-209 在离体研究中几乎没有表现出对雌激素受体的干扰活性，仅对芳香化酶表现出一定的抑制活性（Hamers，2006；Cantón et al.，2005）。因此，目前关于高溴代的 BDE-209 对哺乳动物雌性生殖系统影响的研究较少，且多采用了较高的暴露剂量。如我国学者对亲代 Wistar 大鼠在孕前和孕期进行 BDE-209 连续暴露［1500 mg/(kg·d)，经口灌胃］，发现其子代雌鼠的卵巢组织未出现明显的形态学改变，但是卵巢中对卵泡的生长与分化有重要调控作用的生长分化因子 9（growth differentiation factor 9，GDF-9）的含量显著降低（王志新等，2009）。类似地，将怀孕 SD 大鼠暴露于稍低剂量的 BDE-209 [100 mg/（kg·d）、300 mg/（kg·d）和 900 mg/（kg·d），经口灌胃]至分娩，发现其雌性后代出生后 21 d 时肛殖距明显大于对照组，40 d 时次级卵泡数量明显多于对照组，但血清中 E2 水平没有显著差异（梁辰等，2012）。上述研究结果之间的差异可能是由于两个实验中采用了不同品系的大鼠，而这两个品系的雌性生殖系统对 BDE-209 的敏感性存在差异。总之，上述研究进一步证实了离体实验的研究结果：BDE-209 对雌性哺乳动物的生殖内分泌系统的干扰效应并不明显，仅在很高的剂量下表现出弱的抗雌激素效应。

2）雄性生殖

研究表明，PBDEs 对哺乳动物雄性生殖系统的影响主要表现为青春期延迟或提前，生殖行为异常，与生殖相关的组织受损，精子生成过程受到影响导致精子数量减少等。

研究人员将出生后 22 d 的雄性大鼠暴露于 DE-71 [3 mg/(kg·d)、30 mg/(kg·d)和 60 mg/(kg·d)，经口灌胃] 31 d 后，发现雄鼠的包皮分离时间推迟，表明青春期的启动延迟；同时前列腺腹叶和精囊的重量显著降低，但精巢组织形态未发生明显的变化，血清中 T 的含量水平没有显著变化，但 LH 的含量显著升高（Stoker et al.，2004）。而将怀孕及哺乳期母代大鼠暴露于 DE-71 [1.7 mg/(kg·d)、10.2 mg/(kg·d)和 30.6 mg/(kg·d)，经口灌胃]，发现雄性子鼠也出现包皮分离时间推迟、肛殖距减小等现象，但血清中 T 的含量，以及生殖相关组织的重量均与对照组无显著差异（Kodavanti et al.，2010）。

将雄性小鼠连续暴露于 DE-71 混合物中的主要单体之一 BDE-47 [0.001 mg/(kg·d)、0.03 mg/(kg·d)和 1 mg/(kg·d)，灌胃] 8 周，发现其精巢中生精上皮细胞结构发生显著变化：由减数分裂终止的精母细胞产生的多核巨细胞数量增加，液泡所占空间增大，精子细胞数量和精子日产量减少，同时血清 T 的含量水平降低，但 E2、LH 和 FSH 的水平没有显著变化，表明 BDE-47 可以通过降低雄性小鼠体内雄激素的水平；影响雄性生殖器官的组织结构和精子生成过程，表明 BDE-47 暴露可以造成雄性生殖系统损伤（Zhang et al.，2013）。进一步研究发现，BDE-47 暴露可导致雄性小鼠生精小管内 ROS 的含量显著升高，凋亡细胞数量增加。ROS 的诱导剂地塞米松与 BDE-47 的共同暴露会加剧对激素、细胞结构及生精功能的影响，表明氧化损伤在 BDE-47 引起的生殖系统损伤中具有重要作用（Zhang et al.，2013）。

DE-71 混合物中的另一主要单体也可影响雄性生殖系统。以 BDE-99（1 mg/kg

和 10 mg/kg，皮下注射）暴露怀孕期大鼠 9 d，发现其雄性后代青春期提前，但肛殖距减小，成年后血清中 E2 和 T 激素水平下降，且甜味偏好增强，表明出现雌性化特征（Lilienthal et al.，2006）。在另一项研究中，以更低剂量的 BDE-99（60μg/kg 和 300 μg/kg，经口灌胃）暴露怀孕大鼠，发现其雄性子鼠成年后，精巢和附睾的脏器比降低，精子细胞和精子数量减少，表明对精子生成造成了永久性损伤（Kuriyama et al.，2005）。这一研究中采用的暴露剂量略高于人体脂肪组织中的报道含量，因此，该研究结果提示 BDE-99 暴露可能会导致人类男性生殖系统的损伤。在上述研究中，混合物 DE-71 对雄性大鼠生殖系统的影响不如 BDE-99 和 BDE-47 单体那样显著，这一现象与对雌性生殖系统的影响类似。

高溴代的 BDE-209 对雄性生殖系统的毒性效应较低，但在较高的剂量下，也可以导致雄性生殖系统损伤和生殖功能异常。出生 20 d 雄性小鼠连续暴露于 BDE-209 ［10 mg/(kg·d)、100 mg/(kg·d)、500 mg/(kg·d)和 1500 mg/(kg·d)，经口灌胃］50 d，其精巢组织形态无明显损伤、精子数量及形态也无显著变化，然而进一步研究发现，精子的线粒体膜电位发生改变，精子头部侧像摆动的振幅减小，同时 H_2O_2 的生成量显著增加，表明精子的氧化应激增强（Tseng et al.，2006）。而雄性大鼠经口暴露于 BDE-209（1.9～60 mg/kg）28 d 后，其附睾重量显著降低，储精囊/凝固腺重量比显著增加，进一步研究发现，其肾上腺中 CYP17 编码的酶活性降低，但性腺中芳香化酶活性无显著变化（van der Ven et al.，2008）。我国学者用更高剂量（250 mg/kg、500 mg/kg 和 1000 mg/kg）的 BDE-209 对成年雄性大鼠连续灌胃 30 d，发现睾丸和附睾脏器系数较对照组明显降低，睾丸病理切片可观察到曲细精管内精子数明显减少，生精细胞也出现不同程度受损，精子数量和活动度明显降低，精子畸形率明显升高，且存在剂量-效应关系，同时发现血清中的 T、LH 和 FSH 水平均明显降低（李祥等，2012）。在离体研究中，BDE-209 没有表现出抗雄激素活性，虽然表现出对芳香化酶活性的抑制作用，然而在活体研究中却没有得到证实（Stoker et al.，2005；Cantón et al.，2005）。因此，BDE-209 对哺乳动物雄性生殖系统的损伤可能并不是通过影响雄激素受体介导的信号通路或芳香化酶的活性实现的，而是通过其他途径（如氧化损伤），其具体的作用机制还需要进一步的研究。

5.5.5　小结

在本小节，我们重点分析和总结了多溴二苯醚对生殖内分泌系统的干扰效应和作用机制。PBDEs 及其代谢产物可通过受体介导的和非受体介导的途径干扰生殖内分泌系统。相对而言，低溴代 PBDEs 对生殖系统的毒性效应较强，在环境相关剂量下即可干扰哺乳动物、鱼类、两栖类和鸟类等生物的生殖功能，这种效应甚至可以传递至子代。不同 PBDEs 单体表现出的生殖内分泌干扰效应有所差异，因而在多种单体共存的条件下可能通过拮抗效应而表现出较单体更低的毒性效应。高溴代 PBDEs 对生殖系统的毒性效应较低，仅在高浓度下表现出生殖内分泌干扰活性。但由于其使用量大，环境中浓度较高，且在环境介质及生物体内长期存在，因此仍然可能对环境和野生生态系统造成潜在风险。

5.6　PBDEs 内分泌干扰效应的流行病学研究

5.6.1　PBDEs 与人类甲状腺激素功能异常的关系

流行病学研究中，关于 PBDEs 暴露对人体内甲状腺内分泌系统的影响还存在争议。最近的证据显示人体血清中 PBDEs 含量与甲状腺疾病的发生具有相关性，虽然已经有不少流行病学研究揭示了人体内甲状腺激素和 PBDEs 的相关性，但结论并不一致。

在一部分研究中，发现 PBDEs 与甲状腺功能具有正相关性。我国学者分析了电子垃圾拆解区附近以及远离电子垃圾污染的对照人群血清中 PBDEs 的含量及 TSH 的水平，发现电子垃圾拆解区附近人群 PBDEs 的含量均值为 382 ng/g（范围为 77~8452 ng/g lw），血清中 TSH 的含量为 1.79 μIU/mL（范围为 0.38~9.03 μIU/mL），远高于对照区人群（158 ng/g，18~436 ng/g 和 1.15 μIU/mL，0.48~2.09 μIU/mL），表明电子垃圾污染会影响人体 TSH 的水平（Yuan et al.，2008）。加拿大学者分析了 140 名怀孕妇女血液样品中 PBDEs 及其代谢产物的含量，结果表明，ΣPBDEs（BDE-47、BDE-99、BDE-100、BDE-153）的含量范围为 3.6~694 ng/g lw，其中 BDE-47 为最主要的单体，另有两种羟基化代谢产物 4'-OH-BDE-49 和 6-OH-BDE-47 的检出率大于 67%。进一步分析发现，BDE-47、BDE-99 和 BDE-100 与总 T4 和游离 T4 以及总 T3 的含量具有显著正相关关系（Stapleton et al.，2011）。美国学者分析了 308 名未患有甲状腺疾病和糖尿病的健康男性的血清和尿液样品，结果表明，血清中总 PBDEs 的含量范围为 15.8~1360.2 ng/g lw，且 PBDEs 的含量与血清总 T4、游离 T4 和尿液中总 T4、rT3 的水平具有正相关关系，而与总 T3 和 TSH 具有显著负相关关系（Turyk et al.，2008）。而针对甲状腺癌患者的研究表明，患者体内 PBDEs 含量与甲状腺激素水平没有显著相关性，但 OH-BDE-47 与游离 T4 具有显著负相关关系，而 OH-PBDEs 总量与 TSH 具有显著正相关关系。这项研究首次揭示了 OH-PBDEs 与癌症患者甲状腺功能异常的相关性，同时也表明 OH-PBDEs 可能较母体化合物对人体甲状腺系统的影响更显著（Liu et al.，2017）。

在另一部分研究中，也发现 PBDEs 与甲状腺功能具有负相关性。美国学者对 270 名怀孕 27 周的孕妇血清样品的分析结果表明，PBDEs 暴露与孕期 TSH 水平低有关，PBDEs 浓度每增加 10 倍，TSH 浓度就会降低 10.9%～18.7%（Chevrier et al.，2010）。加拿大魁北克省一家医院前瞻性对 380 名孕早期妇女的血样进行检测，并在分娩时再抽取血样，检测发现孕早期 PBDEs 水平与血清甲状腺素的水平无关，但是到分娩时 PBDEs 水平与甲状腺素水平呈负相关（Abdelouahab et al.，2013）。中国台湾学者分析了 54 名孕妇脐带血中 PBDEs（BDE-15、BDE-28、BDE-47、BDE-99、BDE-100、BDE-153、BDE-154 和 BDE-183）的含量与甲状腺激素水平的相关性，发现脐带血中 PBDEs 含量水平与血清中 T4 和 TSH 的浓度无关，但 BDE-153、BDE-154 和 BDE-183 等单体与血清中 T3 的浓度具有负相关性（Lin et al.，2011）。美国学者也追踪研究了母体 PBDEs 暴露对后代甲状腺激素的影响，发现脐带血中 PBDEs 含量与自然分娩婴幼儿体内的 TT4 和 FT4 呈负相关性，表明 PBDEs 及其代谢产物对人体甲状腺激素的影响也可以传递给下一代（Herbstman et al.，2008）。

上述流行病学调查结果中的差异性，一方面可能与调查范围和样本类型以及接受调查人群的年龄阶段有关，另一方面人体中还存在许多其他污染物，可能对 PBDEs 的干扰效应产生影响（如发生拮抗或协同作用效应）。尽管如此，目前为止的调查结果初步揭示了暴露人群甲状腺激素水平的异常与体内 PBDEs 含量的相关性。

5.6.2　PBDEs 与人类生殖发育功能异常的关系

流行病学调查也表明，PBDEs 对人类生殖系统可能产生影响。加拿大学者分析了 52 名成年男子体内 PBDEs（BDE-47、BDE-99、BDE-100 和 BDE-153）的含量以及精子的质量，结果表明男性精子的活动性与其血浆中的 BDE-47 浓度负相关，表明 BDE-47 暴露可影响男性精子质量（Abdelouahab et al.，2011）。我国香港学者调查研究了女性子宫纤维瘤患者体内脂肪中 PBDEs 的含量，发现子宫纤维瘤患者体内 PBDEs 的含量显著高于健康女性，其中 PBDE-47、PBDE-100 和 PBDE-99 为主要检出单体（Qin et al.，2010b）。大量临床观察和实验结果证明，子宫纤维瘤疾病的病因可能与雌激素过多有关，所以 PBDEs 可能通过雌激素活性对子宫纤维瘤患者的健康产生一定的影响。加州大学研究人员对一个低收入社区的 223 名怀孕妇女调查表明，妇女血清中 PBDEs 水平越高，从准备怀孕到真正怀孕的时间越长，推测暴露于 PBDEs 中会影响女性的生育能力（Harley et al.，2010）。

尤其值得注意的是，母亲体内的 PBDEs 可通过胎盘、脐带血以及乳汁等途径传递给后代，对婴幼儿的早期发育产生深远的影响。汕头大学医学院研究人员对居住在贵屿地区、从事电子垃圾拆解的产妇与汕头市潮南区健康产妇对比分析结果表明，从事电子垃圾拆解的产妇在怀孕期间更容易罹患上呼吸道感染，而且死胎、早产及低出生体重等不良结局的发生高于潮南区的产妇，并且贵屿地区新生儿脐带血中 PBDEs 含量高于潮南区的新生儿，这可能与其长时间接触电子垃圾造成的 PBDEs 暴露有关（Xu et al.，2012）。普通人群中 PBDEs 暴露也会对后代产生影响。我国台湾学者对 20 名台湾孕妇进行母乳中 PBDEs 水平与新生儿出生结局的分析表明，母乳中 PBDEs 水平与新生儿的出生体重、身长、胸围呈负相关（Chao et al.，2007）。美国学者通过对 286 名孕妇的血样分析发现，母亲血清中 PBDEs 浓度与新生儿出生体重呈负相关（Harley et al.，2011）。PBDEs 的母体暴露还可能影响婴幼儿神经系统发育及疾病的发生。在一项长期追踪调查中，研究人员分析了 329 名新生儿的脐带血中 PBDEs 的浓度和她们孩子在出生后 6 岁内的神经发育情况。结果表明，脐带血中 PBDEs 浓度越高的孩子其在 12～48 月龄和 72 月龄时精神与神经发育得分越低；24 月龄时的心智发展指数与脐带血中 PBDEs 的浓度呈负相关；48 月龄时整体发育水平和言语智力商数与脐带血中的 PBDEs 浓度也呈负相关，从而表明胎儿期 PBDEs 暴露会对儿童神经发育产生影响（Herbstman et al.，2010）。而对 100 名自闭症、发育迟缓和正常儿童的血液样品分析结果表明，自闭症和发育迟缓的儿童血清中 PBDEs 的浓度相近，均高于正常对照组（Hertz-Piccintto et al.，2011）。以上研究均提示 PBDEs 对儿童的发育会产生负面影响。

总之，目前的流行病学调查结果表明，PBDEs 暴露水平与人体甲状腺、生殖功能以及新生儿生长发育异常等具有相关性，提示 PBDEs 可能会影响人类的健康状况。越来越多的研究表明，职业人群和普通人群均面临不同程度的 PBDEs 暴露风险，并且随着环境水平的增加在人体内的蓄积水平也会相应地增加。而 PBDEs 在人体内的半衰期相当长，其代谢产物的毒性效应甚至高于母体化合物，因此人类将面临着 PBDEs 长期暴露的风险。

5.7 PBDEs 内分泌干扰效应研究展望

5.7.1 低剂量长期暴露及传代毒性

传统毒理学研究认为，高剂量的毒性可外推于低剂量的效应，因此早期关于 PBDEs 及其他污染物生物毒性的研究大部分是基于高剂量暴露。然而，越来越多的研究显示，很多污染物的毒性效应呈现非单一剂量-效应关系，尤其是对内分泌系统的干扰，往往在很低剂量下可以发生作用，而高剂量下不发生作用或者具有相反的作用效果。因此，这类数据在预测低剂量下的毒性效应及对生态系统和人类健康风险时受到限制。近年来研究人员更加关注于污染物在低剂量，特别是环境相关剂量下的毒性效应。值得注意的是，这里的环境相关剂量，不仅仅指的是外暴露的剂量，更要考虑生物体内暴露剂量，这就涉及污染物生物可利用性的问题。有研究表明 PBDEs 的 log K_{ow} 与斑马鱼胚胎中对其的吸收存在负相关，即生物可利用性越高的同系物的发育毒性也越强（Usenko et al.，2011）。因此，基于生物可利用性和生物体内暴露剂量的毒性数据，可更准确地预测 PBDEs 的毒性效应和健康风险。

考虑到 PBDEs 在环境中广泛长期存在，并且可以通过母代传递给子代的特点，PBDEs 对生态系统和人类健康的影响将是十分深远的。目前已经有不少学者开展了 PBDEs 全生命周期暴露甚至跨代影响的研究。如在以斑马鱼和大鼠为对象的研究中，以 DE-71 暴露母代实验动物，发现其对甲状腺系统的影响会传递给下一代，而且子代早期发育比其各自的母代更为敏感（Yu et al.，2010；Kodavanti et al.，2010）。因此，在后续的研究和应用中，环境剂量下的长期毒性效应应作为 PBDEs 研究的主要趋势之一。这些结果将为 PBDEs 对生态系统和人体健康的风险评价提供重要依据。

5.7.2　内分泌系统间的交互作用

越来越多的研究表明，甲状腺和生殖内分泌系统之间存在交互作用。如外源性甲状腺激素（T3 和 T4）暴露会促进鱼类性腺成熟（Lema et al.，2009），T4 还可以抑制高氯酸引起的斑马鱼雌性化过程（Mukhi et al.，2007）。此外，在斑马鱼体内丙基硫氧嘧啶诱导的 TH 水平下降可以引起类固醇生成基因上调以及血浆 FSH 和 LH 水平的增加（Liu et al.，2011）。

大量的研究结果已证实 PBDEs 对生物体甲状腺和生殖系统都有影响。例如 BDE-47 经口暴露可以影响黑头呆鱼的甲状腺功能和生殖功能（Lema et al.，2008）；类似地，水体 DE-71 暴露可同时影响斑马鱼的甲状腺激素水平和产卵量（Kuiper et al.，2008）。将斑马鱼胚胎暴露于低剂量 DE-71 至成年，不仅影响甲状腺激素水平和 HPT 轴相关基因，也会影响性激素水平和 HPG 轴相关基因，降低斑马鱼产卵量（Yu et al.，2011，2014）。BDE-209 也可以同时影响稀有鉤鲫和胖头鱼的甲状腺激素功能和生殖功能（Li et al.，2014）。然而，PBDEs 对生物体内分泌系统的干扰效应是否通过交互作用实现，目前尚不清楚。

我国学者检测了 BDE-47 及其衍生物对斑马鱼幼鱼体内的芳香烃受体（AhR）、雌激素受体（ER）、雄激素受体（AR）、甲状腺激素受体（TR）、过氧化物酶体增殖物活化受体（PPAR）、孕烷 X 受体（PXR）、糖皮质激素受体（GR）和盐皮质激素受体（MR）等 8 大受体及相关基因的表达，构建了 BDE-47 诱导下受体通路的调控网络（郑新梅，2013）。在另一项研究中，研究人员根据与内分泌干扰效应相关的 94 个蛋白的晶体结构建立了预测系统，并预测了 BDE-47 及其代谢产物的潜在靶点（王小享，2014）。基于 RXRα 在核受体调控过程中的重要作用，我国学者利用构建的稳定高表达和低表达 RXRα 的 MCF-7 细胞研究了其对 PBDEs 雌激素效应的影响，发现 RXRα 受体的表达水平可影响 BDE-47 对 ERα 和 ERβ 的干扰能力（肖悦等，2016）。这些研究为揭示在 PBDEs 诱导的毒性过程中，生殖系统和甲状腺内分泌系统的相互作用是否存在以及如何发挥作用提供了研究基础。

5.7.3　PBDEs 与其他污染物的联合毒性作用

PBDEs 在环境中并不是作为单一有机污染物存在的。在实际情况下，人类或者野生生物往往暴露于多种混合污染物，这些混合毒物可能造成相加或协同的毒性作用。因此 PBDEs 在与其他污染物共存的条件下其毒性效应和作用机制是否会发生改变也是一个具有现实意义和值得深入研究的问题。

其中最典型的例子是电子垃圾拆解区，包括 PBDEs 在内的持久性有机污染物和重金属大量共存于各种环境和生物介质中，这两类物质都被认为对生物体具有较高的毒性，因此两类物质的复合毒性也受到关注。我国学者针对 BDE-209 与 Pb 复合条件下的毒性效应和作用机制开展了一系列的研究。将斑马鱼胚胎/幼鱼暴露于 BDE-209（50 μg/L、100 μg/L 和 200 μg/L）与 Pb（5 μg/L、10 μg/L 和 20 μg/L）的复合暴露液中，结果表明，BDE-209 能促进斑马鱼幼鱼对 Pb 的吸收，而 Pb 也可以影响斑马鱼幼鱼对 BDE-209 的生物富集和代谢，表明在二者共存的条件下会改变它们在生物体内的行为（Zhu et al.，2014）。他们的研究还发现，BDE-209 与 Pb 复合暴露斑马鱼体内的 T3 和 T4 含量较单独暴露相比，进一步显著下降，同时 TTR 基因和蛋白表达水平也进一步下调，证明 BDE-209 和 Pb 复合暴露对斑马鱼甲状腺内分泌干扰作用为协同效应。类似结果在 Zhang 等（2014）对蚯蚓的研究中也有报道。他们认为，造成这种现象的原因可能是由于 Pb 干扰了生物体内代谢 BDE-209 的相关酶活力，抑制了代谢相关酶的活力从而减少了代谢产物的含量。

其他重金属也可能影响 PBDEs 的毒性效应。比如，以小鼠为对象的研究表明，MeHg（2.0 μg/mL）和 BDE-99 [0.2 mg/(kg·d)] 单独暴露不会影响仔鼠认知和平衡能力，但在此剂量下将二者复合暴露母鼠，发现仔鼠认知和平衡能力显著降低，表现出明显的神经毒性，推断 MeHg 和 BDE-99 对神经系统的影响具有相互促进的作用（顾金敏，2009）。对非洲爪蟾的研究也表明，环境相关剂量 BDE-209（100 ng/L）单独暴露对雄性非洲爪蟾的精巢组织没有影响，但是当与镉（100 ng/L）联合暴露时对雄性非洲爪蟾精巢造成一定的损伤（徐海明等，2014）。

此外，我国学者以斑马鱼幼鱼作为实验动物研究了 BDE-209 与新型污染物纳米 TiO_2 的复合毒性效应，发现在纳米 TiO_2 存在条件下，BDE-209 及其代谢产物（BDE-208、BDE-206、BDE-153、BDE-99、BDE-47 和 BDE-15）较相同浓度单一暴露组均有较大程度增加；甲状腺激素 T3 与 T4 的比值在纳米 TiO_2 + BDE-209 复合暴露较 BDE-209 单一暴露组显著升高；HPT 轴相关基因（*Nkx2.1a*，*tg*，*ttr*，*dio2*，*ugt* 等）均在复合暴露组中表现出比同浓度的单一暴露组更显著的变化。上述结果表明，在纳米 TiO_2 存在条件下，BDE-209 在鱼体内的吸收代谢率及其产生的甲状腺内分泌干扰效应在一定程度上得到增强（Chen et al.，2012）。

总之，当环境中 PBDEs 与重金属或其他污染物共同存在时，其毒性效应可能超过（或者低于）二者单独的毒性，这对于生态风险和健康风险评估提出了更多的挑战。复合条件下，PBDEs 的生物学效应及其相互作用机制值得我们更深入的研究探讨，应当引起高度关注。

5.8　本章结论

作为全球使用最为广泛的溴代阻燃剂，PBDEs 广泛分布于世界各地的土壤、空气、水体和沉积物等环境介质中。此类物质具有很高的环境持久性，意味着环境中的野生生物以及人类仍将长期面临 PBDEs 的暴露风险。在本章中，我们重点回顾和总结了 PBDEs 对生物体内分泌系统的干扰效应和作用机制。PBDEs 及其代谢产物可能通过受体介导的和非受体介导的途径干扰甲状腺和生殖内分泌系统，而其干扰能力取决于溴化程度、取代基团种类和取代位置等结构因素。在环境相关剂量下，低溴代和高溴代的 PBDEs 可在哺乳动物、鱼类、两栖类和鸟类等生物体内引起甲状腺和生殖内分泌干扰效应，这种效应甚至可以传递至子代。流行病学调查结果也表明 PBDEs 与人类甲状腺和生殖功能异常具有相关性。因此，环境中 PBDEs 的长期暴露将会对野生生态系统及人类健康将造成深远的影响。未来的研究中，应更注重低剂量长期暴露条件下，PBDEs 特别是其代谢产物对野生生物及人类健康的多代遗传效应。此外，在多种污染物共存的条件下，PBDEs 及其代谢产物的内分泌干扰效应也是需要关注的重点内容。

参 考 文 献

杜凤英. 2006. 五溴联苯醚对大鼠甲状腺结构和功能的影响及其机制的研究.重庆: 重庆医科大学硕士学位论文.

高长安, 吴海锁, 张爱茜, 蔺远, 王连生. 2007. 多溴联苯醚与雌激素受体作用的 CoMFA/

CoMSIA 研究. 污染防治技术, 20: 3-5.

顾金敏. 2009. 低剂量多溴联苯醚与甲基汞复合作用对仔鼠神经毒性效应评估. 上海: 上海交通大学硕士学位论文.

胡辛楠. 2010. 2, 2′, 4, 4′-四溴联苯醚(BDE-47)诱导孕烷 X 受体(PXR)致甲状腺毒作用机制的初步探讨. 广州: 广州医科大学硕士学位论文.

李焕婷, 秦占芬, 秦晓飞, 夏晞娟, 徐晓白, 马保华. 2009. 多氯联苯和多溴联苯醚对非洲爪蟾生长发育和性腺发育的影响. 西北农林科技大学学报(自然科学版), 37: 31-36.

李晋, 王爱国. 2009. 多溴联苯醚的神经毒性作用机制研究进展. 环境与健康杂志, 26: 937-939.

李青, 方洁, 王晓宁. 2009. 阻燃剂的研究现状及发展趋势. 纺织导报, 11: 47-50.

李祥, 汤艳, 李华, 尹漫, 尹燕, 蔡金桦, 黄雯钰. 2012. 十溴联苯醚对雄性大鼠生殖系统的影响. 中国工业医学杂志, 25(3): 214-215.

梁辰, 何晓雯, 谢欣, 田英, 周义军, 施蓉, 高宇. 2012. 十溴联苯醚孕期暴露对雌性子代大鼠生殖发育的影响. 上海交通大学学报(医学版), 32: 1461-1465.

刘文敏. 2014. 多溴联苯醚对斑马鱼免疫相关基因表达的影响. 济南: 山东师范大学硕士学位论文.

刘芸, 李剑, 马梅, 王子健, 饶凯锋, 张玉秀. 2008. 代谢活化作用对多溴代联苯类污染物类/抗甲状腺激素活性的影响. 生态毒理学报, 3: 27-33.

欧育湘, 赵毅, 韩廷解. 2009. 溴系阻燃剂的 50 年. 塑料助剂, 5: 1-8.

王小享. 2014. 基于分子动力学模拟与靶点预测技术的 HO-/MeO-PBDEs 内分泌干扰效应研究. 南京: 南京大学硕士学位论文.

王志新, 陈敦金, 丁淑瑾, 朱科俊. 2009. 母源性十溴联苯醚对子代大鼠卵巢和软骨发育的影响. 广东医学, 30: 1238-1240.

韦朝海, 廖建波, 刘浔, 吴超飞, 吴海珍, 关清卿. 2015. PBDEs 的来源特征、环境分布及污染控制. 环境科学, 35: 3025-3041.

吴伟, 瞿建宏, 聂凤琴, 孟顺龙. 2009. 多溴联苯醚胁迫下鲫鱼肝脏微粒体 CYP3A1 和 GST 的响应. 生态环境学报, 18: 805-810.

肖悦, 张建清, 蒋友胜, 周健, 黄海燕, 王晓辉, 李胜浓, 陆少游, 林晓仕. 2016. 2, 2′, 4, 4′-四溴联苯醚对视黄醛受体和雌激素受体的影响. 癌变畸变突变, 28: 161-168.

徐海明, 王宏伟, 颜世帅, 秦占芬. 2014. 低剂量 Aroclor 1254 和 BDE-209 单一和复合暴露的甲状腺干扰作用. 环境化学, 1: 1716-1722.

杨先海, 陈景文, 李斐. 2015. 化学品甲状腺干扰效应的计算毒理学研究进展. 科学通报, 60: 1761-1770.

郑新梅. 2013. BDE-47、6-OH-BDE-47 与 6-MeO-BDE-47 的斑马鱼胚胎发育影响和内分泌干扰机制研究. 南京: 南京大学博士学位论文.

周俊. 2006. 十溴联苯醚对母代及子代大鼠免疫功能的影响. 广州: 南方医科大学硕士学位论文.

Abdelouahab N, Ainmelk Y, Takser L. 2011. Polybrominated diphenyl ethers and sperm quality. Reproductive Toxicology, 31: 546-550.

Abdelouahab N, Langlois MF, Lavoie L, Corbin F, Pasquier JC, Takser L. 2013. Maternal and cord-blood thyroid hormone levels and exposure to polybrominated diphenyl ethers and polychlorinated biphenyls during early pregnancy. American Journal of Epidemiology, 178:

701-713.

Abdelouahab N, Suvorov A, Pasquier JC, Langlois MF, Praud JP, Takser L. 2009. Thyroid disruption by low-dose BDE-47 in prenatally exposed lambs. Neonatology, 96: 120-124.

Ahn MY, Filley TR, Jafvert CT, Nies L, Hua I, Bezares-Cruz J. 2006. Photodegradation of decabromodiphenyl ether adsorbed onto clay minerals, metal oxides, and sediment. Environmental Science and Technology, 40: 215-220.

Alm H, Scholz B, Fischer C, Kultima K, Viberg H, Eriksson P, Dencker L, Stigson M. 2006. Proteomic evaluation of neonatal exposure to 2,2′,4,4′,5-pentabromodiphenyl ether. Environmental Health Perspectives, 114: 254-259.

Ashwood P, Schauer J, Pessah IN, Van dWJ. 2009. Preliminary evidence of the in vitro effects of BDE-47 on innate immune responses in children with autism spectrum disorders. Journal of Neuroimmunology, 208: 130-135.

Avtanski D, Novaira HJ, Wu S, Romero CJ, Kineman R, Luque RM, Wondisford F, Radovick S. 2014. Both estrogen receptor α and β stimulate pituitary gh gene expression. Molecular Endocrinology, 28: 40-52.

Balch GC, Vélez-Espino L A, Sweet C, Alaee M, Metcalfe CD. 2006. Inhibition of metamorphosis in tadpoles of xenopus laevis exposed to polybrominated diphenyl ethers (PBDEs). Chemosphere, 64: 328-338.

Bi X, Thomas GO, Jones KC, Qu W, Sheng G, Martin FL, Fu J. 2007. Exposure of electronics dismantling workers to polybrominated diphenyl ethers, polychlorinated biphenyls, and organochlorine pesticides in South China. Environmental Science and Technology, 41: 4647-5653.

Bohlin P, Jones KC, Tovalin H, Strandberg B. 2008. Observations on persistent organic pollutants in indoor and outdoor air using passive polyurethane foam samplers. Atmospheric Environment, 42: 7234-7241.

Butt CM, Stapleton HM. 2013. Inhibition of thyroid hormone sulfotransferase activity by brominated flame retardants and halogenated phenolics. Chemical Research in Toxicology, 26: 1692-1702.

Butt CM, Wang D, Stapleton HM. 2011. Halogenated phenolic contaminants inhibit the in vitro activity of the thyroid-regulating deiodinases in human liver. Toxicological Sciences, 124: 339-347.

Cantón RF, Sanderson JT, Letcher RJ, Bergman A, van den Berg M. 2005. Inhibition and induction of aromatase (CYP19) activity by brominated flame retardants in H295R human adrenocortical carcinoma cells. Toxicological Sciences, 88: 447-455.

Cantón RF, Sanderson JT, Nijmeijer S, Bergman A, Letcher RJ, van den Berg M. 2006. In vitro effects of brominated flame retardants and metabolites on CYP17 catalytic activity: A novel mechanism of action? Toxicology and Applied Pharmacology, 216: 274-281.

Ceccatelli R, Faass O, Schlumpf M, Lichtensteiger W. 2006. Gene expression and estrogen sensitivity in rat uterus after developmental exposure to the polybrominated diphenylether PBDE 99 and PCB. Toxicology, 220: 104-116.

Cesh L, Elliott KH, Quade S, McKinney MA, Maisoneuve F, Garcelon D, Sandau CD, Letcher RJ, Williams TD, Elliott JE. 2010. Polyhalogenated aromatic hydrocarbons and metabolites, Relation to circulating thyroid hormone and retinol in nestling bald eagles (Haliaeetus leucocephalus). Environmental Toxicology and Chemistry, 29: 1301-1310.

Chao HR, Wang SL, Lee WJ, Wang YF, Päpke O. 2007. Level of polybrominated diphenyl ethers

(PBDEs) in breast milk from central Taiwan and their relation to infant birth outcome and maternal menstruation effects. Environment International, 33: 239-245.

Chen Q, Yu L, Yang L, Zhou B. 2012. Bioconcentration and metabolism of decabromodiphenyl ether (BDE-209) result in thyroid endocrine disruption in zebrafish larvae. Aquatic Toxicology, 110-111: 141-148.

Chevrier J, Harley KG, Bradman A, Gharbi M, Sjödin A, Eskenazi B. 2010. Polybrominated diphenyl ether flame retardants and thyroid hormone during pregnancy. Environmental Health Perspectives, 118: 1444-1449.

Christensen JH, Glasius M, Pécseli M, Platz J, Pritzl G. 2002. Polybrominated diphenyl ethers (PBDEs) in marine fish and blue mussels from southern Greenland. Chemosphere, 47: 631-638.

Crosse JD, Shore RF, Jones KC, Pereira MG. 2012. Long term trends in PBDE concentrations in gannet (*Morus bassanus*) eggs from two UK colonies. Environmental Pollution, 161: 93-100.

Darnerud PO, Eriksen GS, Johannesson T, Larsen PB, Viluksela M. 2001. Polybrominated diphenyl ethers, occurrence, dietary exposure, and toxicology. Environmental Health Perspectives, 109(S1): 49-68.

Darnerud PO. 2003. Toxic effects of brominated flame retardants in man and in wildlife. Environment International, 29: 841-853.

Dauson RB, Landry SD. 2008. The regulatory landscape for flame retardants. Stamford, Connecticut, Presented at 19th Annual BBC Conference on Flame Retardancy.

de Boer J, Wester PG, van der Horst A, Leonards PE. 2003. Polybrominated diphenyl ethers in influents, suspended particulate matter, sediments, sewage treatment plant and effluents and biota from the Netherlands. Environmental Pollution, 122: 63-74.

Deng WJ, Zheng JS, Bi XH, Fu JM, Wong MH. 2007. Distribution of PBDEs in air particles from an electronic waste recycling site compared with Guangzhou and Hong Kong, South China. Environment International, 33: 1063-1069.

Dingemans MML, Ramakers GMJ, Gardoni F, van Kleef RGDM, Bergman Å, Di Luca M, van den Berg M, Westerink RHS, Vijverberg HPM. 2007. Neonatal exposure to brominated flame retardant BDE-47 reduces long-term potentiation and postsynaptic protein levels in mouse hippocampus. Environmental Health Perspectives, 115: 865-870.

Dufault C, Poles G, Driscoll LL. 2005. Brief postnatal PBDE exposure alters learning and the cholinergic modulation of attention in rats. Toxicological Sciences, 88: 172-180.

Eriksson P, Jakobsson E, Fredriksson A. 2001. Brominated flame retardants, a novel class of developmental neurotoxicants in our environment? Environmental Health Perspectives, 109: 903-908.

Eriksson P, Viberg H, Jakobsson E, Orn U, Fredriksson A. 2002. A brominated flame retardant 2, 2′, 4, 4′, 5-pentabromodiphenyl ether, uptake, retention, and induction of neurobehavioral alterations in mice during a critical phase of neonatal brain development. Toxicological Sciences, 67: 98-103.

Fangstrom B, Strid A, Grandjean P, Weihe P, Bergman A. 2005. A retrospective study of PBDEs and PCBs in human milk from the Faroe Islands. Environmental Health, 5: 4-12.

Fernie K J, Shutt J L, Mayne G, Hoffman D, Letcher R J, Drouillard K G, Ritchie IJ. 2005b. Exposure to polybrominated diphenyl ethers (PBDEs): Changes in thyroid, vitamin A, glutathione homeostasis, and oxidative stress in American kestrels (*falco sparverius*). Toxicological Sciences, 88: 375-383.

Fernie KJ, Mayne G, Shutt JL, Pekarik C, Grasman KA, Letcher RJ, Drouillard K. 2005a. Evidence of immunomodulation in nestling American kestrels (*Falco sparverius*) exposed to environmentally relevant PBDEs. Environmental Pollution, 138: 485-493.

Fernie KJ, Shutt JL, Letcher RJ, Ritchie JI, Sullivan K, Bird DM. 2008. Changes in reproductive courtship behaviors of adult American kestrels (*Falco sparverius*) exposed to environmentally relevant levels of the polybrominated diphenyl ether mixture, DE-71. Toxicological Sciences, 102: 171-178.

Fowles JR, Fairbrother A, Baecher-Steppan L, Kerkvliet NI. 1994. Immunologic and endocrine effects of the flame retardant pentabromodiphenyl ether (DE-71) in C57BL/6 mice. Toxicology, 86: 49-61.

Guan YF, Wang JZ, Ni HG, Luo XJ, Mai BX, Zeng EY. 2007. Riverine inputs of polybrominated diphenyl ethers from the Pearl River Delta (China) to the coastal ocean. Environmental Science and Technology, 41: 6007-6013.

Hallgren S, Darnerud PO. 2002. Polybrominated diphenyl ethers (PBDEs), polychlorinated biphenyls (PCBs) and chlorinated paraffins (CPs) in rats-testing interactions and mechanisms for thyroid hormone effects. Toxicology, 177: 227-243.

Hallgren S, Sinjari T, Hakansson H, Darnerud PO. 2001. Effects of polybrominated diphenyl ethers (PBDEs) and polychlorinated biphenyls (PCBs) on thyroid hormone and vitamin A levels in rats and mice. Archives of Toxicology, 75: 200-208.

Hamers T, Kamstra J H, Sonneveld E, Murk A J, Visser T J, Van Velzen M J M, Brouwer A, Bergman A. 2008. Biotransformation of brominated flame retardants into potentially endocrine-disrupting metabolites, with special attention to 2, 2′, 4, 4′-tetrabromodiphenyl ether (BDE-47). Molecular Nutrition and Food Research, 52: 284-298.

Hamers T. 2006. *In vitro* profiling of the endocrine-disrupting potency of brominated flame retardants. Toxicological Sciences, 92: 157-173.

Han X, Tang R, Chen X, Xu B, Qin Y, Wu W, Hu Y, Xu B, Song L, Xia Y, Wang X. 2012. 2, 2′, 4, 4′-Tetrabromodiphenyl ether (BDE-47) decreases progesterone synthesis through cAMP-PKA pathway and P450scc downregulation in mouse Leydig tumor cells. Toxicology, 302: 44-50.

Han XB, Lei EN, Lam MH, Wu RS. 2011. A whole life cycle assessment on effects of waterborne PBDEs on gene expression profile along the brain-pituitary-gonad axis and in the liver of zebrafish. Marine Pollution Bulletin, 63: 160-165.

Han XB, Yuen KW, Wu RS. 2013. Polybrominated diphenyl ethers affect the reproduction and development, and alter the sex ratio of zebrafish (*Danio rerio*). Environmental Pollution, 182: 120-126.

Hardy ML, Schroeder R, Biesemeier J, Manor O. 2002. Prenatal oral (gavage) developmental toxicity study of decabromodiphenyl oxide in rats. International Journal of Toxicology, 21: 83-91.

Harju M, Hamers T, Kamstra JH, Sonneveld E, Boon JP, Tysklind M, Andersson PL. 2007. Quantitative structure-activity relationship modeling on *in vitro* endocrine effects and metabolic stability involving 26 selected brominated flame retardants. Environmental Toxicology and Chemistry, 26: 816-826.

Harley KG, Chevrier J, Schall RA, Sjödin A, Bradman A, Eskenazi B. 2011. Association of prenatal exposure to polybrominated diphenyl ethers and infant birth weight. American Journal of Epidemiology, 174: 885-892.

Harley KG, Marks AR, Chevrier J, Bradman A, Sjödin A, Eskenazi B. 2010. PBDE concentrations in women's serum and fecund ability. Environmental Health Perspectives, 118: 699-704.

Hassanin A, Breivik K, Meijer SN, Steinnes E, Thomas GO, Jones KC. 2004. PBDEs in European background soils, levels and factors controlling their distribution. Environmental Science and Technology, 38: 738-745.

He J, Yang D, Wang C, Liu W, Liao J, Xu T, Bai C, Chen J, Lin K, Huang C, Dong Q. 2011. Chronic zebrafish low dose decabrominated diphenyl ether (BDE-209) exposure affected parental gonad development and locomotion in F1 offspring. Ecotoxicology, 20: 1813-1822.

He Y, Murphy MB, Yu RM, Lam MH, Hecker M, Giesy JP, Wu RS, Lam PK. 2008. Effects of 20 PBDE metabolites on steroidogenesis in the H295R cell line. Toxicology Letters, 176: 230-238.

Heijlen M, Houbrechts AM, Darras VM. 2013. Zebrafish as a model to study peripheral thyroid hormone metabolism in vertebrate development. General and Comparative Endocrinology, 188: 289-296.

Herbstman JB, Sjödin A, Apelberg B J, Witter F R, Halden R U, Patterson D G, Panny JSR, Needham LL, Goldman LR. 2008. Birth delivery mode modifies the associations between prenatal polychlorinated biphenyl (PCB) and polybrominated diphenyl ether (PBDE) and neonatal thyroid hormone levels. Environmental Health Perspectives, 116: 1376-1382.

Herbstman JB, Sjodin A, Kurzon M, Lederman SA, Jones RS. 2010. Prenatal exposure to PBDEs and neuro-development. Environmental Health Perspectives, 118: 712-719.

Hertz-Piccintto I, Bergman A, Fangstrom B, Rose M, Krakowiak P, Pessah I, Hansen R, Bennett DH. 2011. Polybrominated diphenyl ethers in relation to autism and developmental delay, a case-control study. Environmental Health, 10: 1-11.

Hites RA. 2004. Polybrominated diphenyl ethers in the environment and in people, a meta-analysis of concentrations. Environmental Science and Technology, 38: 945-956.

Hooper K, McDonald TA. 2000. The PBDEs an emerging environmental challenge and another reason for breast-milk monitoring programs. Environmental Health Perspectives, 108: 387-392.

Hu X, Zhang J, Jiang Y, Lei Y, Lu L, Zhou J, Huang H, Fang D, Tao G. 2014. Effect on metabolic enzymes and thyroid receptors induced by BDE-47 by actibation the pregnane X receptor in HepG2, a human hepatoma cell line. Toxicology in Vitro, 28: 1377-1385.

Hu XZ, Xu Y, Hu DC, Hui Y, Yang FX. 2007. Apoptosis induction on human hepatoma cells Hep G2 of decabrominated diphenyl ether (PBDE-209). Toxicology Letters, 171: 19-28.

Huang Y, Chen L, Peng X, Xu Z, Ye Z. 2010. PBDEs in indoor dust in South-Central China, characteristics and implications. Chemosphere, 78: 169-174.

Ibhazehiebo K, Iwasaki T, Kimura-Kuroda J, Miyazaki W, Shimokawa N, Koibuchi N. 2011. Disruption of thyroid hormone receptor-mediated transcription and thyroid hormone-induced purkinje cell dendrite arborization by polybrominated diphenyl ethers. Environmental Health Perspectives, 119: 168-175.

Jaward F M, Zhang G, Nam J J, Sweetman A J, Obbard J P, Kobara Y, Jones KC. 2005. Passive air sampling of polychlorinated biphenyls, organochlorine compounds, and polybrominated diphenyl ethers across Asia. Environmental Science and Technology, 39: 8638-8645.

Jenkins JA, Olivier HM, Draugelis-Dale RO, Eilts BE, Torres L, Patino R, Nilsen E, Goodbred SL. 2014. Assessing reproductive and endocrine parameters in male largescale suckers (Catostomus macrocheilus) along a contaminant gradient in the lower Columbia river, USA. Science of The Total Environment, 484: 365-378.

Johansson AK, Sellström U, Lindberg P, Bignert A, Wit CAD. 2011. Temporal trends of polybrominated diphenyl ethers and hexabromocyclododecane in swedish peregrine falcon

(*Falco peregrinus*), eggs. Environment International, 37: 678-686.

Johnson A, Olson N, 2001. Analysis and occurrence of polybrominated diphenyl ethers in Washington state freshwater fish. Archives of Environmental Contamination and Toxicology, 41: 339-344.

Kajiwara N, Kamikawa S, Ramu K, Ueno D, Yamada T K, Subramanian A. 2006. Geographical distribution of polybrominated diphenyl ethers (PBDEs) and organochlorines in small cetaceans from Asian waters. Chemosphere, 64: 287-295.

Kambe F, Nomura Y, Okamoto T, Seo H. 1996. Redox regulation of thyroid-transcription factors, Pax-8 and TTF-1, is involved in their increased DNA-binding activities by thyrotropin in rat thyroid FRTL-5 cells. Molecular Endocrinology, 10: 801-812.

Karpeta A, Barc J, Ptak A, Gregoraszczuk EL. 2012. The 2,2′,4,4′-tetrabromodiphenyl ether hydroxylated metabolites 5-OH-BDE-47 and 6-OH-BDE-47 stimulate estradiol secretion in the ovary by activating aromatase expression. Toxicology, 305: 65-70.

Kierkegaard A, Balk L, Tjärnlund U, De Wit CA, Jansson B. 1999. Dietary uptake and biological effects of decabromodiphenyl ether in rainbow trout (*Oncorhynchus mykiss*). Environmental Science and Technology, 33: 1612-1617.

Kim B H, Ikonomou M G, Lee S J, Kim H S, Chang Y S. 2005. Concentrations of polybrominated diphenyl ethers, polychlorinated dibenzo-*p*-dioxins and dibenzofurans, and polychlorinated biphenyls in human blood samples from Korea. Science of The Total Environment, 336: 45-56.

Kitamura S, Shinohara S, Iwase E, Sugihara K, Uramaru N, Shigematsu H, Fujimoto N, Ohta S. 2008. Affinity for thyroid hormone and estrogen receptors of hydroxylated polybrominated diphenyl ethers. Journal of Health Sciences, 54: 607-614.

Kodavanti PR, Coburn CG, Moser VC, MacPhail RC, Fenton SE, Stoker TE, Rayner JL, Kannan K, Birnbaum LS. 2010. Developmental exposure to a commercial PBDE mixture, DE-71, neurobehavioral, hormonal, and reproductive effects. Toxicological Sciences, 116: 297-312.

Kodavanti PRS, Ward TR. 2005. Differential effects of commercial polybrominated diphenyl ether and polychlorinated biphenyl mixtures on intracelluar signaling in rat brain *in vitro*. Toxicological Sciences, 85: 952-962.

Kojima H, Takeuchi S, Uramaru N, Sugihara K, Yoshida T, Kitamura S. 2009. Nuclear hormone receptor activity of polybrominated diphenyl ethers and their hydroxylated and methoxylated metabolites in transactivation assays using Chinese hamster ovary cells. Environmental Health Perspectives, 117: 1210-1218.

Kovarich S, Papa E, Gramatica R. 2011. QSAR classification models for the prediction of endocrine disrupting activity of brominated flame retardants Journal of Hazardous Materials, 190: 106-112.

Kuiper RV, Vethaak AD, Canton RF, Anselmo H, Dubbeldam M, van den Brandhof EJ, Leonards PE, Wester PW, van den Berg M. 2008. Toxicity of analytically cleaned pentabromodiphenylether after prolonged exposure in estuarine European flounder (*Platichthys flesus*), and partial life-cycle exposure in fresh water zebrafish (*Danio rerio*). Chemosphere, 73: 195-202.

Kuriyama S N, Talsness C E, Grote K, Chahoud I. 2005. Developmental exposure to low dose PBDE 99: Effects on male fertility and neurobehavior in rat offspring. Environmental Health Perspectives, 113: 149 -154.

Lam JC, Murphy MB, Wang Y, Tanabe S, Giesy JP, Lam PK. 2008. Risk assessment of organohalogenated compounds in water bird eggs from South China. Environmental Science and Technology, 42: 6296-6302.

Lema SC, Dickey JT, Schultz IR, Swanson P. 2008. Dietary exposure to 2, 2', 4, 4'-tetrabromodiphenyl ether (PBDE-47) alters thyroid status and thyroid hormone-regulated gene transcription in the pituitary and brain. Environmental Health Perspectives, 116: 1694-1699.

Lema SC, Dickey JT, Schultz IR, Swanson P. 2009. Thyroid hormone regulation of mRNAs encoding thyrotropin beta-subunit, glycoprotein alpha-subunit, and thyroid hormone receptors alpha and beta in brain, pituitary gland, liver, and gonads of an adult teleost, *Pimephales promelas*. Journal of Endocrinology, 202: 43-54.

Li F, Xie Q, Li X, Li N, Chi P, Chen J, Wang Z, Hao C. 2010. Hormone activity of hydroxylated polybrominated diphenyl ethers on human thyroid receptor-beta: *In vitro* and *in silico* investigations. Environmental Health Perspectives, 118: 602-606.

Li W, Zhu L, Zha J, Wang Z. 2014. Effects of decabromodiphenyl ether (BDE-209) on mRNA transcription of thyroid hormone pathway and spermatogenesis associated genes in Chinese rare minnow (*Gobiocypris rarus*). Environmental Toxicology, 29: 1-9.

Li X, Ye L, Wang X, Liu H, Zhu Y, Yu H. 2012. Combined 3D-QSAR, molecular docking and molecular dynamics study on thyroid hormone activity of hydroxylated polybrominated diphenyl ethers to thyroid receptors β. Toxicology and Applied Pharmacology, 265: 300-307.

Lilienthal H, Hack A, Roth-Harer A, Grande SW, Talsness CE. 2006. Effects of developmental exposure to 2,2′,4,4′,5-pentabromodiphenyl ether (PBDE-99) on sex steroids, sexual development, and sexually dimorphic behavior in rats. Environmental Health Perspectives, 114: 194-201.

Lin SM, Chen FA, Huang YF, Hsing LL, Chen L L, Wu LS, Liu TS, Chang-Chien GP, Chen KC, Chao HR. 2011. Negative associations between pbde levels and thyroid hormones in cord blood. International Journal of Hygiene and Environmental Health, 214: 115-120.

Liu C, Zhang X, Deng J, Hecker M, Al-Khedhairy A, Giesy JP, Zhou B. 2011. Effects of prochloraz or propylthiouracil on the cross-talk between the HPG, HPA, and HPT axes in zebrafish. Environmental Science and Technology, 45: 765-779.

Liu S, Zhao G, Li J, Zhao H, Wang Y, Chen J, Zhao H. 2017. Association of polybrominated diphenylethers (PBDEs) and hydroxylated metabolites (OH-PBDEs) serum levels with thyroid function in thyroid cancer patients. Environmental Research, 59: 1-8.

Liu Y, Zheng GJ, Yu HX, Martin M, Richardson BJ, Lam MHW. 2005. Polybrominated diphenyl ethers (PBDEs) in sediments and mussel tissues from Hong Kong marine waters. Marine Pollution Bulletin, 50: 1173-1184.

Luo Q, Cai ZW, Wong MH. 2007. Polybrominated diphenyl ethers in fish and sediment from river polluted by electronic waste. Science of The Total Environment, 383: 115-127.

Marteinson SC, Bird DM, Shutt JL, Letcher RJ, Ritchie IJ, Fernie KJ. 2010. Multi-generation effects of polybrominated diphenylethers exposure, embryonic exposure of male American kestrels (*Falco sparverius*) to DE-71 alters reproductive success and behaviors. Environmental Toxicology and Chemistry, 29: 1740-1747.

Marteinson SC, Kimmins S, Bird DM, Shutt JL, Letcher RJ, Ritchie IJ, Fernie KJ. 2011. Embryonic exposure to the polybrominated diphenyl ether mixture, DE-71, affects testes and circulating testosterone concentrations in adult American kestrels (*Falco sparverius*). Toxicological Sciences, 121: 168-176.

McDonald TA. 2005. Polybrominated diphenylether levels among United States residents, daily intake and risk of harm to the developing brain and reproductive organs. Integrated Environmental Assessment and Management, 1: 343-354.

Meerts I A, van Zanden J J, Luijks E A, Van L I, Marsh G, Jakobsson E, Bergman A, Brouwer A.

2000. Potent competitive interactions of some brominated flame retardants and related compounds with human transthyretin *in vitro*. Toxicological Sciences, 56: 95-104.

Meerts IA, Letcher RJ, Hoving S, Marsh G, Bergman A, Lemmen JG, van der Burg B, Brouwer A. 2001. *In vitro* estrogenicity of polybrominated diphenyl ethers, hydroxylated PBDEs, and polybrominated bisphenol A compounds. Environmental Health Perspectives, 109: 399-407.

Mercado-Feliciano M, Bigsby RM. 2008. Hydroxylated metabolites of the polybrominated diphenyl ether mixture DE-71 are weak estrogen receptor-alpha ligands. Environmental Health Perspectives, 116: 1315-1321.

Muirhead EK, Skillman AD, Hook SE, Schultz IR. 2006. Oral exposure of PBDE- 47 in fish, toxicokinetics and reproductive effects in Japanese Medaka (*Oryzias latipes*) and fathead minnows (*Pimephales promelas*). Environmental Science and Technology, 40: 523-528.

Mukhi S, Torres L, Patino R. 2007. Effects of larval-juvenile treatment with perchlorate and co-treatment with thyroxine on zebrafish sex ratios. General and Comparative Endocrinology, 150: 486-494.

Murk A TJ, Rijntjes E, Blaauboer BJ, Clewell R, Crofton KM, Dingemans MML, Furlow JD, Kavlock R, Köhrle J, Opitz R, Traas T, Visser TJ, Xia M, Gutleb AC. 2013. Mechanism-based testing strategy using *in vitro*, approaches for identification of thyroid hormone disrupting chemicals. Toxicology in Vitro, 27: 1320-1346.

Norris JM, Kociba RJ, Schwetz BA, Rose JQ, Humiston CG, Jewett GL, Gehring PJ, Mailhes JB. 1975. Toxicology of octabromodiphenyl and decabromo-diphenyloxide. Environmental Health Perspectives, 11: 153-161.

Nossen I, Ciesielski T M, Dimmen M V, Jensen H, Ringsby T H, Polder A, Rønning B, Jenssen BM, Styrishave B. 2016. Steroids in house sparrows (*Passer domesticus*), effects of POPs and male quality signalling. Science of the Total Environment, 547: 295-304.

Oros DR, Hoover D, Rodigari F, Crane D, Sericano J. 2005. Levels and distribution of polybrominated diphenyl ethers in water, surface sediments, and bivalves from the San Francisco estuary. Environmental Science and Technology, 39: 33-41.

Oyola M G, Malysz A M, Mani S K, Handa R J, 2016. Steroid hormone signaling pathways and sex differences in neuroendocrine and behavioral responses to stress. Sex Differences in the Central Nervous System, 325-364.

Pacyniak EK, Cheng X, Cunningham ML, Crofton K, Klaassen CD, Guo GL. 2007. The flame retardants, polybrominated diphenyl ethers, are pregnane X receptor activators. Toxicological Sciences, 97: 94-102.

Pascual A, Aranda A. 2013. Thyroid hormone receptors, cell growth and differentiation. Biochimica et Biophysica Acta (BBA)- General Subjects, 130(7): 3908-3916.

Peng X, Tang C, Yu Y, Tan J, Huang Q, Wu J, Chen S, Mai B. 2009. Concentrations, transport, fate, and releases of polybrominated diphenyl ethers in sewage treatment plants in the Pearl River Delta, South China. Environment International, 35: 303-309.

Pfeifer F, Truper HG, Klein J, Schacht S. 1993. Degradation of diphenylether by Pseudomonas cepacia Et4, enzymatic release of phenol from 2,3-dihydroxydiphenylether. Archives and Microbiology, 159: 323-329.

Qin X, Xia X, Yang Z, Yan S, Wei R, Li Y, Tian M, Qin Z, Xu X. 2010a. Thyroid disruption by technical decabromodiphenyl ether (DE-83R) at low concentrations in Xenopus laevis. Journal of Environmental Sciences, 22: 744-751.

Qin YY, Leung CKM, Leung AOW, Sheng CW, Zheng JS, Wong MH. 2010b. Persistent organic pollutants and heavy metals in adipose tissues of patients with uterine leiomyomas and the association of these pollutants with seafood diet, BMI and age. Environmental Science and Pollution Research, 17: 229-240.

Rahman F, Langford KH, Scrimshaw MD, Lester JN. 2001. Polybrominated diphenyl ether (PBDE) flame retardants. Science of the Total Environment, 275: 1-17.

Ramu K, Kajiwara N, Lam PKS, Jefferson, TA, Zhou, K, Tanabe, ST. 2006. Temporal variation and biomagnification of organohalogen compounds in finless porpoises (*Neophocaena phocaenoides*) from the South China Sea. Environmental Pollution, 144: 516-523.

Ren XM, Guo LH, Gao Y, Zhang BT, Wan B. 2013. Hydroxylated polybrominated diphenyl ethers exhibit different activities on thyroid hormone receptors depending on their degree of bromination. Toxicology and Applied Pharmacology, 268: 256-263.

Rice DC, Reeve EA, Herlihy A, Zoeller RT, Thompson WD, Markowski VP. 2007. Developmental delays and locomotor activity in the C57BL6/J mouse following neonatal exposure to the fully-brominated PBDE, decabromodiphenyl ether. Neurotoxicology and Teratology, 29: 511-520.

Schriks M, Roessig JM, Murk AJ, Furlow JD. 2007. Thyroid hormone receptor isoform selectivity of thyroid hormone disrupting compounds quantified with an *in vitro*, reporter gene assay. Environmental Toxicology and Pharmacology, 23: 302-307.

Shimizu R, Yamaguchi M, Uramaru N, Kuroki H, Ohta S, Kitamura S, Sugihara K. 2013. Structure-activity relationships of 44 halogenated compounds for iodotyrosine deiodinase-inhibitory activity. Toxicology, 314: 22-29.

Stapleton HM, Eagle S, Anthopolos R, Wolkin A, Miranda ML. 2011. Associations between polybrominated diphenyl ether (PBDE) flame retardants, phenolic metabolites, and thyroid hormones during pregnancy. Environmental Health Perspectives, 119: 1454-1459.

Stoker TE, Cooper R L, Lambright C S, Wilson VS, Furr J, Gray LE. 2005. *In vitro* anti-androgenic effects of DE-71, a commercial polybrominated diphenyl ether (PBDE) mixture. Toxicology and Applied Pharmacology, 207: 78-88.

Stoker TE, Laws SC, Crofton KM, Hedge JM, Ferrell JM, Cooper RL. 2004. Assessment of DE-71, a commercial polybrominated diphenyl ether (PBDE) mixture, in the EDSP male and female pubertal protocols. Toxicological Science, 78: 144-155.

Szabo DT, Richardson VM, Ross DG, Diliberto JJ, Kodavanti PR, Birnbaum LS. 2009. Effects of perinatal PBDE exposure on hepatic phase I, phase II, phase III, and deiodinase 1 gene expression involved in thyroid hormone metabolism in male rat pups. Toxicological Sciences, 107: 27-39.

Talsness CE, Kuriyama SN, Sterner-Kock A, Schnitker P, Grande SW, Shakibaei M, Andrade A, Grote K, Chahoud I. 2008. In utero and lactational exposures to low doses of polybrominated diphenyl ether-47 alter the reproductive system and thyroid gland of female rat offspring. Environmental Health Perspectives, 116: 308-314.

Tseng LH, Lee CW, Pan MH, Tsai S S, Li M H, Chen JR, Lay J, Hsu PC. 2006. Postnatal exposure of the male mouse to 2,2′,3,3′,4,4′,5,5′,6,6′-decabrominated diphenyl ether: decreased epididymal sperm functions without alterations in dna content and histology in testis. Toxicology, 224: 33-43.

Tseng LH, Li MH, Tsai SS, Lee CW, Pan MH, Yao WJ, Hsu PC. 2008. Developmental exposure to decabromodiphenyl ether (PBDE 209), effects on thyroid hormone and hepatic enzyme activity in male mouse offspring. Chemosphere, 70: 640-647.

Tuerk K J S, Kucklick J R, Becker P R, Stapleton H M, Baker J E. 2005. Persistent organic pollutants in two dolphin species with focus on toxaphene and polybrominated diphenyl ethers. Environmental Science and Technology, 39: 692-698.

Turyk ME, Persky VW, Imm P, Knobeloch L, Chatterton R, Anderson HA. 2008. Hormone disruption by PBDEs in adult male sport fish consumers. Environmental Health Perspectives, 116: 1635-1641.

Ucán -Marín F, Arukwe A, Mortensen A, Gabrielsen GW, Fox GA, Letcher RJ. 2009. Recombinant transthyretin purification and competitive binding with organohalogen compounds in two gull species (*Larus argentatus* and *Larus hyperboreus*). Toxicological Sciences, 107: 440-450.

Usenko CY, Robinson EM, Usenko S, Brooks BW, Bruce ED. 2011. PBDE developmental effects on embryonic zebrafish. Environmental Toxicology and Chemistry, 30: 1865-1872.

van den Steen E, Eens M, Covaci A, Dirtu AC, Jaspers VLB, Neels H, Pinxten R. 2009. An exposure study with polybrominated diphenyl ethers (PBDEs) in female European starlings (*Sturnus vulgaris*), toxicokinetics and reproductive effects. Environmental Pollution, 157: 430-436.

van den Steen E, Eens M, Geens A, Covaci A, Darras VM, Pinxten R. 2010. Endocrine disrupting, haematological and biochemical effects of polybrominated diphenyl ethers in a terrestrial songbird, the European starling (*Sturnus vulgaris*). Science of The Total Environment, 408: 6142-6147.

van der Ven LT, van de Kuil T, Leonards PE, Slob W, Canton RF, Germer S, Visser TJ, Litens S, Hakansson H, Schrenk D, van den Berg M, Piersma AH, Vos JG, Opperhuizen A. 2008. A 28-day oral dose toxicity study in Wistar rats enhanced to detect endocrine effects of decabromodiphenyl ether (decaBDE). Toxicology Letters, 179: 6-14.

Verreault J, Bech C, Letcher RJ, Ropstad E, Dahl E, Gabrielsen GW. 2007. Organohalogen contamination in breeding glaucous gulls from the norwegian arctic, Associations with basal metabolism and circulating thyroid hormones. Environmental Pollution, 145: 138-145.

Wang D, Cai Z, Jiang G, Leung A, Wong MH, Wong WK. 2005. Determination of polybrominated diphenyl ethers in soil and sediment from an electronic waste recycling facility. Chemosphere, 60: 810-816.

Wang KL, Hsia SM, Mao IF, Chen ML, Wang SW, Wang PS. 2011. Effects of polybrominated diphenyl ethers on steroidogenesis in rat Leydig cells. Human Reproduction, 26: 2209-2217.

Wang X, Yang H, Hu X, Zhang X, Zhang Q, Jiang H, Shi W, Yu H. 2013. Effects of ho-/meo-pbdes on androgen receptor, *in vitro* investigation and helix 12-involved md simulation. Environmental Sciences and Technology, 47: 11802-11809.

Wang X, Yang L, Wang Q, Guo Y, Na L, Mei M, Zhou B. 2016. The neurotoxicity of DE-71, effects on neural development and impairment of serotonergic signaling in zebrafish larvae. Journal of Applied Toxicology, 36: 1605-1613.

Wang XF, Yang LH, Wu YY, Huang CJ, Wang QW, Han J, Guo YY, Shi X J, Zhou B S. 2015. The developmental neurotoxicity of polybrominated diphenyl ethers: Effect of DE-71 on dopamine in zebrafish larvae. Environmental Toxicology and Chemistry, 34: 1119-1126.

Wang Y, Jiang G, Lam PK, Li A. 2007. Polybrominated diphenyl ether in the East Asian environment, a critical review. Environment International, 33: 963-973.

Winter V, Williams TD, Elliott JE. 2013. A three-generational study of *in ovo*, exposure to PBDE-99 in the zebra finch. Environmental Toxicology and Chemistry, 32: 562-568.

Wu JP, Luo XJ, Zhang Y, Luo Y, Chen SJ, Mai BX, Yang ZY. 2008. Bioaccumulation of polybrominated diphenyl ethers (PBDEs) and polychlorinated biphenyls (PCBs) in wild aquatic species from an electronic waste (e-waste) recycling site in South China. Environment International, 34: 1109-1113.

Xu X, Yang H, Chen A, Zhou Y, Wu K, Liu J, Zhang Y, Huo X. 2012. Birth outcomes related to informal e-waste recycling in guiyu, China. Reproductive Toxicology, 33: 94-98.

Yang W, Mu Y, Giesy JP, Zhang A, Yu H. 2009. Anti-androgen activity of polybrominated diphenyl ethers determined by comparative molecular similarity indices and molecular docking. Chemosphere, 75: 1159-1164.

Yang W, Shen S, Mu L, Yu H. 2011. Structure-activity relationship study on the binding of PBDEs with thyroxine transport proteins. Environmental Toxicology Chemistry, 30: 2431-2439

Yang W, Wang Z, Liu H, Yu H. 2010. Exploring the binding features of polybrominated diphenyl ethers as estrogen receptor antagonists: docking studies. Sar and Qsar in Environmental Research, 21: 351-367.

Yang X, Xie H, Chen J, Li X. 2013. Anionic phenolic compounds bind stronger with transthyretin than their neutral forms: Nonnegligible mechanisms in virtual screening of endocrine disrupting chemicals. Chemical Research in Toxicology, 26: 1340-1347.

Yu K, He Y, Yeung LWY, Lam PKS, Wu RSS, Zhou B. 2008. DE-71-induced apoptosis involving intracellular calcium and the bax-mitochondria-caspase protease pathway in human neuroblastoma cells *in vitro*. Toxicological Sciences, 104(2): 341-351.

Yu L, Deng J, Shi X, Liu C, Yu K, Zhou B. 2010. Exposure to DE-71 alters thyroid hormone levels and gene transcription in the hypothalamic-pituitary-thyroid axis of zebrafish larvae. Aquatic Toxicology, 97: 226-233.

Yu L, Lam JC, Guo Y, Wu RS, Lam PK, Zhou B. 2011. Parental transfer of polybrominated diphenyl ethers (PBDEs) and thyroid endocrine disruption in zebrafish. Environmental Science and Technology, 45: 10652-10659.

Yu L, Liu C, Chen Q, Zhou B. 2014. Endocrine disruption and reproduction impairment in zebrafish after long-term exposure to DE-71. Environmental Toxicology Chemistry, 33: 1354-1362.

Yuan J, Chen L, Chen D, Guo H, Bi X, Ju Y, Jiang P, Shi J, Yu Z, Yang J, Li L, Jiang Q, Sheng G, Fu J, Wu T, Chen X. 2008. Elevated serum polybrominated diphenyl ethers and thyroid-stimulating hormone associated with lymphocytic micronuclei in Chinese workers from an e-waste dismantling site. Environmental Science and Technology, 42: 2195-2200.

Yun SH, Addink R, McCabe J M, Ostaszewski A, Mackenzie-Taylor D, Taylor AB, Kannan K, 2008. Polybrominated diphenyl ethers and polybrominated biphenyls in sediment and floodplain soils of the Saginaw River watershed, Michigan, USA. Archives of Environmental Contamination and Toxicology, 55: 1-10.

Zhang W, Chen L, Liu K, Chen L, Lin K, Chen Y, Yan Z. 2014. Bioaccumulation of decabromodiphenyl ether (BDE-209) in earthworms in the presence of lead (Pb). Chemosphere, 106: 57-64.

Zhang Z, Zhang X, Sun Z, Qu L, Gu J. 2013. Cytochrome P450 3A1 Mediates 2,2′,4,4′-tetrabromodiphenyl ether-induced reduction of spermatogenesis in adult rats. PloS One, 8: e66301-e66301.

Zhao Y, Ao H, Chen L, Sottas CM, Ge RS, Zhang Y. 2011. Effect of brominated flame retardant BDE-47 on androgen production of adult rat Leydig cells. Toxicology Letters, 205: 209-214.

Zhou T, Ross DG, DeVito MJ, Crofton KM. 2001. Effects of short-term *in vivo* exposure to polybrominated diphenyl ethers on thyroid hormones and hepatic enzyme activities in weanling rats. Toxicological Sciences, 61: 76-82.

Zhu B, Wang Q, Wang X, Zhou B. 2014. Impact of co-exposure with lead and decabromodiphenyl ether (BDE-209) on thyroid function in zebrafish larvae. Aquatic Toxicology. 157: 186-195.

Zhu LY, Hites RA. 2005. Brominated flame retardants in sediment cores from Lakes Michigan and Erie. Environmental Science and Technology, 39: 3488-3494.

Zoeller RT, Tan SW, Tyl RW. 2007. General background on the hypothalamic-pituitary- thyroid (HPT) axis. Critical Reviews in Toxicology, 37: 11-53.

Zou MY, Ran Y, Gong J, Mai BX, Zeng EY. 2007. Polybrominated diphenyl ethers in watershed soils of the Pearl River Delta, China, occurrence, inventory, and fate. Environmental Science and Technology, 41: 8262-8267.

第6章 四溴双酚A的内分泌干扰效应

本章导读

- 首先简介四溴双酚A（TBBPA）的基本概况，包括其基本理化性质、用途和产量。
- 接着介绍TBBPA的环境分布，包括表面水及沉积物含量，以及大气和生物体中的含量等环境化学行为。
- 主要陈述TBBPA的甲状腺内分泌干扰效应，包括以离体细胞为对象的筛选和评价，对哺乳动物及鱼类的研究进展；重点总结以两栖类为对象评价TBBPA甲状腺内分泌干扰效应的研究内容。
- 总结TBBPA甲状腺内分泌干扰效应的作用机制，包括载体介导机制和核受体介导机制。
- 简单介绍关于TBBPA暴露可能对人类的影响以及雌激素活性方面的研究。

6.1 四溴双酚A概述

四溴双酚A（tetrabromobisphenol A，TBBPA）是传统溴代阻燃剂（即多溴二苯醚、六溴环十二烷和四溴双酚A）中产量最大的一种阻燃剂，约占60%（Law et al.，2006）。自世界卫生组织及欧盟将TBBPA确定为无风险、安全的有机化合物以来，其生产和使用量日益增加，仅在2004年，全世界对TBBPA的市场需求量达到每年170000 t（Xie et al.，2007）。2007年中国的年产量为18000 t（施致雄，2009）。由于TBBPA大量的生产和使用，其可以通过多种途径进入环境中。在许多环境介质中，如沉积物、污水、地表水、大气以及多种生物体内都能检测出TBBPA（Liu et al.，2016）。研究发现，TBBPA具有持久性和生物积累性的特征，并能引起包括内分泌干扰效应在内的多种毒性效应（陈玛丽等，2008；van der Ven et al.，2008；Choi et al.，2011；Nakajima et al.，2009；Colnot et al.，2014；Lilienthal et al.，2008；Chen et al.，2016）。针对TBBPA的毒性效应和环境风险，国内外开展了一些研究，尤其是其内分泌干扰效应。本章将首先简介 TBBPA 的基本理化性质、使用情况以及环境行为，然后主要介绍关于 TBBPA 内分泌干扰物效应方面的研究进展。

6.1.1　四溴双酚 A 的理化性质

TBBPA 的物理化学性质如表 6-1 所示，其分子式为 $C_{15}H_{12}BrO_2$，分子量为543.87。TBBPA 在水中的溶解度约为 4.16 mg/L（25℃），在 20℃时其蒸气压小于1 mmHg[①]，其辛醇-水分配系数（$logK_{ow}$）是 5.90，熔点在 181～182℃之间，沸点约为 316℃，半衰期随光照、温度等条件变化较大，通常在 6.6～80 d 之间（Birnbaum and Staskal，2004）。因此 TBBPA 具有很强的疏水性特点，容易富集在脂溶性的物质中。

表 6-1　TBBPA 的物理化学性质（引自文献（Birnbaum and Staskal，2004））

性质	数值
化学式	$C_{15}H_{12}BrO_2$
化学结构式	
CAS 号	79-94-7
IUPAC 命名	2,6-dibromo-4-[2-(3,5-dibromo-4-hydroxyphenyl)propan-2-yl]phenol
分子质量	543.9 g/mol
沸点	约 316℃（200～300℃分解）
熔点	181～182℃
密度	2.12 g/cm^3
蒸气压	6.24×10^{-6} Pa（25℃）
$logK_{ow}$	5.90
酸解离常数（pK_a）	$pK_{a1} = 7.5$
	$pK_{a2} = 8.5$
亨利定律	亨利定律常数<0.1 Pa·m^3/mol（20～25℃）
转换因子	1ppm = 22.6 mg/m^3（20℃）

① mmHg 为非法定单位，1mmHg=1.3332×10^{2}Pa。

6.1.2　四溴双酚 A 的用途

　　工业生产 TBBPA 的途径主要是以溴化钠作为溴化剂,氯酸钠作为氧化剂,对双酚 A(BPA)进行溴代反应合成 TBBPA。市场上生产的 TBBPA,大部分(约 70%～90%)是作为反应型阻燃剂,用于环氧树脂、聚碳酸酯和酚醛树脂的生产,而这些树脂材料在印刷电路板的生产过程中大量使用(施致雄,2009)。反应型的 TBBPA 共价结合于聚合物基底部位,不容易释放到环境中;另外,TBBPA 还能以添加型阻燃剂的方式,用于其他塑料的制备,如丙烯腈-丁二烯-苯乙烯树脂、高抗冲聚苯乙烯、抗冲击性聚苯乙烯、不饱和树脂、酚醛树脂、硬质聚氨酯泡沫塑料、胶黏剂以及涂料等(施致雄,2009; Makinen et al.,2009)。依据聚合物的不同,TBBPA 在这些产品中的含量一般为其重量的 10%～20%(VECAP,2014)。

6.1.3　四溴双酚 A 的环境分布

　　环境监测数据表明,TBBPA 广泛存在于各种非生物和生物介质中,包括大气、水体、沉积物、野生动物体内。有报道指出,在我国的室内空气中检测到较高含量的 TBBPA。如一项关于深圳市室内空气中溴代阻燃剂含量的研究显示,检测到的 TBBPA 在 PM_{10} 颗粒范围的含量为 12.3～1640 pg/m^3(Ni and Zeng,2013),说明我国当前室内溴代阻燃剂空气污染值得关注。特别需要指出的是,一般在电子废弃物处理区域的大气中,TBBPA 的含量较高,如在广东贵屿电子废弃物处理区域的空气中检测到很高含量的 TBBPA,达到 66010～95040 pg/m^3(肖潇等,2012)。

　　TBBPA 可以通过多种方式进入水环境,除了来自 TBBPA 的产品外,还来源于工业污水及垃圾填埋场的排放。由于 TBBPA 是一种疏水性的有机化合物(log K_{ow} = 5.9),在水中的溶解度很低,所以 TBBPA 在实际水环境中的含量通常较低,一般在纳克级。但我国的一些环境检测数据显示,在有的区域,TBBPA 的含量较高。如在中国黄河中曾检测到 TBBPA 含量高达 320 ng/L(Li et al.,2011),在中国清河河水中检测到其含量为 23.9～224 ng/L(Yin et al.,2011),而在安徽巢湖水体中检测到 TBBPA 的含量更是高达 850～4870 ng/L(Yang et al.,2012)。一般而言,河水中的 TBBPA 主要来源于未受到有效处理而排放的工业废水和垃圾填埋场的渗透水。

　　另一方面,尽管 TBBPA 在水体中的含量较低,但是容易与颗粒物结合而存在于沉积物中。如在巢湖的沉积物中,TBBPA 的含量较高(达 518 ng/g ww)(Feng et al.,2012),并且该数据可能是目前世界上相关报道中最高的。而在巢湖的水体和底泥中均检测到高浓度的 TBBPA,这意味着在巢湖周边区域可能存在 TBBPA 的点源污染。此外,一项对我国 30 个地区污水处理厂附近的沉积物中 TBBPA 含量进行了检测，结果发现，TBBPA 的含量在小于 0.4～259 ng/g ww 范围内，并且在我国多个废水处理区域的沉积物中，TBBPA 的含量普遍高于欧美各国（Liu et al., 2016）。我国环境介质中检测到较高含量的 TBBPA，这可能与我国是生产和使用溴代阻燃剂的主要国家有关。

在野生动物体内也检测到 TBBPA。例如，在巢湖地区鱼类体检测到较高含量的 TBBPA（最高达到 126.4 ng/g ww），这显然与该区域受到相对比较严重的污染有关（Yang et al., 2012；张普青等，2011）。另外，在电子废弃物处理区域的鱼类体内，如广东清远当地两种鱼体内 TBBPA 的含量平均值分别为 4.3 ng/g lw 和 9.7 ng/g lw（Tang et al., 2015）。而在其他区域的鱼类体内，TBBPA 的含量一般较低。

特别需要指出的是，在我国母乳中也检测到 TBBPA。如一项针对我国 12 个省份的 24 组母乳样本进行检测，结果显示，TBBPA 的均值为 0.93 ng/g lw，最高可达 5.12 ng/g lw（Shi et al., 2009）。而另一项对北京地区 103 份母乳样本的分析显示，55 份母乳样品中检测到 TBBPA，均值和中位值分别为 0.41 ng/g lw 和 0.10 ng/g lw（Shi et al., 2013）。总体上，在我国，TBBPA 在母乳中含量相对较低，平均值和最高值都远低于欧洲的报道。例如一项法国母乳中的 TBBPA 含量的结果显示，其平均值为 4.11 ng/g lw，范围为 0.06～37.34 ng/g lw（Cariou et al., 2008）。环境分析的结果显示，尽管 TBBPA 广泛存在于我国的环境中，但是含量较高的是一些电子废弃物处理区域以及可能受到点源污染的地区。

6.2 四溴双酚 A 的内分泌干扰效应

从分子结构上看，TBBPA 的结构与甲状腺激素相似，有可能影响甲状腺激素的结合、转运和作用等过程，从而对甲状腺内分泌系统造成影响（Legler and Brouwer, 2003）。因此 TBBPA 可能具有甲状腺内分泌干扰效应。本节主要介绍关于 TBBPA 的甲状腺内分泌干扰效应等方面的研究。

6.2.1 四溴双酚 A 的甲状腺内分泌干扰效应

研究指出，TBBPA 可能通过与甲状腺素运载蛋白（TTR）或甲状腺激素受体（TR）结合来发挥内分泌干扰效应（Meerts et al., 2000；Kitamura et al., 2002）。

1. 离体研究

在一项离体实验中，利用人的甲状腺素运载蛋白和 ^{125}I 标记的 T4 研究了几种典型溴代阻燃剂，包括六溴苯、2,4-二溴苯酚、2,4,6-三溴苯酚、五溴苯酚、双酚 A 和 TBBPA 与 T4 竞争结合 TTR 的能力。实验结果显示，在 1.95～500 nmol/L 的暴露浓度内,在检测的所有溴代阻燃剂中,TBBPA 与 TTR 的结合能力最强,是甲状腺素 T4 结合能力的 10 倍(Meerts et al.,2000)。该离体研究结果说明,TBBPA 具有较强的与 T4 竞争结合 TTR 的能力。另一项研究也以人的 TTR 为对象的离体实验也再次证明,TBBPA 能与 T4 竞争性结合 TTR,其结合力是 T4 的 1.6 倍(Hamers et al.,2006)。 而另一项离体研究则证明,TBBPA($10^{-6}\sim10^{-4}$ mol/L)能显著抑制 T3(10^{-10} mol/L)与 TTR 的结合(Kitamura et al.,2002)。以上离体实验证明,TBBPA 能与 TTR 结合,而且其竞争结合能力大于 T4 和 T3,这是 TBBPA 具有甲状腺内分泌干扰活性的直接实验证据。这一结果意味着,在活体状态下,TBBPA 也可能通过竞争结合 TTR,而发挥甲状腺激素内分泌干扰效应。

评价化学品的内分泌干扰效应的另外途径则是对受体的作用。因此,有学者以小鼠脑垂体 GH3 细胞为对象,研究了 TBBPA 对甲状腺激素受体的作用。研究结果显示,暴露 TBBPA($10^{-6}\sim10^{-4}$ mol/L)后,能增强大鼠脑垂体瘤 GH3 细胞的增殖,诱导生长素的生成。TBBPA 没有表现出拮抗作用,即 TBBPA 不会抑制 T3 所诱导的生成生长激素以及促进细胞增殖(Kitamura et al.,2002)。该离体研究说明,TBBPA 能激活甲状腺激素受体,具有甲状腺激素受体激动剂活性。

此外,Kitamura 等在后续的实验中还发现,TBBPA 具有甲状腺激素受体拮抗效应(Kitamura et al.,2005b)。研究者分别使用 GH3 细胞和中国仓鼠卵巢 CHO-K1 细胞开展了离体实验,用 ^{125}I 标记的 T3 进行了 TBBPA 与 GH3 细胞核中的 TR 受体竞争性结合的实验。结果显示,TBBPA($10^{-7}\sim10^{-4}$ mol/L)能显著抑制 T3(10^{-10} mol/L)与甲状腺激素受体的结合,其 IC_{50} 为 3.5 μmol/L。研究者以 CHO-K1 细胞为基础,构建了对 TR 响应的转染报告细胞(CHO-TRα1 和 CHO-TRβ1),并用来评价 TBBPA 的甲状腺激素活性。结果显示,TBBPA($3\times10^{-6}\sim5\times10^{-5}$ mol/L)对 T3(10^{-8} mol/L)表现出 TR 的拮抗活性,但不是激动剂活性。后续的实验进一步证实 TBBPA 具有甲状腺激素拮抗剂活性(Hamers et al.,2006)。中国学者以 HepG2 为对象,构建了 TRβ 响应的报道基因检测方法,该方法可用于筛选通过 TR 信号通路发挥效应的化合物,在此基础上,研究者把上述转染细胞与非洲绿猴肾细胞 CV-1 细胞融合,从而增加检测效率,并用来评价 TBBPA 的甲状腺激素激动剂和拮抗剂效应。结果显示,不同浓度的 TBBPA(1 μmol/L、10 μmol/L、25 μmol/L、50 μmol/L 和 100 μmol/L)会显著抑制 T3(10 nmol/L)诱导的活性,其 IC_{50} 为 2.95×10^{-5} mol/L,而当 TBBPA 单独处理该细胞时,只具有 TR 拮抗剂活性,而并不具有 TR 的激动剂活性。因此,该离体研究也证明 TBBPA 只具有甲状腺激素拮抗效应,但并不具有甲状腺激素的激动剂活性(Sun et al.,2009)。其后的其他转染细胞检测也表明,TBBPA 具有 TR 拮抗剂活性。例如有学者以人胚肾细胞(HEK-293)为基础构建了报道基因(HEK293-Gal4TRαluc)细胞,该细胞主要基于融合蛋白 Gal-TRα1 来检测通过对甲状腺激素受体途径的活性，这确保能对 T3 具有高度特异性响应。结果显示，当 TBBPA 浓度高于 10^{-6} mol/L 时，对 T3 表现出明显的拮抗作用。此外，TBBPA 的拮抗剂效应与 T3 的浓度有关（Guyot et al.，2014）。

上述多种离体实验中，尽管早期的实验结果显示 TBBPA 具有甲状腺激素激动剂活性，但是更多的离体实验证据则显示其具有甲状腺激素拮抗剂活性。一方面，TBBPA 能与 T4 竞争性结合甲状腺素运载蛋白（TTR），那么在活体内，有可能 TBBPA 与甲状腺激素（T3、T4）竞争性结合 TTR，引起游离态的甲状腺激素升高，而被代谢酶降解，从而破坏体内甲状腺激素的平衡。而 TBBPA 对甲状腺激素的拮抗作用则可能影响体内甲状腺激素与其受体的结合，从而影响激素的生理功能。

2. 活体研究

前面主要介绍了 TBBPA 的甲状腺内分泌干扰效应方面的离体研究。一些离体研究表明，TBBPA 具有抗甲状腺激素效应。本节将主要总结关于 TBBPA 影响甲状腺内分泌系统活体方面的研究工作。一些动物实验的数据证明，TBBPA 具有甲状腺激素内分泌干扰效应。

在以 Wistar 大鼠为对象的研究中，将大鼠经口暴露 TBBPA[0 mg/(kg·d)、3 mg/(kg·d)、10 mg/(kg·d)、30 mg/(kg·d)、100 mg/(kg·d)、300 mg/(kg·d)、1000 mg/(kg·d) 和 3000 mg/(kg·d)]，时间为 28 d。实验结果显示，雌鼠和雄鼠血液中的 T4 含量显著降低，但是在雄性中，T3 含量则升高，在雌性中没有显著变化，表现出性别差异（van der Ven et al.，2008）。同样以 Sparague-Dawley 大鼠为实验对象，以喂食的方式，韩国学者对未成年雄鼠进行口服暴露 TBBPA [0 mg/(kg·d)、125 mg/(kg·d)、250 mg/(kg·d) 和 500 mg/(kg·d)]，30 d 后发现，TBBPA 暴露后并不影响雄鼠的生长，但是 TBBPA 暴露会显著诱导肝脏中 CYP2B1 和组成型雄烷受体（constitutive androstane receptor，CAR）基因的表达。重要的是，经 TBBPA 暴露，血清中 T4 含量显著下降，但是 TBBPA 对 T3 的影响并不显著，而 TSH 的含量并没有受到影响（Choi et al.，2011）。因此，TBBPA 暴露主要影响的是 T4，这与其他典型甲状腺内分泌干扰物，如 PBDEs 对啮齿类暴露而引起的甲状腺内分泌干扰效应相似。需要指出的是，当 T4 含量下降时，由于 HPT 轴的调节和反馈机制，TSH 的含量或者基因表达会出现变化，但是上述实验中并没有观察到类似的现象，这可能与 TBBPA 暴露而引起 HPT 轴损坏有关，其机制有待深入研究。同时，该研究还指出，TBBPA 能通过诱导 CYP2B1 途径而产生大量的活性氧，从而对组织造成氧化损伤，在一些组织中测到很高含量的 DNA 损伤产物——8-羟基脱氧鸟苷（8-hydroxy-2'-deoxyguanosine，8-OHdG）。因此，TBBPA 不仅能引起甲状腺内分泌干扰效应，而且也具有诱导氧化损伤效应（Choi et al.，2011）。

另外一项实验通过食物的方式暴露 TBBPA［10 mg/(kg·d)、100 mg/(kg·d)、1000 mg/(kg·d)］孕鼠，并观察对胚胎/胎儿发育的影响，包括生长、行为、神经功能等。结果显示，在高于 100 mg/(kg·d)的剂量下，TBBPA 引起大鼠血液 T4 含量下降，表现出甲状腺内分泌干扰效应，但是并不影响 T3 和 TSH（Cope et al.，2015）。此外，并没有观察到对子代胚胎发育的影响，也不影响神经行为、子代的存活率等。同样经食物暴露途径［250 mg/(kg·d)］连续处理大鼠 5 d，发现其血清中 T4 的含量也显著下降,但是并没有影响 T3 和 TSH 的含量(Sanders et al.，2016)。以上以啮齿类为对象的对哺乳动物活体暴露实验结果表明，TBBPA 具有典型的甲状腺内分泌干扰效应，即主要是引起血清中甲状腺激素 T4 的含量下降,而对 T3 和 TSH 的影响并不显著。

甲状腺激素在两栖类动物的变态发育过程（如退尾）中起非常重要的作用，蛙类也因此被广泛作为实验动物来研究污染物的甲状腺内分泌干扰效应。因此，以两栖类为对象评价 TBBPA 甲状腺内分泌干扰效应的实验研究相对较多，其中非洲爪蟾（*Xenopus laevis*）是两栖类中的模式动物。国内外学者开展了关于 TBBPA 的甲状腺内分泌干扰效应的实验研究。

以林蛙（*Rana rugosa*）蝌蚪退尾速率为实验终点指标，国外学者研究了 TBBPA 暴露对蝌蚪退尾的影响，从而评价其甲状腺内分泌干扰效应。实验结果显示，在 T3（5×10^{-8} mol/L）对照组中，蝌蚪退尾速度加快，经 T3 处理 4 d 后，尾部长度减少了 40%，并且还伴随着四肢的生长，但单独用 $10^{-8} \sim 10^{-6}$ mol/L TBBPA 处理蝌蚪，不会加快蝌蚪尾部的退化，而当 $10^{-8} \sim 10^{-6}$ mol/L TBBPA 和 T3 同时处理蝌蚪后，发现抑制了由 T3 单独处理而表现出的增强退尾效应（Kitamura et al.，2005a）。因此该研究表明，TBBPA 具有抗甲状腺激素效应，同时也在活体内验证了离体细胞的结果，即 TBBPA 具有拮抗甲状腺激素效应。而另外一项研究则发现，TBBPA 同时具有甲状腺激素的促进剂和拮抗剂效应。以树蛙（*Pseudacris regilla*）为对象，有学者研究了低剂量 TBBPA 暴露对蝌蚪变态过程的影响。结果显示，当蝌蚪暴露于 10 nmol/L TBBPA 48 h 后，其尾部明胶酶 B（gelatinase B）的表达升高，在处理 96 h 后，蝌蚪尾部吸收加快，表现出促进效应。另外，高浓度的 TBBPA（100 nmol/L）会显著上调蝌蚪脑部甲状腺激素受体（*trα*）基因的表达，但会下调尾部增殖细胞核抗原（proliferating cell nuclear antigen，*pcna*）基因的表达，同时抑制退尾过程。该研究结果表明，低剂量的 TBBPA 可能可以作为甲状腺激素的激动剂，并且能增强 TH 介导的基因表达，从而加速变态过程；而高剂量的 TBBPA 则表现出甲状腺激素拮抗效应（Veldhoen et al.，2006）。

　　同样以非洲爪蟾的蝌蚪变态发育为对象，有学者研究了 TBBPA 的甲状腺内分泌干扰效应。将蝌蚪暴露于 TBBPA（2.5～500 μg/L），处理时间为 21 天，期间在第 51 期（变态前期，并没有内源甲状腺激素）和第 57 期（具有发育完好的甲状腺系统）分别检测了 TBBPA 对甲状腺激素受体（$tr\beta$）以及对甲状腺素运载蛋白（ttr）基因表达的影响。结果显示，在 500 μg/L 最高剂量下，幼体发育被抑制，但是并未观察到对激素受体的影响，也未观察到与甲状腺有关的负反馈现象，意味着在高剂量暴露下，引起的可能是毒性效应，而非内分泌干扰效应。而对第 51 期的蝌蚪经过 24 h、48 h 和 72 h 的暴露后，比较了 TBBPA（100 μg/L、250 μg/L、500 μg/L）、T3 单独暴露（1.0 nmol/L）以及 TBBPA 和 T3 共同暴露对甲状腺激素受体基因表达的影响。结果显示，TBBPA 单独暴露能轻微增加 $tr\beta$，但是所有剂量的 TBBPA 都能抑制由 T3 暴露而诱导的 $tr\beta$ 基因的表达。总之，该研究表明，高剂量 TBBPA 长期暴露蝌蚪仅对其生长发育造成轻微的影响，并不表现出甲状腺内分泌干扰效应，但短期暴露的实验结果则可观察到，TBBPA 具有甲状腺激素拮抗效应（Jagnytsch et al.，2006）。这一活体实验结果与离体研究的结论一致。

　　我国学者也开展了以非洲爪蟾为模式动物评价 TBBPA 的甲状腺内分泌干扰效应。例如中国科学院生态环境研究中心评价了 TBBPA 在 T3 诱导非洲爪蟾蝌蚪变态发育过程的作用。将第 52 期的蝌蚪（变态前期）暴露于 10～1000 nmol/L TBBPA 中，同时设置 T3（1 nmol/L）单独暴露以及 T3 与 TBBPA 复合暴露，时间为 6 d。结果显示，与上述的研究结果一致，即当 T3 单独暴露时，促进蝌蚪的变态发育。TBBPA 单独暴露能引起甲状腺相关基因轻度表达以及轻度刺激发育，同时也表现出甲状腺激素的激动剂效应，但是当 TBBPA 与 T3 复合暴露时，则抑制由 T3 而引起的促进发育效应，同时也抑制基因表达。此外该研究进一步发现，TBBPA 暴露能促进蝌蚪从第 51 期到第 56 期（前期和前期变态阶段）的发育，但会抑制第 57～66 期的发育，说明 TBBPA 对蝌蚪变态发育的影响与发育阶段相关。具体表现为：在低剂量的 TBBPA 暴露下，会对依赖甲状腺激素的发育产生影响，即当蝌蚪体内含有甲状腺激素时，TBBPA 在发育阶段表现出对甲状腺激素的拮抗效应，但当蝌蚪内源性甲状腺激素的含量很低时，TBBPA 则作为甲状腺激素激动剂而发挥促进作用（Zhang et al.，2014）。该实验结果意味着，TBBPA 的甲状腺内分泌激动剂或拮抗剂活性与暴露的剂量相关，同时也与蝌蚪的发育阶段相关，即体内的甲状腺激素含量直接相关。这一结果对于使用蝌蚪进行评价化合物的甲状腺激素活性具有重要意义。

　　在此基础上，后续的研究进一步证明 TBBPA 具有拮抗甲状腺激素效应。将第 52 期的蝌蚪暴露于 10～500 nmol/L 的 TBBPA 中，96 h 后，可观察到显著抑制由 T3（1 nmol/L）单独暴露诱导的形态发育，如头围、嘴宽、单侧脑宽/脑长、后肢长度/体长。因此这些形态学变化作为评价甲状腺内分泌干扰效应的敏感终点指标。此外，在 24 h 暴露后，即可观察到 TBBPA 抑制由 T3 诱导的尾部 TH-响应基因表达（Wang et al.，2017）。

　　鉴于非洲爪蟾变态发育过程中对生理剂量 T3 的诱导作用非常敏感，因此该过程成为研究或者评价化学品污染物是否具有甲状腺内分泌干扰效应的良好实验模型。为进一步标准化暴露过程，使其更加具有可重复性和增加敏感性，中国科学院生态环境研究中心建立了定量形态学指标，并选择适合的 T3 暴露剂量。研究者建议，对于发育期则选择第 52 期，T3 的剂量范围是 0.31～2.5 nmol/L，暴露时间为 6 d。通过比较由 T3 暴露而引起的形态学变化，研究者提出了头围、嘴宽、单侧脑宽/脑长、后肢长度/体长可作为可量化的形态学实验终点指标，而体重可作为综合的生长指标。通过 4 天的暴露处理，可观察到 T3 诱导的非常明显的形态学变化，并呈剂量-效应关系，而 1.25 nmol/L 的暴露剂量则可产生适度的形态学变化。因此，研究者建议可以选择在 T3 为 1.25 nmol/L 的暴露剂量，而时间为 4 天，同时形态学变化可作为实验终点指标（Yao et al.，2017）。因此，蛙类的变态发育过程，除了蝌蚪尾巴的收尾外，其他形态学指标也与甲状腺激素调节密切相关。结合 T3 对蝌蚪的单独以及与受试污染物的复合暴露，能非常有效地评价化合物的潜在甲状腺内分泌干扰活性。

　　在鱼类中，一些实验指出，TBBPA 也可引起鱼类的甲状腺内分泌干扰效应。如一项实验以川鲽（*Platichthys flesus*）成鱼为对象，对其进行长期暴露 TBBPA（0.54～435 μg/L），时间为 105 d。通过测定血清中的甲状腺激素含量，发现 TBBPA 暴露引起 T4 含量显著升高，但 T3 含量没有变化，也没有改变甲状腺组织的结构（Kuiper et al.，2007a）。这是首次报道 TBBPA 暴露对鱼类具有甲状腺内分泌干扰效应，但由于实验中并没有检测 HPT 轴中相关因子，研究者推测 T4 含量下降可能是由于 TBBPA 与甲状腺素运载蛋白竞争结合，而引起过多游离态的 T4，则容易被甲状腺激素代谢酶清除。该实验结果的另一重要意义在于，环境剂量的 TBBPA（约 5.4 μg/L）即可干扰鱼类的甲状腺激素，提示在野外环境中，TBBPA 可影响鱼类甲状腺内分泌系统，从而影响重要的生理功能。

　　甲状腺激素在鱼类的早期发育中起非常重要作用，另外鱼类早期发育阶段比较敏感，因此，鱼类的发育早期阶段（如受精卵-仔鱼期）经常用来评价甲状腺内分泌干扰物。有学者以早期发育的斑马鱼仔鱼为对象，研究了 TBBPA 对甲状腺激素调控相关基因表达的影响。首先在获得 TBBPA 对斑马鱼胚胎/仔鱼 96 h 半数致死浓度（LC_{50}=5.27 mg/L）、半数效应浓度（EC_{50}=1.09 mg/L）的基础上，将斑马鱼胚胎分别暴露于不同 TBBPA 的亚致死浓度（10%、25%、50% 和 75% 的 LC_{50}），并分别检测了 HPT 轴中相关基因的表达。结果显示，TBBPA 暴露会显著上调甲状腺激素受体（*trα*）基因在胚胎和仔鱼中的表达，而对受体（*trβ*）的影响则不显著，同时观察到在仔鱼中，显著上调 *tshβ* 的基因表达，而该基因在胚胎中的表达则被显著抑制，在仔鱼中，*ttr* 的基因表达显著上调。该研究结果表明，TBBPA 暴露影响下丘脑-垂体-甲状腺轴中相关基因的表达（Chan and Chan，2012）。需要指出的是，研究者没有测定甲状腺激素含量和脱碘酶，而脱碘酶是 HPT 轴中评价 TH 变化的重要指标。但是，研究者也分别检测了胚胎期和仔鱼期的基因表达，并发现其在不同发育阶段的表达不同，提示在检测相关基因的研究中，需要考虑不同发育时期，基因表达存在时空变化现象。

中国学者以红鲫（*Carassius auratus*）为对象，研究了 TBBPA 的甲状腺内分泌干扰效应。将成年红鲫暴露于 0.25 mg/L 的 TBBPA 中 6 周，组织学观察发现甲状腺滤泡上皮增厚、细胞肥大和增生等现象，表明在较高剂量的 TBBPA 暴露下，能造成鱼的甲状腺结构改变（瞿璟琰等，2007）。尽管该实验只进行了一个暴露剂量，而且高于环境浓度，也没有测定甲状腺激素的含量，但是能反映出暴露 TBBPA 可能干扰甲状腺激素的稳态。有研究指出，一些甲状腺内分泌干扰物能引起甲状腺激素含量下降，而可能通过反馈效应引起甲状腺滤泡组织增生、肥大等形态学改变，以合成更多的甲状腺激素，这种现象一般发生在较高的处理剂量中，如较高剂量的 PBDEs 对鱼类暴露后，也会引起上述形态学变化。而另一项实验，将红鲫暴露于 0.5 mg/L 的 TBBPA，时间为 28 d，研究者测定了血液中甲状腺激素含量，结果显示，TBBPA 引起血清中总 T4（TT4）和总 T3（TT3）的含量都显著下降，同时也诱导肝脏脱碘酶（Dio1，Dio3）活性升高。综合上述研究，对鱼类而言，较高剂量的 TBBPA 暴露后，能够干扰体内甲状腺激素的稳态，加速甲状腺激素在肝脏内的转化和代谢，并且这可能是通过抑制甲状腺激素与运载蛋白的结合来实现的（瞿璟琰等，2007；2008）。由上述对鱼类的研究可以看出，低剂量或者较高剂量 TBBPA 能引起鱼类的甲状腺内分泌干扰效应，但目前有关 TBBPA 对鱼类甲状腺系统的作用机理研究较少，推测 TBBPA 对鱼类甲状腺系统的干扰效应可能是通过竞争结合甲状腺素运载蛋白即 TTR。

3. 对人类影响的研究

尽管一些哺乳动物的实验证明，TBBPA 暴露能影响甲状腺激素含量，而且就溴代阻燃剂而言，TBBPA 的使用量最大，在环境中含量也相对较高，特别是在电子废弃物处理区检测到较高的含量，人类也不可避免地受到暴露。但是目前关于人类流行病学方面的研究资料非常缺乏。国外的一项研究检测了有先天性甲状腺功能减退症（congenital hypothyroidism）的婴儿以及其母亲的 TBBPA 含量（26 对），同时选择健康的母子（12 对）为对照，研究者测定了其血清中 TBBPA 以及甲状

腺激素含量，并分析了 TBBPA 的含量与甲状腺激素的关系。结果显示，在正常
12 对母亲婴儿的样本中，TBBPA 的含量最高为 73.96 ng/g（平均值为 10.93 ng/g），
而在正常婴儿体内含量最高为 457.4 ng/g（平均值为 77.65 ng/g）。在具有先天性甲
状腺功能减退症的婴儿体内，TBBPA 的含量最高为 714 ng/g（平均值为 83.4 ng/g），
而其母亲体内 TBBPA 含量最高值为 48.3 ng/g（平均值为 8.89 ng/g）。经统计分析，
母体中 TBBPA 的含量与婴儿体中含量具有明显的相关性，说明 TBBPA 能通过母
体传递给婴儿，而且婴儿体内 TBBPA 的含量是其母亲的 2～5 倍，但是健康儿童
和有先天性甲状腺功能减退症体内的 TBBPA 含量并没有显著差异。另外，相关性
分析还显示，在具有先天性甲状腺功能减退症婴儿的母亲体内，甲状腺激素和
TBBPA 含量存在相关性，即与 FT4 和 T3 分别具有正相关性和负相关性（Kim and
Oh，2014）。但是，需要指出的是，尽管实验结果和统计分析得出了体内 TBBPA
的含量与 T4 的含量存在负相关关系，但是上述研究的样本数量较小，需要更多的
人类流行病学数据，以准确评估 TBBPA 暴露对人类的甲状腺内分泌干扰效应。

4. TBBPA 甲状腺内分泌干扰效应的机制

目前认为，TBBPA 对甲状腺激素干扰效应的作用机制主要有载体介导机制和
核受体介导机制两种（陈玛丽等，2008）（图 6-1）。根据离体的研究，推测 TBBPA
在体内可能也与血清中的甲状腺素运载蛋白竞争性结合，致使甲状腺激素 T4 与运
载蛋白的结合程度减弱，引起血清中游离的甲状腺激素 T4 增加，从而加速了甲状
腺激素 T4 被血液中的代谢酶降解和清除，导致体内甲状腺激素 T4 水平下降，而
这一变化又能通过反馈机制促使甲状腺滤泡合成并分泌更多的 T4（瞿璟琰等，
2008）。另外，受体介导则是 TBBPA 可通过竞争体内 T3 与 TR 的结合，导致与
TR 结合的 T3 减少，T3 的代谢增加。由于起作用的 T3 减少，组织对 T3 的需求增
加，引起 T4 向 T3 的转化加速。T3 作用的减弱会影响 TR 介导的应答基因表达和
后续的生理过程，T4 水平的下降通过反馈机制加强甲状腺滤泡合成和分泌 T4（瞿
璟琰等，2008）。

6.2.2　TBBPA 的其他内分泌干扰效应

也有研究指出，TBBPA 具有雌激素效应。例如国外学者以雌激素反应垂体细
胞（MtT/E-2）为对象，发现 TBBPA 的暴露也促进该细胞的增殖。MtT/E-2 细胞是
由大鼠垂体瘤细胞 MtT/E 建立的亚系，在受到雌激素的刺激下生长，由此证实，
TBBPA 可能具有雌激素效应（Fujimoto et al.，1999）。Kitamura 等进一步评价了
TBBPA 的雌激素效应,利用含有 ERE 报道基因的 MCF-7 细胞系检测 TBBPA 雌激
素活性。结果显示，当剂量为 $10^{-6}\sim10^{-4}$ mol/L 时，TBBPA 表现出雌激素效应，

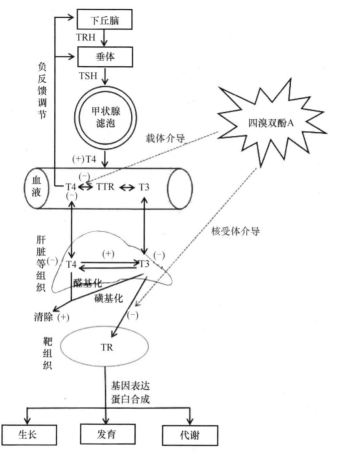

图 6-1　TBBPA 甲状腺激素干扰效应的机制和作用通路（根据文献（瞿璟琰等，2008）绘制）

TRH：促甲状腺激素释放激素；TSH：促甲状腺激素；TR：甲状腺激素受体；T4：四碘甲状腺原氨酸；

T3：三碘甲状腺原氨酸

并且当加入 ICI 182,780（一种雌激素受体拮抗剂）时，TBBPA 的雌激素效应被显著抑制；此外，该研究还进行了 TBBPA 抗雌激素活性实验，当 10^{-11} mol/L TBBPA 加入到含有 10^{-5} mol/L 的雌二醇的 MCF-7 细胞系中时，表现出了拮抗雌激素活性（Kitamura et al.，2005a）。结果表明 TBBPA 具有雌激素效应，同时也具有抗雌激素活性。但是更多的研究指出，TBBPA 并不具有雌激素活性或者非常低的雌激素活性。例如通过 CALUX®检验，TBBPA 并不具有雌激素活性，另外对 MCF-7 或者 HepG2 细胞的 ERα 受体也没有结合能力（Meerts et al.，2001；Hamers et al.，2006；Riu et al.，2011）。这些离体研究表明，TBBPA 并不具有雌激素活性。另外需要指出的是，即使是在特定离体暴露环境条件下，可能观察到 TBBPA 具有雌激素活性，但是一般发生在很高暴露剂量下，并不具有生理学意义。

相对 TBBPA 甲状腺内分泌干扰效应，其生殖内分泌干扰方面的研究非常少。在一项以斑马鱼为对象的实验中，将斑马鱼成鱼暴露在环境相关剂量的 TBBPA（0~1.5 μmol/L），时间为 30 d，并继续暴露其子代 47 d。实验结果显示，在 0.047 μmol/L 的暴露剂量下，观察到斑马鱼雌鱼的产卵量显著降低，而在 1.5 μmol/L 的暴露组中，雌鱼卵巢中含有更多的未成熟卵母细胞，并且在该暴露剂量下，子代胚胎和仔鱼的畸形率和死亡率都显著升高。该研究结果意味着，环境相关剂量的 TBBPA 暴露也具有生殖内分泌干扰效应，而最终引起鱼类繁殖毒性（Kuiper et al., 2007b）。

与传统溴代阻燃剂中的 PBDEs 和 HBCD 不同，TBBPA 并没有纳入 POPs 管理，目前在生产和使用。由于具有内分泌干扰效应，特别是甲状腺内分泌干扰效应，因此其带来的环境健康风险应进一步得到重视。需要指出的是，TBBPA 在室内外大气中存在较高的含量，特别是电子废弃物处理区域的大气中含量很高，因此可通过呼吸途径对人类产生健康危害。同时在母乳中的含量也较高，而婴幼儿还可通过母乳途径摄入高于成人水平的 TBBPA，所以应关注可能对婴儿生长发育的潜在效应。目前关于 TBBPA 对鱼类甲状腺内分泌系统影响的研究较少，需要开展长期环境剂量暴露对鱼类生长发育的不同敏感期暴露等研究。此外，还需要关注 TBBPA 降解代谢产物的潜在内分泌干扰效应。目前关于人类健康的流行病学的研究非常少，需要特别关注电子废弃物处理区域 TBBPA 的环境水平和人类暴露的风险研究。

参 考 文 献

陈玛丽, 刘青坡, 施华宏. 2008. 四溴双酚 A 的甲状腺激素干扰活性研究进展. 环境与健康杂志, 25(10): 937-939.

瞿璟琰, 刘青坡, 施华宏. 2008. 四溴双酚 A 和五溴酚对红鲫甲状腺甲状腺激素水平和脱碘活性的影响. 环境科学学报, 28(8): 1625-1630.

瞿璟琰, 姚晨岚, 施华宏, 王晓蓉. 2007. 四溴双酚 A 和五溴酚对红鲫甲状腺组织结构的影响. 环境化学, 26(5): 588-592.

李亚宁, 周启星. 2008. 四溴双酚 A 的代谢转化与生态毒理效应研究进展. 生态学杂志, 27: 263-268.

施致雄. 2009. 食品中六溴环十二烷和四溴双酚 A 的检测技术与暴露评价. 北京: 中国疾病预防控制中心营养与食品安全所博士学位论文.

肖潇, 陈德翼, 梅俊, 胡建芳, 彭平安. 2012. 贵屿某电子垃圾拆解点附近大气颗粒物中氯代/溴代二噁英、四溴双酚 A 污染水平研究. 环境科学学报, 32: 1142-1148.

张普青, 李玉文, 李敬瑶, 李永峰. 2011. 巢湖沉积物及水体中四溴双酚 A 浓度分布及时空分布特征. 内蒙古科技与经济, 231: 51-55.

Abdallah MAE, Pawar G, Harrad S. 2015. Evaluation of *in vitro vs. in vivo* methods for assessment of dermal absorption of organic flame retardants: A review. Environment International, 74: 13-22.

Berg C, Halldin K, Brunstrom B. 2001. Effects of bisphenol A and tetrabromobisphenol A on sex organ development in quail and chicken embryos. Environmental Toxicology and Chemistry, 20(12): 2836-2840.

Birnbaum, LS, Staskal DF. 2004. Brominated flame retardants: Cause for concern? Environmental Health Perspectives, 112(1): 9-17.

Cariou R, Antignac JP, Zalko D, Berrebi A, Cravedi JP, Maume D, Marchand P, Monteau F, Riu A, Andre F. 2008. Exposure assessment of French women and their newborns to tetrabromobisphenol A: Occurrence measurements in maternal adipose tissue, serum, breast milk and cord serum. Chemosphere, 73: 1036-1041.

Chan WK, Chan KM. 2012. Disruption of the hypothalamic-pituitary-thyroid axis in zebrafish embryo-larvae following waterborne exposure to BDE-47, TBBPA and BPA. Aquatic Toxicology, 108(1): 106-111.

Chen J, Tanguay R, Xiao Y, Haqqard DE, Jia Y, Zheng Y, Dong Q, Huang C, Lin K. 2016. TBBPA exposure during a sensitive developmental window produces neurobehavioral changes in larval zebrafish. Environmental Pollution, 216: 53-63.

Choi JS, Lee YL, Kim TH, Lim HJ, Ahn MY, Kwack SJ, Kang TS, Park KL, Lee J, Kim ND, Jeong TC, Kim SG, Jeong HG, Lee BM, Kim HS. 2011. Molecular mechanism of tetrabromobisphenol A induced target organ toxicity in Sparague-Dawley male rats. Toxicological Research, 27(2): 61-70.

Colnot T, Kacew S, Dekant W. 2014. Mammalian toxicology and human exposures to the flame retardant 2,2′,6,6′-tetrabromo-4,4′isopropylidenediphenol (TBBPA): Implications for risk assessment. Archives of Toxicology, 88(3): 553-573.

Cope RB, Kacew S, Dourson M. 2015. A reproductive, developmental and neurobehavioral study following oral exposure of tetrabromobisphenol A on Sprague-Dawley rats. Toxicology, 329: 49-59.

Crofton KM, Craft ES, Hedge JM, Gennings C, Simmons JE, Carchman RA, Carter WH, De Vito MJ. 2005. Thyroid-hormone-disrupting chemicals: Evidence for dose-dependent additivity or synergism. Environmental Health Perspectives, 113(11): 1549-1554.

De Wit M, Keil D, Remmerie N, van der Ven K, van den Brandhof EJ, Knapen D, Witters E, De Coen W. 2008. Molecular targets of TBBPA in zebrafish analyzed through integration of genomic and proteomic approaches. Chemosphere, 74(1): 96-105.

Eales JG, Brown SB. 1993. Measurement and regulation of thyroidal status in teleost fish. Reviews in Fish Biology and Fisheries, 3: 299-347.

Establishement of an estrogenic responsive rat pituitary cell subline MtT/E-2. Endocrine Journal, 46: 389-396.

Feng AH, Chen SJ, Chen MY, He MJ, Luo XJ, Mai BX. 2012. Hexabromocyclododecane (HBCD) and tetrabromobisphenol A (TBBPA) in riverine and estuarine sediments of the Pearl River Delta in southern China, with emphasis on spatial variability in diastereoisomer-and enantiomer-specific distribution of HBCD. Marine Pollution Bulletin, 64(5): 919-925.

Fini JB, Le Mevel S, Turque N, Palmier K, Zalko D, Cravedi JP, Demeneix BA. 2007. An in vivo multiwell-based fluorescent screen for monitoring vertebrate thyroid hormone disruption. Environmental Science and Technology, 41(16), 5908-5914.

Fujimoto N, Maruyama S, Ito A. 1999. Establishment of an estrogen responsive rat pituitary cell sub-line MtT/E-2. Endocrine Journal, 46(3): 389-396.

Guyot R, Chatonnet F, Gillet B, Hughes S, Flamant F. 2014. Toxicogenomic analysis of the ability of brominated flame retardants TBBPA and BDE-209 to disrupt thyroid hormone signaling in neural cells. Toxicology, 325: 125-132.

Hamers T, Kamstra JH, Sonneveld E, Murk AK, Kester MH, Andersson PL, Leqler J, Brouwer A. 2006. *In vitro* profiling of the endocrine-disrupting potency of brominated flame retardants. Toxicological Sciences, 92(1): 157-173.

Jagnytsch O, Opitz R, Lutz I, Kloas W. 2006. Effects of tetrabromobisphenol A on larval development and thyroid hormone-regulated biomarkers of the amphibian *Xenopus laevis*. Environmental Research, 101(3): 340-348.

Janz DM, 2000. Endocrine system. *In*: Ostrander G K (Ed). The laboratory fish. London, UK: Academic Press, 189-217.

Kim UJ, Oh JE. 2014. Tetrabromobisphenol A and hexabromocyclododecane flame retardants in infant-mother paired serum samples, and their relationships with thyroid hormones and environmental factors. Environmental Pollution, 184(1): 193-200.

Kitamura S, Jinno N, Ohta S, Kuroki H, Fujimoto N. 2002. Thyroid hormonal activity of the flame retardants tetrabromobisphenol A and trtrachlorobisphenol A. Biochemical Biophysical Research Communications, 293(1), 554-559.

Kitamura S, Kato T, Lida M, Suzuki T, Ohta S, Fujimoto N, Hanada H, Kashiwagi K, Kashiwagi A. 2005b. Anti-thyroid hormonal activity of tetrabromobisphenol A, a flame retardant, and related compounds: Affinity to the mammalian thyroid hormone receptor, and effect on tadpole metamorphosis. Life Sciences, 76(14): 1589-1601.

Kitamura S, Suzuki T, Sanoh S, Kohta R, Jinno N, Sugihara K, Yoshihara SI, Fujinoto N, Watanabe H, Ohta S. 2005a. Comparative study of the endocrine-disrupting activity of bisphenol A and 19 related compounds. Toxicological Sciences, 84: 249-259.

Kuiper RV, Canton RF, Leonards PE, Jenssen BM, Dubbeldam M, Wester PW, van den Berg M, Vos JG, Vethaak AD. 2007a. Long-term exposure of European flounder (*Platichthys flesus*) to the flame-retardants tetrabromobisphenol A and hexabromocyclododecane. Ecotoxicology and Environmental Safety, 67(3): 349-360.

Kuiper RV, van den Brandhof EJ, Leonards PE, van der Ven LT, Wester PW, Vos JG. 2007b. Toxicity of tetrabromobisphenol A in zebrafish in a partial life-cycle test. Archives of Toxicology, 81(1): 1-9.

Law RJ, Allchin CR, de Boer J, Covaci A, Herzke D, Lepom P, Morris S, Tronczynski J, de Wit CA. 2006. Levels and trends of brominated flame retardants in the European environment. Chemosphere, 64 (2): 104-208.

Legler J, Brouwer A. 2003. Are brominated flame retardants endocrine disruptors? Environment International, 29(6): 879-885.

Li FL, Cui ZJ, Wang HL. 2011. Dispersive liquid-liquid microextraction with situ derivatation combined with gas chromatography-mass spectrometry for the determination of tetrabromobisphenol-A in water samples. Chinese Journal of Analysis Laboratory, 30(8): 115-117.

Lilienthal H, Verwer CM, van der Ven LT, Piersma AH, Vos JG. 2008. Exposure to tetrabromobisphenol A in wistar rats: Neurobehavioral effects in offspring from a one-generation reproduction study. Toxicology, 246(1): 45-54.

Liu K, Li J, Yan S, Zhang W, Li Y, Han D. 2016. A review of status of tetrabromobisphenol

A(TBBPA)in China. Chemosphere, 148: 8-20.

Liu YW, Chan WK. 2002. Thyroid hormones are important for embryonic to larval transitory phase in zebrafish. Differentiation, 70(1): 36-45.

Makinen MS, Makinen MR, Koistinen JT, Pasanen AL, Pasanen PO, Kalliokoski PJ, Korpi AM. 2009. Respiratory and dermal exposure to organophosphorus flame retardants and tetrabromobisphenol A at five work environments. Environmental Science and Technology, 43: 941-947.

Meerts IA, Letcher RJ, Hoving S, Marsh G, Bergman Å, Lemmen JG, van der Burg B, Brouwer A. 2001. *In vitro* estrogenicity of polybrominated diphenylethers, hydroxylated PBDEs, and polybrominated bisphenol A compounds. Environmental Health Perspective, 109: 399-407.

Meerts IA, van Zanden JJ, Luijks EA, van Leeuwen-Bol L, Marsh G, Jakobsson, E, Bergman A, Brouwer A. 2000. Potent competitive interactions of some brominated flame retardants and related compounds with human transthyretin *in vitro*. Toxicological Sciences, 56(1): 95-104.

Nakajima A, Saigusa D, Tetsu N, Yamakuni T, Tomioka Y, Hishiuma T. 2009. Neurobehavioral effects of tetrabromobisphenol A, a brominated flame retardant, in mice. Toxicology Letters, 189(1): 78-83.

Ni HG, Zeng H. 2013. HBCD and TBBPA in particulate phase of indoor air in Shenzhen, China. Science of the Total Environment, 458-460(3): 15-19.

Oppenheimer JH, Braverman LE, Toft A, Jackson IM, Ladenson PW. 1995. A therapeutic controversy. Thyroid hormone treatment: When and what? Journal of Clinical Endocrinology and Metabolism, 80(10): 2873-2883.

Riu A, le Maire A, Grimaldi M, Audebert M, Hillenweck A, Bourguet W, Balaguer P, Zalko D. 2011. Characterization of novel ligands of ERα, ERβ, and PPARγ: The case of halogenated bisphenol A and their conjugated metabolites. Toxicological Sciences, 122: 372-382.

Sanders JM, Coulter SJ, Knudsen GA, Dunnick JK, Kissling GE, Birnbaum LS. 2016. Disruption of estrogen homeostasis as a mechanism for uterine toxicity in Wistar Han rats treated with tetrabromobisphenol A. Toxicology and Applied Pharmacology, 298: 31-39.

Shi Z, Jiao Y, Hu Y, Sun Z, Zhou X, Feng J, Li J, Wu Y. 2013. Levels of tetrabromobisphenol A, hexabromocyclododecanes and polybrominated diphenyl ethers in human milk from the general population in Beijing, China. Science of the Total Environment, 452-453: 10-18.

Shi ZX, Wu YN, Li JG, Zhao YF, Feng JF. 2009. Dietary exposure assessment of Chinese adults and nursing infants to tetrabromobisphenol-A and hexabromocyclododecanes: Occurrence measurements in foods and human milk. Environmental Science and Technology, 43(12): 4314-4319.

Sun H, Shen OX, Wang XR, Zhou L, Zhen SQ, Chen XD. 2009. Anti-thyroid hormone activity of bisphenol A, tetrabromobisphenol A and tetrachlorobisphenol A in an improved reporter gene assay. Toxicology in Vitro, 23(5): 950-954.

Tang B, Zeng YH, Luo XJ, Zheng XB, Mai BX. 2015. Bioaccumulative characteristics of tetrabromobisphenol A and hexabromocyclododecanes in multitissues of prey and predator fish from an e-waste site, South China. Environmental Science and Pollution Research, 22: 12011-12017.

van der Ven LTM, de Kuil TV, Verhoef A, Verwer CM, Lilienthal H, Leonards PE, Schauer UM, Canton RF, Litens S, De Jong FH, Visser TJ, Dekant W, Stern N, Hakansson H, Slob W, van den Berg H, Vos JG, Piersma AH. 2008. Endocrine effects of tetrabromobisphenol- A in Wistar rats as tested in a one-generation reproduction study and a subacute toxicity study. Toxicology, 245(1-2): 76-89.

VECAP. 2014. Managing Emissions of Polymer Additives. Anniversary Issue European Progress Report 2014. Voluntary Emissions Control Action Programme.

Veldhoen N, Boggs A, Walzak K, Helbing CC. 2006. Exposure to tetrabromobisphenol-A alters TH-associated gene expression and tadpole metamorphosis in the Pacific tree frog Pseudacris regilla. Aquatic Toxicology, 78(3): 292-302.

Wang Y, Li YY, Qin ZF, Wei WJ. 2017. Re-evaluation of thyroid hormone signaling antagonism of tetrabromobisphenol A for validating the T3-induced *Xenopus metamorphosis* assay. Journal of Environmental Sciences, 52: 325-332.

Xie Z, Ebinghaus R, Lohmann R, Heemken O, Caba A, Püttmann W. 2007. Trace determination of the flame retardant tetrabromobisphenol A in the atmosphere by gas chromatography-mass spectrometry. Analytica Chimica Acta, 584(2): 333-342.

Yang SW, Wang SR, Wu FC, Yan ZG, Liu HL. 2012. Tetrabromobisphenol A: Tissue distribution in fish, and seasonal variation in water and sediment of Lake Chaohu, China. Environmental Science and Pollution Research, 19: 4090-4096.

Yang Y, Ni WW, Yu L, Cai Z, Yu YJ. 2016. Toxic effects of tetrabromobisphenol A on thyroid hormones in SD rats and the derived reference dose. Biomedical and Environmental Sciences, 29(4): 295-299.

Yao XF, Chen XY, Zhang YF, Li YY, Wang Y, Zheng ZM, Qin ZF, Zhang QD. 2017. Optimization of the T3-induced *Xenopus metamorphosis* assay for detecting thyroid hormone signaling disruption of chemicals. Journal of Environmental Sciences, 52(2): 314-324.

Yin J, Meng Z, Zhu Y, Song M, Wang H. 2011. Dummy molecularly imprinted polymer for selective screening of trace bisphenols in river water. Analytical Methods, 3(1): 173-180.

Zhang YF, Xu W, Lou QQ, Li YY, Zhao YX, Wei WJ, Qin ZF, Wang HL, Li JZ. 2014. Tetrabromobisphenol A disrupts vertebrate development via thyroid hormone signaling pathway in a developmental stage-dependent manner. Environmental Science and Technology, 48: 8227-8234.

第7章　五氯酚的内分泌干扰效应

本章导读

- 首先介绍五氯酚的背景情况，包括五氯酚的理化性质、用途以及环境行为。
- 详述五氯酚的内分泌干扰效应的研究内容，包括以离体细胞为对象的雌激素（抗雌激素）效应、干扰类固醇激素途径以及甲状腺内分泌干扰效应等。
- 总结五氯酚对鱼类的内分泌干扰效应，重点陈述五氯酚对模式鱼类的生殖内分泌干扰和繁殖毒性效应。
- 简要陈述五氯酚对两栖类和哺乳动物的内分泌干扰效应的研究概况。
- 最后介绍五氯酚对人类的内分泌干扰效应，从普通人群、职业暴露、产前暴露与儿童等不同人群角度总结了五氯酚对人体健康与疾病、儿童生长发育的相关性研究。

7.1　五氯酚概述

五氯酚（pentachlorophenol，PCP）是一种含氯芳香族化合物，1841 年首次生产，1936 年开始正式投入商业生产（Dorsey and Tchounwou，2004）。同年，PCP 在美国注册为木材防腐剂（Ahlborg and Thunberg，1980）。自此，五氯酚及其钠盐被广泛应用于木材防腐剂、除草剂、除藻剂、脱叶剂、杀菌剂、杀真菌剂和灭螺剂（Geyer et al.，1987；Heudorf et al.，2000；Ge et al.，2007）以及黏合剂、绘画颜料、皮革制品、食品罐和贮藏箱等产品中（ATSDR，2001；IPCS，2003）。由于 PCP 的广泛使用，并且具有环境持久性和生物富集能力（Reigner et al.，1993；ATSDR，2001），在全世界范围的大气、水体、沉积物、土壤、野生动物以及人类的血液、尿液、精液、母乳和脂肪组织都可以检测到 PCP（Geyer et al.，1987）。然而在 20 世纪 40 年代，有报道首次指出 PCP 的有害效应（WHO，1987）。70 年代，研究先后确认了 PCP 具有肝肾毒性、生殖毒性和发育毒性（WHO，1987）。

1978 年，有报道指 PCP 暴露与人类癌症相关（Greene et al.，1978）。90 年代，PCP 的内分泌干扰效应受到关注。研究指出，PCP 可能会干扰甲状腺内分泌系统，而甲状腺激素在胎儿的生长发育中起着关键的作用（Ishihara et al.，2003；Park et al.，2007）。1991 年，PCP 被国际癌症研究机构定义为 2B 级致癌物，可能对人类具有致癌作用（IARC，1991）。鉴于 PCP 的环境持久性、生物富集能力以及毒性等持久性有机污染物（persistent organic pollutants，POPs）的特征，PCP 已于 2017 年被纳入 POPs 范围来加以管控。

鉴于 PCP 对生物体产生的有害效应，许多国家逐渐开始限制或禁止 PCP 的生产和使用。早在 1978 年，瑞典首先禁止 PCP 的使用，随后，印度尼西亚（1981 年）、瑞士（1988 年）、德国（1989 年）、澳大利亚（1991 年）、印度（1991 年）、新西兰（1991 年）和欧盟（1992 年）也逐步限制或禁止 PCP 的使用（Zheng et al.，2011）。由于 PCP 的禁用，在欧洲，PCP 的使用量从 20 世纪 80 年代中期的 2500 t 急剧下降到 1996 年的 426 t（Muir and Eduljee，1999）。相比之下，美国和中国并未全面禁止 PCP 的生产和使用。1984 年，美国仅允许 PCP 在工业领域中使用，比如用于木材防腐剂、电线杆、铁路、篱笆桩等（IPCS，2003；ATSDR，2001）。1997 年，我国规定 PCP 只能用于木材防腐剂。但由于洞庭湖区血吸虫病的再度爆发，PCP 作为灭螺剂用来杀死血吸虫的中间宿主——钉螺，以此控制血吸虫病的蔓延（张兵等，2001），因而我国政府再度批准 PCP 的生产和使用，至 2000 年，PCP 的年产量高达 3000 t（Tan and Zhang，2008）。

7.1.1　五氯酚的理化性质

五氯酚具有苯环结构，是苯环上的五个氢原子被氯原子取代，还有一个氢原子被羟基取代，在水溶液中呈现弱酸性。其结构式如图 7-1 所示。在室温下，PCP 为白色粉末或结晶体，工业品为灰黑色粉末或鳞片状结晶。几乎不溶于水，微溶于烃类，易溶于稀碱液、乙醇、丙酮、乙醚、苯等，与氢氧化钠生成白色晶状五氯酚钠。工业上可由六氯苯碱性水解或由苯酚氯化制得（庞晓倩，2009；王辅明，2010）。其具体的理化性质详见表 7-1。

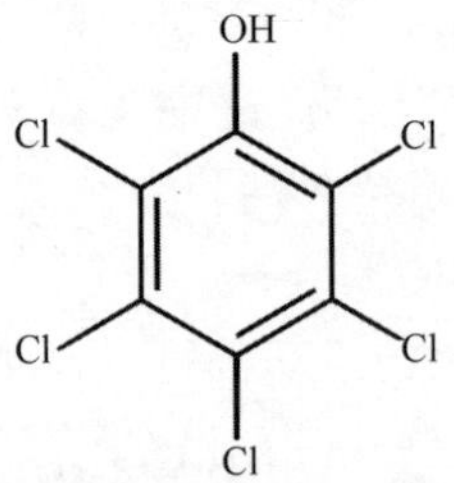

图 7-1　五氯酚的结构式（Reddy and Gold，2000）

表 7-1　**PCP 的物理化学性质**（Bevenue and Beckman，1967）

名称	五氯酚（PCP）
化学式	C_6HCl_5O
摩尔质量（g/mol）	266.34
外观	薄片或结晶状，工业品为灰黑色粉末或片状固体
气味	特臭，溶于水时生成有腐蚀性的盐酸气
蒸气压	26.7 mPa（20℃）
熔点	190~191℃
沸点	309~310℃
酸度系数（pK_a）	4.75
正辛醇/水分配系数（log K_{ow}）	5.12
溶解度（水）（mg/L）	14
稳定性	常温下不易挥发，可迅速光解脱出 HCl，颜色变深
密度	1.978 g/mL（22℃）

7.1.2　五氯酚的环境分布

由于 PCP 的大量使用，再加上其不易降解和环境持久性的特点，导致其广泛分布于世界范围的水体、土壤、沉积物等自然环境中（Zheng et al.，2011）。以我国为例，多区域位点环境监测发现，PCP 广泛存在于我国地表水中（Gao et al.，2008；Han et al.，2009）。图 7-2 显示的是 PCP 在我国主要江河地表水中的分布含量及其检出率。一项针对我国主要河流，包括黄河、淮河、海河、辽河和长江的600 多个取样点的检测分析，发现 PCP 的检出率高达 85.4%，在长江流域中检出的含量最高，其最高含量达 594 ng/L，在辽河中检出的含量较低，但其含量也达到了 60 ng/L（Gao et al.，2008）。但是在血吸虫病流行地区，检测到的 PCP 含量较高，达到 µg/L 级。例如在洞庭湖水体中，曾经检测到的 PCP 浓度高达 103.7 µg/L（Zheng et al.，2000）。洞庭湖是血吸虫病的流行区域，在洞庭湖水域内，至少使用过 $9.8×10^5$ kg 的五氯酚钠，导致 PCP 在水体中的含量较高（Zheng et al.，2012；Li et al.，2013）。此外，在受污染区域的沉积物中，PCP 的含量同样较高，如洞庭湖（Zheng et al.，2000），这可能与其在沉积物中半衰期长、几乎无降解有关。环境监测指出，湖区不同位点沉积物中的 PCP 含量差异较大，有的位点其含量非常高，而这些高负荷沉积物的位点是湖水再污染的污染源。在经济发达的珠江三角洲区域内，淡水水体沉积物中的 PCP 平均浓度为 7.93 ng/g dw，浓度范围为 1.44~34.4 ng/g dw（Zheng et al.，2012）。需要指出的是，即使近年来排放已经减少，但是 PCP 的重新活化仍会引起持久性的污染，而且 PCP 在水生环境中非常稳定，结构的稳定性使其很难降解，且极有可能转化成二噁英类物质或与二噁英共存的物质（Laine et al.，1997；Tuppurainen et al.，2000；Mclean et al.，2009）。

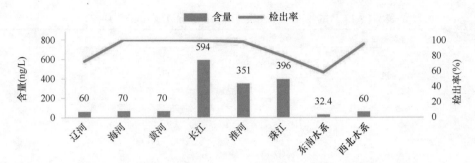

图 7-2　PCP 在我国江河地表水中的分布含量及其检出率（Gao et al.，2008）

　　PCP 除了广泛存在于非生物介质外，也在多种生物体及人的尿液、血液、母乳、胆汁和脂肪组织中检出。一项针对江苏鱼池、养殖场以及市场的鱼、虾和蟹等水产品中 PCP 污染情况的检测分析显示，PCP 的含量范围处于 0.50～61 μg/kg ww，平均含量为 5.2 μg/kg ww，其中鲤鱼中的 PCP 含量最高，草鱼次之，甲壳类动物体内最低。在这些样本中，54.5%的样本含量低于 1.0 μg/kg ww，36.4%的样本含量处于 1.0～10 μg/kg ww，只有 9%的含量高于 10 μg/kg ww（Ge et al.，2007）。在洞庭湖区，鱼类胆汁中 PCP 含量较高，最高浓度达 630 μg/L（Zheng et al.，2000）。

　　PCP 一般容易通过皮肤、呼吸和胃肠道吸入人体（Reigart and Roberts，1999）。有研究报道指出，人的尿液、血液、母乳和体脂中的 PCP 最高含量分别为 111.3 μg/L、171 μg/L、3.36 μg/L 和 253.4 μg/L（Zheng et al.，2012）。一项研究发现，在珠江三角洲所采集的母乳中，PCP 的检出平均值为 2.15 ng/g，浓度范围为 0.32～12.8 ng/g（Hong et al.，2005）。

　　我国学者系统总结了 1967～2010 年期间，在 21 个国家的不同环境介质中，PCP 的浓度以及变化分布趋势（图 7-3）。数据显示，在西方国家的室内空气、水

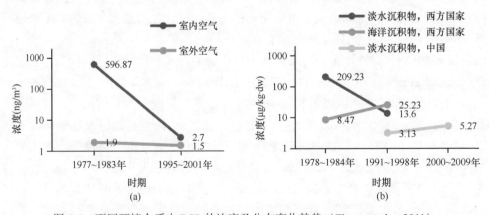

图 7-3　不同环境介质中 PCP 的浓度及分布变化趋势（Zheng et al.，2011）

体、淡水沉积物和无脊椎动物中，随着时间的推移，PCP 的浓度已经在慢慢降低，其半衰期范围为 2～11.1 年。而在海洋沉积物、脊椎动物和我国的地表水、沉积物中，PCP 的浓度却随着时间持续增加（Zheng et al.，2011）。因此，在我国，需要继续关注 PCP 环境污染以及可能引起的环境健康风险。

7.2 五氯酚的内分泌干扰效应

鉴于 PCP 曾经大量生产和使用，以及广泛存在于环境、野生动物和人体中，PCP 的毒性效应一直受到关注，是毒理学研究领域的热点问题之一。大量研究指出，PCP 具有胚胎发育毒性、遗传毒性、免疫毒性、氧化损伤、内分泌干扰和致癌效应等（陈海刚等，2006；朱含开等，2008；Owens and Baer，2000；Dorsey and Tchounwou，2004；Cooper and Samantha，2008）。在本节中，将主要陈述关于 PCP 的内分泌干扰效应方面的相关内容。研究指出，PCP 暴露会影响脊椎动物的内分泌系统，进而可影响免疫系统功能、性发育、认知功能等（Daniel et al.，1995；Yin et al.，2006；Zhang et al.，2008）。下面将重点陈述以离体细胞和活体实验动物为对象的内分泌干扰效应研究。

7.2.1 离体研究

1. 生殖内分泌干扰效应

使用离体细胞能够快速评价污染物的毒性效应。首先受到关注的是，PCP 是否具有雌激素效应。国外有研究以斑点叉尾鮰雄鱼原代培养的肝细胞为对象，评价了 PCP（0 μg/mL、750 μg/mL、1500 μg/mL 和 2000 μg/mL）的雌激素活性。细胞暴露 48 h 后，蛋白质印迹分析显示，在 750 μg/mL 暴露的雄鱼肝细胞中，存在显著表达的 125 kDa 卵黄蛋白原（vitellogenin，VTG），这一结果因此认为 PCP 具有雌激素效应（Dorsey and Tchounwou，2004）。而在雌激素的作用下，人乳腺癌 MCF-7 细胞具有增殖的能力，因此也用来评价化合物的雌激素效应。日本学者选择 MCF-7 细胞为实验对象，研究了包括 PCP 在内的 6 种外源雌激素类物质与 17β-雌二醇的相互作用以及对 MCF-7 细胞增殖的影响。实验结果显示，PCP 与 17β-雌二醇表现出协同作用，但比较微弱，说明 PCP 在 MCF-7 细胞增殖的过程中可能是作为雌激素受体（ER）的部分激动剂（Suzuki et al.，2001）。而在有的研究中，PCP 并没有发挥雌激素样活性，而是表现出抗雌激素活性。例如有研究利用酵母双杂交实验，证明 PCP 具有抗雌激素活性。为了进一步确定，研究者以雌激素受体阳性乳腺癌细胞 MCF-7 为对象，利用 MCF-7 细胞的报道基因检测系统，发现 PCP 抑制了 17β-雌二醇的转录活性，直接与雌激素受体（ERα）结合。这意味着

PCP 通过与 17β-雌二醇竞争性结合 ERα 来抑制雌激素活性，表现出抗雌激素活性（Jung et al.，2004）。在金鱼肝细胞实验中，将细胞分别暴露在 PCP（0.1 μg/mL、0.5 μg/mL、1 μg/mL、2.5 μg/mL、5μg/mL 和 10μg/mL）、E2（0.01 μg/mL、0.1 μg/mL、1 μg/mL、10 μg/mL 和 100 μg/mL）以及 PCP（0.1 μg/mL、0.5 μg/mL、1 μg/mL、2.5 μg/mL、5 μg/mL 和 10 μg/mL）与 1 μg/mL E2 的混合物中，以卵黄蛋白原（VTG）为生物标记物，暴露 120 h 后，发现 PCP 单独暴露时，没有诱导肝细胞合成 VTG，即 PCP 并没有雌激素活性；而当与 E2 共暴露时，PCP 则抑制了 E2 诱导的 VTG 合成，并呈剂量-效应关系，因而降低了 E2 的雌激素活性，这意味着 PCP 具有抗雌激素活性，推测其可能是由 PCP 与 ER 的竞争性结合引起的（Zhao et al.，2006）。需要指出的是，PCP 可能同时具有弱雌激素、抗雌（雄）激素活性。例如在另外一项离体细胞实验中，通过酵母双杂交实验来检测受体介导的（抗）雌雄激素活性（浓度范围为 0.01～1000 μmol/L），实验结果显示，PCP 浓度处于 0.015～7.8 μmol/L 时，表现出抗雌激素活性，当 PCP 浓度处于 0.015～3.9 μmol/L 时，表现出抗雄激素活性（Orton et al.，2009）。

　　中国学者以 H295R 细胞为对象，评价了 PCP 对类固醇激素合成的干扰效应。将细胞暴露在环境相关剂量（0 μmol/L、0.4 μmol/L、1.1 μmol/L 和 3.4 μmol/L）的 PCP 中，暴露时间为 48 h。结果显示，在暴露组中可观察到与类固醇合成的相关基因（如 *cyp11A*、*cyp17*、*cyp19*、*3β-hsd2*、*17β-hsd4* 和 *star*）表达显著下调，伴随着睾酮和雌二醇的含量也显著下降，而细胞中 cAMP 的含量与 PCP 的暴露剂量呈剂量-效应关系。此外该研究证明了类固醇激素合成相关基因表达和类固醇合成急性调节蛋白（StAR）与细胞中 cAMP 含量降低直接相关，表明 PCP 可能是通过干扰 cAMP 信号转导来抑制类固醇激素的合成，从而发挥内分泌干扰效应（Ma et al.，2011）。该研究结果同时说明，H295R 细胞也可以作为研究氯酚类内分泌干扰效应以及 cAMP 信号通路机制的体外模型。

　　除了 H295R 细胞外，培养的卵母细胞也常作为评价污染物生殖内分泌干扰活性的离体模型，其优势在于，卵母细胞的生长依赖卵黄的沉积，在脑垂体分泌的卵泡刺激素下，卵黄沉积这一过程又受到 17β-雌二醇的调控（Nagahama and Yamashita，2008），而雌二醇是反映生殖内分泌干扰效应的关键因子。以培养的非洲爪蟾卵母细胞为对象，探究了环境相关剂量的 PCP 对类固醇激素生成的影响（浓度范围为 0.00625～62.5 μmol/L）。实验结果显示，当 PCP 浓度为 62.5 μmol/L、6.25 μmol/L 和 0.625 μmol/L 时，黄体酮含量升高，睾酮含量降低，伴随着排卵过程受到抑制。在此基础上，研究者进一步探究了 PCP 对活体的内分泌干扰效应，将成年雌性爪蟾短期暴露于 0.375 nmol/L 和 3.75 nmol/L 浓度的 PCP 中，时间为 6 d。结果发现，在对照组中，卵巢处于成熟和形成生殖细胞的时期。而在 0.375 nmol/L

和 3.75 nmol/L 处理组中，6%的个体和 11%的个体出现了卵巢退化的特征，而且卵巢均出现了 22%的不规则卵母细胞，相比之下，对照组的不规则卵母细胞为 10%（Orton et al.，2009），这意味着低剂量 PCP 暴露对配子具有毒性。而在类固醇激素方面，卵巢产生的孕酮和睾酮出现显著差异，相对于 3.75 nmol/L 暴露组，在 0.375 nmol/L 暴露组中，孕酮和睾酮的含量下降（Orton et al.，2009）。需要指出的是，在低剂量组中观察到影响类固醇激素的含量，这意味着 PCP 在低剂量时引起内分泌干扰效应，进一步说明，内分泌干扰效应一般发生在低剂量下。

卵母细胞在发育成熟之前，其外面包裹一圈颗粒细胞，一圈皮层细胞，共同构成卵巢滤泡。因而，鱼类的卵巢滤泡也被用来评价 PCP 的生殖内分泌干扰效应。将妊娠期囊鳃鲶（*Heteropneustes fossils*）成熟的卵巢滤泡暴露在含有不同剂量 PCP（0.38 nmol/L、1.9 nmol/L、3.8 nmol/L、190 nmol/L 和 760 nmol/L）的卵母细胞孵化培养液中，探究其类固醇激素的含量变化以及对卵母细胞成熟和排卵的影响。结果显示，PCP 暴露会刺激胚泡破裂，继而排卵，伴随着睾酮、雌二醇、孕酮和皮质醇含量增加或下降，表明 PCP 具有生殖内分泌干扰效应。由于实验是在环境剂量下进行，推测暴露于受 PCP 污染水体中的鱼类，其繁殖可能受到影响（Chaube et al.，2016）。此外实验也发现，不同 PCP 的暴露剂量，对卵巢滤泡的排卵以及对类固醇激素含量的影响并非呈现剂量-效应关系，即在极低低剂量 PCP（0.38 nmol/L、1.9 nmol/L）下，刺激雌二醇的产生，而在高剂量 PCP 下（3.8 nmol/L、190 nmol/L、780 nmol/L）则降低雌二醇的水平（Chaube et al.，2016）。

通过上述的一些研究，PCP 表现出了（抗）雌雄激素活性，即抑制卵黄蛋白原的分泌，而并没有雌激素效应。同时需要注意的是，在环境低剂量下，PCP 具有干扰类固醇激素合成的效应，因此具有很强的内分泌干扰活性。

2. 甲状腺内分泌干扰

第 2 章中，曾详细陈述用于筛选和评价甲状腺内分泌干扰活性的离体细胞株。其中，小鼠脑垂体肿瘤 GH3 细胞能够合成分泌生长激素（Growth hormone）和催乳素（prolactin），而在甲状腺激素 T3 的刺激下，该细胞生成生长激素和催乳素，是 T3 依赖性细胞增殖（Spindler et al.，1982；Stanley，1988），因而发展成为快速筛选评价污染物是否具有甲状腺内分泌干扰活性的离体模型，也称为 T-screen。FRTL-5 细胞是于 1980 年成功建立的一种激素依赖性、来源于甲状腺滤泡上皮细胞、可几乎无限传代的细胞株（Ambesi et al.，1980）。该细胞具有摄碘和分泌甲状腺球蛋白功能，已被用于甲状腺毒理学评价方面的研究（Brown et al.，1986；Ambesi and Villone，1987）。这两个细胞株都广泛应用于筛选和评价污染物是否具有甲状腺内分泌干扰效应。

中国学者使用 FRTL-5 细胞，利用放射性免疫法研究了 PCP（0.1 μg/mL、0.3 μg/mL 和 0.5 μg/mL）暴露对甲状腺球蛋白的影响。结果显示，暴露后的细胞，其甲状腺球蛋白含量显著下降，且与 PCP 暴露剂量呈负相关关系，这可能是 PCP 直接作用于甲状腺本身，影响滤泡细胞的功能，致使甲状腺球蛋白的合成、分泌减少，从而引起甲状腺释放到外周的甲状腺激素减少，表明 PCP 对甲状腺的干扰作用可能与引起甲状腺球蛋白合成下降有关。值得注意的是，PCP 作用 12 h 后，FRTL-5 细胞的摄碘能力随其剂量增加显著增强，24 h 后，其摄碘能力却没有显著变化，但有随剂量增加而降低的趋势。推其原因，可能是随着时间的延长，PCP 可能通过信号途径（如抑制 cAMP 介导的摄碘和细胞膜上碘泵功能）逐渐增强 FRTL-5 细胞摄碘方面的作用，所以 24 h 后表现为摄碘能力没有出现显著影响（潘红梅，2007）。

中国学者也以小鼠脑垂体 GH3 细胞为对象，评价 PCP 的甲状腺内分泌干扰活性。研究者首先筛选了甲状腺干扰效应的敏感基因，将 GH3 细胞暴露在 T3 的生理水平 0.25 nmol/L 下 48 h，结果发现，T3 暴露下的 GH3 细胞中的脱碘酶（deiodinases 1，*dio1*）的基因反应最敏感，与对照组相比，其活性上调 45 倍，而催乳素 *prl* 和脱碘酶 *dio2* 的 mRNA 表达却没有出现显著差异。暴露在 0.25 nmol/L T3 下的 GH3 细胞，其 *dio1* 为响应最敏感的基因，因而该基因转录可以作为 T-Screen 分析评价 PCP 的甲状腺内分泌干扰效应。在此基础上，研究者们将 GH3 细胞暴露在 0.1 μmol/L、0.3 μmol/L 和 1.0 μmol/L 的 PCP 下，*dio1* 的 mRNA 表达分别下调了 1.42 倍、2.02 倍和 2.45 倍。当 0.1 μmol/L、0.3 μmol/L 和 1.0 μmol/L 的 PCP 分别与 T3（0.25 nmol/L）共存时，与 T3 单独暴露相比，*dio1* 的 mRNA 表达分别显著下调（11.69 倍、8.85 倍和 5.19 倍），意味着 PCP 在体外实验中表现出抗甲状腺激素活性（Guo and Zhou，2013）。

日本学者构建了爪蟾重组细胞（包含 T3-依赖报道基因）XL58-TRE-Luc，采用荧光素酶检测法，其原理是荧光素酶活性对 T3 高度敏感，来探究 PCP 是否有甲状腺系统干扰效应。结果发现，单独暴露于 2 nmol/L 的 T3 下，荧光素酶活性增加 3 倍，当 2 nmol/L T3 和 0.8 μmol/L PCP 共同暴露时，PCP 表现出甲状腺激素的拮抗活性，抑制了荧光素酶活性，抑制率低于 50%。单独暴露于 2 nmol/L T3 水平下，甲状腺受体 β（*trβ*）基因的转录活性增加 13.3 倍，而与 0.08 μmol/L 的 PCP 共同暴露时，*trβ* 基因的转录活性下降，抑制率为 63%。说明处于 $10^{-6} \sim 10^{-5}$ mol/L 浓度的 PCP 可以发挥出甲状腺激素的拮抗活性，并抑制了甲状腺受体 β 基因的转录活性，从而导致甲状腺内分泌干扰效应（Sugiyama et al.，2005）。

总之，离体细胞筛选实验表明，PCP 具有典型的甲状腺内分泌干扰效应，表现为抗甲状腺激素活性，此外也具有抑制甲状腺球蛋白的合成、分泌等影响甲状腺滤泡的功能，从而引起甲状腺内分泌干扰效应。

7.2.2　活体研究

1. 对鱼类的生殖内分泌干扰效应

鱼类可以从水体中直接吸收和积累 PCP，其次也可以通过食物链或食物暴露吸收。已有研究表明，PCP 对鱼类具有内分泌干扰效应，能够干扰其内源激素的合成、释放、转运、结合或代谢，从而影响机体的内环境稳定、生殖、发育及行为（余丽琴等，2013）。就 PCP 对鱼类的生殖内分泌干扰活性而言，现有资料主要是以模式鱼类为对象的研究。

尽管在离体细胞中，并没有观察到 PCP 的雌激素活性，但是在模式鱼类的实验中，却观察到 PCP 的雌激素活性。例如将日本青鳉暴露于 PCP（10 μg/L、20 μg/L、50 μg/L、100 μg/L 和 200 μg/L）中，时间为 28 天，发现在染毒组的雄鱼，其血浆中 VTG 含量显著升高，表现出雌激素效应，而且经 PCP 暴露后，也影响雌鱼血液中 VTG 的含量，最终引起雌鱼繁殖力显著下降，不仅损害母代的繁殖能力，而且引起母体暴露后子代（F1 代）的孵化率下降和孵化时间延长。该研究表明，环境相关剂量下的 PCP 显示出雌激素活性，并影响母代繁殖和子代发育（Zha et al.，2006）。

稀有鮈鲫是我国特有的小型淡水鱼类，是毒理学实验的模式生物。我国学者以稀有鮈鲫为对象，开展了 PCP 的内分泌干扰和繁殖影响的研究。将稀有鮈鲫暴露在 1.5 μg/L、15 μg/L、40 μg/L、80 μg/L、120 μg/L、150 μg/L 和 160 μg/L 的 PCP 中，结果发现，PCP 可以诱导雄性稀有鮈鲫生成卵黄蛋白原蛋白（VTG），且呈现显著的剂量-效应关系，说明 PCP 具有雌激素效应（熊力等，2012）。同样利用对稀有鮈鲫卵黄蛋白原转录的丰度来评价 PCP 的雌激素效应，结果发现，*vtg1* 和 *vtg2* 的表达量呈现明显剂量-效应关系，也说明 PCP 具有雌激素活性（毛思予，2013）。另一项将稀有鮈鲫长期暴露在（8 μg/L、16 μg/L、40 μg/L、80 μg/L、120 μg/L 和 160 μg/L）PCP 的实验结果发现，暴露 28 天后，当雌鱼暴露在大于 80 μg/L 浓度的 PCP、雄鱼暴露在 40 μg/L 浓度的 PCP 时，雌鱼和雄鱼血浆和肝脏中的 VTG 含量都升高，表明 PCP 暴露诱导 VTG 表达。而当雄鱼暴露浓度大于 80 μg/L、雌鱼暴露浓度大于 8 μg/L 时，两者肝脏中的雌激素受体 *erα* 的 mRNA 表达水平明显下降，而 *erβ1*、*erβ2*、*vtg1* 和 *vtg2* 的 mRNA 表达水平上升（Zhang et al.，2014）。总之，对稀有鮈鲫的暴露实验说明，无论是长期暴露还是短期暴露，VTG 在基因转录或者在蛋白表达水平的改变，都证明 PCP 具有雌激素活性。

PCP 除了诱导鱼类生成 VTG 外，也有研究指出，PCP 能干扰鱼类体内的性激素含量并影响繁殖。例如，将雌性黑鲫暴露于 PCP（2.0 μg/L、10.2 μg/L、20.4 μg/L、40.7 μg/L）中，暴露时间为 7 天。结果显示，在低剂量时观察到血清中睾酮含量显著升高，继续暴露至 15 天时，睾酮含量继续升高，说明低剂量的 PCP 对鲫鱼有潜在的内分泌干扰效应，而雄激素含量升高将破坏体内性激素含量的平衡，会影响性腺的生长发育与成熟，以及配子形成，可能最终对繁殖产生不良影响。此外该研究也测定了肝脏中 EROD 和 GST 酶的活性，发现 I 相和 II 相代谢酶的活性都升高。这些酶可将外源性物质在体内生物转化，同样负责类固醇激素在体内的代谢，所以其酶活性的升高可能与体内睾酮含量升高有关（Zhang et al.，2008）。

同样以稀有鮈鲫为对象，Yang 等研究了 PCP 对稀有鮈鲫的生殖内分泌干扰效应以及对繁殖的影响。将性成熟的稀有鮈鲫暴露在环境相关剂量（0 μg/L、0.5 μg/L、5 μg/L、50 μg/L）的 PCP 中，时间为 28 天。结果显示，暴露组的雄鱼和雌鱼血清中的雌二醇和睾酮含量均显著增加，以 5 μg/L 暴露组含量最高。雄鱼的精子生成受到抑制，雌鱼的卵巢组织退化、GSI 指数下降，表现出繁殖毒性，表明 PCP 对稀有鮈鲫具有生殖内分泌干扰效应和繁殖毒性。通过分析相关基因的转录水平，发现 PCP 暴露同时影响 HPG 轴和 HPI 轴中与内分泌和繁殖有关的重要基因表达。具体表现为，暴露 14 天的雄鱼肝脏中 *erα*、*erβ*、*ar*、*gr*、*vtg* 和性腺中 *erα*、*vtg*、*ar*、*dmrt1* 的 mRNA 水平表达上调，推测 PCP 与类固醇受体相互作用，表现为拮抗。大脑中的 *gnrh*、*crf* 和 *pomc* 的 mRNA 水平表达上调，HPG/I 轴呈现出正反馈效应。然而，雄鱼继续暴露至 28 天，HPG 轴的正反馈效应疲软，HPI 轴转而出现负反馈效应。这一类似现象在雌鱼中也呈现出来，其 HPG/I 轴也出现了由正反馈向负反馈的转变，与类固醇激素和性腺的变化呈现出一致性，证实了 PCP 具有潜在的生殖内分泌干扰效应（Yang et al.，2017）。值得注意的是，在低剂量暴露下，就能观察到明显的内分泌干扰效应，这个浓度甚至低于我国地表水中 PCP 的最高浓度（594 ng/L），这可能意味着我国现有的《地表水环境质量标准》（9 μg/L）（WHO，2003）可能不能对土著鱼类提供足够的保护。上述对稀有鮈鲫的暴露实验说明，PCP 对 HPG 轴和 HPI 轴在不同阶段均具有显著的干扰作用，且在 14 天和 28 天对 mRNA 转录的影响呈现出差异性，且雌鱼和雄鱼在不同浓度表现出不一样的内分泌干扰效应，表明在毒理学实验中，不同暴露时期的敏感性不同，而污染物对受试鱼类的作用具有性别差异。

相较于较多的关于 PCP 暴露引起性激素水平变化的内分泌研究，对性腺中完整蛋白质表达谱的实验却很少，而对蛋白质表达谱的整体分析可以帮助我们从更全面的角度去探究 PCP 暴露导致的内分泌干扰机制。同样以稀有鮈鲫为对象，我国学者将雌鱼暴露于 PCP（0.5 μg/L、5 μg/L 和 50 μg/L），同时以 17*β*-雌二醇为对照，暴露 28 天后，研究了卵巢中蛋白质表达的变化。蛋白组学分析显示，与对照组相比，卵巢中有 22 种蛋白质斑点在表达中出现了变化。利用基质辅助激光解吸电离飞行时间质谱分析（MALDI-TOF/TOF MS），确认了其中的 14 种蛋白质，且已证实这些变化的蛋白质与内分泌干扰效应相关。在这些变化的蛋白质中，VTG 和与雌激素效应有关的响应蛋白表达出现上调（5 μg/L 和雌二醇组），此外，卵巢雌激素受体基因 *erβ* 表达显著下调，PCP 表现出潜在的雌激素效应（Fang et al.，2014）。因此上述研究证明，在低剂量的暴露下，PCP 具有雌激素效应。

　　2. 对鱼类的甲状腺内分泌干扰效应

　　上述研究证明，低剂量 PCP 暴露能引起鱼类的生殖内分泌干扰效应，改变类固醇激素含量并最终影响生殖，特别是 PCP 具有雌激素效应。此外，也有研究指出，PCP 还影响甲状腺内分泌系统，表现出甲状腺内分泌干扰活性。而甲状腺内分泌系统主要由 HPT 轴调控，包括协调甲状腺激素的合成、分泌、运输、代谢等一系列的动态变化。例如我国学者研究了 PCP 的甲状腺内分泌干扰效应，将斑马鱼胚胎暴露在 0 μg/L、1 μg/L、3 μg/L 和 10 μg/L 的 PCP 下至 14 dpf，结果显示，PCP 暴露后，引起甲状腺素 T4 含量显著下降，而 T3 的含量则升高。该结果与典型甲状腺内分泌干扰物（如 PBDEs）对斑马鱼胚胎期暴露引起的 T3、T4 含量变化一致（Chen et al.，2012），说明 PCP 也具有典型甲状腺内分泌干扰活性。此外，显著上调了 HPT 轴上基因的 mRNA 表达量，包括促甲状腺激素（thyroid-stimulating hormone, *tsh*）、甲状腺球蛋白（thyroglobulin, *tg*）、*dio1*、*dio2*、甲状腺激素受体 α 和 β（thyroid hormone receptor α/β, *trα/β*）。但是，PCP 暴露没有改变甲状腺素运载蛋白（transthyretin, *ttr*）的基因转录，而 HPT 轴中基因表达的变化可以认为是对激素含量变化的响应（Guo and Zhou，2013）。而上述的实验结果也被后来的实验进一步证实。一项研究比较了 PCP 和其代谢产物五氯苯甲醚（pentachloroanisole，PCA）的甲状腺内分泌干扰活性。将斑马鱼胚胎分别暴露于 PCP 和 PCA 中（0.1 μg/L、1 μg/L、10 μg/L、100 μg/L、500 μg/L 和 1000 μg/L）96 h，结果显示，在 10 μg/L 的 PCP 暴露组，斑马鱼体内 T3 的含量上升，T4 的含量则下降，而在 PCA 暴露组，斑马鱼体内 T3 和 T4 的含量却没有变化。在 1 μg/L 和 10 μg/L 的 PCP 处理组中，斑马鱼胚胎均表现出与 T3 作用相似的甲状腺亢进效应，即引起 *syn1*、*dio3*、*trα* 和 *trβ* 的 mRNA 表达增加，*dio2* 的表达量下降（Cheng et al.，2015）。由于该研究并没有测定在所有暴露剂量下，激素、基因等的变化，因此不能确定剂量-效应关系以及引起效应的最低剂量，但是在 10 μg/L 的暴露剂量下，观察到 T3 升高和 T4 下降的现象，再次证明，PCP 具有甲状腺内分泌干扰效应。

　　PCP 的暴露，不仅影响发育期斑马鱼的甲状腺内分泌系统和激素含量，也影响成鱼的甲状腺内分泌系统。一项以斑马鱼成鱼为对象的研究发现，把斑马鱼暴露在 PCP（0.1 μg/L、1 μg/L、9 μg/L 和 27 μg/L）中，时间为 70 天。结果显示，在 27 μg/L 暴露组中，雌鱼和雄鱼血浆中甲状腺激素含量均增加，其中雌鱼血浆中的总 T4（TT4）相对于对照组显著增加了 44.7%，雄鱼 TT4 显著增加了 161.5%。而在 9 μg/L 和 27μg/L 暴露组中，雄鱼体内的血浆 TT3 含量相比于对照组分别显著增加了 34.5%和 38.3%，但只有在 27 μg/L 暴露组，其雄鱼体内 T3 的水平下降。此外，PCP 暴露后，引起雌鱼和雄鱼大脑中的促甲状腺激素 β 和甲状腺激素受体 β 的 mRNA 表达均下调，同时肝脏中尿苷二磷酸葡萄糖醛酸转移酶（uridine diphospho-glucuronosyl transferase 1 ab，*ugt1ab*）的基因表达升高，脱碘酶 1（*dio1*）的基因表达下调。说明环境剂量 PCP 的长期低剂量暴露改变了斑马鱼血浆中的甲状腺激素含量，同时也改变了 HPT 轴中与甲状腺激素合成、反馈、代谢相关基因的表达（Yu et al.，2014）。有趣的是，经 PCP 长期低剂量暴露后，观察到 T3 和 T4 的含量都显著升高，这也与长期低剂量 PBDEs 暴露引起斑马鱼的 T3 和 T4 含量都显著升高的结果一致（Yu et al.，2011），再次说明 PCP 具有甲状腺内分泌干扰活性。特别需要指出的是，由于暴露剂量和时间、窗口期的敏感性以及可能的性别差异等因素，经甲状腺内分泌物暴露后，鱼类体内的甲状腺激素含量的变化并不存在一致性。

3. 对两栖动物的内分泌干扰效应

非洲爪蟾（*Xenopus laevis*）是一种重要的模式动物，被广泛用于开展毒理学研究。由于在变态发育过程中，甲状腺激素发挥非常重要作用，因而非洲爪蟾发育期（如收尾过程）成为评价甲状腺内分泌干扰效应的模型。但是从现有资料看，关于 PCP 对两栖类的甲状腺内分泌干扰效应的研究较少。日本学者选择非洲爪蟾的变态期——蝌蚪为对象，研究 PCP 暴露对变态发育期的蝌蚪所引起的甲状腺内分泌干扰效应。研究者将蝌蚪分别暴露在对照组、T3（2 nmol/L）、T3（2 nmol/L）和 PCP（0.1 μmol/L）混合物，暴露时间为 5 天。实验发现，T3 单独暴露的蝌蚪，其 *trβ* 转录活性增加了 12.4 倍，而 T3 与 PCP 共同暴露后，则显著抑制了由 T3 诱导的 *trβ* 转录活性，抑制率为 62%（Sugiyama et al.，2005）。这意味着，PCP 在蝌蚪发育成爪蟾的变态期，发挥出抗甲状腺激素 T3 的活性，抑制了 *trβ* 的转录活性，干扰甲状腺内分泌系统的稳态，并影响爪蟾的变态发育。

4. 对哺乳动物的内分泌干扰效应

对哺乳动物而言，PCP 的暴露途径主要是通过食物和饮用水摄入。针对 PCP 对哺乳动物的毒性效应，现有资料显示，主要是早期开展的以鼠、羊等哺乳动物为对象的暴露实验，并评价 PCP 对哺乳动物的内分泌干扰效应。

绵羊因其生活习性，长期暴露在低剂量 PCP 中，因而成为研究内分泌干扰效应的常见模型动物。早期的一项研究，通过口服胶囊方式（每周两次，每次 2 mg/kg）喂食母羊 43 天，探究 PCP 对母羊的内分泌干扰效应和对繁殖的影响。暴露至 36 天，取血液样品以供激素分析，发现甲状腺激素 T4 含量显著下降，但是对皮质醇、雌二醇和黄体生成素的影响不显著。组织病理学观察显示，暴露组中没有出现明显的毒性效应，体重也未显著变化，但可观察到输卵管上皮囊肿（Rawlings et al.，1998）。这一结果说明，PCP 暴露主要影响甲状腺内分泌系统，而对生殖系统的影响较小。这一结果意味着 PCP 作为农业上的常用杀虫剂，对短期暴露在农田里的哺乳动物可能不会产生显著的生殖内分泌干扰效应，但对于长期暴露的野外生物是否会产生显著的干扰效应值得进一步去研究。

同样以母羊为对象，另一项长期实验则是通过食物暴露 PCP［1 mg/(kg·d)］的途径，时间为从妊娠期开始到子代小羊 67 周龄，研究其对甲状腺内分泌和生殖内分泌系统的影响。结果显示，长期暴露并没有引起母代明显的毒性效应，但是对子代公羊的精液和繁殖行为分析发现，阴囊周缘增大、精小管严重萎缩、附睾精子密度降低。同时观察到，血液中的甲状腺激素 T4 含量显著下降，表明 PCP 影响雄性生殖内分泌和甲状腺内分泌系统。即使人为注射促甲状腺激素，也不能挽救甲状腺激素的改变，说明长期暴露 PCP 可能破坏了甲状腺内分泌轴的调控功能，这一研究结果证明，PCP 对哺乳动物具有甲状腺内分泌干扰效应（Beard et al.，1999）。

在此基础上，研究者则将羔羊经食物途径暴露于 PCP［1 mg/(kg·d)］中，时间为 67 周，期间测定甲状腺激素含量等，以评价长期低剂量暴露 PCP 的甲状腺内分泌干扰效应。实验结果显示，血清中的总 T4 和游离态 T4 都显著下降，同时观察到促甲状腺激素（TSH）的负反馈调节效应减弱，但是相比之下，PCP 暴露对 T3 的影响较小（Beard and Rawlings，1999）。总体上，由于长期暴露 PCP 而引起甲状腺激素含量下降，说明 PCP 具有甲状腺内分泌干扰效应，而且 PCP 也破坏了甲状腺轴的反馈机制，意味着可能是 PCP 直接作用于甲状腺所导致的有害效应。有研究指出，典型甲状腺内分泌干扰物（如 PBDEs）对哺乳动物长期暴露，一般也引起血液 T4 含量显著下降，而对 T3 的影响较小（Stoker et al.，2004）。因此可以认为 PCP 具有典型的甲状腺内分泌干扰效应。

上述实验研究证明，PCP 具有典型的甲状腺内分泌干扰效应，而且也可能影响生殖内分泌系统。在后来的研究中，日本学者以啮齿类为对象，探究了 PCP 对大鼠大脑发育、雌性生殖功能和肾上腺功能的影响，这三者都受到甲状腺激素的调控。通过饮用水暴露的方式（6.6 mg/L），对妊娠期（F0 代大鼠）及其哺乳期（F1 子代）的大鼠进行 PCP 暴露，分别研究雌鼠、刚断奶 3 周龄幼鼠和 12 周龄幼鼠。结果显示，在 F0 代大鼠和 F1 代 3 周龄幼鼠，其血浆中的总甲状腺素（TT4）含量都下降，同时观察到 F0 代大鼠和 3 周龄雄鼠血浆中的促甲状腺激素含量升高，在 PCP 暴露 3 周龄雌鼠，其大脑皮层中的甲状腺激素受体 β1 和突触蛋白 I 活性增加，说明存在反馈机制。PCP 暴露后，观察到 12 周龄雌鼠血浆中皮质酮含量下降，但并不影响雄鼠和 3 周龄雌鼠的皮质酮含量。观察后代的生殖系统发育则发现，12 周龄雄鼠的睾丸显著增大，但是该研究并未测定与繁殖相关的性激素含量以及未进行性腺发育的组织学观察等（Kawaguchi et al., 2008）。总地来说，以上结果说明发育阶段的大鼠暴露于 PCP 后，引起大鼠甲状腺内分泌系统紊乱，表现出 PCP 潜在的内分泌干扰效应，同时雄鼠睾丸肥大，但没有出现显著的繁殖毒性效应。

总之，通过以羊和大鼠为对象的研究，无论是以食物还是饮用水的暴露方式，对其影响最显著的是甲状腺内分泌系统，即改变甲状腺激素的含量，因此 PCP 对哺乳动物具有典型的甲状腺内分泌干扰效应。

5. 对人类的内分泌干扰效应

PCP 对人类的主要暴露途径是食物和饮用水。关于 PCP 的暴露标准，WHO 在 1993 年和 2003 年规定饮用水中的 PCP 含量是 9 μg/L，而美国环境保护署规定的 PCP 最高含量是 1 μg/L。1997 年美国加利福尼亚州规定 PCP 的含量是 0.4 μg/L。但我国在 2006 年仍采用 WHO 建议的 9 μg/L 作为饮用水的 PCP 界限标准。而且，PCP 用量标准的设定只是基于 PCP 的致癌效应，却没有考虑针对 PCP 的内分泌干扰效应（如甲状腺干扰效应）和 PCP 的环境暴露量（Zheng et al., 2011；WHO，2003；California EPA，1997）。所以，流行病学调查的有关 PCP 对普通人群和职业暴露人群的毒性效应的研究，对人类健康保护具有非常重要的现实指导意义。

流行病学调查表明，值得关注 PCP 暴露引起的甲状腺内分泌干扰效应和癌症风险，尤其是大量使用了 PCP 的血吸虫病流行地区。但目前我国关于 PCP 暴露对人体甲状腺激素水平影响的报道研究还很少，较多的是对其与人类疾病和癌症关系的报道，包括普通人群、职业暴露人群和相对敏感的孕期、哺乳期暴露和儿童暴露。

1）普通人群

已有的流行病学研究表明，职业性的 PCP 暴露会影响从业者的健康，也可能引起癌症，但是长期生活在受 PCP 污染的区域是否能增加致癌的风险，研究的则较少（Cheng et al., 2015）。我国安徽铜陵，曾是血吸虫病流行区，在 1996～2002 年期间，大量的 PCP 被用来杀灭钉螺，从而控制血吸虫病，加之 PCP 的高持久性，使得当地人群生活在 PCP 含量较高的环境中。我国学者开展了一项流行病学研究，在 2009～2012 年期间选取当地社区 6750 例人口（4409 例男性、2341 例女性），年龄段涵盖了 1～98 岁，平均年龄 65 岁，调查了 97 种癌症的发生率，以探究饮用水中的 PCP 暴露所导致的癌症风险。在选取的 27 个饮用水标本中，根据 PCP 的含量分为高暴露组（68.67～684.00 ng/L）、中暴露组（13.10～68.67 ng/L）和低暴露组（0～13.10 ng/L）。对流行病学资料分析发现，年龄段处于<60 岁和 60～69 岁的高、中暴露组中，总癌症和胃癌发生率有显著区别，与低暴露组相比，高暴露组中总癌症的年均发生率显著增加（60～69 岁和≥70 岁），但是两者肝癌和恶性淋巴瘤的发生率却没有显著区别。通过对癌症发生率数据的标准化率（standardized rate ratio，SRR；中高剂量 PCP 暴露下的癌症发生率，通过以低剂量 PCP 暴露水平下的癌症发生率为对照组，结合对国内 PCP 暴露的估计剂量计算得出）计算，研究者发现 PCP 的高暴露浓度与白血病（SRR=5.93）、恶性淋巴瘤（SRR=2.27）和食管癌（SRR=242）紧密相关，男性更易患白血病（SRR=18.83）、女性更易患恶性淋巴瘤（SRR=35.05）。另外，在高暴露组中，虽然男性的脑瘤和甲状腺癌的病例数量小，但标准化率（SRR>3.0）显著较高。总之，除了具有年龄差异外，不同癌症的发生率在性别上也有明显区别（Cheng et al.，2015）。从长远来看，长期暴露在 PCP 下可能与血淋巴肿瘤、神经系统肿瘤和消化系统肿瘤的发生有关。

2）职业群体

一项对曾经从事 PCP 生产的职业工人（366 例，8～30 年）进行医学调查，而对照组为另外的 303 名从未接触过 PCP 的工人，包括问卷、病史档案审查、体格检查以及 24 h 内尿液样品的测定，发现暴露过 PCP 的职业工人，一般健康状况与未暴露过的工人没有明显差别，但是前者中有 17.8%的工人现在或者过去患过氯痤疮，而这部分人尿液中排泄出的粪卟啉更高。总之，职业暴露 PCP 与氯痤疮和生物化学上的异常情况紧密相关，而且这种效应在暴露之后会持续多年（Hryhorczuk et al.，1998）。关于 PCP 的职业暴露与致癌之间的相关性，Zeng 等（2017）评价了职业暴露 PCP 和甲状腺癌之间的关系。在 2010～2011 年期间，收集了美国康乃迪克州的 462 例甲状腺癌病例和 498 例对照组的病例，分析表明，曾经职业暴露于 PCP 的人群患甲状腺癌的风险增加，累计暴露概率最高的人群患癌风险最高。推测其机制，可能是 PCP 与甲状腺素运载蛋白结合降低了甲状腺素 T4 浓度，而甲状腺癌的高风险与甲状腺素的降低具有相关性（Gul et al.，2010）。

3）产前暴露

关于 PCP 暴露对人类的内分泌系统或者神经系统等方面的影响，我国尚没有开展相关研究，而主要来自国外的报道。流行病学的调查资料显示，PCP 可能干扰妊娠期妇女正常的内分泌功能，从而影响子代的生长发育。在 2002～2004 年期间，一项研究收集 92 对母亲-脐带血标本，经分析发现，脐带血血清中 PCP 含量与母亲血清中的 PCP 含量高度相关（R^2=0.82），说明母亲产前暴露的 PCP 可经胎盘传递给胎儿（Park et al.，2008）。尽管该研究并没有测定母体以及婴儿的甲状腺激素，但由于在哺乳动物实验中确定 PCP 是典型的甲状腺内分泌干扰物，而且处于发育期的胎儿对外界污染物的影响非常敏感，甲状腺激素对于早期的神经发育特别重要，由此推断，母体暴露于 PCP 可能干扰胎儿的甲状腺激素系统，并对神经发育造成损伤。

而另一研究则是采集了妊娠期妇女的外周血、脐带血和乳汁的样本，分析了产前和产后 PCP 的含量。结果显示，在母亲外周血、脐带血和乳汁中，PCP 的含量分别为 2830 pg/g、1960 pg/g 和 20 pg/g，说明在母亲外周血中，PCP 的含量只稍微高于胎儿脐带血中的含量，这意味着胎儿暴露 PCP 的主要方式是通过产前脐带血的传输，而产后通过乳汁的暴露相对很低（Guvenius et al.，2003）。这也说明，如果母体暴露于 PCP 中，那么胎儿也会通过胎盘的输送途径而一直持续暴露 PCP。

国外的另一项流行病学是关于孕期妇女的产前暴露 PCP 与一岁以内新生儿体内的甲状腺激素稳态之间的关系研究。结果发现，母亲体内的 PCP 含量与新生儿脐带血中的游离甲状腺激素 T4（FT4）含量呈负相关性，这意味着 PCP 可能通过抑制母体中的 T4 与 TTR 的结合，从而降低母体中的甲状腺激素 T4 经胎盘向发育早期的胎儿体内传递。但当新生儿长至七月龄时，母体 PCP 与新生儿 FT4 水平的这种相关性不再明显，其原因可能是新生儿自身的甲状腺迅速发育，能够合成自身的甲状腺激素（Dallaire et al.，2009）。尽管新生儿体内的甲状腺激素含量很快处于正常水平，但是胚胎发育期受到 PCP 暴露，是否能影响到幼儿期的生长发育、神经行为等，值得深入探究。

针对这一重要问题，*Environmental Health Perspectives*（环境健康展望）发表了一项针对性的研究成果。研究者选择了 62 名学龄儿童（5～6 岁），调查了他们在神经心理学层面的各项表现，主要包括运动机能（动作协调性和精细运动）、认知机能（涉及智力发育、视觉感知、视觉运动的整合，反应的控制力，言语记忆和注意力）以及运动行为等方面的表现，来评估其母亲产前接触过 PCP 等有机卤化物对这些儿童的影响。研究者抽取了怀孕 35 周时孕妇的血液样本，测定 PCP 等有机卤化物的含量，并采集脐带血标本测定甲状腺激素（FT4、T4、rT3、T3、TSH 和甲状腺结合球蛋白）的含量。结果发现，孕妇血液中 PCP 的含量范围为 297～8532 pg/g，平均含量为 1018 pg/g。通过将母亲血液中的 PCP 含量，脐带血中甲状腺激素含量及儿童的运动、认知和行为等表现结合起来，发现脐带血中的甲状腺激素含量与 5～6 岁学龄期儿童的表现具有相关性。具体表现为：TSH 的增加会导致儿童的运动技能缺乏和注意力不集中，rT3 的增加反映为儿童的动手能力较强，T3 的增加会引起儿童良好的视觉运动集成和运动行为表现，T4 的增加表现为感官的完整性。而 PCP 的含量与 T3 的浓度较低有关，其母亲血液中含有较高含量 PCP 的儿童，T3 含量也相对较低，在学龄期表现为运动协调性不够、感官完整性欠缺、注意力不集中、视觉运动变差等（Roze et al.，2009）。这些学龄期儿童的甲状腺激素水平下降，促甲状腺激素因激素反馈机制而水平上升，又会对儿童神经认知功能造成损伤。而已有研究表明，胎儿早期大脑发育所需甲状腺激素的唯一来源是妊娠期母亲体内的甲状腺激素，直至胎儿自身的甲状腺开始合成分泌甲状腺素（Calvo et al.，2002），从而说明，产前接触 PCP 会间接引起胎儿发育早期甲状腺激素水平的变化，并对中枢神经系统发育造成影响。这也进一步验证了，如果胚胎发育期受到影响，其结果可能是长期的，会对暴露个体的生长发育、行为、学习记忆、感知能力等多方面产生深远影响。而流行病学资料显示，患低甲状腺激素血症的孕期妇女，在胎儿大脑发育时期，由母体向胎儿传递的 FT4 也下降，从而间接影响婴儿的中枢神经系统发育，并对神经认知功能产生负面影响（Pop et al.，1999）。

以上研究均证实，孕期暴露于 PCP 会改变母亲体内的甲状腺激素含量，干扰甲状腺激素系统的稳态，而这些改变会经胎盘转运影响胎儿体内的甲状腺激素水平，从而影响胎儿的早期神经发育，对后来的神经认知、协调功能和生长发育造成不可逆转的影响。总之，通过对 PCP 使用区域的普通人群、职业暴露人群和相对敏感的孕期、哺乳期暴露群体的比较，PCP 的暴露能干扰人的内分泌系统功能。鉴于 PCP 是持久性有机污染物，在环境中将长期存在，因此针对 PCP 长期低剂量暴露对普通人群的内分泌干扰效应和健康风险仍需要持续关注。

7.3　本 章 结 论

本章主要总结了 PCP 对生物的内分泌干扰效应，从离体细胞、模式鱼类、两栖动物和哺乳动物等方面，阐述了 PCP 对细胞和实验动物暴露而引起的生殖内分泌和甲状腺内分泌干扰效应。结合流行病学资料，总结了 PCP 对普通人群、职业人群以及处于妊娠期和儿童等易感人群可能造成的甲状腺内分泌干扰效应，从而导致健康风险。尽管 PCP 已经纳入 POPs 范围来加以控制，许多国家已停止生产和使用，但是由于 PCP 具有不易降解、易富集的基本 POPs 特性，具有长期的环境持久性，广泛分布在空气、水体、沉积物等自然环境中，使得生物和人类不可避免接触到 PCP。由于 PCP 具有内分泌干扰活性，且这种效应是在低剂量下发挥作用，因此对人类或者野生动物的风险始终存在。特别是 PCP 的暴露影响甲状腺激素的含量，干扰甲状腺系统的稳态，影响甲状腺功能的发挥，对神经、生长发育造成严重的效应；另一方面影响类固醇激素的含量，对排卵功能和精子生成等生殖腺的正常功能造成干扰，引起繁殖毒性，其作用机制有待深入探究。在我国，PCP 的环境污染具有普遍性，有必要开展水环境中 PCP 在生物体内的蓄积以及生态毒性效应的研究，开展 PCP 长期低剂量暴露的内分泌干扰效应以及流行病学研究，对于更全面地反映 PCP 的实际暴露对人类的健康风险，有重要意义。

参 考 文 献

陈海刚, 李兆利, 徐韵, 孔志明, 刘征涛. 2006. 五氯酚钠对鲤鱼肾细胞 DNA 损伤的体内和体外研究. 环境与健康杂志, 23(6): 515-517.

毛思予. 2013. 基于 HPG 轴五氯酚对稀有鮈鲫内分泌干扰效应机制的研究. 重庆: 西南大学硕士学位论文.

潘红梅. 2007. 应用 FRTL-5 细胞建立环境化学物的甲状腺激素干扰活性甄别方法及其干扰机制研究. 成都: 四川大学博士学位论文.

庞晓倩. 2009. 环境激素五氯酚(PCP)的荧光定量 PCR 检测研究. 上海: 东华大学硕士学位论文.

王辅明. 2010. 五氯酚对 HeLa 细胞的毒性及内分泌干扰作用机制初探. 重庆: 西南大学硕士学位论文.

熊力, 马永鹏, 张晓峥, 金帮明, 李伟, 苏永良, 毛思予, 刘堰. 2012. 五氯酚对稀有鮈鲫卵黄蛋白原及 p53 的诱导效应. 环境科学, 33(6): 1858-1864.

余丽琴, 赵高峰, 冯敏, 李昆, 文武, 张盼伟, 邹晓雯, 周怀东. 2013. 典型氯酚类化合物对水生生物的毒性研究进展. 生态毒理学报, 8(5): 658-670.

张兵, 郑明辉, 刘芃岩, 包志成, 徐晓白. 2001. 五氯酚在洞庭湖环境介质中的分布. 中国环境科学, 21(2): 165-167.

朱含开, 吴兆毅, 赵庆顺, 尹大强. 2008. 五氯酚暴露诱导斑马鱼胚胎细胞凋亡相关基因的变化及 caspase-2 基因克隆和系统进化分析. 生态毒理学报, 3(4): 356-362.

Ahlborg UG, Thunberg TM. 1980. Chlorinated phenols: Occurrence, toxicity, metabolism and environmental impact. Critical Reviews in Toxicology, 7(1): 1-35.

Ambesi-Impiobato FS, Parks LA, Coon HG. 1980. Culture of hormone–dependent functional epithelial cells from rat thyroids. Proceeding of the National Academy of Science of the United States of America, 77(6): 3455-3459.

Ambesi-Impiombato FS, Villone G. 1987. The FRTL-5 thyroid cell strain as a model for studies on thyroid cell growth. Acta Endocrinologica, Supplementum, 281: 242-245.

ATSDR. 2001. Toxicological Profile for Pentachlorophenol. Agency for Toxic Substances and Disease Registry, Public Health Service, U.S. Department of Health and Human Services, Atlanta, 316.

Beard AP, Bartlewski PM, Chandolia RK, Honaramooz A, Rawlings NC. 1999. Reproductive and endocrine function in rams exposed to the organochlorine pesticides lindane and pentachlorophenol from conception. Journal of Reproduction and Fertility, 115: 303-314.

Beard AP, Rawlings NC. 1999. Thyroid function and effects on reproduction in ewes exposed to the organochlorine pesticides lindane or Pentachlorophenol (PCP) from Conception. Journal of Toxicology and Environmental Health, Part A, 58(8): 509-530.

Bevenue A, Beckman H. 1967. Pentachlorophenol: A discussion of its properties and its occurrence as a residue in human and animal tissues. Residue Reviews, 19: 83-134.

Brown CG, Fowler KL, Nicholls PJ, Atterwill C. 1986. Assessment of thyrotoxicity using *in vitro* cell culture systems. Food & Chemical Toxicology An International Journal Published for the British Industrial Biological Research Association, 24(6): 557-562.

California Environmental Protection Agency. 1997. Public Health Goal for Pentachlorophenol in Drinking Water; California EPA, Office of Environmental Health Hazard Assessment.

Calvo RM, Jauniaux E, Gulbis B, Asuncion M, Gervy C, Contempre B, Morreale de Escobar G. 2002. Fetal tissues are exposed to biologically relevant free thyroxine concentrations during early phases of development. The Journal of Clinical Endocrinology and Metabolism, 87(4): 1768-1777.

Chaube R, Pandey AK, Dubey S. 2016. Pentachlorophenol-induced oocyte maturation in catfish *Heteropneustes fossils*: An *in vitro* study correlating with changes in steroid profiles. Journal of Pharmaceutical Science and Emerging Drugs, 4: 1-2.

Chen L, Huang C, Hu C, Ke Y, Yang L, Zhou B. 2012. Acute exposure to DE-71: Effects on locomotor behavior and developmental neurotoxicity in zebrafish larvae. Environmental Toxicology and Chemistry, 31: 2338-2344.

Cheng P, Zhang Q, Shan X, Shen D, Wang B, Tang Z, Jin Y, Zhang C, Huang F. 2015. Cancer risks and long-term community-level exposure to pentachlorophenol in contaminated areas, China. Environmental Science and Pollution Research International, 22(2): 1309-1317.

Cheng Y, Ekker M, Chan HM. 2015. Relative developmental toxicities of pentachloroanisole and pentachlorophenol in a zebrafish model (*Danio rerio*). Ecotoxicology and Environmental Safety, 112: 7-14.

Cooper GS, Samantha J. 2008. Pentachlorophenol and cancer risk: Focusing the lens on specific chlorophenols and contaminants. Environmental Health Perspectives, 116(8): 1001-1008.

Dallaire R, Muckle G, Dewailly E, Jacobson SW, Jacobson JL, Sandanger TM, Sandau CD, Ayotte P. 2009. Thyroid hormone levels of pregnant inuit women and their infants exposed to environmental contaminants. Environmental Health Perspectives, 117(6): 1014-1020.

Daniel V, Huber W, Bauer K, Opelz G. 1995. Impaired *in-vitro* lymphocyte responses in patients with elevated pentachlorophenol (PCP) blood levels. Archives of Environmental Health, 50(4): 287-292.

Dorsey WC, Tchounwou PB. 2004. Pentachlorophenol-induced cytotoxic, mitogenic, and endocrine-disrupting activities in channel catfish, *Ictalurus punctatus*. International Journal of Environmental Research and Public Health, 1(2): 90-99.

Fang Y, Gao X, Zhao F, Zhang H, Zhang W, Yang H, Lin B, Xi Z. 2014. Comparative proteomic analysis of ovary for Chinese rare minnow (*Gobiocypris rarus*) exposed to chlorophenol chemicals. Journal of Proteomics, 110: 172-182.

Gao J, Liu L, Liu X, Zhou H, Huang S, Wang Z. 2008. Levels and spatial distribution of chlorophenols 2,4-dichlorophenol, 2,4,6-trichlorophenol, and pentachlorophenol in surface water of China. Chemosphere, 71(6): 1181-1187.

Ge J, Pan J, Fei Z, Wu G, Giesy JP. 2007. Concentrations of pentachlorophenol (PCP) in fish and shrimp in Jiangsu Province, China. Chemosphere, 69(1): 164-169.

Geyer HJ, Scheunert I, Korte F. 1987. Distribution and bioconcentration potential of the environmental chemical pentachlorophenol (PCP) in different tissues of humans. Chemosphere, 16(4): 887-899.

Greene MH, Brinton LA, Fraumeni JF, D'Amico R. 1978. Familial and sporadic Hodgkin's disease associated with occupational wood exposure. The Lancet, 2(8090): 626-627.

Gul K, Ozdemir D, Dirikoc A, Oguz A, Tuzun D, Baser H, Ersoy R, Cakir B. 2010. Are endogenously lower serum thyroid hormones new predictors for thyroid malignancy in addition to higher serum thyrotropin. Endocrine, 37(2): 253-260.

Guo Y, Zhou B. 2013. Thyroid endocrine system disruption by pentachlorophenol: An *in vitro* and *in vivo* assay. Aquatic Toxicology, 142-143: 138-145.

Guvenius DM, Aronsson A, Ekman-Ordeberg G, Bergman A, Norén K. 2003. Human prenatal and postnatal exposure to polybrominated diphenyl ethers, polychlorinated biphenyls, polychlorobiphenylols, and pentachlorophenol. Environmental Health Perspectives, 111(9): 1235-1241.

Han FA, Chen LS, Ji WL, Li X, Zhou C, Hu Y. 2009. A comparison of VOCs, SVOCs contents of Yangtze River water and main surface water in Jiangsu, Zhejiang and Shandong. Journal of Preventive Medicine Information, 25: 161-167.

Heudorf U, Letzel S, Peters M, Angerer J. 2000. PCP in the blood plasma: Current exposure of the population in Germany, based on data obtained in 1998. International Journal of Hygiene and Environmental Health, 203(2): 135-139.

Hong HC, Zhou HY, Luan TG, Lan CY. 2005. Residue of pentachlorophenol in freshwater sediments and human breast milk collected from the Pearl River Delta, China. Environment International, 31(5): 643-649.

Hryhorczuk DO, Wallace WH, Persky V, Furner S, Webster JR Jr, Oleske D, Haselhorst B, Ellefson R, Zugerman C. 1998. A morbidity study of former pentachlorophenol-production workers. Environmental Health Perspectives, 106(7): 401-408.

IARC (International Agency for Research on Cancer). 1991. Summary of data reported and evaluation Occupational exposures in insecticide application, and some pesticides. Monographs on the Evaluation of Carcinogenic Risks to Humans, 53: 30-31.

IPCS. 2003. International Program on Chemical Safety, Intox Databank, Pentachlorophenol, ICSC: 0069.

Ishihara A, Sawatsubashi S, Yamauchi K. 2003. Endocrine disrupting chemicals: Interference of thyroid hormone binding to transthyretins and to thyroid hormone receptors. Molecular and Cellular Endocrinology, 199(1-2): 105-117.

Jonklaas J, Nsouli-Maktabi H, Soldin SJ. 2008. Endogenous thyrotropin and triiodothyronine concentrations in individuals with thyroid cancer. Thyroid: Official Journal of the American Thyroid Association, 18(9): 943-952.

Jung J, Ishida K, Nishihara T. 2004. Anti-estrogenic activity of fifty chemicals evaluated by *in vitro* assays. Life Sciences, 74(25): 3065-3074.

Kawaguchi M, Morohoshi K, Saita E, Yanagisawa R, Watanabe G, Takano H, Morita M, Imai H, Taya K, Himi T. 2008. Developmental exposure to pentachlorophenol affects the expression of thyroid hormone receptor β1, and synapsin I in brain, resulting in thyroid function vulnerability in rats. Endocrine, 33(3): 277-284.

Laine MM, Ahtiainen J, Wagman N, Oberg LG, Jorgensen KS. 1997. Fate and toxicity of chlorophenols, polychlorinated dibenzo-*p*-dioxins, and dibenzofurans during composting of contaminated sawmill soil. Environmental Science and Technology, 31: 3244-3250.

Li C, Zheng M, Gao L, Zhang B, Liu L, Xiao K. 2013. Levels and distribution of PCDD/Fs, dl-PCBs, and organochlorine pesticides in sediments from the lower reaches of the Haihe River basin, China. Environmental Monitoring and Assessment, 185(2): 1175-1187.

Ma Y, Liu C, Lam PK, Wu RS, Giesy JP, Hecker M, Zhang X, Zhou B. 2011. Modulation of steroidogenic gene expression and hormone synthesis in H295R cells exposed to PCP and TCP. Toxicology, 282(3): 146-153.

McLean D, Eng A, Walls C, Dryson E, Harawira J, Cheng S, Wong KC, 't Mannetje A, Gray M, Shoemack P, Smith A, Pearce N. 2009. Serum dioxin levels in former New Zealand sawmill workers twenty years after exposure to pentachlorophenol (PCP) ceased. Chemosphere, 74(7): 962-967.

Muir J, Eduljee G. 1999. PCP in the freshwater and marine environment of the European Union. The Science of the Total Environment, 236(1-3): 41-56.

Nagahama Y, Yamashita M. 2008. 13 Regulation of oocyte maturation in fish. Development Growth and Differentiation, 50 Suppl1: S195-219.

Orton F, Lutz I, Kloas W, Routledge EJ. 2009. Endocrine disrupting effects of herbicides and pentachlorophenol: *In vitro* and *in vivo* evidence. Environmental Science and Technology, 43(6): 2144-2150.

Owens KD, Baer KN. 2000. Modifications of the topical Japanese medaka (*Oryzias latipes*) embryo larval assay for assessing developmental toxicity of pentachlorophenol and *p,p'*-dichlorodiphenyltrichloroethane. Ecotoxicology and Environmental Safety, 47(1): 87-95.

Park JS, Bergman A, Linderholm L, Athanasiadou M, Kocan A, Petrik J, Drobna B, Trnovec T, Charles MJ, Hertz-Picciotto I. 2008. Placental transfer of polychlorinated biphenyls, their hydroxylated metabolites and pentachlorophenol in pregnant women from eastern Slovakia. Chemosphere, 70(9): 1676-1684.

Park JS, Linderholm L, Charles MJ, Athanasiadou M, Petrik J, Kocan A, Drobna B, Trnovec T, Bergman A, Hertz-Picciotto I. 2007. Polychlorinated biphenyls and their hydroxylated metabolites (OH-PCBs) in pregnant women from eastern Slovakia. Environmental Health Perspectives, 115(1): 20-27.

Pop VJ, Kuijpens JL, van Baar AL, Verkerk G, van Son MM, de Vijlder JJ, Vulsma T, Wiersinga WM, Drexhage HA, Vader HL. 1999. Low maternal free thyroxine concentrations during early pregnancy are associated with impaired psychomotor development in infancy. Clinical Endocrinology, 50(2): 149-155.

Rawlings NC, Cook SJ, Waldbillig D. 1998. Effects of the pesticides carbofuran, chlorpyrifos, dimethoate, lindane, triallate, trifluralin, 2,4-D, and pentachlorophenol on the metabolic endocrine and reproductive endocrine system in ewes. Journal of Toxicology and Environmental Health, Part A, 54(1): 21-36.

Reddy GVB, Gold MH. 2000. Degradation of pentachlorophenol by *Phanerochaete chrysosporium*: Intermediates and reactions involved. Microbiology, 146(Part 2): 405-413.

Reigart JR, Roberts JR. 1999. Pentachlorophenol recognition and management of pesticide poisonings, fifthed. U.S. Environmental Protection Agency, 99-103.

Reigner BG, Bois FY, Tozer TN. 1993. Pentachlorophenol carcinogenicity: Extrapolation of risk from mice to humans. Human and Experimental Toxicology, 12(3): 215-225.

Roze E, Meijer L, Bakker A, Koenraad NJA, Braeckel V, Pieter JJ, Sauer, Bos AF. 2009. Prenatal exposure to organohalogens, including brominated flame retardants, influences motor, cognitive, and behavioral performance at school age. Environmental Health Perspectives, 117(12): 1953-1958.

Spindler SR, Mellon SH, Baxter JD. 1982. Growth hormone gene transcription is regulated by thyroid and glucocorticoid hormones in cultured rat pituitary tumor cells. Journal of Biological Chemistry, 257(19): 11627-11632.

Stanley F. 1988. Stimulation of prolactin gene expression by insulin. Journal of Biological Chemistry, 263(26): 13444-13448.

Stoker TE, Laws SC, Crofton KM, Hedge JM, Ferrell JM, Cooper RL. 2004. Assessment of DE-71, a commercial polybrominated diphenyl ether (PBDE) mixture, in the EDSP male and female pubertal protocols. Toxicological Sciences, 78(1): 144-155.

Sugiyama S, Shimada N, Miyoshi H, Yamauchi K. 2005. Detection of thyroid system-disrupting chemicals using *in vitro* and *in vivo* screening assays in *Xenopus laevis*. Toxicological Sciences, 88(2): 367-374.

Suzuki T, Ide K, Ishida M. 2001. Response of MCF-7 human breast cancer cells to some binary mixtures of oestrogenic compounds *in vitro*. The Journal of Pharmacy and Pharmacology, 53(11): 1549-1554.

Tan D, Zhang JB. 2008. Estimates of PCP-Na consumption in districts and provinces in China by the Top-down calculation method. Environmental Pollution and Control, 30: 17-20(in Chinese).

Tuppurainen KA, Ruokojärvi PH, Asikainen AH, Aatamila M, Ruuskanen J. 2000. Chlorophenols as precursors of PCDD/Fs in incineration processes: Correlations, PLS modeling, and reaction mechanisms. Environmental Science and Technology, 34(23): 4958-4962.

van den Berg KJ. 1990. Interaction of chlorinated phenols with thyroxine binding sites of human transthyretin, albumin and thyroid binding globulin. Chemico-Biological Interactions, 76(1): 63-75.

van Raaij JA, van den Berg KJ, Notten WR. 1991. Hexachlorobenzene and its metabolites pentachlorophenol and tetrachlorohydroquinone: Interaction with thyroxine binding sites of rat thyroid hormone carriers *ex vivo* and *in vitro*. Toxicology Letters, 59(1-3): 101-107.

WHO. 1987. Pentachlorophenol, Environmental Health Criteria 77. World Health Organization, International Programme on Chemical Safety, Geneva.

WHO. 2003. Guidelines for drinking water quality, 3rd, ed. Geneva: World Health Organization Press.

Wiseman H. 1999. Importance of oestrogen, xenoestrogen and phytoestrogen metabolism in breast cancer risk. Biochemical Society Transactions, 27(2): 299-304.

Yang L, Zha J, Wang Z. 2017. Pentachlorophenol affected both reproductive and interrenal systems: *In silico* and *in vivo* evidence. Chemosphere, 166: 174-183.

Yin D, Gu Y, Li Y, Wang X, Zhao Q. 2006. Pentachlorophenol treatment *in vivo* elevates point mutation rate in zebrafish *p53* gene. Mutation Research/Genetic Toxicology and Environmental Mutagenesis, 609(1): 92-101.

Yu L, Lam JC, Guo Y, Wu RS, Lam PK, Zhou B. 2011. Parental transfer of polybrominated diphenyl ethers (PBDEs) and thyroid endocrine disruption in zebrafish. Environmental Science and Technology, 45(24): 10652-10659.

Yu LQ, Zhao GF, Feng M, Wen W, Li K, Zhang PW, Peng X, Huo WJ, Zhou HD. 2014. Chronic exposure to pentachlorophenol alters thyroid hormones and thyroid hormone pathway mRNAs in zebrafish. Environmental Toxicology and Chemistry, 33(1): 170-176.

Zeng F, Lerro C, Lavoué J, Huang H, Siemiatycki J, Zhao N, Ma S, Deziel NC, Friesen MC, Udelsman R, Zhang Y. 2017. Occupational exposure to pesticides and other biocides and risk of thyroid cancer. Occupational and Environmental Medicine, 74(7): 502-510.

Zha J, Wang Z, Schlenk D. 2006. Effects of pentachlorophenol on the reproduction of Japanese medaka (*Oryzias latipes*). Chemico-Biological Interactions, 161(1): 26-36.

Zhang M, Yin D, Kong F. 2008. The changes of serum testosterone level and hepatic microsome enzyme activity of crucian carp (*Carassius carassius*) exposed to a sublethal dosage of pentachlorophenol. Ecotoxicology and Environmental Safety, 71(2): 384-389.

Zhang X, Xiong L, Liu Y, Deng C, Mao S. 2014. Histopathological and estrogen effect of pentachlorophenol on the rare minnow (*Gobiocypris rarus*). Fish Physiology and Biochemistry, 40(3): 805-816.

Zhao B, Yang J, Liu Z, Xu Z, Qiu Y, Sheng G. 2006. Joint anti-estrogenic effects of PCP and TCDD in primary cultures of juvenile goldfish hepatocytes using vitellogenin as a biomarker. Chemosphere, 65(3): 359-364.

Zheng MH, Zhang B, Bao ZC, Yang H, Xu XB. 2000. Analysis of pentachlorophenol from water, sediments, and fish bile of Dongting Lake in China. Bulletin of Environmental Contamination and Toxicology, 64(1): 16-19.

Zheng W, Wang X, Yu H, Tao X, Zhou Y, Qu W. 2011. Global trends and diversity in pentachlorophenol levels in the environment and in humans: A meta-analysis. Environmental Science and Technology, 45(11): 4668-4675.

Zheng W, Yu H, Wang X, Qu W. 2012. Systematic review of pentachlorophenol occurrence in the environment and in humans in China: Not a negligible health risk due to the re-emergence of schistosomiasis. Environment International, 42(1): 105-116.

第 8 章　双酚 A 的内分泌干扰效应

本章导读

- 首先简介双酚 A 的背景情况，包括双酚 A 的理化性质、用途、环境分布。
- 总结双酚 A 内分泌干扰效应的作用机制，包括雌激素受体、雄激素受体、雌激素相关受体和甲状腺激素受体等激素受体活化通路，干扰雌激素生物合成与代谢机制以及表观遗传学作用。
- 主要介绍双酚 A 对鱼类的内分泌干扰效应，重点陈述双酚 A 对各种模式鱼类的激素水平、卵黄蛋白原含量、性腺结构以及子代质量等指标影响的研究。
- 回顾双酚 A 对哺乳动物的内分泌干扰效应的研究内容，包括对啮齿类等动物的基因表达、激素水平、卵母细胞和精母细胞的形态与功能等指标的影响。
- 从职业暴露与非职业暴露人群、疾病与健康人群以及成年人与幼儿等不同人群角度，简介双酚 A 对人类内分泌干扰效应的流行病学研究情况。
- 最后介绍 BPA 替代物，主要是 BPS 和 BPF 的基本背景以及内分泌干扰效应方面的研究进展。

8.1　双酚 A 概述

双酚 A（bisphenol A，BPA）是 1891 年一种人工合成的雌激素，目的是希望能够用来治疗一些雌激素缺乏的疾病。但是随后发现 BPA 的雌激素活性太低，最终被结构类似于 BPA 的己烯雌酚所取代。与己烯雌酚作为雌激素在医学上大量使用不同，BPA 在工业领域得到大量应用，被广泛用于聚碳酸酯和环氧树脂的合成中，同时也是聚氯乙烯聚合反应的稳定剂、橡胶防老剂、农用杀虫剂以及阻燃剂合成的前体（周英，2001；王小萌等，2016）。而且，这些合成材料随后又被制造成各类消费品，包括可重复使用的塑料瓶、婴幼儿奶瓶、食品包装材料的内部涂层、医疗器械、口腔材料和热敏纸等（Huang et al.，2012）。不幸的是，一些孕妇使用己烯雌酚来预防流产后，生下的婴儿生殖器出现了致畸现象，这些副作用引起了人们关注己烯雌酚以及 BPA 化合物对人类的内分泌干扰效应。尤其是，随着数十年来 BPA 的大量使用，在大气、土壤、水体等各种环境介质中均广泛检出 BPA，甚至在人体血液和排出的尿液中都含有 BPA。在此情况下，国内外对 BPA 的毒性效应，特别是内分泌干扰效应进行了大量研究。

8.1.1　BPA 的理化性质

双酚 A，化学名为 2,2-（4,4-二羟基二苯基）丙烷[2,2-（4,4'-dihydroxydiphenyl）propane]，化学式为 $C_{15}H_{16}O_2$，具有双苯环平面结构及两个酚官能团，结构式如图 8-1 所示。在室温下，BPA 为固态，纯品为白色针状结晶体，工业品为白色片状粉末。微溶于水，溶于甲醇、乙酸、丙酮和乙醚等。其具体的理化性质见表 8-1，其中，BPA 的正辛醇/水分配系数（$\log K_{ow}$）为 3.4，因此具有较强的脂溶性。

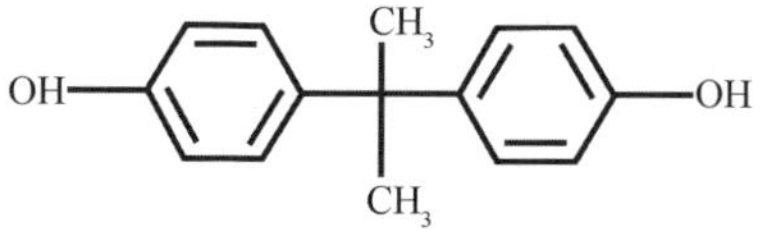

图 8-1　BPA 的结构式

表 8-1　BPA 的物理化学性质（Wu et al.，2018）

名称	双酚 A
化学式	$C_{15}H_{16}O_2$
分子量	228.29
外观	白色针状结晶或片状粉末
熔点（℃）	155～158
沸点（℃）	250～252
溶解性	微溶于水，溶于甲醇、乙酸、丙酮和乙醚等
密度（g/mL）	1.195（25℃）
正辛醇/水分配系数	3.4
水溶性	120 mg/L（25℃）

8.1.2　BPA 的用途

BPA 是一种重要的工业原料，90%以上的 BPA 被用于合成聚碳酸酯和环氧树脂（周英，2001）。随着聚碳酸酯和环氧树脂材料的广泛应用，BPA 也出现在各种日常生活用品中，比如 CD、DVD、电子设备、汽车、移动电话、体育器材、医疗器械、餐具、可重复使用的瓶子（如奶瓶）以及食品保鲜盒等。BPA 还用在金属罐装食品的表层涂料上，可避免与金属制品的直接接触，从而降低摄入金属元素的风险；也可用作食品和化妆品的防腐剂；还是塑料添加剂，因此在由塑料制造的婴幼儿玩具中一般含有 BPA（Staples et al.，1998）。

由于聚碳酸酯和环氧树脂在工业上需求量持续攀升，BPA 的产量也越来越大。2006 年 BPA 的全球产量为 390 万 t，到了 2010 年为 500 万 t。美国市场的 BPA 需求量以平均 4.2% 的速率持续增长，欧洲市场 BPA 的需求量保持稳定。但随着经济的快速发展，中国对 BPA 的需求显著升高，每年增长 13%，2010 年时的需求量估计为 225 万 t（Huang et al.，2012）。

8.1.3　BPA 的环境分布

BPA 的大量使用导致其在大气、水体、沉积物和土壤等自然环境中广泛分布。在自然水体如河水、海水以及污水处理厂中，BPA 的含量普遍为 ng/L 级别。比如我国学者检测了中国珠江三角洲水体中的 BPA 浓度范围为 4～377 ng/L（Yang et al.，2014）。但是，也有部分水体中 BPA 含量达到 μg/L 级，比如 2005 年在美国一处污水处理厂曾检测到 BPA 含量为 3.6 μg/L（Drewes et al.，2005），加拿大的一个工厂排出的废水中检测到 BPA 含量范围为 230～149200 ng/L，最高含量达到了 149.2 μg/L（Lee et al.，2000）。BPA 在大气中也普遍存在。一项研究收集了全世界多个城市的大气样品并进行分析，发现中国北京的大气中 BPA 含量为 380～1260 pg/m^3，印度金奈为 200～17400 pg/m^3，日本大阪为 10～1920 pg/m^3（Fu et al.，2010）。BPA 还普遍存在于土壤及河流沉积物中，且其含量为 ng/g 级别，由于中国台湾是生产 BPA 的主要产地，因此在台湾的多种介质中，BPA 的含量一般较高，例如台湾南部河流沉积物中 BPA 含量为 329～10500 ng/g（Huang et al.，2012）。而北京温榆河底沉积物检测到 BPA 为 0.6～59.6 ng/g（雷炳莉等，2008），美国波士顿检测的海洋沉积物中 BPA 为 1.0～30 ng/g（Stuart et al.，2005）。

除了自然环境，BPA 也广泛存在于各种生物体及人体的血液和尿液中。如有报道在藻类中检测到 BPA 含量为 16～94 ng/g dw，在鲤鱼的胆汁中检测到 BPA 为 70～1020 ng/g（Yang et al.，2014）。人类接触 BPA 主要是通过食物，比如从各种食物包装袋以及重复使用的聚碳酸酯塑料瓶中释放出来的 BPA。其次，由于 BPA 还作为防腐剂用在食品和化妆品中，因此皮肤接触也是人类暴露 BPA 的途径之一。一项研究发现，蔬菜中 BPA 含量为 0.43～5.31 μg/kg dw（任杰等，2010）；检测到瓶装水中 BPA 含量为 68 ng/L（Li et al.，2006），奶粉中 BPA 含量为 17.0 ng/g（Zhou et al.，2007）。这些数据说明了 BPA 存在于人类的食品、饮用水及婴幼儿奶粉中。日常生活中人类不可避免地会通过食用或皮肤接触的方式摄入 BPA，因此在人的血液和尿液中都能检测出 BPA。

　　BPA 使用量巨大，而且大量释放到环境中，是广泛分布于环境中的有机污染物。人类可以通过呼吸、饮用水、食物等途径吸收，特别是在孕妇羊水、新生儿血液、胎盘、脐带血、乳汁中等都能检测出 BPA（Rubin et al.，2011），而发育早期的个体对污染物的作用非常敏感，容易受到影响。研究指出，BPA 是典型的内分泌干扰物，能影响与内分泌有关的很多生理过程。一些流行病学研究指出，BPA 的暴露可影响人类的繁殖行为，并增加很多疾病发生的风险，例如肥胖、糖尿病、心血管系统等疾病（Ziv-Gal and Flaws，2016）。大量动物实验证明，在低剂量暴露下，即可引起多种毒性效应，包括内分泌干扰（影响性激素、胰岛素、甲状腺激素等）、致畸和致癌、肝毒性和免疫毒性、神经毒性等（Rochester，2013）。尽管 BPA 不属于 POPs 范围，但是过去十几年来也是目前最受到关注的有机污染物之一，同时又是典型的内分泌干扰物，因此本章将主要陈述 BPA 内分泌干扰效应方面的研究。

8.2　双酚 A 的内分泌干扰效应

　　双酚 A 存在于空气、水体、沉积物等各种环境介质及具有分布的广泛性，特别是也广泛存在于野生动物以及人类的尿液和血液中，引起了人们关注其潜在的毒性效应。由于 BPA 本身是一种人工合成的雌激素类物质，因此研究最多的是内分泌干扰效应。与其他典型内分泌干扰物引起的效应相似，双酚 A 暴露引起的剂量-效应关系并不是单调曲线，而是一种"U"型曲线，即低浓度的 BPA 具有更强的内分泌干扰效应（Rochester，2013）。经过大量的研究，目前发现双酚 A 内分泌干扰效应的分子作用机制主要有以下两类：①干扰受体活化机制，这些受体包括雌激素受体、雄激素受体、雌激素相关受体、甲状腺激素受体、芳香烃受体等；②干扰类固醇激素的生物合成、代谢以及其他与内分泌和繁殖效应相关的酶作用通路（Filippo et al.，2015）。

8.2.1　受体活化机制

1. 雌激素受体

　　双酚 A 的化学结构决定其和雌激素受体（estrogen receptors，ER）有一定的亲和性，研究显示，BPA 能够与两种雌激素受体亚型（ERα、ERβ）结合，尽管这种结合能力仅仅只有 17β-雌二醇的千分之一（Rochester，2013）。正常情况下，雌激素与细胞内的雌激素受体 ERα、ERβ 结合形成复合体、改变构象并迁移至细胞核内，并通过靶基因上游启动子处的雌激素应答元件（estrogen responsive element，

ERE）调控靶基因的转录，这就是雌激素作用的经典基因组作用模式（黄卉等，2013）。经典基因组作用模式由于需要雌激素及其受体复合体进入细胞核内发挥作用，因此又被称为细胞核内作用模式。当 BPA 通过经典基因组作用模式而发挥雌激素内分泌干扰效应时，BPA 被认为是一种弱的雌激素，因为 BPA 和雌激素受体的结合能力相较于雌二醇而言非常低（Rochester，2013）。此外，BPA 被证明是 ERα 的激活剂，但却是 ERβ 的拮抗剂，而 E2 是 ERα 和 ERβ 的激活剂，这种差异会引起经由雌激素受体介导的基因转录模式不同（Pennie et al.，1998；Takao et al.，2003）。例如，一项研究通过将幼鼠分别暴露于 BPA 和 E2，比较了雌激素受体相关调控基因表达的变化，发现 BPA 诱导的基因表达其幅度明显低于雌二醇（Hong et al.，2006），且与雌激素受体途径相关的基因表达模式存在很大差异，这一结果也同时验证了 BPA 的弱雌激素活性。

此外，雌激素作用还有一种非基因组作用模式。在这种模式下不需要雌激素进入细胞核，而是活化细胞膜上少量的雌激素受体 ERα 或 ERβ，使其和其他信号蛋白相互作用，从而形成一个多分子的复合体，最终激活细胞内的信号级联放大反应（喻琳麟和岳利民，2013）。到目前为止，在各类不同的细胞中，E2 能够特异性地活化 ERα 介导的 ERK/MAPK、PI3K/Akt 通路以及 ERβ 介导的 p38/MAPK 信号通路。BPA 作为一种雌激素类似物，同样能够活化 ERα 介导的 ERK/MAPK 通路和诱导 Akt 磷酸化；另一方面，BPA 还能作为一种雌激素拮抗剂，抑制 ERβ 向下游的靶分子发出信号，比如抑制 ERβ 介导的 p38/MAPK 信号通路（Pellegrini et al.，2014）。这些结果都说明 BPA 也可以通过雌激素的非基因模式发挥作用。

再者，G 蛋白耦联受体 30（G protein-coupled receptor 30，GPR30），又称 G 蛋白耦联雌激素受体 1（G protein coupled estrogen receptor 1，GPER），是 20 世纪 90 年代发现的一种膜相关雌激素受体，其作用模式和 ERα、ERβ 均不同，且没有同源性，是一种具有独立作用的新型雌激素受体（喻琳麟和岳利民，2013）。GPR30 广泛表达于全身多个系统及各种组织细胞中，通过激活表皮生长因子受体（epidermal growth factor receptor，EGFR）及第二信使等介导雌激素类物质快速反应和转录调节（喻琳麟和岳利民，2013）。BPA 对 GPR30 表现出了很强的结合能力，会通过和 GPR30 结合从而活化其信号通路，进而调节基因转录（Pellegrini et al.，2014），如图 8-2 所示。

总之，BPA 作为一种雌激素类似物，与雌激素受体相关的分子作用模式和雌二醇基本一致，既有细胞核内的经典基因组作用模式，也有细胞膜上的非基因组作用模式，同时还参与 ERα、ERβ 和 GPR30 三种雌激素受体调控的细胞信号通路。这种分子机制上的复杂性决定了 BPA 诱导的内分泌干扰效应是多种分子机制共同作用的结果。而且，BPA 会通过哪一种作用通路途径往往与靶细胞的细胞环境、

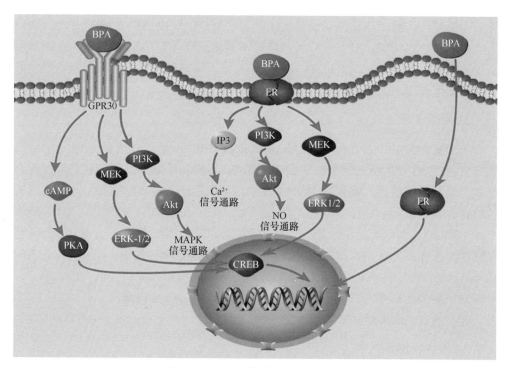

图 8-2　BPA 雌激素受体活化机制

GPR30：G 蛋白耦联受体 30；ER：雌激素受体；BPA：双酚 A；cAMP：环磷酸腺苷；MEK：丁酮；PI3K：胞内磷脂酰肌醇激酶；IP3：三磷酸肌醇；PKA：cAMP 依赖蛋白激酶；ERK-1/2：细胞外信号调节激酶；Akt：蛋白激酶 B；CREB：环磷腺苷效应元件结合蛋白；MAPK：丝裂原活化蛋白激酶（根据文献（Filippo et al., 2015）绘制）

受体亚型、受体位置以及配体的化学性质和暴露剂量等诸多因素有关（Pellegrini et al., 2014）。从某种程度上，也解释了为什么低剂量的 BPA 具有相对更强的内分泌干扰效应，因为在低剂量下 BPA 诱导的是非基因组作用模式，具有细胞信号级联放大效应。同样也说明，一种内分泌干扰物在基因组作用模式下表现出弱的雌激素活性，但也不能说明其不会通过其他信号通路产生较强的内分泌干扰效应。

2. 雄激素受体

有研究指出，男性暴露 BPA 后，会影响体内的性激素含量，增加雄性隐睾、尿道下裂以及精子质量下降等疾病发生的风险，甚至影响繁殖（Rochester et al., 2013）。雄激素受体（androgen receptor，AR）在生物所有器官中表达，具有和雌激素受体类似的存在位点和作用模式。但是目前还没有数据证明 BPA 暴露会影响雄激素受体的核内转录活性，也缺乏证据显示 BPA 能够作用于雄激素依赖的核外信号通路。值得注意的是，有研究指出，虽然 BPA 暴露没有影响野生型（110 kDa）雄激素受体的含量和转录活性，但是对于雄激素受体的剪切形式（75～80 kDa）

具有阳性反应，同时在雄激素受体剪切体表达阳性的癌细胞中，BPA 也能够表现出雄激素活性。例如，BPA 暴露瞬时转染了雄激素受体野生型（110 kDa）或雄激素受体突变体（80 kDa，28 kDa）的 HeLa 细胞，实验结果显示，BPA 只对雄激素受体突变体表现出雄激素活性（Wetherill et al.，2005）。

3. 雌激素相关受体

雌激素相关受体（estrogen-related receptors，ERRs）是孤儿核受体的一个亚族，拥有三种亚型：ERRα、ERRβ、ERRγ。ERRs 不能和雌激素结合，但是和雌激素受体有很高的同源性，特别是 DNA 结合结构域以及配体结合结构域。而且 ERRs 能够结合到靶基因的雌激素应答元件上，从而调控靶基因的转录活性（Takayanagi et al.，2006）。有研究指出，BPA 表现出极强的 ERRs 结合活性，并且对 ERRγ 转录活性有很强抑制作用，据报道 13.1 nmol/L BPA 就能抑制 ERRγ 转录活性的 50%（Takayanagi et al.，2006）。ERRγ 在发育期的哺乳动物的大脑以及成人的大脑、肺等器官中高表达，那么低剂量（如 13.1 nmol/L）BPA 诱导内分泌干扰效应的机制有可能是通过 ERRs 受体介导的调控通路。

4. 甲状腺激素受体

和雌激素受体一样，甲状腺激素受体（thyroid hormone receptor，TR）也是核受体超家族的一员，位于细胞核内，能够调控人类和动物体内甲状腺激素相关信号通路，并在大脑发育过程中起非常重要的作用。甲状腺激素受体作用机制也包括核内的基因作用模式以及核外的信号通路。在基因组作用模式下，T3 进入细胞核内并结合到 TR 上，同时 TR 在共激活因子甲状腺激素应答元件的作用下剔除抑制因子，随后开启激素诱导的靶基因转录（Iwamuro et al.，2006）。核外模式主要取决于整合素 αVβ3，由其激活 MAPK/c-Src 磷酸化信号通路并活化细胞核内的 TR（Sheng et al.，2012）。有研究表明，BPA 并不直接作用于 TR，但是低浓度的 BPA 暴露会抑制甲状腺激素诱导的 TR 活化通路，导致非洲爪蟾的尾部组织出现抗变态发育（Iwamuro et al.，2006）。中国学者的研究发现，在 $10^{-9} \sim 10^{-7}$ mol/L BPA 的生理剂量下，通过直接作用于整合素 αVβ3/c-Src/MAPK/TR-β1 细胞信号通路，抑制了甲状腺激素 T3 或者 T4 诱导的基因转录，揭示了低剂量 BPA 抑制 TR 转录的新的途径（Sheng et al.，2012）。因此，尽管 TR 并不像 ER 一样是 BPA 的直接作用靶标，但是低浓度的 BPA 可以通过干扰甲状腺激素的核外细胞信号通路，从而抑制 THR 诱导的靶基因转录。

5. 孕烷 X 受体

孕烷 X 受体（pregnane X receptor，PXR）和组成型雄烷受体（constitutive

androstane receptor，CAR）同属于核受体超家族，但是具有和其他激素受体完全不一样的功能。PXR 和 CAR 主要是作为一种感受器，对生物体内的内生代谢产物以及外源化合物产生响应，有助于去除体内的异源物质（刘志浩和李燕，2012）。包括 BPA 在内的许多污染物都能够激活孕烷 X 受体，而且 BPA 及其类似物是一种人孕烷 X 受体激动剂（Sui et al.，2012）。尽管 BPA 活化孕烷 X 受体的浓度相对较高，但是环境中往往是多种污染物的混合存在，会出现加合或者协同效应，增加了 BPA 暴露的风险。

6. 过氧化物酶体增殖物激活受体

过氧化物酶体增殖物激活受体（peroxisome proliferator-activated receptor，PPAR）是配体激活转录因子，属于核受体超家族，包括三个亚型：PPARα、PPARβ/δ和 PPARγ（Cheang et al.，2015）。其中，PPARγ 在调节糖代谢和脂类平衡方面具有重要的功能，因此如果 PPARγ 调控异常，可能与糖尿病和肥胖等代谢疾病有关。有研究指出，BPA 并不直接结合且活化 PPARγ，而是通过调控相关基因过表达干扰 PPAR 正常调控功能。例如研究发现，发育早期暴露 BPA 会导致个体出现肥胖和代谢综合征，而且大鼠围产期暴露 BPA 会通过诱导 PPARγ、类固醇调节元件结合蛋白 1C（sterol regulatory element binding protein 1C，SREBP-1C）、脂蛋白酯酶和脂肪酸合成酶等基因的过表达，最终改变胚胎的脂肪生成（Somm et al.，2009；Swedenborg et al.，2009）。不过，BPA 的卤代类似物，如四溴双酚 A（TBBPA）和三氯双酚 A（TCBPA）能够直接与 PPARγ 结合，并且在 nmol/L～mmol/L 剂量的 TBBPA 下表现出了强的 PPARγ 活化能力，很可能会通过结合且活化 PPARγ 来干扰其信号通路正常功能（Riu et al.，2011）。

7. 芳香烃受体

芳香烃受体（aryl hydrocarbon receptor，AhR）是一种由配体激活的转录因子，属于碱性螺旋-环-螺旋（basic helix-loop-helix）超家族中的 PAS（Per-Arnt-Sim homology domain）亚家族，能够介导芳香族化合物等环境污染物的毒性。因其对 2,3,7,8-四氯代二苯并-对-二噁英（2,3,7,8-tetrachlorodibenzo-*p*-dioxin，2,3,7,8-TCDD）敏感，又被称为二噁英受体（Sorg，2014）。AhR 和配体结合后，会被芳香烃受体核转位蛋白（AHR nuclear translocator，ARNT）带入细胞核内，和特异性 DNA 应答元件结合，启动包括细胞色素 P450 家族在内的异源物质代谢相关基因的转录。芳香烃受体抑制子（AhR repressor，AhRR）结合芳香烃受体核转位蛋白形成异二聚体，从而终止芳香烃受体信号通路（Watanabe et al.，2001）。研究发现，0.02～20000 mg/(kg·d) BPA 暴露妊娠期的大鼠，能够诱导胚胎中芳香烃受体抑制子基因表达上调，从而抑制了胚胎中芳香烃受体的表达与功能，而 BPA 对成年大鼠子宫中芳香烃受体信号通路中相关基因的表达没有显著影响（Nishizawa et al.，2005）。此外，芳烃受体经配体活化后形成的 AhR/ARNT 杂二聚体有可能激活 ERα 和 ERβ 信号通路，但是，是否诱导活化雌激素受体信号通路取决于配体的结构性质，但 BPA 不具有这种性质（Filippo et al.，2015）。因此，BPA 可以调控芳香烃受体信号通路，而这种调控在胚胎期很明显，但对于成年个体影响有限。而且由于 BPA 的结构性质，并不会通过芳香烃受体间接激活雌激素受体通路。不过 BPA 作为一种雌激素类似物，本就可以直接与雌激素受体结合，并激活雌激素受体信号通路而发挥内分泌干扰效应。尽管 BPA 暴露也可能通过激活细胞的其他受体途径而发挥生物学效应，但是现有研究资料则表明，通过雌激素受体的基因组和非基因组作用模式以及 G 蛋白耦联受体 30 是最主要的分子作用模式。

8.2.2 类固醇激素生物合成及代谢相关机制

在类固醇激素合成系统中，胆固醇由类固醇激素合成急性调节蛋白（steroidogenic acute regulatory protein，StAR）转运至线粒体内，再由细胞色素 P450 支链裂解酶（cytochrome P450 side chain cleavage，P450scc 由 *cyp11a1* 编码）分解成孕烯醇酮，这是整个类固醇激素合成的限速步骤（张玉晴，2014）。一项以培养的小鼠腔卵泡（antral follicles）为对象的离体实验，发现在 10 µg/mL 和 100 µg/mL BPA 暴露剂量下，*cyp11a1* 和 *star* 基因转录显著下调，且雄烯二酮、睾酮和雌二醇的含量显著下降，而在去除 BPA 后，原来受到影响的基因和激素含量的变化都恢复正常（Peretz and Flaws.，2013）。这说明 BPA 可以通过影响类固醇合成系统中的关键步骤——抑制 *cyp11a1* 和 *star* 基因的转录水平，从而影响酶的表达，最终导致睾酮和雌二醇激素水平降低。在鱼类中，用 200 µg/L BPA 暴露暗纹东方鲀稚鱼，引起性腺中的类固醇合成相关基因 *star*、*cyp17a* 和 *cyp11b* 表达上调，而 *cyp19a* 表达下调（张玉晴，2014）。BPA 暴露斑马鱼胚胎，发现能够显著诱导脑中特异性芳香酶基因过表达（Chung et al.，2011），而芳香酶催化雄激素转化为雌激素，从而影响性激素动态平衡。因此离体和活体研究说明，BPA 暴露也可以通过影响类固醇激素合成的基因表达，改变性激素含量，表现为非受体途径的内分泌干扰效应。

8.2.3 表观遗传学相关机制

BPA 的暴露除了具有典型的雌激素效应外，还可以通过表观遗传机制发挥生物学效应，比如 DNA 甲基化。DNA 甲基化是表观遗传调控中研究的最多一种。所谓甲基化就是在 DNA 序列上的胞嘧啶鸟嘌呤二核苷酸（cytosine-phosphate-guanine，CpG）位点的胞嘧啶核苷酸上增加一个甲基，从而造成该处基因沉默（张丽丽和吴建新，2006）。一般而言大多数 DNA 甲基化形成后都会被去除，但是有些却能够从亲本传给子代，即继代表观遗传。近年来，越来越多的研究发现，环境污染物暴露围产期的亲代而产生的 DNA 甲基化标记，能够被稳定地遗传给子代。就 BPA 暴露引起的 DNA 甲基化而言，有研究发现，围产期大鼠暴露于低剂量的 BPA（5ng/kg），可引起子代尾部组织过甲基（Anderson et al.，2012），而刚出生的大鼠在发育早期暴露于 BPA 后，会增加成年后大鼠患前列腺癌的风险，也是与早期暴露导致的 DNA 甲基化和组蛋白乙酰化有关（Ho et al.，2006），这些表观遗传修饰会导致基因表达的变化。这些结果说明包括 BPA 在内的内分泌干扰物暴露能造成 DNA 甲基化以及其他表观遗传标记，并可能影响后代，因而需要进一步探讨这种风险及其产生机制。

8.3　双酚 A 对鱼类的内分泌干扰效应

小型模式鱼类，如黑头呆鱼（*Pimephales promelas*）、日本青鳉（*O. latipes*）、斑马鱼（*Danio rerio*）和稀有鮈鲫（*Gobiocypris rarus*）等，可被用来评价 BPA 的水体暴露对鱼类的内分泌干扰效应。评价的指标则一般包括激素水平、相关基因表达情况、卵黄蛋白原含量、性细胞数目及比例、性腺组织结构、精子质量与活力以及子代存活率等，其暴露方式则可以是 BPA 的短期、长期低剂量甚至多代暴露，以评价对子代的效应。

一般而言，引起生长及发育毒性的剂量往往高于环境实际剂量，而环境相关浓度暴露下即可引起内分泌干扰及繁殖毒性。表 8-2 详细地总结了关于 BPA 对鱼类的内分泌干扰效应方面的研究。而引起生物学效应的机制则可能与低浓度的 BPA 激活了雌激素核外信号通路（雌激素非经典作用机制）有关，即 BPA 通过细胞膜上的雌激素受体活化通路而产生级联放大效应，在低浓度下就产生了较强的雌激素活性，从而导致受试生物出现激素水平变化，甚至引起性腺组织结构发生改变、性细胞质量降低等繁殖毒性。例如，有研究指出，在 1 μg/L BPA 的暴露剂量下，可改变黑头呆鱼精巢中几个不同成熟期细胞分布比例，如增加了精母细胞的比例，降低了成熟精子的数量，即抑制性腺发育，这也是 BPA 暴露能影响性腺发育的直接证据（Sohoni et al.，2001）。而用 1 μg/L BPA 暴露鲤鱼，改变了雄鱼性腺结构并且增加了雌鱼卵母细胞畸形率（Mandich et al.，2007）。经 1.75 μg/L 及以上浓度 BPA 暴露棕鳟（*Salmo trutta fario*）105 d，引起雌鱼排卵延迟，而且在 5 μg/L BPA 暴露剂量下，完全遏制了排卵（Lahnsteiner et al.，2005）。也有一些研究采用了较高剂量的 BPA 暴露对鱼类的内分泌干扰和毒性效应。比如，以 59 μg/L BPA

表 8-2 BPA 暴露对鱼类的内分泌干扰效应

序号	实验对象	BPA 暴露浓度及时间	检测的实验效应终点指标
1	大西洋鳕鱼（Gadus morhua）	50 μg/L 暴露 21 d	诱导卵黄蛋白原
2	大西洋鲑鱼（Salmo salar m. Sebago）	1000 μg/L 暴露 6 d	卵黄囊水肿、出血
3	棕鳟（Salmo trutta fario）	1.75 μg/L 暴露 105 d	降低精子质量、延迟排卵
4	棕鳟（Salmo trutta fario）	5 μg/L 暴露 105 d	完全抑制排卵
5	鲤鱼（Cyprinus carpio）	1 μg/L 暴露 14 d	改变雄鱼性腺结构、增加卵母细胞闭锁
6	鲤鱼（Cyprinus carpio）	1～10 μg/L 暴露 14 d	降低血液中 E2/T 比值
7	鲤鱼（Cyprinus carpio）	100 μg/L 暴露 14 d	诱导卵黄蛋白原
8	鲤鱼（Cyprinus carpio）	1000 μg/L 暴露 14 d	增加血液中 E2/T 比值
9	鲤鱼（Cyprinus carpio）	1000 μg/L 暴露 14 d	雌雄同体
10	欧洲鲈鱼（Dicentrarchus labrax）	10 μg/L 暴露 14 d	诱导卵黄蛋白原
11	黑头呆鱼（Pimephales promelas）	331 μg/L 暴露 164 d	增加精母细胞比重
12	黑头呆鱼（Pimephales promelas）	16 μg/L 暴露 164 d	减少成熟精子的数量
13	黑头呆鱼（Pimephales promelas）	160 μg/L 暴露 14 d 或 164 d	诱导卵黄蛋白原
14	金鱼（Carassius auratus）	40 μg/L 暴露 28 d	诱导卵黄蛋白原
15	古比鱼（Poecilia reticulate）	274 μg/L 暴露 21 d	减少精子数量
16	长下巴虾虎鱼（Chasmichthys dolichognathus）	0.1 μg/L 暴露	抑制雌激素合成
17	长下巴虾虎鱼（Chasmichthys dolichognathus）	0.44 nmol/L 暴露 38 h	刺激生殖泡破裂
18	青鳉（Oryzias latipes）	200 μg/L 暴露 9 d	胚胎畸形
19	青鳉（Oryzias latipes）	837 μg/L 暴露 21 d	雌雄同体
20	地中海彩虹濑鱼（Coris julis）	80 μg/L 暴露 14 d	改变中枢神经系统雌激素受体结合活性
21	虹鳟（Oncorhynchus mykiss）	500 μg/L 暴露 7 d	诱导卵黄蛋白原
22	大比目鱼（Psetta maxima）	59 μg/L 暴露 14 d	改变性激素水平
23	斑马鱼（Danio rerio）	228 μg/L 暴露 48 h	胚胎大脑雌性化
24	斑马鱼（Danio rerio）	1000 mg/kg 暴露 45 d	子代中雌鱼比重增加
25	斑马鱼（Danio rerio）	534 μg/L 暴露 7 d	诱导卵黄蛋白原
26	斑马鱼（Danio rerio）	20 μg/L 暴露 21 d	血液中卵泡刺激素降低
27	斑马鱼（Danio rerio）	200 μg/L 暴露 21 d	血液中雌雄激素、卵泡刺激素、黄体生成素降低，产卵下降
28	稀有鮈鲫（Gobiocypris rarus）	15 μg/L BPA 暴露 35 d	性腺组织变化, GnRH 和 GnRHR1A 基因表达上调
29	稀有鮈鲫（Gobiocypris rarus）	1 μg/L、15 μg/L、225 μg/L BPA 暴露 7 d	雌鱼性腺指数升高，E2、T、11-KT 变化

续表

序号	实验对象	BPA 暴露浓度及时间	检测的实验效应终点指标
30	稀有鮈鲫（*Gobiocypris rarus*）	225 μg/L BPA 暴露 1 周、3 周和 9 周	精母细胞凋亡比例显著升高
31	稀有鮈鲫（*Gobiocypris rarus*）	15 μg/L BPA 暴露 7 d	总 DNA 甲基化量显著升高
32	稀有鮈鲫（*Gobiocypris rarus*）	13.75 μg/L BPA 暴露 7 d、14 d	*cyp17a1* 和 *cyp11a1* 基因表达水平和 DNA 甲基化水平变化
33	稀有鮈鲫（*Gobiocypris rarus*）	1 μg/L、15 μg/L 和 225 μg/L BPA 暴露 2 周	TETs 蛋白水平显著下降，精巢 DNA 超甲基化

的剂量暴露，显著改变了海水大比目鱼（*Psetta maxima*）体内的性激素水平（Labadie and Budzinski，2006）。经 200 μg/L BPA 暴露斑马鱼后，显著抑制了斑马鱼雌雄鱼血液中雌激素、雄激素、卵泡刺激素（FSH）和促黄体生成素（LH）含量，导致产卵量下降，但性腺组织结构没有明显变化（Fang et al.，2016）。卵泡刺激素和黄体生成素是垂体前叶嗜碱性细胞分泌的促性腺激素，成分为糖蛋白，两者都是下丘脑-垂体-性腺轴的主要调控因子。卵泡刺激素和黄体生成素通过作用于性腺，促使雌鱼卵泡发育和成熟并分泌雌激素，雄鱼精子分泌雄激素，还与其他的激素合成代谢酶一起共同调控激素的动态平衡。因此，如果 FSH 和 LH 的含量改变，将会影响性腺成熟以及排卵。就研究 BPA 对鱼类的内分泌干扰效应而言，采用低剂量的暴露更具有环境意义，而在高剂量下，其引起的毒性效应更多的是其他毒性，如氧化损伤等。

　　稀有鮈鲫是我国特有的小型模式鱼类，我国学者以稀有鮈鲫为对象，评价了 BPA 的内分泌干扰效应（Qin et al.，2013；Zhang et al.，2016a，b）。例如，一项研究以 5 μg/L、15 μg/L 和 50 μg/L 剂量的 BPA 暴露稀有鮈鲫成鱼 35 天。组织病理学观察发现，在 50 μg/L 暴露组，雌性卵的发育被抑制，3 个暴露剂量都能引起肝脏卵黄蛋白原（vitellogenin，VTG）的高表达，尽管该研究中没有测定雌二醇的含量，但是显著升高的 VTG 意味着经 BPA 暴露而引起 E2 含量升高，并说明 BPA 具有雌激素效应。在 5 μg/L 和 15 μg/L 的暴露剂量下，上调卵巢中与类固醇激素合成相关基因的表达；而在 50 μg/L 的暴露剂量下，则抑制这些基因的表达，而进一步对雌激素受体的基因表达，也显示低剂量引起 ER 高表达，说明低剂量和高剂量发挥的效应不同（Zhang et al.，2014）。此外，暴露后发现，也观察到稀有鮈鲫大脑中的促性腺激素释放激素（gonadotropin-releasing hormone，GnRH）及其受体（GnRHR1A）基因的表达显著上调。由于该实验并没有测定血清中的与内分泌、性腺成熟、排卵等密切相关的重要激素的含量，例如 FSH 和 LH 等，所以尚不能确定大脑中 GnRH 及其受体 GnRHR1A 基因表达的意义，这可能是促性腺激素释放激素对 HPG 轴（例如 FSH，LH）的反馈调节效应。

此后，我国学者相继开展了不同剂量以及不同时间暴露情况下，BPA 对稀有鮈鲫的内分泌干扰以及繁殖效应研究。将雌鱼和雄鱼暴露于低剂量（1 μg/L、15 μg/L）和高剂量（225 μg/L）的 BPA，时间是 1、3 和 9 周，并分别研究其对雌雄性腺发育的影响，包括性腺发育组织学、性腺细胞凋亡、血清中的性激素含量，与类固醇激素合成有关的基因表达，雌激素受体表达，以及肝脏和性腺 VTG 的基因表达等。实验结果显示，BPA 暴露可引起雌鱼性腺指数（GSI）升高，且在低剂量下表现出与上述研究相似的雌激素效应（Zhang et al.，2014），而在高剂量下，则引起氧化损伤和凋亡。通过组学方法分析卵巢中的基因转录，发现经 BPA 处理后，改变了部分参与脂质过氧化、氧化损伤和蛋白质水解过程的基因表达（Zhang et al.，2016a）。例如在 225 μg/L BPA 暴露剂量下 1 周后，在稀有鮈鲫雄鱼精巢的精母细胞凋亡比例显著高于对照组，其中暴露 3 周的稀有鮈鲫初级精母细胞凋亡比例为 2.1%，次级精母细胞凋亡比例为 1.7%，暴露 9 周的稀有鮈鲫初级精母细胞和次级精母细胞凋亡比例更高，分别为 5.1% 和 3.5%（Zhang et al.，2016a）。这些实验结果说明，在环境低剂量下，即可引起明显的内分泌干扰效应，意味着水环境中的 BPA 会对我国的鱼类产生负面影响，而在远高于环境剂量时，则引起氧化损伤效应。

卵黄蛋白原（VTG）是卵黄蛋白前体，常作为鱼类暴露于雌激素类物质的生物标志物。雄鱼血液中不含 VTG，但是暴露 BPA 后却可以检测到 VTG。雄鱼血液中存在 VTG 蛋白很可能导致雌性化或出现雌雄同体，从而降低繁殖能力。一些研究发现，BPA 暴露诱导雄性鱼类，一般能诱导 VTG 基因或者蛋白表达，不过最低观察效应浓度（lowest observed effect concentration，LOEC）一般高于 BPA 的实际环境水平。例如一项研究发现，在 40 μg/L BPA 暴露的剂量下，诱导雄性金鱼产生 vtg 基因表达，并在血液中检测到 VTG 蛋白（Ishibashi et al.，2001）。而不同鱼类对 BPA 暴露的敏感性差异较大，如另一研究发现，在雄性鲤鱼和黑头呆鱼中，能诱导其产生 VTG 的 BPA 暴露剂量更高，分别为 100 μg/L 和 160 μg/L（Mandich et al.，2007）。然而，BPA 暴露石斑鱼（*Dicentrarchus labrax*）幼鱼产生 VTG 的有效浓度仅为 10 μg/L（Correia et al.，2007），说明幼鱼对于 BPA 更敏感。同时也反映出，鱼类对于污染物的敏感性差异很大，因此在进行污染物的环境评价时，应该选择不同种类的鱼类。此外，不同种类的鱼类暴露对 BPA 敏感性的差异，可能与鱼类对 BPA 的生物利用性、代谢效率的差异相关。

以上主要陈述了 BPA 暴露对鱼类的性激素内分泌干扰效应。此外，也有一些研究指出，在鱼类中，BPA 暴露还会引起雌激素信号通路相关基因的变化以及表观遗传学改变。例如以鲤为对象，有学者通过基因芯片技术，研究了 BPA 暴露（20 μg/L、200 μg/L 和 2000 μg/L）引起的基因表达的变化。实验数据显示，BPA 暴露可引起 90 个基因表达模式发生变化，其中包括卵黄蛋白原和载脂蛋白 A-I（Moens et al.，2006）。载脂蛋白 A-I 不仅参与脂蛋白代谢，同时还参与胆固醇和类固醇激素代谢调控，说明 BPA 暴露会对调控激素代谢相关基因的表达产生影响。但是需要指出的是，基因芯片技术能够筛选到大量差异表达的基因，可为进一步深入探究污染物作用的效应以及潜在的分子机制提供基础。例如该研究中发现的卵黄蛋白原和与类固醇激素代谢相关基因表达的变化，可以为深入研究雌激素效应、类固醇激素代谢途径提供基础。

　　近年来，污染物包括内分泌干扰物暴露与表观遗传学方面的研究受到很大重视。我国学者以稀有鮈鲫为对象，研究了不同 BPA 暴露（15 μg/L）时间（7 d 和 35 d）引起的甲基化变化。实验结果显示，在雄鱼中，暴露 7 d 后可观察到睾丸组织的总 DNA 甲基化量显著升高，而在雌鱼中，暴露 35 d 后，其卵巢的总 DNA 甲基化量显著升高，同时在 7 d 和 35 d 的暴露时间，卵巢中 cyp19a1a 基因甲基化含量均显著下降，而且 cyp19a1a mRNA 表达水平与卵巢中 CpGs 位点甲基化含量呈负相关，说明 BPA 暴露稀有鮈鲫而引起的内分泌干扰和繁殖毒性与 DNA 甲基化相关（Liu et al.，2014）。由于 cyp19a1a 基因发生 DNA 甲基化，而该基因只在性腺中表达，且与雌雄激素的平衡直接相关，因此发生 DNA 甲基化则可能直接抑制 cyp19a1a 基因的表达，从而减少该基因编码的芳香化酶蛋白含量以及活性，直接影响催化雌二醇成为睾酮。除此之外，也有实验指出，BPA 暴露稀有鮈鲫，还影响其他类固醇激素合成基因的甲基化水平，如 cyp17a1 和 cyp11a1（Zhang et al.，2017）。将稀有鮈鲫成鱼暴露于 BPA（实际暴露剂量为 13.75 μg/L），暴露时间分别为 7 d 和 14 d。结果发现，卵巢中 cyp17a1 和 cyp11a1 基因转录水平均显著下调，而精巢 cyp17a1 和 cyp11a1 基因转录水平在 14 d 分别显著升高和降低，同时也观察到基因发生甲基化。例如在 7 d 暴露的雌鱼中，其卵巢 cyp17a1 的 DNA 甲基化水平升高，而在 14 d 后，卵巢 cyp17a1 的 DNA 甲基化则下降；在 14 d 暴露的雌鱼和雄鱼中，其卵巢和精巢中的 cyp11a1 的 DNA 甲基化水平均显著升高。相关性分析发现，这两个基因的 DNA 甲基化和基因转录显著相关，说明 BPA 暴露可通过表观遗传修饰即 DNA 甲基化来影响基因的表达，从而干扰类固醇合成基因转录水平（Zhang et al.，2017）。而甲基化酶在 DNA 甲基化过程中发挥重要作用，其中 1011 转运蛋白（ten-eleven translocation proteins，TETs）是 DNA 去甲基化过程中重要调节酶。同样以稀有鮈鲫为对象的研究中发现，在 1 μg/L、15 μg/L 和 225 μg/L BPA 的暴露剂量下，处理 2 周后，可观察到雄鱼精巢中 TETs 蛋白含量显著减少；而在高剂量的 225 μg/L 暴露组，精巢中则出现 DNA 超甲基化现象，提示 BPA 暴露后可能通过抑制 TETs 蛋白调节的 DNA 去甲基化过程从而引起精巢出现超甲基化现象（Yuan et al.，2017）。

总之，低剂量 BPA 暴露对多种鱼类，包括斑马鱼、黑头呆鱼、青鳉和稀有鮈鲫等模式鱼类都具有内分泌干扰效应，甚至是繁殖毒性。需要指出的是，高剂量（接近 mg/L 水平）BPA 暴露不仅影响激素含量，甚至造成性腺组织结构异常、氧化损伤、雌性化和雌雄同体等现象。而低剂量暴露实验的研究结果，对于评价水体中 BPA 对鱼类的环境风险具有重要意义。

8.4 双酚 A 对哺乳动物的内分泌干扰效应

对哺乳动物和人类而言，BPA 的主要暴露途径是通过食物摄取。为了评估 BPA 暴露对人体的危害，国内外开展了大量的以大鼠、小鼠等啮齿类动物以及恒河猴等灵长类哺乳动物为对象的实验研究，得到了许多关于 BPA 引起的内分泌干扰及繁殖毒性方面的实验数据，希望可以由此数据外推至人体，从而科学评估 BPA 暴露对人类的潜在健康效应。从目前一些研究数据来看，BPA 对哺乳动物的内分泌干扰效应，主要通过影响基因表达、激素水平以及性腺组织结构等，引起与繁殖有关的内分泌系统紊乱，最终影响哺乳动物的繁殖功能。例如在一项长期 BPA 暴露对大鼠的实验中，通过食物的暴露途径，处理怀孕 6 天的大鼠，一直到子代出生后 90 天，暴露浓度包括低剂量 2.5～2700 μg/kg 以及两个高剂量（100000 μg/kg 和 300000 μg/kg）。实验结果发现，在高剂量暴露组中，大鼠激素、体质常数以及性腺组织结构和对照组相比都有显著变化，如雌激素和催乳素含量升高、孕激素含量降低、体重增加、囊性卵泡数目增多、黄体卵泡消失等。这些变化和阳性对照 EE2 暴露后出现的效应一致，说明高剂量的 BPA 也表现出了雌激素效应（Delclos et al.，2014）。但是，在 2.5～2700 μg/kg 的低剂量暴露组，上述所有检测指标上都没有显著变化。该研究从暴露浓度、评价指标的设置上十分全面，能够切实反映低剂量和高剂量 BPA 暴露对妊娠期大鼠及子代的内分泌干扰效应，同时设置了 EE2 作为阳性对比，充分考虑了饲料中 BPA 的背景值等可能影响实验结果的因素，因此可以为推断 BPA 人体暴露的最低可观测效应剂量提供参考，也可为制定 BPA 管理标准提供数据支撑。

除了以大鼠为对象的研究外，也有一些以小鼠、田鼠等其他啮齿类动物为对象来评价 BPA 的内分泌干扰效应。一项实验以食物的方式暴露林鼬（*Mustela putorius*）[10 mg/(kg·d)、50 mg/(kg·d) 和 250 mg/(kg·d)]，时间为 2 周。结果显示，雌雄林鼬血液中雌激素、雄激素、卵泡刺激素、甲状腺激素 T3 和 T4 以及促甲状腺激素都没有明显变化（Nieminen et al.，2002a）。而在另一个实验中以相同的浓度暴露田鼠（*Microtus agrestis*），时间为 4 天，结果显示，在 250 mg/kg 的浓度下，雄鼠睾酮含量显著降低（Nieminen et al.，2002b）。从以上实验结果来看，啮齿类动物对 BPA 暴露有较大的敏感性差异，另外对啮齿类而言，低剂量暴露和较短的处理时间，BPA 并没有引起其明显的内分泌干扰效应。

　　哺乳动物卵母细胞是哺乳动物体内存在时间最长的细胞之一，雌激素在卵母细胞的生长和成熟过程中发挥着重要作用。哺乳动物卵子形成是一个复杂的过程，从胚胎发育期就开始，直到个体性成熟才完成。研究指出，BPA 作为雌激素类似物，可通过雌激素效应发挥作用，从新生儿就开始影响卵巢中卵母细胞发育，最终影响哺乳动物卵子形成。而低剂量 BPA 影响哺乳动物的卵子形成有多个步骤，在胚胎时期会干扰卵母细胞减数分裂过程中的染色体行为，在新生儿时期会干扰减数分裂后的卵母细胞进入卵泡，在成年时期会影响卵细胞成熟的最后一步（Susiarjo et al.，2007）。一项研究探究了 BPA 暴露对哺乳动物卵子形成过程的影响，包括卵子发育的早期阶段，即胎儿卵巢卵母细胞的减数分裂。将对妊娠中期的小鼠经环境低剂量的 BPA（20 μg/kg）暴露，可观察到引起减数分裂前期染色体广泛的畸变，包括联会缺失（synaptic defects）和同源染色体之间重组率升高等缺陷。而在成年的雌性个体中，这种畸变则转化成非整倍体的卵和胚胎。进一步研究发现，BPA 激活雌激素受体 ERβ 途径可引起胚胎期卵母细胞减数分裂缺失，而对于敲除 ERβ 的小鼠则并不引起效应。这一结果证明 BPA 是通过 ERβ 途径影响卵子的早期发育。因此，母体经 BPA 暴露，能影响胎儿早期的减数分裂（Susiarjo et al.，2007）。该研究的意义在于，发育早期暴露于激素类污染物能模拟内源激素，或者拮抗内源雌激素，而影响卵子的正常发育，由此产生长远的健康危害。同样以妊娠猕猴为对象，通过皮下注射（2.2～3.3 ng/mL）的暴露方式，发现引起子代体内异常卵泡增加，同时，在继续暴露的子代动物中，观察到独特的表形，即存在不闭合的卵母细胞和一些非常小的异常卵子。这一现象说明 BPA 暴露在啮齿类、灵长类动物中表现一致。由于暴露的剂量与人体中的含量相似，因此引起人们对 BPA 暴露对人类生殖健康的担忧（Hunta et al.，2012）。

　　总体上，在对哺乳动物的暴露实验中，通过食物途径低剂量暴露，并没有引起明显的内分泌干扰效应。但是特别需要指出的是，对妊娠期的暴露，同样对母体而言，也没有引起明显的内分泌干扰效应，但是却影响子代的卵子发育。这很有可能会引起成年期的繁殖障碍，因此需要高度关注妊娠期暴露包括 BPA 在内的具有内分泌干扰效应的化合物，可能对子代产生负面效应。

8.5　双酚 A 对人类的内分泌干扰效应

作为一种典型雌激素类的内分泌干扰物，人们非常关注 BPA 是否会干扰人类的内分泌系统并由此引起健康危害。污染物暴露的流行病学研究可以针对患有各种疾病的人群与健康人群，通过检测人体中 BPA 含量与各类激素水平并进行相关性分析，从而和健康人群相比较，可以了解 BPA 暴露与人类健康风险、疾病之间的潜在关系。BPA 是备受关注的典型的具有雌激素效应的内分泌干扰物，目前，国内外就其对人类影响的流行病学也做了大量研究。

一般而言，BPA 的暴露会影响人体内性激素（包括雌激素、雄激素和促性腺激素）含量。例如从事环氧树脂生产的职业工人，会接触较高剂量的 BPA，而其血液及尿液中一般都能检测出较高含量的 BPA。一项针对 167 例不育男性从业者的研究发现，环氧树脂生产工人的尿液中含有较高含量的 BPA，检测率为 89%，含量为 < 0.4～36.4 ng/mL；而血清中的卵泡刺激素含量则下降。经统计分析发现，这些工人尿液中 BPA 的含量与血清中卵泡刺激素的含量呈显著相关性，虽然这些工人的尿液中还检出了其他有机化合物的代谢物，但是含量和激素水平之间并没有显著的相关性，因此也就排除了其他有机化合物导致激素水平变化这一可能性，间接证明了 BPA 暴露人体会导致卵泡刺激素水平变化（Meeker et al.，2010）。此外，研究结果也发现，BPA 与抑制素 B（inhibin B）和雌二醇：睾酮呈相反关系，与卵泡刺激素：抑制素 B 呈正相关（Meeker et al.，2010）。这一研究结果说明，职业暴露 BPA 可能引起内分泌干扰效应以及生殖障碍。

一些流行病学调查指出，BPA 暴露与人类许多疾病可能具有相关性，例如内分泌和代谢相关的多囊卵巢综合征和肥胖等（Takeuchi et al.，2002；Takeuchi et al.，2004；Kandaraki et al.，2011）。一项针对患有卵巢功能紊乱综合征的女性研究，分析了其血液中的 BPA 含量及激素含量，发现患有多囊卵巢综合征的女性与健康女性相比，血液中睾酮、硫酸去氢表雄酮和卵泡刺激素含量更高，雌二醇含量则更低，同时发现患有多囊卵巢综合征的女性与健康者相比，其血液中 BPA 的含量更高（Takeuchi et al.，2002）。这一研究结果在一定程度上意味着 BPA 可能与该疾病有关。而患有肥胖、多囊卵巢、高泌乳败血症和下丘脑性闭经的女性，这些患者尿液中 BPA 的含量与血液中的睾酮、雄烯二酮（androstenedione）、去氢表雄酮（dehydroepiandrosterone，DHEA）均具有正相关性（Takeuchi et al.，2004）。此外，也有研究指出，患有多囊卵巢综合征的女性，其血液中的 BPA 的含量与雄激素的含量具有显著相关性（Kandaraki et al.，2011）。总之，以上这些研究表明，一些与内分泌系统干扰有关的成年人疾病患者中，BPA 的暴露会改变体内性激素含量，特别是引起体内雄激素含量升高，因此引起性激素内分泌紊乱。

相对于 BPA 暴露对成年人的内分泌干扰效应以及与疾病发生的关系，BPA 对婴幼儿和儿童的潜在影响受到很大关注。有一些研究指出，BPA 暴露影响学龄儿童和婴幼儿体内激素水平，具有内分泌干扰效应（王和兴，2013；Fenichel et al.，

2012；Tang et al.，2012；Scinicariello and Buser，2016）。我国学者在江苏省海门市、上海市闵行区和浙江省玉环县 3 个地区选取了 1000 名 9～12 岁的学龄儿童，分析了尿液中 BPA 和内源性性激素的含量，以此评价我国儿童 BPA 的暴露状况，探讨 BPA 暴露与学龄儿童性激素的关系，以及暴露对儿童生长发育的影响。结果显示，BPA 暴露干扰了儿童的雌激素、雄激素和孕激素，尿中 BPA 浓度与雌二醇、睾酮含量呈现正相关，与孕激素呈负相关，此外尿中 BPA 与反映生长发育的指标，如身高、体重、胸围和身高胸围指数以及反映脂肪累积的指标，如腰围、臀围呈正向关联，与甲状腺体积呈反向关联，即 BPA 暴露加快儿童生长发育，也促进儿童体内脂肪的生成（王和兴，2013）。另外的一项流行病学检测了儿童（6～11 岁）、青少年（12～19 岁）尿液中 BPA、三氯生（triclosan）的含量，并分析了 BPA、三氯生的含量与血清中总睾酮含量的相关性。结果显示，BPA 与青春期男孩的总睾酮下降以及与女孩的高睾酮呈相关性，而对于儿童或者少年，三氯生的含量与睾酮的含量并无相关性。而 BPA 与睾酮含量的相关性则表现出性别差异，即在男孩中呈负相关，而在女孩中则呈正相关（Scinicariello and Buser，2016）。因此需要高度关注 BPA 对儿童生长发育等的潜在影响。

隐睾症（cryptorchidism）是母体缺乏足够的促性腺激素而影响睾酮的生成，缺少睾丸下降的动力，被认为与母体的内分泌激素有关。一项研究检测了隐睾症患者的男性新生儿其脐带血中 BPA 含量，以及与多种性激素（如睾酮）的关系。结果发现，在所有患者（46 例）的胎盘中都检测到 BPA，而在正常对照组（106 例）中也检测到 BPA，而且这两者相比，并没有显著性差异。尽管 BPA 能从胎盘传递给子代胎儿，但是并没有发现 BPA 暴露与隐睾症之间的关联（Fenichel et al.，2012）。

BPA 干扰人体内性激素的水平，其后果很可能会影响繁殖功能。美国马萨诸塞州综合医院生育中心以体外受精的妇女为对象，研究了其尿液中 BPA 的含量与体外受精后子宫反应之间的关系。发现尿液中 BPA 含量越高，子宫反应性能越差（Mok-Lin et al.，2010），子宫反应性越强则体外受精的成功率越高。因此尿液中 BPA 含量越高，会使子宫的反应性越差，降低囊胚形成，最后导致体外受精的成功率降低，意味着 BPA 的暴露可能改变妇女体外受精生殖功能（Ehrlich et al.，2012）。这些研究成果都证明了 BPA 暴露会影响人类的繁殖能力。此外，也有研究指出，比较患有不孕不育妇女和正常妇女尿液中 BPA 以及几种其他污染物的含量，发现不育女性尿液中 BPA 含量更高，但其他环境污染物（PFOS、PFOA、MEHP 和 DEHP）在两者之间没有显著差异。同时，不孕者的雌激素受体、雄激素受体、孕激素受体的基因表达都显著高于正常的妇女，而芳香烃受体和 PPARγ 则没有显著差异，这一结果进一步支持内分泌干扰物是影响妇女生育的主要风险因素

（Caserta et al.，2013），也从某种程度上说明 BPA 暴露可能是人类不育的原因之一。

雌激素类内分泌干扰物也可干扰男性内分泌系统，从而改变内源类固醇性激素的含量，而性激素对于精巢发育和配子发生、成熟等起了非常重要作用。一些研究指出，BPA 暴露也会影响男性精子质量。精子质量包括精液中精子密度、数量、活力和能动性等。中国学者开展了职业高暴露 BPA 对男性（427 例）生殖相关功能影响的研究。通过测定参加者尿液中 BPA 的含量，来获得体内暴露数据，而男性性功能障碍则包括性欲减少、勃起困难、低的射精力量等项目。经过线性回归分析，发现尿液中 BPA 含量的升高与男性性功能障碍有关，因此该研究说明，职业 BPA 暴露可严重影响男性性功能（Li et al.，2010）。此外，通过检测职业暴露 BPA 男性尿液中 BPA 含量及精子质量，排除了其他污染物暴露而可能引起的干扰。另外，研究者以同地区非职业暴露男性为对照，结果发现非职业暴露男性尿液中也检测出了 BPA，且 BPA 含量和精子密度及数量存在显著负相关（Li et al.，2010）。因此，这些数据说明，不仅职业暴露 BPA 能影响男性潜在的生殖能力，且由于人类暴露 BPA 具有广泛性，该研究结果有助于了解 BPA 对人繁殖能力的影响，特别是需要重点关注 BPA 含量较高区域对人的潜在健康风险。

一些研究指出，具有雌激素效应的 BPA 暴露还会影响人体甲状腺激素水平，引起甲状腺内分泌干扰效应。下丘脑-垂体-甲状腺（HPT）轴调控人体甲状腺激素的分泌，在下丘脑信号调控下，垂体分泌促甲状腺激素并作用于甲状腺，促使甲状腺分泌甲状腺激素 T4，在外周组织中通过 T4 脱碘生成具有生物活性的 T3。有研究指出，在一些低生育能力的男性体内检测出了 BPA，且 BPA 含量越高则伴随着越低的 TSH 水平（Takeuchi and Tsutsumi，2002）。我国学者开展了针对从事环氧树脂生产工人为对象的研究（28 人），通过检测尿液中 BPA 含量（55.73 ng/mL±5.48 ng/mL，范围 5.5～1934.8 ng/mL）和甲状腺激素含量，发现尿液中 BPA 的含量高，则引起游离态 T3、T4 和总 T3、T4 以及 TSH 含量的异常。具体表现为工人尿液中 BPA 越高，则同时检出的游离 T3 含量越高，经线性分析，发现 BPA 的含量与游离态 T3 的含量呈线性关系（Wang et al.，2012）。因此，BPA 的职业暴露也可干扰人体的甲状腺激素含量，并很可能干扰甲状腺的正常功能。此外，也有一些关于人类的流行病学研究，其指出 BPA 暴露可能影响普通人群的甲状腺内分泌系统，即 BPA 的暴露会影响人体内甲状腺激素的含量以及 TSH。同时需要指出的是，由于受到很多环境因素、个体差异、样本数量等因素的限制，一些研究结果并不完全一致（Rochester et al.，2013），但是有必要开展 BPA 暴露对甲状腺内分泌系统的流行病学研究。由于甲状腺激素对中枢神经系统的发育非常重要，因此特别需要重点关注对发育早期的婴幼儿的影响。

总之，通过职业与非职业暴露人群、疾病与健康人群等不同角度的比较，均发现 BPA 含量与人体血液中的性激素含量、生殖功能等相关的指标都呈显著相关性，说明 BPA 暴露可干扰人的性激素，并最终可能对繁殖产生负面效应。目前，由于 BPA 大量生产和使用，在环境中分布非常广泛，已经引起了环境污染问题，特别是低剂量的内分泌干扰效应以及对野生生物和对人类的潜在健康危害，已经受到广泛关注。自 2011 年 6 月 1 日起，我国禁止双酚 A 用于婴幼儿食品容器（如奶瓶）生产和进口；2011 年 9 月 1 日起，禁止销售含双酚 A 的婴幼儿食品容器。为满足工业、商业生产所需，需要寻找性能相近而毒性较小的新的 BPA 替代品。几种主要替代 BPA 的产品开始生产和使用，主要是双酚 S（bisphenol S，BPS）和双酚 F（bisphenol S，BPF），但是近年来的研究发现，这些替代品也具有内分泌干扰效应。本章的后续部分将主要介绍 BPA 替代品的研究情况。

8.6 双酚 A 替代物的内分泌干扰效应

8.6.1 双酚 A 的管理

随着人们对 BPA 的内分泌干扰效应等毒性研究的深入，其对人类的潜在健康危害受到关注，许多国家都加强了对 BPA 的管理。

一是制定了 BPA 相关标准，包括包装材料中 BPA 溶出限量和 BPA 每日允许摄入量（tolerable daily intake，TDI）。比如，我国食品卫生标准 GB 13116—91 和 GB 14942—94 规定食品容器和包装材料中酚的溶出量不大于 0.05 mg/kg。日本《食品安全法》规定聚碳酸酯食品容器中 BPA 溶出限量为 2.5 mg/kg。欧盟 2011/10/EU 法则规定 BPA 在塑料食品接触材料中的迁移限量为 3 mg/kg。同时，欧洲食品安全局（European Food Safety Authority，EFSA）也制定了 BPA 的 TDI 为 0.05 mg/(kg bw·d)。这一确定的数值来源于一个大鼠两代肝脏毒性实验获得的无可观察效应浓度（no observed adverse effect concentration，NOAEC），即 5 mg/(kg bw·d)，再除以 100 倍的安全系数，得到 0.05 mg/(kg bw·d)（Rochester，2013；EFSA，2017）。不过，随着对 BPA 毒性效应及机制研究的深入，发现比 0.05 mg/(kg bw·d)更低的暴露浓度也会产生毒性效应。因此，EFSA 于 2014 年发布声明：EFSA 审核了有关双酚 A 潜在健康危害的 450 多项研究，发现它可能对肝脏和肾脏有不良影响，且对乳腺的不良作用也可能与双酚 A 暴露有关，因此推荐降低现行的每日允许摄入量（EFSA，2017）。

二是对 BPA 的使用进行了限制。随着 BPA 的毒性效应研究得越多，尤其是对其内分泌干扰效应方面了解的越来越深入，很多国家都出台了一些政策法规来限制 BPA 的使用。如挪威于 2008 年 1 月 1 日将 BPA 纳入受限物质，且在消费性产品中禁止使用 BPA；加拿大是世界上第一个将 BPA 列为有毒化学物质的国家，于 2008 年 10 月宣布 BPA 为有毒化学物质，并禁止在婴幼儿奶瓶的制作过程中使用 BPA；美国于 2009 年 9 月开始禁止在可重复使用的食品容器中含有 BPA。中国也非常重视 BPA 的安全性问题，于 2011 年 5 月 30 日，卫生部等 6 部门对外公告（2011 年第 15 号）"鉴于婴幼儿属于敏感人群，为防范食品安全风险，保护婴幼儿健康，现决定禁止双酚 A 用于婴幼儿奶瓶"（郭永梅，2012）。

三是寻找合适的化合物替代 BPA。目前，有两种双酚类化合物作为 BPA 的替代物被广泛地用于工业生产中，即双酚 S（BPS）和双酚 F（BPF）。BPS 的用途非常广泛，可用作镀液添加剂、皮革鞣剂、分散染料高温染色的分散剂、酚醛树脂硬化促进剂、树脂阻燃剂以及农药、染料、助剂的中间体（Clark，2014；Rochester and Bolden，2015；李圆圆等，2015）。作为双酚 A 的代用品，还可作为聚碳酸酯、环氧树脂、聚酯、酚醛树脂的原料并用于某些不允许含有 BPA 消费品的制造。和 BPS 类似，BPF 也可用于合成环氧树脂、聚碳酸酯树脂、聚酯树脂和酚醛树脂、阻燃剂、抗氧剂和表面活性剂等（李圆圆等，2015）。含 BPF 的环氧树脂同样被制造成各种消费品，包括油漆、塑料、胶黏剂、水管道和食品包装材料等。在一些 BPA 被禁止使用的领域，如婴幼儿奶瓶等，BPF 和 BPS 可能作为替代物而使用（Wu et al.，2018）。由于 BPS 和 BPF 具有 BPA 类似的结构，对二者的内分泌干扰效应也开展了研究。因此，下述将主要陈述关于 BPS 和 BPF 的内分泌干扰效应方面的研究进展。

8.6.2 BPF 和 BPS 的内分泌干扰效应研究

1. BPS 和 BPF 的结构性质

双酚 F，化学名为二羟基二苯基甲烷（dihydroxydiphenyl methane）。分子式为 $C_{13}H_{12}O_2$，分子量为 200.23。白色叶状结晶，熔点为 162～164℃，$logK_{ow}$ 为 2.9。

双酚 S，化学名为 4,4′-磺酰基二苯酚或 4,4′-二羟基二苯砜（4,4′-dihydroxydiphenyl sulfone）。分子式为 $C_{12}H_{10}O_4S$，分子量为 250.27。白色针状结晶，熔点 240～241℃，$logK_{ow}$ 为 1.2，易溶于脂肪烃，溶于醇和醚，微溶于芳烃，在 20℃下的水溶性为 1.1 g/L（李圆圆等，2015）。

如图 8-3 所示，BPF 和 BPS 的结构与 BPA 非常相似，具有同样的双苯环、双羟基结构。从三者的化学性质来看，熔点、溶解性等性质有一定的差异。

2. BPS 和 BPF 的环境分布

尽管只是作为 BPA 替代物，但 BPS 和 BPF 已经普遍存在于环境中，在食品（乳制品、肉类、肉制品和蔬菜罐头等）、空气、水体、沉积物以及人体尿液等中

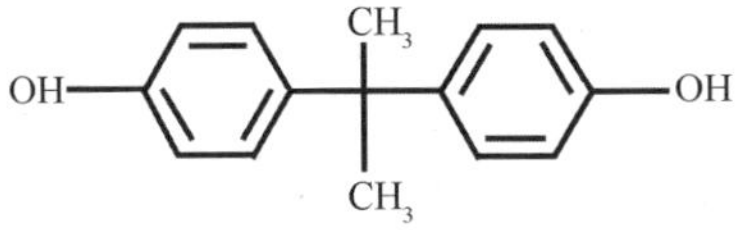

图 8-3　BPA、BPF 和 BPS 的结构式

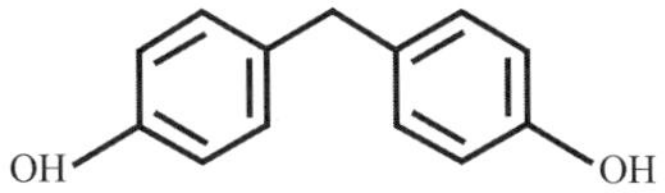

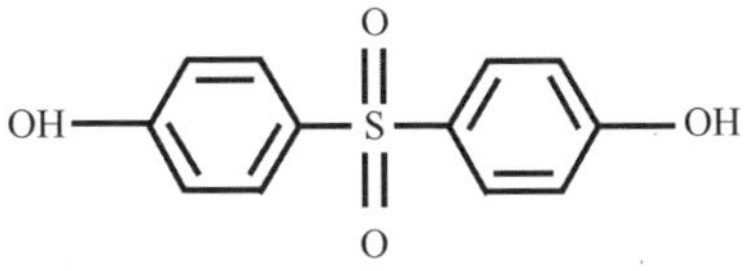

都被检测出来（Wu et al.，2018）。此外，有研究指出，在很多日常用品中都检出了 BPS 和 BPF，比如个人护理用品、纸制品（Liao et al.，2012a）。一项研究报道指出，在室内空气中同时检测到了 BPS、BPF 和 BPA，含量分别为 0.34 μg/g、0.054 μg/g 和 1.33 μg/g（Liao et al.，2012b）。尽管在表层水、沉积物以及污水处理厂出水中，BPF 和 BPS 的含量低于 BPA，但含量均处于同一个数量级（Liao et al.，2012b；Ji et al.，2013；Chen et al.，2016；Yan et al.，2017）。我国学者分析了国内 30 个城市的 52 个污水处理厂的污泥样品中 BPA 以及多种替代品的含量，发现 TBBPA 是含量最高也是检测率最高的溴酚，其几何平均数（geometric mean）为 20.5 ng/g dw，而 BPA、BPS 和 BPF 的含量则分别是 4.69 ng/g dw、3.02 ng/g dw、3.84 ng/g dw（Song et al.，2014）。可见其替代品的含量已经非常接近 BPA。我国学者调查了中国太湖中 7 种双酚类物质含量，发现太湖中双酚类物质平均含量为 1100 ng/L，含量范围为 81～3000 ng/L，其中太湖中 BPS 和 BPF 分别为 140 ng/L 和 120 ng/L（Yan et al.，2017）。这一数据与报道的水体中 BPS 的含量相似，一般在 ng/L 级，同时也说明 BPA 替代物在环境中的含量与 BPA 相当。

目前关于 BPA 替代物在人体中含量的研究较少。一项来自国外的报道中，研究者检测分析了 100 位普通人群尿液中 BPS、BPF 和 BPA 含量。结果发现，在 55% 的尿液样品中，检测到 BPF，且含量高达 212 ng/mL；在 78% 的样品中，检出了 BPS，且最高含量达到了 12.3 ng/mL；而在 95% 样品中检出了 BPA，其最高含量为 37.7 ng/mL（Liao et al.，2012c）。这一数据说明，BPF 可能已经取代 BPA 成为主要的双酚类环境污染物。

3. BPS 和 BPF 的内分泌干扰效应

化学品的替代物本应是环境友好的、安全的，至少也应比原来的物质毒性低。但是，在有些情况下，一些替代物并没有进行充分的毒性测试就在工业上生产使用，往往会和原来的物质一样，具有相似的毒性效应。BPS 和 BPF 的结构与 BPA 非常相似，因此其毒性效应，特别是潜在的内分泌干扰活性，受到很大关注。为此，一些学者进行了研究。Rochester 和 Bolden（2015）比较全面地总结了 BPF、BPS 以及 BPA 的内分泌干扰效应方面的研究进展，比较了离体和活体等不同实验模型下，三种化合物作用的剂量-效应关系。他们发现现有研究结果显示，BPF 和 BPS 都具有和 BPA 类似的雌激素、抗雌激素、雄激素以及抗雄激素效应。例如，BPS 也具有与 BPA 类似的雌激素膜调控通路作用机制（雌激素非经典作用通路），能够激活细胞膜上的 ERα 介导的 ERK/MAPK 通路，从而在低剂量下发挥很强的内分泌干扰效应。总体上，BPF 和 BPS 的雌激素活性与 BPA 几乎处于同一水平。虽然实验得出的雌激素活性与暴露模型、终点指标、暴露窗口以及受体类型相关，但如果对以离体模型为对象获得的 BPS 或 BPF 的雌激素活性，取平均值并将其和 BPA 比较，经计算得到 BPS 的雌激素活性为 BPA 的 0.32 倍，而 BPF 的雌激素活性和 BPA 相当（Rochester and Bolden，2015）。一项以鱼类为对象的实验，评价了 BPS 的内分泌干扰效应。将斑马鱼胚胎暴露于 BPS（0.1 μg/L、1 μg/L、10 μg/L、100 μg/L）中，时间为 75 天。实验发现，成鱼的性腺指数下降，雌性和雄性斑马鱼血清中雌激素含量都升高，且 VTG 的含量都显著升高，因此 BPS 表现出明显的雌激素效应，雌性个体比例增加。在雄性斑马鱼中，睾酮含量则下降，同时干扰繁殖能力（如产卵量和孵化率降低，孵化延迟且 F1 代鱼卵畸形率升高）（Naderi et al.，2014）。而有学者分别使用离体和活体实验再次证明 BPS 和 BPF 具有雌激素活性。使用特异性启动雌激素受体的斑马鱼肝脏报告细胞株（zebrafish hepatic reporter cell lines），结果显示，BPA 和 BPS 和 BPF 都能有效地激活雌激素受体，其中 BPA 对 ERα 具有较强的活性，而 BPS 和 BPF 则对 ERβ 表现出更强的激动效应，说明 BPA 替代品具有雌激素活性。而在活体实验中，通过使用能表达经雌激素受体（ER）特异性介导的绿色荧光蛋白的转基因斑马鱼胚胎，证明 BPA 和 BPF（1～10 μmol/L）能强烈诱导绿色荧光蛋白，而 BPS 则需要在较高剂量下才能诱导（>30 μmol/L）绿色荧光蛋白。此外，活体实验进一步证明，BPF 能强烈诱导雄性斑马鱼合成 VTG，这是证明雌激素效应的最直接证据。尽管离体实验与活体的结果不完全一致，但是以上结果再次表明，3 个化合物对鱼类具有较强的雌激素活性（Le Fol et al.，2017）。

　　同样也有研究表明，BPA 替代品对哺乳动物具有内分泌干扰效应。以小鼠为对象，有报道研究了 BPA 和 BPS 的内分泌干扰效应以及对生殖内分泌系统的影响。将小鼠以每 3 天注射一次 BPA 和 BPS（50 μg/kg 和 10 mg/kg），暴露时间为从刚出生到出生后 60 天。实验结果发现，经 BPA 和 BPS 处理的雄性小鼠，其精子数量减少、运动能力下降，而且严重影响精巢的发育，表现为配子发生各时期出现异常。配子发生受雄性激素的调控，一般而言，精巢中配子发育对外界的因素并不敏感，而经 BPA 和 BPS 处理后，能观察到配子发育阶段发生变化，意味着严重影响了类固醇激素的含量。在雌性个体中，出生后的暴露则引起发情期提前，表现出雌激素效应。此外，类固醇激素含量升高，例如在雌雄性中，E2 和 T 的含量都升高，同时也观察到与类固醇激素合成、代谢有关的基因表达发生改变等（Shi et al.，2017）。该实验是典型评价污染物的生殖内分泌干扰效应的常规评价方法，即从基因转录、类固醇激素含量、性腺组织学发育、配子质量、数量等评价内分泌干扰物的效应。以上研究结果，从离体评价到使用鱼类和啮齿类实验动物的活体，都证明 BPA 的替代物 BPS 和 BPF 具有典型的雌激素内分泌干扰活性。

鉴于 BPA 替代物本身也具有较强的内分泌干扰活性，从安全的角度出发，仍需进一步评估 BPF 和 BPS 作为 BPA 替代物使用的安全性。与大量关于 BPA 的内分泌干扰效应研究相比，BPA 替代品内分泌干扰效应的活体暴露实验较少，特别是对人的流行病学研究方面很少（Wu et al.，2018）。

在了解 BPA 替代品具有典型雌激素活性的同时，也有一些实验证明其具有甲状腺内分泌干扰效应。例如 Naderi 等在揭示 BPS 具有典型雌激素效应的同时，也观察到低剂量暴露的 BPS 能引起雌性和雄性斑马鱼血清中的 T4 和 T3 含量都下降，这一现象意味着，BPS 也具有甲状腺内分泌干扰效应（Naderi et al.，2014）。而 BPS 的甲状腺内分泌干扰活性也被后续的实验所证明。将受精后的斑马鱼胚胎暴露于 BPS（1 μg/L、3 μg/L、10 μg/L、30 μg/L），时间为 168 h。实验发现，在 10 μg/L 和 30 μg/L BPS 暴露的剂量下，可观察到 T3 和 T4 含量显著下降，而 TSH 的基因表达则显著上调，表现为反馈效应。同时检测了 HPT 轴中与甲状腺激素合成、转运、结合、代谢等相关的基因表达，而这些基因的变化与典型甲状腺内分泌干扰物 PBDEs 引起的效应非常相似（Zhang et al.，2017）。因此，该研究表明，BPS 也具有明显的甲状腺激素内分泌干扰效应。一项以 GH3 和 FRTL-5 为对象的离体研究，评价了 BPF 的甲状腺内分泌干扰效应。在 GH3 细胞中，BPF 暴露后，引起 *tshβ*、*trα*、*trβ*、*dio1* 和 *dio2* 基因表达下调，而且其活性高于 BPA。在 FRTL-5 细胞中，与甲状腺激素合成有关的基因 *Pax8*、*nis*、*tg* 和 *tpo* 都显著上调。尽管 BPF 对不同的细胞模型表现出不同的效应，但是离体实验表明，BPF 具有干扰甲状腺激素的活性（Lee et al.，2017）。

此外，我国学者分别使用离体和活体实验，评价了 BPS 和 BPF 的甲状腺激素内分泌干扰活性，同时与 BPA 的活性相比较。实验结果发现，BPA、BPS 和 BPF 都具有较强的结合甲状腺激素受体（TRα 和 TRβ）能力，且其结合能力为 BPA > BPF > BPS，分子对接（molecular docking）也进一步证明其具有结合 TR 的能力。同时，进一步使用 GH3 细胞进行筛选（T-screen）实验，结果显示，无论是单独暴露或者与 T3 共同暴露，这 3 个化合物都具有诱导 GH3 细胞增殖能力，因此 BPA 以及 BPS 和 BPF 都表现出甲状腺激素 T3 的活性。因此上述离体实验证明，BPA、BPF 和 BPF 都具有甲状腺激素活性。研究者进一步在活体实验中验证了甲状腺内分泌干扰活性。将 3 种化合物暴露于黑斑蛙（*Pelophylax nigromaculatus*）蝌蚪，发现这些化合物与 T3 一样，能诱导甲状腺激素响应的基因表达，即当单独暴露时，表现为 T3 样活性，而当其与 T3 复合暴露时，则表现出激动剂或者拮抗剂活性（Zhang et al.，2018）。总之，该研究从比较 BPA、BPS 和 BPF 与 TR 受体结合，T-screen 筛选并最后活体实验，非常全面地证明了 BPA、BPS 和 BPF 具有甲状腺激素内分泌干扰效应。

目前 BPA 的替代物，特别是 BPS 和 BPF 在世界范围内各种环境介质中都检测到，尽管其含量比 BPA 相对低些，但是由于作为替代品在大量使用，预计在环境以及动物和人体中的含量会继续上升。人类可以通过多种途径暴露于 BPA 替代品，目前已经在人的尿液中检测到其存在，因此，BPA 替代品的内分泌干扰效应受到高度重视。考虑到长期暴露的特点以及低剂量发挥效应，应该更加关注在子宫内的暴露、传递以及对早期发育的影响，以及对孕妇和儿童的影响。此外，进一步开展在动物以及人体中其代谢产物的鉴别以及效应、归宿和生物可利用性的研究，可为将来减少使用纳入管理提供科学依据。就科学研究而言，BPF 和 BPS 内分泌干扰效应及其机制与 BPA 类似，同时都存在于动物和人体内，那么很可能发挥协同效应，因此在评估其对生物以及人类健康危害的同时，也应考虑污染物的复合毒性效应。

参 考 文 献

郭永梅. 2012. 双酚 A 的危害及相关限制法规. 塑料助剂, 3: 1-3.

黄卉, 许增禄, 黄秉仁. 2013. 雌激素受体作用的分子机制及靶向治疗研究进展. 医学研究杂志, 42: 182-185.

雷炳莉, 骆坚平, 查金苗, 黄圣彪, 刘操, 王子健. 2008. 温榆河沉积物中壬基酚和双酚 A 的分布. 环境化学, 27: 314-417.

李圆圆, 付旭锋, 赵亚娴, 苏红巧, 秦占芬. 2015. 双酚 A 与其替代品对黑斑蛙急性毒性的比较. 生态毒理学报, 10: 251-257.

刘志浩, 李燕. 2012. 核受体对药物代谢酶和转运体的调控. 药学学报, 47: 1575-1581.

任杰, 江苏娟. 2010. 海口市部分市售蔬菜 4-壬基酚、双酚 A 污染情况初步调查研究. 现代预防医学, 37: 451-455.

王和兴. 2013. 邻苯二甲酸酯类化合物和双酚 A 暴露对学龄儿童生长发育影响的研究. 上海: 复旦大学博士学位论文.

王小萌, 彭攀瑞, 胡权, 刘学清, 刘继延. 2016. 聚甲基亚膦酸双酚 A 酯阻燃剂的合成及其应用.

中国塑料, 30: 83-87.

喻琳麟, 岳利民. 2013. GPR30/GPER 介导雌激素快速效应的研究进展. 生理科学进展, 44: 437-440.

张丽丽, 吴建新. 2006. DNA 甲基化——肿瘤产生的一种表观遗传学机制. 专论与综述, 28: 880-885.

张玉晴. 2014. 双酚 A 对暗纹东方鲀(*Takifugu obscurus*)幼鱼性类固醇激素合成酶基因表达的影响. 上海: 华东师范大学硕士学位论文.

周英. 2001. 双酚 A 的生产和消费. 川化进口公司, 3: 41-43.

Anderson OS, Nahar MS, Faulk C, Jones TR, Liao CY, Kannan K, Weinhouse C, Rozek LS, Dolinoy DC. 2012. Epigenetic responses following maternal dietary exposure to physiologically relevant levels of bisphenol A. Environmental and Molecular Mutagenesis, 53: 334-342.

Brucker-Davis F. 2012. Unconjugatedbisphenol A cord blood levels in boys with descended or undescended testes. Human Reproduction, 27: 983-990.

Caserta D, Bordi G, Ciardo F, Marci R, La Rocca C, Tait S, Stecca L, Mantovani A, Guerranti C, Fanello EL, Perra G, Borghini F, Focardi SE, Moscarini M. 2013. The influence of endocrine disruptors in a selected population of infertile women. Gynecological Endocrinology, 29: 444-447.

Cheang WS, Tian XY, Wong WT, Huang Y. 2014. The peroxisome proliferator-activated receptors in cardiovascular diseases: Experimental benefits and clinical challenges. British Journal of Pharmacology, 172: 5512-5522.

Chen D, Kannan K, Tan HL, Zheng ZG, Feng YL, Wu Y, Widelka M. 2016. Bisphenol analogues other than BPA: Environmental occurrence, human exposure, and toxicity—A review. Environmental Science and Technology, 50: 5438-5453.

Chung E, Genco MC, Megrelis L, Ruderman JV. 2011. Effects of bisphenol A and triclocarban on brain-specific expression of aromatase in early zebrafish embryos. Proceedings of the National Academy of Sciences of the United States of America, 108: 17732-17737.

Correia AD, Freitas S, Scholze M, Goncalves JF, Booij P, Lamoree MH, Mananos E, Reis-Henriques MA. 2007. Mixtures of estrogenic chemicals enhance vitellogenin response in sea bass. Environmental Health Perspective, 115: 115-121.

Delclos KB, Camacho L, Lewis SM, Vanlandingham MM, Latendresse JR, Olson GR, Davis KJ, Patton RE, Costa GG, Woodling KA, Bryant MS, Chidambaram M, Trbojevich R, Juliar BE, Felton RP, Thorn BT. 2014. Toxicity evaluation of bisphenol A administered by gavage to Sprague-Dawley rats from gestation day 6 through postnatal day 90. Toxicological Science, 139: 174-197.

Drewes, JE, Hemming J, Ladenburger SJ, Schauer, J, Sonzogni W. 2005. An assessment of endocrine disrupting activity changes during wastewater treatment through the use of bioassays and chemical measurements. Water Environmental Research, 77: 12-23.

EFSA. 2017. Bisphenol A: EFSA consults on assessment of risks to human health. http://www.efsa.europa.eu/en/press/news/140117.

Ehrlich S, Williams PL, Missmer SA, Flaws JA, Ye X, Calafat AM, Petrozza JC, Wright D, Hauser R. 2012. Urinary bisphenol A concentrations and early reproductive health outcomes among women undergoing IVF. Human Reproduction, 27: 3583-3592.

Fang Q, Shi QP, Guo YY, Hua JH, Wang XF, Zhou BS. 2016. Enhanced bioconcentration of bisphenol A in the presence of nano-TiO$_2$ can lead to adverse reproductive outcomes in zebrafish. Environmental Science and Technology, 50: 1005-1013.

Fenichel P, Dechaux H, Harthe C, Gal J, Ferrari P, Pacini P, Wagner-Mahler K, Pugeat M, Fu PQ, Kawamura K. 2010. Ubiquity of bisphenol A in the atmosphere. Environmental Pollution, 158: 3138-3143.

Filippo A, Valentina P, Maria M. 2015. Molecular mechanisms of action of BPA. Dose-Response, 13: 1-9.

Flint S, Markle T, Thompson S, Wallace E. 2012. Bisphenol A exposure, effects, and policy: A wildlife perspective. Journal of Environmental Management, 104: 19-34.

Haubruge E, Petit F, Gage MJ. 2000. Reduced sperm counts in guppies (*Poecilia reticulata*) following exposure to low levels of tributyltin and bisphenol A. Proceeding Biological Science, 267: 2333-2337.

Ho SM, Tang WY, Frausto JB, Prins GS. 2006. Developmental exposure to estradiol and bisphenol A increases susceptibility to prostate carcinogenesis and epigenetically regulates phosphodiesterase type 4 variant 4. Cancer Research, 66: 5624-5632.

Hong EJ, Park SH, Choi KC, Leung PC, Jeung EB. 2006. Identification of estrogen-regulated genes by microarray analysis of the uterus of immature rats exposed to endocrine disrupting chemicals. Reproductive Biology and Endocrinology, 4: 1-12.

Huang YQ, Wong CKC, Zheng JS, Bouwman H, Barra R, Wahlström B, Neretin L, Wong MH. 2012. Bisphenol A (BPA) in China: A review of sources, environmental levels, and potential human health impacts. Environment International, 42: 91-99.

Hunta PA, Lawsona C, Gieske M, Murdoch B, Smith H, Marre A, Hassold T, VandeVoort CA. 2012. Bisphenol A alters early oogenesis and follicle formation in the fetal ovary of the rhesus monkey. Proceedings of the National Academy of Sciences of the United States of America, 109: 17525-17530.

Ishibashi H, Tachibana K, Tsuchimoto M, Soyano K, Ishibashi Y, Nagae M, Kohra S, Takao Y, Tominaga N, Arizono K. 2001. *In vivo* testing system for determining the estrogenic activity of endocrine-disrupting chemicals (EDCs) in goldfish (*Carassius auratus*). International Journal of Health Sciences, 47: 213-218.

Iwamuro S, Yamada M, Kato M, Kikuyama S. 2006. Effects of bisphenol A on thyroid hormone-dependent up-regulation of thyroid hormone receptor alpha and beta and down-regulation of retinoid X receptor gamma in Xenopus tail culture. Life Science, 79: 2165-2171.

Ji K, Hong S, Kho Y, Choi K. 2013. Effects of bisphenol S exposure on endocrine functions and reproduction of zebrafish. Environmental Science and Technology, 47: 8793-8800.

Kandaraki E, Chatzigeorgiou A, Livadas S, Palioura E, Economou F, Koutsilieris M, Palimeri S, Panidis D, Diamanti-Kandarakis E. 2011. Endocrine disruptors and polycystic ovary syndrome (PCOS): Elevated serum levels of bisphenol A in women with PCOS. The Journal of Clinical Endocrinology and Metabolism, 96: E480-E484.

Kang IJ, Yokota H, Oshima Y, Tsuruda Y, Oe T, Imada N, Tadokoro H, Honjo T. 2002. Effects of bisphenol A on the reproduction of Japanese medaka (*Oryzias latipes*). Environmental Toxicology and Chemistry, 21: 2394-2400.

Labadie P, Budzinski H. 2006. Alteration of steroid hormone balance in juvenile turbot (*Psetta maxima*) exposed to nonylphenol, bisphenol A, tetrabromodiphenyl ether 47, diallylphthalate, oil, and oil spiked with alkylphenols. Archives of Environmental Contamination and Toxicology, 50: 552-561.

Lahnsteiner F, Berger B, Kletz M, Weismann T, 2005. Effect of bisphenol A on maturation and quality of semen and eggs in the brown trout, *Salmo trutta* fario. Aquatic Toxicology, 75: 213-224.

Le Fola V, Aït-Aïssa S, Sonavane M, Porcher J, Balaguer P, Cravedi J, Zalko D, Brion F. 2017. *In vitro* and *in vivo* estrogenic activity of BPA, BPF and BPS in zebrafish-specific assays. Ecotoxicology and Environmental Safety, 142: 150-156.

Lee HB, Peart TE. 2000. Determination of bisphenol A in sewage effluent and sludge by solid-phase and supercritical fluid extraction and gas chromatography/mass spectrometry. Journal of AOAC International, 83: 290-297.

Lee S, Kim C, Youn H, Choi K. 2017. Thyroid hormone disrupting potentials of bisphenol A and its analogues—*in vitro* comparison study employing rat pituitary(GH3)and thyroid follicular (FRTL-5) cells. Toxicology in Vitro, 40: 297-304.

Lee YM, Rhee JS, Hwang DS, Kim IC, Raisuddin S, Lee JS. 2007. Mining for biomarker genes from expressed sequence tags and differential display reverse transcriptase-polymerase chain reaction in the self-fertilizing fish, *Kryptolebias marmoratus*, and their expression patterns in response to exposure to an endocrine-disrupting alkylphenol, bisphenol A. Molecular Cells, 23: 287-303.

Li DK, Zhou Z, Miao M, He Y, Qing D, Wu TJ, Wang JT, Weng XP, Ferber JN, Herrinton LJ, Zhu QX, Gao ES, Yuan W. 2010. Relationship between urine bisphenol-A level and declining male sexual function. International Journal of Andrology, 31: 500-506.

Li LS, Yang XX, Wang L. 2006. Determination of bisphenol A in bottle water by high performance liquid chromatography. Practical Preventive Medicine, 13: 429-430.

Liao C, Liu F, Alomirah H, Loi VD, Mohd MA, Moon HB, Nakata H, Kannan K. 2012a. Bisphenol S in urine from the United States and seven Asian countries: Occurrence and human exposures. Environmental Science and Technology, 46: 6860-6866.

Liao C, Liu F, Guo Y, Moon HB, Nakata H, Wu Q, Kannan K. 2012b. Occurrence of eight bisphenol analogues in indoor dust from the United States and several Asian countries: Implications for human exposure. Environmental Science and Technology, 46: 9138-9145.

Liao C, Liu F, Kannan K. 2012c. Bisphenol S, a new bisphenol analogue, in paper products and currency bills and its association with bisphenol A residues. Environmental Science and Technology, 46: 6515-6522.

Liu Y, Yuan C, Chen S, Zheng Y, Zhang YY, Gao JC, Wang ZZ. 2014. Global and *cyp19a1a* gene specific DNA methylation in gonads of adult rare minnow *Gobiocypris rarus* under bisphenol A exposure. Aquatic Toxicology, 156: 10-16.

Mandich A, Bottero S, Benfenati E, Cevasco A, Erratico C, Maggioni S, Massari A, Pedemonte F, Vigano L. 2007. *In vivo* exposure of carp to graded concentrations of bisphenol A. General and Comparative Endocrinology, 153: 15-24.

Meeker JD, Calafat AM, Hauser R. 2010. Urinary bisphenol A concentrations in rela-tion to serum thyroid and reproductive hormone levels in men from an infertility clinic. Environmental Science and Technology, 44: 1458-1463.

Moens LN, van der Ven K, Van Remortel P, Del-Favero J, De Coen WM. 2006. Expression profiling of endocrine-disrupting compounds using a customized *Cyprinus carpio* cDNA microarray. Toxicological Science, 93: 298-310.

Mok-Lin E, Ehrlich S, Williams PL, Petrozza J, Wright DL, Calafat AM, Ye X, Hauser R. 2010. Urinary bisphenol A concentrations and ovarian response among women undergoing IVF. International Journal of Andrology, 33: 385-393.

Naderi M, Wong MY, Gholami F. 2014. Developmental exposure of zebrafish (*Danio rerio*) to bisphenol-S impairs subsequent reproduction potential and hormonal balance in adults. Aquatic Toxicology, 148: 195-203.

Nieminen P, Lindstrom-Seppa P, Mustonen A, Mussalo-Rauhamaa H, Kukkonen JVK. 2002a. Bisphenol A affects endocrine physiology and biotransformation enzyme activities of the field vole (*Microtus agrestis*). General and Comparative Endocrinology, 126: 183-189.

Nieminen, P., Lindstrom-Seppa P, Juntunen M, Asikainen J, Mustonen AM, Karonen SL, Mussalo-Rauhamaa H, Kukkonen JVK. 2002b. *In vivo* effects of bisphenol A on the polecat (*Mustela putorius*). Journal of Toxicology and Environmental Health, Part A, 65: 933-945.

Nishizawa H, Imanishi S, Manabe N. 2005. Effects of exposure in utero to bisphenol a on the expression of aryl hydrocarbon receptor, related factors, and xenobiotic metabolizing enzymes in murine embryos. Journal of Reproduction and Development, 51: 593-605.

Pellegrini M, Bulzomi P, Lecis M, Leone S, Campesi I, Franconi F, Marino M. 2014. Endocrine disruptors differently influence estrogen receptor b and androgen receptor in male and female rat VSMC. Journal of Cell Physiology, 229: 1061-1068.

Pennie WD, Aldridge TC, Brooks AN. 1998. Differential activation by xenoestrogens of ER alpha and ER beta when linked to different response elements. Journal of Endocrinology, 158: 11-14.

Peretz J, Flaws JA. 2013. Bisphenol A down-regulates rate-limiting Cyp11a1 to acutely inhibit steroidogenesis in cultured mouse antral follicles. Toxicology and Applied Pharmacology, 271: 249-256.

Qin F, Wang LH, Wang XQ, Liu SZ, Xu P, Wang HP, Wu TT, Zhang YY, Zheng Y, Li M, Zhang X, Yuan C, Hu GJ, Wang ZZ. 2013. Bisphenol A affects gene expression of gonadotropin-releasing hormones and type I GnRH receptors in brains of adult rare minnow *Gobiocypris rarus*. Comparative Biochemistry and Physiology, Part C, 157: 192-202.

Riu A, Grimaldi M, le Maire A, Bey G, Phillips K, Boulahtouf A, Perdu E, Zalko D, Bourguet W, Balaguer P. 2011. Peroxisome proliferatoractivated receptor g is a target for halogenated analogs of bisphenol A. Environmental Health Perspective, 119: 1227-1232.

Rochester JR, Bolden AL. 2015. Bisphenol S and F: A systematic review and comparison of the hormonal activity of bisphenol A substitutes. Environmental Health Perspectives, 123: 643-650.

Rochester JR. 2013. Bisphenol A and human health: A review of the literature. Reproductive Toxicology, 42: 132-155.

Scinicariello F, Buser MC. 2016. Serum testosterone concentrations and urinary bisphenol A, benzophenone-3, triclosan, and paraben levels in male and female children and adolescents: NHANES 2011-2012. Environmental Health Perspectives, 124: 1898-1904.

Sheng ZG, Tang Y, Liu YX, Yuan Y, Zhao BQ, Chao XJ, Zhu BZ. 2012. Low concentrations of bisphenol a suppress thyroid hormone receptor transcription through a nongenomic mechanism. Toxicology and Applied Pharmacology, 259: 133-142.

Shi MG, Sekulovski N, MacLean JA, Hayashi K. 2017. Effects of bisphenol A analogues on reproductive functions in mice. Reproductive Toxicology, 73: 280-291.

Sohoni P, Tyler CR, Hurd K, Caunter J, Hetheridge M, Williams T, Woods C, Evans M, Toy R, Gargas M, Sumpter JP. 2001. Reproductive effects of long term exposure to bisphenol A in the fathead minnow (*Pimephales promelas*). Environmental Science and Technology, 35: 2917-2925.

Somm E, Schwitzgebel VM, Toulotte A, Cederroth CR, Combescure C, Nef S, Aubert ML, Hüppi PS. 2009. Perinatal exposure to bisphenol A alters early adipogenesis in the rat. Environmental Health Perspectives, 117: 1549-1555.

Song S, Song M, Zeng L, Wang T, Liu R, Ruan T, Jiang G. 2014. Occurrence and profiles of bisphenol analogues in municipal sewage sludge in China. Environmental Pollution, 186: 14-19.

Sorg O. 2014. AhR signalling and dioxin toxicity. Toxicology Letters, 230: 225-233.

Staples CA, Dom PB, Klecka GM, O'Blook ST, Harris LR. 1998. A review of the environmental fate, effect, and exposure of bisphenol A. Chemosphere, 97: 2149-2173.

Stuart JD, Capulong CP, Launer KD, Pan XJ. 2005. Analyses of phenolic endocrine disrupting chemicals in marine samples by both gas and liquid chromatography-mass spectrometry. Journal of Chromatography, 1079: 136-145.

Sui Y, Ai N, Park SH, Rios-Pilier J, Perkins JT, Welsh WJ, Zhou CC. 2012. Bisphenol A and its analogues activate human pregnane X receptor. Environmental Health Perspective, 120: 399-405.

Susiarjo M, Hassold TJ, Freeman E, Hunt PA. 2007. Bisphenol A exposure in utero disrupts early oogenesis in the mouse. PLoS Genetics, 3: e5.

Swedenborg E, Ruegg J, Makela S, Pongratz I. 2009. Endocrine disruptive chemicals: Mechanisms of action and involvement in metabolic disorders. Journal of Molecular Endocrinology, 43: 1-10.

Takao T, Nanamiya W, Nazarloo HP, Matsumoto R, Asaba K, Hashimoto K. 2003. Exposure to the environmental estrogen bisphenol A differentially modulated estrogen receptor-a and-h immunoreactivity and mRNA in male mouse testis. Life Science, 72: 1159-1169.

Takayanagi S, Tokunaga T, Liu X, Okada H, Matsushima A, Shimohigashi Y. 2006. Endocrine disruptor bisphenol A strongly binds to human estrogen-related receptor g (ERRg) with high constitutive activity. Toxicological Letter, 167: 95-105.

Takeuchi T, Tsutsumi O, Ikezuki Y, Takai Y, Taketani Y. 2004. Positive relation-ship between androgen and the endocrine disruptor, bisphenol A, in normal women and women with ovarian dysfunction. Endocrine Journal, 51: 165-169.

Takeuchi T, Tsutsumi O. 2002. Serum bisphenol a concentrations showed gender differences, possibly linked to androgen levels. Biochemical and Biophysical Research Communications, 291: 76-78.

Wang F, Hua J, Chen M, Xia YK, Zhang Q, Zhao RZ, Zhou WX, Zhang ZD, Wang BL. 2012. High urinary bisphenolA concentrations in workers and possible laboratory abnormalities. Occupational and Environmental Medicine, 69: 679-684.

Watanabe T, Imoto I, Kosugi Y, Fukuda Y, Mimura J, Fujii Y, Isaka K, Takayama M, Sato A, Inazawa J. 2001. Human aryl hydrocarbon receptor repressor (AHRR) gene: Genomic structure and analysis of polymorphism in endometriosis. Journal of Human Genetics, 46: 342-346.

Wetherill YB, Fisher NL, Staubach A, Danielsen M, de Vere White RW, Knudsen KE. 2005. Xenoestrogen action in prostate cancer: Pleiotropic effects dependent on androgen receptor status. Cancer Research, 65: 54-65.

Wu LH, Zhang XM, Wang F, Gao CJ, Chen D, Palumbo RJ, Guo Y, Zeng EY. 2018. Occurrence of bisphenol S in the environment and implications for human exposure: A short review. Science of the Total Environment, 615: 87-98.

Yan ZY, Liu YH, Yan K, Wu SG, Han ZH, Guo RX, Chen MH, Yang QL, Zhang SH, Chen JQ. 2017. Bisphenol analogues in surface water and sediment from the shallow Chinese freshwater lakes: Occurrence, distribution, source apportionment, and ecological and human health risk.

Chemosphere, 184: 318-328.

Yang J, Li H, Ran Y, Chan K. 2014. Distribution and bioconcentration of endocrine disrupting chemicals in surface water and fish bile of the Pearl River Delta, South China. Chemosphere, 107: 439-446.

Yuan C, Zhang YY, Liu Y, Wang S, Wang ZZ. 2017. DNA demethylation mediated by down-regulated TETs in the testes of rare minnow *Gobiocypris rarus* under bisphenol A exposure. Chemosphere, 171: 355-361.

Zhang T, Liu Y, Chen H, Gao JC, Zhang YY, Yuan C, Wang ZZ. 2017. The DNA methylation status alteration of two steroidogenic genes in gonads of rare minnow after bisphenol A exposure. Comparative Biochemistry and Physiology, Part C 198: 9-18.

Zhang Y, Gao J, Xu P, Yuan C, Qin F, Liu S, Zheng Y, Yang Y, Wang Z. 2014. Low-dose bisphenol A disrupts gonad development and steroidogenic genes expression in adult female rare minnow *Gobiocypris rarus*. Chemosphere, 112: 435-442.

Zhang YF, Ren XM, Li YY, Yao XF, Li CH, Qin ZF, Guo LH. 2018. Bisphenol A alternatives bisphenol S and bisphenol F interfere with thyroid hormone signaling pathway *in vitro* and *in vivo*. Environmental Pollution(in press).

Zhang YY, Cheng MG, Wu L, Zhang G, Wang ZZ. 2016b. Bisphenol A induces spermatocyte apoptosis in rare minnow *Gobiocypris rarus*. Aquatic Toxicology, 179: 18-26.

Zhang YY, Tao SY, Yuan C, Liu Y, Wang ZZ. 2016a. Non-monotonic dose response effect of bisphenol A on rare minnow *Gobiocypris rarus* ovarian development. Chemosphere, 144: 304-311.

Zhou JK, Zhang QL, Han K, Zhang L, Zhao FB. 2007. Determination of bisphenol A(BPA)and diethylstilbestrol(DES)in milk powder for the middle and senior age by RP-HPLC. Science and Technology of Food Industry, 28: 233-234.

Ziv-Gal A, Jodi AF. 2016. Evidence for bisphenol A-induced female infertility: A review(2007—2016). Fertility and Sterility, 106: 864-870.

第9章 邻苯二甲酸二（2-乙基己基）酯的内分泌干扰效应

本章导读

- 首先介绍邻苯二甲酸二（2-乙基己基）酯的背景情况，包括基本的物理化学性质、生产和使用量以及在环境介质、野生动物和人体中的含量等。
- 概述邻苯二甲酸二（2-乙基己基）酯的内分泌干扰效应及相应的作用机制。主要陈述了以离体细胞为对象的研究进展，活体研究则重点陈述其对鱼类、哺乳动物的生殖内分泌和甲状腺内分泌干扰效应。
- 介绍关于邻苯二甲酸二（2-乙基己基）酯的人类流行病学方面的研究进展，包括人群的暴露水平，与生殖相关的内分泌干扰效应以及生殖系统疾病。
- 最后简述流行病学研究中有关其对人类甲状腺内分泌系统影响。

9.1 邻苯二甲酸二（2-乙基己基）酯概述

邻苯二甲酸酯（phthalic acid esters，PAEs）又称酞酸酯，被广泛应用于塑料制品、化妆品、油漆、食品包装、儿童玩具、润滑剂、农药等制造行业中。随着经济的发展，PAEs 的产量和使用量不断增加，据估计全球 PAEs 的总产量已超过 800 万 t（Crinnion，2010），而中国是 PAEs 的最大进口国，到 2010 年，我国的 PAEs 使用量高达 136 万 t，到 2015 年，我国 PAEs 年均使用量增长了约 7.7%（张璐璐等，2016）。常见的 PAEs 主要包括：邻苯二甲酸二（2-乙基己基）酯[di(2-ethylhexyl) phthalate，DEHP）、邻苯二甲酸二乙酯（diethyl phthalate，DEP）、邻苯二甲酸二甲酯（dimethyl phthalate，DMP）、邻苯二甲酸丁酯（dibutyl phthalate，DBP）等。

在酞酸酯中，DEHP 是目前使用最为广泛的一种典型的增塑剂。在我国，DEHP 年产量占 PAEs 总产量的 80% 以上（Gao et al.，2014），因此是酞酸酯中最主要的增塑剂。在塑料产品中，DEHP 与塑料分子以氢键或范德华力连接，并非以牢固的共价键形式结合，因此在生产、运输、使用过程中，很容易通过淋洗、迁移或蒸发等方式进入到环境中。目前已在全球的非生物介质中以及野生动物和人类的血液、尿液中都不同程度地检出，是分布非常广泛的有机污染物。大量 DEHP 的毒性研究结果表明，DEHP 具有生殖毒性、胚胎毒性、肝脏毒性、免疫毒性及致癌性等多种毒性。20 世纪末，美国环境保护署（United States Environmental Protection Agency, USEPA）将包括 DEHP 在内的 6 种 PAEs 列为优先控制的有毒污染物。随后，中国环境监测总站也将 DEHP 确定为优先控制污染物（王佳和董四君，2012）。2005 年，欧盟已禁止在儿童护理用品和玩具等产品中使用 DEHP。2008 年，欧盟委员会将 DEHP 列入优先管控名单。2011 年，台湾卫生局对 DEHP 的检验报告显示，在大量的上架食品和饮料中均检测到超标的 DEHP，如奶粉、罐头、运动饮料、保健品等，在个别商品酒中 DEHP 的含量同样严重超标，这是全球首例塑化剂 DEHP 污染案。该事件引发了全球各行各业人士对 DEHP 的广泛关注。随后一系列的研究表明，DEHP 广泛存在食品包装袋、化妆品、PVC 保鲜膜、儿童玩具、洗护清洁产品、药物等日常生活用品中。因此，DEHP 对人类健康的影响受到人们的高度关注。在本章中，将主要总结 DEHP 的环境分布以及内分泌干扰效应方面的研究。

9.2 邻苯二甲酸二（2-乙基己基）酯的理化性质

邻苯二甲酸二（2-乙基己基）酯（DEHP），化学式为 $C_{24}H_{38}O_4$，结构式如图 9-1 所示，常温下为无色油状液体，难溶于水，易溶于脂肪烃和芳香烃等大多数有机溶剂。通常被用作增塑剂，但由于其具有良好的溶解性、分散性和黏着性，也被广泛用于橡胶、涂料、黏合剂等化工合成领域（王永俊等，2014）。其具体理化性质见表 9-1。

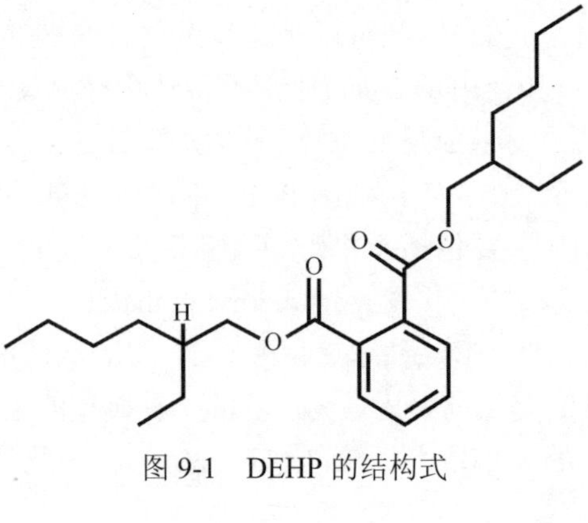

图 9-1 DEHP 的结构式

表 9-1　**DEHP 的理化性质**（Gao and Wen，2016）

邻苯二甲酸二（2-乙基己基）酯	理化性质
化学式	$C_{24}H_{38}O_4$
分子量	390.564
外观	无色油状液体
熔点（℃）	−50
沸点（℃）	384
密度（g/cm^3）	0.98（25℃）
蒸气压（mmHg）	1.32（200℃）
溶解度（水）	<0.01%（25℃）
正辛醇/水分配系数（logK_{ow}）	7.50

9.3　邻苯二甲酸二（2-乙基己基）酯的环境分布

由于含有 DEHP 产品的大量生产、使用以及废弃物的不恰当处理，导致其广泛存在于世界各地的大气、水体、土壤和沉积物等自然环境中，是自然环境中分布最广、含量较高的主要有机污染物之一。以我国为例，在所有的主要河流、湖泊如长江流域、珠江流域以及黄河流域的水体及沉积物中都检测到 DEHP。长江是我国最长的河流，其支流众多，一项针对长江武汉段的丰水期和枯水期时 PAEs 的环境检测结果显示，枯水期时 DEHP 在水体中的最高浓度高达 54.73 μg/L，已经超过了我国地表水质标准（Fan et al.，2008）。另外，在我国松花江中下游和黄河兰州段等地表水中也普遍检出 DEHP（王晓南等，2017）。而我国《生活饮用水卫生标准》中 DEHP 的限值为 8 μg/L。目前我国许多地区的自来水和饮用水中都检测出 DEHP，其中在一项对合肥市饮用水中 PAEs 分析显示，DEHP 的浓度达到 3.05 μg/L（张付海等，2008），虽然其含量未超标，但是人长期低剂量的从饮用水中摄入 DEHP，对人体健康的潜在危害尚不明确，因此也需要引起人们的重视。除水体外，我国学者还对珠江三角洲地区部分河流沉积物中的 PAEs 进行调查，结果显示，在 16 种 PAEs 污染物中，DEHP 的含量最高（Liu et al.，2014）。诸多调查研究显示，在我国不同区域的河流沉积物中均能检测到 DEHP，其含量从未检出到 259 μg/g dw 不等，且黄河沉积物中 DEHP 含量最高，这可能与周围人为活动有关（Sha et al.，2007）。

作为增塑剂添加到塑料产品中的 DEHP 会通过挥发、塑料垃圾焚烧等途径进入到大气中。此外，由于 DEHP 的分子量较高，进入空气中会附着在悬浮颗粒物上进而对大气造成污染。近年来，随着空气污染程度逐步加剧，人们开始关注空

气中的 PM_{10} 和 $PM_{2.5}$ 的含量以及颗粒中有机污染物的组成。例如我国学者针对天津市大气中 PM_{10} 和 $PM_{2.5}$ 中 6 种 PAEs 同系物的含量做了分析，分别检测了不同区域在春季、夏季和冬季三个季节的 PAEs 含量，结果显示，DEHP 和 DBP 是最主要的两种 PAE 类污染物，其中 DEHP 在 PM_{10} 和 $PM_{2.5}$ 中的平均浓度分别为 98.29 ng/m^3 和 75.68 ng/m^3，且冬季的浓度高于春季和夏季，这可能与排放源、气象参数和化学物质特征等因素有关（Kong et al.，2013）。除此之外，我国学者还分析了室内空气中 DEHP 的含量。例如对西安市的办公楼和居民楼内的 PAEs 组成及含量的研究结果显示，DEPH 是西安市室内最主要的 PAE 类污染物，在气相、颗粒相和灰尘相中均能检测到，且在灰尘中检测到的最高浓度达到 3475.73 $\mu g/g$（Wang et al.，2014）。

由于 DEHP 环境分布的广泛性，因此，自然界的生物不可避免的会长期暴露在低剂量的 DEHP 中。国内外研究表明，目前已在多种生物样本中检测到 DEHP。例如，法国一项研究发现，DEHP 在某河流拟鲤（*Rutilus rutilus*）的肝脏、肌肉组织中的含量分别为 3.05 ng/g dw 和 0.52 ng/g dw（Valton et al.，2014）。在地中海区域，蓝鳍金枪鱼（*Thunnus thynnus*）肌肉组织中的 DEHP 含量为 9～14.62 ng/g dw（Guerranti et al.，2016）。研究人员分析了我国上海、浙江和江苏等地水生动物体内的 PAEs 类污染物，发现在鱼、虾、蟹、河蚌和泥螺等生物中均含有 DEHP 等各类 PAEs，同时指出在泥螺和虾类中，较易富集 DEP 和 DBP，而在鱼类和河蚌中，更易富集脂溶性较强的 DEHP（张蕴晖等，2003a）。

一项对我国台湾河流中鱼体内 PAEs 化合物调查研究显示，在多种鱼类肌肉组织样品中均检测到 DEHP，其中尼罗罗非鱼（*Oreochromis niloticus*）肌肉组织中的 DEHP 含量为 1.4～129.5 mg/kg dw（Huang et al.，2008）。除此之外，对人类而言，可通过多种途径暴露和吸收 DEHP。由于 DEHP 可经过食物链或生物蓄积作用存在于多种食物中，因此直接膳食吸收是主要的暴露途径（高海涛等，2017）。呼吸和饮水也是主要途径之一。此外，对于大多数成年人而言，食用在生产包装上受到 DEHP 污染的食物也是暴露 DEHP 的主要途径，总体上，人体内超过 90% 的 DEHP 来自于食品摄入（王佳和董四君，2012）。关于 DEHP 在人体内的含量，国内外做了大量的数据检测分析。例如我国一项针对人体样品中 PAEs 含量的检测，其分析结果表明，在人类的血清、精液和脂肪样品中都能够检测到 DEHP，最高含量分别为 23.99 mg/L、0.98 mg/L 和 1.88 mg/kg lw（张蕴晖等，2003b）。另外多项研究指出，在人的乳汁中也检测到 DEHP（Dobrzyńska，2016；Fromme et al.，2011）。而人尿液中的 DEHP 或者其代谢产物的含量，通常是用来评价人体暴露 DEHP 的主要生物标志物。需要指出的是，婴幼儿作为敏感人群，与成年人相比，接触和暴露 DEHP 的机会更高。一项来自韩国的研究发现，不同年龄段的婴儿尿液中都检测到 DEHP 代谢物（Kim et al.，2017）。这说明婴幼儿暴露和吸收 DEHP 具有普遍性。总之，大量来自人类尿液中 DEHP 特别是其代谢产物的化学数据表明，DEHP 正逐渐在人体内累积，一步一步蚕食人类的健康，因此，对 DEHP 的毒性研究至关重要。下述，将分别陈述关于 DEHP 内分泌干扰效应方面的研究内容。

9.4　DEHP 内分泌干扰效应的离体研究

从 20 世纪 70 年代起，人们开始关注 DEHP 的毒性，发现其具有类雌激素效应，可干扰生物体内激素的正常分泌。随着对 DEHP 毒性效应的深入研究，证实了其对机体不仅具有生殖内分泌干扰效应，还具有甲状腺内分泌干扰、肾上腺内分泌干扰等效应，并且对其毒性作用机制也有了更加全面和充分的了解。下述将分别介绍关于 DEHP 的离体和活体研究以及人类流行病学的内容。本节将总结关于 DEHP 内分泌干扰效应的离体评价，在离体研究方面，主要集中在 DEHP 的雌雄激素活性，也有少量研究是关于甲状腺激素干扰效应。另外作为维持体内稳态的重要代谢途径，DEHP 暴露还可引起糖皮质激素和胰岛素分泌紊乱，从而导致其他内分泌干扰效应。

9.4.1　与生殖相关的内分泌干扰活性的离体研究

囊状卵泡是雌性个体中性激素的主要合成场所（Hirshfield，1991）。国外一项研究以成年小鼠的成熟卵巢为对象，将其囊状卵泡暴露于 DEHP（1 μg/mL、10 μg/mL 和 100 μg/mL）中 96 h，暴露期间，每隔 24 h 测量一次卵泡大小，并在暴露结束后测定了雌二醇的含量以及观察了与卵泡生长相关的细胞周期调控因子表达的变化。结果显示，经 48 h、72 h 和 96 h 暴露后，所有剂量均显著抑制卵泡的生长，而 10 μg/mL 和 100 μg/mL 的 DEHP 暴露则会显著降低雌二醇的生成，另外，100 μg/mL 的 DEHP 显著抑制了芳香化酶、细胞周期蛋白 CCND2 和细胞周期蛋白依赖性激酶 CDK4 的 mRNA 表达。该研究结果意味着 DEHP 可能是通过抑制芳香化酶的表达从而减少雌二醇的生成，降低细胞周期调控因子的表达来直接抑制囊状卵泡的生长，最终引起生殖内分泌干扰效应（Gupta et al.，2010）。

美国学者同样选择小鼠囊状卵泡为对象，探究 DEHP 对卵泡生长相关细胞周期调控因子的表达和类固醇激素合成的影响。该研究基于的假设是，DEHP 可能通过直接改变细胞周期、细胞凋亡和类固醇激素的调控因子的表达来影响囊状卵泡的功能。研究者将 CD-1 成年小鼠的囊状卵泡暴露于 DEHP（1μg/mL、10 μg/mL 和 100 μg/mL）的培养液中 24～96 h 后，分析发现，在暴露 72 h 后，10 μg/mL 和 100 μg/mL 的 DEHP 剂量能够抑制卵泡的生长；暴露 96 h 后，所有剂量都抑制了卵泡的生长。此外，研究也发现，周期性依赖蛋白激酶 4、细胞周期蛋白 D、E1、A2 和 B1 的 mRNA 的表达水平均上调，周期蛋白依赖性激酶 1A 的 mRNA、表达量下降，而这些因子的表达变化与抑制卵泡生长直接相关。另外，DEHP 暴露还引起了卵泡闭锁，表现为 BCL-2 结合 X 蛋白，BCL-2 相关的卵巢致死蛋白，B 细胞白血病/淋巴瘤 2 和 BCL2-10 的表达水平都显著上调。而在类固醇激素方面，黄体酮、雄烯二酮和睾酮的含量均降低，雌二醇的含量则伴随着芳香化酶的 mRNA 水平下调也出现了下降，该实验结果与 Gupta 等（2010）的研究中 DEHP 可能是通过抑制芳香化酶的表达而减少雌二醇的生成这一推断相符。总之，该研究表明，DEHP 的暴露可通过抑制卵泡的生长，诱导卵泡闭锁以及抑制类固醇激素的生成等途径最终影响囊状卵泡的功能（Hannon et al.，2015），从而干扰生殖内分泌系统。值得注意的是，在 24 h、48 h 和 72 h 的不同暴露窗口期，基因的转录水平和激素的含量变化并没有表现出一致的剂量-效应关系，因此在评价污染物内分泌干扰效应的研究中，需要考虑窗口期的敏感性，并需要从基因、蛋白和激素等多层次上开展实验，综合评价其内分泌干扰效应。

有研究指出除了 DEHP 能够影响卵巢发育，其代谢产物，如 MEHP 也能抑制类固醇激素的合成，干扰生殖发育。国外的一项研究同样选择大鼠卵巢滤泡为对象，将其暴露在 MEHP（0 μg/mL、10 μg/mL、30 μg/mL 和 100 μg/mL）下 48 h，结果发现，在 100 μg/mL 剂量下，卵巢滤泡的生长发育受到抑制，伴随着其活力下降；该剂量同时显著增加孕酮含量，雄烯二酮、睾酮和雌二醇含量显著降低。而在 10 μg/mL 和 30 μg/mL 剂量时，卵巢滤泡的生长发育没有受到抑制，但类固醇激素含量都出现增加的趋势，该结果意味着 MEHP 能够活化从胆固醇到雌二醇转化的信号通路，导致雄烯二酮、睾酮和雌二醇含量都增加。而在 100 μg/mL 下，孕酮/雄烯二酮的比例增加，说明 MEHP 可能抑制孕酮到雄烯二酮的转化过程。总之，该研究从类固醇激素的合成转化过程说明了 MEHP 能够通过干扰类固醇激素的合成，来抑制卵巢的生长发育从而对卵巢造成内分泌干扰效应（Inada et al.，2012）。

雌激素对哺乳动物卵巢发育起着关键的作用，在卵巢早期发育过程中，雌激素能够调控初始卵泡的组装（Mu et al.，2015），由此推测，具有类雌激素活性的 DEHP 也可能干扰初始卵泡的组装。我国学者选择小鼠卵巢为离体模型，将其暴露在含有 DEHP（25～100 μmol/L）的培养液中，研究了 DEHP 对卵巢破裂和初始卵泡组装的影响机制。结果发现，暴露在 50 μmol/L DEHP 的培养液中 4 天后，*erα*、*erβ* 和 *pr* 的 mRNA 表达量降低，并且显著下调了 Notch 配合基 1 的 mRNA 表达和 Notch2 受体的蛋白质表达，抑制了 Notch2 的信号通路。暴露 6 天后，在 50 μmol/L DEHP 的培养液中发现含有大量的生殖细胞囊肿，而在 100 μmol/L DEHP 的培养液中观察到初始卵泡的形成完全终止，卵巢的结构遭到破坏。该研究结果说明，DEHP 暴露会引起卵巢破裂，使得初始卵泡形成受阻，这可能与雌激素受体介导的信号以及 Notch 信号通路等多种机制的调控有关。这一研究也意味着，胎儿或者新生儿在发育期间暴露于类雌激素污染物中，可能会对早期的卵巢发育造成严重影响。

黄体是早期妊娠建立和维持所必需的一个瞬时存在的生殖腺，具有激素依赖性，ER 和 PPAR 都可以在黄体组织中表达（Romani et al.，2014）。由此，有学者评估了 DEHP 对人黄体细胞功能的影响。研究者将黄体细胞做原代培养，孵育在含有 DEHP（$10^{-6}\sim10^{-9}$ mol/L）的培养液中 24 h。结果发现，10^{-6} mol/L 和 10^{-7} mol/L 的 DEHP 能够显著减少人绒毛膜促性腺激素（human chorionic gonadotrophin，hCG）诱导的黄体酮（progesterone）、前列腺素（PGE2）和溶黄体因子（PGF2α）的释放。血管内皮生长因子（VEGF）作为黄体生长发育和功能实现的关键蛋白，$10^{-6}\sim$ 10^{-9} mol/L 的 DEHP 暴露组中 VEGF 蛋白的释放量均出现了下降，而对应的 mRNA 的表达却没有显著变化，推测 VEGF 的变化可能是 DEHP 干扰了转录后过程。总之，DEHP 既能够影响黄体的类固醇激素生成，也能破坏促黄体因子和溶黄体因子之间的平衡，意味着 DEHP 能够通过干扰人黄体细胞的激素生成和存在状态，从而间接影响生殖内分泌（Romani et al.，2014）。

人乳腺癌 MCF-7 细胞是常用于检测环境内分泌干扰物是否具有雌激素效应的离体模型。我国学者以该细胞为对象，通过 MCF-7 细胞的增殖和雌激素基因酵母重组实验，检测自来水中的 DEHP 是否会引起内分泌干扰效应。结果发现，暴露 7 周后，环境剂量的 DEHP 具有雌激素活性，表现为显著促进雌激素受体阳性的 MCF-7 细胞的增殖，且 DEHP 促进 MCF-7 细胞增殖的模式与 17β-E2 的作用模式相似，即在低剂量范围内呈剂量-效应正相关关系；而雌激素基因酵母重组实验的结果则显示，经 DEHP 暴露后，酵母菌 β-半乳糖苷酶活性显著升高，细胞内雌激素受体蛋白表达水平增加，pr 基因表达也上调。该研究结果意味着，供水体系实际剂量的 DEHP 能够发挥出一定的雌激素活性，表明自来水中含有的 DEHP 可能对人群健康已构成潜在危害。值得注意的是，DEHP 还增加了 MCF-7 细胞中雌激素受体的表达，由此推断 DEHP 的作用机制可能并不是模拟或拮抗性激素，而有可能通过其他途径，如引起生物体内天然激素受体水平的改变从而造成终点指标激素含量发生改变，进而对机体的内分泌系统产生干扰作用（解玮，2004）。

也有一些研究以鱼类细胞为对象，评价 DEHP 的内分泌干扰效应。国外学者选择斑马鱼原代肝细胞为模型，以卵黄蛋白原（VTG）、雌激素受体（ER）和过氧化物酶体增生物活化受体（PPAR）作为终点指标，评价了 DEHP 对斑马鱼原代肝细胞的毒性效应。该研究同时以 EE2（10 nmol/L）作为阳性对照，将 DEHP（0.05 nmol/L、0.1 nmol/L、1 nmol/L、10 nmol/L 和 100 nmol/L）暴露斑马鱼原代肝细胞 4 天，结合分子对接，研究了对 VTG，Erα、β1 和 β2 以及 PPARα、β 和 γ 的 mRNA 表达水平的影响。结果表明，经 DEHP 暴露后，肝细胞内的 VTG 含量显著增加，且 vtg 的 mRNA 的表达变化与蛋白变化一致，该研究证明了 DEHP 的类雌激素活性。此外，ER 的 mRNA 表达呈现出性别差异，具体表现为，ERα 在雌性肝细胞的 mRNA 表达无显著变化，而在雄性肝细胞中的表达水平显著下降，与 EE2 的作用相似；雌性肝细胞中的 ERβ1 只在最高剂量的 DEHP 处理组其 mRNA 的表达量显著上调，而在雄性肝细胞中则完全不同，ERβ1 的 mRNA 表达量在所有剂量组均显著下降，并且最低剂量组的抑制效应最强；ERβ2 的变化趋势与 ERβ1 变化趋势相似。PPARα、β 和 γ 的含量在雌雄肝细胞中没有显著差异。总之，该研究结果表明，DEHP 具有雌激素活性，VTG 和 PPAR 的含量变化没有性别差异，可以作为评价雌激素活性的生物标志物，而 ER 体现出来的雌雄差异的发生机制还需进一步研究（Maradonna et al.，2013）。

DEHP 不仅具有雌激素活性，还有抗雄激素活性，因此，DEHP 能够通过多种途径干扰生物体的生殖内分泌系统。常用的离体研究模型是睾丸间质细胞（Leydig cell），作为睾丸中重要的生殖细胞之一，主要分布于生精小管之间的疏松结缔组织中，其功能是合成和分泌雄激素（杨建英等，2009）。我国学者选择大鼠睾丸间质细胞为对象，将其暴露于含有 DEHP（0 μmol/L、1 μmol/L、10 μmol/L、100 μmol/L 和 1000 μmol/L）的培养液中 24 h。CCK8 法检测细胞活性发现，睾丸间质细胞的增殖活性受到显著影响，随着 DEHP 暴露浓度的升高，间质细胞增殖活性的抑制率随之升高，而间质细胞的主要功能是合成和分泌雄激素，间接证明了 DEHP 具有抑制雄激素合成分泌的功能，表现出抗雄激素活性（喻道军等，2015）。

小鼠睾丸间质肿瘤细胞系 MA-10 能合成睾酮，因此也常被用来评价抗雄激素效应。国外的一项研究将 MA-10 细胞暴露在不同浓度（1×10^{-3} mol/L、1×10^{-4} mol/L、1×10^{-5} mol/L 和 1×10^{-6} mol/L）的 DEHP 培养液中，48 h 后采用 MTT 法检测，发现所有剂量的 DEHP 均导致细胞活力降低，尤其是在最高剂量组，细胞活力下降更显著。为了进一步评价 DEHP 对类固醇激素和与类固醇激素相关关键酶的基因表达的影响，实验中增加了阳性对照，即 MA-10 细胞暴露在阳性对照组 hCG（0.5 nmol/L）中 4 h，然后再暴露于不同浓度的 DEHP（1×10^{-7} mol/L、1×10^{-6} mol/L、1×10^{-5} mol/L 和 1×10^{-4} mol/L）中 24 h。结果发现，1×10^{-4} mol/L 和 1×10^{-5} mol/L 处理组的睾酮含量相对于 hCG 阳性对照组显著下降；而对于 1×10^{-6} mol/L 和 1×10^{-7} mol/L 处理组，1×10^{-4} mol/L 处理组的睾酮含量也显著下降。另外，与类固醇激素相关关键酶的基因，包括 star（编码类固醇合成急性调节蛋白），tspo（编码线粒体外膜转运蛋白，与 StAR 蛋白结合通过线粒体膜结构转运胆固醇）和 *cyp11a1*（编码细胞色素 P450 侧链裂解酶，是类固醇激素生成的第一步，将胆固醇转换为孕烯醇酮）的表达也发生了改变，具体表现为所有剂量组中的 *star* 表达水平都没有出现显著的剂量-效应关系，1×10^{-4} mol/L 剂量组中的 *tspo* 表达水平显著下调了 40%，*cyp11a1* 的表达水平显著下调了 60%。这些基因的表达改变都会导致睾酮的生物合成受到干扰，从而造成生殖内分泌干扰效应（Piché et al.，2012）。总之，该研究从细胞活力、类固醇激素的含量及类固醇激素合成相关酶的基因表达等方面得出 DEHP 具有抗雄激素活性，会引起生殖内分泌干扰效应。

9.4.2　甲状腺内分泌干扰效应的离体研究

大鼠甲状腺 FRTL-5 细胞常被用于评价甲状腺内分泌干扰效应。国外学者选择 FRTL-5 细胞为对象，发现当 DEHP 浓度处于 $10^{-4} \sim 10^{-5}$ mol/L 时，DEHP 能够显著增强碘的吸收，伴随着钠碘转运体（NIS）受到抑制，推测其机制可能是 DEHP 通过改变钠碘转运体的转录活性，从而诱导甲状腺卵泡细胞加强对碘负离子的吸收，干扰甲状腺激素的稳态，引起甲状腺内分泌干扰效应（Wenzel et al.，2005）。

我国学者以人甲状腺细胞 Nthy-ori3-1 为对象，将其暴露在不同浓度（0 µmol/L、50 µmol/L、100 µmol/L、200 µmol/L 和 400 µmol/L）的 DEHP 培养液中，结果发现，细胞中的 ERK 和 Akt 信号通路被显著活化，具体表现为暴露 5 min 后，ERK 的磷酸化作用显著增强；暴露 10 min 后，p-Akt 的蛋白表达量显著上升，且 p-ERK 和 p-Akt 的蛋白水平都出现了显著上调，并呈剂量-效应关系，尤其是在 400 µmol/L 的剂量下，p-ERK 和 p-Akt 的蛋白水平分别上调了 2.9 倍和 1.7 倍。为了探究 DEHP 诱导信号通路活化的机理，研究者将 *k-Ras* 沉默基因的 siRNA 转染进细胞中，敲降 *k-Ras* 基因，然后将转染细胞在 37℃ 下继续孵育 24 h，观察 ERK 通路和 Akt 通路的变化。结果发现，转染后的细胞中，p-ERK 和 p-Akt 的蛋白表达水平比转染前的细胞分别降低了 67.8% 和 44.7%，信号通路受到抑制，推测 K-Ras 作为 GTP 结合蛋白，可能是诱导 Akt 和 ERK 信号通路的上游信号。实验还发现，DEHP 暴露组的 TRHr 蛋白水平显著上升，而 TRα1、TRβ1 和 TSHr 的含量却没有显著变化。为了进一步探究上调的 TRHr 蛋白表达水平与活化的 ERK 和 Akt 信号通路之间的关系，实验中加入了 ERK 信号通路的抑制剂 U0126 和 Akt 信号通路的抑制剂 Wort，结果发现，ERK 通路受到抑制时，TRHr 的水平没有显著改变，而 Akt 通路受到抑制时，TRHr 的蛋白表达显著下调。众所周知，改变 TRHr 的表达水平会干扰 HPT 轴的反馈调控，从而影响甲状腺信号转导，对甲状腺系统造成干扰。综上，该研究结果说明 DEHP 能够通过 Ras/Akt/TRHr 信号通路破坏甲状腺激素稳态，造成甲状腺内分泌干扰效应（Ye et al.，2016）。

通过上述的一些研究，我们发现 DEHP 在离体细胞内主要表现出了雌激素和抗雄激素活性，还能够通过影响甲状腺激素的稳态而导致甲状腺内分泌干扰效应。另外，DEHP 还能够通过干扰体内的重要能量代谢途径，如糖皮质激素、脂质和胰岛素代谢途径等，引起机体内分泌干扰效应（Kolšek et al.，2014；Dimastrogiovanni et al.，2015；Zhang et al.，2017）。

9.5 DEHP 对鱼类的内分泌干扰效应

DEHP 广泛存在水体中，可在水生生物体内累积并产生毒性效应，因此 DEHP 对水生生物的毒性效应一直是生态毒理学研究的主要内容。在水生动物中，鱼类常被用来研究水环境污染物的毒性效应，而在实验研究中使用较多的是一些小型模式鱼类如斑马鱼（*Danio rerio*）、日本青鳉（*Oryzias latipes*）、稀有鮈鲫（*Gobiocypris rarus*）和金鱼（*Carassius auratus*）等。研究表明，DEHP 对鱼类具有甲状腺内分泌和生殖内分泌干扰效应，会改变鱼类激素的平衡，从而影响机体的生殖、发育及行为。本节将主要陈述关于 DEHP 对鱼类的生殖内分泌干扰效应，并简述甲状腺内分泌干扰效应方面的研究内容。

9.5.1 生殖内分泌干扰效应

研究发现，DEHP 暴露会影响雌鱼卵母细胞的发育和卵细胞的形成。例如早期的一项以日本青鳉为对象的研究，将日本青鳉暴露于不同剂量的 DEHP（1 μg/L、10 μg/L 和 50 μg/L）中，暴露时间为从青鳉孵化期开始到 3 个月。结果显示，在雌鱼中观察到明显的与生殖相关的毒性效应，具体表现为，在 1 μg/L DEHP 剂量组，血浆中的卵黄蛋白原（vitellogenin，VTG）含量显著减少，在 10 μg/L 和 50 μg/L DEHP 剂量组，性腺指数 GSI 显著下降，卵巢中成熟的卵母细胞所占百分比显著减少。但是在雄鱼中，未观察到这些指标的变化，因此 DEHP 对青鳉的生殖毒性表现出性别差异。上述实验结果表明，DEHP 的暴露抑制了雌鱼卵巢的发育，同时，DEHP 表现出潜在的抗雌激素活性（Kim et al.，2002）。另外一项研究以斑马鱼为对象，评价了 DEHP 对雌鱼生殖系统的内分泌干扰效应，并探究了 DEHP 对卵细胞形成过程中的关键因子（包括骨形态发生蛋白-15，BMP-15）、黄体生成素受体（LHR）、孕激素膜受体（mPRs）和环氧合酶基因（cyclooxygenase，COX-2；又称 prostaglandin-endoperoxide synthase，PTGS）的影响，其中环氧合酶是合成前列腺素（prostaglandine）的关键酶，而前列腺素能够调节鱼类排卵。将斑马鱼雌鱼暴露于环境相关剂量的 DEHP（0.02 μg/L、0.2 μg/L、2 μg/L、20 μg/L、40 μg/L）中，暴露时间为 3 周。结果显示，DEHP 暴露后导致斑马鱼受精率显著下降，胚胎数量减少，而进一步研究则发现，这一繁殖能力的下降与卵巢中 *BMP15* 基因表达上调有关，而 *BMP15* 表达上调则使得 *lhr* 和 *mPRβ* 表达显著下调。此外，*ptgs2* 的表达也显著下调（Carnevali et al.，2010）。以上研究表明，DEHP 影响了参与卵母细胞生成（*vtg*）、成熟（*BMP15*，*lhr*，*mPRs*）和排卵（*ptgs2*）过程中的因子，从而影响卵巢的功能，导致产卵量减少。鉴于 DEHP 具有雌激素效应，也有实验评价了其对鱼类性别分化的影响。研究者将孵化出来 3 周后的青鳉暴露于不同剂量的 DEHP（0.01 μg/L、0.1 μg/L、1.0 μg/L、10 μg/L），暴露时间为 5 个月。结果显示，鱼的体重和性别比例都没有改变，但是雄鱼的性腺指数（GSI）显著降低（Chikae et al.，2004）。这一实验结果意味着，即使 DEHP 具有雌激素效应，但是在较低的暴露剂量下，并没有改变鱼类的性别比例。

　　除了影响卵母细胞发育外，也有研究指出，DEHP 的暴露能影响雄鱼精子的形成。有研究者以斑马鱼为对象，探究了 DEHP 对雄鱼的生殖内分泌干扰效应。将斑马鱼雄鱼通过腹腔注射的方式暴露于不同剂量的 DEHP（0.5 mg/kg、50 mg/kg、5000 mg/kg），暴露时间为 10 天。结果显示，在 5000 mg/kg DEHP 剂量下，斑马鱼雄鱼肝指数显著升高，肝脏中 *vtg* 表达显著上调，表现出明显的雌激素活性。在此剂量下，将暴露的雄鱼跟正常未暴露的雌鱼进行配对，发现受精率显著降低，但是，对胚胎的存活和发育没有影响。观察精巢组织发育发现，在 50 mg/kg 和 5000 mg/kg DEHP 剂量下，精子细胞比例减少，精母细胞比例增加，且精细胞的 DNA 没有发生损伤，表明 DEHP 的暴露抑制了减数分裂过程，从而影响精子的生成。此外，在 5000 mg/kg DEHP 剂量下，两种 PPAR 响应基因——*acox1* 和 *ehhadh* 的表达均显著上调（Uren-Webster et al.，2010）。以上研究结果表明，高剂量 DEHP 的急性暴露，通过影响肝脏中的雌激素信号通路（如 VTG 的表达）和精巢中的 PPAR 信号通路，从而引起斑马鱼雄鱼的生殖内分泌干扰。有研究者同样以斑马鱼雄性成鱼为对象，评价了环境相关剂量（0.2 μg/L 和 20 μg/L）的 DEHP 对雄性生殖系统的影响，暴露时间为 1 周和 3 周。研究者同时以 25 ng/L 的 17β-乙炔基雌二醇（17β-ethynylestradiol，EE2）为阳性对照，主要观察对斑马鱼精巢组织发育的影响。结果显示，暴露 1 周后，斑马鱼精巢未发生明显的病理学变化，暴露 3 周后，在 DEHP 暴露组和 EE2 阳性对照组中，精母细胞百分比减少，精原细胞百分比增加，但只在 0.2 μg/L 暴露组的精子细胞中发生改变，其他暴露组的则没有明显变化。实验结果表明，在低剂量和高剂量的 DEHP 下，都抑制精原细胞分裂为精母细胞，但只在低剂量下促进了精子的形成。进一步使用 TUNEL 实验检测，发现暴露 3 周后，在所有剂量下，精细胞的 DNA 片段都增加，表明 DEHP 暴露能够引起精细胞 DNA 损伤。此外，DEHP 的暴露显著降低了受精率（Corradetti et al.，

2013)。以上研究表明，环境低剂量下的 DEHP 短期暴露即可影响斑马鱼的精子形成和影响斑马鱼的生殖。

有研究者以雄性金鱼为对象，评价了 DEHP（1 μg/L、10 μg/L、100 μg/L）的生殖内分泌干扰效应，为探究 DEHP 是否具有雌激素效应，在实验中同时以 5 μg/L 的雌二醇（E2）为阳性对照，暴露时间为 30 天。实验结果显示，在所有 DEHP 暴露剂量下，精子数量均显著减少，精子活力和运动速率也显著下降。暴露至 15 天时，在 10 μg/L DEHP 剂量下，11-KT 的含量即显著降低，继续暴露至 30 天时，在 1 μg/L DEHP 剂量下，也观察到 11-KT 的含量显著降低。在 E2 阳性对照组，11-KT 含量降低，E2 含量升高，但是在 DEHP 所有暴露组中，E2 含量都没有变化。基因检测结果显示，在 DEHP 所有暴露组和 E2 阳性对照组中，与类固醇激素合成有关的 star 基因的表达均显著下调。在 DEHP 所有暴露组和阳性对照组中，促黄体生成素（luteinizing hormone，LH）含量都显著降低。lhr（促黄体激素受体）和 ar（雄激素受体）基因的表达水平没有改变。在 E2 阳性对照组中，vtg 表达显著上调，但是在 DEHP 所有暴露组中，vtg 表达都没有发生改变（Golshan et al.，2015）。以上研究结果表明，DEHP 会干扰雄性金鱼的性激素水平，影响精子质量，但是并没有表现出雌激素活性。而对于不同鱼类雌激素效应研究结果的差异，可能与暴露剂量有关，此外也与鱼类对 DEHP 的敏感性差异有关。

近年来，有研究者以虹鳟为对象，探究了 DEHP 影响精子形成过程的分子机制（Ahmadivand et al.，2016）。将雄性虹鳟通过食物的途径暴露于 50 mg/kg 的 DEHP，时间为 10 天。结果显示，血浆中睾酮（testosterone，T）的含量显著降低。观察精巢组织学切片则发现，在 DEHP 暴露组中，精母细胞的比例很高，而精子细胞的比例则很少，表明 DEHP 抑制了精子的形成。基因检测结果显示，Boule 的表达显著下调，而 Boule 在精子减数分裂中起重要作用，负责脊椎动物精子的生成，表明 DEHP 可能抑制精子的减数分裂过程（Ahmadivand et al.，2016）。该研究结果指出，DEHP 可通过下调 Boule 的表达而抑制了精子的减数分裂，从而最终抑制精子的形成。另外，该研究结果也表明，Boule 可作为评价影响减数分裂的分子标志物。

文献中较多的是关于 DEHP 对淡水鱼类的内分泌干扰效应的研究，对海水鱼类的内分泌干扰效应的研究则较少。我国学者以海水青鳉（Oryzias melastigma）为对象，探究了 DEHP 及其代谢产物邻苯二甲酸单-2-乙基己基酯（MEHP）的内分泌干扰活性。将孵化后一周的海水青鳉仔鱼暴露于不同剂量的 DEHP（0.1 mg/L、0.5 mg/L）和 MEHP（0.1 mg/L、0.5 mg/L），时间为 53 天。结果显示，DEHP 和 MEHP 的暴露均可促进雌鱼性成熟，表现为促进雌性青鳉卵巢中卵细胞的发育。

基因检测结果显示，DEHP 和 MEHP 均显著影响了 ER、PPAR、AhR 的基因表达，并且对青年期的影响大于幼鱼期，且两者中 DEHP 的影响较大（叶婷等，2014）。以上研究表明 DEHP 和 MEHP 可能通过 ER、PPAR 及 AhR 介导的通路影响青鳉的性腺发育，表现为促进雌性青鳉卵巢发育，且对 ER、PPAR 及 AhR 通路的影响表现出发育阶段特异性。在此基础之上，我国学者研究了 DEHP 和 MEHP 长期暴露对海水青鳉的内分泌系统的影响。将海水青鳉仔鱼暴露于不同剂量的 DEHP（0.1 mg/L、0.5 mg/L）和 MEHP（0.1 mg/L、0.5 mg/L），时间为 6 个月，检测了其性激素含量、肝脏中的卵黄蛋白原（VTG）、性腺发育和下丘脑-垂体-性腺（HPG）轴中相关基因的表达。结果显示，经 DEHP 暴露后，雌鱼产卵时间提前，但是产卵量下降。当 DEHP 和 MEHP 暴露的雄鱼跟正常未暴露的雌鱼配对时，子代的受精率降低。在雄鱼中，经 DEHP 暴露后，导致 E2 含量升高，T/E2 的比例降低，同时精巢中 ldlr、star、cyp17a1、17β-hsd、cyp19a 基因的表达水平上调。而在雌鱼中，E2 和 T 的含量均升高，同时 ldlr 的表达上调。在脑组织中，gnrhr2、fshβ、cyp19b 和性激素受体有关的基因表达与激素水平的改变相一致。需要指出的是，DEHP 和 MEHP 暴露会导致雄鱼肝脏中的 VTG 含量显著升高，表现出明显的雌激素活性。性腺组织切片的结果显示，精巢中的精子比例减少，卵巢中闭锁卵泡比例增加（Ye et al.，2014）。总之，DEHP 和 MEHP 都具有明显的生殖内分泌的干扰效应。

稀有鮈鲫（*Gobiocypris rarus*）是我国特有的小型本土鱼类，我国学者研究了 DEHP 对稀有鮈鲫的内分泌干扰效应，并评价了水体中 DEHP 含量可能产生的环境风险。将成年稀有鮈鲫暴露于环境相关剂量的 DEHP（3.6 μg/L、12.8 μg/L、39.4 μg/L、117.6 μg/L）中 21 天，测定了性激素含量、下丘脑-垂体-性腺（HPG）轴和肝脏中与生殖相关基因的表达等。结果显示，在雌鱼中，睾酮（T）含量升高，雌二醇（E2）含量降低，T/E2 比例增加，同时观察到性腺中 cyp17 的表达量上调和 cyp19a 的表达量下调。在雄鱼中，DEHP 暴露引起 E2 和 T 含量升高，同时性腺中 cyp17 和 cyp19a 基因的表达水平上调，T/E2 比例下降。在高浓度暴露组（39.4 μg/L 和 117.6 μg/L）中，雌雄鱼肝脏中卵黄蛋白原基因（vtg）都显著上调（Wang et al.，2013），因此该研究结果再次证明 DEHP 具有雌激素活性。研究结果也表明，DEHP 的暴露可改变性激素的水平和影响 HPG 轴和肝脏中与生殖相关的基因表达，但该效应发生在较高剂量下（如 39.4 μg/L），这一结果意味着，短期环境低剂量（例如 3.6～12.8 μg/L）的暴露（例如 21 天）DEHP 并不会干扰稀有鮈鲫的内分泌系统。在此基础上，我国学者研究了长期低剂量暴露 DEHP 对稀有鮈鲫的内分泌系统和繁殖的影响。将成年稀有鮈鲫暴露于环境相关剂量的 DEHP（4.2 μg/L、13.3 μg/L、40.8 μg/L）中，时间为 6 个月。研究结果显示，在雌鱼体内，E2 和 T 的含量均降低，同时卵巢中 *cyp17* 和 *cyp19a* 基因的表达量下调。而在雄鱼体内，E2 含量不变，T 含量升高，精巢中 *cyp19a* 的表达量下调。另外，雌雄鱼肝脏中卵黄蛋白原基因（*vtg*）都显著上调。性腺组织观察结果显示，DEHP 的暴露减少了雌鱼产卵量，抑制了卵母细胞的成熟以及导致了雄鱼精子活力下降（Guo et al.，2015）。研究结果表明，在长期低剂量（13.3 μg/L）的 DEHP 暴露中可引起稀有鮈鲫生殖内分泌干扰效应从而影响稀有鮈鲫的繁殖。该研究结果意味着，在我国某些 DEHP 含量较高的水体中，该物质对本土鱼类具有生殖内分泌干扰效应，最终影响鱼类的繁殖。

尽管上述一些研究发现 DEHP 的暴露能引起鱼类的生殖内分泌干扰效应，并改变性激素的含量以及参与激素合成等过程的关键功能基因表达等，但是并未深入研究内在的可能机制。最近，有研究指出 DEHP 的暴露还会引起与性激素信号通路相关的基因表观遗传学变化。一项实验以斑马鱼雄鱼为对象，从 DNA 甲基化的角度，探究了 DEHP 对雄鱼潜在的内分泌干扰机理以及对子代的影响。将 3 个月大的斑马鱼雄鱼暴露于环境相关剂量的 DEHP（10 μg/L、33 μg/L、100 μg/L）中，暴露时间为 3 个月。精巢组织学切片观察结果显示，在 100 μg/L DEHP 剂量下，精子的生成受到抑制，同时受精率也显著降低。电子显微镜的观察结果显示，在 100 μg/L DEHP 剂量下，精巢超微结构发生损伤。在 33 μg/L 和 100 μg/L DEHP 剂量下，睾酮含量降低，雌二醇含量升高，与性激素合成有关的关键性基因 *cyp17a1* 和 *17β-hsd3* 的表达下调，*cyp19a1a* 的表达上调。显然，这些实验结果与以前的基本类似。研究者进一步发现，在 DEHP 暴露组中，*cyp17a1* 和 *17β-hsd3* 基因启动子区域 CpG 岛甲基化水平显著升高，而 *cyp19a1a* 基因启动子区域 CpG 岛甲基化水平显著降低。因此推测 DEHP 暴露引起的基因表达变化与基因启动子区域 CpG 岛甲基化水平有关。此外，雄鱼精巢组织和子代的整体 DNA 甲基化水平均显著升高，表明雄性亲代 DNA 甲基化模式的改变可能会传递给子代，从而影响子代的发育（Ma et al.，2018）。以上研究表明，环境相关剂量下的 DEHP 会引起斑马鱼雄鱼精巢组织损伤，干扰性激素水平，抑制精子生成，从而最终影响斑马鱼雄鱼的繁殖，而诱导激素合成过程中关键基因甲基化，则直接影响基因的表达以及激素的合成。

总之，一些实验研究表明，DEHP 暴露能影响鱼类的生殖内分泌系统，对雌鱼的影响表现为产卵量下降，*vtg* 含量降低，表现出抗雌激素活性。对雄鱼的影响主要是破坏性激素平衡，影响精母细胞减数分裂，从而抑制精子生成，并表现出明显的雌激素活性（如诱导 *vtg* 的生成）。

9.5.2 甲状腺内分泌干扰效应

对鱼类而言，除了上述关于生殖内分泌干扰效应的研究外，也有少量研究评价了 DEHP 的甲状腺内分泌干扰活性。我国学者以斑马鱼胚胎为对象，探究了 DEHP 潜在的甲状腺内分泌干扰效应。将斑马鱼胚胎暴露于 DEHP（40 μg/L、100 μg/L、200 μg/L、400 μg/L），暴露时间为 7 天，测定下丘脑-垂体-甲状腺（HPT）轴中与激素合成相关基因的表达以及甲状腺激素含量。研究结果显示，促甲状腺激素（*tshβ*）和促肾上腺皮质激素释放激素（*crh*）基因的表达均上调，甲状腺激素 T4 和 T3 的含量都显著升高，表明 DEHP 具有潜在的甲状腺内分泌干扰活性，同时 *tsh* 和 *crh* 表达的上调可能是 HPT 轴对 T4 含量升高的反馈效应。研究者也观察到，与甲状腺发育有关的基因 *Nkx2.1* 和与甲状腺激素合成有关的基因（如 *tg*）的表达均显著上调，推测这些基因的表达上调与 T4 含量的增加直接相关。另外，甲状腺素运载蛋白（*ttr*）基因的表达上调，而甲状腺激素受体（*trα* 和 *trβ*）基因的表达未发生变化，表明 DEHP 可影响甲状腺激素的结合和转运。进一步研究则发现，在高浓度组，甲状腺脱碘酶（*dio2*）表达上调，Dio2 的作用是将 T4 转换为 T3，这也解释了 T3 含量升高和 T4/T3 比例下降的原因。尿苷二磷酸葡萄糖醛酸基转移酶（*ugtab1*）在高剂量下表达量下调，而 UDPGTs 与 T4 的代谢有关，这也是 T4 含量升高的另外一种原因（Jia et al.，2016）。以上研究结果表明，DEHP 能够通过影响斑马鱼下丘脑-垂体-甲状腺轴相关基因的表达和改变甲状腺激素（T3，T4）水平而产生内分泌干扰效应。但是需要指出的是，研究者观察到甲状腺激素 T4 和 T3 含量的变化以及相关基因的改变，发生在暴露剂量高的斑马鱼仔鱼中（如高于 200 μg/L），而在其他剂量下并没有观察到激素含量或者基因的变化，该研究结果意味着，在低剂量下，DEHP 并不具有典型的甲状腺内分泌干扰活性。

此外，也有研究者评价了 DEHP 的主要代谢产物邻苯二甲酸单-2-乙基己基酯（MEHP）的甲状腺内分泌干扰效应（Zhai et al.，2014）。将斑马鱼胚胎暴露于不同剂量的 MEHP（1.6 μg/L、8 μg/L、40 μg/L、200 μg/L），暴露时间为 7 天，研究的内容包括 HPT 轴中与甲状腺激素合成、转运、代谢等相关的基因表达以及即甲状腺激素含量等。研究结果显示，在最高剂量下，甲状腺激素 T4 含量降低，T3 含量升高，与甲状腺激素合成和代谢有关的基因（如 *dio2* 和 *ugt1ab*）表达上调，*dio1* 的表达上调，其主要作用是降解甲状腺激素 T3。与甲状腺发育有关的基因（*Nkx2.1* 和 *Pax8*）和与甲状腺激素合成有关的基因（*nis* 和 *tg*）表达均上调。进一步研究发现，与甲状腺激素合成和转运有关的甲状腺素运载蛋白（*ttr*）的下调，表明 MEHP 的暴露可影响甲状腺激素的结合和转运（Zhai et al.，2014）。该研究表明，MEHP 能够通过影响斑马鱼下丘脑-垂体-甲状腺轴相关基因的表达和改变甲状腺激素（T3，T4）水平而产生内分泌干扰效应。同样需要指出的是，研究者观察到的激素变化以及基因的改变，发生在最高暴露剂量下（即 200 μg/L），因此从上述对 DEHP 以及其主要代谢产物的实验中，可以发现 DEHP 或者其主要代谢产物，其对鱼类的甲状腺内分泌干扰效应发生在较高的暴露剂量下，而其在低剂量下长期暴露是否具有甲状腺内分泌干扰效应，有待研究。

9.6　DEHP 对哺乳动物内分泌干扰效应的研究

关于 DEHP 对哺乳动物的内分泌干扰效应，研究结果主要来自以啮齿类为对象的实验。本节将主要陈述 DEHP 对哺乳动物的生殖和甲状腺内分泌干扰效应。

9.6.1　生殖内分泌干扰效应

在化学结构上，DEHP 与内源性激素（例如雌激素）的结构相似，因此，当 DEHP 进入动物体内后，可模拟内源性激素，发挥内分泌干扰效应，并影响哺乳动物的生殖。一些以大鼠、小鼠等啮齿类动物为研究对象的毒性实验表明，DEHP 具有拟雌激素和抗雄激素效应，可干扰哺乳动物生殖系统的正常发育和功能。

一些研究指出，DEHP 暴露会对各年龄阶段的雌性哺乳动物生殖系统产生毒性效应，如卵巢早期发育异常、青春期提前，影响生殖系统功能，加速生殖系统衰老等。例如，一项研究以刚出生的雌性 BalB/C 小鼠为对象，通过腹腔注射暴露不同浓度的 DEHP [2.5 μg/（kg·d）、5 μg/（kg·d）、10 μg/（kg·d）] 至出生后第 4 天，在出生后第 5 天时记录其卵巢中卵母细胞和卵泡的数量与形状。同时，将交配 16.5 天后小鼠子宫中的雌性胚胎的卵巢取出，加入雌激素受体拮抗剂（ICI 1827780）或孕激素受体拮抗剂（RU486）与 DEHP 复合暴露，研究 DEHP 暴露产生雌激素效应的可能途径。实验结果显示，DEHP 暴露抑制了新生小鼠卵巢中生殖细胞囊泡破裂。体外实验显示，当加入雌激素受体拮抗剂（ICI 1827780）后，可以缓解 DEHP 对小鼠卵巢中生殖细胞囊泡破裂的抑制，因此离体实验证明，这种抑制作用是通过雌激素受体（ER）介导的。此外，DEHP 暴露引起 ERβ、孕激素受体（PR）以及与 Notch2 信号组件相关基因的表达显著下调。同时 DEHP 暴露还抑制了原始卵泡形成过程中前颗粒细胞的增殖。总之上述结果表明，DEHP 可通过抑制新生小鼠卵巢中生殖细胞囊泡破裂和原始卵泡形成，从而对小鼠卵巢的早期发育产生影响（Mu et al.，2015）。

另外一项研究则是通过呼吸途径进行 DEHP 暴露，将出生后第 22 天的雌性 Wistar 大鼠暴露于不同浓度的 DEHP（0 mg/m³、5 mg/m³、25 mg/m³）中，每星期持续 5 天，每天 6 h，在出生后第 41 天或第 84 天，观察雌性大鼠阴道张开与第一次发情期的时间，并通过发情周期来评估大鼠生殖能力。实验结果显示，DEHP 暴露导致雌性 Wistar 大鼠阴道张开的时间和第一次发情期提前。在 25 mg/m³ 暴露剂量下，出生后 41 天的雌性大鼠血清中胆固醇、促黄体生成素和雌二醇的含量显著升高，出生后 84 天的雌性大鼠出现发情周期异常的现象，而血清中的胆固醇含量显著降低。此外，DEHP 暴露也引起芳香化酶（促进睾酮转化为雌二醇）相关基因的表达水平显著上调。以上结果表明，经呼吸途径暴露 DEHP，可导致雌性 Wistar 大鼠提前进入青春期，这意味着 DEHP 具有雌激素效应（Mingyue et al.，2006）。

也有学者以灌胃的暴露方式研究 DEHP 的内分泌干扰效应。将成年雌性 Wistar 大鼠暴露于不同浓度 DEHP [300 mg/(kg·d)、1000 mg/(kg·d)、3000 mg/(kg·d)]，时间为 3 周，暴露结束后取其下丘脑、垂体和卵巢，并称重，同时检测下丘脑中促性腺激素释放激素(GnRH)的含量,血清中促黄体生成素(LH)、促卵泡激素(FSH)、孕激素（P4）、雌二醇（E2）的含量，以及促性腺激素释放激素受体（GnRHR）基因的表达水平。实验结果显示，DEHP 暴露后，大鼠体重与卵巢重量的相对比例下降，下丘脑中促性腺激素释放激素水平升高，垂体中促性腺激素释放激素受体基因的表达量和蛋白含量升高，而血清中性激素水平降低。结果表明，DEHP 的暴露引起雌性大鼠体内雌激素的生物合成途径紊乱，影响下丘脑-垂体-性腺（卵巢）轴的动态平衡，从而发挥内分泌干扰效应（Liu et al.，2014）。

此外，也有研究指出，DEHP 暴露可加速雌性生殖系统的衰老，并可能产生持久性影响。一项研究将成年 CD-1 大鼠（74～76 d 龄）经口暴露于不同浓度的 DEHP [0.02 mg/(kg·d)、0.2 mg/(kg·d)、20 mg/(kg·d)、200 mg/(kg·d)、500 mg/(kg·d)]，时间为 10 天。在暴露后的第 6 个月、9 个月评估大鼠的繁殖能力。暴露后 9 个月，检测大鼠血清中性类固醇和促性腺激素的含量，并对卵巢中的卵泡进行组织学评价，采用免疫组化分析卵巢与原始卵泡中 BAX、BCL2 含量。实验结果显示，DEHP 暴露显著影响了成年大鼠（暴露后 6、9 个月）的发情周期，表现为延长其发情周期和发情间隔；同时，DEHP 暴露后 9 个月，可观察到大鼠抑制素 B 的含量显著降低，原始卵泡细胞中 BAX 及 BCL2 的含量显著升高，原始卵泡数量与总卵泡数量之比显著下降。结果表明，DEHP 急性暴露会干扰大鼠的发情周期，改变激素含量，减少卵泡数量，并加速生殖系统的衰老（Hannon et al.，2016）。

此外，也有一些关于 DEHP 暴露对雄性哺乳动物的生殖内分泌干扰效应的报道。研究者将青春期前的 LE 大鼠（21～35 d 龄）和成年大鼠（62～89 d 龄），通过灌胃暴露于不同浓度的 DEHP [1 mg/(kg·d)、10 mg/(kg·d)、100 mg/(kg·d)、200 mg/(kg·d)]，时间分别为 14 d 和 28 d。对青春期前的实验结果显示，DEHP 暴露影响大鼠睾丸间质细胞类固醇激素的生成，在 200 mg/(kg·d)暴露剂量下，观察到大鼠睾丸间质细胞的 17β-羟类固醇脱氢酶（17β-hydroxysteroid dehydrogenase，17β-HSD3）活性降低 77%，睾酮含量减少了 50%。而与青春期前大鼠暴露相比，对成年大鼠雄性激素的合成没有产生显著影响。该研究结果意味着，DEHP 暴露对大鼠的生殖内分泌干扰效应与大鼠的发育阶段有关，青春期前的雄性大鼠与成年雄性大鼠相比，对 DEHP 暴露会更敏感（Akingbemi et al.，2001）。

我国学者同样采用灌胃的暴露方式，将青春期前的 SD 大鼠（18 d 龄）暴露于不同浓度的 DEHP［250 mg/(kg·d)、500 mg/(kg·d)、750 mg/(kg·d)］，时间为 30 天。同时，将离体培养的小鼠睾丸间质细胞（TM3）经抗氧化剂维生素 C（vitamin C）或 ERK 通路抑制剂（U0126）预处理后，再暴露于 DEHP（200 μmol/L）中 24 h，在离体的条件下，进一步探究 DEHP 影响雄性生殖内分泌系统的机制。实验结果显示，经 DEHP 暴露后，血清中睾酮、促黄体生成素（LH）和卵泡刺激素（FSH）的含量均下降。同时，大鼠性腺组织形态学发生变化，如生精小管畸形、细胞染色质凝聚、多空泡、线粒体肿胀、生殖细胞与睾丸间质细胞的数量增多，以及细胞凋亡指数增加等。此外，DEHP 暴露导致大鼠性腺中的 5α-还原酶 2（5α-reductase 2，5α-R2）活性和蛋白质表达水平显著增加，并诱导氧化应激反应，激活细胞外信号调节激酶（extracellular regulated protein kinases，ERK）通路。离体实验则进一步发现，小鼠睾丸间质细胞内 5α-R2 和清道夫受体（scavenger receptor，SRB1）的含量与 ERK 通路的活化相关。其中，5α-R2 可将睾酮分解为 5α-双氢睾酮，因此该酶活性升高会加快睾酮分解，导致其含量下降。综合离体与活体的结果，可以得出，DEHP 暴露后干扰下丘脑-垂体-性腺轴的调节功能，同时诱导细胞产生过多的 ROS，进一步活化 ERK 相关通路，并激活 5α-R2，从而增加睾酮的分解，最终引起雄性大鼠体内重要的性激素含量下降，由此导致发育期雄性大鼠生殖系统发育障碍（Mei et al.，2016）。但是需要指出的是，在该实验中，暴露剂量较高，由此主要引起的毒性效应是产生过多的 ROS，对性腺的发育过程造成显著影响，并由此引发的系列效应。

综上所述，DEHP 暴露能影响哺乳动物的生殖内分泌系统，对雌性哺乳动物的影响，主要包括雌激素合成途径紊乱、卵巢早期发育异常、发情周期异常等，表现出拟雌激素效应。对雄性哺乳动物的影响，主要表现为睾酮含量下降、睾丸发生组织形态学变化等，表现出抗雌激素效应，并与哺乳动物的发育阶段有关，青春期前的哺乳动物与成年哺乳动物相比，对 DEHP 暴露会更敏感。

9.6.2 母代 DEHP 暴露对子代的影响

与其他有机污染物相似，由 DEHP 暴露而引起的生殖内分泌效应不仅取决于暴露剂量，还与个体暴露的窗口期有关。一般而言，在哺乳动物发育的关键窗口期如出生前胎儿期（宫内期）、新生儿期以及青春期前期开始暴露，比成年期暴露更敏感。研究发现，DEHP 可通过血胎盘屏障，因此宫内发育期的胎儿可直接受其影响，与直接暴露相比，母代妊娠-哺乳期 DEHP 暴露，对子代的内分泌干扰效应等受到研究者们的高度关注。人类流行病学研究显示，母亲怀孕期间暴露于较低剂量的 DEHP 可能与女儿的青春期提前以及成年期生殖系统功能紊乱有关。因此一些学者开展了以实验动物为对象的宫内期暴露对子代生长发育以及生殖系统等方面影响的研究。例如动物暴露实验发现，母代妊娠-哺乳期暴露在相对较低剂量 DEHP 中，即可影响雌性子代生殖系统的发育，并对成年后的生殖系统功能产生长期影响。在一项研究中，将 Wistar 大鼠通过灌胃方式，从妊娠期第 6 天暴露于不同浓度的 DEHP［低剂量：0.015 mg/(kg·d)、0.045 mg/(kg·d)、0.135 mg/(kg·d)、0.405 mg/(kg·d)、1.215 mg/(kg·d)；高剂量：5 mg/(kg·d)、15 mg/(kg·d)、45 mg/(kg·d)、135 mg/(kg·d)、405 mg/(kg·d)］中，直至哺乳期第 22 天。实验结果显示，在该暴露剂量范围内，没有观察到对母代的毒性效应，但是在子代雌鼠中，可观察到在 15 mg/(kg·d) 及以上的暴露剂量下，阴道开口时间推迟 2 天左右；而在 135 mg/(kg·d) 与 405 mg/(kg·d) 的暴露剂量下，第一次发情期推迟 2 天左右。结果显示，妊娠-哺乳期低剂量 DEHP 暴露，会影响雌性子代大鼠生殖发育行为（Grande et al.，2006）。在后续的研究中，研究者发现，当子代雌鼠成年后，体重和各组织器官（肝、肾、脾、胸腺、甲状腺、卵巢和子宫）的重量均无显著性差异，对子代雌鼠的发情周期，血清中雌二醇和孕酮含量也没有产生影响，形态学分析也显示，母代 DEHP 暴露没有对成年后的雌性子代子宫和阴道腔上皮细胞厚度产生影响，但在高剂量暴露组［405 mg/(kg·d)］中，子代雌鼠成年后，其三级卵泡闭锁数量显著增加（Grande et al.，2007）。综上所述，母代妊娠-哺乳期 DEHP 暴露，在低剂量下即可影响子代雌鼠的生殖发育行为，而在较高剂量下，还会影响子代成年后的生殖系统功能。

在研究宫内期暴露对子代母鼠的影响的同时，研究者也发现，宫内期 DEHP 暴露后，会影响雄性子代发育。例如在 135 mg/(kg·d)、405 mg/(kg·d) 的暴露剂量下，观察到子代雄鼠睾丸组织发生组织病理学变化，具体表现为，在出生第 1 天时，性腺中出现双核和多核的生殖母细胞；出生第 22 天时，曲细精管中生殖细胞的分化显著减少。在 15 mg/(kg·d) 及以上暴露剂量下，子代雄鼠出现包皮分离延迟的现象，同时，在 5 mg/(kg·d)、15 mg/(kg·d)、45 mg/(kg·d) 和 135 mg/(kg·d) 暴露组中子代睾丸的重量显著增加，并呈现剂量-效应关系（Andrade et al.，2006a）。当子代雄鼠成年后，发现在 15 mg/(kg·d)、45 mg/(kg·d)、135 mg/(kg·d) 和 405 mg/(kg·d) 的暴露剂量下，子代雄鼠每日精子的产量减少了 19%～25%；在 5 mg/(kg·d) 暴露剂量下，子代雄鼠出现低概率的隐睾症；而在 0.045 mg/(kg·d)、0.405 mg/(kg·d)、405 mg/(kg·d) 暴露剂量下，子代雄鼠血清中睾酮含量显著升高，说明母代暴露在低剂量的 DEHP 中，即可引起子代长期的内分泌干扰效应。此外，在 405 mg/(kg·d) 暴露剂量下，观察到子代雄鼠精囊的重量显著降低，但睾丸、附睾和前列腺的重量在各暴露组中无显著差异，但该实验剂量下，DEHP 暴露没有对子代雄鼠成年后的生育能力和性行为产生影响。因此从上述结果中看出，母代妊娠-哺乳期低剂量暴露 DEHP，会影响子代雄鼠生殖系统的发育，特别是减少精子的生成以及导致生殖管的畸形等，从而造成生殖系统异常（Andrade et al.，2006b）。

此外，我国学者的研究也表明，母代经 DEHP 暴露可影响未暴露的子代的生殖系统发育，表明 DEHP 的毒性具有传代效应。在该研究中，将交配后 0.5 天的 CD-1 雌性小鼠经口暴露 DEHP［0.04 mg/(kg·d)］至交配后 18.5 天，期间于交配后 12.5 天测定母代小鼠（F0）血清中雌二醇含量，于交配后 17.5 天，检测 F1 代胎儿卵母细胞减数分裂状态，继续评估 F1 和 F2 代出生后卵巢中卵泡形成的情况。实验结果显示，DEHP 暴露会引起妊娠期小鼠（F0）雌二醇含量显著下降；而对 F1 代雌鼠生殖细胞的检测则显示，原始生殖细胞的第一次减数分裂延迟，维甲酸刺激基因 8（stimulated by retinoic acid gene 8，*stra8*）的甲基化水平显著增加，该基因是哺乳动物生殖细胞由有丝分裂转变为减数分裂前特异表达的基因，且 *stra8* 基因表达水平显著下调；在 F1 代雌性小鼠中，次级卵泡的数量显著增加，原始卵泡耗竭。此外，在 F2 代雌性小鼠中，次级卵泡的数量也显著增加。以上结果表明，母代妊娠期暴露 DEHP 后，会导致子代雌性小鼠卵巢发育缺陷，并具有传代效应（Zhang et al.，2014）。

综上所述，DEHP 暴露对哺乳动物生殖内分泌系统的影响，不仅取决于暴露剂量，还与暴露窗口期有关。其中出生前胎儿期，新生期最为敏感。母代妊娠-哺乳期，在较低剂量的 DEHP 暴露下，就会对子代的生殖系统产生持续性影响。因此，与直接暴露相比，母代妊娠-哺乳期 DEHP 暴露，对哺乳动物子代的生殖内分泌干扰效应受到更多的关注。

9.6.3 甲状腺内分泌干扰效应

甲状腺激素（TH）可以调节机体的一系列生物过程，对生长、发育和分化，起到至关重要的作用。研究表明，多种酞酸酯类（PAEs）物质均可以影响哺乳动物甲状腺功能，干扰甲状腺激素平衡，也可以与肝脏酶相互作用，影响甲状腺激素的代谢。DEHP 是目前用量最大、应用最广泛、环境中含量较高的 PAEs。因此，DEHP 对哺乳动物的甲状腺内分泌干扰效应受到越来越多的关注。

有研究指出，DEHP 具有甲状腺内分泌干扰效应。将 SD 大鼠经灌胃方式暴露不同浓度的 DEHP［0 mg/(kg·d)、250 mg/(kg·d)、500 mg/(kg·d)、750 mg/(kg·d)］，时间为 30 天。研究者观察了大鼠甲状腺组织形态学，检测了血清中甲状腺激素（T3、T4）、促甲状腺激素（TSH）、促甲状腺激素释放激素（TRH）、钠碘转运体（NIS）、甲状腺过氧化物酶（TPO）含量，并检测了大鼠肝脏与下丘脑中与甲状腺激素受体、脱碘酶、甲状腺素运载蛋白及代谢酶相关基因的表达，以及甲状腺素运载蛋白的含量。实验结果显示，经 DEHP 暴露后，可观察到大鼠甲状腺滤泡上皮细胞增厚，血清中甲状腺激素（T3、T4）和促甲状腺激素释放激素（TRH）的含量显著降低，但对促甲状腺激素（TSH）没有显著影响。大鼠下丘脑中促甲状腺激素受体（TSHr）基因的表达水平显著下调，促甲状腺素释放激素受体（TRHr）基因的表达水平显著上调，并呈现剂量-效应关系。大鼠血清中钠碘转运体（NIS）与甲状腺过氧化物酶（TPO）含量显著降低，意味着甲状腺激素的生物合成受到抑制；大鼠肝脏中脱碘酶基因，如脱碘酶 1（Dio1）的表达水平显著下调，Dio2 和 Dio3 的表达水平显著上调，甲状腺素运载蛋白基因与蛋白表达水平均显著下调；此外，与甲状腺激素代谢相关的基因，如 UDPGTs、CYP2B1 的表达水平同样显著上调，表明大鼠体内甲状腺激素代谢水平显著加快（Liu et al.，2015）。这一结果意味着，DEHP 暴露影响大鼠甲状腺激素的合成、转化、转运和代谢，导致大鼠体内的甲状腺激素水平降低，从而产生甲状腺内分泌干扰效应。

　　而近期的另一项研究也再次证明，DEHP 具有甲状腺内分泌干扰效应。研究者将 SD 大鼠通过食相暴露的方式暴露 DEHP［0 mg/(kg·d)、250 mg/(kg·d)、500 mg/(kg·d)、750 mg/(kg·d)］，时间 30 天。同时，将离体培养的人甲状腺滤泡上皮细胞（Nthy-ori 3-1）经抗氧化剂（NAC）、ERK 通路抑制剂（U0126）或 Akt（蛋白激酶 B，protein kinase B）通路抑制剂（Wort）预处理后，再暴露于 DEHP（400 μmol/L）中，进一步探究 DEHP 暴露产生甲状腺内分泌干扰效应的机制。实验结果显示，DEHP 暴露引起大鼠的甲状腺和肝脏组织发生病理学变化，如甲状腺滤泡腔直径减少，肝细胞水肿等；测定血清中甲状腺激素的含量则显示，T3、T4 和促甲状腺激素释放激素（TRH）均显著下降，因此该现象与以前的实验结果一致，即在较高的暴露剂量下，能改变甲状腺激素含量。同时，活体与离体实验均表明，DEHP 暴露诱导机体氧化应激反应，并激活 ERK 和 Akt 通路。而离体实验进一步表明，人甲状腺滤泡上皮细胞中促甲状腺激素释放激素受体（TRHr）的表达水平，随着 Akt 通路的活化而上调，Akt 通路的抑制而降低，但不受 ERK 通路调节。此外，DEHP 暴露显著诱导了大鼠肝脏代谢酶（UGT1A1、CYP2b1、Sult1e1、Sult2b1）的活性。结合离体与活体的研究，可以预测，DEHP 暴露能够诱导细胞产生过多的 ROS，进一步活化 Ras/Akt 通路，通过诱导肝脏代谢酶的活性，加速甲状腺激素的代谢和清除，并最终导致甲状腺激素含量降低，引起甲状腺内分泌干扰效应（Ye et al.，2017）。需要指出的是，由于暴露剂量较高，引起生物的氧化应激效应，并由此引发一系列与代谢相关的生物化学反应，这不仅是 DEHP 影响甲状腺激素含量的内在原因，也可能是许多其他有机污染物影响甲状腺激素的机制。

9.7　DEHP 的人类流行病学研究

前面一些离体细胞实验和活体动物实验均表明，DEHP 具有雌激素活性和抗雄激素活性，能干扰生物体正常的生殖内分泌调节，也能干扰甲状腺内分泌系统。同时，越来越多的人类流行病学研究结果显示，DEHP 暴露也能干扰人类的内分泌系统的功能，并可能与一些疾病的发生相关。据此，本节将主要陈述 DEHP 在人类流行病学中的研究进展。

人体主要通过食物、饮用水、呼吸等途径吸收 DEHP。一般而言，由于 DEHP 具有较强的疏水性和亲脂性，因此在肉类食品、烹饪油、乳酪等高脂食品中的含量较高，而在蔬菜、水果、乳制品、鸡蛋等食品中的含量则处于较低水平。例如一项研究指出，人体中 DEHP 的暴露水平与食用肉类等高脂食物呈现出显著的正相关关系（Serrano et al.，2014）。室内粉尘也是人体摄入 DEHP 的重要途径之一。一项研究指出，在中国，通过室内粉尘吸入的 DEHP 约占总暴露量的 10.2%（Kang et al.，2012）。需要指出的是，DEHP 在体内极易发生代谢转化，其单酯或氧化产物能够直接通过尿液或粪便排出体外，也可继续经 II 相酶催化发生葡萄糖醛酸化后排出（Frederiksen et al.，2007）。其中在人的尿液中普遍检测出的主要代谢产物包括：单（2-乙基-5-氧己基）邻苯二甲酸酯（MEOHP）、单（2-乙基-5-羟基己基）邻苯二甲酸酯（MEHHP）、邻苯二甲酸单乙基己基酯（MEHP），这些代谢产物也是评估 DEHP 暴露水平最常用的生物标志物。

在各国不同人群中，DEHP 的暴露水平存在很大差异。一项对亚洲 7 个国家普通人群酞酸酯类化合物暴露水平的调查研究发现，尿液中 DEHP 代谢产物的中值含量由高到低依次为科威特（202 ng/mL）、印度（74.7 ng/mL）、越南（68.3 ng/mL）、中国（44.8 ng/mL）、韩国（42.4 ng/mL）、日本（37.4 ng/mL）和马来西亚（32.4 ng/mL），再根据特定的模型估算出各国人群日均 DEHP 摄入量分别为 21.8 μg/（kg·d）、17.0 μg/(kg·d)、5.6 μg/(kg·d)、9.1 μg/(kg·d)、5.1 μg/(kg·d)、4.6 μg/(kg·d)、4.9 μg/(kg·d)，其中仅科威特人群的日均摄入量超过了美国环境保护署建议的参考剂量 [RfD，20 μg/(kg·d)]，而印度人群的暴露风险也较高（Guo et al.，2011）。

在日本，小学生尿液中检出率最高的 DEHP 代谢物是 MEOHP 和 MEHP，其中 MEOHP 的检出率达 98.9%，同时也是中值含量最高的 DEHP 代谢物，而且小学生及学前儿童尿液中 MEOHP、MECPP 及推算出的 ΣDEHP 的含量均显著高于其父母。小学生及学前儿童尿液中 ΣDEHP 的中值含量分别为 0.4 μmol/L 和 0.5 μmol/L，将尿液中 DEHP 的含量换算成日均摄入量后，小学生及学前儿童的 DEHP 日均摄入量也显著高于其父母。在这些调查人群中，10% 的儿童和 3% 的成年人的

DEHP 日均摄入量已经超过美国环境保护署建议的参考剂量［RfD, 20 μg/（kg·d）］，同时该研究也说明，生活在相同环境中，儿童比成人存在更大的 DEHP 暴露风险（Ait Bamai et al.，2015）。在美国，根据日常饮食推算出生育期女性、青春期儿童以及婴儿的 DEHP 日均摄入量分别为 5.7 μg/(kg·d)、8.1 μg/(kg·d) 以及 42.1 μg/(kg·d)，其中婴儿的日均摄入量远高于成人和儿童，甚至超出了美国环境保护署建议的参考剂量［20 μg/(kg·d)］（Serrano et al.，2014）。

全球多地关于 DEHP 的流行病学调查结果均显示，DEHP 已广泛存在于人体内，这说明人类普遍存在 DEHP 暴露风险，且部分地区人群的暴露水平已经接近甚至超过安全参考水平，这些人群的健康问题应受到更大的关注。

- **DEHP 暴露对人体健康的影响**

流行病学研究结果显示，人体中广泛存在 DEHP 及其代谢产物，且它们在体内的含量与一些疾病或器官功能异常有一定的相关关系，例如呼吸道相关疾病、心血管系统疾病、神经发育异常、生殖系统发育异常、甲状腺功能异常、青春期发育异常等（Ejaredar et al.，2015；Mariana et al.，2016；Li et al.，2017）。虽然没有直接的证据表明 DEHP 暴露能够引起人类的相关疾病，但鉴于动物学研究和流行病学调查结果，DEHP 对人类健康的威胁也不容忽视。本节将重点总结 DEHP 对人类生殖、生长和甲状腺等内分泌系统方面的研究进展。由于在不同成长阶段，体内的激素水平及内分泌调节存在较大差异，本节将分别从成年人、儿童以及妇婴群体三类人群介绍 DEHP 对人体内分泌系统的影响。

1. 与生殖相关的内分泌干扰效应

DEHP 具有雌激素和抗雄激素活性，流行病学研究也显示，DEHP 暴露可能会导致男性不育，而其中最受关注的是 DEHP 暴露与精子质量下降有关，包括精子活力降低、精子 DNA 完整性受损等。一项对重庆地区男性大学生的调查研究发现，尿液中 MEHP 含量每提高一个四分位距（interquartile range，IQR），精子浓度、精子密度及精子活力将分别下降 5.3%、5.7% 及 2.6%（Chen et al.，2017）。精子 DNA 完整性可以通过 DNA 碎片化指数（DNA fragmentation index，DFI）以及高 DNA 染色性（high DNA stainability，HDS）进行表征，正常的精子 DNA 中，这两个参数均低于 15%。同样，国外的研究也显示，DEHP 暴露会影响男性精子的质量。在瑞典，成年男性尿液中 DEHP 主要代谢产物（MEHP、MEOHP、MEHHP 及 MECPP）的含量均与 HDS 呈现显著的正相关关系，而与精液浓度及精子数量呈现显著的负相关关系（Axelsson et al.，2015）。而另外一项针对从事聚氯乙烯塑料（PVC）生产的职业工人的调查研究也发现，由于在 PVC 生产过程中会大量添加

DEHP，因此室内 DEHP 的浓度非常高，在该环境下工作的男性职业工人中，精液中 DEHP 代谢产物的含量与精子 DFI 存在显著的正相关关系，且与精子活力呈负相关（Huang et al.，2011）。以上研究表明，DEHP 暴露不仅严重影响职业人群，也影响普通男性人群的精子质量。有学者进一步研究了 DEHP 暴露引起精子质量下降的主要原因，通过使用膜连蛋白（Annexin V）和碘化丙啶（propidium iodide，PI）双染色法鉴别精子细胞凋亡，结果发现尿液中 MEHP、MEHHP 和 MEOHP 的含量均与 Annexin V+/PI–的比例呈现显著的正向剂量效应关系。在 Annexin V 呈阳性且 PI 呈阴性时的细胞为凋亡早期细胞，这说明尿液中 DEHP 代谢产物的含量与精子细胞的早期凋亡密切相关（Wang et al.，2016）。

　　另外，性激素在调节精子的正常发育中起重要作用，而 DEHP 的暴露可引起男性性激素水平的变化，由此也会影响精子的质量。在一项针对不育男性的研究中，研究者发现，在尿液中 DEHP 代谢产物的含量与血清中雌二醇（E2）、总睾酮（TT）以及游离睾酮（FT）等性激素的含量之间均存在显著的负相关关系，其中，MEHHP 及 MEOHP 的含量每上升一个四分位距，游离雄激素指数（free androgen index，FAI）下降约 5%。根据代谢产物的含量换算成 DEHP 的含量后发现，DEHP 暴露量每上升一个四分位距，FAI 下降约 4%（Meeker et al.，2009）。另外一项对不育症状男性的研究中也发现，MEHP 含量处在较小四分位数（Q1）的样本与处在较大四分位数（Q3）的样本相比，MEHP 含量每上升一个四分位距，血清中 E2、TT、FT 的含量或比例分别下降 3.4 pg/mL、10.3% 及 10.0%（Wang et al.，2016）。但是也有研究指出，在 DEHP 暴露水平较高的职业工人中，尿液样本中 MEHP、MEHHP 及 MEOHP 的含量与血清中 E2 的含量以及雌二醇/睾酮之比（E2/T）存在显著的正相关关系，但是并不影响其生育能力（Fong et al.，2015）。尽管需要更多的人类流行病学研究来证明 DEHP 的暴露对男性生殖能力的影响，但是精子的发生、发育和成熟过程直接受睾酮等雄性激素的调控，而 DEHP 的暴露可以影响男性体内雌二醇和睾酮的含量，并导致男性生殖内分泌调控紊乱，最终影响精子的质量。

　　有限的流行病学研究也显示，女性的一些生殖疾病可能与高剂量的 DEHP 暴露有关。例如有研究发现，子宫肌瘤患者的尿液样本中，MEHP、MECPP、MEHHP 的含量均显著高于正常人群，且子宫肌瘤的发展程度与尿液中代谢产物的含量呈现显著的正相关关系（Sun et al.，2016；Kim et al.，2017）。此外也有研究指出，DEHP 暴露除了与女性子宫肌瘤相关外，还与子宫内膜异位的发生存在极大的关系。例如一项对患有子宫内膜异位的韩国女性的研究显示，这些患者血清中 MEHP 及 DEHP 的含量均显著高于正常女性（Kim et al.，2011）。病例对照研究结果也显示，女性子宫内膜异位与 DEHP 的暴露程度有关，当尿液中 DEHP 代谢产物

（MECPP、MEHHP、MEOHP、MEHP）的含量每增加 1 个方差（SD）水平，罹患子宫内膜异位的风险就会增加 2 倍或更高（Buck Louis et al.，2014）。从现有的研究资料看，DEHP 暴露与女性生殖健康尤其是子宫相关的疾病存在显著的相关关系。

研究指出，与成年人相比，发育中的儿童对 DEHP 的暴露更加敏感，可能影响儿童青春期第二性征的发育，对导致男孩发育滞后，女孩发育提前。早在 2010 年，我国学者开展了上海地区儿童青春期和健康效应的研究（Pubertal Timing and Health Effects in Chinese Children，PTHEC），结果发现，在 7～14 岁的少年儿童中，男孩尿液中 MEHHP 及 MEOHP 的含量与阴毛的发育状况呈显著的负相关关系；而在女孩中，尿液中 MEHP、MEHHP 及 MEOHP 的含量与乳房的发育呈显著正相关关系，且体脂含量越高，该现象越明显。如果排除年龄和体重因素，该研究进一步发现，在高 DEHP 暴露水平的男孩中，男性第二性征发育滞后 43%～51%，而女孩则会提前 29%～50%（Shi et al.，2015）。另外一项同样是针对上海地区 6～14 岁学龄儿童的调查，也发现了类似的结果。此外，在促进女孩第二性征发育方面，尿液中 DEHP 代谢产物的浓度除了与乳房发育程度正相关外，还与初潮的提前呈显著正相关（Zhang et al.，2015）。这些研究结果意味着，DEHP 暴露能够影响青春期儿童第二性征的发育，并具有一定的性别差异，其中对女孩表现出促进第二性征发育，而男孩则表现为第二性征发育滞后。

DEHP 及其代谢产物具有显著的内分泌干扰效应。对母亲子宫中的胎儿来说，正处于生长发育的关键时期，其对污染物的影响非常敏感。一些研究指出，DEHP 能通过胎盘进入发育中的胎儿体内，因此胎儿在子宫内既受到 DEHP 暴露，并可能干扰胎儿的正常发育，甚至引起出生缺陷。因此，妇婴是一类在 DEHP 流行病学调查中重点关注的群体。一些调查发现，孕期暴露会影响新生儿的生长发育，而且其影响甚至能持续到青春期甚至是成年期（Katsikantami et al.，2016）。

孕期暴露对新生儿生长发育最直观的影响体现在出生时体重。2014 年，我国学者开展了武汉地区健康婴儿队列（healthy baby cohort，HBC）分析，发现孕妇产前尿液中 DEHP 及其代谢物的含量与男婴的体重之间存在显著的正相关性，同时 MECPP 的含量也与男婴的出生体重指数（ponderal index）之间存在显著的正相关关系，指数转换后的 MECPP 每上升一个单位，出生重量指数增加 0.25 kg/m^3，但此研究中并未发现与女婴重量之间的关系（Zhu et al.，2018）。另外一项是针对马鞍山市妇幼保健院妇婴的调查研究，将新生儿依据出生体重被分为高出生重量组（> 4.0 kg）、常规出生重量组（2.5～4.0 kg）以及低出生重量组（< 2.5 kg），三组新生儿所占的比例分别为 7.9%、89.7% 及 2.4%。将母亲孕期尿液中 DEHP 代谢产物的含量与新生儿的体重进行相关分析发现，MEHP、MEHHP 及 MEOHP 的含

量仅与低出生重量组和高出生重量组新生儿的体重呈现负相关关系,而与占绝大多数的常规出生重量组新生儿的体重之间并无显著的相关关系(Zhang et al.,2018)。同时,如果区分新生儿的性别,常规出生重量组新生儿中仅有男婴的体重与 MEHP 的含量呈正相关(Zhang et al.,2018)。上述研究意味着孕期暴露 DEHP 对新生儿体重的影响可能具有一定的性别差异,即主要影响男婴,但由于数据有限,尚无法得出一致的结论,这可能与评估孕期暴露水平时检测的介质(血液或尿液)、检测时间(孕期)以及数据转换方法和统计学模型的差异有关。

除了影响体重外,也有研究指出孕期暴露 DEHP 可能会引起男婴酞酸酯综合征(phthalate syndrome)等生殖器官发育相关的缺陷。酞酸酯综合征的症状包括肛门到生殖器距离(anogenital distance,AGD)变短、尿道下裂、隐睾症以及附睾、输精管、精囊、前列腺等生殖器官形态异常(Gray et al.,2006),这些症状中以 AGD 最为常见。日本学者检测了 111 名孕妇尿液中酞酸酯代谢产物的含量,结果发现 MEHP 的含量与男婴的 AGD 之间存在显著的负相关关系(Suzuki et al.,2012)。在另外一项更大样本量的调查中,研究者分析了 753 名孕妇(怀孕前 3 个月)尿液中 11 种酞酸酯代谢产物的含量及新生儿 AGD,结果显示,孕期 DEHP 暴露水平仅与男婴的 AGD 之间呈现显著负相关关系,而与女婴的 AGD 无相关关系(Swan et al.,2015)。由此表明,孕期受到 DEHP 暴露会使男性胎儿的生殖管道发育出现异常,而对其生殖发育产生不良影响。

2. 甲状腺内分泌干扰效应

人类流行病学研究中,DEHP 暴露除了影响与性激素相关的生殖内分泌系统外,也有研究发现 DEHP 暴露能干扰人体的甲状腺内分泌系统,从而改变甲状腺激素水平,且在不同国家或地区的调查群体中均发现了这一现象。一般而言,DEHP 的暴露水平越高,血清中 T3 或 T4 的含量反而越低。例如一项研究发现,成年男性尿液中 DEHP 的代谢产物 MEHP 的含量与血清中 T3 及游离 T4 的含量存在一定的负相关关系,MEHP 的含量每上升一个分位数,T3 的含量则下降 0.05 ng/mL,而游离 T4 的含量下降 0.11 ng/dL(Meeker et al.,2007)。此外,来自韩国国家环境卫生调查的研究(Korean National Environmental Health Survey,KoNEHS)(2012~2014 年)也发现了类似的现象,即尿液中 DEHP 代谢产物的含量与血清中 T3、T4 的含量均呈显著的负相关关系,而与 TSH 的含量呈正相关关系,具体而言,尿液中 MEOHP 及 MEHHP 的含量每提高一个四分位距,血清中总 T4 的含量约下降 1.7%,而 TSH 的含量约增加 3.7%(Park et al.,2017)。关于 DEHP 暴露与人体甲状腺激素含量之间的关系,一项针对美国普通人群全国健康与营养调查(National Health and Nutrition Examination Survey,NHANES)(Kim et al.，2017）以及我国台湾地区的环境毒物监测（Taiwan Environmental Survey for Toxicants，TEST）（Huang et al.，2017）的报告，都指出 DEHP 的暴露水平与血清中甲状腺激素的含量存在相关性，这也说明了 DEHP 暴露对甲状腺内分泌干扰存在普遍性。

需要特别指出的是，甲状腺激素对儿童的生长发育，尤其是在中枢神经系统发育中起至关重要的作用，因此 DEHP 暴露是否影响儿童甲状腺激素稳态也受到重视。一项针对丹麦男孩的研究发现，尿液样本中 DEHP 代谢产物的含量与血清 FT3 的含量呈现负相关关系。在女孩中，尿液中 DEHP 代谢产物的含量与血清 FT3、TT3 均呈现显著负相关关系。但整体而言，儿童尿液中 DEHP 代谢产物的含量与血清甲状腺相关激素的含量呈现一定的负相关关系（Boas et al.，2010）。2011 年，我国台湾省发生"食品塑化剂安全事件"，导致多家公司生产的食品被列入塑化剂污染名单。Wu 等（2013）从台湾高雄医药大学附属医院挑选了部分食用过被塑化剂污染的食品的儿童进行 DEHP 暴露水平检测，并根据尿检的 DEHP 及其代谢产物的含量将这些儿童分为高暴露组（>500 ppm）、低暴露组（1～500 ppm）和未暴露组（<1 ppm）。检测这些儿童血清中与甲状腺相关的激素含量，结果发现，高暴露组和低暴露组儿童血清中 TSH 的含量均显著低于未暴露组，且血清中 TSH 的含量与受污染食物的日均摄入量呈现显著的负相关关系（Wu et al.，2013）。当前，针对 DEHP 暴露对儿童甲状腺内分泌影响的研究很少，但仅有的些许研究研究均显示，DEHP 暴露同样可能对儿童的甲状腺内分泌调节产生显著的影响。

DEHP 普遍存在于环境以及人体内，并且在不同地区的人群中，DEHP 的暴露水平存在极大的差异，在有些污染严重的地区，人群的日均摄入量甚至超出了安全参考剂量，这也是 DEHP 引起各界人士广泛关注的重要原因。目前的流行病学研究结果显示，DEHP 对人类健康的影响主要体现在生殖系统上，包括影响青春期儿童的第二性征发育进程以及成年人的生育能力，其中最常见的是在高剂量暴露下能导致男性的精子质量显著降低，同时也可以通过引起女性子宫发育异常而诱发相关疾病。另外，DEHP 也能在一定程度上影响人体甲状腺内分泌系统的稳态，导致甲状腺激素水平出现异常，但对人体甲状腺内分泌系统更加长期的影响还有待进一步研究。同时也需注意，由于调查人群的遗传背景、暴露类型、取样方法、样本量、检测指标以及分析模型等的差异，使得有些相似的调查研究常出现不一致甚至是相反的结果，如孕妇暴露 DEHP 对新生儿体重的影响。这也提示在未来的流行病学调查研究中，需要尽可能将研究方法标准化，减小无关因素对结果的干扰，使流行病学调查结果具有更广泛的参考价值。

参 考 文 献

高海涛, 李瑞仙, 邸倩南, 高慧雯, 许茜. 2017. 我国人群邻苯二甲酸酯类的暴露水平及风险. 癌变·畸变·突变, 29(6): 471-475.

解玮. 2004. 某市供水体系有机提取物内分泌干扰活性与邻苯二甲酸二乙基己酯性激素干扰效应研究. 上海: 复旦大学博士学位论文.

王佳, 董四君. 2012. 邻苯二甲酸二乙基己酯(DEHP)毒理与健康效应研究进展. 生态毒理学报, 07(1): 25-34.

王晓南, 张瑜, 王婉华, 余若祯, 刘征涛, 曹宇, 陈丽红, 孙东燕. 2017. 邻苯二甲酸二乙基己酯(DEHP)污染及其毒性研究进展. 生态毒理学报, 12(3): 135-150.

王永俊, 马宁, 李永宁, 贾旭东. 2014. 邻苯二甲酸二(2-乙基己基)酯的内分泌干扰作用及神经毒性研究进展. 中国食品卫生杂志, 26(5): 515-519.

杨建英, 张勇法, 乔晓岚. 2009. 睾丸间质细胞的研究进展. 医学综述, 15(14): 2093-2094.

叶婷, 康美, 黄乾生, 方超, 陈亚榭, 董四君. 2014. 邻苯二甲酸二(2-乙基己)酯和邻苯二甲酸单乙基己基酯对幼年期及青年期海洋青鳉(Oryzias melastigma)的内分泌干扰效应. 环境化学, 33: 543-550.

喻道军, 郑延芳, 宋曼铜, 裴秀丛. 2015. 邻苯二甲酸二乙基己酯和镉对大鼠睾丸巨噬细胞分泌 IL-1β 的影响. 中国工业医学杂志, 4: 247-249.

张付海, 张敏, 朱余, 花日茂. 2008. 合肥市饮用水和水源水中邻苯二甲酸酯的污染现状调查. 环境监测管理与技术, 20(2): 22-24.

张璐璐, 刘静玲, 何建宗, 李华. 2016. 中国典型城市水环境中邻苯二甲酸酯类污染水平与生态风险评价. 生态毒理学报, 11(2): 421-435.

张蕴晖, 陈秉衡, 郑力行, 褚建辉, 丁训诚. 2003a. 环境样品中邻苯二甲酸酯类物质的测定与分析. 环境与健康杂志, 20(5): 283-286.

张蕴晖, 陈秉衡, 郑力行, 吴晓芸. 2003b. 人体生物样品中邻苯二甲酸酯类的含量. 中华预防医学杂志, 37(6): 429-434.

Ahmadivand S, Farahmand H, Toolabi LT, Mirvaghefi A, Eagderi S, Geerinckx T, Shokrpoor S, Holasoo RH. 2016. Boule gene expression underpins the meiotic arrest in spermatogenesis in male rainbow trout (Oncorhynchus mykiss) exposed to DEHP and butachlor. General and Comparative Endocrinology, 225: 235-241.

Ait Bamai Y, Araki A, Kawai T, Tsuboi T, Yoshioka E, Kanazawa A, Cong S, Kishi R. 2015. Comparisons of urinary phthalate metabolites and daily phthalate intakes among Japanese families. International Journal of Hygiene and Environmental Health, 218(5): 461-470.

Akingbemi BT, Youker RT, Sottas CM, Ge R, Katz E, Klinefelter GR, Zirkin BR, Hardy MP. 2001. Modulation of rat Leydig cell steroidogenic function by di(2-ethylhexyl)phthalate. Biology of Reproduction, 65(4): 1252-9.

Alternative Medicine Review A Journal of Clinical Therapeutic, 15(3): 190.

Anderson JMA, GrandeSW, Talsness CE, Grote K, Golombiewski A, Sterner-Kock A, Chahoud I. 2006a. A dose–response study following in utero and lactational exposure to di-(2-ethylhexyl) phthalate (DEHP): Effects on androgenic status, developmental landmarks and testicular histology in male offspring rats. Toxicology, 225(1): 64-74.

Arbuckle TE, Davis K, Boylan K, Fisher M, Fu JS. 2016. Bisphenol A, phthalates and lead and learning and behavioral problems in Canadian children 6-11 years of age: CHMS 2007-2009. Neurotoxicology, 54: 89-98.

Axelsson J, Rylander L, Rignell-Hydbom A, Jönsson BA, Lindh CH, Giwercman A. 2015. Phthalate exposure and reproductive parameters in young men from the general Swedish population. Environment International, 85: 54-60.

Boas M, Frederiksen H, Feldt-Rasmussen U, Skakkebæk NE, Hegedüs L, Hilsted L, Juul A, Main KM. 2010. Childhood exposure to phthalates: Associations with thyroid function, insulin-like growth factor Ⅰ, and growth. Environmental Health Perspectives, 118(10): 1458-1464.

Buck Louis GM, Peterson CM, Chen Z, Croughan M, Sundaram R, Stanford J, Varner MW, Kennedy A, Giudice L, Fujimoto VY, Sun L, Wang L, Guo Y, Kannan K. 2013. Bisphenol A and phthalates and endometriosis: The endometriosis: Natural History, Diagnosis and Outcomes Study. Fertility and Sterility, 100(1): 162-169.

Carnevali O, Tosti L, Speciale C, Peng C, Zhu Y, Maradonna F. 2010. DEHP impairs zebrafish reproduction by affecting critical factors in oogenesis. PloS One, 5: e10201.

Chen Q, Yang H, Zhou NY, Sun L, Bao HQ, Tan L, Chen HQ, Ling X, Zhang GW, Huang LP, Li LB, Ma MF, Yang H, Wang XG, Zou P, Peng KG, Liu TX, Shi XF, Feng DJ, Zhou ZY, Ao L, Cui ZH, Cao J. 2017. Phthalate exposure, even below US EPA reference doses, was associated with semen quality and reproductive hormones: Prospective MARHCS study in general population. Environment International, 104: 58-68.

Chikae M, Ikeda R, Hatano Y, Hasan Q, Morita Y, Tamiya E. 2004. Effects of bis(2-ethylhexyl) phthalate, γ-hexachlorocyclohexane, and 17β-estradiol on the fry stage of medaka (*Oryzias latipes*). Environmental Toxicology and Pharmacology, 18: 9-12.

Corradetti B, Stronati A, Tosti L, Manicardi G, Carnevali O, Bizzaro D. 2013. Bis-(2-ethyle-xhyl)phthalate impairs spermatogenesis in zebrafish (*Danio rerio*). Reproductive Biology, 13: 195-202.

Dimastrogiovanni G, Córdoba M, Navarro I, Jauregui O, Porte C. 2012. Alteration of cellular lipids and lipid metabolism markers in RTL-W1 cells exposed to model endocrine disrupters. Aquatic Toxicology, 165: 277-285.

Dobrzyńska M. 2016. Phthalates - widespread occurrence and the effect on male gametes. Part 1. General characteristics, sources and human exposure. Roczniki Państwowego Zakładu Higieny, 67(2): 97.

Dong RH, Zhou T, Zhao SZ, Zhang H, Zhang MR, Chen JS, Wang M, Wu M, Li SG, Chen B. 2017. Food consumption survey of Shanghai adults in 2012 and its associations with phthalate metabolites in urine. Environment International, 101: 80-88.

Ejaredar M, Nyanza EC, Ten Eycke K, Dewey D. 2015. Phthalate exposure and childrens neurodevelopment: A systematic review. Environmental Research, 142: 51-60.

Fan W, Xia X, Sha Y. 2008. Distribution of phthalic acid esters in Wuhan section of the Yangtze River, China. Journal of Hazardous Materials, 154(1-3): 317.

Fong JP, Lee FJ, Lu IS, Uang SN, Lee CC. 2015. Relationship between urinary concentrations of di (2-ethylhexyl)phthalate (DEHP) metabolites and reproductive hormones in polyvinyl chloride production workers. Occupational and Environmental Medicine, 72(5): 346-353.

Frederiksen H, Skakkebaek NE, Andersson AM. 2007. Metabolism of phthalates in humans. Molecular Nutrition & Food Research, 51(7): 899-911.

Fromme H, Gruber L, Seckin E, Raab U, Zimmermann S, Kiranoglu M, Schlummer M, Schwegler U, Smolic S, Völkel W. 2011. Phthalates and their metabolites in breast milk—Results from the Bavarian Monitoring of Breast Milk (BAMBI). Environment International, 37(4): 715-722.

Gao CJ, Liu LY, Ma WL, Ren NQ, Guo Y, Zhu NZ, Jiang L, Li YF, Kannan K. 2016. Phthalate metabolites in urine of Chinese young adults: Concentration, profile, exposure and cumulative risk assessment. Science of the Total Environment, 543: 19-27.

Gao D, Li Z, Wen Z, Ren N. 2014. Occurrence and fate of phthalate esters in full-scale domestic wastewater treatment plants and their impact on receiving waters along the Songhua River in China. Chemosphere, 95(1): 24-32.

Gao DW, Wen ZD. 2016. Phthalate esters in the environment: A critical review of their occurrence, biodegradation, and removal during wastewater treatment processes. Science of the Total Environment, 541: 986.

Golshan M, Hatef A, Socha M, Milla S, Butts IA.E., Carnevali O, Rodina M, Mikolajczyk MS, Fontaine P, Linhart O, Alavi SMH. 2015. Di-(2-ethylhexyl)-phthalate disrupts pituitary and testicular hormonal functions to reduce sperm quality in mature goldfish. Aquatic Toxicology, 163: 16-26.

Grande SW, Anderson JMA, Talsness CE, Grote K, Golombiewski A, Sterner-Kock A, Chahoud I. 2007. A dose–response study following in utero and lactational exposure to di-(2-ethylhexyl) phthalate(DEHP): Reproductive effects on adult female offspring rats. Toxicology, 229(1-2): 114-122.

Grande SW, Andrade AJ, Talsness CE, Grote K, Chahoud I. 2006. A dose-response study following in utero and lactational exposure to di(2-ethylhexyl)phthalate: Effects on female rat reproductive development. Toxicological Sciences, 91(1): 247-254.

Gray LE, Jr., Wilson VS, Stoker T, Lambright C, Furr J, Noriega N, Howdeshell K, Ankley GT, Guillette L. 2006. Adverse effects of environmental antiandrogens and androgens on reproductive development in mammals. International Journal of Andrology, 29(1): 96-104.

Guerranti C, Cau A, Renzi M, Badini S, Grazioli E, Perra G, Focardi SE. 2016. Phthalates and perfluorinated alkylated substances in Atlantic bluefin tuna (*Thunnus thynnus*) specimens from Mediterranean Sea (Sardinia, Italy): Levels and risks for human consumption. Journal of Environmental Science and Health.part.b Pesticides Food Contaminants and Agricultural Wastes, 51(10): 661-667.

Guo Y, Alomirah H, Cho HS, Minh TB, Mohd MA, Nakata H, Kannan K. 2011. Occurrence of phthalate metabolites in human urine from several Asian countries. Environmental Science & Technology, 45(7): 3138-3144.

Guo Y, Yang Y, Gao Y, Wang X, Zhou B. 2015. The impact of long term exposure to phthalic acid esters on reproduction in Chinese rare minnow (*Gobiocypris rarus*). Environmental Pollution, 203: 130-136.

Gupta RK, Singh JT. 2010. Di-(2-ethylhexyl)phthalate and mono-(2-ethylhexyl)phthalate inhibit growth and reduce estradiol levels of antral follicles *in vitro*. Toxicology and Applied Pharmacology, 242(2): 224-230.

Hannon PR, Brannick KE, Wang W, Gupta RK, Flaws JA. 2015. Di(2-ethylhexyl)phthalate inhibits antral follicle growth, induces atresia, and inhibits steroid hormone production in cultured mouse antral follicles. Toxicology and Applied Pharmacology, 284(1): 42-53.

Hannon PR, Niermann S, Flaws JA, Hannon PR, Niermann S, Flaws JA. 2016. Acute exposure to di(2-ethylhexyl)phthalate in adulthood causes adverse reproductive outcomes later in life and accelerates reproductive aging in female mice. Toxicological Sciences, 150(1): 97-108.

He W, Qin N, Kong X, Liu W, He Q, Ouyang H, Yang C, Jiang Y, Wang Q, Yang B. 2013. Spatio-temporal distributions and the ecological and health risks of phthalate esters (PAEs) in the surface water of a large, shallow Chinese lake. Science of the Total Environments, 461-462(7): 672-680.

Hirshfield AN. 1991. Development of follicles in the Mammalian Ovary. International Review of Cytology, 124: 43-101.

Huang HB, Pan WH, Chang JW, Chiang HC, Guo YL, Jaakkola JJK, Huang PC. 2017. Does exposure to phthalates influence thyroid function and growth hormone homeostasis? The Taiwan Environmental Survey for Toxicants (TEST) 2013. Environmental Research, 153: 63-72.

Huang LP, Lee CC, Hsu PC, Shih TS. 2011. The association between semen quality in workers and the concentration of di(2-ethylhexyl)phthalate in polyvinyl chloride pellet plant air. Fertility and Sterility, 96(1): 90-94.

Huang PC, Tien CJ, Sun YM, Hsieh CY, Lee CC. 2008. Occurrence of phthalates in sediment and biota: Relationship to aquatic factors and the biota-sediment accumulation factor. Chemosphere, 73(4): 539-44.

Inada H, Chihara K, Yamashita A, Miyawaki I, Fukuda C, Takeshi Y, Kunimatsu T, Kimura J, Funabashi H, Miyano T. 2012. Evaluation of ovarian toxicity of mono-(2-ethylhexyl)phthalate (MEHP)using cultured rat ovarian follicles. Journal of Toxicological Sciences, 37(3): 483-490.

Jia P, Ma Y, Lu C, Mirza Z, Zhang W, Jia Y, Li W, Pei D. 2016. The effects of disturbance on Hypothalamus-pituitary-thyroid (HPT) axis in zebrafish larvae after exposure to DEHP. PloS One, 11: e0155762.

Kang Y, Man YB, Cheung KC, Wong MH. 2012. Risk assessment of human exposure to bioaccessible phthalate esters via indoor dust around the Pearl River Delta. Environmental Science & Technology, 46(15): 8422-8430.

Kasper-Sonnenberg M, Koch HM, Wittsiepe J, Bruning T, Wilhelm M. 2014. Phthalate metabolites and bisphenol A in urines from German school-aged children: Results of the Duisburg Birth Cohort and Bochum Cohort Studies. International Journal of Hygiene and Environmental Health, 217(8): 830-838.

Katsikantami I, Sifakis S, Tzatzarakis MN, Vakonaki E, Kalantzi OI, Tsatsakis AM, Rizos AK. 2016. A global assessment of phthalates burden and related links to health effects. Environment International, 97: 212-236.

Kim EJ, Kim JW, Lee SK. 2002. Inhibition of oocyte development in Japanese medaka (*Oryzias latipes*) exposed to di-2-ethylhexyl phthalate. Environment International, 28: 359-365.

Kim HY. 2016. Risk assessment of di(2-ethylhexyl)phthalate in the workplace. Environmental Health Toxicology, 31: e2016011.

Kim JH, Kim SH, Oh YS, Ihm HJ, Chae HD, Kim CH, Kang BM. 2017. In vitro effects of phthalate esters in human myometrial and leiomyoma cells and increased urinary level of phthalate metabolite in women with uterine leiomyoma. Fertility and Sterility, 107(4): 1061-1069.

Kim S, Kang S, Lee G, Lee S, Jo A, Kwak K, Kim D, Koh D, Kho YL, Kim S, Choi K. 2014. Urinary phthalate metabolites among elementary school children of Korea: Sources, risks, and their association with oxidative stress marker. Science of The Total Environment, 472: 49-55.

Kim S, Kim S, Won S, Choi K. 2017. Considering common sources of exposure in association studies-Urinary benzophenone-3 and DEHP metabolites are associated with altered thyroid hormone balance in the NHANES 2007-2008. Environmental International, 107(Supplement C): 25-32.

Kim S, Lee J, Park J, Kim HJ, Cho GJ, Kim GH, Eun SH, Lee JJ, Choi G, Suh E. 2017. Urinary phthalate metabolites over the first 15 months of life and risk assessment—CHECK cohort study. Science of the Total Environment, 607-608: 881.

Kim SH, Chun S, Jang JY, Chae HD, Kim CH, Kang BM. 2011. Increased plasma levels of phthalate esters in women with advanced-stage endometriosis: a prospective case-control study. Fertil Steril, 95(1): 357-359.

Kolšek K, Gobec M, Mlinarič Raščan I, Sollner DM. 2014. Molecular docking revealed potential disruptors of glucocorticoid receptor-dependent reporter gene expression. Toxicology Letters, 226(2): 132-139.

Kong S, Ji Y, Liu L, Li C, Zhao X, Wang J, Bai Z, Sun Z. 2012. Diversities of phthalate esters in suburban agricultural soils and wasteland soil appeared with urbanization in China. Environmental Pollution, 170(8): 161-168.

Li MC, Chen C-H, Guo YL. 2017. Phthalate esters and childhood asthma: A systematic review and congener-specific meta-analysis. Environmental Pollution, 229: 655-660.

Lin LC, Wang SL, Chang YC, Huang PC, Cheng JT, Su PH, Liao PC. 2011. Associations between maternal phthalate exposure and cord sex hormones in human infants. Chemosphere, 83(8): 1192-1199.

Liu C, Zhao L, Wei L, Li L. 2015. DEHP reduces thyroid hormones via interacting with hormone synthesis-related proteins, deiodinases, transthyretin, receptors, and hepatic enzymes in rats. Environmental Science and Pollution Research International, 22(16): 12711.

Liu H, Cui K, Zeng F, Chen L, Cheng Y, Li H, Li S, Zhou X, Zhu F, Ouyang G. 2014. Occurrence and distribution of phthalate esters in riverine sediments from the Pearl River Delta region, South China. Marine Pollution Bulletin, 83(1): 358-365.

Liu T, Li N, Zhu J, Yu GY, Guo K, Zhou LT, Zheng DC, Qu XF, Huang J, Chen X, Wang SY, Ye L. 2014. Effects of di-(2-ethylhexyl)phthalate on the hypothalamus-pituitary-ovarian axis in adult female rats. Reproductive Toxicology, 46: 141-147.

Ma MY, Kondo T, Ban S, Umemura T, Kurahashi N, Takeda M, Kishi R. 2006. Exposure of prepubertal female rats to inhaled di(2-ethylhexyl)phthalate affects the onset of puberty and postpubertal reproductive functions. Toxicological Sciences, 93(1): 164-171.

Ma Y, Jia P, Junaid M, Yang L, Lu C, Pei D. 2018. Reproductive effects linked to DNA methylation in male zebrafish chronically exposed to environmentally relevant concentrations of di-(2-ethylhexyl)phthalate. Environmental Pollution(in press).

Maradonna F, Evangelisti M, Gioacchini G, Migliarini B, Olivotto I, Carnevali O. 2013. Assay of vtg, ERs and PPARs as endpoint for the rapid *in vitro*, screening of the harmful effect of Di-(2-ethylhexyl)-phthalate(DEHP)and phthalic acid(PA)in zebrafish primary hepatocyte cultures. Toxicology in Vitro An International Journal Published in Association with BIBRA, 27(1):

84-91.

Mariana M, Feiteiro J, Verde I, Cairrao E. 2016. The effects of phthalates in the cardiovascular and reproductive systems: A review. Environment International, 94(Supplement C): 758-776.

Meeker JD, Calafat AM, Hauser R. 2007. Di(2-ethylhexyl)phthalate metabolites may alter thyroid hormone levels in men. Environmental Health Perspectives, 115(7): 1029-1034.

Meeker JD, Calafat AM, Hauser R. 2009. Urinary metabolites of di(2-ethylhexyl)phthalate are associated with decreased steroid hormone levels in adult men. Journal of Andrology, 30(3): 287-297.

Mei H, Xie G, Li W, Peng L, Min Y, Liu CJ. 2016. Di-(2-ethylhexyl)phthalate inhibits testosterone level through disturbed hypothalamic-pituitary-testis axis and ERK-mediated 5α-Reductase 2. Science of the Total Environment, 563-564: 566-575.

Mu X, Liao X, Chen X, Li Y, Wang M, Shen C, Zhang X, Wang Y, Liu X, He J. 2015. DEHP exposure impairs mouse oocyte cyst breakdown and primordial follicle assembly through estrogen receptor-dependent and independent mechanisms. Journal of Hazardous Materials, 298: 232-240.

Mu XYT, Liao XG, Chen XM, Li YL, Wang M, Shen C, Zhang X, Wang YX, Liu XQ, He JL. 2015. DEHP exposure impairs mouse oocyte cyst breakdown and primordial follicle assembly through estrogen receptor-dependent and independent mechanisms. Journal of Hazardous Materials, 298: 232-240.

Pant N, Pant A, Shukla M, Mathur N, Gupta Y, Saxena D. 2011. Environmental and experimental exposure of phthalate esters: The toxicological consequence on human sperm. Human & Experimental Toxicology, 30(6): 507-514.

Pant N, Shukla M, Patel DK, Shukla Y, Mathur N, Gupta YK, Saxena DK. 2008. Correlation of phthalate exposures with semen quality. Toxicology and Applied Pharmacology, 231(1): 112-116.

Park C, Choi W, Hwang M, Lee Y, Kim S, Yu S, Lee I, Paek D, Choi K. 2017. Associations between urinary phthalate metabolites and bisphenol a levels, and serum thyroid hormones among the korean adult population - Korean National Environmental Health Survey (KoNEHS) 2012—2014. Science of the Total Environment, 584: 950-957.

Piché CD, Sauvageau D, Vanlian M, Erythropel HC, Robaire B, Leask RL. 2012. Effects of di-(2-ethylhexyl)phthalate and four of its metabolites on steroidogenesis in MA-10 cells. Ecotoxicology and Environmental Safety, 79(6): 108-115.

Romani F, Tropea A, Scarinci E, Federico A, Dello Russo C, Lisi L, Catino S, Lanzone A, Apa R. 2014. Endocrine disruptors and human reproductive failure: The *in vitro* effect of phthalates on human luteal cells. Fertility and Sterility, 102(3): 831-837.

Serrano SE, Braun J, Trasande L, Dills R, Sathyanarayana S. 2014. Phthalates and diet: A review of the food monitoring and epidemiology data. Environmental Health, 13.

Sha Y, Xia X, Yang Z, Huang GH. 2007. Distribution of PAEs in the middle and lower reaches of the Yellow River, China. Environmental Monitoring and Assessment, 124(1-3): 277-287.

Shi HJ, Cao Y, Shen Q, Zhao Y, Zhang Z, Zhang YH. 2015. Association between urinary phthalates and pubertal timing in Chinese adolescents. Journal of Epidemiology, 25(9): 574-582.

Sun J, Huang J, Zhang A, Liu W, Cheng W. 2013. Occurrence of phthalate esters in sediments in Qiantang River, China and inference with urbanization and river flow regime. Journal of

Hazardous Materials, 248-249: 142.

Sun J, Zhang M-R, Zhang L-Q, Zhao D, Li S-G, Chen B. 2016. Phthalate monoesters in association with uterine leiomyomata in Shanghai. International Journal of Environmental Health Research, 26(3): 306-316.

Suzuki Y, Yoshinaga J, Mizumoto Y, Serizawa S, Shiraishi H. 2012. Foetal exposure to phthalate esters and anogenital distance in male newborns. International Journal of Andrology, 35(3): 236-244.

Swan SH, Sathyanarayana S, Barrett ES, Janssen S, Liu F, Nguyen RH, Redmon JB, Team TS. 2015. First trimester phthalate exposure and anogenital distance in newborns. Human Reproduction, 30(4): 963-972.

Uren-Webster TM, Lewis C, Filby AL, Paull GC, Santos EM. 2010. Mechanisms of toxicity of di(2-ethylhexyl)phthalate on the reproductive health of male zebrafish. Aquatic Toxicology, 99: 360-369.

Valton AS, Serredargnat C, Blanchard M, Alliot F, Chevreuil M, Teil MJ. 2014. Determination of phthalates and their by-products in tissues of roach (*Rutilus rutilus*) from the Orge river (France). Environmental Science and Pollution Research International, 21(22): 12723-30.

Wang X, Tao W, Xu Y, Feng J, Wang F. 2014. Indoor phthalate concentration and exposure in residential and office buildings in Xi'an, China. Atmospheric Environment, 87: 146-152.

Wang X, Yang Y, Zhang L, Ma Y, Han J, Yang L, Zhou B. 2013. Endocrine disruption by di-(2-ethylexhyl)-phthalate in Chinese rare minnow (*Gobiocypris rarus*). Environmental Toxicology and Chemistry, 32: 1846-1854.

Wang XT, Ma LL, Sun YZ, Xu XB. 2006. Phthalate esters in sediments from Guanting Reservoir and the Yongding River, Beijing, People's Republic of China. Bulletin of Environmental Contamination and Toxicology, 76(5): 799-806.

Wang YX, Zeng Q, Sun Y, You L, Wang P, Li M, Yang P, Li J, Huang Z, Wang C, Li S, Dan Y, Li YF, Lu WQ. 2016. Phthalate exposure in association with serum hormone levels, sperm DNA damage and spermatozoa apoptosis: A cross-sectional study in China. Environmental Research, 150: 557-565.

Wenzel A, Franz C, Breous E, Loos U. 2005. Modulation of iodide uptake by dialkyl γphthalate plasticisers in FRTL-5 rat thyroid follicular cell. Molecular and Cellular Endocrinology, 244(1-2): 63-71.

Wu MT, Wu CF, Chen BH, Chen EK, Chen YL, Shiea J, Lee WT, Chao MC, Wu JR. 2013. Intake of phthalate-tainted foods alters thyroid functions in Taiwanese children. PloS One, 8(1): e55005.

Ye H, Ha M, Yang M, Yue P, Xie Z, Liu C. 2017. Di-(2-ethylhexyl) phthalate disrupts thyroid hormone homeostasis through activating the Ras/Akt/TRHr pathway and inducing hepatic enzymes. Scientific Reports, 7: 40153

Ye T, Kang M, Huang Q, Fang C, Chen Y, Shen H, Dong S. 2014. Exposure to DEHP and MEHP from hatching to adulthood causes reproductive dysfunction and endocrine disruption in marine medaka (*Oryzias melastigma*). Aquatic Toxicology, 146: 115-126.

Yuan SY, Liu C, Liao CS, Chang BV. 2002. Occurrence and microbial degradation of phthalate esters in Taiwan river sediments. Chemosphere, 49(10): 1295-1299.

Zhai W, Huang Z, Chen L, Feng C, Li B, Li T. 2014. Thyroid endocrine disruption in zebrafish larvae after exposure to mono-(2-ethylhexyl)phthalate (MEHP). PloS One, 9: e92465.

Zhang W, Shen XY, Zhang WW, Chen H, Xu WP, Wei W. 2017. Di-(2-ethylhexyl)phthalate could disrupt the insulin signaling pathway in liver of SD rats and L02 cells via PPAR. Toxicology and Applied Pharmacology, 316: 17-26.

Zhang XF, Zhang T, Han Z, Liu JC, Liu YP, Ma JY, Li L, Shen W. 2014. Transgenerational inheritance of ovarian development deficiency induced by maternal diethylhexyl phthalate exposure. Reproduction Fertility & Development, 27(8): 1213-1221.

Zhang YH, Cao Y, Shi HJ, Jiang XX, Zhao Y, Fang X, Xie CM. 2015. Could exposure to phthalates speed up or delay pubertal onset and development? A 1.5-year follow-up of a school-based population. Environment International, 83: 41-49.

Zhang YW, Gao H, Mao LJ, Tao XY, Ge X, Huang K, Zhu P, Hao JH, Wang QN, Xu YY, Jin ZX, Sheng J, Xu YQ, Yan SQ, Tao XG, Tao FB. 2018. Effects of the phthalate exposure during three gestation periods on birth weight and their gender differences: A birth cohort study in China. Science of the Total Environment, 613: 1573-1578.

Zheng X, Zhang BT, Teng Y. 2014. Distribution of phthalate acid esters in lakes of Beijing and its relationship with anthropogenic activities. Science of the Total Environment, 476-477: 107-113.

Zhu YS, Wan YJ, Zhang B, Zhou AF, Huo WQ, Wu CS, Liu HX, Jiang YQ, Chen Z, Jiang MM, Peng Y, Xu SQ, Xia W, Li YY. 2018. Relationship between maternal phthalate exposure and offspring size at birth. Science of the Total Environment, 612: 1072-1078.

第 10 章　六溴环十二烷的内分泌干扰效应

本章导读

- 首先简介六溴环十二烷的理化性质、环境分布以及异构体的生物可利用性差异；
- 介绍以离体细胞为对象，评价六溴环十二烷的甲状腺和生殖内分泌干扰效应的研究；
- 陈述六溴环十二烷对鱼类、两栖类、鸟类和哺乳类的内分泌干扰和发育毒性效应，重点介绍六溴环十二烷对鱼类、哺乳动物的甲状腺和生殖内分泌干扰效应，对鸟类生殖行为的影响，以及在哺乳动物中的传递毒性效应；
- 最后介绍人类暴露六溴环十二烷的主要途径以及人体内的含量，并总结了关于六溴环十二烷对人类的流行病学研究。

10.1　六溴环十二烷简介

20 世纪 60 年代，六溴环十二烷（hexabromocyclododecane，HBCD）开始作为添加型阻燃剂在全球市场上使用。在工业生产中，HBCD 主要用于建筑业中的模塑聚苯乙烯（expanded polystyrene，EPS）和挤塑聚苯乙烯（extruded polystyrene，XPS）等泡沫塑料板，同时也广泛应用于纺织品涂料、电气和电子设备的耐冲击性聚苯乙烯树脂中（钮珊和海热提，2012；Yu et al.，2016）。

HBCD 是一种环状结构的化合物，含有 6 个溴原子，因而具有 6 个立体中心，理论上能形成 16 种立体异构体（Heeb et al.，2005）。商品化 HBCD 主要含 3 种立体异构体（见图 10-1）。因生产方法的差异，在不同的商品中，其不同的异构体所占有的比例有所差别，从低到高大致为 β-HBCD（1%~12%），α-HBCD（10%~13%）以及 γ-HBCD（75%~89%）（Covaci et al.，2006）。由于异构体间物理性质的差异（见表 10-1），会使得不同的异构体在特定的条件下转换，例如在防火塑料制造过程中，高温可引起 γ-HBCD 向 α-HBCD 热重排，导致 α-HBCD 在聚苯乙烯等材料中的含量增加（Heeb et al.，2008）。在常用的两种泡沫塑料板的生产过程中，挤塑聚苯乙烯的工业加工程度比模塑聚苯乙烯的程度要高很多，因此前者含有的 α-HBCD 比例远高于模塑聚苯乙烯（Rani et al.，2014）。常见的 3 种非对映异构体均为手性和外消旋化合物，其不同的结构和理化性质，必然会引起环境行为和毒性效应的差异。

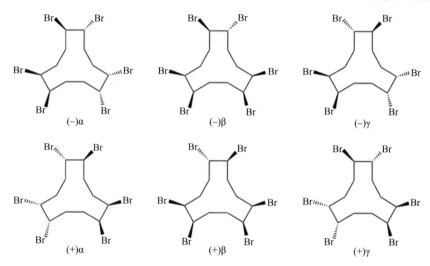

图 10-1　HBCD 的三种主要手性立体异构体（Heeb et al.，2005）

表 10-1　HBCD 的基本物理学性质（EU，2008）

特性	数值
化学式	$C_{12}H_{18}Br_6$
分子量	641.7
物理状态	白色、无臭固体
熔点	范围约为：172~184℃到201~205℃，平均值 190℃
	179~181℃　α-HBCD
	170~172℃　β-HBCD
	207~209℃　γ-HBCD
沸点	在温度>190℃时分解
密度	2.38 g/cm³
蒸气压	$6.3×10^{-5}$ Pa（21℃）
水溶性（20℃）	（48.8±1.9）μg/L　α-HBCD
	（14.7±0.5）μg/L　β-HBCD
	（2.1±0.2）μg/L　γ-HBCD
正辛醇/水分配系数（$\log K_{ow}$）	5.62（技术产品）
	5.07±0.09　α-HBCD
	5.12±0.09　β-HBCD
	5.47±0.10　γ-HBCD

HBCD 属于添加型阻燃剂。在工业生产中，HBCD 仅与主体聚合物进行物理混合，而非形成稳定的化学键，这种结合方式使得 HBCD 分子可以在固体基质内缓慢迁移。因此，在生产、运输、使用、存储以及作为废物处理的过程中，HBCD 都会随着物品的磨损逐渐从表面挥发，并释放到周围的环境中（Covaci et al.，2006；Garcia-Alcega et al.，2016；莫婷和曾辉，2016）。20 世纪 90 年代，HBCD 首次在瑞典的大气、河流沉积物中被检测出来，之后其环境行为开始逐渐受到关注。经过全球各地近 30 年的调查研究，结果显示 HBCD 已广泛存在于各种非生物介质（如大气、水体、沉积物及土壤等）以及生物体中（从无脊椎动物到人类）。此外，即使在远离人类活动的地区也能检测到一定含量的 HBCD （Law et al.，2014），说明 HBCD 具有长距离迁移能力。

大量科学研究表明，HBCD 具有环境持久性、潜在的毒性效应、可在生物体内富集并且能够长距离迁移等持久性有机污染物的基本特征（见表 10-2）。2009年，经联合国欧洲经济委员会（UNECE）《远距离越境空气污染公约》（LRTAP）

表 10-2 HBCD 的环境持久性参数（Marvin et al.，2011）

持久性（persistence，P）	
空气中的半衰期（d）	0.4~5.2
水中的半衰期（d）	60~130
沉积物中的半衰期（d）	
有氧环境（20℃）	11~128
缺氧环境（20℃）	1.1~115
土壤中的半衰期（d）	
有氧环境（20℃）	63~N.A.*
缺氧环境（20℃）	6.9
整体环境持久性（P_{ov}, d）	12~1200
生物累积（bioaccumulation，B）	
正辛醇/水分配系数（log K_{ow}）	5.4~5.8
生物富集因子（log BCF）	3.9~4.3
生物累积因子（log BAF）	3.7~6.1
生物放大因子（BMF）	0.1~11
营养级放大因子（TMF）	0.3~2.2
远距离传输能力（long-range transport potential，LRTP）	
蒸气压（P_a）	<1000
偏远地区是否检出	是
特征迁移距离（km）	600（200~1500）

*N.A.表示在接近环境浓度的检测中，HBCD 的降解速率过低，而无法对其进行定量

执行机构审议，认定 HBCD 符合持久性有机污染物标准（UNECE，2009）。2011
年，HBCD 被欧洲化学品管理局（ECHA）列入《化学品的注册、评估、授权和限
制》（REACH）法规附录 XIV 名单中，并规定，自 2015 年 8 月 21 日起，HBCD
只可应用于授权的产品中，未被授权的产品均不得再使用 HBCD（EU，2011）。2013
年 5 月，联合国环境保护署（UNEP）持久性有机污染物审查委员会正式将 HBCD
列入《关于持久性有机污染物的斯德哥尔摩公约》附录 A 名单（UNEP，2013）。
2016 年 3 月，欧盟立法将 HBCD 列入持久性有机污染物管控名单（POPs Regulation
Annex I）中。依据新法规，自 2016 年 3 月 22 起，除未到期的授权生产外，欧盟
市场上不得再生产和销售 HBCD 含量高于 100 mg/kg 的商品（EU，2016）。随着
在全球范围内执行禁用指令，HBCD 作为阻燃剂的功能将逐渐被其他新型阻燃剂
所取代。

　　由于 HBCD 已经在全球范围内使用了半个多世纪，且主要应用于具有漫长使
用周期的建筑领域，意味着 HBCD 即使被禁用后，仍然会在环境中存在很长一段
时间。作为 POPs，HBCD 除了具有环境持久性，还有潜在的生物毒性，因此 HBCD
在自然界中的含量、分布以及对生态系统的影响，尤其是对生物和人类健康的潜
在健康风险需要长期关注。

10.2　HBCD 在非生物介质中的分布

　　在常温下，HBCD 的蒸气压较高，极易从产品表面释放到周围环境中。进入
环境中的 HBCD 能在大气中进行远距离迁移，并经过迁移与转化富集而广泛存在
于各种环境介质中。本节将主要介绍其在环境介质，包括大气、水体、沉积物中
的污染状况。

　　一般而言，在经济发达地区或者存在工业污染的地区，环境介质中 HBCD 的
含量要远高于没有工业污染的地区。例如，一项来自欧洲的研究指出，在瑞典和
芬兰的两个远离工业的地区，检测的大气中 HBCD 最大值仅为 5 pg/m^3，然而至斯
德哥尔摩城区后，HBCD 的浓度范围上升至 76~610 pg/m^3，而位于泡沫塑料板
生产厂、纺织企业及垃圾填埋场周围，大气中 HBCD 的浓度则急剧升至最高约
1070 ng/m^3，形成典型的以这些工业生产厂为中心并逐渐向外扩散的辐射形污染区
域（Remberger et al.，2004），表明 HBCD 从污染源扩散到其他地区。

　　与室外大气相比，更值得关注的是室内空气中 HBCD 的含量。环境检测表明，
室内空气，尤其是粉尘中 HBCD 的含量普遍高于室外大气。例如一项来自葡萄牙
的环境检测显示，在室内粉尘中的有机污染物，HBCD 的含量仅次于 PBDEs，
ΣHBCD 检出范围为 16~2000 ng/g，均值达 380 ng/g，其中最主要的是 α-HBCD，

比例约占 80%（Coelho et al.，2016）。另有研究表明，家具装饰、纺织品中 HBCD 的含量范围达到 22 000~43 000 mg/kg，比例占到 2.2%~4.3%，这是造成室内粉尘中 HBCD 含量高的重要原因（Kajiwara et al.，2009）。与商品化 HBCD 相比，这些纺织品中的 α-HBCD 比例显著升高，而 γ-HBCD 则普遍下降，这种异构体组成的变化可能与商品的热加工有关，在热加工过程中，γ-HBCD 会发生热转化形成 α-HBCD，由此造成 α-HBCD 比例上升（Heeb et al.，2008；Kajiwara et al.，2009）。由于人类绝大部分的活动时间是在室内，如果室内空气不流通，非常容易大量吸入含 HBCD 的粉尘，因此呼吸成为人类直接暴露的一个重要途径（Harrad et al.，2010）。

除了大气之外，水体中也广泛存在 HBCD，但是含量一般很低，在 pg/L~ng/L 级。例如在加拿大温尼伯湖，检测的水体中 α-HBCD 的浓度为（11 ± 2）pg/L，而 β-和 γ-HBCD 的含量则低于检出限（Law et al.，2006）。而在我国黄海北部近岸水体中，HBCD 检出率达 75%，浓度范围为 120~2230 pg/L，远高于温尼伯湖的水平，且其中比例最高的为 γ-HBCD（吴限等，2014）。

尽管 HBCD 在水中的含量很低，但极易被悬浮物吸附，并随着悬浮物的沉降蓄积在沉积物中。因此一般而言，水体沉积物中 HBCD 的含量会相对较高。如一项来自英国的多个湖泊的调查数据显示，水体中的 HBCD 浓度为 80~270 pg/L，而相应的水底沉积物中的浓度可达 880~4800 pg/g dw（Harrad et al.，2009）。而土壤中 HBCD 的主要来源是工业生产厂、垃圾回收站等，以点源污染的方式分布，而在远离污染源的土壤中，HBCD 的含量也会急剧下降。如在山东潍坊市的一家 HBCD 生产厂，其附近土壤中 HBCD 的浓度为 363 ng/g dw，而离工厂 11 km 的取样点土壤中的含量仅为 1.71 ng/g dw（Zhang et al.，2016）。

此外，由于 HBCD 具有很高的脂溶性，因此较容易在高脂肪的食物中积累。例如美国的一项研究显示，在检测的 36 种食品中，高脂食品（鱼类、禽类、豆类、牛肉及猪肉等）的 HBCD 检出率达 42%，其中占主要的是 α-及 γ-HBCD（Schecter et al.，2012）。而在中国浙江省台州市，由于当地电子废弃物处理过程释放出来的 HBCD，影响养殖的鱼类和家禽，使得鱼肉中的 HBCD 含量较高，达到 310 ng/g lw，其次为鸡肉和鸡蛋，平均含量分别为 79 ng/g lw 和 47 ng/g lw（Chan et al.，2013）。食物中 HBCD 的含量与产地有极大关系，且是人体 HBCD 暴露的主要途径。

10.3   HBCD 在生物体内的分布

在水生态系统中，尽管水体中 HBCD 的含量很低，但是 HBCD 可通过食物链传递，在不同营养级的生物体内逐级富集，形成生物放大效应，最后在高等生物体内积累（Haukås et al.，2010）。

例如在北美安大略湖水域，结合对浮游动物以及底栖无脊椎动物的检测发现，在安大略湖的食物网中，随着营养级的上升，生物体内 HBCD 的含量呈现显著线性上升趋势，处在不同营养级的生物对 α-及 γ-HBCD 的生物放大指数范围分别为 0.4~10.8 以及 0.2~10（Tomy et al.，2004），表明 HBCD 在食物链中具有积累放大效应。在海洋生态系统中，生物体内两种主要的 HBCD（α-，γ-）的总量由高到低顺序大致为鱼类、脊索动物、头足类、棘皮动物、双壳类、甲壳类（Son et al.，2015）。

水生哺乳动物处在水生食物链顶端，其体内 HBCD 的生物富集现象更加明显，同时其体内的含量也受食物以及营养状况等多种因素的影响。一项针对华南珠江口的中华白海豚（*Sousa chinensis*）（1997~2007 年）和江豚（*Neophocaena phocaenoides*）（2003~2008 年）体内的 HBCD 含量的长期监测研究表明，处于同一水域的中华白海豚脂肪组织中 HBCD 的含量明显高于江豚，其浓度范围分别为（31~380）ng/g lw 和（4.7~55）ng/g lw（Isobe et al.，2007；Lam et al.，2009）。这两种水生哺乳动物均处于食物链顶端，且栖息地有很大的重叠，但捕食鱼类的中华白海豚体内 HBCD 的含量显著高于捕食头足类的江豚，因此主要食物的不同导致了两种动物体内的 HBCD 含量出现较大差异。

在生态环境监测中，陆生鸟类是常用的指示生物。我国学者检测了北京、广州、武汉以及广东省韶关乡村的麻雀（*Passer montanus*）及喜鹊（*Pica pica*）体内的 HBCD。结果显示，北京地区的这两种鸟类体内的 HBCD 的含量（6.5~1100 ng/g lw）显著高于广州和武汉地区，而作为参照的韶关乡村地区，样本中的含量则低于检出限（Yu et al.，2014）。研究者认为这种差异与地区的城市化程度以及相应的工业污染程度有很大的关系。此外，HBCD 不仅在鸟类中普遍存在，而且在鸟蛋中也检测到 HBCD。一项对加拿大和西班牙的游隼（*Falco peregrinus*）蛋中 HBCD 的多年持续检测显示，80%的鸟蛋中均含有 HBCD，且检出的最高含量达到 15 000 ng/g lw（Guerra et al.，2012）。即使在偏远的北极地区，鸟蛋中依然能检测到 HBCD。北极燕鸥（*Sterna paradisaea*）鸟蛋中的含量最低，平均为 1.3 ng/g lw，而在大黑背鸥（*Larus marinus*）卵中，其含量可达 41 ng/g lw（Jörundsdóttir et al.，2013）。

综上所述，通过对全球各地多种生物的检测发现，HBCD 普遍存在于野生动物体内。同时，针对不同异构体含量的研究显示，与商品化 HBCD 中异构体的组成不同，在野生动物体内，α-HBCD 异构体的含量最高（Wu et al.，2010）。

10.4　HBCD 异构体的代谢转化

在常用的商品化 HBCD 中，含量最高的是 γ-HBCD（约为 80%），其次是 α-HBCD 和 β-HBCD。而大量调查数据显示，野生动物体内含量最高的 HBCD 异

构体却是 α-HBCD（Law et al., 2014）。研究指出，HBCD 在生物体内的组成变化
与动物对异构体的生物可利用性不同有关，而生物体对 HBCD 异构体的代谢转化、
生物富集以及排泄速率等都可以影响 HBCD 异构体的生物可利用性（Hakk et al.,
2012；Szabo et al., 2011b）。例如在不同的生物体内，HBCD 异构体的代谢存在很
大差异。有实验采用同位素示踪法研究了经食物暴露 96 h 的雄性大鼠，发现 3 种
异构体都能很好的被其吸收（吸收率为 73%~83%），但是 α-、β- 及 γ-HBCD 的平
均总代谢率相差较大，分别为 51%、80% 及 65%（Hakk, 2016）；而在雌性大鼠，
3 种异构体的总代谢率则分别为 62%、93% 及 80%（Hakk et al., 2012；Sanders et al.,
2013）。尽管不同异构体的代谢速率出现性别差异，但就整体而言，β-HBCD 的总
代谢率最高，其次为 γ- 及 α-HBCD。

　　除总代谢率存在差异外，3 种异构体的生物异构化及其异构化效率也各不相
同。离体细胞实验证实，大鼠和鼠海豚（*Phocoena phocoena*）肝脏溶酶体中的细
胞色素 P450 能催化 β- 和 γ-HBCD 异构化生成 α-HBCD，而 α-HBCD 则不会发生异
构化反应，这种特性会增加生物体内 α-HBCD 含量（Zegers et al., 2005）。在对镜
鲤（*Cyprimus carpio morpha noblis*）的研究中发现，不同组织的异构化效率存在差
异，β- 和 γ-HBCD 转化为 α-HBCD 的效率分别介于 50.0%~92.9% 以及 96.2%~98.6%
之间，同时，在镜鲤中也没有发现 α-HBCD 的异构化产物（Zhang et al., 2014）。

　　此外，也有实验发现 HBCD 的 3 种异构体还存在其他不同的代谢途径和代谢
产物。有研究指出，在雄性大鼠体内，α-HBCD 主要发生氧化反应，代谢产物为
两种羟基化合物（OH-HBCD 及 OH-HBCDee），不发生异构化反应；而 β- 及 γ-HBCD
除了发生氧化反应外，还可以进行异构化、脱氢、脱溴、开环等多种代谢反应。β-
及 γ-HBCD 均能通过异构化生成其他两种异构体，且其代谢产物中均有
OH-HBCD，但其他代谢产物却有很大差异，如 β-HBCD 的代谢产物中含有
tri-OH-HBCD 及 di-OH-triBCDeee，而 γ-HBCD 相应的代谢产物却是 OH-PBCDe 及
OH-TeBCDe（Hakk et al., 2012；Hakk, 2016）。

　　再者，生物体内 3 种异构体的排泄率也存在差异。例如大鼠经饲喂暴露 24h
后，其尿液中 α- 及 γ-HBCD 的代谢物已占总暴露剂量的 15% 和 25%，而粪便中的
差异更大，分别是 26.5% 及 44.0%（Hakk et al., 2012）。且在不同的暴露剂量下，
通过尿液排泄的 α-HBCD 的比例均维持在 15%~20%，而通过粪便排泄的排泄率反
而会随着暴露剂量的升高而降低（Szabo et al., 2011a）。然而 γ-HBCD 的排泄则未
出现类似的剂量依赖效应，在不同的剂量下，通过尿液与粪便的排泄量分别维持
在 25%~30% 以及 45%~50% 之间。研究结果表明，大多数情况下 γ-HBCD 比
α-HBCD 更易被排出体外（Szabo et al., 2010）。

　　因此，代谢和排泄速率的差异造成了 HBCD 在动物体内的半衰期不同。在斑

马鱼（*Danio rerio*）的实验中，研究人员测得 α-HBCD 的吸收率（assimilation efficiencies）和生物放大因子（biomagnification factor，BMF）分别为 54.67±5.70% 和 29.71，均大于 β-和 γ-HBCD，同时，α-HBCD 的半衰期（17.33d）也显著长于另外两种异构体（Du et al.，2012）。以相同的饲喂剂量来暴露成年小鼠，结果发现 α-、β-和 γ- HBCD 在脂肪组织中的半衰期分别为 17 d、2.5 d 和 3.6 d（Szabo et al.，2010，2011a；Sanders et al.，2013）。代谢和排泄的差异体现在经 HBCD 暴露后生物体内不同异构体的含量不同。例如用相同剂量的 HBCD 分别暴露幼年小鼠和成年小鼠 7 d，之后检测小鼠体内 HBCD 的含量，结果显示，α-HBCD 在幼年小鼠体内的蓄积量是 γ-HBCD 的 2.2 倍；且同一异构体在幼年小鼠与成年小鼠体内的累积量也不同，幼鼠体内的 γ-HBCD 蓄积量可达到成年小鼠的 10 倍，而 α-HBCD 也可达到成年小鼠的 2.5 倍（Szabo et al.，2011b），这些差异可能是由生物体对 HBCD 异构体的代谢和排泄的不同而造成的。总之，HBCD 异构体在生物体内半衰期的差异，体现在生物体内蓄积量不同。

从以上实验可以看出，在 3 种主要的异构体中，α-HBCD 的代谢率和排泄率均相对较低，而且其他异构体还能通过生物异构化途径生成 α-HBCD，由此导致 α-HBCD 在体内的半衰期更长，蓄积量更多。因此，在实验动物或野生动物体内，α-HBCD 的比例普遍高于 γ-HBCD，尽管在商品化 HBCD 中含量最高的是 γ-HBCD（大约 80%）。

10.5　HBCD 的内分泌干扰效应的离体研究

与其他 POPs 一样，HBCD 的潜在内分泌干扰活性也受到重点关注。有一些以离体细胞为对象的实验，评价了 HBCD 是否能通过细胞核受体途径发挥内分泌干扰活性。

10.5.1　生殖内分泌干扰效应相关研究

国外学者以化学活性荧光素酶报道基因（CALUX）的受体活性检测方法，分别评价了 HBCD 对雄激素受体（AR）、雌激素受体（ER）、孕激素受体（PR）和芳香烃受体（AhR）的拮抗/激动效应。实验结果显示，HBCD 的 3 种主要异构体均无 AR、ER、PR 及 AhR 激动效应，但都具有一定的受体拮抗效应，且拮抗强度存在差异（见表 10-3）（Hamers et al.，2006）。具体而言，α-HBCD 既无 ER 激动效应，也无 ER 拮抗效应，但具有比 β-和 γ-更强的 AhR 和 AR 拮抗效应；而 γ-HBCD 对 PR 的拮抗效应也明显高于 α-和 β-HBCD。总体上，商品化 HBCD 对 PR 的拮抗效应则强于对 AR、ER 和 AhR 的拮抗效应。

关于 HBCD 的雌激素受体拮抗活性，有学者进一步使用人原代培养的肝细胞

表 10-3　荧光素酶报道基因技术检测 HBCD 受体拮抗/激动效应（Hamers et al.，2006）

受体	细胞系	方法	时间 (h)	效应浓度 (μmol/L)	HBCD-TM	α-HBCD	β-HBCD	γ-HBCD
AhR	大鼠肝癌细胞系 H4IIE	DR-C ALUX	24	EC_{50}	—	—	—	—
				IC_{50}	>15	7.4 ± 1.8	>15	11 ± 2
AR	人骨髓癌细胞系 U-2 OS	AR-C ALUX	48	EC_{50}	—	—	—	—
				IC_{50}	>15	3.4	11.6 ± 3.7	3.7 ± 1.0
PR	人骨髓癌细胞系 U-2 OS	PR-CA LUX	48	EC_{50}	—	—	—	—
				IC_{50}	1.6 ± 0.0	8.5 ± 1.5	>15	1.4 ± 0.0
ER	人乳腺癌细胞系 T47D	ER-C ALUX	48	EC_{50}	—	—	—	—
				IC_{50}	>15	—	11 ± 3	4.9 ± 0.1

注：AhR：芳香烃受体；AR：雄激素受体；PR：孕激素受体；ER：雌激素受体；EC_{50}：半数效应浓度（兴奋效应）；IC_{50}：半数抑制浓度（抑制效应）；HBCD-TM：商品化 HBCD（γ-HBCD 比例约 90%）

和肝癌细胞系（HepG2），研究了 HBCD 暴露对雌激素受体基因表达的影响。细胞经 HBCD（0.03 ng/mL 及 0.3 ng/mL）处理 72 h，结果显示，在两个暴露浓度下，原代培养肝细胞中 er 的表达量与对照组相比并无差异，同时在 HepG2 细胞中，暴露浓度为 0.03 ng/mL 时，也没有影响 er 的表达，但在 0.3 ng/mL 的剂量下，erα 及 erβ 的表达量均显著下降。这表明，在一定的剂量下，HBCD 能够抑制雌激素受体基因的表达（Aniagu et al.，2009）。

也有离体实验研究了 HBCD 对黄体激素受体（LHR）的影响。以大鼠卵巢颗粒细胞（ovary granulosa cells）为对象，探究了 HBCD 对促卵泡激素（FSH）驱动的细胞增殖和分化的影响。研究结果显示，经 1 μmol/L HBCD 暴露后，颗粒细胞能过度启动由 FSH 促进的表皮生长因子受体（EGFR）的磷酸化过程，并过度激活 FSH 诱导的细胞信号调节激酶 1/2（ERK-1/2）信号通路和蛋白激酶 B（PKB）信号通路。定量 PCR 实验证明，HBCD 的暴露能抑制 FSH 诱导的黄体激素受体的基因表达，同时引起排卵相关基因（Areg，Ereg，Pgr）表达量的显著下调（Fa et al.，2014）。该离体研究表明，HBCD 能通过启动由 FSH 诱导的表皮生长因子，引起 ERK1/2 的过表达并激活蛋白激酶 B 信号通路途径，由此抑制 FSH-诱导的黄体受体基因及相关排卵基因的表达。该离体研究结果意味着，HBCD 有可能干扰活体正常的内分泌调节过程，从而影响排卵过程。

也有离体细胞实验显示，HBCD 除了具有一定的 ER、AR、PR、LHR 等生殖调节相关受体的拮抗效应外，还能影响性激素的活性及相关的代谢通路。重组构建的人乳腺癌细胞系 MDA-kb2 能内源性表达人雄激素受体（hAR）基因，并具有 AR 介导的荧光素酶基因转录活性。以该细胞为对象，一项研究评价了 HBCD 对 AR 的影响。结果显示，在 0.1~10 μmol/L 的 HBCD 暴露剂量下，HBCD 未表现出 AR 激活或拮抗效应，对荧光素酶基因的表达也没有影响。为了验证 HBCD 是否具有抗雄激素效应，研究人员以二氢睾酮（DHT）作为阳性对照，DHT 具有 AR 激活效应，在单独暴露下能显著增强 MDA-kb2 荧光素酶基因的表达，但将 0.1~10 μmol/L HBCD 与 DHT（0.5 nmol/L）共同暴露 MDA-kb2 后，HBCD 不仅没有抑制 DHT 诱导 AR 介导的荧光素酶基因表达，反而进一步增强了 DHT 的雄激素活性，荧光素酶基因的表达量达到 DHT 单独暴露时的 138% ~158%（Christen et al., 2010）。该实验表明，HBCD 虽然没有直接的 AR 激活效应，但在一定浓度下却能增强 DHT 的 AR 激活效应，HBCD 的这种特性可能干扰机体正常的雄激素效应。

HBCD 对雄激素的干扰效应还体现在间接影响类固醇激素合成过程。例如在大鼠睾丸间质细胞的离体实验中，经 HBCD（5 μmol/L 及 10 μmol/L）急性暴露 6h 后，观察到间质细胞线粒体膜电位（$\Delta\Psi_m$）显著降低，导致线粒体膜电位依赖的 cAMP 合成受到抑制，进而阻碍了 cAMP 调节的胆固醇运输以及类固醇合成途径（Fa et al., 2013）。将暴露时间延长至 24h，并使用 HBCD 和人绒毛膜促性腺激素（hCG）额外处理 2h，观察到线粒体膜电位以及 cAMP 的合成量依然没有恢复，ATP 合成受阻，同时雄激素合成量也受到了显著抑制。经定量 PCR 和 Western-blot 分析发现，经 HBCD 暴露后，抑制了与类固醇激素合成过程有关的一些重要基因或者蛋白的表达，例如 StAR，细胞色素 P450C11A1（CYP11A1）以及 17β-羟基类固醇脱氢酶（17β-HSD）的活性，导致 22-羟基胆固醇（22-OH cholesterol）向孕烯醇酮以及雄烯二酮向睾酮的转化过程均受到抑制，从而影响睾丸间质细胞中类固醇合成过程（Fa et al., 2015）。在该暴露剂量下，细胞的存活率并没有受到影响，因此 HBCD 暴露引起的内分泌干扰效应实际上是通过抑制细胞合成 ATP 和能量供应，并引起线粒体膜电位下降，作用于类固醇激素合成途径的一些位点，最终影响性激素的合成。

10.5.2　甲状腺内分泌干扰效应相关研究

离体细胞实验证实，HBCD 具有潜在的甲状腺内分泌干扰活性。日本学者构建了通过甲状腺激素受体介导而表达的细胞，将与甲状腺激素响应元件（thyroid hormone responsive element，TRE）串联的荧光素酶基因（DR4-pGL2-luc）转染人宫颈癌 HeLa 细胞，改造成能够稳定表达经 TRα1 途径介导的荧光素酶基因的 HeLaTR，用于检测多种溴代阻燃剂的 TR 受体活性。在对商品化 HBCD 的检测过程中发现，HBCD 单独暴露（3.12 μmol/L、6.25 μmol/L、12.5 μmol/L）时，对荧光素酶基因的表达并无影响。同时，以能够显著促进荧光素酶基因表达的 T3 作为阳性对照，发现当 HBCD（3.12 μmol/L、6.25 μmol/L、12.5 μmol/L）与 T3（50 ng/mL）共同暴露时，荧光素酶基因的表达量能进一步提高，达到 T3 单独暴露时的 1.6~1.8 倍，这表明 HBCD 在一定剂量下能增强 TR 介导的甲状腺激素活性（Yamada-Okabe et al.，2005）。

在其他离体实验中也证实了 HBCD 的这种效应。以 GH3 细胞为对象（甲状腺激素受体介导的 T-screen），一项研究评价了 HBCD 的甲状腺内分泌干扰活性。实验结果显示，商品化 HBCD 及 γ-HBCD 单独暴露并不能诱导 GH3 细胞的增殖，但却能显著增强 T3 促进 GH3 细胞增殖的效应（Schriks et al.，2006a）。这一结果与上述转染细胞的实验相似，即商品化 HBCD 及 γ-HBCD 并无 TR 介导的生物学活性，但却能显著增强 T3 与甲状腺激素受体的作用效应。

同样使用 GH3 细胞，有实验进一步分别评价 HBCD 的 3 种异构体以及商品化 HBCD 的甲状腺内分泌干扰活性。实验结果显示，商品化 HBCD 和 γ-HBCD 都不具有诱导 GH3 细胞增殖的活性，但 3 种异构体均能提高 T3 诱导的细胞增殖。同时也观察到，α-HBCD（1 μmol/L）在单独暴露的情况下也能促进 GH3 细胞的增殖，而另外 2 种异构体并不具有促进 GH3 细胞增殖的活性（Hamers et al.，2006）。由于在商业化的 HBCD 中，α-HBCD 异构体只占较少的部分，所以很有可能没有观察到 α-HBCD 具有的通过 TR 途径促进 GH3 细胞增殖的活性。同时，这也说明 HBCD 的 3 种异构体对 TR 受体作用效用上的差别。

以上离体实验说明，HBCD 本身并不具有甲状腺激素的效应，但是能增强 T3 通过 TR 所引起的生物学效应，同时，HBCD 也不具有经 TR 受体介导的生物学活性（Yamada-Okabe et al.，2005；Hamers et al.，2006；Schriks et al.，2006a）。但是也有离体研究指出，HBCD 能在一定程度抑制 TR 介导的甲状腺激素活性，TR 通过配体调节的方式介导甲状腺激素活性过程，在此过程中，TR 首先与 DNA 上的甲状腺激素应答元件（TRE）结合，随后再与维甲酸 X 受体（retinoid X receptor，RXR）结合形成异源二聚体，异源二聚体会继续招募共激活因子、共抑制因子或沉默调节子，并通过配体依赖方式控制下游基因的转录或抑制。在使用荧光素酶报道基因重组构建的成纤维细胞系 CV-1 中，T3（10^{-7} mol/L）通过 TR 介导途径诱导荧光素酶基因的表达，但极低剂量（10^{-10} mol/L）的 HBCD 能显著抑制这个过程。同时进行的酵母双杂交结果显示，$10^{-11} \sim 10^{-8}$ mol/L 的 HBCD 既不能诱导类固醇受体共激活因子（steroid receptor coactivator-1，SRC-1）与 TR 分离，也不能在 T3 存在的情况下招募核受体共抑制因子（nuclear receptor corepressor，N-CoR）及类视黄醇甲状腺激素受体沉默调节子（silencing mediator of retinoid and thyroid hormone receptors，SMRT）与 TR 结合，这表明 HBCD 抑制 TR 介导的转录激活过程与这些配体无关。进一步使用液相化学发光的 DNA 下拉分析（liquid chemiluminescent DNA pull down assay，LCDPA），发现在 T3（10^{-6} mol/L）存在的情况下，10^{-8} mol/L 的 HBCD 能促使 TR 受体复合物与甲状腺激素应答元件（TRE）部分（30%）分离，导致 T3 无法正常通过 TR 介导生物学过程，这可能是 HBCD

抑制 TR 介导基因转录的原因（Ibhazehiebo et al.，2011）。之后在原代培养的大鼠小脑细胞实验发现，T4（10^{-8} mol/L）能够显著促进浦肯野细胞（Purkinje cell）树突的延伸，但是加入 HBCD（10^{-10} mol/L）后，树突的延伸过程受到显著抑制，即使增加 T4 的剂量（$10^{-7} \sim 10^{-6}$ mol/L）也只能使其部分恢复正常（Ibhazehiebo et al.，2011）。

　　除此之外，一些研究指出，溴代阻燃剂中的许多化合物能与甲状腺激素运载蛋白（TTR）结合，是引起甲状腺激素内分泌干扰活性的主要方式。就 HBCD 而言，也有学者评价了 HBCD 与 TTR 的结合能力（TTR-binding assay）。实验一般检测化合物与 T4 竞争结合 TTR 的能力。结果显示，α-及 β-HBCD 能竞争性抑制 T4 与 TTR 的结合，其半数有效抑制浓度 IC_{50} 分别为 12 μmol/L 和 25 μmol/L，而 γ-HBCD 和以 γ-HBCD 为主的商品化 HBCD 则没有显著的竞争性抑制效应（Hamers et al.，2006）。这表明，与甲状腺激素受体的竞争性结合可能并不是 HBCD 的作用机制。

10.6　HBCD 内分泌干扰效应的活体研究

　　上述离体实验检测结果显示，HBCD 及其主要的异构体具有一定程度的甲状腺和与繁殖相关的内分泌干扰活性。就 HBCD 的毒性效应，包括潜在的内分泌干扰效应而言，一些研究指出 HBCD 对实验动物并没有显著的急性毒性或者急性毒性较低，但在长期或高剂量暴露下，对多种生物，包括鱼类、两栖类、鸟类和哺乳类均表现出不同程度的毒性效应，主要包括甲状腺内分泌干扰效应、生殖毒性以及神经发育毒性等。而对于敏感的早期发育阶段和哺乳动物的孕期，HBCD 诱导的相关发育毒性效应和传递毒性效应也受到关注。

10.6.1　HBCD 对鱼类和两栖类的内分泌干扰效应

　　一项对鱼类进行的长期低剂量暴露实验显示，HBCD 能影响甲状腺激素的含量。将虹鳟（*Oncorhynchus mykiss*）幼鱼通过食物喂养的途径，分别暴露于 α-、β-及 γ-HBCD3 种异构体[食物中的检测的含量分别为（29.14±1.95）ng/g lw、（11.84±4.62）ng/g lw、（22.84±2.26）ng/g lw]，56 d 后，发现在 3 种异构体中，能影响 HPT 轴的主要是 γ-HBCD，伴随血清中游离态的 T4（FT4）含量降低和游离态 T3（FT3）升高，同时也观察到甲状腺滤泡上皮细胞形态学改变（滤泡上皮细胞的厚度增厚）。而使用 α-及 β-HBCD 暴露后，肝脏中葡萄糖醛酸转移酶（glucuronyltransferase）的活性显著增强，血清中 FT4 活性显著下降，虽然 FT3 的活性也出现了下降，但与对照组相比变化并不显著。因此该实验证明，HBCD 的 3 种异构体都具有甲状腺激素内分泌干扰活性（Palace et al.，2008）。在此基础上，同样以虹鳟幼鱼为对象，通过食物的途径暴露环境相关剂量（5 ng/g）的 3 种 HBCD 异构体，研究者探究了其甲状腺内分泌干扰效应。在暴露 32 d 后，使用同位素标记方法发现，HBCD 暴露后能改变 T4 在组织中的分布和清除速率。此外暴露的虹鳟肝脏脱碘酶的活性均发生了改变，表现为：在 β- 及 γ-HBCD 暴露组中，虹鳟肝脏的 II 型脱碘酶（Dio2）活性显著升高，而在 α-HBCD 暴露组中，Dio2 的活性则未发生显著变化。II 型脱碘酶是甲状腺激素代谢过程中的重要酶类，其活性增强会加快 T4 向 T3 的转化，使血清中具有甲状腺激素活性的 T3 升高,扰乱正常的甲状腺激素内分泌调节过程。因此该研究进一步证明，HBCD 可改变鱼类血清中甲状腺激素水平的机制，这可能与 HBCD 影响脱碘酶的活性有关（Palace et al.，2010）。

两栖类动物从幼体到成体需要经历变态发育，而甲状腺激素在两栖动物的变态发育过程中（例如收尾）起了极其重要的作用，因此两栖类变态发育过程常成为研究污染物是否具有甲状腺内分泌干扰活性的重要敏感阶段。前文提到，在离体实验中，HBCD 能在一定程度上增强 T3 的甲状腺激素活性，而在活体实验中也观察到了这种效应。将非洲爪蟾（*Xenopus laevis*）蝌蚪尾巴进行体外（*ex vivo*）培养的实验结果显示，在 HBCD 单独暴露的情况下，没有影响蝌蚪的退尾过程，而当加入 T3（20 nmol/L）后，HBCD（1000 nmol/L）则能够显著促进 T3 诱导的退尾过程（Schriks et al.，2006b）。因此，HBCD 本身并不具有甲状腺激素的活性，但是能促进 T3 诱导的蝌蚪变态过程。但是需要指出的是，在该实验中，T3 的剂量，特别是 HBCD 的剂量远高于环境中的实际浓度，因此尽管该研究证明在一定的剂量下 HBCD 具有促进 T3 诱导的两栖类退尾，但该研究并不具有环境意义。

10.6.2　HBCD 对鸟类的影响

鸟类是环境监测中重要的指示生物。化学分析检测表明，很多鸟类体内都含有 HBCD，而由于生物累积效应，处在食物链顶端的猛禽体内更容易富集较高浓度的 HBCD。野外调查也发现，HBCD 还能通过母体积累而传递给子代，导致子代在早期发育阶段就开始暴露 HBCD。研究表明，长期暴露在 HBCD 中可干扰鸟类的甲状腺和生殖内分泌系统，包括影响激素含量、改变组织结构等，最终影响其正常的生理功能。

研究人员通过向鸟蛋中注射一定剂量 HBCD 来模拟鸟类的母体传递暴露，并用来研究 HBCD 对鸟类早期发育的影响。例如一项研究以鸡胚为对象，将商品化 HBCD 注入鸡胚（50 ng/g、300 ng/g、1000 ng/g 和 10 000 ng/g），直至孵化，并检测了其对雏鸟早期发育过程中一些代谢关键酶的影响。实验结果显示,在 1000 ng/g 的注射剂量下，雏鸟肝脏的 I 相代谢酶细胞色素 P450（*cyp2h1* 和 *cyp3a37*）的基因表达均显著上调，且与对照组相比分别提升了 4 倍和 15 倍，同时，Ⅱ相代谢酶尿苷二磷酸葡萄糖醛酸转移酶（*ugt1a9*）的基因表达量也显著上调，达到对照组的 5 倍，另外Ⅱ型脱碘酶（*dio2*）基因的表达同样显著上调。鸟类的 *ugt1a9* 与哺乳动物的 *ugt1a* 同源，能与 T4 共轭结合并控制 T4 代谢清除的主要Ⅱ相代谢酶。受到 HBCD 暴露后，雏鸟肝脏的Ⅱ相代谢酶的编码基因表达量显著升高，这意味着该酶的含量可能增加，加强了 T4 的清除，从而改变血清中 T4 的浓度。同时肝脏中编码Ⅱ型脱碘酶（*dio2*）的基因表达也显著上调，也意味着可能增加 Dio2 的量，并加速 T4 向 T3 转化的过程，这种变化将会干扰机体甲状腺激素的稳态（Crump et al.，2010）。尽管在该研究中并没有测定甲状腺激素含量，但是研究者发现，与甲状腺激素代谢密切相关酶的编码基因显著上调，意味着 HBCD 可能具有干扰鸟类甲状腺内分泌系统的活性。

而另一项实验则研究了 HBCD 对鸟类的生殖内分泌干扰效应以及对繁殖行为的影响。将雄性美洲红隼（*Falco sparverius*）暴露于环境剂量（5.1 µg/g bw）的 HBCD 3 周时间。研究者采用两种暴露方式，即其中的一部分雄性个体在暴露 HBCD 的同时，不与雌性红隼放置在一起，而另一部分雄性个体则在暴露的同时与雌鸟放置一起。实验结果显示，单独暴露与对照组相比，雄性红隼精巢的相对重量和曲细精管数量都明显增加，且精子细胞变长，其血清中睾酮的含量明显升高（Marteinson et al.，2011）。而在与雌鸟配对养殖的暴露组中，在求偶期的雄鸟血清中，睾酮的含量显著升高。该研究说明，无论是哪种暴露方式，雄鸟的雄性激素含量都受到 HBCD 的影响，并且与性腺的发育相关（Marteinson et al.，2011）。

与其他脊椎动物相比，鸟类对外界环境的变化非常敏感，更容易通过行为改变表现出来。因此对于鸟类而言，研究污染物暴露对其影响，除了检测常规的生理、生化等指标外，更值得关注行为的变化。处于繁殖期鸟类的生殖行为受性激素的调控，而 HBCD 的暴露可能会改变性激素含量，同时影响鸟类性腺发育，结果将直接影响鸟类的生殖行为。而繁殖行为的异常，将可能影响到个体的生殖能力甚至鸟类的种群数量。例如，在上述研究的基础上，Marteinson 等进一步研究了 HBCD 暴露对美洲红隼生殖行为的影响。实验显示，在求偶阶段，经环境剂量（5.1 µg/g bw）暴露的雌性和雄性美洲红隼的求偶活力均显著降低，异性之间的相互鸣叫次数也显著减少，同时雌鸟的择偶次数也大大降低。相关分析显示，经 HBCD 暴露后，雌鸟择偶降低的次数以及产蛋减少的数量均与雄鸟求偶次数的降低存在显著的相关性。在雄鸟中，HBCD 暴露后，改变了其如育雏、进入产卵箱等重要行为（Marteinson et al.，2012），而且在进入育雏阶段后，与对照组相比，受到 HBCD 暴露的雄鸟的护巢、抚幼等行为均显著减少，虽然雌鸟显著增加相应的行为以弥补雄鸟缺失的育雏行为，但是大部分依靠单亲育雏的行为，会对雏鸟的发育产生不利影响（Marteinson et al.，2012）。这表明即使在环境剂量下，HBCD 能通过影响鸟类的求偶和择偶行为而影响种群的繁殖。

研究进一步指出，即使是在交配顺利完成后，雌鸟的产卵也会受到影响，例如影响产卵的时间。观察结果显示，上述暴露剂量（5.1 μg/g bw）的美洲红隼在交配后第 12 天就开始产卵，而对照组则是在交配后的 18 d 开始产卵，HBCD 暴露的雌鸟其产卵时间比对照组提前了 6 d。同时观察到在 HBCD 处理组中，所产鸟蛋与对照组相比，质量更轻、体积更小、蛋壳更薄。很明显，在暴露组中，鸟蛋的质量变差，且相关分析结果显示，鸟蛋的体积与鸟蛋中 HBCD 的含量呈现显著的负相关关系（Fernie et al.，2011）。综上可知，环境剂量的 HBCD 会导致雌性红隼的产卵期提前，这可能造成产下的鸟蛋在体积、质量以及蛋壳厚度等方面均处于劣势，而鸟蛋质量的下降将会显著影响雏鸟的存活率和正常生长发育。由此可见，环境低剂量的 HBCD 可影响鸟类的生殖内分泌系统，改变性激素的含量，影响性腺发育以及鸟蛋质量，生殖行为等。这一研究结果对于了解 HBCD 环境污染对鸟类的个体种群数量的变化有意义。

10.6.3 HBCD 对哺乳动物的内分泌干扰效应

关于 HBCD 对哺乳动物的内分泌干扰效应，主要是以啮齿类为对象，研究生物体的生殖内分泌系统和甲状腺激素内分泌系统。有研究指出，HBCD 的暴露会造成神经系统损伤，而发育早期的个体（如宫内期）对污染物更加敏感，母体暴露 HBCD 可能会产生传递毒性效应，导致子代的甲状腺功能、生殖发育以及神经发育出现异常。因此，在本节中，将主要陈述 HBCD 的暴露对哺乳动物生殖和甲状腺的内分泌干扰效应，当然也包括母体传递毒性的研究。

食物暴露途径是人类吸收 HBCD 的主要方式。一项经食物暴露途径的实验，研究了 HBCD 对啮齿类的甲状腺内分泌干扰效应。用含 HBCD[0~200 mg/（kg·d）]的食物饲喂大鼠，时间为 28 d。实验结果显示，随着暴露剂量的升高，雌鼠的垂体和甲状腺相对重量显著增加，同时脑垂体合成的 TSH 增多，而血清中总 T4 浓度则下降，且这些变化均呈现出明显的剂量-效应关系。另外，组织学观察发现，甲状腺滤泡细胞变小，滤泡上皮细胞增厚。这一结果表明，HBCD 具有甲状腺内分泌干扰效应，但是在雄鼠中并未出现上述现象（van der Ven et al.，2006），说明 HBCD 的甲状腺内分泌干扰效应具有性别特异性。而大量研究发现，POPs 对实验动物，包括哺乳动物和鱼类的影响普遍存在性别差异，体现在雌雄生物体对污染物的积累量以及敏感度的差异，这可能与雌雄个体对污染物的生物可利用性、代谢及排泄能力的不同有关，特别是雌性和雄性的性激素和生理环境等因素不同有关，尽管在大量实验中发现这一现象，但是其内在的机制并不清楚。

　　一项实验通过模拟 HBCD 的食物暴露途径，研究了其对哺乳动物的内分泌干扰效应。用混有 HBCD 的大马哈鱼鱼肉（HBCD 在食物中的含量测得为 1.3 mg/g）饲喂雌性幼鼠（出生后 22 d）28 d（暴露 4 周），发现肝脏指数增加，肝细胞出现空泡化。而甲状腺滤泡上皮细胞层增厚，胶质变少，造成甲状腺滤泡与胶质的比例显著增大，尽管没有测定甲状腺激素含量，但是甲状腺滤泡是甲状腺激素活化及储存的位置，它的改变将直接影响甲状腺激素的合成，进而影响机体的甲状腺内分泌调节，这意味着 HBCD 具有甲状腺激素的内分泌干扰效应。紧接着研究人员测定了雌鼠血清中的性激素含量，发现睾酮（T）浓度以及与雌二醇（E2）的比值（T/E2）均显著升高，而雌二醇的含量并无显著变化，这可能是由 HBCD 影响了催化睾酮向雌二醇转化的芳香化过程以及调节雄激素的负反馈机制造成的，最终引起性激素水平异常（Maranghi et al.，2013）。因此该研究说明，通过食物暴露，HBCD 既能影响性激素调节稳态，也能干扰甲状腺内分泌系统，意味着此污染物具有生殖内分泌干扰效应和甲状腺内分泌干扰效应。

　　妊娠期是哺乳动物胎儿发育的关键阶段，此时胎儿的发育极易受外界因素影响，其中甲状腺激素对胎儿早期发育，特别是中枢神经系统的发育非常重要。因此，对孕期动物的暴露实验可同时探究 HBCD 对母代和子代的影响。一项实验通过食物的途径，在交配前 10 周开始对 F0 代雌雄大鼠进行暴露（150 mg/kg bw、1500 mg/kg bw、15 000 mg/kg bw），并以相同的剂量持续暴露直至产下 F1 代，再从 F1 代中选择部分幼仔按 F0 的暴露方式持续暴露至交配产仔得到 F2 代。通过分析 F0 至 F2 代大鼠的基础生长指数、甲状腺和生殖内分泌相关指标，其结果显示，孕期 HBCD 暴露会引起子代的内分泌系统紊乱，并对子代的生长和个体发育产生潜在危害。就生长而言，在最高暴露组中，F1 代雌雄鼠的生长都受到抑制，同样，在最高暴露组中，F2 代的存活率显著下降（Ema et al.，2008）。

　　研究者分析了 HBCD 对甲状腺内分泌系统的影响。组织学观察发现，在 1500 mg/kg 及 15 000 mg/kg 暴露组中，F0 及 F1 代的甲状腺滤泡细胞显著减小，同时，在最高剂量组（15 000 mg/kg）中，F1 代的甲状腺指数（甲状腺重量/体重×100）显著高于对照组，呈现出类似甲状腺增生的现象。另外，在最高剂量组（15 000 mg/kg）中，F0 代雌鼠与雄鼠血清中的 T4 含量显著降低，而 F0 代及 F1 代雌性个体血清的 TSH 含量则显著升高 （Ema et al.，2008），说明存在负反馈效应。但是需要指出的是，上述实验观察到 HBCD 对母代以及子代甲状腺激素等的影响一般发生在较高暴露剂量（15 000 mg/kg）组，而该暴露剂量远高于环境剂量，因此，这可能是由较高剂量导致的毒性作用而引起的间接效应，并非传统意义上的内分泌干扰效应。总体上，从实验结果看出，HBCD 的暴露能造成啮齿类的生长发育毒性并干扰甲状腺内分泌系统，但是这些都在高浓度暴露下产生的不良效应，意味着 HBCD 对哺乳动物的毒性较低。

10.7　HBCD 暴露对人类影响的研究

HBCD 主要是通过呼吸和食物进入人体，例如吸入含有 HBCD 的粉尘、食用 HBCD 污染的食物等。有关人类健康方面的环境检测数据显示，人体中的 HBCD 含量可能与内分泌激素之间存在一定的相关关系。

10.7.1　人类吸收 HBCD 的主要途径

在居家环境中，绝大多数家用电器、家具等含有 HBCD 添加型阻燃剂，这些阻燃剂在自然环境下会持续向空气中逸散，并附着在粉尘上。一般而言，室内粉尘中存在较高含量的 HBCD。因此室内粉尘暴露是人类吸收 HBCD 的主要途径之一（Roosens et al.，2009），并可能影响人类健康。

此外，日常饮食也是主要的暴露途径。一些环境检测发现，在常见的食物中均能频繁检出 HBCD，特别是脂类含量较高的水产品、肉类、蛋类及奶制品等，因为 HBCD 容易在这些产品中积累，所以 HBCD 的检出率和浓度通常较高（Törnkvist et al.，2011），尤其是受 HBCD 污染的区域，这些食物中 HBCD 可能会处于较高水平。长期食用含有较高 HBCD 的食物可能增加其在人体内的累积量，而达到一定累积量时会对人体健康造成危害。

特别需要指出的是，由于儿童与成人的代谢水平差异，在相同的环境中，儿童与成人的暴露量也不同。德国的一项调查结果显示，通过室内粉尘途径吸收 HBCD，儿童和成人的 HBCD 日摄入量中值分别为 0.53 ng/(kg·d) 和 0.04 ng/(kg·d)，而葡萄牙的监测结果是儿童的日摄入量中值为 2.6 ng/(kg·d)，成人为 0.22 ng/(kg·d)（Coelho et al.，2016）。这些研究表明，儿童通过室内粉尘途径摄入 HBCD 的量远高于成年人。

对于胎儿和新生儿而言，母体积累并传递给子代引起的间接暴露则是最重要的途径。2000 年，一项研究首次在新生儿脐带血中检测到了 HBCD，在检测的样本中，HBCD 的含量范围是 0.2~4.3 ng/g lw，中位数为 0.2 ng/g lw，这表明 HBCD 能够跨越胎盘屏障从母体直接转移至胎儿，结合相应孕妇（怀孕 35 周）血清中 HBCD 的含量，研究者得出 HBCD 经胎盘从母体传递给胎儿的转移率为 0.3~0.8（中值为 0.7）（Meijer et al.，2008）。对新生儿而言，母乳中的 HBCD 则是其主要来源，甚至可以占到新生儿总摄入量的 71%~83%（Fromme et al.，2016）。因此对于胎儿和新生儿，特别需要注意母体暴露而引起的间接传递效应。

10.7.2　人体血清和母乳中的含量

一般而言，评价 HBCD 对人类健康的影响，主要检测血清和母乳中 HBCD 的含量。一项来自加拿大的健康调查报告，研究者将年龄为 6~79 岁受试人提供的 4583 个血清样本分成 5 个年龄组，并分别检测血清中溴代阻燃剂的含量，为提高检出率，这些血清样本被混合成 59 个样本再进行测定。数据显示，PBDE 是血清中最主要的溴代阻燃剂，平均浓度达到 48 ng/g lw，显著高于 HBCD（1.0 ng/g lw）。在 59 个样本中，HBCD 检出率为 100%，检出范围为 0.33~8.9 ng/g lw，其中 88% 的样本低于 1.0 ng/g lw，浓度最高的是 6~11 岁年龄段的男性组（8.9 ng/g lw），之后是 60~79 岁年龄段的女性组（3.8 ng/g lw），其他年龄段的浓度相差并不明显（Rawn et al.，2014）。在澳大利亚，研究者以相似的方法，将 2012~2014 年采集的样本以及 2002~2010 年环境样品库（Australian Environmental Specimen Bank）中低温保存的样品，依照性别和年龄混合成 67 个血清样本，测定了 HBCD 的含量。数据显示，HBCD 的检出率为 69%，覆盖了所有年龄段，平均浓度为 3.1 ng/g lw，在所有检测的样本中，女性样本的平均含量为 3.9 ng/g lw，男性样本的平均含量为 2.2 ng/g lw，统计分析检验结果表明，女性样本中 HBCD 的含量显著高于男性（Drage et al.，2017）。在中国，我国学者分析了 2011 年收集的北京地区的 42 个混合血清样本中 HBCD 的含量，发现 HBCD 的检出率为 52%，检出范围为低于检测限~7.22 ng/g lw，均值含量为 1.77 ng/g lw（Shi et al.，2013）。

这些来自不同国家人群的监测结果显示，虽然血清中能普遍检出 HBCD，但其在血清中的含量远低于使用量更大的 PBDEs，且在一般普通人群中，其含量基本处在同一水平。但对于受 HBCD 污染的区域，人血清中 HBCD 的含量则较高。例如，一项针对我国山东潍坊溴代阻燃剂生产工厂周围居民（30~50 岁）的调查发现，HBCD 的检出率达 85.0%，血清中 HBCD 的平均含量为 104.9 ng/g lw，其中男性平均含量为 42.6 ng/g lw，而女性的平均含量为 146.4 ng/g lw（李鹏等，2014），这一数据远高于普通人群血清中 HBCD 的含量，因此有必要开展 HBCD 对受污染区域人群的流行病学研究，以评估潜在的健康风险。

与血清相比，母乳中脂肪含量更高，因此通常情况下，母乳中 HBCD 的含量要高于血清中的。特别需要指出的是，从母乳中吸收是新生儿暴露 HBCD 的最主要途径，因此母乳中 HBCD 的含量受到很大关注。针对菲律宾和瑞典城市女性的调查发现，母乳中 HBCD 的平均浓度分别为 0.19 ng/g lw（Malarvannan et al.，2013）和 0.39 ng/g lw（Fangstrom et al.，2008）。印度城区女性母乳中 HBCD 含量处于 0.05~3.6 ng/g lw 之间，平均浓度为 0.36 ng/g lw。2007 年，对中国 12 个省市区人群的调查研究显示，来自 1237 名受试人员的 24 个混合母乳样品中，HBCD 的含量介于检出限~2.77ng/g lw，平均含量为 1.03ng/g lw（Shi et al.，2009）。这些研究结果显示，对于一般普通居民而言，母乳中 HBCD 的含量基本处于同一水平。而居住在垃圾处理站周边的女性，其范围则显著升高为 1.2~13 ng/g lw，平均含量也上升至 2.2 ng/g lw（Devanathan et al.，2012）。在已有的文献报道中，目前检测到母乳中 HBCD 的最高含量可达 188 ng/g lw（Eljarrat et al.，2009）。总体上，母乳中 HBCD 的含量受周围污染影响。

10.7.3　对人类健康的影响

与其他 POPs 相似，环境化学分析的数据显示，在普通人群的乳汁或者血液中，HBCD 的含量一般很低，因此比较关注在低剂量下，HBCD 是否对人类具有内分泌干扰效应活性以及相关的健康风险。

一项以发育期青少年为对象的调查，探究了溴代阻燃剂的暴露对甲状腺内分泌系统以及神经行为的影响。研究人员选取来自比利时工业区，平均年龄 14.9 岁的 515 名中学生，检测其血清中的 3 种主要阻燃剂（PBDEs、HBCD、TBBPA）以及甲状腺内分泌相关激素（TSH、FT3、FT4）的含量，同时利用神经行为评价系统方法（neurobehavioral evaluation system，NES），评估了对涉及注意力、视觉、信息处理、记忆能力以及运动相关的神经行为。结果显示，在所有受试人员血清样本中，HBCD 含量的中位数低于检出限（30 ng/L），样本检出的最高含量为 234 ng/L，对于高出检出限的样本，发现血清中甲状腺内分泌相关激素的含量仅与部分 PBDEs 单体存在相关关系，即 FT3 与 BDE-99 和 BDE-100，以及 TSH 与 BDE-47 呈现出显著的正相关关系，而 TSH、FT3 及 FT4 与 HBCD 之间并无显著的统计学相关关系。同时，研究者进一步分析了污染物含量与神经行为的关系，发现只有部分神经行为指标与 PBDEs 单体含量之间存在一定的相关关系，而与 HBCD 没有相关性。研究结果说明，对普通人群而言，HBCD 的暴露水平可能并不足以影响甲状腺内分泌系统，也没有明显的神经毒性效应。而在溴代阻燃剂中，可能影响甲状腺内分泌系统以及神经行为的主要是 PBDEs（Kiciński et al.，2012）。我国学者以山东潍坊溴代阻燃剂生产工厂附近居民为对象，选择了 80 份人血清样品，分析了 HBCD 含量。结果显示，其范围为低于检测限~2702.5 ng/g lw，均值和中值分别为 104.9 ng/g lw 和 5.9 ng/g lw，其中在 42 个样品中，γ-HBCD 的丰度最高，26 个样品中 α-HBCD 丰度最高，且血清中 HBCD 的含量与年龄、性别无显著相关性。研究发现，这些来自生产厂区的居民，其血清中甲状腺 5 项指标异常率高达 33%，且在检出 HBCD 异构体的人血清样本中，TSH、T3、FT3、T4 及 FT4 这 5 项指标出现异常的概率显著高于未检出 HBCD 的血清样本。因此研究者认为，生产厂区居民属于 HBCD 高暴露人群，人群暴露 HBCD 可能会显著增加甲状腺 5 项指标异常的发生率（李鹏等，2014）。由于样本数量较小，所以该研究并未发现人体内 HBCD 的含量与甲状腺激素之间具有相关性，但是应该关注受 HBCD 污染区域人群体内 HBCD 的积累以及健康效应，特别是对职业从业者的影响。

前面的章节已经陈述了粉尘中含有较高含量的 HBCD，而且可通过呼吸途径被人体吸收。环境污染物的暴露与人类健康、疾病发生的关系是备受关注的公共问题。一项美国的流行病学研究，以具有生殖障碍的男性为对象，探究男性不育与溴代阻燃剂积累的关系。研究人员检测了 62 位具有生殖障碍中年男性的血清中相关激素和蛋白的含量，同时分析了其居住环境室内粉尘中溴代阻燃剂的含量。室内粉尘检测结果显示，HBCD 的检出率高达 97%，平均含量为 197 ng/g，PBDEs 的含量为 3715.6 ng/g，而其他新型溴代阻燃剂如 2-乙基己基-四溴苯甲酸（TBB）的含量为 409 ng/g，四溴邻苯二甲酸双（2-乙基己基）酯（TBPH）为 377 ng/g，说明相对于其他溴代阻燃剂，总体上 HBCD 的含量较低。进一步的分析表明，在具有生殖障碍的男性血清中，室内粉尘中 HBCD 的含量与性激素结合球蛋白（sex hormone binding globulin，SHBG）的含量下降以及游离雄激素指数（free androgen index，FAI）的升高有关，而与甲状腺激素的 5 项指标没有相关性，但与甲状腺激素有相关性的则是 PBDEs 的含量（Johnson et al.，2013）。尽管该流行病学的样本数量较小，结合其他研究结果（Kiciński et al.，2012），对普通人群而言，HBCD 对人类甲状腺内分泌系统的影响较小。

在人类流行病学研究中，受到很大关注的是妇婴群体，这主要是基于许多污染物，包括 HBCD 能跨越胎盘屏障，从母体进入胎儿体内，因此可能影响胎儿发育。前面提到，由于母乳中脂肪的含量较高，因此一些脂溶性的有机污染物较容易积累，同时母乳中也普遍能检出 HBCD，而胎儿和新生儿均处于敏感的早期关键发育时期，因此污染物的暴露可能带来严重的健康危害。

韩国学者测定了先天性甲状腺功能低下和正常的新生儿（< 3 月龄）及其母亲血清中传统溴代阻燃剂的含量（PBDEs、TBBPA 和 HBCD），检测了甲状腺激素的含量，在此基础上，分析了新生儿和母亲血清中的溴代阻燃剂的对应关系，以及血清中溴代阻燃剂含量与甲状腺激素含量之间的关系。结果显示，在正常和异常的新生儿及其母亲血清中，HBCD 的比例均最低。经配对样本 t 检验，不管是先天性甲状腺功能低下的新生儿，还是甲状腺功能正常的新生儿，血清中 HBCD 的含量与其母亲血清内 HBCD 的含量均有极强的相关关系，这也进一步说明母亲体内 HBCD 可传递给婴儿（Kim and Oh，2014）。但是比较正常婴儿和先天性甲状腺功能低下的新生儿体内的溴代阻燃剂含量，发现在甲状腺功能低下的新生儿血清中，TBBPA 的平均含量最高，甲状腺功能低下的新生儿的母亲血清中 PBDEs 的浓度最高，均远高于 HBCD 的平均含量（Kim et al.，2012；Kim and Oh，2014）。在先天

性甲状腺功能低下的新生儿中，血清中 TSH、FT4、T3 的含量与 HBCD 的含量之间并无统计学相关性，但刺激甲状腺免疫球蛋白（thyroid stimulating immunoglobulin，TSI）的含量与 β-HBCD 的含量呈显著负相关关系，同时，在先天性甲状腺功能低下的新生儿母亲体内，T3 含量也与 β-HBCD 的含量呈显著的负相关关系（Kim and Oh，2014）。

从上述有限的流行病学研究中可以看出，人体内 HBCD 的含量仅与部分健康指标存在相关关系，但并无普遍性规律，而且主要评价 HBCD 是否具有甲状腺和生殖内分泌干扰效应。同时在研究的溴代阻燃剂中，尚不能得出 HBCD 对暴露人群具有明显的内分泌干扰效应。由于背景复杂，且受限于统计样本数量，根据现有的流行病学研究结果，尚未发现 HBCD 能对人体内分泌系统或其他生理过程产生显著影响，但考虑到 HBCD 对人类暴露的长期性，以及与其他溴代阻燃剂同时存在于人体内，后续的对人类健康风险研究可能需要更加关注对早期发育阶段的毒性效应。与其他 POPs 相似，HBCD 也能够跨越胎盘屏障，从母体进入胎儿，对胎儿造成间接暴露，特别需要重视对神经发育等效应。

HBCD 的异构体理化性质不同，因此其生物可利用性、积累、代谢、清除等过程也有差异，而且一些研究已经发现，不同异构体对生物的毒性效应和作用方式都有很大的差异，因此有必要深入了解异构体的转化，以及揭示异构体毒性差异的内在分子机制。此外，尽管现有资料显示，对普通人群而言，HBCD 本身似乎并不引起明显的甲状腺或者生殖内分泌干扰效应，但是需要关注受污染区域暴露以及职业从业者。此外，在人体中，普遍都能检测到 HBCD 以及传统溴代阻燃剂（如 PBDEs 和 TBBPA），有必要研究污染物共同暴露而对人体可能发生的复合效应。

参 考 文 献

李鹏, 杨从巧, 金军, 王英, 刘伟志, 丁问微. 2014. 生产源区人血清中六溴环十二烷水平与甲状腺激素相关性研究. 环境科学, 10: 3970-3976.

莫婷, 曾辉. 2016. 塑料消费品垃圾焚烧过程中 PBDE 与 HBCD 释放情况. 环境科学与技术, 3: 170-175.

钮珊, 海热提. 2012. 我国六溴环十二烷应用以及行业减排措施探讨. 环境科学与技术, 1: 191-194.

吴限, 祖国仁, 高会, 方小丹, 王艳洁, 姚子伟, 张志峰, 张春枝, 那广水. 2014. 黄海北部近岸多环境介质中六溴环十二烷的分布特征及生物富集. 环境化学, 1: 142-147.

Aniagu SO, Williams TD, Chipman JK. 2009. Changes in gene expression and assessment of DNA methylation in primary human hepatocytes and HepG2 cells exposed to the environmental contaminants-Hexabromocyclododecane and 17-beta oestradiol. Toxicology, 256 (3): 143-151.

Chan JKY, Man YB, Wu SC, Wong MH. 2013. Dietary intake of PBDEs of residents at two major electronic waste recycling sites in China. Science of the Total Environment, 463–464: 1138-1146.

Christen V, Crettaz P, Oberli-Schrammli A, Fent K. 2010. Some flame retardants and the antimicrobials triclosan and triclocarban enhance the androgenic activity *in vitro*. Chemosphere, 81 (10): 1245-1252.

Coelho SD, Sousa ACA, Isobe T, Kim J-W, Kunisue T, Nogueira AJA, Tanabe S. 2016. Brominated, chlorinated and phosphate organic contaminants in house dust from Portugal. Science of the Total Environment, 569: 442-449.

Covaci A, Gerecke AC, Law RJ, Voorspoels S, Kohler M, Heeb NV, Leslie H, Allchin CR, De Boer J. 2006. Hexabromocyclododecanes (HBCDs) in the environment and humans: A review. Environmental Science and Technology, 40 (12): 3679-3688.

Crump D, Egloff C, Chiu S, Letcher RJ, Chu S, Kennedy SW. 2010. Pipping success, isomer-specific accumulation, and hepatic mRNA expression in chicken embryos exposed to HBCD. Toxicological Sciences, 115 (2): 492-500.

Devanathan G, Subramanian A, Sudaryanto A, Takahashi S, Isobe T, Tanabe S. 2012. Brominated flame retardants and polychlorinated biphenyls in human breast milk from several locations in India: Potential contaminant sources in a municipal dumping site. Environment International, 39 (1): 87-95.

Drage DS, Mueller JF, Hobson P, Harden FA, Toms L-ML. 2017. Demographic and temporal trends of hexabromocyclododecanes (HBCDD) in an Australian population. Environmental Research, 152 (Supplement C): 192-198.

Du MM, Lin LF, Yan CZ, Zhang X. 2012. Diastereoisomer- and enantiomer-specific accumulation, depuration, and bioisomerization of hexabromocyclododecanes in zebrafish (*Danio rerio*). Environmental Science and Technology, 46 (20): 11040-11046.

Eljarrat E, Guerra P, Martínez E, Farré M, Alvarez JG, López-Teijón M, Barceló D. 2009. Hexabromocyclododecane in human breast milk: Levels and enantiomeric patterns. Environmental Science and Technology, 43 (6): 1940-1946.

Ema M, Fujii S, Hirata-Koizumi M, Matsumoto M. 2008. Two-generation reproductive toxicity study of the flame retardant hexabromocyclododecane in rats. Reproductive Toxicology, 25 (3): 335-351.

EU. 2008. Risk Assessment Hexabromocyclododecane CAS No. 25637-99-4. European Union Risk Assessment Report. R044_0805_env_hh_final_ECB.

EU. 2011. Amending Annex XIV to Regulation (EC) No 1907/2006 of the European Parliament and of the Council on the Registration, Evaluation, Authorisation and Restriction of Chemicals (REACH). Commision Regulation. (EU) No 143/2011.

EU. 2016. Amending Regulation (EC) No 850/2004 of the European Parliament and of the Council on persistent organic pollutants as regards Annex I. Commision Regulation. (EU) 2016/293.

Fa S, Pogrmic-Majkic K, Dakic V, Kaisarevic S, Hrubik J, Andric N, Stojilkovic SS, Kovacevic R. 2013. Acute effects of hexabromocyclododecane on Leydig cell cyclic nucleotide signaling and steroidogenesis *in vitro*. Toxicology Letters, 218 (1): 81-90.

Fa S, Pogrmic-Majkic K, Samardzija D, Hrubik J, Glisic B, Kovacevic R, Andric N. 2015. HBCDD-induced sustained reduction in mitochondrial membrane potential, ATP and steroidogenesis in peripubertal rat Leydig cells. Toxicology and Applied Pharmacology, 282 (1):

20-29.

Fa S, Samardzija D, Odzic L, Pogrmic-Majkic K, Kaisarevic S, Kovacevic R, Andric N. 2014. Hexabromocyclododecane facilitates FSH activation of ERK1/2 and AKT through epidermal growth factor receptor in rat granulosa cells. Archives of Toxicology, 88 (2): 345-354.

Fangstrom B, Athanassiadis I, Odsjo T, Noren K, Bergman A. 2008. Temporal trends of polybrominated diphenyl ethers and hexabromocyclododecane in milk from Stockholm mothers, 1980-2004. Molecular Nutrition and Food Research, 52 (2): 187-193.

Fernie KJ, Marteinson SC, Bird DM, Ritchie IJ, Letcher RJ. 2011. Reproductive changes in American kestrels (*Falco sparverius*) in relation to exposure to technical hexabromocyclododecane flame retardant. Environmental Toxicology and Chemistry, 30 (11): 2570-2575.

Fromme H, Becher G, Hilger B, Völkel W. 2016. Brominated flame retardants – Exposure and risk assessment for the general population. International Journal of Hygiene and Environmental Health, 219 (1): 1-23.

Garcia-Alcega S, Rauert C, Harrad S, Collins CD. 2016. Does the source migration pathway of HBCDs to household dust influence their bio-accessibility? Science of the Total Environment, 569-570: 244-251.

Guerra P, Alaee M, Jimenez B, Pacepavicius G, Marvin C, MacInnis G, Eljarrat E, Barcelo D, Champoux L, Fernie K. 2012. Emerging and historical brominated flame retardants in peregrine falcon (*Falco peregrinus*) eggs from Canada and Spain. Environment International, 40: 179-186.

Hakk H, Szabo DT, Huwe J, Diliberto J, Birnbaum LS. 2012. Novel and distinct metabolites identified following a single oral dose of α- or γ-hexabromocyclododecane in mice. Environmental Science and Technology, 46 (24): 13494-13503.

Hakk H. 2016. Comparative metabolism studies of hexabromocyclododecane (HBCD) diastereomers in male rats following a single oral dose. Environmental Science and Technology, 50 (1): 89-96.

Hamers T, Kamstra JH, Sonneveld E, Murk AJ, Kester MH, Andersson PL, Legler J, Brouwer A. 2006. *In vitro* profiling of the endocrine-disrupting potency of brominated flame retardants. Toxicological Sciences, 92 (1): 157-173.

Harrad S, Abdallah MA, Rose NL, Turner SD, Davidson TA. 2009. Current-use brominated flame retardants in water, sediment, and fish from English lakes. Environmental Science and Technology, 43 (24): 9077-9083.

Harrad S, de Wit CA, Abdallah MAE, Bergh C, Bjorklund JA, Covaci A, Darnerud PO, de Boer J, Diamond M, Huber S, Leonards P, Mandalakis M, Oestman C, Haug LS, Thomsen C, Webster TF. 2010. Indoor contamination with hexabromocyclododecanes, polybrominated diphenyl ethers, and perfluoroalkyl compounds: An important exposure pathway for people? Environmental Science and Technology, 44 (9): 3221-3231.

Haukås M, Hylland K, Nygård T, Berge JA, Mariussen E. 2010. Diastereomer-specific bioaccumulation of hexabromocyclododecane (HBCD) in a coastal food web, Western Norway. Science of the Total Environment, 408 (23): 5910-5916.

Heeb NV, Schweizer WB, Kohler M, Gerecke AC. 2005. Structure elucidation of hexabromocy-clododecanes—A class of compounds with a complex stereochemistry. Chemosphere, 61 (1): 65-73.

Heeb NV, Schweizer WB, Mattrel P, Haag R, Gerecke AC, Schmid P, Zennegg M, Vonmont H. 2008. Regio-and stereoselective isomerization of hexabromocyclododecanes (HBCDs): Kinetics and mechanism of γ- to α-HBCD isomerization. Chemosphere, 73 (8): 1201-1210.

Ibhazehiebo K, Iwasaki T, Shimokawa N, Koibuchi N. 2011. 1,2,5,6,9,10-α Hexabromocyclododecane (HBCD) impairs thyroid hormone-induced dendrite arborization of Purkinje cells and suppresses thyroid hormone receptor-mediated transcription. The Cerebellum, 10 (1): 22-31.

Isobe T, Ramu K, Kajiwara N, Takahashi S, Lam PK, Jefferson TA, Zhou K, Tanabe S. 2007. Isomer specific determination of hexabromocyclododecanes (HBCDs) in small cetaceans from the South China Sea–levels and temporal variation. Marine Pollution Bulletin, 54 (8): 1139-1145.

Johnson PI, Stapleton HM, Mukherjee B, Hauser R, Meeker JD. 2013. Associations between brominated flame retardants in house dust and hormone levels in men. Science of the Total Environment, 445: 177-184.

Jörundsdóttir H, Löfstrand K, Svavarsson J, Bignert A, Bergman Å. 2013. Polybrominated diphenyl ethers (PBDEs) and hexabromocyclododecane (HBCD) in seven different marine bird species from Iceland. Chemosphere, 93 (8): 1526-1532.

Kajiwara N, Sueoka M, Ohiwa T, Takigami H. 2009. Determination of flame-retardant hexabromocyclododecane diastereomers in textiles. Chemosphere, 74 (11): 1485-1489.

Kiciński M, Viaene MK, Den Hond E, Schoeters G, Covaci A, Dirtu AC, Nelen V, Bruckers L, Croes K, Sioen I, Baeyens W, Van Larebeke N, Nawrot TS. 2012. Neurobehavioral function and low-level exposure to brominated flame retardants in adolescents: A cross-sectional study. Environmental Health, 11 (1): 86.

Kim U-J, Kim M-Y, Hong Y-H, Lee D-H, Oh J-E. 2012. Assessment of impact of internal exposure to PBDEs on human thyroid function—Comparison between congenital hypothyroidism and normal paired blood. Environmental Science and Technology, 46 (11): 6261-6268.

Kim UJ, Oh JE. 2014. Tetrabromobisphenol A and hexabromocyclododecane flame retardants in infant-mother paired serum samples, and their relationships with thyroid hormones and environmental factors. Environmental Pollution, 184: 193-200.

Lam JC, Lau RK, Murphy MB, Lam PK. 2009. Temporal trends of hexabromocyclododecanes (HBCDs) and polybrominated diphenyl ethers (PBDEs) and detection of two novel flame retardants in marine mammals from Hong Kong, South China. Environmental Science and Technology, 43 (18): 6944-6949.

Law K, Halldorson T, Danell R, Stern G, Gewurtz S, Alaee M, Marvin C, Whittle M, Tomy G. 2006. Bioaccumulation and trophic transfer of some brominated flame retardants in a Lake Winnipeg (Canada) food web. Environmental Toxicology and Chemistry, 25 (8): 2177-2186.

Law RJ, Covaci A, Harrad S, Herzke D, Abdallah MAE, Femie K, Toms LML, Takigami H. 2014. Levels and trends of PBDEs and HBCDs in the global environment: Status at the end of 2012. Environment International, 65: 147-158.

Malarvannan G, Isobe T, Covaci A, Prudente M, Tanabe S. 2013. Accumulation of brominated flame retardants and polychlorinated biphenyls in human breast milk and scalp hair from the Philippines: Levels, distribution and profiles. Science of the Total Environment, 442: 366-379.

Maranghi F, Tassinari R, Moracci G, Altieri I, Rasinger JD, Carroll TS, Hogstrand C, Lundebye AK, Mantovani A. 2013. Dietary exposure of juvenile female mice to polyhalogenated seafood contaminants (HBCD, BDE-47, PCB-153, TCDD): Comparative assessment of effects in potential target tissues. Food and Chemical Toxicology, 56: 443-449.

Marteinson SC, Bird DM, Letcher RJ, Sullivan KM, Ritchie IJ, Fernie KJ. 2012. Dietary exposure to technical hexabromocyclododecane (HBCD) alters courtship, incubation and parental behaviors in American kestrels (*Falco sparverius*). Chemosphere, 89 (9): 1077-1083.

Marteinson SC, Kimmins S, Letcher RJ, Palace VP, Bird DM, Ritchie IJ, Fernie KJ. 2011. Diet exposure to technical hexabromocyclododecane (HBCD) affects testes and circulating testosterone and thyroxine levels in American kestrels (*Falco sparverius*). Environmental Research, 111 (8): 1116-1123.

Marvin CH, Tomy GT, Armitage JM, Arnot JA, McCarty L, Covaci A, Palace V. 2011. Hexabromocyclododecane: Current understanding of chemistry, environmental fate and toxicology and implications for global management. Environmental Science and Technology, 45 (20): 8613-8623.

Meijer L, Weiss J, Van Velzen M, Brouwer A, Bergman Å, Sauer PJ. 2008. Serum concentrations of neutral and phenolic organohalogens in pregnant women and some of their infants in The Netherlands. Environmental Science and Technology, 42 (9): 3428-3433.

Palace V, Park B, Pleskach K, Gemmill B, Tomy G. 2010. Altered thyroxine metabolism in rainbow trout (*Oncorhynchus mykiss*) exposed to hexabromocyclododecane (HBCD). Chemosphere, 80 (2): 165-169.

Palace VP, Pleskach K, Halldorson T, Danell R, Wautier K, Evans B, Alaee M, Marvin C, Tomy GT. 2008. Biotransformation enzymes and thyroid axis disruption in juvenile rainbow trout (*Oncorhynchus mykiss*) exposed to hexabromocyclododecane diastereoisomers. Environmental Science and Technology, 42 (6): 1967-1972.

Rani M, Shim WJ, Han GM, Jang M, Song YK, Hong SH. 2014. Hexabromocyclododecane in polystyrene based consumer products: An evidence of unregulated use. Chemosphere, 110: 111-119.

Rawn DF, Ryan JJ, Sadler AR, Sun WF, Weber D, Laffey P, Haines D, Macey K, Van Oostdam J. 2014. Brominated flame retardant concentrations in sera from the Canadian Health Measures Survey (CHMS) from 2007 to 2009. Environment International, 63: 26-34.

Remberger M, Sternbeck J, Palm A, Kaj L, Strömberg K, Brorström-Lundén E. 2004. The environmental occurrence of hexabromocyclododecane in Sweden. Chemosphere, 54 (1): 9-21.

Roosens L, Abdallah MA-E, Harrad S, Neels H, Covaci A. 2009. Exposure to hexabromocyclododecanes (HBCDs) via dust ingestion, but not diet, correlates with concentrations in human serum: Preliminary results. Environmental Health Perspectives, 117 (11): 1707-1712.

Sanders JM, Knudsen GA, Birnbaum LS. 2013. The fate of -hexabromocyclododecane in female C57BL/6 mice. Toxicological Sciences, 134 (2): 251-257.

Schecter A, Szabo DT, Miller J, Gent TL, Malik-Bass N, Petersen M, Paepke O, Colacino JA, Hynan LS, Harris TR. 2012. Hexabromocyclododecane (HBCD) stereoisomers in US food from Dallas, Texas. Environmental Health Perspectives, 120 (9): 1260-1264.

Schriks M, Vrabie CM, Gutleb AC, Faassen EJ, Rietjens IM, Murk AJ. 2006a. T-screen to quantify functional potentiating, antagonistic and thyroid hormone-like activities of poly halogenated aromatic hydrocarbons (PHAHs). Toxicology In Vitro, 20 (4): 490-498.

Schriks M, Zvinavashe E, Furlow JD, Murk AJ. 2006b. Disruption of thyroid hormone-mediated *Xenopus laevis* tadpole tail tip regression by hexabromocyclododecane (HBCD) and 2,2',3,3',4,4',5,5',6-nona brominated diphenyl ether (BDE206). Chemosphere, 65 (10): 1904-1908.

Shi ZX, Wang YF, Niu PY, Wang JD, Sun ZW, Zhang SH, Wu YN. 2013. Concurrent extraction, clean-up, and analysis of polybrominated diphenyl ethers, hexabromocyclododecane isomers, and tetrabromobisphenol A in human milk and serum. Journal of Separation Science, 36 (20): 3402-3410.

Shi Z-X, Wu Y-N, Li J-G, Zhao Y-F, Feng J-F. 2009. Dietary exposure assessment of Chinese adults and nursing infants to tetrabromobisphenol-A and hexabromocyclododecanes: occurrence measurements in foods and human milk. Environmental Science and Technology, 43 (12): 4314-4319.

Son M-H, Kim J, Shin E-S, Seo S-h, Chang Y-S. 2015. Diastereoisomer-and species-specific distribution of hexabromocyclododecane (HBCD) in fish and marine invertebrates. Journal of Hazardous Materials, 300: 114-120.

Szabo DT, Diliberto JJ, Hakk H, Huwe JK, Birnbaum LS. 2010. Toxicokinetics of the flame retardant hexabromocyclododecane gamma: Effect of dose, timing, route, repeated exposure, and metabolism. Toxicological Sciences, 117 (2): 282-293.

Szabo DT, Diliberto JJ, Hakk H, Huwe JK, Birnbaum LS. 2011a. Toxicokinetics of the flame retardant hexabromocyclododecane alpha: Effect of dose, timing, route, repeated exposure, and metabolism. Toxicological Sciences, 121 (2): 234-244.

Szabo DT, Diliberto JJ, Huwe JK, Birnbaum LS. 2011b. Differences in tissue distribution of HBCD alpha and gamma between adult and developing mice. Toxicological Sciences, 123 (1): 256-263.

Tomy GT, Budakowski W, Halldorson T, Whittle DM, Keir MJ, Marvin C, Macinnis G, Alaee M. 2004. Biomagnification of alpha- and gamma-hexabromocyclododecane isomers in a Lake Ontario food web. Environmental Science and Technology, 38 (8): 2298-2303.

Törnkvist A, Glynn A, Aune M, Darnerud PO, Ankarberg EH. 2011. PCDD/F, PCB, PBDE, HBCD and chlorinated pesticides in a Swedish market basket from 2005–Levels and dietary intake estimations. Chemosphere, 83 (2): 193-199.

UNECE. 2009. Options for revising the protocol on persistent organic pollutants. Executive Body for the Convention on Long-Range Transboundary Air Pollution. ECE/EB.AIR/WG.5/2009/7.

UNEP. 2013. Listing of Hexabromocyclododecane. The Conference of the Parties of the Stockholm Convention on Persistent Organic Pollutants. UNEP-POPS-COP.6-SC-6/13.

van der Ven LT, Verhoef A, van de Kuil T, Slob W, Leonards PE, Visser TJ, Hamers T, Herlin M, Hakansson H, Olausson H, Piersma AH, Vos JG. 2006. A 28-day oral dose toxicity study enhanced to detect endocrine effects of hexabromocyclododecane in Wistar rats. Toxicological Sciences, 94 (2): 281-292.

Wu JP, Guan YT, Zhang Y, Luo XJ, Zhi H, Chen SJ, Mai BX. 2010. Trophodynamics of hexabromocyclododecanes and several other non-PBDE brominated flame retardants in a freshwater food web. Environmental Science and Technology, 44 (14): 5490-5495.

Yamada-Okabe T, Sakai H, Kashima Y, Yamada-Okabe H. 2005. Modulation at a cellular level of the thyroid hormone receptor-mediated gene expression by 1,2,5,6,9,10-hexabromocyclododecane (HBCD), 4,4′-diiodobiphenyl (DIB), and nitrofen (NIP). Toxicology Letters, 155 (1): 127-133.

Yu G, Bu QW, Cao ZG, Du XM, Xia J, Wu M, Huang J. 2016. Brominated flame retardants (BFRs): A review on environmental contamination in China. Chemosphere, 150: 479-490.

Yu LH, Luo XJ, Liu HY, Zeng YH, Zheng XB, Wu JP, Yu YJ, Mai BX. 2014. Organohalogen contamination in passerine birds from three metropolises in China: Geographical variation and its implication for anthropogenic effects on urban environments. Environmental Pollution, 188: 118-123.

Zegers BN, Mets A, Van Bommel R, Minkenberg C, Hamers T, Kamstra JH, Pierce GJ, Boon JP. 2005. Levels of hexabromocyclododecane in harbor porpoises and common dolphins from western European seas, with evidence for stereoisomer-specific biotransformation by cytochrome p450. Environmental Science and Technology, 39 (7): 2095-2100.

Zhang Y, Li Q, Lu Y, Jones K, Sweetman AJ. 2016. Hexabromocyclododecanes (HBCDDs) in surface soils from coastal cities in North China: Correlation between diastereoisomer profiles and industrial activities. Chemosphere, 148: 504-510.

Zhang YW, Sun HW, Ruan YF. 2014. Enantiomer-specific accumulation, depuration, metabolization and isomerization of hexabromocyclododecane (HBCD) diastereomers in mirror carp from water. Journal of Hazardous Materials, 264: 8-15.

第 11 章　有机磷阻燃剂的毒性效应

本章导读

- 首先介绍有机磷阻燃剂的背景情况，包括有机磷阻燃剂的理化性质、用途用量、环境介质中的分布以及在人体中的含量等。
- 集中概述有机磷阻燃剂的内分泌干扰效应及相应的作用机制。主要陈述了以离体细胞和活体生物为对象的研究进展，包括离体筛选的甲状腺激素活性、雌激素效应以及类固醇激素合成途径的内分泌干扰效应。活体研究则重点陈述对鱼类、鸟类、哺乳动物的甲状腺内分泌干扰效应、生殖内分泌干扰效应和繁殖毒性，以及传递毒性效应。
- 介绍有机磷阻燃剂对鱼类、鸟类、甲壳类和原生动物的生长发育毒性效应的研究进展。
- 最后总结有机磷阻燃剂对细胞的神经毒性效应以及作用机制，以及对鱼类的神经发育毒性。

11.1　有机磷酸酯概述

有机磷酸酯（organophosphorus estes，OPEs）是一类被广泛添加到塑料制品、家具、纺织用品、电子产品等中作为阻燃剂、增塑剂及防沫剂的化合物。近年来，随着传统溴代阻燃剂的逐步禁用，有机磷阻燃剂（organophosphorus flame retardants，OPFRs）成为其主要替代品，而且其用量逐年递增。通常情况下，OPFRs是以物理添加的形式而不是通过化学键结合的方式进入产品。因此，在产品使用过程中很容易通过蒸发，浸出或者磨损等形式进入到各种环境介质中。目前，在多种环境介质中检测到 OPFRs，如粉尘、空气、地表水、底泥及生物体，甚至在人类尿液和乳汁中也检测到一定浓度的 OPFRs 及其代谢产物。

在 OPFRs 中，主要包括三（2-氯-1-甲基乙基）磷酸盐［tris(2-chloroisopropyl) phosphate，TCIPP］，磷酸三（1,3 二氯异丙基）酯［tris(1,3-dichloro-2-propyl) phosphate，TDCIPP］，磷酸三（2-氯乙基）酯［tris（2-chloroethyl）phosphate，TCEP］，

磷酸三丁酯[tri-*n*-butyl phosphate，TnBP]及磷酸三苯酯[triphenyl phosphate，TPhP]等。环境介质中普遍存在的 OPFRs 可以通过多种形式如皮肤接触、粉尘吸入及饮食摄入等方式进入人体，对人体健康构成威胁。近年来，OPFRs 的毒性效应及潜在的健康风险引起广泛关注，因此也被称为新型有机污染物。尽管 OPFRs 并不属于 POPs 的范围，但是其中的某些种类也具有部分 POPs 的基本特征，如具有环境持久性和一定的生物富集能力（Van der Veen and de Boer，2012），而且是目前受到很大关注的一类有机污染物，因此本章将主要介绍 OPFRs 的基本理化性质、环境分布，以及目前在毒性效应方面取得的进展。

11.1.1 OPFRs 的理化性质

OPFRs 是一类合成的磷酸衍生物，是由磷酸基团的氢被酯基取代而形成的。结构通式为$(R_1O)(R_2O)(R_3O)PO$（图 11-1），磷酸酯化过程中酯类物质的性质决定了 OPFRs 的物理化学性质。根据不同的酯键，OPFRs 可以分为三大类，包括氯代类 OPFRs、烷基类 OPFRs 和芳基类 OPFRs。不同种类的 OPFRs 具有不同的理化性质，如溶解度、辛醇-水分配系数（$\log K_{ow}$）、生物富集因子及光解半衰期等（详见表 11-1）（高小中等，2015；Hou et al.，2016）。而不同的理化性质决定了不同种类 OPFRs 的环境行为及对生物体的影响。挥发性 OPFRs 具有较高的蒸气压，如磷酸三乙酯（triethyl phosphate，TEP）和 TCEP，它们更容易进入大气中。芳基和烷基类 OPFRs 的分子量较大，因此，具有较强的疏水性和生物富集效应，更容易与土壤或底泥相结合；氯代 OPFRs 在水中溶解度相对较大，且具有一定的环境持久性，对水生生物具有较大的危害（高小中等，2015）。

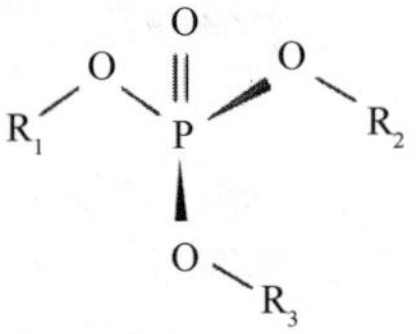

图 11-1   OPFRs 的化学结构通式，R 表示取代了磷酸基团氢原子的酯基

表 11-1   **常见 OPFRs 的名称及理化性质**（高小中等，2015；Hou et al.，2016）

中文名称	英文名称及缩写	分子量	$\log K_{ow}$	生物富集系数	光解半衰期（h）
磷酸三甲苯酯	tricresyl phosphate（TCP）	368.36	5.11	8.56×10^3	—
磷酸三苯酯	triphenyl phosphate（TPhP）	326.28	4.7	113	—
磷酸三丁酯	tri-*n*-butyl phosphate（TnBP）	266.31	4	39.81	<1
三异丁基磷酸酯	tri-*iso*-butyl phosphate（TiBP）	266.31	3.6	19.51	4.3
磷酸三乙酯	triethyl phosphate（TEP）	182.15	0.87	3.162	—

续表

中文名称	英文名称及缩写	分子量	logK_{ow}	生物富集系数	光解半衰期（h）
磷酸三辛酯	tris(2-ethylhexyl)phosphate（TEHP）	434.63	9.49	1.00×10^6	—
磷酸三（2-氯乙基）酯	tris(2-chloroethyl)phosphate（TCEP）	285.49	1.63	0.4254	17.5
三（2-氯-1-甲基乙基）磷酸盐	tris(2-chloroisopropyl)phosphate（TCIPP）	327.57	2.89	3.268	8.6
磷酸三（1,3 二氯异丙基）酯	tris(1,3-dichloro-2-propyl)phosphate（TDCIPP）	430.9	3.65	21.4	21.3
磷酸三（2-正丁氧乙基）酯	tris（2-butoxyethyl）phosphate（TBOEP）	398.47	3	25.56	3
2-乙基己基二苯基磷酸酯	2-ethylhexyl diphenyl phosphate（EHDPP）	362.4	6.3	855.3	—

11.1.2 OPFRs 的用量及用途

由于传统溴代阻燃剂的禁用，OPFRs 的生产和使用均逐年递增。1992 年，全世界共使用阻燃剂大概 600000 t，其中有机磷类占 17%（BCC Research，2013）。据统计，2001 年和 2004 年全球范围内共消耗 OPFRs 约为 186000 t 和 300000 t，占所有阻燃剂消耗量的 70%。在西欧，OPFRs 的使用量从 1998 年的 58000 t 急剧增加到 2006 年的 91000 t，其中 OPFRs 的消耗量占欧洲所有阻燃剂使用量的 20%（EPA，2005）。在日本，2001 年和 2005 年分别消耗了 22000 t 和 30000 t 的 OPFRs；在中国，2007 年生产了大约 70000 t OPFRs，并且以 15%的速率逐年增加（欧育湘和郎柳春，2010；王晓伟等，2010）。

OPFRs 主要是作为阻燃剂使用，除此之外，还有一些其他用途，如可以作为增塑剂添加到聚氨酯塑料中，还可以作为稳定剂添加到地板蜡、润滑油及液压油中。对于常见的氯代 OPFRs，如 TCEP、TCIPP 及 TDCIPP，主要用在纺织品和硬的聚氨酯泡沫材料中，而磷酸三（2-正丁氧乙基）酯 [tris(2-butoxyethyl)phosphate，TBOEP] 主要添加在地板蜡、乙烯基塑料塑化剂及橡皮塞中。TPhP 主要添加在不饱和聚酯树脂中。除此之外，TBOEP、TPhP 及磷酸三丁酯（TnBP）还可添加在液压油中作为抗高压添加剂及抗磨剂。2-乙基己基二苯基磷酸酯（EHDPP）还可以添加在包装材料中（Van der Veen and de Boer，2012；季麟等，2017）。

11.1.3 OPFRs 的环境行为

由于 OPFRs 通常是以添加剂而不是以化学键结合的形式存在于产品中，因此，它们很容易被释放到环境中。环境监测表明，OPFRs 广泛存在于室内空气、室内灰尘、饮用水、底泥等非生物介质以及生物体内。由于氯代 OPFRs 不易被光解，而且具有较长的半衰期和生物富集效应，因此，有的氯代 OPFRs 具有 POPs 的一些特性（Van der Veen and de Boer，2012）。因此，在后续的章节中重点介绍氯代 OPFRs。

一些研究指出，在世界范围内大气环境中均检测到 OPFRs。中国的一项研究报道指出，在东部城市大气中检测到的 OPFRs 主要为 TPhP、TCIPP、TCEP 以及 TDCIPP，其中 TPhP 的含量最高，可达 32 ng/m^3，而 OPFRs 的总含量达 54.6 ng/m^3（Ren et al.，2016）。在室内空气及室内灰尘中也检测到较高含量的 TCIPP、TCEP 及 TDCIPP（He et al.，2015）。需要指出的是，也有研究表明，室内空气中 OPFRs 的浓度甚至超过 PBDEs（Meeker et al.，2010）。同样，在世界各地的水体中也检测到了 OPFRs，包括 TCIPP、TCEP 及 TDCIPP 等，其浓度一般在几十到几百 ng/L，但是有时也可达到几十 μg/L（Green et al.，2008；Van der Veen and de Boer，2012）。在世界各地的湖泊或者海湾的沉积物中也检测到不同浓度的 OPFRs。例如在我国太湖底泥中检测到了较高含量的 OPFRs，总量最高可达 14.25 μg/kg dw，其中以 TCIPP、TCEP 及 TBOEP 为主（Cao et al.，2012）。而国外的数据显示，在沉积物中，OPFRs 的含量更高，TCIPP 的含量高达 180 μg/kg dw（Leonards et al.，2011）。也有报道指出，汽车拆解点附近湖泊底泥中 TCEP 的浓度高达 2300～5500 μg/kg dw，此浓度远高于周围其他地区底泥中 TCEP 的平均浓度 27～380 μg/kg dw，而 TDCIPP 的浓度也高达 250～8800 μg/kg dw（Green et al.，2008）。总之，国内外的环境监测数据都表明，氯代 OPFRs 广泛存在于各种非生物环境介质中，而且含量较高。

近年来，随着 OPFRs 的广泛应用以及造成的大范围污染，OPFRs 对生物的潜在影响也引起了关注。一些研究表明，在水生生物体内含有较高浓度的 OPFRs，说明其能够在水生生物体内积累（Sundkvist et al.，2010）。在 OPFRs 中，含氯类 OPFRs 的生物富集因子（biological concentration factor，BCF）为 0.42～21.4；而不含氯的 OPFRs 的生物累积因子更高，最高可达 1.008×10^6（Hou et al.，2016）。但是含氯类的 OPFRs 更加稳定和不易降解，在环境中浓度较高且具有一定的持久性。研究发现，TBOEP、TCIPP 和 TCEP 在底栖生物食物链中存在一定的生物放大现象（Leisewitz et al.，2001）。近年来在世界范围内的多种生物体，包括鱼类、鸟类等动物中都检测到不同浓度的 OPFRs，甚至在人体中也检测到了不同浓度和种类的 OPFRs，其含量一般在几个到几十个 μg/kg（Leonards et al.，2011；Sundkvist et al.，2010）。例如中国的一项研究则发现，在华南地区的淡水鱼体内，检测到 TBOEP 的含量高达 8842 μg/kg lw，而 TDCIPP 的含量可达 251μg/kg lw（Ma et al.，

2013）。在野生动物体内检测到较高含量的 OPFRs，说明这些化合物可以在野生动物体内积累，因此有必要开展 OPFRs 生态毒理学效应的研究以及评估其环境风险等。

尽管 OPFRs 对人类污染的研究数据较少，但是最近有研究发现，在人的头发中检测到了 OPFRs，其中 TCIPP 含量最高，达到 141 ng/g dw，TCEP 的浓度达 7.3 ng/g dw，TDCIPP 浓度最高可达 17.1 ng/g dw（Lin et al.，2017）。需要指出的是，在生产工厂附近的人群血清中检测到了较高含量的 OPFRs，其中以 TCEP 为主，在血清中的浓度高达 480.4 ng/g lw，显著高于 PBDEs 在血清中的浓度（Lin et al.，2017），这是首次在我国居民血清中检测到 TCEP。另外还有一些关于 OPFRs 在人体中含量的研究报道，如在胎盘、乳汁及血液和脂肪组织中都检测到了不同浓度和种类的 OPFRs（Meeker and Stapleton，2010；Sundkvist et al.，2010；Butt et al.，2014；Ding et al.，2016）。这迫切需要开展有关人体暴露以及潜在健康风险方面的研究。

11.2　OPFRs 的内分泌干扰效应

近年来，作为 PBDEs 类的主要替代品之一，OPFRs 的大量应用造成了广泛的环境污染。因此，其环境行为及毒性效应受到越来越多的关注。研究表明多种 OPFRs 具有内分泌干扰效应。研究报道指出，OPFRs 可作用于下丘脑-脑垂体-甲状腺（hypothalamus-pituitary-thyroid，HPT）轴途径，影响甲状腺激素的合成、转运、结合等过程，破坏甲状腺激素内环境的稳定而影响生长发育；也可通过作用于下丘脑-脑垂体-性腺（hypothalamus-pituitary-gonad，HPG）轴的内分泌系统途径，影响重要类固醇激素或者受体，并最终影响动物的繁殖；另外还可以通过其他途径引起内分泌干扰作用。

11.2.1　OPFRs 的甲状腺内分泌干扰效应

1. 离体研究

在离体方面，一些研究表明 OPFRs 具有典型的甲状腺内分泌干扰效应。大鼠垂体瘤细胞（rat pituitary cell lines，GH3）和甲状腺囊泡细胞（thyroid follicular cell lines，FRTL-5）是常用的评价化学品或者污染物甲状腺内分泌干扰活性的离体模型。一项研究将 GH3 细胞暴露于 TPhP（1 μg/L、10 μg/L、100 μg/L），同时以 T3（1.5 μg/L）作为阳性对照。处理 48 h 后，发现在 TPhP 暴露组中，甲状腺受体 α，β（thyroid hormone receptor α,β，*trα,trβ*）及促甲状腺释放激素基因（thyrotropin releasing hormone β，*tshβ*）的表达显著增加，而 T3 阳性处理组中 *trα*、*trβ* 及 *tshβ* 的表达则均显著下降，同时 T3 显著上调脱碘酶（*dio1*，*dio2*）基因的表达，而 TPhP

则对这两个基因的表达没有显著影响，结果表明 TPhP 能够刺激细胞中甲状腺激素的分泌，而 T3 对上述基因表达的下调可能是由于 T3 增加后的一种补偿机制。上述结果表明，TPhP 及 T3 均能作用于脑垂体的甲状腺激素受体，而且 T3 与 TPhP 对脑垂体细胞的作用方式相反。进一步用 TPhP（1 mg/L、3 mg/L、10 mg/L）及 TSH（10 mU/mL）处理 FRTL-5 细胞 24 h 后，发现 TPhP 暴露后，显著增加钠碘转运体（sodium iodide symporter, *nis*）及甲状腺过氧化物酶（thyroid peroxidase, *tpo*）基因的表达，说明 TPhP 暴露能促进细胞甲状腺激素合成。而且有趣的是，在 TSH 阳性对照组中，*nis* 及 *tpo* 基因的表达也显著增加，同时甲状腺球蛋白（thyroglobulin, *tg*）、*tshr*、NK2 同源框（NK2 homeobox 1, *Nkx2.1*）及双链复合蛋白 8（paired box protein 8, *Pax8*）基因的表达却显著下调。而在 TPhP 处理组中，只有低浓度的 TPhP 轻微下调 *tshr* 及 *Nkx2.1* 基因的表达。上述结果表明，TPhP 直接作用于脑垂体细胞及甲状腺滤泡刺激甲状腺激素的合成，表现出甲状腺内分泌干扰效应（Kim et al.，2015）。

最近，中国学者采用离体暴露与计算毒理相结合的研究方法，评估了包括 TnBP，TPhP，TBOEP，TCEP，TDCIPP，TCIPP，TEHP，TDBPP [tris(2,3-dibromopropyl) phosphate]及 TMPP（tricresyl phosphate）在内的 9 种 OPFRs 潜在的甲状腺内分泌干扰效应。经酵母双荧光报道基因检测发现，上述 9 种 OPFRs 均不具有与 TRβ 竞争性结合的活性，而将 T3 分别与 OPFRs 共暴露后发现，TnBP、TMPP、TCIPP 及 TDCIPP 均表现出 TRβ 拮抗活性，其作用强度顺序为 TMPP>TnBP>TCIPP>TDCIPP。而经 T-screen 检测发现，10^{-6} mol/L 的 OPFRs 均对 GH3 细胞没有细胞毒性，而且与前面的结果一致，即 9 种 OPFRs 单独处理均不能与 TRβ 竞争性结合，而在与 T3 共暴露后，仅 TnBP 及 TMPP 表现出 TRβ 拮抗剂的活性，且 TMPP 的拮抗性比 TnBP 更强。分子对接模拟发现，上述 9 种 OPFRs 中的 TMPP、TnBP、TCIPP 及 TDCIPP 都可以与 TRβ 直接结合，其结合强度顺序为 TMPP>TnBP>TCIPP>TDCIPP（Zhang et al.，2016）。上述结果表明，部分 OPFRs 具有典型的甲状腺激素内分泌干扰作用，以上结果可为进一步研究其活体甲状腺激素的内分泌干扰提供基础。

2. 活体研究

关于 OPFRs 对人类的健康危害，目前相关的研究较少，而且主要集中在污染物的含量、分布及代谢产物检测等方面。而就研究对象而言，目前关注较多的是 TDCIPP。国外的一项研究发现，室内灰尘中 TDCIPP 的浓度与男性血液游离甲状腺激素之间呈显著的负相关关系，由此认为室内粉尘中的 TDCIPP 可能影响男性甲状腺功能（Meeker and Stapleton，2010）。另一项研究则检测了男性尿液中

TDCIPP、TPhP 及其代谢产物二（1,3-二氯-2-丙基）磷酸酯 ［bis(1,3-dichloro-2-propyl) phosphate, BDCIPP］和磷酸二苯酯（diphenyl phosphate, DPHP）的含量，并检测了男性血液中甲状腺激素的含量。通过分析尿液中 BDCIPP 及 DPHP 的浓度以及与血清中总 T3 含量的关系，发现其呈正相关关系，而且尿液中 BDCIPP 的浓度与体内 TSH 的含量也呈正相关，而与血清中游离的 T4 及 TSH 没有显著相关关系，但是该研究没有报道关于 BDCIPP 及 DPHP 的浓度与总 T4 之间的关系（Meeker et al.，2013）。由于以上两项研究只涉及了男性，因此，无法判别 TDCIPP、TPhP 及其代谢产物对甲状腺激素的影响是否与性别有关。最近，又有研究发现，人尿液中 TPhP 的主要代谢产物 DPHP 与血清中总 T4 水平的升高具有显著的相关性，但是与血清中游离 T4、总 T3 以及 TSH 的浓度变化没有显著的相关性，此现象在女性调查者中尤为显著（Preston et al.，2017）。尽管以上的一些研究表明，OPFRs 通过不同的摄入途径进入人体后，自身或者其代谢产物可能会对甲状腺激素产生一定的影响，但是由于目前的研究样本量较小，而且影响因素众多，需要进行环境中污染物含量的分析、人体内污染物或者代谢产物分析，以及激素含量的变化等综合分析，因此需要更多的流行病学研究和数据，进一步分析和确定 OPFRs 及其代谢产物是否对人类甲状腺激素内分泌系统产生影响。

关于 OPFRs 对实验动物甲状腺激素内分泌系统方面的研究，最近的一项实验发现，TDCIPP 暴露可干扰大鼠甲状腺内分泌系统。例如将出生后 22 天的大鼠，经灌胃暴露于不同浓度的 TDCIPP［50 mg/（kg·d）、100 mg/（kg·d）、250 mg/（kg·d）］至 42 天，结果发现，TDCIPP 显著上调了甲状腺激素受体 β（$tr\beta$）、脱碘酶（$dio1$）、甲状腺素运载蛋白（transthyretin，ttr）、尿苷葡萄糖醛酸转移酶 1A6（urinary glycolic acid transferase 1 a6，$ugt1a6$）以及与甲状腺激素合成相关的基因（nis，tpo 及 tg）的表达，与代谢相关的如细胞色素 P4503A1（cytochrome P4503A1，$cyp3a1$）的基因表达也显著上调，但是促甲状腺激素释放激素受体（$tshr$）显著下调，同时 TDCIPP 暴露后引起血清中 T3 的浓度显著升高，但是并不影响生长以及血清中的总 T4 和游离态 T4 的含量（Zhao et al.，2016）。总体上，该研究表明，暴露 TDCIPP 能影响 HPT 轴中的与 TH 合成、转运、代谢以及清除、反馈等蛋白的基因表达，最终体现在影响甲状腺内分泌系统。但是需要指出的是，OPFRs 对哺乳动物甲状腺内分泌系统影响的研究非常有限，需要采用多种不同的暴露途径，如通过呼吸、食物和饮水等，并且在长期低剂量下，同时也需要考虑不同的暴露敏感期，以准确评估 OPFRs 的甲状腺内分泌干扰效应。

关于 OPFRs 对鸟类的甲状腺内分泌干扰效应，经 OPFRs 暴露的鸡胚胎和原代培养的鸡胚肝脏细胞，研究也发现 OPFRs 具有显著的甲状腺内分泌干扰效应。例如将 TCIPP（0～51600 ng/g egg）及 TDCIPP（0～45000 ng/g egg）分别注入鸡蛋，经过 20～22 d 作用后发现 TDCIPP 处理组中血清游离 T4 含量显著降低；同时，TDCIPP 还诱导 *cyp3a37* 及 *cyp2h1* 基因的表达增加；在 TCIPP 处理组中，鸡胚血清游离态的 T4 水平没有显著变化，但是 I 型脱碘酶（Dio 1）和肝脏脂肪酸结合蛋白的含量及 *cyp3a37* 基因的表达显著增加，且鸡胚的孵化时间显著延长；但是 TDCIPP 和 TCIPP 处理对血清游离 T3 及甲状腺总 T4 均没有影响，且对鸡胚的孵化率也没有影响（Farhat et al.，2013）。此外，也有研究发现，TDCIPP 和 TCIPP（0.01～300 mmol/L）处理原代培养的鸡胚肝脏细胞 36 h 后，TCIPP 及 TDCIPP 显著改变了多种与代谢及甲状腺相关基因的表达，例如 TDCIPP 和 TCIPP 显著上调 *cyp2h1*、*cyp3a37* 及 *ugt1a9* 基因的表达，高浓度 TCIPP 显著下调 *ttr* mRNA 的表达，但是 TDCIPP 对 *ttr* 基因的表达没有影响（Crump et al.，2012）。同样以鸡胚为对象的另一研究发现，TEP（8～241500 ng/g）作用于鸡胚 22 d 后，引起鸡胚中游离 T4 的含量显著下降，但是总 T4 的含量没有变化。TEP 高浓度处理组能诱导鸡胚肝脏组织中 *ugt1a9* 基因的表达，显著下调了 *ttr* 的表达（Egloff et al.，2014）。目前关于 OPFRs 对鸟类的甲状腺内分泌干扰效应主要来自以早期发育的以鸡胚为对象的研究，尽管结果显示，OPFRs 中的一些化合物具有潜在的甲状腺内分泌干扰效应，但是观察到的效应一般在很高的暴露剂量下发生，这可能与鸟类对 OPFRs 的生物可利用性低、作用不敏感等各方面因素有关。需要指出的是，由于目前开展的研究较少，而且受暴露方式、剂量、时间等因素的影响，短时间内难以得出一致的结论。

相对哺乳动物和鸟类而言，OPFRs 对鱼类的甲状腺内分泌干扰效应的研究相对较多。近期的一项研究发现，OPFRs 暴露可影响鱼类的甲状腺内分泌系统。例如以斑马鱼为对象，有学者研究了 TDCIPP（10 μg/L、50 μg/L、100 μg/L、300 μg/L、600 μg/L）及 T3（阳性对照）暴露对斑马鱼胚胎发育和甲状腺内分泌系统的影响。将斑马鱼胚胎暴露至 144 h 后，检测了生长发育相关指标，测定了仔鱼体内甲状腺激素的含量以及下丘脑-垂体-甲状腺（HPT）轴相关基因的表达。结果发现，经 TDCIPP 暴露后，斑马鱼胚胎的孵化率及存活率都显著下降。此外，仔鱼的生长（体重）也受到抑制，心率降低。在 T3 阳性对照组中，T3 处理后，仔鱼体内 T4 的总量显著降低，伴随着 T3 总量的增加，同时也观察到 HPT 轴中相关基因的表达上调。而在 TDCIPP 处理组中，引起仔鱼 T4 的含量显著降低，而 T3 的含量则升高。另外，TDCIPP 暴露后，也观察到 HPT 轴中与甲状腺激素相关基因表达的变化，如上调与甲状腺激素代谢（*dio1*、*ugt1ab*）、甲状腺激素合成（*tsh*、*slc5a5*、*tg*）及甲状腺发育（*hhex*、*Nkx2.1*、*Pax8*）相关基因的表达。上述结果表明，TDCIPP 暴露后，改变 HPT 轴的相关基因转录水平及幼鱼体内甲状腺激素的含量，引起斑马鱼仔鱼的甲状腺内分泌干扰效应（Wang et al.，2013）。

在此基础上，另一项长期低剂量 TDCIPP 暴露对斑马鱼的实验则探究了其对母代以及子代的甲状腺内分泌干扰效应。实验发现，长期暴露不仅影响其母代本身的甲状腺激素，而且也影响子代的甲状腺激素含量。研究者将斑马鱼成鱼暴露于 TDCIPP（0 μg/L、4 μg/L、20 μg/L、100 μg/L）中 3 个月，并测定了母代（F0）和子代（F1）的甲状腺激素含量，发现在 F0 代雌鱼血清中 T3、T4 的含量都显著下降，而雄鱼血清中甲状腺激素水平未发生明显变化，表现出性别差异。在 F1 代鱼卵及仔鱼中也观察到 T4 的含量显著下降，表明由于暴露 TDCIPP 而引起母代斑马鱼的 T4 含量下降，其后果是由母代传递给子代的 T4 也减少。这一结果表明，长期低剂量暴露在 TDCIPP 中能引起 F0 及 F1 代斑马鱼甲状腺激素平衡紊乱，因而 TDCIPP 具有甲状腺内分泌干扰效应，而经母代传递给子代的 T4 减少，则可能影响子代的早期发育（Wang et al., 2015a）。该研究也表明，长期低剂量暴露可以改变母体的内源因子，而其中很多内源因子需要传递给子代受精卵，这对于早期的胚胎发育非常重要。因此，改变母代内源因子有可能影响子代的早期发育。

在 OPFRs 中，TBOEP 也是关注较多的一种。同样以斑马鱼为对象的一项研究评价了 TBOEP 的甲状腺激素内分泌干扰效应。将斑马鱼胚胎暴露于 TBOEP（2～5000 μg/L）中 120 h，研究者分析了斑马鱼发育早期 HPT 轴相关基因的表达。结果显示，在 2 μg/L TBOEP 的暴露剂量下，显著上调下丘脑及甲状腺轴相关基因的表达，但是所有浓度范围内的 TBOEP 均对 *trh* 的表达没有影响，2 μg/L 和 20 μg/L 剂量的 TBOEP 均能显著上调甲状腺激素受体 *trα*、*trβ* 及甲状腺球蛋白（*tpo*）基因的表达。尽管该研究没有测定甲状腺激素的含量，但是获得了 96 h 暴露引起 50% 畸形剂量和无效应剂量分别为 288.5 μg/L 和 2.4 μg/L（Ma et al., 2016）。而同样以斑马鱼胚胎为对象的另一研究则发现，将斑马鱼胚胎暴露于 TBOEP（0～2000 μg/L）中 144 h，可观察到明显的发育毒性，包括引起畸形、孵化延迟并使斑马鱼仔鱼的心率减慢。进一步测定激素含量发现，TBOEP 暴露显著增加了斑马鱼仔鱼体内 T3 及 T4 的含量，并呈剂量-效应关系，同时也显著改变了 HPT 轴相关基因的表达，主要包括 *trh*、*trhr*、*tshβ*、*tshr*、*crh*、*nil*、*tg* 及 *ttr* 等相关基因（Liu et al., 2017）。上述研究表明，较低剂量的 TBOEP 对发育中的斑马鱼也具有甲状腺激素内分泌干扰效应。

TPhP 作为一种常见的芳基类 OPFRs，其内分泌干扰效应也引起了人们的关注。一项研究表明，TPhP 同样具有甲状腺内分泌干扰效应。将斑马鱼胚胎暴露于 TPhP（40～500 μg/L）中 7 d，发现仔鱼体内 T3 和 T4 的含量均显著增加，同时与甲状腺激素合成、代谢（*dio1*）、转运（*ttr*）及清除（*ugt1ab*）相关基因的表达显著上调；但是，下调促肾上腺激素释放激素（corticotrophin-releasing hormone，*crh*）及 *tsh* 的表达（Kim et al., 2015）。该研究表明，与氯代 OPFRs 相似，芳基类 OPFRs

也具有甲状腺激素内分泌干扰效应。但是氯代和芳基类 OPFRs 影响甲状腺激素内分泌系统的内在机制需要深入研究。目前观察到的一般是甲状腺激素的升高或者下降，由此引起的与激素相关的基因表达的反馈现象等。需要指出的是，OPFRs 影响鱼类甲状腺激素含量与暴露时间、剂量等因素有关。由于甲状腺激素在鱼类的生长发育、代谢等方面具有重要作用。因此，上述结果为评估 OPFRs 对水生生物的环境风险提供了一定的理论依据。

总之，现有的离体和活体研究结果表明，OPFRs 中的一些种类具有甲状腺内分泌干扰效应，而且在所受试的实验动物中，鱼类对 OPFRs 的暴露比较敏感。但是就对于生物的暴露而言，不同的发育阶段，对污染物的反应不同，因此需要进行对敏感期影响的研究。此外一般暴露剂量较高，因此需要通过长期低剂量暴露的方式研究 OPFRs 对甲状腺内分泌系统的影响以及与甲状腺相关功能的关系。此外，现有的研究发现经 OPFRs 暴露后能引起甲状腺激素含量的变化，而测定的基因表达一般能反映出对于激素含量变化的反馈，但是缺少对引起甲状腺激素含量变化的分子机制的探究。而目前，人类可从多种介质中暴露 OPFRs，而人类流行病学数据较为欠缺。因此，在今后的工作中我们应该更多地关注长期低剂量 OPFRs 暴露的生态毒理学效应。

11.2.2 OPFRs 的生殖内分泌干扰效应

除了具有甲状腺内分泌干扰效应外，一些研究表明，OPFRs 对生殖内分泌功能也有一定的影响。下面就其与生殖内分泌干扰活性相关的研究进展进行综述。

1. 离体研究

人肾上腺皮质瘤细胞（H295R）保留了多数与类固醇激素合成相关的基因和酶，是筛查污染物通过干扰类固醇激素合成途径从而引起内分泌干扰效应的良好离体模型；MVLN 细胞具有雌激素依赖性，因此可通过观察污染物的暴露是否能引起细胞增殖，来反映其是否具有雌激素效应。因此，H295R 及 MVLN 细胞通常被用来筛选化合物或者污染物是否具有影响类固醇激素或者具有雌激素效应的模型。在筛选 OPFRs 的内分泌干扰效应的实验中，一项研究使用这两种细胞评价了 6 种 OPFRs（TCEP，TCIPP，TDCIPP，TBOEP，TPhP，TCP）的生殖内分泌干扰活性。将 H295R 及 MVLN 细胞暴露于 6 种 OPFRs（0.001～10 mg/L），经 24 h 处理后，观察到在 H295R 细胞中，E2 和 T 的含量均显著升高，同时 E2/T 的比例也显著增加，其中以 TDCIPP 的作用效果最明显。当 TDCIPP 的剂量为 0.01 mg/L 时，就能观察到 E2 和 T 的含量显著增加；而当 TCEP 的暴露剂量为 0.1 mg/L，TCP 为 1 mg/L，TBEP、TPhP 及 TCIPP 为 100 mg/L 时，才能观察到 E2 和 T 的含量显著升高；因此在 6 种 OPFRs 中，TDCIPP 对 H295R 细胞的作用最为敏感。此外，6 种 OPFRs 都能影响 H295R 细胞中与类固醇激素合成关键基因的表达，如 *cyp11a1*、*cyp11b2*、*cyp19a1* 及 *hsd3β*。这一离体筛查结果表明，TDCIPP 具有较强的雌激素效应，其次为 TCEP，可为接下来的活体验证提供实验基础。在 MVLN 细胞中，研究者评价了 6 种 OPFRs 与雌激素受体结合的亲和力，结果显示，TCEP、TDCIPP、TBOEP、TPhP 及 TCP 均不能与 ER 结合，而 TDCIPP、TPhP 及 TCP 显著降低了 E2 对 ER 的亲和力，并且呈现一定的剂量-依赖关系。这一结果意味着，这些 OPFRs 也可能通过其他途径发挥内分泌干扰效应（Liu et al.，2012）。

很多污染物是通过核受体介导的途径引起生物学效应，造成下游基因的表达发生变化。因此转录分析，比如报道基因分析，在检测化学物质对核受体的竞争或者拮抗效应的实验中具有一定的优势。日本学者以中国仓鼠卵巢细胞（CHO-K1）为基础，构建了转染细胞，评价了 11 种 OPFRs 对 ER、AR、GR、TR、RARα、RXR、PXR、PPARα 以及 PPARγ 核受体的激动和拮抗活性。结果显示，TPhP 和 TCP 具有 ERα 和 ERβ 激动剂活性，TnBP、TDCIPP、TPhP 和 TCP 具有 AR 拮抗活性，并且 TnBP、TEHP、TDCIPP、TPhP 和 TCP 均具有 GR 拮抗剂活性。此外，检测中的 7 种，即 TnBP、TCPP、TEHP、TBEP、TDCIPP、TPhP 和 TCP 具有 PXR 激动剂活性，但是在检测的 11 种 OPFRs 中，都不具有 TRα/β 的激动剂和拮抗剂活性，也不具有 RARα、RXRα 以及 PPARα/γ 的激动剂活性。总之，离体研究的结果意味着在检测的 11 种 OPFRs 中，有些可能通过 Erα、Erβ、AR、GR 或者 PXR 介导的受体途径发挥内分泌干扰效应（Kojmia et al.，2013）。此外，中国学者采用基于 CHO-K1 的双荧光报道基因检测、双酵母杂交技术及 E-screen 检测等方法，快速评价了 9 种 OPFRs 潜在的雌激素效应。在双荧光报道基因及双酵母杂交实验中得出了较为相似的结论，即 TPhP、TCP 及 TDCIPP 表现出雌激素效应，且雌激素效应强弱顺序为 TPhP>TCP>TDCIPP，而 TCEP 和 TEHP 表现出明显的抗雌激素效应。通过 E-screen 实验还发现 TnBP 也具有雌激素活性（Zhang et al.，2014）。需要指出的是，离体筛选能够快速评价 OPFRs 潜在的内分泌干扰活性，这些离体研究结果可为活体进一步验证提供基础。

除了上述的 H295R、MVLN 以及转染的 CHO-K1 细胞外，也有学者使用其他细胞来评价 OPFRs 的内分泌干扰活性。小鼠睾丸间质细胞是一种常用的内分泌细胞，它保留分泌基础睾酮的能力，可在人绒毛膜促性腺激素（HCG）的刺激下，促进细胞合成和分泌睾酮。近期，有学者比较了 7 种常见的非氯代 OPFRs 及 BDE47 对小鼠睾丸间质瘤细胞（MA-10）的影响。用剂量为（1 μmol/L、2 μmol/L、5 μmol/L、10 μmol/L、20 μmol/L、50 μmol/L 及 100 μmol/L）的 BDE-47 和 TPhP、TMPP、磷酸 2-乙基己基二苯酯（2-ethylhexyl diphenyl phosphate，EDHP）、磷酸异癸基二苯酯（isodecyl diphenyl phosphate，IDDP）、磷酸叔丁基苯二苯酯（tert-butylphenyl diphenyl phosphate，BPDP）、异丙基化磷酸三苯酯（isopropylated triphenyl phosphate，IPPP）、磷酸三邻甲苯酯（tri-o-cresyl phosphate，TOCP）分别处理细胞48 h，结果显示，所有受试的 OPFRs 对 MA-10 小鼠睾丸间质瘤细胞均产生一定的细胞毒性，且其作用均大于 BDE-47，主要表现为均呈现剂量依赖性的降低细胞存活率，其中毒性作用最大的是 IPPP，毒性作用最小的是 TPhP。基础睾酮的结果表明，BDE-47 的处理并不影响基础睾酮分泌及外源性刺激下睾酮的分泌，而经 OPFRs 暴露后，除 TOCP 和 TPhP 外，受试的其他 OPFRs 均显著增加基础睾酮的分泌，而且 IPPP 促进在二丁酰环腺苷酸（dbcAMP）刺激下的细胞分泌睾酮，TOCP 却显著抑制在促黄体生成素（luteotropic hormone，LH）刺激下的细胞分泌睾酮，而其他受试 OPFRs 均对被 dbcAMP 及 LH 刺激的 MA-10 细胞分泌睾酮没有显著影响。与此同时，OPFRs 还影响睾酮合成过程中相关基因的表达，如 *3β-hsd*、*adcy3* 及 *lhcgr* 等（Schang et al.，2016）。上述结果表明，非氯代 OPFRs 对小鼠睾丸间质瘤细胞（MA-10）具有显著的细胞毒性，且干扰其类固醇激素的合成，作用大于典型的溴代阻燃剂 BDE-47。另外，也有中国学者以小鼠睾丸间质细胞（TM3 小鼠睾丸 Leydig 细胞）为对象，评价了磷酸三苯酯（triphenyl phosphate，TPhP）及 TCEP 的内分泌干扰效应。将 TPhP（0 μg/mL、20 μg/mL、60 μg/mL）及 TCEP（0 μg/mL、100 μg/mL、300 μg/mL）分别作用 TM3 细胞 24 h，结果显示，处理后的细胞，其培养基中睾酮含量显著下降，并伴随着睾酮合成过程中主要基因的表达量显著下调，如细胞色素 P450-胆固醇侧链裂解酶（*P450scc*）基因、17α-羟化类固醇脱氢酶（*P450-17α hsd*）基因，*3β*-羟化类固醇脱氢酶（*3β-hsd*）及 17β-羟化类固醇脱氢酶（*17β-hsd*）基因。进一步研究发现，当人绒毛膜促性腺激素（human chorionic gonadotropin，hCG）与 TPhP 或 TECP 共同暴露后，TPhP 或 TECP 会抑制 hCG 诱导的睾酮合成以及与睾酮合成相关基因（*P450scc*、*P450-17α hsd*、*17β-hsd*）的表达（Chen et al.，2015a）。除了 TPP 和 TECP 能减少该细胞分泌睾酮外，后来的一项研究发现，TBOEP（0 μg/L、30 μg/L、100 μg/L）处理 TM3 细胞 24 h 后，也观察到了与 TPhP 及 TCEP 相似的效应（Jin et al.，2016）。这些离体实验结果说明，非氯代 OPFRs 的暴露能影响类固醇激素合成。

人胎盘绒毛膜癌细胞（JEG-3）具有产生雌激素、孕激素、雌酮、雌二醇、雌三醇、hCG、胎盘催乳素等激素的能力，因此也被用来研究 OPFRs 生殖内分泌干扰活性。以该细胞为对象，中国学者研究了 EHDPP、TPhP、TCEP、TnBP 及 TCPP（5～40 μmol/L）的内分泌干扰活性。细胞处理 48 h 后，在 TPhP 及 EHDPP 暴露组，发现显著促进细胞中 hCG 及孕酮的分泌，并呈剂量-效应关系。而 TnBP、TCEP 及 TCPP 暴露则对孕酮的分泌没有影响，因此后续研究围绕着 TPhP 及 EHDPP

开展。以该细胞为对象，进一步探究了 EHDPP 和 TPhP 的暴露对 PPARγ 介导的通路的影响。通过使用双荧光报道基因和分子对接技术，发现 EHDPP（EC_{20}: 2.04 μmol/L）比 TPhP（EC_{20}: 2.78 μmol/L）具有更强的启动 PPARγ 的能力。经 EHDPP 暴露后的细胞，其 *3β-hsd1* 基因的表达呈现剂量-效应关系上调，且最低效应剂量为 10 μmol/L，而 TPhP 的最低效应剂量则为 20 μmol/L，同时 TPhP 及 EHDPP 皆能促进细胞合成孕酮，且各自的有效剂量也是 20 μmol/L 和 10 μmol/L。3β-羟基类固醇脱氢酶（3β-HSD1）是该细胞孕酮合成过程中的限速酶。但是，使用 PPARγ 的抑制剂（GW9662）或者使用小分子 RNA 干扰该受体，能消除 EHDPP 诱导孕酮生成以及 *3β-hsd1* 基因表达，证明 PPARγ 信号通路在这两种 OPFRs 诱导的孕酮生成过程中起重要作用（Hu et al.，2017）。胎盘中分泌的孕酮在怀孕早期的胚胎发育和胎盘植入过程中发挥重要的作用，而且在我国人群胎盘血中检测到 EDHPP（1.22 ng/mL）及 TPhP（0.43 ng/mL）（Ding et al.，2016）。该体外实验的结果提示，应关注 OPFRs 对人群暴露可能对孕妇正常分娩及胎儿发育产生的风险。

上述离体实验结果表明，一些 OPFRs 能够直接与核受体相互作用，同时也具有干扰类固醇激素合成的潜力。因此，需要进一步研究这些 OPFRs 是否也能在活体中引起类似的效应，从而更好地评价 OPFRs 的毒性效应和环境风险。

2. 活体研究

目前 OPFRs 对人类及哺乳动物生殖内分泌干扰的研究较少，主要集中在 TDCIPP、TPhP 及其代谢产物。国外的一项流行病学研究发现，室内灰尘中 TDCIPP 和 TPhP 的含量均与男性血清中催乳素的浓度呈正相关，而催乳素是一种在生殖过程中发挥重要作用的激素，TDCIPP 含量与游离雄激素指数具有负相关性，而 TPhP 含量则与精子密度呈显著的负相关关系（Meeker and Stapleton，2010）。由于 TDCIPP 和 TPhP 在体内较易代谢，因此其代谢产物的作用也值得关注。后来的研究指出，TDCIPP 及 TPhP 的代谢产物 BDCIPP 及 DPHP 对人类的生殖功能也有一定的影响。统计分析显示，男性尿液中 BDCIPP 的含量与男性精子活力降低及精子畸形存在相关关系，而尿液中 DPHP 的含量则与精子的密度及活力有明显的关联性（Meeker et al.，2013）。上述研究表明，室内灰尘中 TDCIPP 和 TPhP 对人体的暴露可能对男性生殖功能有一定的影响，但是现有的人类流行病学数据的样本数量较小，因此需要更多的关于 OPFRs 暴露可能对人类影响的研究，从而更加全面评估 OPFRs 对人类的健康风险。

关于 OPFRs 对哺乳动物生殖内分泌和繁殖方面的实验，早期的研究一般以啮齿类动物为实验对象，评估其经 OPFRs 暴露后的繁殖能力。例如一项以大鼠为对象的研究用磷酸叔丁基二苯酯（butylated triphenyl phosphate，BTP）（0 g/kg、0.6

g/kg、1.0 g/kg）或 TCP（0.4 g/kg）喂食 F344 大鼠 135 d，发现 1.0 g/kg BTP 及 0.4 g/kg TCP 的处理组显著降低大鼠的繁殖能力及生育仔鼠的数量。在交叉交配实验研究中将 TCP［0.4 g/（kg·d）］及 BTP［1.0 g/（kg·d）］暴露的大鼠分别与空白对照组配对，发现 TCP 暴露后导致雄性大鼠 100%不育，但是对雌性大鼠的繁殖力没有影响，而 BTP 暴露后导致雌性大鼠繁殖能力下降，主要表现在雌鼠发情周期紊乱、交配及繁殖指数下降以及产仔数降低，同时 BTP 暴露也显著降低了雄性大鼠的繁殖能力。在交叉交配实验中，所有大鼠的体重都显著下降，但是肾上腺和肝脏总重量显著增加，TCP 处理组中雄性大鼠睾丸和附睾的重量显著降低（Latendrese et al.，1994）。另外一项以小鼠为模型的研究发现，TCEP（175 mg/kg、350 mg/kg、700 mg/kg）经灌胃暴露 90 d 后，抑制小鼠的生殖功能，在 700 mg/kg TCEP 暴露组，导致雄性小鼠精子的质量降低以及密度减少，在 350 mg/kg 和 700 mg/kg TCEP 暴露组，可观察到母鼠的产仔率显著降低，分别下降 8%和 63%（Chapin et al.，1997）。最近的一项研究也发现，小鼠经食物暴露 TPhP 和 TCEP（0 mg/kg、100 mg/kg、300 mg/kg）35 d 后，导致雄性小鼠睾丸的病理组织学损伤及血清睾酮含量下降，同时也观察到 *P450scc*、*ldl-r*、*star*、*p450-17α*、*pbr*、*17β-hsd* 及 *3β-hsd* 等睾酮合成过程中关键基因的表达量显著下调（Chen et al.，2015）。上述研究结果表明，OPFRs 对大鼠和小鼠的生殖内分泌功能有较大的影响，可能通过影响性激素合成关键基因的表达干扰体内性激素平衡，最终可能引起生殖功能损害。同样需要指出的是，关于 OPFRs 对哺乳动物生殖内分泌干扰以及繁殖的研究比较少，特别是缺少机制上的探究。由于大鼠和小鼠在生物学上与人的亲缘关系较近，因此来自啮齿类动物的研究成果将有助于了解对人类潜在的健康风险。

相对哺乳动物，关于 OPFRs 对鱼类的生殖内分泌和繁殖方面的实验研究较多。一些研究指出，通过水体暴露 OPFRs，对鱼类产生生殖内分泌干扰效应。例如在一项短期暴露实验中，研究者将斑马鱼暴露于 6 种 OPFRs（TCEP、TCIPP、TDCIPP、TPhP、TBOEP、TCP）（0 mg/L、0.04 mg/L、0.2 mg/L、1 mg/L）中 14 d 后，主要分析了性激素含量以及与性激素合成相关的基因表达，发现在 TDCIPP、TPhP 及 TCP 暴露组，显著增加雄鱼体内 E2 的含量，同时显著降低 T 及 11-KT 的含量，导致 E2/T 及 E2/11-KT 的比值均显著增加；同时在 TDCIPP 及 TPhP 处理组，均显著增加雌鱼血清 E2 的含量，而经 TDCIPP 及 TCP 暴露后，显著增加斑马鱼血清 T 的含量，但是均对 11-KT 的含量没有影响。另外在基因层面的研究发现，TDCIPP 及 TPhP 处理组，显著上调雄鱼体内 *cyp17* 及 *cyp19a* 基因的表达，同时在 TDCIPP、TPHP 及 TCP 暴露组，观察到显著上调 *vtg1* 基因的表达。而在雌鱼中，经 TDCIPP 及 TPhP 暴露后，显著增加 *cyp17* 及 *cyp19a* 的表达；TCP 处理后，显著上调 *CYP17* 的表达但是对 *cyp19a* 的表达没有影响。TDCIPP、TPhP 及 TCP 处理后，显著降低

vtg1 的表达。该研究结果表明，不同种类的 OPFRs 可能通过改变类固醇激素合成途径或者雌激素代谢等途径来影响体内性激素的含量，但是并没有研究 OPFRs 是否影响斑马鱼的繁殖（Liu et al.，2012）。在此基础上，研究者选择了 TDCIPP 和 TPhP 进行进一步的研究，并评价了对斑马鱼成鱼暴露的内分泌干扰活性和繁殖毒性效应。经 TDCIPP 和 TPhP（0 mg/L、0.04 mg/L、0.2 mg/L、1.0 mg/L）暴露 21 天，测定了与繁殖轴（HPG 轴）相关的基因表达以及性激素睾酮（T）、11-酮基睾酮（11-KT）和雌二醇（E2）的含量，特别是对斑马鱼繁殖的影响。结果显示，斑马鱼的产卵量显著下降的同时也观察到 E2、VTG 以及 E2/T 或者 E2/11-KT 升高，说明 TDCIPP 和 TPhP 的暴露，改变了斑马鱼性激素的平衡。进一步分析 HPG 轴中与性激素相关的基因表达，包括与促性腺激素释放激素、细胞色素 P450 芳香化酶 B、雌激素受体、卵泡雌激素、黄体素以及雄激素受体相关的基因，而与类固醇激素合成相关的基因则包括 *star*、*17β-hsd*、*cyp11a*、*cyp17*、*cyp19a*、*fshβ*、*lhβ*、*cyp19b*、*erα*、*er2β1*，发现基因的表达与性别相关。总体上，该研究比较系统地阐述了 TDCIPP 和 TPhP 对内在性激素，与性激素合成、代谢过程的基因表达以及雌激素效应等方面的影响，揭示了 TDCIPP 和 TPhP 能干扰性激素的平衡和血清中 VTG 的含量，而最终影响斑马鱼的繁殖（Liu et al.，2013）。

　　此外，也有关于生命周期暴露对鱼类生殖内分泌干扰效应以及繁殖的研究。将斑马鱼胚胎暴露于 TDCIPP（4 μg/L、20 μg/L、100 μg/L）直到性成熟的一项研究发现，在 20 μg/L 及 100 μg/L 剂量下显著增加雌鱼血清中 E2 及 T 的含量，但是对雄性斑马鱼血清中的性激素没有影响，表现出性别差异。TDCIPP 暴露后也显著降低斑马鱼的繁殖力，主要表现在产卵量下降。同时经 RT-PCR 检测发现，TDCIPP 暴露后，影响斑马鱼 HPG 轴相关基因的表达，表明 TDCIPP 引起斑马鱼的性激素水平的改变及繁殖力的降低与 HPG 轴相关基因水平的改变密切相关。另外，经 TDCIPP 暴露后，引起斑马鱼肝脏卵黄蛋白原 *vtg1* 和 *vtg3* 基因表达增加，表明 TDCIPP 具有一定的雌激素效应。经病理组织学检测发现，TDCIPP 暴露的斑马鱼，雌鱼卵母细胞成熟加快，但是雄性精细胞的发育受到抑制并观察到 F1 代仔鱼畸形率增加。这一结果表明，长期低剂量暴露 TDCIPP 可破坏斑马鱼体内性激素的稳态，并最终影响斑马鱼的生殖功能（Wang et al.，2015b）。同样以斑马鱼为对象，将 1 月龄的斑马鱼暴露于环境相关剂量的 TDCIPP 中（50 ng/L、500 ng/L 及 5000 ng/L）120 d 后，发现经 TDCIPP 暴露后，显著减少了斑马鱼的产卵量，但是血清 E2 及 11-KT 及 HPG 轴和肝脏中相关基因的表达并未发生明显改变。除此之外，TDCIPP 还会导致斑马鱼体长变短、体重降低、雌鱼体内性腺指数降低以及 GH/IGF 轴相关基因显著下调（Zhu et al.，2016）。研究者推测，环境相关剂量的 TDCIPP 暴露而导致斑马鱼繁殖力下降，这可能与雌鱼的生长抑制相关。这一结果意味着，

TDCIPP 导致斑马鱼生殖功能降低的作用机制与生长相关，而环境剂量的 TDCIPP 可能并未干扰体内性激素平衡及对斑马鱼性腺组织产生影响。

环境监测发现，在中国华南的淡水鱼类体内 TBOEP 的含量很高，高达 8000 μg/kg lw（Ma et al.，2013）。因此在 OPFRs 中，TBOEP 对鱼类的毒性效应研究也较多。最近一项研究发现，TBOEP 暴露同样可以对鱼类产生内分泌干扰效应。将斑马鱼胚胎暴露于 TBOEP（0.02 μmol/L、0.1 μmol/L、0.5 μmol/L）120 h 后，对斑马鱼早期发育阶段核心受体的表达进行检测发现，0.5 μmol/L 的 TBOEP 暴露剂量下，可观察到 *ers*（*er*、*er2a*、*er2β*）基因及 ER 相关基因（*vtg4*、*vtg5*、*pgr*、*ncor*、*ncoa3*）的表达显著上调，显示 TBOEP 显著影响斑马鱼早期阶段 ER 信号通路（Ma et al.，2015）。另外一项研究则发现，将斑马鱼胚胎用 TBOEP（2～5000 μg/L）暴露 120 h 后，可观察到斑马鱼胚胎发育畸形，而且在此过程中显著影响斑马鱼胚胎发育期间 HPG 轴相关基因的表达。在 2 μg/L TBOEP 的暴露剂量下，促性腺激素释放激素受体（*gnrhr1*、*gnrhr2*、*gnrhr4*）、*er2β* 及 *ar* 的基因表达显著上调，同时，在 2 μg/L 及 20 μg/L TBOEP 的处理剂量下，可观察到 *17β-hsd* 的基因表达显著上调，而 *fshβ* 基因的表达量降低（Ma et al.，2015）。除此之外，还有研究指出 TBOEP 对成年斑马鱼的生殖内分泌功能也有一定的影响。例如将成年斑马鱼暴露于 5 μg/L、50 μg/L 及 500 μg/L TBOEP 中 21 d，发现在 50 μg/L 及 500 μg/L TBOEP 的剂量下，雌鱼的产卵量显著下降，同时观察到鱼卵直径变小。此外在孵化后 4 d 观察发现，TBOEP 暴露组的孵化率及存活率均显著降低。进一步研究发现，TBOEP 的处理可导致斑马鱼雌鱼血清 E2 的水平显著升高，血清中 T 的浓度下降。因此，在雌鱼血清中 T/E2 的比值降低。然而对暴露组的雄鱼进行检测发现，雄鱼血清中 E2 和 T 的浓度均显著升高。TBOEP 暴露也改变 HPG 轴相关基因的表达。组织学观察则证明 TBOEP 的暴露可抑制雌鱼卵母细胞成熟，而雄鱼性腺则表现为排精延迟。以上结果表明，TBOEP 通过影响 HPG 轴相关基因的表达，从而造成性激素平衡紊乱，抑制性腺发育，最终影响斑马鱼的生殖（Xu et al.，2017）。需要指出的是，上述对斑马鱼的一些繁殖毒性实验中，包含了环境相关剂量，而在此剂量暴露下，也观察到从基因到激素等方面的变化。实验室内的研究结果意味着，在真实水环境中，OPFRs 可能对其他鱼类产生内分泌干扰以及繁殖毒性效应。因此，OPFRs 对水生生物的生态环境风险值得关注。

近年来，越来也多的研究发现，OPFRs 不仅具有生殖内分泌和甲状腺内分泌干扰效应，而且还可以影响其他核受体如 AR、糖皮质激素受体（glucocorticoid receptor，GR）及盐皮质激素受体（mineral corticoid receptor，MR）等，引起其他内分泌干扰效应。在前面章节中已经对 OPFRs 的生殖内分泌和甲状腺内分泌干扰效应进行了详细的概述，这里主要陈述 OPFRs 通过作用于其他核受体而引起的内分泌干扰效应。

以斑马鱼为对象,有学者研究了 TDCIPP 及 TPhP(0.02 mg/L、0.2 mg/L、2 mg/L)暴露对斑马鱼胚胎中一些重要核受体基因表达的影响。将胚胎暴露 120 h 后,可观察到斑马鱼胚胎的孵化率及存活率显著下降,并呈现明显的剂量-效应关系。通过 RT-PCR 检测发现,在暴露组中,*gr* 及 *mr* 相关的基因表达均受到影响。例如经 TDCIPP 暴露的胚胎,改变芳香烃受体(*ahr*)、过氧化物酶体增殖物受体 α(*pparα*)、*er*、*trα*、*gr* 及 *mr* 受体基因的表达。而 TPhP 在斑马鱼体内较易代谢,所以对以受体为中心的基因网络的影响比 TDCIPP 弱,对于 TPhP 而言主要是影响以 PPARα 及 TRα 为核心的基因网。因此,TDCIPP 及 TPhP 的暴露,都可以改变斑马鱼胚胎发育过程中以受体为中心的基因网络的基因表达,而且 TDCIPP 对这些基因的影响程度远大于 TPhP(Liu et al.,2013)。同样,也有关于 TBOEP(0.02 μmol/L、0.1 μmol/L、0.5 μmol/L)暴露对斑马鱼胚胎的核受体核心基因 *mr*、*gr*、*pparα* 表达影响的研究。暴露 120 h 后,显著下调 MR 相关基因(*mr*、*11β-hsd*、*ube2i*、*adrb2b*)的表达,观察结果意味着 TBOEP 可能通过影响 MR 信号通路而引起斑马鱼胚胎早期发育的内分泌干扰效应(Ma et al.,2015)。但是,需要指出的是,以上这些基于核受体基因表达的研究并不能与潜在的表形相联系。由于核受体是重要的转录调节因子之一,在个体的新陈代谢、性别决定以及分化、生殖发育和稳态的维持等方面发挥着重要的功能。因此研究结果意味着,TDCIPP、TPP 以及其他 OPFRs 可能通过影响这些重要受体的基因表达,而发挥相关的毒性效应,值得进一步深入研究。

11.3 OPFRs 的其他毒理学效应

作为新型有机污染物,近年来关于 OPFRs 的毒性研究越来越引起关注。研究表明 OPFRs 除了具有典型的内分泌干扰效应外,还能引起其他的毒性效应,比如生长发育毒性、神经毒性等。

11.3.1 生长发育毒性效应

关于 OPFRs 暴露引起的生长发育毒性效应,主要是对早期发育阶段的个体进行实验研究。研究对象包括对鸟类、鱼类以及对浮游动物中的甲壳类和原生动物等。

国外学者研究了 TCIPP 和 TDCIPP 对鸟类的生长发育毒性效应。将 TCIPP 和 TDCIPP(0~51600 ng/g egg 或 0~45000 ng/g egg)分别注入鸡蛋中,经过 20~22 d 的孵化,发现经 TCIPP 及 TDCIPP 暴露后,虽然对鸡胚的孵化率没有影响,但是鸡胚的孵化时间显著延长，同时影响睑板的发育，并增加了鸡胚的肝指数。此外，TDCIPP 的暴露还导致鸡胚的质量减小，头尾的长度缩短，同时还导致鸡胚的胆囊缩小或缺失（Farhat et al.，2013）。但是需要指出的是，所观察到的效应一般发生在较高的暴露剂量下，与环境中检测到的剂量相差较大。因此可以预计，在真实环境中，TCIPP 和 TDCIPP 的暴露对鸟类可能并不造成发育毒性效应。

相对鸟类而言，鱼类对 OPFRs 的暴露要敏感的多。例如将斑马鱼胚胎暴露于 1 μmol/L 或 3 μmol/L TDCIPP 中 96 h，可以观察到斑马鱼胚胎发育延缓、畸形率增加，如短尾、脊柱弯曲等，死亡率升高，并影响斑马鱼快肌及软骨发育相关基因的表达（Fu et al.，2013）。另外一项研究则是关于 TDCIPP 的暴露对斑马鱼生长的影响。将 1 月龄的斑马鱼幼鱼暴露于环境相关剂量的 TDCIPP（6300 ng/L）中 120 d，结果显示，处理组的斑马鱼雌鱼体长变短、体指数和性腺指数均显著降低。而进一步研究则发现，TDCIPP 暴露可引起 GH/IGF 轴中相关基因表达的下调，而且这些基因的表达与生长发育具有显著的相关关系。这一研究结果表明，环境低剂量 TDCIPP 的暴露能显著影响斑马鱼生长（Zhu et al.，2016，2017）。在此基础上，延长暴露时间至 240 天，可观察到长期低剂量暴露不仅会引起 F0 代雌鱼体长、体重、脑及肝指数下降，而且还导致 F1 代胚胎存活率、体长及心率的显著降低。同时也发现，经过 TDCIPP 长期暴露后的母代（F0），其没有暴露的子代（F1）的生长发育也受到影响（Yu et al.，2017）。同样 TBOEP 对斑马鱼也具有发育毒性效应。将孵化后 2 h 的斑马鱼胚胎暴露于 TBOEP（20 μg/L、200 μg/L、1000 μg/L、2000 μg/L）中 96 h，发现胚胎畸形率增加、发育延迟及心率降低等，而对生长发育的抑制可能与 GH/IGF 轴中相关基因表达的下调有关（Liu et al.，2017）。综合上述研究，氯代 OPFRs（如 TDCIPP）或者烷基类 OPFRs（如 TBOEP）都对鱼类的生长发育具有明显的毒性效应。在以青鳉为对象的研究中，也观察到类似的发育毒性效应。如一项以日本青鳉胚胎为对象的研究，评价了 4 种 OPFRs（TnBP：3125 μg/L，TPhP：625 μg/L，TCEP：6250 μg/L 及 TBOEP：6250 μg/L）的发育毒性效应。实验结果显示，经 14 d 暴露后，4 种受试阻燃剂表现出相似的发育毒性，如导致胚胎的孵化率大幅度降低、孵化时间延长、仔鱼的畸形率显著增加、体长变短、心率减慢等。根据暴露剂量引起的毒性效应，4 种受试 OPFRs 对日本青鳉胚胎发育毒性的大小顺序为 TPhP>TnBP>TBOEP>TCEP（Sun et al.，2017）。需要指出的是，在上述研究中，环境低剂量暴露实验的结果对于环境风险评价具有重要意义，同时也揭示 OPFRs 中的某种化合物对鱼类的毒性效应。但是暴露较高剂量而引起鱼类胚胎发育畸形、发育延迟、抑制生长等非特异性毒性效应，这些研究一般用于比较 OPFRs 中的不同化合物的毒性大小。

相对而言，OPFRs 对其他低等水生动物发育毒性效应的研究较少。以大型溞为对象，我国学者研究了 TDCIPP（50 ng/L、500 ng/L、5000 ng/L）暴露对其生长发育、繁殖及相关基因表达的影响。经 28 天 TDCIPP 暴露后，大型溞的存活率并没有受到影响，但是其繁殖能力则下降，同时观察到 F0 及 F1 代个体体长变短，即生长受到抑制，表明生长与繁殖是相对敏感的指标。通过基因芯片阵列分析以及 RT-PCR 进一步探究引起上述两种现象的原因，发现 TDCIPP 的暴露显著抑制与大型溞的蛋白质合成、代谢及内吞作用相关信号通路的基因表达。这一结果提示，TDCIPP 可能通过抑制大型溞体内蛋白质合成、代谢及内吞作用而引起发育毒性效应（Li et al.，2015a）。

四膜虫是一种单细胞真核生物，是开展真核生物基因功能研究的模式生物，也经常用作毒理学研究。我国学者的一项研究发现，环境相关用剂量的 TDCIPP（0.01 μmol/L、0.1 μmol/L 或者 1 μmol/L）暴露四膜虫 5 天，可观察到四膜虫个体数量显著下降、体长和体宽也显著减小、纤毛数量减少且直径变小。进一步在分子层面上探究 TDCIPP 对其生长的影响，观察到核糖体中与纤毛装配和维护相关基因的表达显著下调（Li et al.，2015b）。这一研究结果不仅表明低剂量 TDCIPP 暴露可以影响原生动物的生长和繁殖，而且从分子水平上初步揭示了引起效应的机制。上述研究中，实验是在环境低剂量下进行的，而枝角类动物和原生动物在水生态系统中具有重要地位，对污染物非常敏感，也是鱼类的重要食饵。因此，暴露于受 TDCIPP 污染的水环境中的枝角类动物或者原生动物等，其生长发育与繁殖等重要的生命活动有可能受到影响，并可能通过食物链或食物网间接地影响鱼类。同时，大型溞和四膜虫作为枝角类和原生动物的代表性模式动物，具有生活周期短、繁殖快、易于在实验室培养和对水环境中多种化学物质的变化非常敏感等优点。此外，它们在水生生态系统的物质循环和能量流动中占重要地位，是水生生态系统循环的重要环节。上述研究也进一步表明，四膜虫和大型溞在水生态毒理学研究中有很广泛的应用前景。

不同种类的 OPFRs 暴露于不同模式生物的生长发育毒性如表 11-2 所示。

11.3.2　神经毒性效应

由于 OPFRs 的化学结构与有机磷农药具有相似的磷酸二酯键，因此 OPFRs 被认为可能具有神经毒性效应，从而使其潜在的神经毒性效应受到广泛的关注。

目前关于 OPFRs 神经毒性效应以及作用机制，包括以离体细胞和活体为对象的研究。在离体细胞方面，主要是以大鼠嗜铬细胞瘤细胞（PC12 细胞）及人神经瘤母细胞（SH-SY5Y 细胞）为模型。PC12 细胞是从大鼠肾上腺嗜铬细胞瘤克隆的细胞株，主要分泌的产物为儿茶酚胺类递质，包括多巴胺、去甲肾上腺素等。其

表 11-2   OPFRs 对不同模式生物的生长发育毒性一览表

种类	实验对象	暴露时间	浓度	效应
TDCIPP	鸡胚	20~22 d	51600 ng/g	延迟鸡胚孵化时间
	斑马鱼胚胎	96 h	3 μmol/L	影响斑马鱼体节的形成及快肌和软骨的发育
	斑马鱼幼鱼	120 d	6300 ng/L	体长变短，体指数降低，同时 GH/IGF 轴相关基因表达下调
	斑马鱼幼鱼	240 d	7500 ng/L	F0 及 F1 代斑马鱼体长变短，体指数降低，同时 GH/IGF 轴相关基因的表达下调，具有跨代传递性
	大型溞	5 d	0.1 μmol/L	降低大型溞的生物量，细胞数目减少，细胞变小及纤毛减少
	四膜虫	60 d	300 ng/L	减少四膜虫个体的数量，缩短了体长和体宽，减少纤毛数量及直径
TCIPP	鸡胚	20~22 d	9240 ng/L	延缓鸡胚的发育时间
TCEP	日本青鳉胚胎	14 d	6250 μg/L	幼鱼体长变短
TBOEP	斑马鱼胚胎	96 h	1000~2000 ng/L	畸形率增加，发育迟缓及心率降低
	日本青鳉	14 d	6250 μg/L	孵化率明显降低、胚胎孵化时间延长，幼鱼的畸形率显著增加，体长变短，心率减慢
TPhP	斑马鱼胚胎	120 h	20 mg/L	胚胎发育迟缓，死亡率增加
	日本青鳉	14 d	6250 μg/L	孵化率明显降低、胚胎孵化时间延长，幼鱼的畸形率显著增加，体长变短，心率减慢
TnBP	日本青鳉	14 d	3125 μg/L	孵化率明显降低，幼鱼的畸形率显著增加，心率减慢

细胞膜上有神经生长因子（nerve growth factor，NGF）受体，受生理水平 NGF 诱导后，停止分裂，长出神经突起，分化为具有交感神经元特性的细胞，其是用于研究神经元分化和 NGF 作用分子机制的细胞模型，也被用于研究生长因子调节神经细胞基因表达改变的机制（Dishaw et al.，2011）。

以未分化及分化的 PC12 细胞为模型，国外学者探讨了 TDCIPP（10~50 μmol/L）、TCEP（50 μmol/L）、TCIPP（50 μmol/L）及 TDBPP（50 μmol/L）对 PC12 细胞的增殖，DNA 合成，氧化应激及分化的影响。结果显示，经 TDCIPP 暴露后的细胞表现出显著的神经毒性，且具有剂量-效应依赖关系，同时较高剂量的 TDCIPP 对 PC12 细胞的神经毒性与相同剂量的有机磷农药毒死蜱（chlorpyrifos，CPF）的毒性作用相当，所有受试 OPFRs 均减少 PC12 细胞的数量，但并不改变未分化的 PC12 细胞的分化状态，而且 TDCIPP 显著抑制 PC12 细胞中 DNA 的合成，且 TDCIPP 及 TDBPP 在 NGF 的作用下可以促进未分化的 PC12 细胞朝向胆碱能及多巴胺能神经元细胞分化，而 TCEP 及 TCPP 仅诱导 PC12 细胞分化为胆碱能神经元细胞。上述实验结果表明，OPFRs 具有神经发育毒性，而且不同的 OPFRs 对神经元细胞分化表现出不同的作用，并且对神经细胞具有不同的毒性效应及分子机制（Dishaw et al.，2011）。另外，中国学者也研究了 TDCIPP（5～50 μmol/L）及 TCEP（40～200 μmol/L）对 PC12 细胞的神经毒性效应，发现经 TDCIPP 及 TCEP 暴露的细胞，其细胞增殖被抑制，而且细胞凋亡增加。同时，TDCIPP 暴露还导致 PC12 细胞中 GAP43、NF-H、α-tubulin、β-tubulin 基因及蛋白的表达下降，而 CAMKIIa/β 的表达则显著上调，与此同时，TCEP 暴露导致 PC12 细胞中 GAP43、α-tubulin 及 β-tubulin 基因及蛋白的表达下降，而 CAMKII 及 NF-H 的表达增加。结果表明，这两种 OPFRs 具有神经毒性效应，其作用机制可能与改变调节蛋白和结构蛋白的基因及蛋白水平的表达相关（Ta et al.，2014）。

　　SH-SY5Y 是一种经典的神经元细胞株，被广泛应用于神经生理学，如神经元分化、代谢、神经退行性病变及神经适应、神经毒性和神经保护等方面的研究（Li et al.，2017a）。以 SH-SY5Y 细胞为对象，中国学者发现经 TDCIPP（25～100 μmol/L）的暴露，可引起细胞凋亡和自吞噬现象，紧接着研究者们深入探究了 TDCIPP 的作用机制。将 SH-SY5Y 细胞暴露 24 h 后，可观察到细胞内的活性氧（ROS）升高，线粒体膜电势下降。通过形态学观察、凋亡以及自吞噬的生物标志物检测，确定 TDCIPP 能引起该细胞凋亡和自吞噬，并具有剂量-效应关系。进一步研究其引起凋亡和自吞噬的机制发现，TDCIPP 是通过 ROS 介导的 AMPK/mTOR/ulk1 信号通路诱导细胞内自吞噬增强，而凋亡途径则是由内质网应激通路介导的。该研究同时还发现，TDCIPP 诱导的自吞噬可抑制 TDCIPP 诱导的 SH-SY5Y 细胞凋亡（Li et al.，2017a；2017b）。在此基础上，以该细胞为对象，中国学者进一步研究了 TDCIPP 暴露是否影响 SH-SY5Y 细胞的分化，即未分化的 SH-SY5Y 细胞是否能分化为具有成熟神经元表型的神经细胞。该实验以较低剂量的 TDCIPP（0～5 μmol/L）处理未分化的 SH-SY5Y 细胞 3～5 d 后，发现 TDCIPP（0～2.5 μmol/L）暴露后的 SH-SY5Y 细胞的存活率并没有受到影响，但是 TDCIPP（2.5 μmol/L）处理的 SH-SY5Y 细胞，其表面的轴突显著增多，而且含有长轴突的神经元数量也显著增加，同时 MAP2 蛋白的表达显著升高。而 MAP2 是一种在神经元分化过程的起始阶段发挥重要作用的蛋白，可作为评价神经元分化的生物标志物。因此上述结果均表明，TDCIPP 能够诱导 SH-SY5Y 细胞分化为成熟的神经元。进一步研究发现，TDCIPP 诱导的 SH-SY5Y 细胞分化与细胞内自吞噬增强及神经骨架蛋白（NF-L，NF-H 及 β III-tubulin）表达上调相关（Li et al.，2017c）。尽管细胞实验证明，经 TDCIPP 低剂量暴露能促进 SH-SY5Y 细胞分化，但是其后果是将改变神经元固有的分化过程，此外神经细胞分化与神经发育、神经损伤及修复等密切相关。以上离体研究表明，TDCIPP 对 SH-SY5Y 细胞及 PC12 细胞均具有神经毒性效应，不仅影响神经细胞的生长和增殖，而且对神经细胞的分化也有一定的影响。尽管离体细胞暴露的剂量一般高于人体内的实际剂量，离体实验的结果一般无法用来直接推测 OPFRs 对人类的神经毒性效应，但是离体的实验结果可为活体实验提供基础，并能有效揭示污染物作用的分子机制。

目前也有一些实验以动物为对象研究 OPFRs 的神经毒性，但是大部分集中在对水生生物神经毒性效应方面的研究，如斑马鱼、日本青鳉及稀有鮈鲫，较少涉及哺乳动物和人类流行病学。例如中国学者以斑马鱼为对象，研究了 TDCIPP（0 μg/L、4 μg/L、20 μg/L、100 μg/L）的神经毒性效应。将斑马鱼胚胎暴露在 TDCIPP 水体中至性成熟，并在仔鱼期和成鱼期分别取样，探究其对暴露 5 d 的斑马鱼仔鱼以及成鱼的神经毒性效应。结果显示，在暴露 5 d 后的仔鱼体内检测到很高含量的 TDCIPP 及其代谢产物 BDCIPP，表明仔鱼对 TDCIPP 有很好的生物可利用性，对 TDCIPP 的代谢能力较强。但是短期 TDCIPP 暴露并不影响仔鱼的运动行为、乙酰胆碱酯酶活性、神经递质（多巴胺及 5-羟色胺）的含量以及神经系统发育过程中相关基因和蛋白的表达，如髓鞘碱性蛋白（myelin basic protein，mbp）及微管蛋白（α1-tubulin）等。这一结果说明，急性暴露并没有对斑马鱼产生神经发育毒性效应。而当继续暴露的仔鱼成长为成鱼时，在成鱼的主要组织中（如大脑、性腺和肝脏）检出较高含量的 TDCIPP 以及代谢产物，且在雌鱼脑中的含量显著高于雄鱼，表现出性别差异。此外，发现在雌性斑马鱼大脑中，多巴胺及 5-羟色胺的含量减少，但是在雄鱼大脑中并没有显著变化，同样表现出性别差异。再者，也观察到雌性斑马鱼大脑中重要神经蛋白的表达受到抑制（Wang et al.，2015c）。上述结果证明，长期暴露在低剂量的 TDCIPP 中，会导致斑马鱼的神经发育不正常，而且此影响具有性别差异。在此基础上，我国学者研究了 TDCIPP 的母代（F0）暴露是否会引起未暴露子代（F1）的神经毒性效应，也即母代传递毒性。将成年斑马鱼暴露于 TDCIPP（0 μg/L、4 μg/L、20 μg/L、100 μg/L）3 个月后，结果显示，在母代体内可以检测到较高含量的 TDCIPP，同时在子代的鱼卵中也检测到 TDCIPP，说明母代积累的 TDCIPP 可以传递给子代。而来自母代长期暴露的子代，尽管未直接暴露于 TDCIPP 中，但是其存活率显著下降、运动能力减弱，而且与神经发育过程相关的蛋白及基因（如 α1-tubulin，mbp 及 synapsin IIa）表达明显下调。此外神经递质如多巴胺、5-羟色胺、组胺及 γ-氨基丁酸等的含量也显著降低，但是并没有影响乙酰胆碱酯酶的活性。上述结果证明，TDCIPP 母体暴露后可以从母代传递给子代，并引起未暴露子代斑马鱼的神经毒性效应（Wang et al.，2015a）。该研究是首次发现 OPFRs 类化合物可以传递给子代，并引起子代的神经发育毒性效应。除了 TDCIPP 本身传递给子代外，需要指出的是，将斑马鱼胚胎急性暴露于 TDCIPP 中 5 天，尽管可以观察到在仔鱼体内积累很高含量的 TDCIPP，但是并不引起任何发育神经毒性效应（Wang et al.，2015c）。但是，由母代传递给 F1 子代体内 TDCIPP 的含量，比其母代胚胎期直接暴露而积累的 TDCIPP 含量要低得多，但是却能观察到对 F1 代神经发育毒性效应（Wang et al.，2015a）。因此可以推测，引起子代神经毒性效应并非完全由 TDCIPP 引起，而可能是长期低剂量暴露后改变了许多母源性因子，包括激素、乙酰胆碱酯酶、神经递质、microRNA 以及其他重要的信号分子（如 wnt8a、Pou5f3、Soxb1、Nanog、nrd1、foxh1 等），而这些因子由母代直接传递给子代，并对早期胚胎发育非常重要。因此，为更深入探究传递毒性效应的机制，需要从污染物本身、母源因子以及可能的表观遗传修饰等方面综合考虑。

此外，在其他模式鱼类中也观察到类似的神经毒性效应。例如我国特有的小型淡水鱼——稀有鮈鲫。我国学者研究了 TCEP（1.25～5 mg/L）、TDCIPP（0.75～3 mg/L）及 TPhP（0.5～2 mg/L）的神经毒性效应。结果发现，经 21 d 暴露后，在 TCEP 及 TDCIPP 组，稀有鮈鲫大脑组织中 AChE 和 BChE 的活性没有受到影响，而在 TPhP 暴露组，其 AChE 的活性被显著抑制；同时在 TDCIPP 暴露组，血清 5-羟色胺的含量也没有受到显著影响，但是 3 种受试的 OPFRs 都显著影响神经营养因子及其受体（如 ntf3、ntrk1、ntrk2、ngfr、fgf2、fgf11、fgf22 及 fgfr4 等）基因的表达，表明其对稀有鮈鲫神经系统影响的作用靶点可能为神经营养因子及其受体（Yuan et al.，2016）。此外，另一项研究以日本青鳉胚胎为对象，评价了 4 种 OPFRs（TnBP：3125 µg/L、TPhP：625 µg/L、TCEP：6250 µg/L 及 TBOEP：6250 µg/L）的神经毒性效应。研究者以仔鱼的运动速度为实验终点指标，发现除 TCEP 外，暴露于其他 3 种 OPFRs 中的仔鱼，在持续光照条件下，仔鱼的运动速度显著下降，同时在明暗交替光照条件下的运动速度也显著降低。这一结果意味着 OPFRs 可能具有神经毒性效应。进而对 AChE 酶活性及相关基因的表达进行检测发现，在 TnBP 暴露组中，仔鱼的 AChE 酶活性升高，ache 基因的表达也显著上调；而 TBOEP 及 TCEP 暴露组中，AChE 酶的活性及 ache 基因的表达没有受到显著影响；但是在 TPhP 暴露组，AChE 酶活性受到抑制的同时，ache 的基因表达下调（Sun et al.，2016）。通过对斑马鱼、稀有鮈鲫和日本青鳉 3 种模式鱼类的研究，发现 OPFRs 中的一些化合物具有一定的神经毒性，但是同种 OPFRs 对不同鱼类具有不同的神经毒性效应，说明 OPFRs 的毒性作用具有一定的物种差异。尽管如此，这些研究能够观察到在一定的暴露剂量下，OPFRs 中的一些化合物对模式鱼类产生神经毒性效应，并在一定程度上揭示这些化合物能影响某些与神经系统发育、行为、信号传递等重要功能相关的因子。这对评估 OPFRs 的生态环境风险具有重要的意义，但是科学家们还需要进行更深层次的机制方面的研究，以揭示 OPFRs 如何引起神经毒性。

11.4　本 章 结 论

由于 OPFRs 的大量使用以及其极易释放的性质，使之广泛存在于环境介质和野生动物以及人体中，其潜在的毒性效应引起了广泛关注。在本章中，主要回顾了近期关于 OPFRs 的内分泌干扰效应的研究成果，特别是甲状腺内分泌干扰和生殖内分泌干扰效应。此外，由于目前对其神经毒性效应的研究较多，本章也比较详细地总结了该方面的研究进展。相对而言，目前多数的研究属于描述性的，缺少具有针对性而且深层次的机制研究。例如 OPFRs 对生物作用的分子靶点尚不明确。特别需要指出的是，非常缺少 OPFRs 暴露对人类的潜在影响的研究，例如经室内灰尘摄入、呼吸等途径相关健康风险的流行病学研究。尽管目前尚没有关于对人类早期发育的毒性效应，但是有研究资料指出，在室内空气及灰尘中 TDCIPP 浓度较高，而早期发育阶段的个体对污染物非常敏感，提示应该更多地关注 TDCIPP 的暴露可能对婴儿及儿童发育的影响。另外，尤其是应该关注电子垃圾拆解区 OPFRs 的分布及拆解区居民、职业从业者的人体暴露程度。除了水体暴露外，应该考虑 OPFRs 中的一些化合物具有一定的生物积累能力以及体内的生物转化，特别是代谢产物的毒性效应。

参 考 文 献

高小中, 许宜平, 王子健.2015.有机磷酸酯阻燃剂的环境暴露与迁移转化研究进展. 生态毒理学报, 10: 56-68.

季麟, 高宇, 田英.2017. 有机磷阻燃剂生产使用及我国相关环境污染研究现况. 环境与职业医学, 34: 271-279.

欧育湘, 郎柳春. 2010. 全球阻燃剂市场分析及预测. 塑料助剂, 6: 1-4.

王晓伟, 刘景富, 阴永光.2010.有机磷酸酯阻燃剂污染现状与研究进展. 化学进展, 22: 1983-1992.

BCC Research. 2013. Flame Retardant Chemicals: Technologies and Global Markets. Report 597 code: CHM014L. http: //www.bccresearch.com.

Butt CM, Congleton J, Hoffman K, Fang M, Stapleton HM. 2014. Metabolites of organophosphate flame retardants and 2-ethylhexyl tetrabromobenzoate in urine from paired mothers and toddlers. Environmental Science and Technology, 48: 10432-10438.

Cao SX, Zeng XY, Song H, Li HR, Yu ZQ, Sheng GY, Fu JM. 2012. Levels and distributions of organophosphate flame retardant and plasticizers in sediment from Tai Hu Lake, China. Environmental Toxicology and Chemistry, 31: 1478-1484.

Chapin R, NTP/NIEHS Project Officer. 1997. Tris(2-chloroethyl) phosphate. B Environmental Health Perspectives, 105: 997.

Chen GL, Jin YX, Wu Y, Liu L, Fu ZW. 2015b. Exposure of male mice to two kinds of organophosphate flame retardants (OPFRs) induced oxidative stress and endocrine disruption. Environmental Toxicology and Pharmacology, 40: 310-318.

Chen GL, Zhang SB, Jin YX, Wu Y, Liu L, Qian HF, Fu ZW. 2015a. TPP and TCEP induce oxidative stress and alter steroidogenesis in TM3 Leydig cells. Reproductive Toxicology, 57: 100-110.

Crump D, Chiu S, Kennedy SW. 2012. Effects of tris(1,3-dichloro-2-propyl)phosphate and tris (1-chloropropyl) phosphate on cytotoxicity and mRNA expression in primary cultures of avian hepatocytes and neuronal Cells. Toxicological Sciences: An Official Journal of the Society of Toxicology, 126(1): 140-148.

Ding J, Xu Z, Huang W, Feng L, Yang F. 2016. Organophosphate ester flame retardants and plasticizers in human placenta in Eastern China. Science of the Total Environment, 554-555: 211-217.

Dishaw LV, Powers CM, Ryde IT, Roberts SC, Seidler FJ, Slotkin TA, Stapleton HM. 2011. Is the PentaBDE replacement, tris(1,3-dichloropropyl) phosphate (TDCPP), a developmental neurotoxicant? Studies in PC12 cells. Toxicology and Applied Pharmacology, 256: 281-289.

Egloff C, Crump D, Porter E, Williams KL, Letcher RJ, Gauthier LT, Kennedy SW. 2014. Tris(2-butoxyethyl) phosphate and triethyl phosphate alter embryonic development, hepatic mRNA expression, thyroid hormone levels, and circulating bile acid concentrations in chicken embryos. Toxicology and Applied Pharmacology, 279: 303-310.

Farhat A, Crump D, Chiu S, Williams KL, Letcher RJ, Gauthier LT, Kennedy SW. 2013. *In ovo* effects of two organophosphate flame retardants-TCPP and TDCPP -on Pipping Success, Development, mRNA Expression, and Thyroid Hormone Levels in Chicken Embryos. Toxicological Sciences, 134(1): 92-102.

Fu J, Han J, Zhou BS, Gong ZY, Santos EM, Huo XJ, Zheng WL, Liu HL, Yu HX, Liu CS. 2013. Toxicogenomic responses of zebrafish embryos/larvae to tris(1,3-dichloro-2-propyl) phosphate (TDCPP) reveal possible molecular mechanisms of developmental toxicity. Environmental Science and Technology, 47: 10574-10582.

Gao LW, Li DQ, Zhuo MN, Liao YS, Xie ZY, Guo TL, Li JJ, Zhang SY, Liang ZQ. 2015. Organophosphorus flame retardants and plasticizers: Sources, occurrence, toxicity and human exposure. Environmental Pollution, 196: 29-46.

Green N, Schlabach M, Bakke T, Brevik EM, Dye C, Herzke D, Huber S, Plosz B, Remberger M, Schøyen M, Uggerud HT, Vogelsang C. 2008. Screening of selected metals and new organic contaminants 2007.

He CT, Zheng J, Qiao L, Chen SJ, Yang ZJ, Yuan JG, Yang ZY, Mai BX. 2015. Occurrence of organophosphorus flame retardants in indoor dust in multiple microenvironments of southern China and implications for human exposure. Chemosphere, 133: 47-52.

Hou R, Xu YP, Wang ZJ.2016. Review of OPFRs in animals and humans: Absorption, bioaccumulation, metabolism, and internal exposure research. Chemosphere, 153: 78-90.

Hu WX, Gao FM, Zhang H, Hiromori HY, Arakawa SH, Nagase H, Nakanishi H, Hu JY. 2017. Activation of peroxisome proliferator-activated receptor gamma and disruption of progesterone synthesis of 2-ethylhexyl diphenyl phosphate in human placental choriocarcinoma cells: Comparison with triphenyl phosphate. Environmental Science and Technology, 51(7):

4061-4068.

JinYX, Chen GL, Fu ZW. 2016. Effects of TBEP on the induction of oxidative stress and endocrine disruption in Tm3 Leydig cells. Environmental Toxicology, 31(10): 1276-1286.

Kim SJ, Jung J, Lee I, Jung DW, Yung HW, Choi K. 2015. Thyroid disruption by triphenyl phosphate, an organophosphate flame retardant, in zebrafish (*Danio rerio*) embryos/larvae, and in GH3 and FRTL-5 cell lines. Aquatic Toxicology, 160: 188-196.

Kojimaa H, Takeuchi SJ, Itoh T, Iidac M, Kobayashi S, Yoshida T. 2013. *In vitro* endocrine disruption potential of organophosphate flame retardants via human nuclear receptors. Toxicology, 314: 76-83.

Latendrese JR, Brooks CL, Capen CC. 1994. Pathologic effects of butylated triphenyl phosphate-based hydraulic fluid and tricresyl phosphate on the adrenal gland, ovary, and testis in the fischer-344 rat. Toxicological Science, 22: 341-352.

Leisewitz A, Kruse H, Schramm E. 2001. Substituting environmentally relevant flame retardants: Assessment fundamentals. Berlin: Umweltbundesamt.

Leonards P, Steindal EH, van der Veen I, Berg V, Bustnes JO, van LS. 2011. Screening of Organophosphor Flame Retardants. 2010. SPFO-Report 1091/2011.TA-2786/2011. http://www. miljodirektoratet. no/no/Publikasjoner/Publikasjoner/2011/Juni/Screening_of_organophosphorou-sous_flame_retardants_2010/.

Li H, Su GY, Zou M, Yu LQ, Letcher RJ, Giesy JP, Zhou BS, Liu CS. 2015a. Effects of tris(1,3-dichloro-2-propyl) phosphate on growth, reproduction, and gene transcription of *daphnia magna* at environmentally relevant concentrations. Environmental Science and Technology, 49(21): 12975-12983.

Li J, Giesy JP, Yu LQ, Li GY, Liu CS. 2015b. Effects of tris(1,3-dichloro-2-propyl) phosphate (TDCPP) in *Tetrahymena thermophila*: Targeting the ribosome. Scientific Reports, 5: 10562-10570.

Li RW, Zhou PJ, Guo YY, Lee JS, Zhou BS. 2017a. Tris(1,3-dichloro-2-propyl) phosphate-induced apoptotic signaling pathways in SH-SY5Y neuroblastoma cells. NeuroToxicology, 58: 1-10.

Li RW, Zhou PJ, Guo YY, Lee JS, Zhou BS. 2017b. Tris(1,3-dichloro-2-propyl) phosphate induces apoptosis and autophagy in SH-SY5Y cells: Involvement of ROS-mediated AMPK/mTOR/ULK1 pathways. Food and Chemical Toxicology, 100: 183-196.

Li RW, Zhou PJ, Guo YY, Zhou BS. 2017c. The involvement of autophagy and cytoskeletal regulation in TDCIPP-induced SH-SY5Y cell differentiation. NeuroToxicology, 62: 14-23.

Lin Q, Xiao BZ, Jing Z, Wei XL, Li HF, Mei H, Wang CT, He SJ, Chen JY, Xiao JL, Li P, Jin J, Wang Y, Hu JC, Xu M, Sun YM, Ma YL. 2017. Concentrations of organophosphorus, polybromobenzene, and polybrominated diphenyl ether flame retardants in human serum, and relationships between concentrations and donor ages. Chemosphere, 171: 654-660.

Liu CS, Wang QW, Liang K, Liu JF, Zhou BS, Zhang XW, Liu HL, Giesy JP, Yu HX. 2013. Effects of tris(1,3-dichloro-2-propyl) phosphate and triphenyl phosphate on receptor-associated mRNA expression in zebrafish embryos/larvae. Aquatic Toxicology, 128: 147-157.

Liu X, Ji K, Jo A, Moon HB, Choi K. 2013. Effects of TDCIPP or TPHP on gene transcriptions and hormones of HPG axis, and their consequences on reproduction in adult zebrafish (*Danio rerio*). Aquatic Toxicology, 134: 104-111.

Liu XS, Kyunghee J, Choi K. 2012. Endocrine disruption potentials of organophosphate flame retardants and related mechanisms in H295R and MVLN cell lines and in zebrafish. Aquatic

Toxicology, 114: 173-181.

Liu YR, Wu D, Xu QL, Yu LQ, Liu CS, Wang JH. 2017. Acute exposure to tris(2-butoxyethyl) phosphate (TBOEP) affects growth and development of embryo-larval zebrafish. Aquatic Toxicology, 191: 17-24.

Ma Y, Cui K, Zeng F, Wen J, Liu H, Zhu F, Yang G, Luan T, Zeng Z. 2013. Microwave-assisted extraction combined with gel permeation chromatography and silica gel cleanup followed by gas chromatography-mass spectrometry for the determination of organophosphorus flame retardants and plasticizers in biological samples. Analytica Chimica Acta, 786: 47-53.

Ma ZY, Tang S, Su GY, Miao YQ, Liu HL, Xie YW, Giesy JP, Saunders DM, Hecker M, Yu HX. 2016. Effects of tris(2-butoxyethyl) phosphate (TBOEP) on endocrine axes during development of early life stages of zebrafish (Danio rerio). Chemosphere, 144: 1920-1927.

Ma ZY, Yu YJ, Tang S, Liu HL, Su GY, Xie YW, Giesy JP, Hecker M, Yu HX. 2015. Differential modulation of expression of nuclear receptor mediated genes by tris(2-butoxyethyl) phosphate (TBOEP) on early life stages of zebrafish (Danio rerio). Aquatic Toxicology, 169: 196-203.

Meeker JD and Stapleton HM. 2010. House dust concentrations of organophosphate flame retardants in relation to hormone levels and semen quality parameters. Environmental Health Perspective, 118: 318-323.

Meeker JD, Cooper EM, Stapleton HM, Hauser R. 2013. Exploratory analysis of urinary metabolites of phosphorus-containing flame retardants in relation to markers of male reproductive health. Endocrine Disruptors, 26306: 1-5.

Preston EV, McClean MD, Henn BC, Stapleton HM, Braverman LE, Pearce EN, Makey CM, Webster TF. 2017. Associations between urinary diphenyl phosphate and thyroid function. Environment International, 101: 158-164.

Ren GF, Chen Z, Feng JL, Ji W, Zhang J, Zheng KW, Yu ZQ, Zeng XY. 2016. Organophosphate esters in total suspended particulates of an urban city in East China. Chemosphere, 164: 75-83.

Schang G, Robaire B, Hales BF. 2016. Organophosphate flame retardants act as endocrine-disrupting chemicals in MA-10 mouse tumor Leydig cells. Toxicological Sciences, 150(2): 499-509.

Sun LW, Tan HN, Peng T, Wang SS, Xu WB, Qian HF, Jin YX, Fu ZW. 2017. Developmental neurotoxicity of organophosphate flame retardants in early life stage of Japanese medaka (Oryzias latipes). Environmental Toxicology and Chemistry, 35(12): 2931-2940.

Sundkvist AM, Olofsson U, Haglund P. 2010. Organophosphorus flame retardants and plasticizers in marine and fresh water biota and in human milk. Journal of Environmental Monitoring, 12: 943-951.

Ta N, Li CN, Fang YJ, Liu HL, Lin BC, Jin H, Tian L, Zhang HS, Zhang W, Xi ZG. 2014. Toxicity of TDCPP and TCEP on PC12 cell: Changes in CAMKII, GAP43, tubulin and NF-H gene and protein levels. Toxicology Letters, 277: 164-171.

van der Veen I, de Boer J. 2012. Phosphorus flame retardants: Properties, production, environmental occurrence, toxicity and analysis. Chemosphere, 88: 1119-1153.

Wang QW, Lai NL, Wang XF, Guo YY, Lam PK, Lam JC, Zhou BS. 2015a. Bioconcentration and transfer of the organophosphorous flame retardant 1,3-dichloro 2-propyl phosphate (TDCPP) causes thyroid endocrine disruption and developmental neurotoxicity in zebrafish larvae. Environmental Science and Technology, 49(8): 5123-5132.

Wang QW, Lam JC, Man YC, Lai NL, Kwok KY, Guo YY, Lam PK, Zhou BZ. 2015c. Bioconcentration, metabolism and neurotoxicity of the organophosphorous flame retardant 1,3-

dichloro 2-propyl phosphate(TDCPP)to zebrafish. Aquatic Toxicology, 158: 108-115.

Wang QW, Lam JCW, Han J, Wang XF, Guo YY, Lam PKS, Zhou BS. 2015b. Developmental exposure to the organophosphorus flame retardant tris(1,3-dichloro-2-propyl) phosphate: Estrogenic activity, endocrine disruption and reproductive effects on zebrafish. Aquatic Toxicology, 160: 163-171.

Wang QW, Liang K, Liu JF, Yang LH, Guo YY, Liu CS, Zhou BS. 2013. Exposure of zebrafish embryos/larvae to TDCPP alters concentrations of thyroid hormones and transcriptions of genes involved in the hypothalamic – pituitary–thyroid axis. Aquatic Toxicology, 126: 207-213.

Xu QL, Wu D, Dang Y, Yu LQ, Liu CS, Wang JH. 2017. Reproduction impairment and endocrine disruption in adult zebrafish (*Danio rerio*) after waterborne exposure to TBOEP. Aquatic Toxicology, 182: 163-171.

Yu LQ, Jia YL, Su GY, Robert YK, Giesy JH, Yu HX, Han ZH, Liu CS. 2017. Parental transfer of tris(1,3-dichloro-2-propyl) phosphate and transgenerational inhibition of growth of zebrafish exposed to environmentally relevant concentrations. Environmental Pollution, 220: 196-203.

Yuan LL, Li JS, Zha JM, Wang ZJ. 2016. Targeting neurotrophic factors and their receptors, but not cholinesterase or neurotransmitter, in the neurotoxicity of TDCPP in Chinese rare minnow adults (*Gobiocypris rarus*). Environmental Pollution, 208: 670-677.

Yun JY, Zhong YY, Bi XM. 2016. Analysis of human hair to assess exposure to organophosphate flame retardants: Influence of hair segments and gender differences. Environmental Research, 148: 177-183.

Zhang Q, Ji CY, Yin XH, Yan L, Lu MY, Zhao MY. 2016. Thyroid hormone-disrupting activity and ecological risk assessment of phosphorus-containing flame retardants by *in vitro*, *in vivo* and in silicon approaches. Environmental Pollution, 210: 27-33.

Zhang Q, Lu MY, Dong XW, Wang C, Zhang CL, Liu WP, Zhao MR. 2014. Potential estrogenic effects of phosphorus-containing flame retardants. Environmental Science and Technology, 48: 6995-7001.

Zhang Q, Wang JH, Zhu JQ, Liu Q, Zhao MR. 2017. Potential glucocorticoid and mineralocorticoid effects of nine organophosphate flame retardants. Environmental Science and Technology, 51(10): 5803-5810.

Zhao F, Wang J, Fang YJ, Ding J, Yang HL, Li L, Xi ZG, Qiao HX. 2016. Effects of tris(1,3-dichloro-2-propyl) phosphate on pathomorphology and gene/protein expression related to thyroid disruption in rats. Toxicology Research, 5(3): 921-930.

Zhu Y, Ma X, Su G, Yu LQ, Letcher RJ, Hou J, Yu HX, Giesy JP, Liu CS. 2016. Environmentally relevant concentrations of the flame retardant tris(1,3-dichloro-2-propyl) phosphate inhibit growth of female zebrafish and decrease fecundity. Environmental Science and Technology, 49(24): 14579-87.

Zhu Y, Su GY, Yang DD, Zhang YK, Yu LQ, Li YF, Giesy JP, Letcher RJ, Liu CS. 2017.Time-dependent inhibitory effects of tris(1,3-dichloro-2-propyl) phosphate on growth and transcription of genes involved in the GH/IGF axis, but not the HPT axis, in female zebrafish. Environmental Pollution, 229: 470-478.

第 12 章　短链氯化石蜡的毒性效应

本章导读

- 首先介绍短链氯化石蜡（SCCPs）的物理化学性质、用途用量、作为持久性有机污染物的基本特征，在大气、土壤、沉积物等环境介质以及生物体中的含量。
- 接着陈述 SCCPs 毒性效应方面的研究进展，包括以人肝癌（HepG2）细胞和人肾上腺皮质癌（H295R）细胞为对象的离体研究。
- 主要总结 SCCPs 对鱼类、两栖类、鸟类和哺乳动物毒性效应的研究内容，包括甲状腺内分泌干扰、肝脏毒性、肾毒性、发育毒性、致癌性以及影响代谢等。特别介绍以离体细胞和斑马鱼胚胎为对象的代谢组学的研究进展。
- 介绍 SCCPs 对人类暴露以及潜在健康风险，对 SCCPs 的研究进行了总结并提出了展望。

12.1　短链氯化石蜡概述

氯化石蜡（chlorinated paraffins，CPs），又称多氯代烷烃（polychlorinated alkanes，PCAs），是一类人工合成的直链正构烷烃氯代衍生物，碳链长度为 10～30 个碳原子，氯化程度在 30%～70% 之间（以质量计算）（Allpress and Gowland，1999）。按照碳链长度的不同，CPs 可以分为短链氯化石蜡（碳原子数为 10～13，short-chain chlorinated paraffins，SCCPs）、中链氯化石蜡（碳原子数为 14～17，medium-chain chlorinated paraffins，MCCPs）和长链氯化石蜡（碳原子数为 18～30，long-chain chlorinated paraffins，LCCPs）（Tomy et al.，1998）。在所有类型 CPs 中，SCCPs 具有持久性有机污染物（POPs）的基本特征，如生物毒性（Fisk et al.，1999）、生物累积性（Kelly et al.，2007）、远距离迁移能力（Borgen et al.，2000）等，且具有潜在的致癌性（Warnasuriya et al.，2010）。SCCPs 已被美国环境保护署、加拿大环境保护署、《欧盟水框架指令》、欧洲化学品管理署列入优先控制化合物名单

（张海军等，2013）。在 2017 年，SCCPs 已被纳入《斯德哥尔摩公约》优先控制持久性有机污染物的范围（UNEP，2017）。SCCPs 已成为新型 POPs 中的研究热点问题。因此本章中，将主要介绍 SCCPs 的毒性效应研究进展。

12.2 SCCPs 的物理化学性质

短链氯化石蜡（SCCPs）是一类碳原子数为 10～13 个的正构烷烃氯化衍生而成的复杂混合物，氯化程度在 16%～78% 之间（以质量计算），仲碳原子上的氯原子都不超过一个，分子式为 $C_xH_{(2x+2)y}Cl_y$，其中 x=10～13，y=1～13，分子量为 320～500，化学文摘社登记号码为 85535-84-8（de Boer et al.，2010）。图 12-1 为两种典型的 SCCPs 混合物（$C_{13}H_{22}Cl_6$ 和 $C_{10}H_{17}Cl_5$）的结构式。

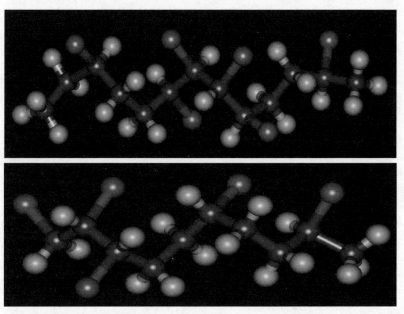

图 12-1　两种典型的短链氯化石蜡混合物（杨立新等，2015）
灰色为碳原子，绿色为氯原子，白色为氢原子

SCCPs 因氯原子的位置变化、存在手性碳原子、碳链长度及氯化程度的不同，存在众多的同系物、对映异构体及非对映异构体，且各单体之间的物理化学性质有较大差异（王琰等，2012）。表 12-1 列出了 SCCPs 同系物及异构体混合物的物理化学性质。

在常温下，SCCPs 一般为淡黄色或无色黏稠液体，沸点一般 200 ℃以上（de Boer et al.，2010），不易发生化学反应和水解，具有很好的热稳定性。SCCPs 在水中的溶解度较低，介于 0.49～1260 μg/L 之间，单体含氯原子数低于 5 时，其溶解

表 12-1　SCCPs 同系物及异构体混合物的理化性质（de Boer et al.，2010）

分子式	氯含量（%）	蒸气压（Pa）	亨利常数（Pa·m³/mol）	水溶性（mg/L）	正辛醇-水分配系数	正辛醇-空气分配系数
$C_{10}H_{18}Cl_4$	50	0.028	17.7	328，630，2，370	5.93	8.2
$C_{10}H_{17}Cl_5$	56	0.0040~0.0054	2.62~4.92	449~692	—	8.9~9.0
$C_{10}H_{16}Cl_6$	61	0.0011~0.0022	—	—	—	—
$C_{10}H_{13}Cl_9$	71	0.00024	—	400	5.64	—
$^{14}C_{11}$	59	—	—	150	—	—
$C_{11}H_{20}Cl_4$	48	0.01	6.32	575	5.93	8.5
$C_{11}H_{19}Cl_5$	54	0.001~0.002	0.68~1.46	546~962	6.20~6.40	9.6~9.8
$C_{11}H_{18}Cl_6$	58	0.00024~0.0005	—	—	6.4	—
$C_{11.5}$	60	—	—	—	4.48~7.38	—
$^{14}C_{12}H_{21}Cl_5$	51	0.0016~0.0019	—	—	—	—
$C_{12}H_{20}Cl_6$	56	—	1.37	—	6.61	—
$^{14}C_{12}H_{20}Cl_6$	56	0.00014~0.00052	—	—	6.2	—
$C_{12}H_{19}Cl_7$	59	—	—	—	7	—
$C_{12}H_{18}Cl_8$	63	—	—	—	7	—
$C_{12}H_{16}Cl_{10}$	67	—	—	—	6.6	—
$C_{13}H_{23}Cl_5$	49	0.00032	—	78	6.14	9.4
$C_{13}H_{22}Cl_6$	53	—	—	—	6.77~7.00	—
$C_{13}H_{21}Cl_7$	58	—	—	—	7.14	—
$C_{13}H_{16}Cl_{12}$	70	$2.8×10^{-7}$	—	6.4	7.207	—
C_{10}~C_{13}	49	—	—	—	4.39~6.93	—
C_{10}~C_{13}	63	—	—	—	5.47~7.30	—
C_{10}~C_{13}	70	—	—	—	5.68~8.69	—
C_{10}~C_{13}	71	—	—	—	5.37~8.69	—

注："—"表示未知

度随着氯原子数增多而有所增加（Drouillard et al.，1998a）。SCCPs 具有一定的挥发性，蒸气压值介于 $2.8×10^{-7}$~$6.67×10^{-2}$ Pa 之间，随着碳链长度和氯化程度的增加而减小，亨利常数（HLC）值介于 0.68~17.7 Pa·m³/mol 之间（Drouillard et al.，1998b）。一般认为 $\log K_{ow} > 5$，$\log K_{oa} > 6$ 即代表该化合物具有一定的生物富集能力。SCCPs 的正辛醇-水分配系数（$\log K_{ow}$）介于 4.39~8.69 之间，脂溶性较高，在水生生物体内具有较高的生物富集能力；正辛醇-空气分配系数（$\log K_{oa}$）介于 8.2~9.8 之间，说明 SCCPs 能在陆地动物体内富集（王琰等，2012）。

12.3　SCCPs 的用途用量

短链氯化石蜡（SCCPs）因具有较好的电绝缘性、挥发性低、阻燃性好、价格低廉等优点，已广泛用于阻燃剂、金属加工润滑剂、塑料添加剂、皮革加脂、密封剂、黏合剂以及涂料涂层等工业用途中（Tomy et al.，1998）。需要指出的是，在国外 SCCPs 主要用于金属加工液，而在国内主要作为增塑剂应用于聚氯乙烯（PVC）和橡胶制品（仝宜昌等，2009），且在我国增塑剂系列中，SCCPs 的使用量仅次于邻苯二甲酸二辛酯（dioctyl phthalate，DOP）和邻苯二甲酸二丁酯（di-n-butyl phthalate，DBP）（徐淳等，2014）。由于国内外对 SCCPs 的使用情况不同，使得对其环境监测的重点也有所区别。

从 20 世纪 20 年代开始，CPs 作为重要的工业产品，在世界范围内开始生产和使用，特别是在 PCBs 被禁用以后，CPs 作为其替代品，其产量迅速增加（Bayen et al.，2006）。到 20 世纪 90 年代末，SCCPs 的年产量约为 50 万 t（Feo et al.，2009）。近年来，SCCPs 已陆续被美国、加拿大、欧盟和日本列为限制使用或禁止生产的化工产品（UNEP，2015）。我国从 20 世纪中期开始生产 CPs，研究调查显示，在 2004～2011 年间，中国 CPs 产品的生产总量分别约为 18 万、22 万、26 万、31 万、32 万、33 万、37 万和 41 万 t（徐淳等，2014）（图 12-2）。我国生产的产品基本没有区分碳链的长短，甚至在中、长链氯化石蜡产品中也都含有一定的 SCCPs（唐恩涛和姚丽芹，2005），因此我们很难得到 SCCPs 产量的具体数值。

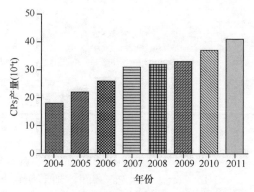

图 12-2　2004～2011 年我国 CPs 实际产量（徐淳等，2014）

12.4　SCCPs 的基本化学特征

20 世纪 90 年代以来，随着 SCCPs 在各种环境介质和生物体中不断被检出，甚至是极地等偏远地区，其具有 POPs 的特性也逐渐被人们所认识。研究表明，SCCPs 具有持久性、生物累积性、远距离迁移能力等 POPs 所具有的基本特征。

12.4.1　环境持久性

研究指出，SCCPs 单体的氯含量低于 50%时，在合适微生物存在的情况下可发生生物降解，但降解过程缓慢，而其他多数 SCCPs 则很难发生生物和非生物降解，因此 SCCPs 可在环境中长期稳定存在，具有环境持久性（Muir，1996）。在不同的条件和环境介质中，SCCPs 的半衰期差异很大，从特殊条件下的几小时到沉积物中的 50 年以上，且光照、好厌氧环境、特殊化学物质和生物代谢等因子都能影响其半衰期（王亚韡等，2009）。例如，在有氧条件下，SCCPs 在海洋和淡水沉积物中半衰期分别为 450 d 和 1630 d（Thompson et al.，2007）。

12.4.2　生物累积性

生物累积性可作为判断该化合物是否为 POPs 的重要指标之一。SCCPs 具有较高的脂溶性（$\log K_{ow}$ 介于 4.39～8.69 之间），可在生物体内富集，并能够通过食物链的传递而产生生物放大作用。研究表明氯含量大于 60%的 SCCPs 的营养级放大因子（trophic magnification factor，TMF）大于 1，表示 SCCPs 在水生食物链中存在生物放大的潜力（Fisk et al.，1996）。例如，在我国的渤海辽东湾区域，测定的海水、沉积物中 SCCPs 的浓度范围分别为 4.1～13.1 ng/L 和 65～541 ng/g dw，而在生物体（无脊椎动物和鱼类）中的含量却高达 84～4400 ng/g ww，在浮游动物-甲壳类-鱼类食物网的食物链 TMF 是 2.38，证明 SCCPs 在生物体内有很强的生物富集能力（Ma et al.，2014b）。SCCPs 在生物体内的富集能力因碳原子和氯原子数目不同而异，且 SCCPs 在鱼体内具有较强的生物富集能力。

12.4.3　远距离迁移能力

SCCPs 具有一定的挥发性，易进入大气中并随气流进行远距离迁移。SCCPs 通过气流进行短距离或长距离迁移过程中，在环境介质及其他因素的影响下，可沉降进入土壤、水体、沉积物等环境介质，通过反复的挥发-沉降作用，最终迁移至全球各区域，甚至极地等偏远地区。目前，在北极地区的大气（Borgen et al.，2000）、沉积物（Tomy et al.，1999）、鱼类（Corsolini et al.，2002）、鸟类（Reth et al.，2006）、哺乳类（Tomy et al.，2000）等均检测到了 SCCPs。有研究比较并评价了 SCCPs 和其他 POPs 的远距离迁移潜力，结果证明 SCCPs 的远距离迁移性质与一些已知的 POPs 类似（Wegmann et al.，2007）。此外也有研究评价了 SCCPs 对北极地区的污染情况，认为其与多氯联苯（polychlorinated biphenyls，PCBs）在北极地区的环境分布极其相似（Wania，2003）。

12.5　SCCPs 的环境分布

目前尚未发现天然产生的 SCCPs，环境中的 SCCPs 主要来源于 SCCPs 及其他链长 CPs 在生产、储存、运输及使用等过程中的释放（王亚韡等，2009）。目前，已在各种环境介质（大气、水体、土壤及沉积物等）和生物体（无脊椎动物、鱼类、鸟类及哺乳类）中检测到 SCCPs，甚至在人的母乳中也检测到了 SCCPs。

12.5.1　环境介质中的含量

大气在有机污染物的长距离迁移中具有重要作用。在挪威一个偏远岛屿的大气中检测到了较高浓度的 SCCPs，总浓度区间为 $1800\sim10600$ pg/m³（Borgen et al.，2002a）。1997 年，英国兰开斯特乡村地区的空气样本中检测到的 SCCPs 含量为 $5.4\sim1085$ pg/m³（Peters et al.，2000），而在 2003 年，检测到的 SCCPs 含量为 $185\sim3430$ pg/m³（Barber et al.，2005），较 1997 年同一地区的含量明显升高。我国北京地区大气中 SCCPs 的含量冬季为 $1.85\sim33.0$ ng/m³，而在夏季则高达 $112\sim332$ ng/m³（Wang et al.，2012）。一项针对整个东亚地区大气中 SCCPs 的污染情况调查显示，我国大气中的 SCCPs 浓度（浓度区间为 $13.4\sim517$ ng/m³）高于日本（$0.28\sim14.2$ ng/m³）和韩国（$0.60\sim8.96$ ng/m³）的（Li et al.，2012），而与其他国家相比，日本和韩国大气中 SCCPs 的含量属于比较高的，这一结果意味着，我国大气中 SCCPs 污染情况比国外的严重。

由于 SCCPs 具有疏水性的特点，所以在水体中的含量很低。SCCPs 在水体中的含量一般为 ng/L 级，但也有些局部地区可达 μg/L 级。$2000\sim2004$ 年，在北美安大略湖水中检测到的 SCCPs 总浓度平均值为 1.2 ng/L（Houde et al.，2008），其中 2000 年、2002 年及 2004 年的 SCCPs 浓度分别为 $0.7\sim1.9$ ng/L、$1.0\sim1.4$ ng/L 和 $0.6\sim1.7$ ng/L。加拿大圣劳伦斯河水中 SCCPs 的浓度为 $15.7\sim59.5$ ng/L（Moore et al.，2003）。英格兰和威尔士的河水中检测到的 SCCPs 浓度为 $< 100\sim1700$ ng/L（Nicholls et al.，2001）。此外，一项对西班牙污水处理厂进出水样品的检测发现，进水口 SCCPs 浓度为 $310\sim620$ ng/L，出水口未检出（Castells et al.，2004），表明污水处理过程能有效去除来自生活中的 SCCPs。在我国，有报道指出，北京高碑店污水处理厂 SCCPs 进水口浓度为 $4200\sim4700$ ng/L，出水口浓度为 $364\sim416$ ng/L（Zeng et al.，2011）。目前，关于我国地表水中 SCCPs 含量的报道十分有限，但是，由于 SCCPs 在大气中以及污水处理厂出水口的含量相对较高，可以预计在表面水中也可能存在较高含量的 SCCPs。

就土壤而言，使用农药可造成污染，由于自然沉降、雨水冲刷和废弃物堆积而污染土壤。与其他有机物污染物的情况类似，在土壤中也检测到 SCCPs。在加拿大北极区伊魁特市的垃圾填埋地附近的土壤中测得的 SCCPs 平均浓度为（60.4±54.9）ng/g dw（Dick et al.，2010）。在英国和挪威，土壤有机质中测得的 SCCPs 浓度平均值分别为 50 ng/g dw 和 22 ng/g dw，明显高于相同样本中的 Σ_{31}PCB 的含量（英国和挪威土壤有机物质中 PCBs 的含量均值分别为 5 ng/g dw 和 8 ng/g dw）（Halse et al.，2015）。在我国，土壤中也存在较高含量的 SCCPs。例如一项环境检测数据显示，在上海崇明岛地区地表土壤中，SCCPs 的总浓度为 0.42～420 ng/g dw，且大部分土壤样本中的主要物质是 C_{13} 和 C_{11} 同源物及 Cl_7 和 Cl_8 同源物（Wang et al.，2013）。而在广州郊区土壤中，SCCPs 的含量为 7～541 ng/g dw（Chen et al.，2013）。辽河流域的稻田土壤中的 SCCPs 浓度为 56.9～171.1 ng/g dw，旱地土壤中为 83.5～189.3 ng/g dw（Gao et al.，2012）。以上研究数据表明，中国土壤中的 SCCPs 含量要高于国外的。尽管来源尚不完全清楚，但是可以看出，SCCPs 对土壤的污染具有普遍性，是否能被农作物利用以及在农产品中的含量仍需进行研究。

就 POPs 而言，水体中的含量一般很低，沉积物是其主要归宿地，因此在沉积物中的含量一般较高。特别需要指出的是，在北极地区的沉积物中也检出了 SCCPs，例如在加拿大北极地区的 3 个偏远湖泊的沉积物中检测到 SCCPs（Stern et al.，2005），进一步说明 SCCPs 具有长距离迁移能力。在西班牙巴塞罗那沿海地区的海洋沉积物样本中，测得的 SCCPs 含量为 1250～2090 ng/g dw（Castells et al.，2008）。近年来，我国学者报道了 SCCPs 在沉积物中的含量。例如在渤海沉积物中，SCCPs 的含量为 97.4～1756.7 ng/g dw（Ma et al.，2014a），而在辽东湾的沉积物样本中，SCCPs 的含量为 65～541 ng/g dw（Ma et al.，2014b）。在我国辽河流域入海口处表层沉积物中 SCCPs 的调查发现，该地区主要以 C_{10}-SCCPs 和 C_{11}-SCCPs 异构体为主，含量在 64.9～407.0 ng/g dw 之间，并且随着海洋方向的延伸，沉积物中的 SCCPs 含量明显降低（高媛等，2010）。另一项针对辽河流域沉积物中 SCCPs 的调查发现，SCCPs 的含量为 39.8～480.3 ng/g dw，其中辽河流经工业区的河段中 SCCPs 含量较高，表明 SCCPs 主要来源于当地的活动（Gao et al.，2012）。

12.5.2　生物体中的含量

由于 SCCPs 具有生物富集性，因此可在不同的生物体中检测到 SCCPs。目前，在包括无脊椎动物到海洋哺乳动物在内的多种生物体内都检测到 SCCPs。在北美的密歇根湖和安大略湖，其浮游生物体内 SCCPs 的含量分别为（23±16）ng/g ww 和（1.02±0.33）ng/g ww，鱼体中 SCCPs 浓度分别为 17～123 ng/g ww 和 19～31 ng/g ww（Houde et al.，2008）。在挪威鳕鱼等食用鱼体内检测到的 SCCPs 含量在 108～3700

ng/g lw 之间（Borgen et al.，2002b）。在鸟类，欧洲熊岛水鸟体内 SCCPs 的浓度为 5～88 ng/g ww（Reth et al.，2006）。在北极地区的白鲸、环斑海豹和海象等海洋哺乳动物中检测到的 SCCPs 含量分别为（0.21±0.08）μg/g ww、（0.53±0.2）μg/g ww 和（0.43±0.06）μg/g ww（Tomy et al.，2000）。在我国，有限的资料显示，在生物体内检测到较高含量的 SCCPs。例如，我国辽东湾区域的浮游动物（水母类、桡足类、毛颚类、十足类、糠虾等）、底栖动物（虾、蛤、蟹、螺和扇贝）和鱼类（海鲈鱼）体内，SCCPs 含量分别高达 12.51 μg/g dw、5.09 μg/g dw 和 20.32 μg/g dw（王成等，2011），且 SCCPs 的含量随着生物体在食物链或是食物网中的营养级升高呈增加趋势，表明辽东湾区域受 SCCPs 污染严重。针对渤海地区 9 种软体动物的调查发现，SCCPs 含量在 64.9～5510 ng/g dw 之间，且主要以 C_{10}-和 C_{11}-SCCPs 以及低氯代的 SCCPs 为主（Yuan et al.，2012）。总体而言，作为发展中国家，我国海洋生物体内 SCCPs 含量明显高于其他发达国家，这与我国是最大的 CPs 生产国有密切关系。

12.6　SCCPs 的毒性效应研究

尽管 SCCPs 的使用时间很长，也广泛存在于多种环境介质和动物体内，但是相对而言，其毒性效应方面的研究资料较少。有研究指出，SCCPs 可能具有致畸、致癌、致突变效应，且随着碳链长度变短，毒性效应增强，其作用的主要靶器官是肝、甲状腺及肾脏（de Boer et al.，2010）。目前对 SCCPs 毒性效应的相关研究甚少。表 12-2 总结了 SCCPs 对离体细胞、水生无脊椎动物、鱼类、两栖类、鸟类和哺乳类的毒性效应研究。

12.6.1　SCCPs 对培养细胞的离体毒性效应研究

我国学者以中国仓鼠卵巢（CHO-K1）细胞系和 H295R 细胞系为模型，分别研究了 3 种 SCCPs（C_{10}-40.40%、C_{10}-66.10%、C_{11}-43.20%）在 10^{-6} mol/L、10^{-7} mol/L 及 10^{-8} mol/L 不同暴露剂量下的受体介导和非受体介导途径的内分泌干扰效应（Zhang et al.，2016）。在 CHO-K1 细胞中，研究者分别建立了雌激素受体（ERα）、糖皮质激素受体（GR）、甲状腺激素受体（TRβ）介导的荧光素酶报道基因检测方法。结果显示，所有 SCCPs 的暴露均引起了显著的雌激素效应，且该效应主要是由雌激素受体 α（ERα）介导的。值得注意的是，C_{10}-40.40%和 C_{10}-66.10%在最高剂量（10^{-6} mol/L）下具有显著的抗雌激素活性，C_{11}-43.20%在最高剂量（10^{-6} mol/L）下具有显著的糖皮质激素受体（GR）的拮抗作用。在 H295R 细胞中，所有的 SCCPs 暴露都促进了雌二醇（E2）的分泌，只有 C_{10}-66.10%（10^{-6} mol/L）和 C_{11}-43.20%

表 12-2　SCCPs 对生物毒性效应的研究

	受试对象	毒性效应	暴露时间	参考文献
体外细胞	人肝癌 HepG2 细胞	细胞存活率和代谢能力	48 h	Geng et al.，2015
	H295R 细胞系	内分泌干扰效应（核受体介导和非受体介导的两种途径）	24 h、48 h	Zhang et al.，2016
水生生物类	大型蚤	急性毒性、亚慢性毒性	96 h、21 d	Thompson and Madeley，1983a；1983b
	糖虾	急性毒性（半致死剂量）	96 h	Thompson and Madeley，1983b
	贻贝	生长（贝壳的长度和肌肉的重量）受抑制	84 d	Thompson and Shillabeer，1983
	日本青鳉鱼胚胎	发育毒性（死亡、畸形、麻醉状态）	20 d	Fisk et al.，1999
	虹鳟鱼幼鱼	麻醉毒性、肝组织病理学改变（肝细胞坏死、肝纤维化等）	21 d、85 d	Cooley et al.，2001
	斑马鱼胚胎	发育毒性和甲状腺内分泌干扰效应	96 h	Liu et al.，2016
	斑马鱼胚胎	代谢通路（甘油磷脂、脂肪酸以及嘌呤代谢）	13 d	Ren et al.，2018
两栖类	非洲爪蟾	发育毒性、谷胱甘肽转移酶（GST）活性升高	96 h	Burýšková et al.，2006
鸟类	野鸭	蛋壳变薄、胚胎死亡率增加	14 d	Serrone et al.，1987
	蛋鸡	生长速率、器官重量、生殖行为均没有影响	31 d	Ueberschär et al.，2007
	鸡胚	肝重、细胞色素 P450 浓度、微粒体酶活性发生显著变化	20 d	Brunstrom，1985
	野鸭	蛋壳变薄	22 w	EC，2000
哺乳类	大鼠	肝微粒体细胞色素 P-450 介导的代谢和肝细胞亚显微结构改变	4 d	Nilsen et al.，1981
	F344/N 大鼠和 B6C3F1 小鼠	肝、肾以及甲状腺的致癌效应	2 Y	Bucher et al.，1987
	大鼠、小鼠	过氧化物酶体增殖；T4 含量降低、TSH 含量升高	14 d	Wyatt et al.，1993
	雄性 Fischer 344 大鼠	肾肿瘤机理（α2u 球蛋白表达受抑制，未出现典型的 α2u 球蛋白肾病）	28 d	Warnasuriya et al.，2010
	Sprague-Dawley 大鼠	毒代动力学参数、吸收、代谢、排出	28 d	Geng et al.，2016
	雄性 Sprague-Dawley 大鼠	甲状腺内分泌干扰效应	28 d	Gong et al.，2018

（10^{-6} mol/L、10^{-7} mol/L、10^{-8} mol/L）显著增加了皮质醇（cortisol）的含量。研究者还检测了 9 种类固醇合成相关基因的表达，其中，*star*、*17β-hsd*、*cyp11a1*、*cyp11b1*、 *cyp19* 以及 *cyp21* 的表达上调，且与 SCCPs 呈剂量-效应关系（Zhang et al., 2016）。该研究表明 SCCPs 不仅可通过核受体（ERα 和 GR）介导的途径，也可通过影响类固醇激素合成的非受体介导途径，发挥内分泌干扰效应。

我国学者以人肝癌（HepG2）为对象，采用代谢组学方法，研究了 SCCPs（1 μg/L、10 μg/L、100 μg/L）对细胞的毒性效应（Geng et al., 2015）。结果显示，在 10 μg/L 和 100 μg/L 剂量暴露下，细胞存活率显著降低，且 C_{10}-CPs 的暴露组（1 μg/L、10 μg/L、100 μg/L）在 48 h 的细胞存活率比 24 h 时的明显降低。研究者也检测了氧化还原反应的相关指标，结果显示，过氧化氢酶（CAT）、超氧化物歧化酶（SOD）活性显著升高，谷胱甘肽（GSH）含量显著降低。而且在 1 μg/L 的暴露剂量下，即能改变细胞内的氧化还原状态并显著干扰细胞的代谢。经代谢组学分析细胞内的小分子代谢物质（主要涉及能量产生、蛋白质合成、脂肪酸代谢和氨循环），结果显示，SCCPs 在 1 μg/L 的环境相关剂量下即可促进 β-不饱和脂肪酸和长链脂肪酸的氧化。研究者认为这是通过 PPAR 途径引起的相关效应，同时也观察到引起糖代谢、氨基酸代谢以及尿素循环发生紊乱（Geng et al., 2015）。该研究表明，SCCPs 在环境相关剂量下就可影响 HepG2 细胞代谢，主要涉及能量生成、蛋白质合成、脂肪酸代谢和氨循环，因此细胞整体上处于非正常状态。该研究可为进一步深入探究作用途径以及与代谢分子信号相关的效应和机制提供基础。目前有关 SCCPs 离体实验的研究甚少，主要是我国学者在使用细胞进行内分泌干扰效应的筛查以及使用代谢组学分析代谢产物的研究。由于离体评价体系具有快速、灵敏、高效的优点，因此需要开展更多相关实验，特别是与 PPAR 相关的离体研究。

12.6.2 SCCPs 对鱼类的毒性效应

SCCPs 广泛存在于水生生态系统中，且可在水生生物体中累积。有研究表明，SCCPs 对水生无脊椎动物具有高毒性，环境相关剂量下可能产生毒性效应。例如 SCCPs 对大型溞（*Daphnia magna*）的 21 天亚慢性暴露实验的最大无效应浓度（NOEC）是 5 μg/L，对糠虾（*Mysidopsis bahia*）28 天暴露实验的 NOEC 是 7.3 μg/L（Thompson and Madeley, 1983a; 1983b）。已有研究表明，SCCPs 对鱼类毒性较大，在 μg/L 浓度水平就有慢性毒性效应。另外，研究发现，鱼类胚胎或仔鱼对 SCCPs 的暴露也很敏感。SCCPs 对日本青鳉的急性毒性是麻醉，最低有效应浓度是 55～460 μg/L（Fisk et al., 1999）。近来也有研究表明，SCCPs 具有内分泌干扰效应。例如 SCCPs 的暴露可影响斑马鱼仔鱼 HPT 轴基因的表达及甲状腺激素水平。此外 SCCPs 也具有肝毒性和发育毒性等。但是缺乏生殖内分泌干扰毒性效应、神经毒性等方面毒性效应研究。在我国，尽管 SCCPs 的环境问题已经引起重视，但是毒理学研究的资料很少，因此在本节的内容中，将不仅包括内分泌干扰效应，也包括 SCCPs 暴露引起的其他毒性效应。

1. 甲状腺内分泌干扰效应

我国学者以斑马鱼胚胎为对象，比较了 7 种不同的 SCCPs（$C_{10}H_{18}Cl_4$、1,2,5,6,9,10-$C_{10}H_{16}Cl_6$、$C_{10}H_{15}Cl_7$、$C_{12}H_{22}Cl_4$、$C_{12}H_{19}Cl_7$、1,1,1,3,10,12,12,12-$C_{12}H_{18}Cl_8$ 和 Cereclor 63L）的发育毒性以及甲状腺内分泌干扰潜力，暴露剂量为 0.01 μg/L、0.1 μg/L、0.5 μg/L、1 μg/L、10 μg/L、100 μg/L、1000 μg/L 和 10000 μg/L，分别在 72 hpf 和 96 hpf 评价发育毒性和下丘脑-垂体-甲状腺（HPT）轴相关的基因以及甲状腺激素含量（Liu et al., 2016）。研究结果显示，C_{10} 组（$C_{10}H_{18}Cl_4$、1,2,5,6,9,10-$C_{10}H_{16}Cl_6$、$C_{10}H_{15}Cl_7$）对斑马鱼胚胎的基本发育毒性（72 hpf 孵化率和 96 hpf 畸形率）大于 C_{12} 组（$C_{12}H_{22}Cl_4$、$C_{12}H_{19}Cl_7$、1,1,1,3,10,12,12,12-$C_{12}H_{18}Cl_8$）和 Cereclor 63L 的。比较 $C_{10}H_{18}Cl_4$、1,2,5,6,9,10-$C_{10}H_{16}Cl_6$ 和 $C_{10}H_{15}Cl_7$ 三种化合物对斑马鱼胚胎的毒性效应发现，氯含量越低的 SCCPs 对斑马鱼胚胎的半致死效应越强，但是对甲状腺激素（T3，T4）的影响反而越小。其中，只在 $C_{10}H_{18}Cl_4$ 暴露组（100 μg/L）观察到影响甲状腺激素的含量，即能显著降低甲状腺激素 T3 的水平，但是并不影响 T4 的含量，同时在环境相关剂量下（0.5 μg/L 以上剂量），显著下调了 HPT 轴的相关基因，如 *ttr*、*dio2*、*dio3* 的表达，其中 *dio2* 的 mRNA 表达显著下调（Liu et al., 2016）。Dio2 主要负责将 T4 转换为 T3，因此认为 $C_{10}H_{18}Cl_4$ 主要是通过抑制 *dio2* 的表达来抑制 T3 的合成。以上研究结果表明，SCCPs 能够通过影响斑马鱼下丘脑-垂体-甲状腺轴相关基因的表达和改变甲状腺激素（T3，T4）水平而产生内分泌干扰效应，且 SCCPs 表现的甲状腺内分泌干扰活性具有分子结构的特异性，即不同结构的 SCCPs 可能具有不同的分子作用模式。此外该研究也显示，SCCPs 在低剂量下即具有影响鱼类早期发育时期的甲状腺内分泌系统，意味着 SCCPs 中的某些单体具有较强的干扰活性。

2. 肝毒性效应

与其他有机污染物一样，肝脏是 SCCPs 的主要作用靶器官。一项早期的长期低剂量实验研究了 SCCPs 的肝毒性。将虹鳟幼鱼通过食物途径暴露 6 种不同的 SCCPs（$C_{10}H_{15.5}Cl_{6.5}$、$C_{10}H_{15.3}Cl_{6.7}$、$C_{11}H_{18.4}Cl_{5.6}$、$C_{12}H_{19.5}Cl_{6.5}$、$C_{14}H_{24.9}Cl_{5.1}$、$C_{14}H_{23.3}Cl_{6.7}$），处理 21 天后，观察发现，除了 $C_{14}H_{24.9}Cl_{5.1}$ 和 $C_{14}H_{23.3}Cl_{6.7}$ 暴露组外，其他 SCCPs 暴露组（鱼体内含量范围为 0.22～5.5 μg/g）的幼鱼均出现不游动、失去平衡、黑色素沉积等类似麻醉毒性的现象。暴露至 85 天时，在每个暴露组中，均出现肝组织病理学的改变，包括肝细胞坏死、炎症发生、糖原及脂质耗尽，但

是在 $C_{10}H_{15.3}Cl_{6.7}$ 和 $C_{11}H_{18.4}Cl_{5.6}$ 暴露组（鱼体内含量分别为 0.92 μg/g 和 5.5 μg/g）中，幼鱼肝组织病理学改变最为显著，观察到了肝组织纤维化等现象（Cooley et al.，2001）。研究结果还表明，SCCPs 的毒性与其碳链长度呈负相关。该实验是首次进行 SCCPs 对鱼类毒性效应的组织学研究，发现了一些有意义的结果，但其作用机制有待深入探究。

3. 胚胎发育毒性

以日本青鳉胚胎为对象，有学者比较了 6 种不同的 SCCPs（$C_{10}H_{15.5}Cl_{6.5}$、$C_{10}H_{15.3}Cl_{6.7}$、$C_{11}H_{18.4}Cl_{5.6}$、$C_{12}H_{19.5}Cl_{6.5}$、$C_{14}H_{24.9}Cl_{5.1}$、$C_{14}H_{23.3}Cl_{6.7}$）的发育毒性，同时以四氯二苯并-对-二噁英（TCDD）作为阳性对照，暴露时间为 20 天。实验结果显示，在 9600 ng/mL 的 $C_{10}H_{15.5}Cl_{6.5}$ 和 7700 ng/mL 的 $C_{10}H_{15.3}Cl_{6.7}$ 剂量下，青鳉胚胎的死亡率为 100%，但在其他低剂量的暴露下并没有显著的致死效应，说明这两种化合物具有很强的急性毒性。而在 C_{10}-、C_{11} 和 C_{12}-SCCPs 高浓度组（>200 ng/mL），孵化出来的仔鱼（20 天）基本不游动，呈麻醉状态，且与对照组相比，主要的畸形形态是卵黄囊水肿。与 TCDD 相比，SCCPs 的急性毒性（以 LC_{50} 衡量）大约为 TCDD 的 $1 \times 10^{-4} \sim 1 \times 10^{-6}$ 倍（Fisk et al.，1999）。该研究表明，SCCPs 影响日本青鳉仔鱼其游泳、运动能力，且 SCCPs 氯化程度的高低并不会显著增加或减小其毒性。我国学者以斑马鱼胚胎为对象实验，初步评价了 8 种 CPs 的发育毒性效应。将斑马鱼胚胎（受精后 2 h）暴露于 1 mg/L、5 mg/L、10 mg/L 和 20 mg/L 剂量下的 CPs 至 7 天。结果显示，在实验剂量下，斑马鱼胚胎/仔鱼的存活率、孵化率均无统计学差异，但是部分 CPs 在 5 mg/L、10 mg/L、20 mg/L 暴露剂量下，对斑马鱼仔鱼的鱼鳔具有明显的致畸作用，且随着暴露浓度的升高，鱼鳔畸形率显著上升，存在着明显的剂量-效应关系（高永飞等，2013）。此外，4 种未氯化的短链石蜡烃（$C_{10} \sim C_{13}$）暴露对斑马鱼胚胎发育没有明显的毒性。该研究表明，CPs 对斑马鱼的鱼鳔发育有显著的致畸作用，鱼鳔可能是 CPs 作用的敏感靶器官，但是需要深入揭示其引起鱼鳔发育畸形等作用的机制以及引起的相关效应。

在本节中，提到我国学者采用代谢组学方法研究了 SCCPs 对培养肝脏细胞代谢方面的影响（Geng et al.，2015）。在此基础上，该研究组以完整生命个体为对象，采用代谢组学技术，揭示了 SCCPs 影响斑马鱼胚胎的代谢通路。实验结果显示，在 1~200 μg/L 的暴露剂量下，对斑马鱼胚胎或仔鱼的孵化率、畸形率均无影响。但是当斑马鱼仔鱼继续暴露到第 13 天时，观察到其存活率呈剂量-依赖效应，在 50 μg/L 的剂量下，死亡率大约为 50%，而在 100 μg/L 和 200 μg/L 的剂量下，其死亡率为 100%。由此计算出 SCCPs 在 13 天的 LC_{50} 约为 34.4 μg/L。在暴露 72 h 后，分析 SCCPs 的暴露对仔鱼整体代谢的影响，实验结果发现，在环境相关剂量（1～5 μg/L）下，即显著改变斑马鱼胚胎（仔鱼）的整体代谢。受影响的主要代谢通路是甘油磷脂、脂肪酸以及嘌呤代谢，即促进不饱和脂肪酸和极长链脂肪酸的 β-氧化，但是抑制鸟嘌呤代谢转化为黄嘌呤的嘌呤代谢通路。另外，当暴露浓度增加至 50～200 μg/L 时，磷脂和氨基酸的含量显著升高，然而脂肪酸的含量显著降低（Ren et al.，2018）。该结果可为研究 SCCPs 对鱼类的机制提供基础，且从代谢组学的角度为 SCCPs 的毒性机理提供新的研究思路。比较 SCCPs 对人的肝脏细胞和斑马鱼胚胎（仔鱼）代谢的影响，尽管暴露时间以及剂量不同，而且人的肝细胞与斑马鱼胚胎也完全不同，但是代谢组学的研究结果中，都促进 β-不饱和脂肪酸和长链脂肪酸的氧化，即与脂质代谢有关。因此，代谢组学的研究结果可为深入揭示 SCCPs 毒性效应的机制提供新的思路。

12.6.3　SCCPs 对两栖类和鸟类的毒性效应

目前有关 SCCPs 对两栖类毒性效应的报道非常少。一项以非洲爪蟾胚胎为对象，评价了 SCCPs（$C_{10\sim12}$，含氯 56%）和未氯化的十二烷烃（C-12）急性暴露的发育毒性效应，实验的暴露剂量为 0.2 mg/L、1 mg/L、5 mg/L、50 mg/L、500 mg/L，时间为 96 h。实验结果显示，在最高剂量 500 mg/L 的 SCCPs 暴露下，胚胎的死亡率为 11%，畸形率超过 50%。当暴露剂量高于 5 mg/L 时，爪蟾胚胎均出现发育迟缓和畸形的现象，除此之外，在 0.5 mg/L 剂量下就能引起谷胱甘肽转移酶（GST）活性升高，说明引起氧化应急反应（Buryšková et al.，2006）。

同样，对鸟类毒性效应的研究也非常少。较早报道的是一项针对鸟类胚胎发育毒性的研究。研究者将 300 mg/(kg·d)剂量的三种工业产品（Cereclor 42，$C_{22\sim26}$，42% Cl w/w；Cereclor 50LV，$C_{10\sim13}$，49% Cl w/w 和 Cereclor 70L，$C_{10\sim13}$，70% Cl w/w）分别注射到孵化四天后的鸡胚胎卵黄中，20 天之后，并不影响所有处理组的存活率，发现注射 Cereclor 70L 的鸡胚胎变化最为显著，表现为肝脏重量、细胞色素 P450 含量以及氨基比林 N-脱甲基酶（APND）的活性均有所增加，但芳香烃羟化酶（AHH）和 7-乙氧基香豆素 O-脱乙基酶（EROD）的活性则没有改变。经 Cereclor 42 暴露后，仅造成了鸡胚胎氨基比林 N-脱甲基酶活性降低。而在 Cereclor 50LV 的暴露组，仅造成了鸡胚胎 AHH 活性降低（Brunstrom，1985）。该研究结果说明，SCCPs 的暴露能对鸡胚胎的肝脏代谢产生影响，且其毒性大小可能与碳链长度和氯化程度的高低有关，但是对鸟类的毒性相对较低。

一项以野鸭为对象的研究，通过食物暴露的方式，评价了 SCCPs 的繁殖毒性效应。食物中 SCCPs（$C_{10\sim12}$ 含氯 58%）的含量为 29 mg/(kg·d)、168 mg/(kg·d)及 954 mg/(kg·d)，暴露周期为 22 周，包括 9 周无光刺激的产卵期前饲喂、3 周有光刺激的产卵期前饲喂，以及 10 周有光刺激的产卵期饲喂（EC，2000）。实验结果显示，在剂量为 954 mg/(kg·d)的 SCCPs 暴露下，野鸭蛋壳厚度略微变薄，减少了 0.020 mm，但无统计学差异。虽然蛋壳变薄的程度可忽略不计，但仍在 OECD 准则的正常值范围内（0.35～0.39 mm）。此外，和对照组相比，暴露组的产蛋数量、蛋碎裂数量和平均蛋重均未出现统计学差异。该研究表明，SCCPs 主要影响其蛋壳的厚度（EC，2000），但是对鸟类的毒性效应也较低。另一项研究是以野鸡为对象，评价了 SCCPs（$C_{10～13}$，含氯 60%）的暴露对其生殖的影响。实验的暴露剂量为 2 mg/kg、20 mg/kg、45 mg/kg、70 mg/kg、100 mg/kg，暴露时间为 9 周。结果显示，在所有实验剂量下，野鸡的健康、相关器官的重量、生殖行为（蛋的重量、产蛋率、食欲）均无显著变化（Ueberschär et al.，2007）。总之，从以上实验的暴露剂量和影响的结果分析，SCCPs 对鸟类的毒性效应相对较低。但是，需要指出的是，上述实验选择的终点指标相对不敏感，而且暴露时间较短，关于其他方面的毒性研究，如甲状腺内分泌干扰毒性、神经毒性等还十分缺乏。特别是对我国本土生物毒性效应的研究非常缺乏。因此有必要开展相关的研究，来全面评价 SCCPs 对两栖类和鸟类的毒性效应。

12.6.4　SCCPs 对哺乳动物的毒性效应

已有的研究表明，SCCPs 对哺乳动物的毒性较低，比现有的 POPs 毒性小，但是可能具有致癌性（de Boer et al.，2010）。目前关于 SCCPs 对哺乳动物毒性效应的研究多以大鼠和小鼠为受试对象，主要的毒性效应有甲状腺内分泌干扰效应、致癌性、肝脏毒性以及肾脏毒性，但是未见其对哺乳动物生殖内分泌干扰效应的报道。

1. 甲状腺内分泌干扰效应

关于 SCCPs 的甲状腺内分泌干扰效应，一项早期的研究以雄性大鼠为对象，将 Chlorowax 500C（$C_{10～13}$，含氯 58%）经饲喂 [10 mg/(kg·d)、50 mg/(kg·d)、100 mg/(kg·d)、250 mg/(kg·d)、500 mg/(kg·d)、1000 mg/(kg·d)] 途径暴露，时间为 14 天。实验结果显示，在最高剂量 [1000 mg/(kg·d)] 处理后，观察到大鼠血清中的游离甲状腺素（FT4）和总血清甲状腺素（TT4）含量都显著下降，同时促甲状腺激素（TSH）的含量显著升高（Wyatt et al.，1993）。结果表明，在高剂量暴露下，能干扰大鼠的甲状腺内分泌系统。观察到的 T4 下降，以及 TSH 升高，反映出在脊椎动物中普遍存在负反馈机制来调节甲状腺激素的分泌，即 TSH 含量升高是对 T4 含量下降的补偿响应。此外，实验还测定了肝脏中的尿苷二磷酸葡萄糖醛酸转移酶（UDPGTs）活性，结果显示 UPDGTs 活性显著降低，而 UPDGTs 在 T4

代谢中起重要作用。以上研究表明，SCCPs 高剂量暴露可以影响啮齿类的甲状腺激素水平从而引起甲状腺内分泌干扰效应，但是与典型甲状腺内分泌干扰物引起的效应相比，其活性较低，并且其引起甲状腺下降的机制并不清楚。

　　我国学者以雄性 Sprague-Dawley 大鼠为对象，探究了 SCCPs 的甲状腺内分泌干扰效应以及机理。将雄性大鼠暴露于包括环境低剂量的 [0 mg/(kg·d)、1 mg/(kg·d)、10 mg/(kg·d)、100 mg/(kg·d)] SCCPs 至 28 天。结果显示，SCCPs 暴露后，改变了血清中甲状腺激素的含量，即主要是游离的甲状腺素 T4（FT4）和 T3（FT3）含量下降，并没有影响血清中的总 T4（TT4）和总 T3（TT3）的含量，但是促甲状腺激素释放激素（TRH）和促甲状腺激素（TSH）的含量升高，表现为负反馈效应，这一效应是在 10 mg/(kg·d) 的剂量下发生的。同时，在大鼠的肝脏中也观察到了 T4 含量降低和 T3 的累积。但是，SCCPs 的暴露未影响与甲状腺激素合成（如 *tg*、*tpo*、*slc5a5*、*duox2*、*duoxa2* 等）、结合（如 *ttr*）等相关基因的表达，也并没有改变甲状腺组织结构，说明甲状腺激素含量的变化与 HPT 轴中的基因表达或者改变甲状腺结构无关。但是，进一步研究则发现，在 SCCPs 暴露后，大鼠肝脏中尿苷二磷酸葡萄糖醛酸转移酶（UGT 1A1）和有机阴离子转运蛋白 2 基因的表达及蛋白含量都显著升高，而这两者都与甲状腺激素 T4 的代谢直接相关。结果表明，SCCPs 暴露后可加速甲状腺激素在肝脏中的代谢。进一步分析肝脏中 T3 含量升高的原因，发现与甲状腺激素向肝脏流入（influx）的 III 相转运因子，如 *slc22a7*、*slco1a4*、*slc10a1* 的基因表达上调，而与甲状腺激素流出（efflux）的转运因子，如 *abcb1a*、*abcb1b*、*abcc2*、*abcc3* 的基因表达则没有变化，这一结果意味着由于 SCCPs 的暴露，改变了血清中甲状腺激素 T3 的含量，而向肝脏中积累。另外，研究进一步发现，在 SCCPs 暴露组，肝脏细胞色素 P450 2B1 的基因表达和蛋白含量显著升高，表明 SCCPs 的暴露可激活 I 相代谢酶。该研究重要的关键点是，I 相代谢酶（P450 2B1）和 II 相代谢酶（UGT 1A1）的表达是通过组成型雄烷受体（constitutive androstane receptor，CAR）信号通路介导的，而且一般认为 P450 2B1 的表达可作为启动 CAR 通路的生物标志物。最后，该研究采用了分子对接（molecular docking）的方法来预测组成型雄烷受体在介导不同结构的 SCCPs 引起甲状腺激素代谢中的作用。分子对接结果显示，SCCPs 能与 CAR 形成疏水性相互作用，而且与 SCCPs 结合力的大小依赖于 SCCPs 中的氯含量（Gong et al.，2018）。因此上述研究不仅再次证明了低剂量 SCCPs 暴露能干扰甲状腺内分泌系统，而且进一步揭示了内在的机制，即 SCCPs 暴露后，能促进 CAR 介导的 I 和 II 相代谢酶，加速甲状腺激素在肝脏中的代谢和清除，而血液中的甲状腺激素 T3 则加速向肝脏中流入，从而引起体内甲状腺激素的紊乱。该研究尽管是研究 SCCPs 的甲状腺内分泌干扰效应和机制，但由于很多污染物的暴露也能引起类似的甲状腺内分泌干扰效应，且其分子结构与甲状腺激素相差很大，一般不会发生与甲状腺激素转运蛋白结合，而很可能通过诱导 I 和 II 相代谢酶，从而发生与 SCCPs 相似的效应。

2. 致癌性

一项长期暴露实验表明，SCCPs 具有致癌性。将 SCCPs（C_{12}，氯含量 60%）和 LCCPs（C_{23}，氯含量 43%）暴露于不同性别的 F344/N 大鼠和 B6C3F1 小鼠，时间为 2 年，其中大鼠和小鼠饲喂的 SCCPs 和 LCCPs 总剂量分别为 5 mL/kg 和 10 mL/kg。结果显示，经 LCCPs 暴露可引起雄性和雌性大鼠的肝脏和淋巴的肉芽肿性炎症和增生、雌性大鼠的肾上腺髓质嗜铬细胞瘤、雌性小鼠的肝细胞肿瘤、雄性小鼠恶性淋巴瘤的明显增加（Bucher et al.，1987）。而在 SCCPs（C_{12}，氯含量 60%）暴露组，引起所有性别的大鼠和小鼠肝细胞肿瘤、雄性大鼠的肾小管细胞腺瘤、雌性大鼠和小鼠的甲状腺滤泡细胞肿瘤、雄性大鼠的单核细胞白血病（Bucher et al.，1987）。此外，结果也表明，氯化程度高、碳链短的 SCCPs 对大鼠和小鼠的致癌性较强。

3. 其他毒性

肝脏是许多污染物作用的主要靶器官，因此一般都会优先研究化学品对肝脏的影响。例如早期的一项实验研究了 3 种 SCCPs（CP-149，CP-159，CP-171）对大鼠肝脏的毒性效应。通过注射的方式进行暴露，用于检测肝微粒体酶活性的大鼠每天注射的剂量为 1 g/kg，而用于大鼠肝脏形态学分析的大鼠只在第 1、4 和 6 天进行注射。结果显示，4 天后，经 3 种 SCCPs 暴露的大鼠，肝重量都显著下降，且随着 SCCPs 氯化程度增加，对肝脏重量的影响则越大。CP-159 和 CP-171 暴露后，引起大鼠细胞色素 P450 含量升高，且改变了细胞色素 P450 介导的代谢。另外，在第 5 天和第 5 天时观察了经暴露后大鼠肝细胞的亚显微结构的变化。结果发现，CP-149 的暴露，造成了肝细胞肿大、光面内质网数量增加。CP-149、CP-159 和 CP-171 的暴露，引起细胞质中脂滴数目增多，线粒体的数量和大小以及过氧化物酶体增多，并最终诱导产生自吞噬体（autophagosomes）和溶酶体（lysosomes）（Nilsen et al.，1981）。此外，该研究也发现，碳链长度与毒性大小有关，即长碳链的 SCCPs 其活性低。

此外，也有研究指出，SCCPs 可引起肾脏毒性。例如将 Chlorowax 500C（C_{12}，60%的氯含量）经喂食（625 mg/kg）的方式给 Fischer344 雄鼠，暴露时间为 28 天，主要目的是探究 SCCPs 暴露是否能通过诱导 α2u 球蛋白积累而引起肾脏肿瘤。结果显示，SCCPs 的暴露引起 α2u 球蛋白的基因表达下调，但未观察到在肾脏中 α2u

球蛋白累积或者肾脏细胞增生，因此未出现典型的 α2u 球蛋白肾病（Warnasuriya et al.，2010）。由于在肝脏中观察到经 Chlorowax 500 C 处理后，引起过氧化物酶体（peroxisome）增多，以及 α2u 基因表达下调，意味着肝脏中合成的 α2u 蛋白减少，因而不会在肾脏中积累，因此并未观察到典型的 α2u 球蛋白肾病。然而，SCCPs 的放射性实验发现，SCCPs 能与 α2u 球蛋白结合，引起 α2u 球蛋白在肾脏中缓慢的累积，因此可能会引起肿瘤发生（Warnasuriya et al.，2010）。以上研究表明，尽管 SCCPs 暴露主要引起过氧化物酶体增多和 α2u 球蛋白表达受抑制，而并不引起 α2u 的积累以及肾小管细胞增殖，即并不遵循雄鼠特有的 α2u 球蛋白肾病的经典模式，但是可能会通过 α2u 与 SCCPs 结合后，而且经过长时间的暴露积累而引起细胞增生和肿瘤发生。

我国学者同时研究了 SCCPs 对肝脏和肾脏的毒性效应。将 SD 雄性大鼠暴露于两种不同的 CPs I（SCCP 含量为 38.22%）和 CPs II（SCCPs 含量为 0.08%）中，时间为 14 天，CPs I 和 CPs II 的暴露剂量分别为 10 mg/kg、50 mg/kg 和 100 mg/kg。结果显示，CPs I 和 CPs II 的暴露对大鼠的摄食、体重无明显影响。观察大鼠的肝组织病理切片发现，CPs I 和 CPs II 暴露后均引起大鼠肝损伤，随着 CPs I 浓度的增加，肝损伤现象越明显。与对照组相比，在 10 mg/kg 的 CPs I 暴露组中，大鼠肝细胞肿胀；在 50 mg/kg 和 100 mg/kg 的 CPs I 暴露组，以及 100 mg/kg 的 CPs II 暴露组，肝脏均出现少量肝细胞水样变性、胞质松散（李勋等，2013）。观察大鼠的肾组织切片，结果显示，与对照组相比，在 10 mg/kg 的 CPs I 暴露组，肾脏结构无明显变化，肾小球分布正常，各级肾小管正常；在 50 mg/kg 的 CPs I 暴露组，肾脏中肾小管肿胀，肾小球分布正常；在 100 mg/kg CPs I 暴露组，肾脏中肾小管肿胀，肾小球萎缩。同时在 100 mg/kg 的 CPs II 暴露组中，亦出现肾小球玻璃样变现象。观察大鼠的肺组织切片，出现了肺泡隔增厚、炎症细胞浸润等明显的组织病理学改变。研究者最后观察了大鼠的心脏组织切片，未见明显的病理学损伤（李勋等，2013）。以上研究结果表明，SCCPs 含量差别很大的两种 CPs 物质，均可造成 SD 雄性大鼠的肝脏、肾脏和肺脏出现明显病变，而且病变程度与暴露剂量有一定的剂量-效应关系。

4. 毒代动力学

毒代动力学是定量地研究在毒性剂量下，药物在实验动物体内的吸收、分布、代谢、排泄过程和特点，进而探讨药物毒性的发生和发展规律，了解药物在动物体内的分布及其靶器官，为进一步进行其他毒性实验提供基础和依据（Dixit et al.，2003）。我国学者比较详细地探究了 SCCPs 在大鼠体内的毒代动力学过程。以口服饲喂 SCCPs（C_{10}-、C_{11}-、C_{12} 和 C_{13}-CPs 混合物）方式于 Sprague-Dawley 大鼠。

结果显示,在 2.8 d 时,SCCPs 在血液中的最高浓度达到最高,其 C_{max} 值为 2.3 mg/L。吸收、分布、消除阶段的半衰期分别是 1 d、1.7 d、6.6 d。在暴露 28 天后,约 27.9% 和 3.5% 的 SCCPs 没有代谢而分别直接通过粪便和尿液排出。SCCPs 的同系物分布模型显示,血液和尿液中的 C_{15}-SCCPs 含量在消除阶段相对升高,$C_{18\sim10}$-SCCPs 在粪便中的累积量较高(Geng et al.,2016)。此外,该研究也指出,SCCPs 同系物在血液和排泄物中的分布差异主要取决于其氯的含量,其次是碳链长度。

12.7 SCCPs 在人体内含量的调查研究

人类可以经过多种途径吸收 SCCPs,如通过呼吸、食物以及接触含有 SCCPs 的产品等。其中食品可能是人类暴露 SCCPs 的主要途径。日本学者的研究显示,在 1990~2009 年间,日本及韩国对 SCCPs 饮食暴露变化不大,而在此期间,我国北京地区 SCCPs 饮食暴露增加了 2 个数量级(Harada et al.,2011),说明过去 10 年国内 SCCPs 食品污染日益严重,由此引发的人体健康风险也随之加剧。呼吸和皮肤也可能是重要的接触渠道。例如一些研究显示,在法国室内空气灰尘中,SCCPs 含量达到 45 mg/g(Bonvallot et al.,2010)。在比利时的室内灰尘中,检测到 SCCPs 的平均浓度为 2.08 mg/g,最大浓度为 12.8mg/g(D'Hollander et al.,2010)。而 2013 年德国的室内灰尘数据中,SCCPs 含量中值和最大值分别为 6 mg/g 和 2050 mg/g(Hilger et al.,2013)。而我国大气中的 SCCPs 含量(13.4~517 ng/m³)高于日本(0.28~14.2 ng/m³)和韩国(0.60~8.96 ng/m³)(Li et al.,2012)。尽管目前尚缺少关于我国室内大气中 SCCPs 的数据,但是我国是 SCCPs 的最大生产和使用国家,可以预计 SCCPs 的含量可能较高,需要对其进行监测,并评估可能对人类健康产生的影响。此外,生活中的消费品也可能是 SCCPs 的暴露途径。例如,在很多物品中检测到 SCCPs,主要是用聚氯乙烯制造的软塑料物品,如软塑料熊、化妆箱,用聚氯乙烯塑料制造的运动垫、装饰墙壁的贴纸、塑料玩具等,特别是婴幼儿非常容易接触到这些物质,一般而言造成的健康风险高于成年人(白皓等,2016)。

目前 SCCPs 在人体内含量的研究相对较少,一般是来自母乳或者血液、尿液中的含量分析。一项针对加拿大魁北克省北部哈得逊海峡地区的妇女母乳样本,测定的 SCCPs(氯含量约 60%~70%)浓度为 11~17 ng/g lw(均值为 13 ng/g lw)(Tomy et al.,1997)。英国和美国的志愿者的母乳样本中,检测到 SCCPs 浓度为 49~820 ng/g lw,中值为 180 ng/g lw(Thomas et al.,2006),属于较高水平。在欧洲,一项研究检测了 1996~2010 年间瑞典母乳样本中的 SCCPs,结果显示,SCCPs 浓度均值为 107 ng/g lw,没有明显的时间趋势,表明浓度水平没有下降(Darnerud et al.,2012)。挪威和俄罗斯的孕妇血浆样本中也检出少量 SCCPs,但是在分析的

20 个样本中有 13 个的 SCCPs 水平低于检测限（Climate and Pollution Agency, Norway，2012）。但是目前尚缺少我国居民体内 SCCPs 含量的研究。鉴于我国是 SCCPs 的生产和使用大国，并且在各种环境中都检出，特别是大气中，可以预计，在我国的普通人群中，可能存在较高含量的 SCCPs。目前关于 SCCPs 对人类健康与疾病发生的流行病学研究方面的资料非常缺乏。过去十年，在世界各地，人类的甲状腺癌发病率持续快速上升（Pellegriti et al.，2013），虽然上升的原因仍不清楚，但某些环境致癌物质可能对甲状腺有重要影响。欧盟的一项研究指出，SCCPs 对甲状腺有影响，造成甲状腺肥大和甲状腺肿瘤，因此 SCCPs 被列为优先考虑的潜在内分泌干扰物（EU，2015）。总体上，目前对 SCCPs 的基础研究数据非常有限，需要开展 SCCPs 毒理学研究以及对人体潜在的健康风险评价等。

12.8　SCCPs 研究展望

2017 年，SCCPs 已经纳入 POPs 名单。作为一类新型持久性有机污染物，其环境与健康风险问题已引起全世界环境工作者的广泛关注。近年来，研究人员取得了关于 SCCPs 污染现状的初步数据，但是有关 SCCPs 的污染来源、在环境介质中的迁移转化、对生态系统的环境风险、长期毒性效应、毒性机制及对人体的暴露途径都需要进一步深入研究。根据已有的研究报道，SCCPs 具有甲状腺内分泌干扰、肝脏和肾脏毒性，在啮齿类动物长期暴露实验中观察到可致癌。国际癌症研究机构（IARC）将 SCCPs 列入潜在致癌物质名单（Group 2B）（UNEP，2015）。就毒性效应而言，目前了解的非常有限，而作用机制更是未知。另外，欧盟将中链氯化石蜡（MCCPs）归类为具有生殖毒性："可能导致对母乳喂养的儿童造成危害"（H362），因此不排除 SCCPs 具有相似的生殖毒性作用（ECHA，2008）。所以 SCCPs 的生殖毒性效应及毒性机理也是今后需要关注的重点。此外，关于 SCCPs 在生物体内的代谢以及代谢产物的生理毒性效应也值得关注。最后，需要开展 SCCPs 长期低剂量暴露对不同种类生物效应的研究，因为现有毒性效应的多数数据主要来源于较高浓度引起的急性毒性和亚慢性毒性，所得到的结果并不能完全反映自然环境中污染物的实际暴露情况。就 SCCPs 对人类影响的流行病学研究而言，目前有关人体暴露的研究十分缺乏，仅有少量关于 SCCPs 在母乳中含量的研究报道。鉴于 SCCPs 污染的普遍性，有必要开展 SCCPs 对人体潜在的健康风险评价的流行病学研究。

参 考 文 献

白皓, 高媛, 朱秀华, 陈吉平, 耿柠波, 徐甲知, 马新东. 2016. 环境空气中短链氯化石蜡研究进展. 生态毒理学报, 11: 80-88.

高永飞, 李佳, 李俊峰, 袁博, 张捷, 王亚韡, 梁勇. 2013. 氯化石蜡急性暴露对斑马鱼胚胎发育的毒性效应. 环境化学, 32: 1441-1117.

高媛, 王成, 张海军, 邹黎黎, 田玉增, 陈吉平. 2010. HRGC/ECNI-LRMS 测定大辽河入海口表层沉积物中短链氯化石蜡. 环境科学, 38: 1904-1908.

李勋, 刘钰晨, 陈敏杰, 李佳, 梁勇. 2013. 短链氯化石蜡急性暴露对 SD 雄性大鼠的组织病理学影响. 江汉大学学报, 41: 20-25.

唐恩涛, 姚丽芹. 2005. 氯化石蜡行业现状及发展趋势. 中国氯碱, 2: 1-3.

仝宣昌, 胡建信, 刘建国, 万丹, 程爱雷, 孙学志, 万婷婷. 2009. 我国短链氯化石蜡的环境暴露与风险分析. 环境科学与技术, 32: 438-441.

王成, 高媛, 张海军, 樊景凤, 陈吉平. 2011. 辽东湾海域短链氯化石蜡的生物累积特征. 环境化学, 30: 44-49.

王亚韡, 傅建捷, 江桂斌. 2009. 短链氯化石蜡及其环境污染现状与毒性效应研究. 环境化学, 28: 1-9.

王琰, 朱浩霖, 李琦路, 郑苄, 黄娟. 2012. 环境中氯化石蜡的研究进展. 科技导报, 30: 68-72.

徐淳, 徐建华, 张剑波. 2014. 中国短链氯化石蜡排放清单和预测. 北京大学学报, 50: 369-378.

杨立新, 刘印平, 王丽英, 路杨, 张永茂. 2015. 短链氯化石蜡毒性效应及检测技术研究进展. 食品安全质量检测学报, 6: 3795-3803.

张海军, 高媛, 马新东, 耿柠波, 张亦弛, 陈吉平. 2013. 短链氯化石蜡(SCCPs)的分析方法、环境行为及毒性效应研究进展. 中国科学: 化学, 43: 255-264.

Allpress JD, Gowland PC. 1999. Biodegradation of chlorinated paraffins and long-chain chloroalkanes by *Rhodococcus* sp. S45-1. International Biodeterioration and Biodegradation, 43: 173-179.

Barber JL, Sweetman AJ, Thomas GO, Braekevelt E, Stern GA, Jones KC. 2005. Spatial and temporal variability in air concentrations of short-chain ($C_{10} \sim C_{13}$) and medium-chain ($C_{14} \sim C_{17}$) chlorinated *n*-alkanes measured in the U.K. atmosphere. Environmental Science and Technology, 39: 4407-4415.

Bayen S, Obbard JP, Thomas G. 2006. Chloririnated paraffins: A review of analysis and environmental occurrence. Environment International, 32: 915-929.

Bonvallot N, Mandin C, Mercier F, Le Bot B, Glorennec P. 2010. Health ranking of ingested semivolatile organic compounds in house dust: An application to France. Indoor Air, 20: 458-472.

Borgen AR, Schlabach M, Gundersen H. 2000. Polychlorinated alkanes in arctic air. Organohalogen Compounds, 47: 272-274.

Borgen AR, Schlabach M, Kallenborn R, Christensen G, Skotvold T. 2002a. Polychlorinated alkanes in ambient air from Bear Island. Organohalogen Compounds, 59: 303-306.

Borgen AR, Schlabach M, Kallenborn R, Fjeld E. 2002b. Polychlorinated alkanes in fish from Norwegian freshwater. The Scientific World Journal, 2: 136-140.

Brunstrom B. 1985. Effects of chlorinated paraffins on liver weight, cytochrome P-450 concentration and microsomal enzyme activities in chick embryos. Archives of Toxicology, 57: 69-71.

Bucher JR, Alison RH, Montgomery CA, Huff J, Haseman JK, Farnell D, Thompson R, Prejean JD. 1987. Comparative toxicity and carcinogenicity of two chlorinated paraffins in F344/N rats and B6C3F1 mice. Fundamental and Applied Toxicology, 9: 454-468.

Burýšková B, Bláha L, Vršková D, Šimkova K, Maršalek B. 2006. Sublethal toxic effects and induction of glutathione S-transferase by short chain chlorinated paraffins (SCCPs) and C-12 alkane (dodecane) in *Xenopus laevis* frog embryos. Acta Veterinaria Brno, 75: 115-122.

Castells P, Parera J, Santos FJ, Galceran MT. 2008. Occurrence of polychlorinated naphthalenes, polychlorinated biphenyls and short-chain chlorinated paraffins in marine sediments from Barcelona (Spain). Chemosphere, 70: 1552-1562.

Castells P, Santos FJ, Galceran MT. 2004. Solid-phase extraction versus solid-phase microextraction for the determination of chlorinated paraffins in water using gas chromatography-negative chemical ionisation mass spectrometry. Journal of Chromatography A, 1025: 157-62.

Chen L, Huang Y, Han S, Feng Y, Jiang G, Tang C, Ye Z, Zhan W, Liu M, Zhang S. 2013. Sample pretreatment optimization for the analysis of short chain chlorinated paraffins in soil with gas chromatography-electron capture negative ion-mass spectrometry. Journal of Chromatography A, 1274: 36-43.

Climate and Pollution Agency, Norway. 2012. Compilation of Norwegian Screening Data for Selected Contaminants (2002—2012). Report TA-2982/201.

Cooley HM, Fisk AT, Weins SC, Tomy GT, Evans RE, Muir DCG. 2001. Examination of the behavior and liver and thyroid histology of juvenile rainbow trout (*Oncorhynchus mykiss*) exposed to high dietary concentrations of C_{10}, C_{11}, C_{12} and C_{14} poly chlorinated alkanes. Aquatic Toxicology, 54: 81-99.

Corsolini S, Kannan K, Imagawa T, Focardi S, Giesy JP. 2002. Polychloronaphthalenes and other dioxin-like compounds in Arctic and Antarctic marine food webs. Environmental Science and Technology, 36: 3490-3496.

D'Hollander W, Roosens L, Covaci A, Cornelis C, Reynders H, Campenhout KV, Voogt PD, Bervoets L. 2010. Brominated flame retardants and perfluorinated compounds in indoor dust from homes and offices in Flanders, Belgium. Chemosphere, 1: 478-487.

Darnerud PO, Aune M, Glynn A, Borgen A, 2012. Paraffins in Swedish breast milk. A report of the Swedish Chemicals Agency. http://www.kemi.se/Documents/Publikationer/Trycksaker/PM/PM%2018_12.pdf.

De Boer J, El-Sayed Ali T, Fiedler H, Legler J, Muir D, Nikiforov VA, Tomy GT, Tsunemi K. 2010. The handbook of environmental chemistry 10. Chlorinated paraffins. Berlin: Springer-Verlag, 1-40.

Dick TA, Gallagher CP, Tomy GT. 2010. Short- and medium-chain chlorinated paraffins in fish, water and soils from the Iqaluit, Nunavut (Canada), area. World Review of Science, Technology and Sustainable Development, 7: 387-401.

Dixit R, Riviere J, Krishnan K, Andersen ME. 2003. Toxicokinetics and physiologically based toxicokinetics in toxicology and risk assessment. Journal of Toxicology and Environmental Health, Part B, 6: 1-40.

Drouillard KG, Hiebert T, Tran P, Tomy GT, Muir DCG, Friesen KJ. 1998a. Estimating the aqueous solubilities of individual chlorinated *n*-alkanes ($C_{10}\sim C_{12}$) from measurements of chlorinated alkane mixtures. Environmental Toxicology and Chemistry, 17: 1261-1267.

Drouillard KG, Tomy GT, Muir DCG, Friesen KJ. 1998b. Volatility of chlorinated *n*-alkanes ($C_{10}\sim C_{12}$): Vapor pressures and Henry's law contants. Environmental Toxicology and Chemistry, 17: 125-1260.

EC(European Commission). 2000. European Union risk assessment report. 1st priority list vol. 4:

Alkanes, $C_{10~13}$, chloro-. European Commission. European Chemicals Bureau, Luxembourg, 166.

ECHA. 2008. Support document for identification of alkanes $C_{10~13}$ chloro as substances of very high concern. SVHC support document. Member States Committee, adapted on October 8th, European Chemicals Agency.

EU(European Union). 2015 Endocrine Disrupters: Database. http://ec.europa.eu/environment/ chemicals/endocrine/strategy/being_en.htm. Assessed: 2015.03.13.

Feo ML, Eljarrat E, Barcelo D. 2009. Occurrence, fate and analysis of polychlorinated *n*-alkanes in the environment. Trends in Analytical Chemistry, 28: 778-791.

Fisk AT, Bergman A, Cymbalisty CD, Muir DCG. 1996. Dietary accumulation of C_{12}- and C_{16}-chlorinated alkanes by juvenile rainbow trout (*Oncorhynchus mykiss*). Environmental Toxicology and Chemistry, 15: 1775-1782.

Fisk AT, Tomy GT, Muir DCG. 1999. The toxicity of C_{10}-, C_{11}-, C_{12}- and C_{14}-polychlorinated alkanes to Japanese medaka (*Oryzias latipes*) embryos. Environmental Toxicology and Chemistry, 18: 2894-2902.

Gao Y, Zhang H, Su F, Tian Y, Chen J. 2012. Environmental occurrence and distribution of short chain chlorinated paraffins in sediments and soils from the Liaohe River Basin, P. R. China. Environmental Science and Technology, 46: 3771-3778.

Geng N, Zhang H, Xing L, Gao Y, Zhang B, Wang F, Ren X, Chen J. 2016. Toxicokinetics of short-chain chlorinated paraffins in Sprague-Dawley rats following single oral administration. Chemosphere, 145: 106-111.

Geng N, Zhang H, Zhang B, Wu P, Wang F, Yu Z, Chen J. 2015. Effects of short-chain chlorinated paraffins exposure on the viability and metabolism of human hepatoma HepG2 Cells. Environmental Science and Technology, 49: 3076-3083.

Gong Y, Zhang H, Geng N, Xing L, Luo Y, Song X, Ren X, Wang F, Chen J. 2018. Short-chain chlorinated paraffins (SCCPs) induced thyroid disruption by enhancement of hepatic thyroid hormone influx and degradation in Male Sprague Dawley Rats. Science of the Total Environment (in press).

Halse AK, Schlabach M, Schuster JK, Jones KC, Steinnes E, Breivik K. 2015. Endosulfan, pentachlorobenzene and short-chain chlorinated paraffins in background soils from Western Europe. Environmental Pollution, 196: 21-28.

Harada KH, Takasuga T, Hitomi T, Wang P, Matsukami H, Koizumi A. 2011. Dietary exposure to short-chain chlorinated paraffins has increased in Beijing, China. Environmental Science and Technology, 45: 7019-7027.

Hilger B, Friomme H, Völkel W, Coelhan M. 2013. Occurence of chlorinated paraffins in house dust samples from Bavaria, Germany. Environmental Pollution, 175: 16-21.

Houde M, Muir DCG, Tomy GT, Whittle DM, Teixeira C, Morre S. 2008. Bioaccumulation and trophic magnification of short- and medium-chain chlorinated paraffins in food webs from Lake Ontario and Lake Michigan. Environmental Science and Technology, 42: 3893-3899.

Kelly BC, Ikonomou MG, Blair JD. 2007. Food web-specific biomagnification of persistent organic pollutants. Science, 317: 236-239.

Koh IO, Thiemann W, 2001. Study of photochemical oxidation of standard chlorinated paraffins and identification of degradation products. Journal of Photochemistry and Photobiology A: Chemistry, 139: 205-215.

Li Q, Li J, Wang Y, Xu Y, Pan X, Zhang G, Luo C, Kobara Y, Nam JJ, Jones KC. 2012. Atmospheric short-chain chlorinated paraffins in China, Japan, and South Korea. Environmental Science and Technology, 46: 11948-11954.

Liu L, Li Y, Coelhan M, Chan HM, Ma W, Liu L. 2016. Relative developmental toxicity of short-chain chlorinated paraffins in zebrafish (*Danio rerio*) embryos. Environmental Pollution, 219: 1122-1130.

Ma X, Chen C, Zhang H, Gao Y, Wang Z, Yao Z, Chen J, Chen J. 2014a. Congener-specific distribution and bioaccumulation of short-chain chlorinated paraffins in sediments and bivalves of the Bohai Sea, China. Marine Pollution Bulletin, 79: 299-304.

Ma X, Zhang H, Wang Z, Yao Z, Chen J, Chen J. 2014b. Bioaccumulation and trophic transfer of short chain chlorinated paraffins in a marine food web from Liaodong Bay, North China. Environmental Science and Technology, 48: 5964-5971.

Moore S, Vromet L, Rondeau B. 2003. Comparison of metastable atom bombardment and electron capture negative ionization for the analysis of polychloroalkanes. Chemosphere, 54: 453-459.

Muir D, Stern G, Tomy G, 1996. Chlorinated Paraffins. Environmental Health Criteria, (181): 203-236.

Nicholls CR, Allchin CR, Law RJ. 2001. Levels of short and medium chain length polychlorinated *n*-alkanes in environmental samples from selected industrial areas in England and Wales. Environmental Pollution, 114: 415-430.

Nilsen OG, Toflgard R, Glaumann H. 1981. Effects of chlorinated paraffins on rat-liver micro-somal activities and morphology-importance of the length and the degree of chlorination of the carbon chain. Archives of Toxicology, 49: 1-13.

Pellegriti G, Frasca F, Squatrito S, Vigneri R. 2013. Worldwide increasing incidence of thyroid cancer: Update on epidemiology and risk factors. Journal of Cancer Epidemiology, Article ID 965212, 10 pages.

Peters AJ, Tomy GT, Jones KC, Coleman P, Stern GA. 2000. Occurrence of $C_{10} \sim C_{13}$ polychlorinated *n*-alkanes in the atmosphere of the United Kingdom. Atmosphere Environmental, 34: 3085-3090.

Ren X, Zhang H, Geng N, Xing L, Zhao Y, Wang F, Chen J. 2018. Developmental and metabolic responses of zebrafish (*Danio rerio*) embryos and larvae to short-chain chlorinated paraffins (SCCPs). Science of the Total Environment (in press).

Reth M, Ciric A, Christensen GN, Heimstad ES, Oehme M. 2006. Short- and medium-chain chlorinated paraffins in biota from the European Arctic—Differences in homologue group patterns. Science of the Total Environment, 367: 252-260.

Serrone DM, Birtley RDN, Weigand W, Millischer R. 1987. Toxicology of chlorinated paraffins. Food and Chemical Toxicology, 25: 553-562.

Stern GA, Braekevelt E, Helm PA, Bidleman TF, Outridge PM, Lockhart WL, McNeeley R, Rosenberg, B, Ikonomou MG, Hamilton P, Tomy GT, Wilkinson P. 2005. Modern and historical fluxes of halogenated organic contaminants to a lake in the Canadian arctic, as determined from annually laminated sediment cores. Science of the Total Environmental, 342: 223-243.

Thomas GO, Farrar D, Braekevelt E. 2006. Short and medium chain length chlorinated paraffins in UK human milk fat. Environment International, 32: 34-40.

Thompson RS, Madeley JR. 1983a. The acute and chronic toxicity of a chlorinated paraffin to *Daphnia magna*. Brixham, Imperial Chemical Industries Ltd, Brixham Laboratory, Report No. BL/B/2358.

Thompson RS, Madeley JR. 1983b. The acute and chronic toxicity of a chlorinated paraffin to the

Mysid Shrimp (*Mysidopsis bahia*). Brixham, Imperial Chemical Industries Ltd, Brixham Laboratory, Report No. BL/B/2373.

Thompson RS, Noble H. 2007. Short-chain chlorinated paraffins ($C_{10\sim13}$, 65% chlorinated): Aerobic and anaerobic transformation in marine and freshwater sediment systems. Brixham Environmental Laboratory. Report No BL8405/B.

Thompson RS, Shillabeer N. 1983. Effect of chlorinated paraffins (58% chlorination of short chain length *n*-paraffins) on the growth of mussels (*Mytilus edulis*). Brixham, Imperial Chemical Industries Ltd, Brixham Laboratory, Report No. BL/B/2331.

Tomy GT, Fisk AT, Westmore JB, Muir, DCG. 1998. Environmental chemistry and toxicology of polychlorinated *n*-alkanes. Reviews of Environmental Contamination and Toxicology, 158: 53-128.

Tomy GT, Muir DCG, Stern GA, Westmore JB. 2000. Levels of $C_{10}\sim C_{13}$ polychloron-*n*-alkanes in marine mammals from the arctic and the St. Lawrence River Estuary. Environmental Science and Technology, 34: 1615-1619.

Tomy GT, Stern GA, Lockhart WL, Muir DCG. 1999. Occurrence of $C_{10}\sim C_{13}$ polychlorinated *n*-alkanes in Canadian midlatitude and arctic lake sediments. Environmental Science and Technology, 33: 2858-2863.

Tomy GT, Stern GA, Muir DCG. 1997. Quantifying $C_{10}\sim C_{13}$ polychloroalkanes in environmental samples by high-resolution gas chromatography/electron capture negative ion high-resolution mass spectrometry. Analytical Chemistry, 69: 2762-2771.

Ueberschär KH, Dänicke S. Matthes S. 2007. Dose-response feeding study of short chain chlorinated paraffins (SCCPs) in laying hens: Effects on laying performance and tissue distribution, accumulation and elimination kinetics. Molecular Nutrition and Food Research, 51: 248-254.

UNEP. 2015. Short-chained chlorinated paraffins: Risk profile document United Nations. Environmental Programme Stockholm Convention on Persistent Organic Pollutants, Geneva. UNEP/POPS/POPRC.11/10/Add.2. Available at: http://www.pops.int/theconvention/pops reviewcommittee/recommendations/tabid/243/default.aspx.

UNEP. 2017. Report of the conference of the parties to the Stockholm Convention on persistent organic pollutants on the work of its eighth meeting, UNEP/POPS/COP.8/32. Available at: http://www.pops.int/theconvention/conferenceoftheparties/meetings/cop8/followuptocop8/tabid/5958/default.aspx.

Wang T, Han S, Yuan B, Zeng L, Li Y, Wang Y, Jiang G. 2012. Summer–winter concentrations and gas-particle partitioning of short chain chlorinated paraffins in the atmosphere of an urban setting. Environmental Pollution, 171: 35-48.

Wang X, Zhang Y, Miao Y, Li Y, Chang Y, Wu M, Ma L. 2013. Short-chain chlorinated paraffins (SCCPs) in surface soil from a background area in China: Occurrence, distribution, and congener profiles. Environmental Science and Pollution Research, 20: 4742-4749.

Wania F. 2003. Assessing the potential of persistent organic chemicals for long-range transport and accumulation in Polar Regions. Environmental Science and Technology, 37: 1344-1351.

Warnasuriya GD, Elcombe BM, Foster JR, Elcombe CR. 2010. A mechanism for the induction of renal tumours in male Fischer 344 rats by short-chain chlorinated paraffins. Archives of Toxicology, 84: 233-243.

Wegmann F, MacLeod M, Scheringer M. 2007. POP Candidates 2007: Model results on overall persistence and long-range transport potential using the OECD Pov and LRTAP screening tool.

Available at: http://www.sust-chem.ethz.ch/downloads.

Wyatt I, Coutts CT, Elcombe, CR. 1993. The effect of chlorinated paraffins on hepatic enzymes and thyroid hormones. Toxicology, 77: 81-90.

Yuan B, Wang T, Zhu N, Zhang K, Zeng L, Fu J, Wang Y, Jiang G. 2012. Short chain chlorinated paraffins in mollusks from coastal waters in the Chinese Bohai Sea. Environmental Science and Technology, 46: 6489-6496.

Zeng L, Wang T, Wang P, Liu Q, Han S, Yuan B, Zhu Y, Jiang G. 2011. Distribution and trophic transfer of short-chain chlorinated paraffins in an aquatic ecosystem receiving effluents from a sewage treatment plant. Environmental Science and Technology, 45: 5529-5535.

Zhang Q, Wang J, Zhu J, Liu J, Zhang J, Zhao M. 2016. Assessment of the endocrine-disrupting effects of short-chain chlorinated paraffins *in vitro* models. Environment International, 94: 43-50.

第13章 新型溴代阻燃剂的环境行为和毒理学研究进展

本章导读

- 首先介绍新型溴代阻燃剂（NBFRs）的生产和使用情况、理化性质，在各种环境介质中的环境行为、野生动物和人体中的含量等。
- 主要总结新型溴代阻燃剂中的十溴二苯乙烷（DBDPE）和1,2-二（2,4,6-三溴苯氧基）乙烷（BTBPE）的毒理学效应研究进展，重点陈述 DBDPE 和 BTBPE 在生物体内的积累和代谢，引起的生物氧化效应，DBDPE 的甲状腺内分泌干扰效应的离体研究进展。
- 重点陈述 2-乙基己基-2,3,4,5-四溴苯酸（TBB）和四溴邻苯二甲酸双（2-乙基己基）酯（TBPH）及其代谢产物的甲状腺、生殖内分泌干扰活性以及脂质代谢的研究内容。
- 最后介绍三溴酚（TBP）在甲状腺和生殖内分泌干扰方面的研究进展。

13.1 新型溴代阻燃剂概述

溴代阻燃剂（brominated flame retardants，BRFs）主要包括多溴二苯醚（poly brominated diphenyl ethers，PBDEs）、六溴环十二烷（hexabromocyclododecane，HBCD）和四溴双酚 A（tetrabromobisphenol A，TBBPA）。由于 PBDEs 和 HBCD 具有持久性有机污染物（POPs）的基本特征，并已经纳入 POPs 名单加以管理和控制。为了满足日常商品中阻燃剂的需要，其他一些种类的溴代阻燃剂作为传统溴代阻燃剂的替代品被引入市场，主要包括：十溴二苯乙烷（decabromodiphenylethane，DBDPE）、1,2-二(2,4,6-三溴苯氧基)乙烷[1,2-bis(2,4,6-tribromophenoxy)ethane, BTBPE]、六溴苯（hexabromobenzene, HBB）、五溴甲苯（2,3,4,5,6-pentabromotoluene, PBT）四溴邻苯二甲酸双(2-乙基己基)酯 [bis(2-ethylhexyl)-3,4,5,6-tetrabromo-phthalate，TBPH 或者 BEHTBP]、2-乙基己基-2,3,4,5-四溴苯酸 [2-ethylhexyl 2,3,4,5-tetrabromobenzoate, TBB 或者 EHTBB]、三溴苯酚（tribromophenol, TBP）等 30 余种（Yu et al., 2016），也被称为新型溴代阻燃剂（novel brominated flame retardants, NBFRs）。NBFRs 的基本化学特征是脂溶性高、水溶性小，作为添加型阻燃剂，易从产品中释放到环境中。事实上，在世界各地以及我国的各种非生物介质（大气、粉尘、污水处理厂、沉积物、土壤）和生物介质（水生动物、鸟类和人体）中都检测到 NBFRs。然而，目前 NBFRs 的毒理学资料非常有限，其生态风险和对人类健康的影响已经引起关注。本章将针对 NBFRs 的环境行为和目前毒理学研究进展进行重点介绍。

13.2　新型溴代阻燃剂的生产和使用情况及其理化性质

据估计，NBFRs 的全球年产量至少 10 万 t 以上，在 30 余种 NBFRs 中，将主要介绍目前中国使用较多的 DBDPE、BTBPE、TBPH、TBB、HBB 和 PBT，这些 NBFRs 的理化性质如表 13-1 所示。

1. 十溴二苯乙烷（DBDPE）

DBDPE 的化学结构与 BDE-209 相似,理化特性也与之相近,都具有低挥发性、

表 13-1　部分新型溴代阻燃剂的化学特性

中文名	英文名	分子量	结构式	log K_{ow}
十溴二苯乙烷	DBDPE	971.23		9.596
1,2-二（2,4,6-三溴苯氧基）乙烷	BTBPE	687.84		8.9
四溴邻苯二甲酸双（2-乙基己基）酯	TBPH	706.14		11.95

续表

中文名	英文名	分子量	结构式	log K_{ow}
2-乙基己基-2,3,4,5-四溴苯酸	TBB	549.92		8.75
六溴苯	HBB	551.49		6.07
五溴甲苯	PBT	486.62		6.99

低水溶性的特征。DBDPE 的芳香环之间具有乙烷桥，使得它的疏水性和分子的稳定性都强于 BDE-209（Covaci et al.，2011）。实际上，早在 20 世纪 80 年代中期，DBDPE 就研发成功并在 90 年代开始成为十溴二苯醚的商业替代品（Covaci et al.，2011）。DBDPE 是一种添加型溴代阻燃剂，在市场上主要有 Staytex® 和 Fieremaster® 2100 两种商品（Covaci et al.，2011）。DBDPE 和十溴二苯醚具有同样的用途——添加到不同的聚合材料中，如高抗冲聚苯乙烯（HIPS）、丙烯腈-丁二烯-苯乙烯（ABS）也可以添加到纺织品如棉布和涤纶中（Kierkegaard et al.，2004）。欧洲不生产 DBDPE，但是进口 DBDPE，2001 年的进口量约为 1000～5000 t，主要进口国家是德国（WHO，1997）。我国自 2005 年开始工业化生产 DBDPE，目前为止，DBDPE 已经是我国使用量第二大的溴代阻燃剂，且产量以每年 80%的速度快速增长，2012 年我国 DBDPE 的年产量已经达到 25000 t（Yu et al.，2016；Zhang and Lu，2011）。

2. 1,2-二(2,4,6-三溴苯氧基)乙烷（BTBPE）

BTBPE 也是一种添加型溴代阻燃剂，商品名称为 FF-680，是美国大湖公司研制的一种溴代阻燃剂（Hoh et al.，2005）。早在 20 世纪 70 年代 BTBPE 就开始生产，主要是作为八溴二苯醚的替代品。BTBPE 因具有较好的热稳定性和对紫外光（UV）的稳定性，使其成为一种优良的溴代阻燃剂。与 DBDPE 的用途相似，BTBPE 主要用于添加到高抗冲聚苯乙烯（HIPS）、丙烯腈-丁二烯-苯乙烯（ABS）、热塑性塑料、热固性树脂、聚碳酸酯和涂料中（Covaci et al.，2011）。大湖公司是美国唯一的 BTBPE 生产商，从 1986~1994 年，美国生产的 BTBPE 为 4500~22500 t/a，1998 年以后年产量下降至 450~4500 t/a（Hoh et al.，2005）。2001 年统计的世界年产量约为 16710 t（Verreault et al.，2007）。在我国，BTBPE 并未实现工业化生产，主要依赖进口。

3. 2-乙基己基-2,3,4,5-四溴苯酸（TBB）和四溴邻苯二甲酸双（2-乙基己基）酯（TBPH）

TBPH 作为一种添加型溴代阻燃剂，主要用于聚氯乙烯和氯丁橡胶的生产中。此外，还应用于生产电线、电缆绝缘层、胶卷、床单、地毯、涂层织物、墙面涂料和黏合剂（Covaci et al.，2011）。TBPH 和 TBB 混合能组成另一种商品化的阻燃剂 Firemaster 550，这种产品于 2003 年开始生产，主要用于替代五溴二苯醚（Stapleton et al.，2008）。1990~2006 年，美国 TBPH 的生产总量为 450~4500 t/a（USEPA，2006）。目前尚不清楚我国 TBB 和 TBPH 的生产和使用量。

4. 其他 NBFRs

除了上述的 NBFRs，还有一些其他的溴代阻燃剂。例如六溴苯（HBB）曾是日本广泛使用的一种溴代阻燃剂，在纸张、木材、纺织品、电子和塑料产品生产中都有应用，但目前的使用量处于较低水平，2001 年只使用 350 t（Watanabe and Sakai，2003）。中国山东省的寿光龙发公司每年生产 HBB 600 t（Covaci et al.，2011）。五溴甲苯（PBT）主要用于生产不饱和聚酯、聚乙烯、聚丙烯、聚苯乙烯、丁苯胶乳、纺织品、橡胶、丙烯腈-丁二烯-苯乙烯（ABS），根据 WHO（1997）的报告，每年全球 PBT 的生产总量为 1000~5000 t（Covaci et al.，2011）。

13.3 我国 NBFRS 的污染现状

13.3.1 室内粉尘和室外空气

作为添加型溴代阻燃剂，这些物质能够比较容易从家用电器、家具等产品中释放到室内环境中，而人类 80%的时间都在室内活动，粉尘摄入是非常普遍的暴露方式，因此室内粉尘中 NBFRs 受到研究者的关注。例如在我国广东省的电子废弃物处理区域的大气中和广州市室内粉尘中都检测到 NBFRs，包括 DBDPE、

BTBPE、PBT、HBB、PBEB 等。在电子废弃物处理区，各 NBFRs 的含量大小为 DBDPE（171 ng/g）> BTBPE（84.9 ng/g）> HBB（69.3 ng/g）> PBEB（18.3 ng/g）> PBT（1.73 ng/g）（Wang et al., 2010b）。值得注意的是，城市室内粉尘中 DBDPE 的最高含量达到 47000 ng/g，其平均含量为 5194 ng/g，已经接近 PBDEs 的平均含量 6875 ng/g（Wang et al., 2010b）。而在广东省的农村，室内粉尘中 DBDPE 的含量最高只有 733 ng/g，而 BTBDE 则只有 19.5 ng/g，远远低于城市中的水平（Wang et al., 2010b）。2010 年，我国学者对全国 23 个省的 81 份室内粉尘样本进行检测后发现，室内粉尘中的 DBDPE 平均含量达到 1100 ng/g，占 NBFRs 总量的 50%以上，其次是 TBB、TBPH 和 BTBPE，但是其平均含量分别只有 130 ng/g、120 ng/g 和 11 ng/g（Qi et al., 2014a）。这些化学检测数据说明，我国室内气体中普遍受到 NBFRs 污染，其中最主要的是 DBDPE。目前，我国室外空气中 NBFRs 含量的检测报道尚少。2014 年，有报道指出，在我国东北城市哈尔滨的空气中检测到 DBDPE、BTBPE、HBB、PBT 和 PBEB，其中 DBDPE 和 BTBPE 的平均含量远高于其他种类的 NBFRs（Qi et al., 2014b）。

13.3.2　水体、沉积物和土壤

由于新型溴代阻燃剂的疏水性较强，因此在水体中的含量较低，一般为几个 ng/L 到低于 100 ng/L（Covaci et al., 2011），而在沉积物中的含量则较高。例如在我国广东省境内的东江和珠江等主要河流的水体和沉积物中均检测出 NBFRs，主要是 DBDPE 和 BTBPE，其中东江水体中 DBDPE 的含量达到 37～110 ng/L，而沉积物样品中 DBDPE 的平均含量则达到 267 ng/g dw，BTBPE 的平均含量比 DBDPE 低 1～2 个数量级（Chen et al., 2013）。尽管这些沉积物样品中也含有其他 NBFRs，如 PBT、PBEB 和 HBB，但是其含量非常低，总的平均含量小于为 1 ng/g dw（Chen et al., 2013）。值得关注的是，2010 年的一项研究显示，珠江沉积物样品中 BDE-209 和其他 PBDEs 的含量约为 2002 年的报道浓度的 1/4 和 1/3，而东江流域沉积物中 BDE-209 和其他 PBDEs 约为 2002 年报道浓度的 1/3 和 1/9，而事实上在珠江等流域沉积物中，DBDPE 的含量已经超过了 BDE-209（Chen et al., 2013）。这些结果表明，随着 PBDEs 被限制使用，珠江三角洲区域 PBDEs 的含量出现下降，同时，随着十溴联苯醚替代品 DBDPE 的大量使用，环境中 DBDPE 的含量开始快速上升甚至超过 PBDEs。此外在我国的其他区域，如上海的黄浦江、河北省的白洋淀和府河、贵州省的红枫湖、云南省的滇池等河流和湖泊沉积物中检测到 NBFRs。总体上，在我国工业高度发展和经济水平较高的区域（如广东），沉积物中新型溴代阻燃剂的含量要比中西部地区高 1～2 个数量级，如云南省的滇池，其沉积物中 DBDPE 的含量只有 1.26 ng/g dw（Wang et al., 2010b）。同样在我国沿海区域，例

如黄海区域近海港湾大连湾、胶州湾等地，其沉积物中的 NBFRs 主要是 DBDPE，含量范围为 0.16～39.7 ng/g dw，其他新型溴代阻燃剂的总含量较低，小于 0.1 ng/g dw（Zhen et al.，2016）。

在土壤中，一项研究检测了我国北方三省两市（山东、山西、河北、北京、天津）的 87 份土壤样品，发现 DBDPE 的含量最高，达到 1612 ng/g dw，区域平均含量大小为山东省（97 ng/g）>京津地区（29.2 ng/g）>河北（8.73 ng/g）> 山西（1.32 ng/g），DBDPE 的含量从东到西呈现下降的趋势（Lin et al.，2015）。山东省作为溴代阻燃剂和 DBDPE 的重要生产地区，其土壤样品中 DBDPE 的含量远高于其他调查地区。此外，京津地区土壤中 DBDPE 的含量也显著高于其他区域，这很可能与京津地区活跃的电子垃圾回收产业相关。在调查中发现，天津市静海县电子废弃物回收产业园区土壤中 DBDPE 的含量高达 173 ng/g dw（Lin et al.，2015）。此外，在我国南方珠江三角洲区域农业用地土壤中也发现含有 DBDPE 和 BTBPE，其中 DBDPE 的含量为 17.6～35.8 ng/g dw，BTBPE 的含量相对较少，只有 0.02～0.11 ng/g dw（Wang et al.，2010b）。从现有的环境检测数据看，我国沉积物和土壤中主要的 NBFRs 是 DBDPE 和 BTBPE，其含量远高于其他种类的 NBFRs。

13.3.3　生物体内

在我国华南电子废弃物处理区域，已经在多种野生动物体内检测到 NBFRs，包括无脊椎动物螺、虾，鱼类和爬行类（如水蛇），其体内的新型溴代阻燃剂主要是 DBDPE、BTBPE、HBB、PBEB 和 PBT（Wu et al.，2010）。与大气、土壤和沉积物中的情形不同，在野生动物体内的 NBFRs 中，HBB 的平均含量较高（最高含量 3099 ng/g lw），BTBPE 和 DBDPE 的含量相当（最高含量为 338 ng/g lw），也检测到 PBEB（最高含量为 25.6 ng/g lw），PBT 较低（最高为 3.6 ng/g lw），其中在营养级较高的水蛇体内，HBB 的平均含量高达 3099 ng/g lw（Wu et al.，2010），这表明 NBFRs 能在生物体内积累放大。在浙江台州市温岭和路桥地区的电子废弃物处理区域，鱼类肌肉中也检测到 TBB、TBP、BTBPE、HBB 和 PBEB，其中 TBB 的含量最高（62.2 ng/g lw），其次是 TBP（15.5 ng/g lw）、BTBPE（6.83 ng/g lw）、HBB（6.49 ng/g lw）（Labunska et al.，2015）。在该区域的鸟类肝脏中，检测出的新型溴代阻燃剂的含量与鱼类中的相似。如在家养的鸡中，检测到的新型溴代阻燃剂含量为 TBB（35 ng/g lw）> BTBPE（15 ng/g lw）> TBP（10.6 ng/g lw）> PBEB（2.3 ng/g lw），在鸭中的含量和趋势与鸡的基本一致（Labunska et al.，2015）。此外，研究者还在鸟蛋中检测到 TBB 和 TBPH，其平均含量分别为 4.3 ng/g lw 和 1.1 ng/g lw（Labunska et al.，2015），这表明在鸟类中，母代体内积累的 NBFRs 能传递给子代。

值得注意的是，在中国沿海海洋哺乳动物海豚脂肪组织中也检测到 NBFRs，主要是 DBDPE、BTBPE、TBB 和 TBPH，其中 TBPH 的含量最高，达到 3859 ng/g lw。通过对海豚脂肪组织中 PBDEs 和新型溴代阻燃剂含量的长期监测研究（2003～2012 年），我国学者发现，DBDPE/PBDEs 的比例正在逐年上升，甚至大于 2，这一结果与珠江沉积物中新型溴代阻燃剂和 PBDEs 含量变化趋势一致，说明新型溴代阻燃剂已经成为溴代阻燃剂中的主要污染物（Zhu et al.，2014）。

13.3.4   人类体内的研究

关于人体内 NBFRs 含量的研究较少。一项研究以珠江三角洲电子废弃物从业者、区域普通居民、城市居民和农村居民为对象，比较了不同人群头发中 NBFRs 的含量。结果显示，在所有检测的毛发中都含有新型溴代阻燃剂，主要是 DBDPE、BTBPE、HBB 和 PBBs，其中电子废弃物工作职业从业者头发中 DBDPE 的平均含量最高（24.2 ng/g dw），城市居民和电子垃圾回收区域普通居民头发中 DBDPE 的平均含量十分接近（分别能达到 17.8 ng/g dw 和 17.7 ng/g dw），而农村居民毛发中 DBDPE 的平均含量最低（只有 9.57 ng/g dw）（Zheng et al.，2011）。且在毛发样本中，BTBPE、HBB 和 PBBs 的含量远低于 DBDPE。值得注意的是，普通城市居民头发中 DBDPE 的含量与电子废弃物处理区域普通人群头发中的含量基本相同。另外，在电子废弃物回收区域人的毛发中，DBDPE 的含量已经非常接近，甚至超过了 PBDEs（Zheng et al.，2011），意味着在我国珠江三角洲区域的大气中，需要关注 NBFRs 的环境污染。

关于新型溴代阻燃剂在人体内的含量，我国学者分析来自国内 20 个省份的，每个省各选取了来自城市和农村分娩 3～8 周的妇女各 50 名和 50～60 名，分析了乳汁中 6 种新型溴代阻燃剂的含量，发现乳汁中 DBDPE 的平均含量最高，达到（8.06±5.46）ng/g lw，其次是 BTBPE［（0.129±0.17）ng/g lw］、PBT［（0.102±0.09）ng/g lw］、HBB［（0.067±0.1）ng/g］（Shi et al.，2016），由此可见人类乳汁中 DBDPE 的含量仍远远高于其他新型溴代阻燃剂。

13.3.5   新型溴代阻燃剂的特征

值得注意的是，尽管目前对于 NBFRs 的了解还十分有限，但从已有的资料看，NBFRs 具有 POPs 的部分特征，包括环境持久性、生物蓄积能力并能远距离迁移。例如分别作为十溴和八溴二苯醚的替代品，DBDPE 和 BTBPE 是两种性能优异的 NBFRs，具有热稳定性高和对紫外光稳定的特点。在一项探索 DBDPE 光解作用的研究中，国外学者将含有 DBDPE 和 BDE-209 的高抗冲聚苯乙烯（high impact polystyrene，HIPS）放置于自然光下，进行了长达 224 天的暴露，并未检测到 DBDPE

发生降解,而 DBDPE 的替代品 BDE-209 的半衰期约为 51 d(Kajiwara et al.,2007),这也证实了 DBDPE 在自然光照情况下能保持稳定,难以降解,可在环境中长期存在。NBFRs 的另一重要理化性质是亲脂性高、水溶性低,因此可在生物的脂肪组织中积累,并通过食物链产生生物放大效应。在自然环境和生物体内,DBDPE 是最主要的一种 NBFRs,由于其分子量较高,因此被认为其生物可利用性和生物积累能力都低于 BDE-209。然而,目前在有的生物体内,例如海洋哺乳动物海豚体内,DBDPE 的含量已经接近甚至超过 BDE-209(Zhu et al.,2014)。在华南电子废弃物处理区,我国学者评估了 DBDPE 和 BDE-209 在鱼类中的生物积累能力,结果与预计的相反,DBDPE 的生物富集系数比 BDE-209 高一个数量级,这证实了 DBDPE 能在生物体内进行富集;而 DBDPE 性质稳定,难以代谢可能也是在生物体内含量较高的原因(He et al.,2012)。

营养级放大因子(trophic magnification factor,TMF)是指某种污染物在一个特定的营养级水平生物体内的浓度与较低营养级生物体内的浓度之比,可用于表示污染物在食物链中的生物放大能力(王雪莉和高宏,2016)。加拿大学者研究了温尼伯湖水生生物食物网中 DBDPE 和 BTBPE 的生物放大能力,结果显示,DBDPE 和 BTBPE 的 TMF 分别为 2.7 和 1(Law et al.,2006)。在我国南方电子废弃物处理区,我国学者调查了水生食物链中污染物的生物积累状况。经检测发现,超过 90% 的生物样品中均能检测到 PCBs、DDTs、PBDEs 和 HBB,对污染物的营养级放大因子进行计算后发现,HBB 的 TMF 为 2.06,表明 HBB 具有潜在的生物放大能力(TMF >1)(Zhang et al.,2010)。这些结果同样表明新型溴代阻燃剂在水生生物食物网中具有生物放大能力。

远距离迁移能力也是 POPs 的一个典型特征。在相对独立的极地(南北极)地区的大气、水体和野生动物体内都检测到了 NBFRs。例如在格陵兰岛,国外学者在其空气和水样中检测到含量很低的 NBFRs,这主要是 HBB、PBT、TBPH 和 BTBPE(Möller er al.,2011)。同样是在格林兰岛,在海雀蛋、海鸥肝脏、海豹和北极熊脂肪组织中均检测到 NBFRs,主要包括 DBDPE、BTBPE、TBB 和 TBPH,其中 TBB 在各生物样中含量均高于其他种类的 NBFRs(Vorkamp et al.,2015)。这些结果均表明 NBFRs 具有远距离迁移的能力。总之,目前的研究显示部分新型溴代阻燃剂具有环境持久性、生物蓄积性和远距离迁移能力等 POPs 的基本特征。而高毒性则是 POPs 的另一个重要特征,目前对于 NBFRs 毒性效应的了解还比较少,在下面的章节中,将具体介绍其毒性效应研究现状和进展。

13.4　NBFRs 的毒理学效应

如上文所述，在环境介质和生物体内检测到的 NBFRs，主要包括 DBDPE、BTBPE、HBB、PBT、TBB/TBPH 和 TBP 等，其中 DBDPE 的生产和使用量最大，同时也是在环境以及野生动物、人体中含量较高的阻燃剂，受到的关注较多。相对而言，NBFRs 毒理学效应方面的研究较少，被认为是新型有机污染物。本节除了介绍 DBDPE、BTBPE、TBB/TBPH 和 TBP 内分泌干扰方面的研究外，也将介绍其他方面的毒理学研究进展。

13.4.1　DBDPE 的毒性效应研究

1. 离体研究

原代细胞培养基最大优点是大多数细胞仍保持原有组织细胞的基本特性，比活体动物容易操作，很适合进行污染物代谢等毒理学研究（万小琼等，2002）。国外学者以棕鳟和虹鳟肝脏原代培养细胞为对象，研究了 DBDPE 暴露（6.3 μg/L、12.5 μg/L、25 μg/L 和 50 μg/L）对肝脏 7-乙氧基异吩噁唑脱乙基酶（ethoxyresorufin-O-deethylase，EROD）和尿苷二磷酸葡萄糖醛酸转移酶（uridine diphosphoglucuronyl transferases，UDPGTs）活性的影响。结果显示，经 96 h 暴露后，在 6.3 μg/L 和 12.5 μg/L 的剂量下，虹鳟肝脏中 EROD 的活性轻微上升，但是在 25 μg/L 和 50 μg/L 的剂量下，则检测不到 EROD 的活性；棕鳟肝脏细胞中的结果显示，在 6.3 μg/L、12.5 μg/L 和 25 μg/L 的剂量下，棕鳟肝脏中 EROD 活性均下降，在 50 μg/L 的剂量下，同样检测不到 EROD 的活性（Nakari and Huhtala，2009）。实验结果意味着，DBDPE 暴露后，并不启动 I 相代谢酶细胞色素 P4501A1。而在虹鳟和棕鳟肝脏细胞 UDPGTs 活性的检测中则发现，所有剂量的 DBDPE 暴露均引起 UDPGTs 活性显著上升（Nakari and Huhtala，2009）。棕鳟和虹鳟细胞中肝脏 II 相代谢酶活性变化则意味着，DBDPE 能被鱼类肝脏细胞代谢。此外，肝脏是鱼类卵黄蛋白原（vitellogenin，VTG）合成的场所，而 VTG 则是敏感的雌激素活性生物标志物。因此，研究者还检测了 DBDPE 暴露对肝脏细胞 VTG 含量的影响，结果显示，在 6.3 μg/L 和 12.5 μg/L 的暴露剂量下，DBDPE 均能显著诱导 VTG 生成（Nakari and Huhtala，2009），这表明 DBDPE 可能具有雌激素活性。

也有一些实验进行了 DBDPE 对培养细胞的基础毒性研究。例如我国学者以人肝细胞株（HepG2）为对象，研究了 DBDPE 暴露对细胞的毒性效应（Sun et al.，2012）。分别用四甲基偶氮唑盐（methyl thiazolyl tetrazolium，MTT）法和乳酸脱氢酶释放法（lactate dehydrogenase release，LDH）评价了细胞毒性。MTT 方法的原理是，活细胞线粒体中的琥珀酸脱氢酶能将 MTT 还原成蓝紫色甲臜（formazan）沉积在细胞内，通过对甲臜产物的比色分析来测定细胞的生存状态，而死细胞则无此功能；LDH 法的主要原理则是，细胞凋亡或坏死而造成的细胞膜结构破坏导致细胞浆内的乳酸脱氢酶释放到培养液里，通过检测从细胞中释放出来的 LDH，就可以实现对细胞毒性的定量分析，LDH 释放也是检测细胞膜完整性的重要指标，被广泛用于细胞毒性检测。研究者将 HepG2 细胞暴露于 3.125～100 mg/L 的 DBDPE 中，在暴露 24 h、48 h 和 72 h 后，采用 MTT 比色法和 LDH 法测定了细胞的毒性。MTT 比色法测定的结果显示，与对照相比，在 3.125 mg/L 和 6.25 mg/L 剂量下，DBDPE 处理 24 h、48 h 和 72 h 后，HepG2 细胞的活性并无改变，而在 12.5～100 mg/L 剂量下，暴露 48 h 和 72 h 后，HepG2 细胞活性显著下降。LDH 法的检测结果则显示，在 12.5～100 mg/L 剂量下，DBDPE 处理 48 h 和 71 h 后，LDH 的释放量均显著上升。事实上，在 50 mg/L 和 100 mg/L 剂量下，DBDPE 处理 24 h，LDH 的释放量即显著上升，表明 DBDPE 能破坏 HepG2 细胞膜的完整性。此外，经 DBDPE 暴露后，能检测到大量活性氧的产生，将活性氧清除剂 NAC（N-acetyl-L-cysteine）与 DBDPE 共同暴露 HepG2 细胞，则细胞凋亡的情况出现明显缓解，因此推测 DBDPE 可能通过诱导活性氧的产生对细胞造成氧化损伤，最终引起细胞凋亡（Sun et al.，2012）。但是，该实验的暴露剂量较高，且引起的生物氧化现象并不具有特异性。

在以鸟类为对象的研究中，有学者以鸡胚肝脏原代培养细胞为对象，评价了 DBDPE 的毒性效应（Egloff et al.，2011）。将鸡胚肝脏细胞分别暴露于 0.001～0.2 μmol/L DBDPE 中，处理 36 h 后，运用 qPCR 检测了外源物质代谢相关基因（*cyp1a4/5*，*cyp2h1*，*cyp3a37* 和 *ugt1a9*）、甲状腺激素代谢和结合相关基因（*dio1*，*dio2*，*dio3* 和 *ttr*）以及脂质代谢相关基因（*l-fabp* 和 *thrsp14α*）表达量的变化。结果显示，在 0.1 μmol/L 和 0.2 μmol/L DBDPE 的剂量下，*cyp1a4/5* 基因表达量显著上升，其中在 0.2 μmol/L 的剂量下，*cyp1a4* 和 *cyp1a5* 基因表达量分别上调 29 倍和 53 倍（Egloff et al.，2011）。细胞色素 P450 是体内重要的 I 相代谢酶，其主要功能是将外源性毒物或内源性物质转化为极性衍生物，使其可与 II 相代谢酶或药物转运体结合，进行下一步代谢，从而更易于排出体外（张铁雯等，2017）。在离体鸡胚肝脏细胞的暴露研究中，DBDPE 能诱导 *cyp1a4/5* 基因的表达，而不影响其他肝脏代谢酶 *cyp2h1* 以及 *cyp3a37* 基因的表达，意味着，在鸡胚肝细胞中，DBDPE 可能主要由 CYP1 进行代谢。此外，在 0.1 μmol/L 和 0.2 μmol/L 的 DBDPE 暴露剂量下，研究者还发现甲状腺激素脱碘酶 I（deiodinase I，*dio1*）的表达量显著升高（Egloff et al.，2011）。脱碘酶在甲状腺激素代谢中具有重要作用，在鸟类中含有三种甲状腺激素脱碘酶，即 Dio1、Dio2 和 Dio3，Dio1/2 的功能是将甲状腺素 T4 转化为生物活性更高的 T3，Dio1 也可以催化 T4 脱碘生成无生物活性的反式三碘原氨酸（rT3）和 3,3-二碘原氨酸（T2），Dio3 的主要功能则是催化 T3 和 T4 分别形成无生物活性的 rT3 和 T2（Darras et al.，2006；Darras and Herck，2012）。在该研究中，DBDPE 引起 Dio1 基因表达量上升最终可能会引起改变 T4 和 T3 含量的稳定，进而引起甲状腺内分泌干扰效应。但是，评价其是否具有甲状腺内分泌干扰活性，可以使用一些经典的离体细胞筛查方法，例如 T-screen 等，在离体研究的基础上，进一步在活体中验证其甲状腺内分泌干扰效应。

由于 DBDPE 的分子结构式与 BDE-209 相似，因此有研究者认为其可能具有甲状腺内分泌干扰效应。有学者以人肝脏亚细胞成分——肝微粒体和肝脏细胞液为对象，探究了 DBDPE、BTBPE、TBB、TBPH 和 β-四溴乙基环己烷（β-tetrabromoethylcyclohexane，β-TBECH）等 5 种 NBFRs 的甲状腺内分泌干扰活性。通过对微粒体和肝脏细胞液分别暴露 5 种 NBFRs（剂量为：0.13 nmol/L、1.3 nmol/L、13 nmol/L、64 nmol/L、130 nmol/L 和 260 nmol/L），测定脱碘酶（Dio）和磺基转移酶（SULTs）活性的变化，间接证明 DBDPE 具有甲状腺内分泌干扰活性（Smythe et al.，2017）。将不同剂量的 NBFRs 和 1 μmol/L 的 T4 一起加入到肝脏微粒体培养基中孵育，通过检测孵育液中 T3 和 rT3 的含量来评估 NBFRs 对脱碘酶活性的影响。结果显示，在检测的 5 种 NBFRs 中，只有 DBDPE 能影响脱碘酶的活性。当 DBDPE 的暴露剂量达到 260 nmol/L（相当于 75.6 μg/L）时，脱碘酶催化 T4 形成 T3 和 T2 及催化 rT3 形成 T2 的过程几乎完全被抑制，其中肝微粒体孵育液中 T3 和 T2 含量（由 T4 转化）与 DBDPE 的剂量具有明显的剂量-效应关系（Smythe et al.，2017）。人类的 Dio1 具有外环脱碘和内环脱碘活性，而人类的 Dio2 则不在肝脏组织中表达，在肝脏微粒体中，Dio3 的含量也非常少（Bianco et al.，2002；Butt et al.，2011；Richard et al.，1998）。因此，在该实验中，DBDPE 可能主要影响 Dio1 的活性。此外，研究者还将不同剂量的 NBFRs 与 1 μmol/L 的 rT2 一起加入到肝脏细胞质基质中，通过检测细胞质基质中 rT2 的含量来评估其对 SULT 活性的影响。结果显示，5 种 NBFRs 均未影响 SULT 的活性，表明这 5 种 NBFRs 均不是磺基转移酶抑制剂，而具有羟基基团的外源化合物能很好地结合 SULT 的活性位点（Ha et al.，2000；Schuur et al.，1998）。在该研究中，5 种 NBFRs 均不含有羟基基团，因此不能对 SULTs 的活性产生影响。磺基转移酶也是一种甲状腺激素代谢酶，磺基转移酶的主要功能则是诱导甲状腺激素（主要是 rT2）和硫酸盐结合，以便进一步代谢并最终通过胆汁和尿液排出体外（Visser and Peeters，2016）。因此，该研究证明，DBDPE 能抑制 Dio1 活性，进而干扰 T4 转化 T3 或 T2 的生化过程，即通过影响脱碘酶的途径发挥甲状腺内分泌干扰活性。脱碘酶对维持体内甲状腺激素的稳定发挥具有非常重要的作用，也被称为甲状腺内分泌干扰物的生物标志物。显然，需要进行活体实验以深入评估其甲状腺内分泌干扰活性。

在目前的离体研究中，原代培养的肝细胞的研究结果显示，DBDPE 能被代谢，启动 I 相代谢酶以及诱导 II 相代谢酶，同时也可能影响脱碘酶的活性，因此可能间接影响甲状腺激素的稳定。而在以人的肝细胞微粒体和细胞液为对象的研究中，发现在评价的多种 NBFRs 中，只有 DBDPE 能影响脱碘酶活性，从而具有甲状腺内分泌干扰活性，因此有可能影响到甲状腺激素的含量，需要进一步探究其影响脱碘酶的机制以及是否在活体内也发生同样的效应。

2. 活体研究

关于 DBDPE 对生物毒性效应的研究，研究对象主要是鱼类和哺乳动物。总体上，对鱼类和哺乳动物的急性毒性较低。但是一项以大型溞为对象的毒性研究则显示，DBDPE 48 h 的 LC_{50} 仅为 19 μg/L，具有较强的急性毒性（Nakari and Huhtala，2009）。然而，在虹鳟和青鳉成鱼中，48 h 的 LC_{50} 分别大于 110 mg/L 和 50 mg/L，表明 DBDPE 对成鱼的急性毒性较低（Hardy et al.，2012）。但是一项以斑马鱼胚胎为对象的研究则显示，DBDPE 对斑马鱼胚胎具有较强的发育毒性效应。研究者将斑马鱼胚胎暴露于 12.5 μg/L 和 25 μg/L DBDPE，实验结果显示，在 25μg/L 暴露剂量下，孵化率显著降低，而在 12.5 μg/L 和 25 μg/L 的暴露剂量下，孵化出的仔鱼死亡率都显著增加（Nakari and Huhtala，2009）。这一结果意味着 DBDPE 对斑马鱼胚胎发育有较强的毒性效应。但是，由于没有测定暴露水体的实际剂量，急性暴露的发育毒性效应有待进一步证实。

外源污染物进入到生物体内可能会诱导细胞产生活性氧（ROS），主要包括超氧阴离子（$\cdot O_2-$）、羟自由基（$\cdot OH$）和过氧化氢（H_2O_2）等。一般情况下，生物体内的抗氧化酶如超氧化物歧化酶（SOD）、过氧化氢酶（CAT）和谷胱甘肽过氧化物酶（GSH-Px）等能持续清除过多的活性氧，但当生物体产生的活性氧超过抗氧化系统的清除能力时就会引起氧化应激进而产生氧化损伤（Feng et al.，2013）。有学者以金鱼为对象，采用内暴露的方法（腹腔注射）（10 mg/kg 和 100 mg/kg），研究了 DBDPE 诱导鱼类发生氧化应激反应。结果显示，在 100 mg/kg 注射剂量下，注射 30 天后，可观察到金鱼肝脏中抗氧化酶（SOD、CAT 和 GSH-Px）的活性均显著下降。此外，脂质过氧化的标志物——丙二醛（MDA）的含量也显著升高，这些结果表明 DBDPE 能诱导鱼类发生氧化应激效应（Feng et al.，2013）。

对于新的污染物而言，在研究或者评价其毒性效应时，需首先了解其暴露途径与方式、生物可利用性，特别是作用的主要靶器官、在体内积累代谢等基础毒理学过程。我国学者以成年雄鼠为对象，经过食物暴露途径［100 mg/(kg·d)］，研究了 DBDPE 在生物体内的积累和代谢等，同时进行了 BDE-209 的比较实验。经过 90 天暴露后，研究者分析了大鼠肝脏、肾脏和脂肪中 DBDPE 的含量，结果发现，脂肪组织中 DBDPE 的含量最高，为（549±48）ng/g lw，其次是肝脏和肾脏，DBDPE 含量分别为（177±111）ng/g lw 和（11.2±0.01）ng/g lw。然而，在同样的暴露条件下，在大鼠肝脏、肾脏和脂肪组织中，BDE-209 的含量则分别为（1986152±104）ng/g lw、（637365±103）ng/g lw 和（143075±112）ng/g lw，远高于 DBDPE 的含量。结果意味着，DBDPE 的生物可利用性和生物富集作用远低于 BDE-209（Wang et al., 2010a）。此外，还在 DBDPE 暴露的大鼠肝脏中检测出多达 7 种以上的不明含溴化合物，其中的两个代谢产物被称为 MeSO2-nona-BDPE 和 EtSO2-nona-BDPE，其他的代谢产物还有待鉴定。该结果表明 DBDPE 在大鼠体内发生了代谢降解。研究者还观察到在暴露的大鼠中，其血清甲状腺激素 T3 显著升高，表明 DBDPE 可能具有甲状腺内分泌干扰活性（Wang et al., 2010a）。同时该研究也意味着，尽管在分子结构上，DBDPE 与 BDE-209 相似，但是其生物可利用性差别很大。以大鼠为例，通过食物暴露途径，DBDPE 的生物可利用性很低，这可能是观察到的对哺乳动物毒性较低的原因之一。例如另外的一项实验，同样以大鼠为对象，灌喂妊娠期的大鼠（妊娠日 6～15 天），剂量为 125 mg/(kg·d)、400 mg/(kg·d) 和 1250 mg/(kg·d) 的 DBDPE，处理至妊娠期 20 天，并对胎儿的重量、性别、外观、内脏和骨骼进行分析。结果显示，与对照组相比，DBDPE 暴露并没有增加死亡率、影响生长（体重）和食物摄取量，同时也没有观察到大鼠内脏和胎儿发育的异常。这些结果说明，经妊娠期暴露 DBDPE，对母代大鼠没有明显的毒性，而且对发育中的子代也没有明显的毒性效应（Hardy et al., 2010）。也有学者通过食物暴露的方法，研究了 DBDPE 对肝脏的毒性效应。研究者将 7 周大的大鼠喂食不同剂量的 DBDPE[50 mg/(kg·d)、100 mg/(kg·d)、250 mg/(kg·d)、500 mg/(kg·d) 和 1000 mg/(kg·d)]，处理时间为 28 天。实验结果显示，在各浓度 DBDPE 暴露组，大鼠肝脏的相对重量均未发生显著变化，然而，在 250～1000 mg/(kg·d) 暴露组中，大鼠血液中肝功能检测指标如血清胆汁酸（TBA）的含量和谷丙氨酸转氨酶（ALT）以及谷草转氨酶（AST）的活性均显著高于对照组，这表明 DBDPE 能损伤大鼠肝脏功能。此外，在 250 mg/(kg·d) 以上暴露剂量，DBDPE 还能引起大鼠肝脏代谢酶，如细胞色素酶 CYP2B2、CYP3A2 和 UDPGTs 的表达量和活性都显著升高（Sun et al., 2014），这一结果进一步说明，DBDPE 能被大鼠肝脏所代谢。

尽管研究资料非常有限，但是从现有结果来看，与 BDE-209 相比，DBDPE 对鱼类和哺乳动物的毒性较低，这可能与 DBDPE 的理化性质密切相关。DBDPE 分子量大，比较难以通过细胞膜而被生物吸收利用，这可能是其毒性较小的原因。

此外，尽管上述研究发现，DBDPE 的毒性效应较低，但是需要指出的是，选择的实验终点为生长、死亡、形态学、肝功能酶等，因此有必要选择更敏感的分子生物学响应等进行研究。总体上，就现有研究资料看，很多方面的研究基本处于空白，包括神经毒性效应、生殖内分泌干扰等，特别是甲状腺内分泌干扰效应。由于在离体研究中已经发现 DBDPE 具有甲状腺内分泌干扰活性，因此非常有必要进行活体验证，并探究是否能引起哺乳动物、鸟类、两栖类以及鱼类等动物的相关效应。此外需要指出的是，DBDPE 对水生无脊椎动物，例如大型溞的急性毒性较高，有必要关注水体暴露对其作用的生态毒理学效应。

13.4.2　BTBPE 的毒性效应

BTBPE 主要是八溴二苯醚的替代品，也是目前我国环境介质和生物体内除 DBDPE 外，含量较高的 NBFRs。现有的研究结果显示，BTBPE 可能具有甲状腺内分泌干扰效应。

在一项以鸡胚肝细胞和鸡胚为对象的实验中，国外学者研究了 BTBPE 肝脏毒性。研究者将鸡胚肝原代培养细胞暴露于 0.01 μmol/L、0.03 μmol/L 和 0.1 μmol/L 的 BTBPE 中，同时采用注射的方式，以 48 ng/g 和 3008 ng/g 的剂量处理鸡胚，采用 qPCR 检测与外源物质代谢（*cyp1a4/5*，*cyp2h1*，*cyp3a37* 和 *ugt1a9*）和甲状腺激素代谢相关基因（*dio1*，*dio2*，*dio3* 和 *ttr*）表达量的变化。结果显示，在 0.03 μmol/L 和 0.1 μmol/L 的暴露剂量下，可观察到鸡胚肝细胞中 *cyp1a4* 和 *cyp1a5* 的基因表达量显著上调，其中，在 0.1 μmol/L 的暴露剂量下，*cyp1a4* 和 *cyp1a5* 的表达量分别上调了 115 倍和 18 倍（Egloff et al.，2011）；而在注射实验中，3008 ng/g 的 BTBPE 同样引起 *cyp1a4* 和 *cyp1a5* 的基因表达量显著升高。这一结果与 DBDPE 暴露鸡胚肝细胞的结果相同，表明在鸡胚肝细胞中，DBDPE 和 BTBPE 都可被 I 相酶 CYP1 所代谢。此外，在 0.03 μmol/L 和 0.1 μmol/L 的剂量下，研究者观察到鸡胚肝细胞的甲状腺脱碘酶的基因（*dio3*）表达显著下降。同样，在 3008 ng/g BTBPE 注射剂量下，Dio3 基因的表达量也显著下降。鸟类中 Dio3 的主要功能是将具有生物活性的 T3 和 T4 代谢为无生物活性的 rT3 和 T2（Darras et al.，2006；Darras and Herck，2012），因此，BTBPE 抑制 Dio3 基因的表达可能引起鸡体内 T3 和 T4 的含量上升，进而产生甲状腺内分泌干扰效应。然而，在前面提及的以人类肝细胞微粒体为对象的研究中，并未检测到 BTBPE 能干扰甲状腺激素脱碘酶的活性（主要是 Dio1）。因此，目前还无法判断 BTBPE 是否具有甲状腺内分泌干扰活性，还需要更多的实验证据。

与 DBDPE 的研究相似，国外学者以虹鳟幼鱼为对象，通过食物暴露[约 50 ng/（g·d）]的方法，进行环境低剂量暴露，研究了 BTBPE 在虹鳟体内的生物富集及对虹鳟的毒性效应。时间为 49 天，在暴露过程中，研究者于第 7 天、14 天、28 天和 49 天取样，检测虹鳟体对 BTBPE 的生物可利用性。结果显示，在暴露的第 7 天即在虹鳟体内检测到 BTBPE；暴露 49 天后，虹鳟体内 BTBPE 的含量仍处于上升的趋势。在整个暴露实验中，鱼体内 BTBPE 的含量与暴露时间呈线性关系。由此估算出虹鳟每日的平均摄取量，特别是获得 BTBPE 的平均生物放大因子为 2.3（大于 1），这意味着 BTBPE 具有较高的积累能力（Tomy et al.，2007）。此外，在 49 天的暴露过程中，并未发现 BTBPE 暴露能引起明显的毒性效应，包括影响体长和肝脏指数等（Tomy et al.，2007）。由于 BTBPE 的化学结构与甲状腺激素相似，可能具有与甲状腺激素受体结合的能力，因此研究者也重点研究了 BTBPE 暴露对甲状腺内分泌系统的影响。然而，通过组织切片观察，没有发现形态学上的差异，包括甲状腺上皮细胞的高度和滤泡中胶质的含量与对照组相比没有明显差异。此外，与对照组相比，暴露组虹鳟肝脏的甲状腺素脱碘酶活性和血液中 T4 和 T3 的含量都没有显著差异（Tomy et al.，2007）。该研究结果显示，环境低剂量的 BTBPE 并没有干扰鱼类甲状腺内分泌系统的潜力。目前活体研究中关于 BTBPE 的毒性研究尚少，未来需要运用不同的暴露方式和不同生物体评估 BTBPE 的毒性效应。

关于 BTBPE 对哺乳动物毒性效应的研究比较少。由于是新型有机污染物，所以关于其对人类健康的流行病学也引起关注。2002～2003 年，美国学者招募了 62 名男性不孕患者（18～54 岁），研究了其生活环境中（粉尘）溴代阻燃剂含量与血液中激素含量相关性。结果显示，在所有收集的粉尘样品中，BTBPE 的检出率为 100%，其平均含量为 22 ng/g，另外两种 NBFRs：TBB 和 TBPH 的检出率则分别为 47% 和 63%。在收集粉尘样品的同时，研究者还检测了病患血液中促卵泡激素、促黄体激素、雌二醇、催乳素、游离态 T4、总 T3 和促甲状腺激素等激素含量，随后采用多元线性回归模型分析了溴代阻燃剂含量和患者血液激素水平的关系（结合患者的年龄和身高体重因素）。结果显示，患者生活室内环境中 BTBPE 和 TBPH 的含量与患者血液中总 T3 的含量呈正相关，这也表明 BTBPE 和 TBPH 可能具有甲状腺内分泌干扰活性（Johnson et al.，2013）。但是需要指出的是，该研究的样本量较少，且受试者背景复杂（不孕患者），因此不足以证明 BTBPE 是甲状腺内分泌干扰物。针对 BTBPE 暴露对人类甲状腺内分泌系统的影响，未来还需要更多的流行病学调查结果来证实。

13.4.3　TBB 和 TBPH 的内分泌干扰效应研究

TBB 和 TBPH 主要作为五溴二苯醚的替代品，二者的混合物（75% 的 TBB 和 25% 的 TBPH）的商业名称是 Firemaster 550，是最常用的阻燃剂。研究显示，在光照条件下，TBB 和 TBPH 都能发生脱溴反应，其中 TBPH 还能脱溴产生邻苯二甲酸二辛酯［di(2-ethylhexyl)phthalate，DEHP］，而 DEHP 是具有典型雌激素效应的内分泌干扰物（Zarean et al.，2016），因此其代谢产物的毒性效应也备受关注。与 DBDPE 和 BTBPE 相比，TBB 和 TBPH 的毒理学研究相对较多，下面将主要介绍其甲状腺内分泌以及生殖内分泌干扰等方面的研究进展。

大鼠垂体肿瘤（GH3）的细胞增殖实验，即 T-screen，常用于筛选外源物质的甲状腺激素干扰活性（Gutleb et al.，2005）。有学者将甲状腺激素应答元件（TRE）和荧光素报道系统转染到 GH3 细胞中，构建了 GH3.TRE-Luc 细胞系，相比以甲状腺激素受体（TR）介导的细胞增殖实验（T-Screen），在 GH3.TRE-Luc 细胞中，经 T3 作用于 TR，可诱导荧光素酶信号，其检测污染物的甲状腺激素干扰活性更加稳定和高效（Freitas et al.，2011）。国外学者使用构建的 GH3.TRE-Luc 细胞系，探究了 TBB、TBPH 及其代谢产物，四溴邻苯甲酸（TBBA）和单（2-乙基己基）四溴邻苯二甲酸［mono(2-ethylhexyl)tetrabromophthalate，TBMEPH］的甲状腺激素干扰活性（Klopčič et al.，2016）。将 0.25 nmol/L T3 单独（对照）或与待测化合物（$10^{-6}\sim10^{2}$ μmol/L）混合加入到 GH3.TRE-Luc 细胞系中，孵育 24 h 后，检测 GH3 细胞中荧光素酶活性。结果显示，TBB、TBPH 及其代谢产物 TBBA 和 TBMEPH 均具有抗甲状腺激素活性，当 TBB、TBPH、TBBA 和 TBMEPH 的浓度分别达到 200 μmol/L、1 μmol/L、100 μmol/L 和 100 μmol/L 时，其对 T3 的抑制作用达到最大，其中 TBPH 的抗甲状腺激素活性最高，其 IC_{50} 为 0.1 μmol/L，其次是 TBBA、TBMEPH 和 TBB，IC_{50} 分别为 22.8 μmol/L、32.3 μmol/L 和 37.5 μmol/L（Klopčič et al.，2016）。上述离体实验的结果意味着，这些化合物具有抗甲状腺激素活性。

一些研究表明，许多化学品或者污染物，其代谢产物的活性比母体化合物更强，例如羟基化 PBDEs 比 PBDEs 具有更强的甲状腺内分泌干扰活性。有学者以大鼠肝脏微粒体为对象，研究了 TBPH 的代谢产物 TBMEHP［mono-(2-ethylhexyl)tetrabromophthalate］对肝脏中甲状腺激素脱碘酶活性的影响，以此来评价是否具有甲状腺激素内分泌干扰活性（Springer et al.，2012）。将 TBMEHP（0.2 μmol/L、2 μmol/L、20 μmol/L、100 μmol/L 和 200 μmol/L）和 T4（100 nmol/L）加入到大鼠肝脏微粒体培养基中，通过分析培养液中不同形式的甲状腺激素（T4，T3，rT3，T2 和 T1）的含量来评估 TBMEHP 对微粒体中甲状腺激素脱碘酶的影响。结果显示，经 TBMEHP 处理后，外环脱碘酶（Dio1 和 Dio2）催化 T4 形成 T3 的过程被显著抑制，其 IC_{50} 为 132 μmol/L，T4 形成 T2 及之后 T2 形成 T1 的过程均被显著抑制，其 IC_{50} 分别为 78 μmol/L 和 35 μmol/L（Springer et al.，2012）。大鼠肝脏微粒体中的研究表明，TBMEHP 能抑制甲状腺激素脱碘酶活性，表现出甲状腺内分泌干扰效应（Springer et al.，2012）。同时，Springer 等也研究了 TBPH 以及代谢产物 TBMEHP 对过氧化物酶体增殖物激活受体（peroxisome proliferator activated receptor，PPAR）的作用，以此来探究 TBPH 和 TBMEPH 是否具有激活 PPAR 信号通路并促进体内脂肪的形成，进而与导致肥胖有关（Springer et al.，2012）。将小鼠前脂肪细胞（NIH3TL1）分别暴露于 10 μmol/L、50 μmol/L 和 100 μmol/L 的 TBPH 及其代谢产物 TBMEPH 中，随后对细胞中脂肪含量进行测定。结果显示，在 50 μmol/L 和 100 μmol/L 的 TBPH 和 TBMEPH 的处理剂量下，细胞中脂肪含量显著升高。研究者进一步检测了 PPARγ 受体下游响应基因——脂肪酸结合蛋白 4（fatty acid-binding protein，fabp4）表达量的变化，结果显示，3 个剂量的 TBPH 均不能诱导 fabp4 基因的表达，而在 50 μmol/L 和 100 μmol/L 剂量暴露的 TBMEPH，fabp4 基因的表达量显著上升，表明 TBMEPH 可能通过激活 PPARγ 受体介导的信号通路促进脂肪的形成（Springer et al.，2012）。随后，研究者采用同样的暴露浓度（10 μmol/L、50 μmol/L 和 100 μmol/L），在转染了 PPARα 受体的小鼠肝癌细胞中研究了 TBPH 和 TBMEPH 对 PPARα 的作用。与 NIH3TL1 细胞中的结果类似，TBPH 暴露不能诱导 PPARα 下游响应基因——AOX 的表达，而在 50 μmol/L 和 100 μmol/L 剂量暴露的 TBMEPH，AOX 基因的表达量显著上升（Springer et al.，2012）。这些研究结果表明，TBPH 的代谢产物 TBMEPH 能通过激活 PPAR 信号通路促进脂肪形成，而 TBPH 促进脂肪形成的分子机制还需要进一步的研究。该离体研究发现，TBPH 的代谢产物 TBMEPH 同时具有影响脱碘酶和激活 PPAR 通路，意味着该化合物具有甲状腺内分泌干扰活性和影响脂质代谢潜力。显然，对于 NBFRs 的毒性效应而言，除了需要研究母体化合物外，也需要关注其代谢产物的效应。另外，鉴于最近 20～30 年来，人类的肥胖以及与其相关的一些代谢疾病快速上升，非常有必要在活体生物中进一步验证 TBPH 和 TBMEPH 的内分泌干扰以及干扰脂质代谢。

除了上述的 TR 和 PPAR 受体外，就 TBB 和 TBPH 的毒性研究而言，也有学者关注其他受体途径的效应，例如孕烷 X 受体（PXR）。PXR 属于核超受体家族，是一种外源污染物感应受体，能与外源化合物结合并激活生物体内的代谢酶（如细胞色素 P450）和转运蛋白，如 ATP 结合盒蛋白家族（ATP-binding cassette，ABC）的表达，进而对外源污染物进行代谢和清理，尤其是肝脏中的代谢酶 CYP3A，其表达量上升是 PXP 受体被激活的标志（Saunders et al.，2013）。目前已有研究证实 PBDEs 如 BDE-47 能激活 PXR 受体。而在 NBFRs 中，有学者以已转染 PXR 受体的人肝癌细胞株 HepG2 为对象，通过荧光素酶活性检测，研究了 TBB、TBPH 和 TBMEHP 与 PXR 受体的相互作用。研究结果显示，在 10 μmol/L 的 TBB、TBPH 和 TBMEHP 的暴露剂量下，均能激活 PXR 受体。同时以福昔明（Rifaximin）作为阳性对照（是 PXP 受体激活剂），其 EC_{50} 为 11.2 μmol/L，而 TBPH 和 TBMEHP

的 EC$_{50}$ 分别能达到 2 μmol/L 和 5.5 μmol/L（Saunders et al.，2013）。此外，研究者通过 qPCR 检测 PXP 受体下游基因 *cyp3a4* 的表达，发现在 10 μmol/L 的 TBB、TBPH 和 TBMEHP 的暴露剂量下，*cyp3a4* 基因的表达显著上调（Saunders et al.，2013）。在脊椎动物中，CYP3A4 不仅参与外源污染物代谢，还在 T4/T3 的代谢中具有重要作用，因此其表达量的上升可能引起体内甲状腺激素水平异常。因此推测，TBB、TBPH 和 TBMEHP 能通过激活 PXP 受体诱导 CYP3A4 的表达，进而影响体内甲状腺激素代谢过程，引发甲状腺内分泌干扰效应。综合上述研究结果，非常有必要深入开展 TBB、TBPH 和 TBMEHP 的甲状腺激素内分泌干扰效应的活体研究。

国外学者通过管饲法，以 200 mg/(kg·d) 和 500 mg/(kg·d) 两种剂量的 TBMEHP 灌喂妊娠期的大鼠（妊娠日 18 天和 19 天）。实验结果显示，处理两天后即可引起母鼠血液中 T3 含量的显著下降，但是 T4 的含量没有明显变化（Springer et al.，2012）。在 500 mg/kg 处理组，研究者还发现母鼠部分临床生化指标发生改变，主要是肝脏碱性磷酸酶和血液钙离子含量显著下降，而肝脏丙氨酸转氨酶和血尿素氮的含量则显著上升。对肝脏、肾脏和甲状腺进行病理组织学观察，结果显示，母鼠的肾脏和甲状腺中并未发现异常，而大鼠肝脏细胞有丝分裂纺锤体数量显著上升，且细胞增殖标记蛋白 Ki67 的含量也高于对照组，这表明 TBMEPH 暴露能引起大鼠肝脏细胞增殖；同时，对肝脏切片进行细胞凋亡检测（TUNEL）发现，TBMEPH 暴露还导致大鼠肝脏细胞发生凋亡（Springer et al.，2012）。因此从肝脏的生化指标和组织病理学分析，结果表明 TBMEPH 对母鼠具有肝脏毒性。最后，研究者观察了子代雄鼠精巢的组织切片，发现精巢中多核精细胞（multinucleated germ cells，MNGs）的数量显著上升（Springer et al.，2012）。而 MNGs 数量是指示曲细精索发育的指标，该研究表明，母代暴露 TBMEPH 也能干扰子代生殖系统的发育。但是由于开展的实验指标非常有限，从现有结果看，难以得出 TBMEPH 具有生殖毒性的结论。

以上部分主要总结了现有关于 TBB 和 TBPH 以及代谢产物与甲状腺激素内分泌有关的效应。前面已经提到，在光照条件下，TBB 和 TBPH 都能发生脱溴反应，其中 TBPH 还能脱溴产生 DEHP，而 DEHP 是具有典型雌激素效应的内分泌干扰物。因此 TBB 和 TBPH 及代谢产物的生殖内分泌干扰活性也受到很大关注。

国外学者使用酵母雌/雄激素筛选测试方法评价了 TBB 和 TBPH 的雌雄激素活性，结果显示，TBB 和 TBPH 都不具有雌/雄激素活性（Saunders et al.，2013）。Saunders 等检测了抗雌激素以及抗雄激素活性。在抗雌激活性检测中，将不同浓度的 TBB（$5 \times 10^{-10} \sim 5 \times 10^{-1}$ mg/L）和 TBPH（$3 \times 10^{-3} \sim 1500$ mg/L）分别与 8.17 $\times 10^{-4}$ mg/L 的雌二醇混合处理酵母细胞，采用雌二醇和羟基他莫昔芬（雌激素拮抗剂）作为对照，将雌二醇诱导 β-半乳糖苷酶（β-Galactosidase）的信号强度设为100%。在对照组中，3.88×10^{-9} mg/L 的羟基他莫昔芬引起酵母中 β-Galactosidase的信号强度下降71%；在实验组中，0.5 mg/L 剂量的 TBB 表现出最强的抗雌激素活性，引起酵母中 β-Galactosidase 的信号强度下降62%，而在 3×10^{-2} mg/L 的 TBPH处理下，酵母中 β-Galactosidase 的信号强度也显著下降，表明 TBB 和 TBPH 都有抗雌激素活性（Saunders et al.，2013）。在抗雄激素活性检测中，将 TBB 和 TBPH分别与 1.45×10^{-3} mg/L 的二氢睾酮（DHT）混合处理酵母细胞，二氢睾酮和羟基氟他胺（雄激素拮抗剂）作为对照。同样，将二氢睾酮单独处理诱导 β-Galactosidase的信号强度设为 100%，结果显示，2.92×10^{-8} mg/L 的羟基氟他胺引起酵母中β-Galactosidase 的信号强度下降52%；经检测，TBB 和 TBPH 分别在 0.5 mg/L 和1500 mg/L 剂量下表现出最强的抗雄激素活性（Saunders et al.，2013）。在以酵母为对象的研究中，TBB 和 TBPH 都不具有雌激素或者雄激素活性，但同时具有抗雌激素和雄激素活性。但是也需要指出，在非常高的剂量下（1500 mg/L），TBPH表现出抗雄激素活性，本身并不具有生物学意义。但是上述实验是基于通过受体影响途径的效应，Saunders 等也评估了 TBB 和 TBPH 是否具有影响类固醇激素合成途径而发挥内分泌干扰活性。将 H295R 细胞暴露于不同剂量的 TBB 中（5×10^{-5} mg/L、5×10^{-4} mg/L、5×10^{-3} mg/L 和 5×10^{-2} mg/L），48 h 后，测定细胞生成类固醇激素含量。结果显示，在 4 个 TBB 暴露剂量中，雌二醇的含量都显著升高，其中，在 5×10^{-2} mg/L 处理组中，雌二醇的含量升高了 2.8 倍，但是，4 个 TBB剂量对睾酮没有影响；而在 TBPH 暴露组（1.5 mg/L、3 mg/L、15 mg/L 和 30 mg/L），可观察到雌二醇和睾酮的含量都显著升高，其中在 15 mg/L 的 TBPH 剂量下，雌二醇的含量升高了 5.4 倍，而在 30 mg/L 的 TBPH 剂量下，睾酮含量上升了 1.96倍（Saunders et al.，2013）。从对 TBB 和 TBPH 暴露剂量和能影响激素含量的结果看，TBB 具有更强的生物学效应，而对 TBPH 而言，其效应发生在较高的剂量下，尽管离体细胞的敏感性一般要低于活体生物，但是根据离体结果可以推测，TBPH对哺乳动物类固醇激素合成途径的影响非常小。而另外一项以猪精巢原代培养细胞为对象的研究，其结果基本与在 H295R 细胞相似。将细胞分别单独暴露于 TBB（0.005 mg/L 和 0.5 mg/L）和 TBPH（0.15 mg/L 和 15 mg/L）中，48 h 后，测定雌二醇和睾酮的含量。结果显示，在 0.005 mg/L 的 TBB 暴露剂量下，可引起细胞中雌二醇的含量显著升高，而在较高暴露剂量（0.5 mg/L）下，雌二醇的含量并未受到影响。另外，在两种暴露剂量下，都没有改变细胞中睾酮的含量。而经 TBPH暴露的细胞，在 0.15 mg/L 和 15 mg/L 的剂量下，细胞中雌二醇和睾酮的含量都显著升高（Mankidy et al.，2014）。研究者进一步检测了类固醇生成途径相关基因的表达量，结果显示，TBB 暴露能上调 cyp21a2 的基因表达，而 TBPH 则显著上调

cyp11a1 的基因表达。总体上，从以 H295R 细胞株和猪精巢原代培养细胞为对象的离体研究看，受试的两种化合物对细胞株和原代细胞的结果一致，即 TBB 比 TBPH 具有更强的类固醇激素内分泌干扰效应，但是同时需要指出的是，该研究设置的暴露剂量太少（只有 2 个），不能获得剂量-效应关系，也不能获得引起最低效应的剂量，其结果也无法用来推测对人类的潜在影响。

上述离体实验初步发现，TBB 和 TBPH 具有影响 H295R 和原代培养的猪精巢细胞合成类固醇激素的活性。Saunders 等在 H295R 细胞实验的基础上，进一步评价了 TBB 和 TBPH 对鱼类的生殖内分泌干扰效应。以成年青鳉为对象，通过食物暴露的方式[TBB/TBPH：150∶150 μg/(g·d)和 1500∶1500 μg/(g·d)]，研究了 TBB 和 TBPH 混合物的生殖毒性，暴露时间为 21 天。结果显示，在高剂量组［1500∶1500 μg/(g·d)］，青鳉的产卵量显著下降，通过 qPCR 检测了 HPG 轴中与繁殖相关的关键基因的表达，发现在暴露组中，HPG 轴中的大部分基因的表达都显著低于对照组，但是表现出性别差异，如在雌性中，肝脏中 *erβ* 表达量较低，而 *vtgii* 的表达量较高。而在雄鱼性腺中，*erα*、*erβ* 和 *arα* 的表达较低，而在大脑中，*erβ* 和 *arα* 的表达也较低，此外在雄性中，与性激素合成有关的重要基因，如胆固醇的合成（*hmgr*）和转运（*hdlr*），与性激素合成（如 *cyp17*，*3β-hsd*）等显著下调，这可能与性激素含量下降有关。此外，青鳉大脑中的重要基因受到影响非常显著，如在雌鱼中促性腺激素释放激素（*gnrh*）的表达量下调了 15.59 倍，在雄鱼中，黄体生成素（*lhβ*）的表达量下调了 13.54 倍（Saunders et al.，2015）。该活体研究表明，TBB 和 TBPH 对鱼类具有明显的内分泌干扰和繁殖毒性效应，因此也验证了离体研究中观察到的生殖内分泌干扰效应。但是也需要指出的是，该暴露剂量较高，此外，只测定了食物中的含量，而并没有测定鱼体内的实际含量，因此无法与野外鱼类体内的含量比较，难以评价 TBB 和 TBPH 暴露对鱼类的内分泌干扰效应和生殖毒性效应。

13.4.4　TBP 的内分泌干扰效应

三溴苯酚（TBP）是溴苯酚类化合物中使用最为广泛的一种，主用于活性阻燃剂、抗菌剂和木材防腐剂（Covaci et al.，2011）。在工业生产中，TBP 还是生产其他溴代阻燃剂，如四溴双酚 A（TBBPA）和 BTBPE 的重要中间产物，而这些溴代阻燃剂在降解过程往往也能产生 TBP（Suzuki et al.，2008）。然而溴化酚类物质一般不容易被生物所降解，往往在环境中持续存在。据报道，2001 年 TBP 的全球产量达到 9100 t/a，此外，在自然界中，部分藻类、多毛类和苔藓类生物还能自身合成 TBP（OECD，2004；Sheikh，1975）。事实上，国外研究人员很早就开始关注自然环境中的 TBP。早在 20 世纪 70 年代就已经在水环境中检测到 TBP（Sheikh，

1975）。随后，在藻类、海绵、帚虫、软体动物、甲壳类和鱼类等水生生物体内也检测到 TBP（Koch and Sures，2017）。目前，在人的尿液、母乳、血液等中也都检测到了 TBP，食物可能是人类摄入 TBP 的主要途径（Koch and Sures，2017）。TBP 普遍存在于各种环境和生物体内，其生态环境问题和对人体健康的潜在风险引起了人们的关注。因而 2012 年，在欧盟《关于化学品注册、评估、授权和限制》（REACH）法规框架下，研究人员对 TBP 进行了安全评估（ECHA，2016）。尽管欧盟 2012～2016 年 TBP 的年生产量已经由 10000～100000 t 降至 1～10 t(Koch and Sures，2017)，但 TBP 是 TBBPA 和 BTBPE 合成的中间产物，同时在 TBBPA 和 BTBPE 代谢时也能产生 TBP，并且一些低等无脊椎动物可以合成 TBP，因此其环境问题将长期存在。在 NBFRs 中，TBP 属于水溶性相对较高的化合物（log K_{ow} = 4.13），也是较早受到关注的污染物。在本节中，将主要介绍 TBP 内分泌干扰效应方面的研究。

1. 甲状腺内分泌干扰效应

评估外源物质与甲状腺素运载蛋白（TTR）的结合能力是筛选甲状腺内分泌干扰物的重要方法，该离体方法曾用来评估溴代阻燃剂的甲状腺内分泌干扰活性。同样，有学者使用该方法评估了 TBP 的甲状腺内分泌干扰活性，即将同位素 ^{125}I 标记的 T4(55 nmol/L)和 TBP(0～62.5 μmol/L)加入到含有人类甲状腺素运载蛋白（TTR）的孵育液中，孵育过夜后，将未结合 ^{125}I 标记的 T4 洗脱，定量和 TTR 结合的 T4，以评估 TBP 与 TTR 的结合能力。结果显示，TBP 与 TTR 的结合能力很强，比天然 T4 高 10 倍，其 IC_{50} 仅为 0.0048 μmol/L，表明 TBP 具有很强的甲状腺内分泌干扰活性（Hamers et al.，2006）。同样 T-screen 实验也被用来评价 TBP 的甲状腺内分泌干扰效应。研究者将 GH3 细胞分别单独或复合暴露于 TBP（1.0×10^{-6} mol/L）、T3（1.0×10^{-9} mol/L）和甲状腺激素受体拮抗剂 1-850（5.0×10^{-6} mol/L）中，暴露 24 h 后，使用 qPCR 检测甲状腺激素 T3 依赖性相关因子的基因表达。结果显示，在 TBP 和 T3 暴露组，编码脱碘酶 dio1 和生长激素（gh）基因的表达量显著上调，尽管其表达幅度低于阳性对照 T3 诱导的表达量。此外，当用甲状腺激素受体抑制剂 1-850 预先处理 GH3 细胞后，可观察到 T3 或者 TBP 并不能诱导 dio1 基因上调表达，说明 TBP 与 T3 一样，都是经由 TR 途径诱导 dio1 的表达，但是并不影响 gh 的基因表达。同时观察到 TBP 和 T3 都能抑制促甲状腺激素受体（trβ）的表达，而预先经 1-850 和 T3 或者 TBP 暴露后，并不影响 trβ2 的表达（Lee et al.，2015）。因此 GH3 细胞暴露实验结果说明，TBP 具有较强的甲状腺激素干扰活性，而且能通过 TR 激活甲状腺激素依赖的响应基因 dio1 的表达，但是对 T3 依赖的生长激素基因的表达则没有影响，这也说明，dio1 更适合作为评估甲状腺内分泌干扰活性的检测指标。

动物的活体实验进一步证明 TBP 的甲状腺内分泌干扰效应。在一项以小鼠为对象的实验中，国外学者采用内暴露的方法（皮下注射），以 40 mg/（kg·d）和 250 mg/（kg·d）的 TBP 单独以及与 100 μg/(kg·d)甲状腺激素 T3 和 T4 复合暴露，时间持续 20 天，分析了甲状腺激素脱碘酶、甲状腺激素受体、促甲状腺激素受体等相关基因的表达。研究结果显示，在小鼠垂体中，两个剂量的 TBP 单独暴露都可引起 *dio1* 基因的表达量显著下降，但是 *dio2* 基因、生长激素基因（*gh*）的表达量则显著上调；*dio1* 和 *dio2* 的表达受到甲状腺激素的调控，在 T3 和 T4 单独暴露组，*dio1* 基因的表达量显著上升，但在 T3 和 T4 与 TBP 复合暴露组，*dio1* 基因的表达量都低于 T3 和 T4 单独暴露组。另外，在 T4 单独暴露组，*dio2* 的表达量显著下降，而在 T4 和 TBP 复合暴露组中，*dio2* 的表达量高于 T4 单独暴露组。在肝脏中，TBP 并不影响 *dio1* 的表达，但是也同样能抑制 T3 和 T4 诱导 *dio1* 基因的表达。这些结果表明，TBP 能抑制 T3 和 T4 的功能，并改变其下游响应基因 *dio1* 和 *dio2* 的表达，表现出抗甲状腺激素活性（Lee et al.，2016）。在小鼠中，甲状腺激素脱碘酶 *dio1* 和 *dio2* 是两种重要的甲状腺激素代谢酶，其中 *dio2* 的主要功能是催化 T4 转化为 T3，而 *dio1* 则不仅能催化 T4 转化为 T3，还能催化 T4 形成无生物活性的 rT3（Darras and Herck，2012），小鼠垂体中 *dio1* 和 *dio2* 基因的表达量变化最终可能会影响血液中 T3 和 T4 的含量。因此，研究者进一步测定了小鼠血液中游离态 T3 和 T4 的含量。结果显示，两个剂量的 TBP 均引起小鼠血液中 T3 和 T4 含量显著下降（Lee et al.，2016）。甲状腺激素的合成与分泌受到垂体中的促甲状腺激素（TSH）的调控，当血液中的甲状腺激素含量上升时，甲状腺激素与垂体中的甲状腺激素受体结合对 TSH 进行负反馈调节，以维持血液中甲状腺激素含量的稳定（Menezesferreira et al.，1986）。在小鼠的内暴露研究中，研究者还观察到 TBP 暴露引起小鼠垂体促甲状腺激素 β 亚基（*tshβ*）的表达量显著上调，而甲状腺激素受体 β2（*thrβ2*）的表达量则显著下调。另外，生长激素也是一种甲状腺激素的下游响应基因，在 T3 和 T4 单独暴露组，*gh* 的表达量显著上调，同样，在 TBP 暴露组，*gh* 的表达量也显著上调，而这些结果则表明 TBP 也可能是一种类甲状腺激素物质（Lee et al.，2016）。总之，以上实验结果表明，TBP 的暴露能引起小鼠甲状腺内分泌干扰效应。从现有的离体和活体研究结果来看，TBP 具有较强的甲状腺内分泌干扰活性。

2. 生殖内分泌干扰效应

核受体途径是外源物质干扰生殖内分泌的重要途径，因此研究外源物质与生殖内分泌相关受体的相互作用也是筛选生殖内分泌干扰物的重要手段。化学激活荧光素酶基因表达（chemical activated luciferase gene expression，Calux）检测法是在体外研究外源物质与体内核受体（雄激素受体 AR、雌激素受体 ER、孕激素受体 PR 等）相互作用的常用方法，其主要原理是外源物质结合特定受体后（如 ER），与雌激素应答元件（ERE）相互作用并激活报道基因（荧光素酶）的表达，而外源物质与核受体的作用能通过检测荧光素酶的活性进行评估（Hamers et al.，2006）。

国外学者以包含雌激素受体结合元件和荧光酶报道系统的人乳腺癌细胞 T47D 为对象，采用 Calux 检测法研究了 TBP 与雌激素受体的相互作用。将 0～12.5 μmol/L 的 TBP 加入到细胞孵育液中，24 h 后，检测荧光酶活性。结果显示，TBP 不具有雌激素活性，然而将 6 pmol/L 的雌二醇和 TBP 共同加入到 T47D 细胞孵育液中后，发现 TBP 显著抑制雌二醇诱导的荧光酶活性，这意味着 TBP 具有雌激素受体拮抗剂活性，并测定其 IC_{50} 为（8.3 ± 1.2）μmol/L（Hamers et al.，2006）。在评价 TBP 是否具有雌激素效应的同时，Hamers 等也研究了 TBP 对雌二醇代谢酶的影响。雌二醇代谢酶（雌二醇磺基转移酶，estradiolsulfotransferase，E2SULT）功能是将雌二醇硫酸化，失去生物活性，因此如果该酶被抑制，那么可能的结果是被代谢的雌二醇就少，意味着其在体内的含量相应就高。将 TBP（0～10 μmol/L）加入到含有 ^{3}H 标记的雌二醇（^{3}H-E2）（1 nmol/L）、磺基转移酶（2 μg）以及辅助因子 3′-磷酸腺苷-5′-磷酰硫酸（50 μmol/L）的孵育液中，待孵育完成后，用二氯甲烷清洗未反应的 ^{3}H-E2，采用放射性免疫方法定量分析硫酸化的 ^{3}H-E2，以评估 TBP 对 E2SULT 活性的影响。结果显示，TBP 能显著抑制 E2SULT 的活性，其 IC_{50} 为（0.27 ± 0.23）μmol/L（Hamers et al.，2006）。因此该研究间接证明 TBP 具有雌激素效应。但是需要指出的是，体内 TBP 的含量较低，难以达到抑制 E2SULT 的剂量。

以 H295R 细胞为对象，我国学者研究了包括 TBP 在内的几种溴酚（2-溴酚，2,4-二溴酚，2,6-二溴酚）对类固醇激素生成过程重要基因表达的影响，在检测的与类固醇激素合成有关的主要基因中，经 2-溴酚，2,4-二溴酚，2,6-二溴酚暴露后，受到最明显影响的是 *3β-hsd2* 基因，而且在所有暴露剂量下都显著上调。同样，不同剂量 TBP（0.09 μmol/L、0.9 μmol/L、9.0 μmol/L）处理 H295R 细胞，可观察到 *cyp11a*、*cyp11b2*、*cyp17*、*cyp19* 和 *cyp21*、羟基类固醇脱氢酶（*3β-hsd2*、*17β-hsd1/4*）、类固醇急性调控蛋白（*star*）和 3-羟基-3-甲基戊二酸单酰辅酶 A 还原酶（3-hydroxy-3-methyl glutaryl coenzyme A reductase，*hmgr*）的表达变化，其中最显著的是，3 种剂量的 TBP 均引起 *3β-hsd2* 基因的表达量显著上调（Ding et al.，2007）。3β-HSD 是合成雌激素、雄激素以及糖皮质激素的限速酶，该酶以及其他酶的表达受到影响，可能改变体内雌激素和雄激素的相对平衡而产生生殖内分泌干扰效应。

尽管该研究中没有测定睾酮和雌二醇的含量，但是基因表达的明显变化也意味着，TBP 具有干扰类固醇激素合成的潜力，尤其是 CYP19 编码的芳香化酶，能催化体内的睾酮转化为雌二醇，其表达量和酶活性的高低直接影响体内雌二醇含量。同样以 H295R 细胞为对象，有实验研究了 TBP 对 CYP19 芳香化酶的活力的影响。结果显示，在 0.5～7.5 μmol/L 暴露剂量范围内，TBP 能诱导 CYP19 芳香化酶的活力，并具有很好的剂量-效应关系（Cantón et al.，2005）。因此 TBP 的暴露有可能影响雌二醇和睾酮之间的平衡。需要指出的是，以上离体研究的暴露剂量一般高于动物或者人体中的含量，而就敏感性而言，细胞的敏感性要低于动物，细胞的快速筛选结果也不宜直接用来推测对生物的效应，需要活体实验来进一步验证。

在使用 H295R 细胞评价的基础上，我国学者以斑马鱼为对象，研究了 TBP 的生殖内分泌干扰效应以及对繁殖的影响。将斑马鱼暴露于 0.3 μg/L（环境剂量）和 3 μg/L 的 TBP 中，暴露时间从受精 2 天开始到受精后 120 天。结果发现，两个剂量的 TBP 均引起斑马鱼雌鱼的产卵量显著下降，表明环境低剂量的 TBP 对鱼类具有生殖毒性。随后，研究者分别采用 ELISA 和 qPCR 技术检测了斑马鱼血液中类固醇激素含量和肝脏中卵黄蛋白原的表达量，结果显示，在 3 μg/L TBP 暴露剂量下，雌鱼血液中睾酮、雌二醇含量以及肝脏卵黄蛋白原的表达量显著降低，而雄鱼血液中的睾酮、雌二醇含量以及肝脏中卵黄蛋白原的基因表达量则都显著升高。同时，雌鱼中与类固醇激素合成相关的细胞色素芳香化酶类（*cyp19a/b*）和类固醇脱氢酶类（*3β-hsd*，*17β-hsd*）的表达均显著下降，而雄鱼中与类固醇激素合成相关酶类基因（*3β-hsd*，*17β-hsd*，*cyp17*，*cyp19a*，*cyp19b*）的表达量则都显著上升。这些结果表明，环境低剂量下的 TBP 具有生殖内分泌干扰效应。有趣的是，该研究还发现，两种剂量 TBP 暴露导致斑马鱼雄性个体数量显著高于雌性，表现出雄激素效应（Deng et al.，2010）。雌激素在斑马鱼性腺分化中具有重要作用，细胞色素芳香化酶 *cyp19a* 在雌激素生成中具有关键作用，它能催化睾酮形成雌二醇，因此该研究推测，TBP 可能通过抑制性腺中 CYP19A 的表达引起鱼体内雌激素含量下降，并最终影响性腺向雄性方向分化。此外，经 0.3 μg/L 和 3 μg/L TBP 暴露后，子代的畸形率显著上升，而存活率和体长则显著下降，这表明 TBP 母代暴露还能引起子代的发育毒性效应（Deng et al.，2010）。

另一报道是通过食物暴露的途径，研究 TBP 对斑马鱼的生殖内分泌干扰效应。将性成熟的斑马鱼连续喂食 3 个剂量的 TBP（33 μg/g、330 μg/g 和 3300 μg/g），时间为六周。结果发现，在 330 μg/g 和 3300 μg/g 的处理组中，母代斑马鱼（F0）和 F1 代胚胎中均能检测出 TBP 及其代谢产物 2,4,6-三溴苯甲醚（TBA）；在 3300 μg/g 的剂量下，雌性斑马鱼体内 TBP 和 TBA 的平均含量分别为 2.1 μg/g 和 0.65 μg/g，然而斑马鱼日均 TBP 摄取量约为 66 μg/g，经估算，只有 3%左右的 TBP 积累在斑马鱼体内，而其中约 30%的 TBP 被代谢为 TBA。结果表明，TBP 能在斑马鱼体内代谢并传递给子代，然而 TBP 的积累量较少，其生物积累放大能力可能比较低（Haldén et al., 2010）。尽管在子代斑马鱼胚胎中能检测到 TBP 及其代谢产物 TBA，但可能由于剂量较低（88 ng/g），并未发现胚胎发育受到影响。此外，进一步研究了 TBP 暴露后对斑马鱼的繁殖能力、性腺形态、卵黄蛋白原（VTG）含量以及胚胎的影响。结果显示，在 3300 μg/g 的 TBP 暴露剂量下，斑马鱼子代的受精率显著下降，组织切片观察则发现在高浓度暴露组中（3300 μg/g），雌性斑马鱼卵巢中闭锁卵泡的数量显著上升，且卵细胞中的卵黄颗粒大小显著下降，而雄鱼的精囊数量显著下降，雌性斑马鱼 VTG 的含量显著升高，而雄鱼的 VTG 则没有受到影响（Haldén et al., 2010）。以上研究表明，经水相或者食物途径暴露环境低剂量的TBP，对鱼类具有繁殖毒性效应。

13.5　本　章　结　论

本章主要总结了 NBFRs 中几种生产和使用量较大，而且在环境中含量较高的几种代表性新型溴代阻燃剂的环境行为以及现有毒理学研究进展。目前，我国环境中和生物体内 NBFRs，特别是 DBDPE 的含量快速上升，甚至已经取代PBDEs 成为溴代阻燃剂中的主要污染物，可以预计，随着 PBDEs 等传统溴代阻燃剂的限制和禁用，NBFRs 的使用量将会继续上升，其在环境和动物，包括人体内的含量会继续升高，对我国的生态环境和人体健康造成潜在威胁。值得注意的是，新型溴代阻燃剂中的部分化合物具有环境持久性、生物蓄积性和远距离迁移等 POPs 的基本特征。然而对其毒性效应、生态环境风险以及对人类健康的潜在危害了解的非常少，很多方面的研究内容基本属于空白，有待开展毒性效应的研究，这不仅在科学上揭示新型有机污染物毒性效应和机制，且在国家层面上，研究结果，特别是引起毒性效应的剂量，可为制定环境标准、管理政策等提供科学依据。

参 考 文 献

甘起霓. 2000. HepG2 在体外遗传毒理学中的应用. 环境卫生学杂志, 5: 293-295.
田志刚, 张建华. 1994. MTT 法在检测细胞因子与细胞毒效应中的应用. 中国肿瘤生物治疗杂志, 1: 74-79.
万小琼, 吴文忠, 贺纪正. 2002. 利用草鱼原代肝细胞培养评价二噁英毒性效应. 中国环境科学, 22: 114-117.
王雪莉, 高宏. 2016. 持久性有机污染物在陆生食物链中的生物积累放大模拟研究进展. 生态与农村环境学报, 32: 531-538.

魏虎来. 1996. MTT 法和 LDH 法检测 T-AK 细胞活性的研究. 兰州大学学报(医学版), 3: 9-11.

徐镜波, 王咏, 张蕾, 王春霞. 2003. 9 种硝基苯对鱼肝微粒体 EROD 活性的影响. 环境科学研究, 16: 43-45.

张轶雯, 方罗, 郑小卫, 李清林, 童莹慧, 鲍美华, 黄萍. 2017. 细胞色素 P450 酶的表观遗传学调控及研究进展. 中国现代应用药学, 34: 293-297.

Arias PA. 2001. Brominated flame retardants—An overview. The Second International Workshop on Brominated Flame Retardants, BFR 2001, May 14-16, Stockholm 17-9.

Bailey JM, Levin ED. 2015. Neurotoxicity of FireMaster 550® in zebrafish (Danio rerio): Chronic developmental and acute adolescent exposures. Neurotoxicology and Teratology, 52: 210-219.

Bianco AC, Salvatore D, Gereben BZ, Berry MJ, Reed Larsen P. 2002. Biochemistry, cellular and molecular biology, and physiological roles of the iodothyronine selenodeiodinases. Endocrine Reviews, 23: 38-89.

Butt CM, Wang D, Stapleton HM. 2011. Halogenated phenolic contaminants inhibit the in vitro activity of the thyroid-regulating deiodinases in human liver. Toxicological Sciences, 124: 339-347.

Cantón RF, Sanderson JT, Letcher RJ, Bergman A, van den Berg M. 2005. Inhibition and induction of aromatase (CYP19) activity by brominated flame retardants in H295R human adrenocortical carcinoma cells. Toxicological Sciences, 88: 447-455.

Chen SJ, Feng AH, He MJ, Chen MY, Luo XJ, Mai B. 2013. Current levels and composition profiles of pbdes and alternative flame retardants in surface sediments from the Pearl River Delta, southern China: Comparison with historical data. Science of the Total Environment, 444: 205-211.

Covaci A, Harrad S, Abdallah MAE, Ali N, Law RJ, Herzke D, de Wit CA. 2011. Novel brominated flame retardants: A review of their analysis, environmental fate and behaviour. Environment International, 37: 532-556.

Darras VM, Van Herck SL. 2012. Iodothyronine deiodinase structure and function: From ascidians to humans. Journal of Endocrinology, 215: 189-206.

Darras VM, Verhoelst CH, Reyns GE, Kühn ER, Van GS. 2006. Thyroid hormone deiodination in birds. Thyroid Official Journal of the American Thyroid Association, 16: 25-35.

Deng J, Liu C, Yu L, Zhou B. 2010. Chronic exposure to environmental levels of tribromophenol impairs zebrafish reproduction. Toxicology and Applied Pharmacology, 243: 87-95.

Ding L, Murphy MB, He Y, Xu Y, Yeung LWY, Wang J, Zhou B, Lam PKS, Wu RSS, Giesy JP. 2007. Effects of brominated flame retardants and brominated dioxins on steroidgenesis in H295R cells. Environmental Toxicology and Chemistry 26, 764-772.

ECHA (European Chemicals Agency). 2016. Substance Evaluation conclusion as required by REACH article 48 and evaluation report for 2,4,6-tribromophenol. Available online. https: //echa.europa.eu/information-on-chemicals/evaluation/community-rolling-action-plan/corap-table/-/dislist/details/0b0236e18071f2ba.

EFSA (European food safety authority). 2012. Scientific opinion on brominated flame retardants (BFRs) in food: Brominated phenols and their derivates. EFSA J. Available online http:

//onlinelibrary.wiley.com/doi/10.2903/j.efsa.2012.2634/.

Egloff C, Crump D, Chiu S, Manning G, McLaren KK, Cassone CG, Letcher RJ, Gauthier LT, Kennedy SW. 2011. *In vitro* and *in ovo* effects of four brominated flame retardants on toxicity and hepatic mRNA expression in chicken embryos. Toxicology Letters, 207: 25-33.

Feng M, Qu R, Wang C, Wang L, Wang Z. 2013. Comparative antioxidant status in freshwater fish Carassius auratus exposed to six current-use brominated flame retardants: A combined experimental and theoretical study. Aquatic Toxicology, 140-141: 314-323.

Foster PM. 2006. Disruption of reproductive development in male rat offspring following in utero exposure to phthalate esters. International Journal Andrology, 29: 140-147.

Freitas J, Cano P, Craig-Veit C, Goodson ML, Furlow D, Murk AJ. 2011. Detection of thyroid hormone receptor disruptors by a novel stable *in vitro*, reporter gene assay. Toxicology *in Vitro* An International Journal Published in Association with Bibra, 2011, 25: 257-266.

Gutleb AC, Meerts IA, Bergsma JH, Schriks M, Murk AJ. 2005. T-Screen as a tool to identify thyroid hormone receptor active compounds. Environmental Toxicology and Pharmacology, 19: 231-238.

Ha HR, Stieger B, Grassi G, Altorfer HR, Follath F. 2000. Structure-effect relationships of amiodarone analogues on the inhibition of thyroxine deiodination. European Journal Clinical Pharmacology, 55: 807-814.

Haldén AN, Nyholm JR, Andersson PL, Holbech, H, Norrgren L. 2010. Oral exposure of adult zebrafish (*Danio rerio*) to 2,4,6-tribromophenol affects reproduction. Aquatic Toxicology, 99: 30-37.

Hamers T, Kamstra JH, Sonneveld E, Murk AJ, Monique HA, Andersson PL, Legler J, Brouwer A. 2006. *In vitro* profiling of the endocrine-disrupting potency of brominated flame retardants. Toxicological Sciences, 92: 157-173.

Hardy ML, Krueger HO, Blankinship AS, Thomas S, Kendall TZ, Desjardins D. 2012. Studies and evaluation of the potential toxicity of decabromodiphenyl ethane to five aquatic and sediment organisms. Ecotoxicology and Environmental Safety, 75: 73-79.

Hardy ML, Mercieca MD, Rodwell DE, Stedeford T. 2010. Prenatal developmental toxicity of decabromodiphenyl ethane in the rat and rabbit. Birth Defects Research Part B Developmental and Reproductive Toxicology, 89: 139-146.

He MJ, Luo XJ, Chen MY, Sun YX, Chen SJ, Mai BX. 2012. Bioaccumulation of polybrominated diphenyl ethers and decabromodiphenyl ethane in fish from a river system in a highly industrialized area, South China. Science of The Total Environment, 419: 109-115.

Head JA, O'Brien J, Kennedy SW. 2006. Exposure to 3,3',4,4',5-pentachlorobiphenyl during embryonic development has a minimal effect on the cytochrome P4501A response to 2,3,7,8-tetrachlorodibenzo-*p*-dioxin in cultured chicken embryo hepatocytes. Environmental Toxicology and Chemistry, 25: 2981-2989.

Hoh E, Zhu L, Hites RA. 2005. N flame retardants, 1,2-bis(2,4,6-tribromophenoxy) ethane and 2,3,4,5,6-pentabromoethylbenzene, in United States' environmental samples. Environmental Science and Technology, 39: 2472-2477.

Isobe T, Ogawa SP, Ramu K, Sudaryanto A, Tanabe S. 2012. Geographical distribution of non-PBDE-brominated flame retardants in mussels from Asian coastal waters. Environmental Science and Pollution Research, 19: 3107-3117.

Johnson PI, Stapleton HM, Mukherjee B, Hauser R, Meeker JD. 2013. Associations between brominated flame retardants in house dust and hormone levels in men. Science of the Total Environment, 445: 177-184.

Kajiwara N, Noma Y, Takigami H. 2007. Photolytic debromination of deca-BDE and DBDPE in flame-retarded plastics. Organohalogen Compounds, 69: 924-928.

Kierkegaard A, Björklund J, Fridén U. 2004. Identification of the flame retardant decabromodiphenyl ethane in the environment. Environmental Science and Technology, 38: 3247-3253.

Klopčič I, Skledar DG, Mašič LP, Dolenc S. 2016. Comparison of in vitro hormone activities of novel flame retardants TBB, TBPH and their metabolites TBBA and TBMEPH using reporter gene assays. Chemosphere, 160: 244-251.

Koch C, Sures B. 2017. Environmental concentrations and toxicology of 2,4,6-tribromophenol (TBP). Environmental Pollution, 233: 706-713.

Labunska I, Abdallah AE, Eulaers I, Covaci A, Tao F, Wang M, Santillo D, Johnston P, Harrad S. 2015. Human dietary intake of organohalogen contaminants at e-waste recycling sites in Eastern China. Environment International, 74: 209-220.

Law K, Halldorson T, Danell R, Stern G, Gewurtz S, Alaee M, Marvin C, Whittle M, Tomy G，2006. Bioaccumulation and trophic transfer of some brominated flame retardants in a lake winnipeg (Canada) food web. Environmental Toxicology & Chemistry, 25(8): 2177-2186.

Lee D, Ahn C, Hong EJ, An BS, Hyun SH, Choi KC, Jeung EB. 2016. 2,4,6-tribromophenol interferes with the thyroid hormone system by regulating thyroid hormones and the responsible genes in mice. International Journal of Environmental Research and Public Health, 13: 697-707.

Lee D, Kim K, Lee J H, Ahn C, Jeung EB. 2015. A brominated flame retardant, 2,4,6-tribromophenol, induces thyroid marker Dio1 expression in GH3 cell. Reproductive Toxicology, 56: 21-22.

Leonetti C, Butt CM, Hoffman K, Miranda ML, Stapleton HM. 2016. Concentrations of polybrominated diphenyl ethers (PBDEs) and 2, 4, 6-tribromophenol in human placental tissues. Environment International, 88: 23-29.

Lin Y, Ma J, Qiu X, Zhao Y, Zhu T. 2015. Levels, spatial distribution and exposure risk of decabromodiphenylethane in soils of North China. Environmental Science and Pollution Research, 22: 13319-13327.

Mankidy R, Ranjan B, Honaramooz A, Giesy PJ. 2014. Effects of novel brominated flame retardants on steroidogenesis in primary porcine testicular cells. Toxicology Letters, 224: 141-146.

Menezesferreira MM, Petrick PA, Weintraub BD. 1986. Regulation of thyrotropin (TSH) bioactivity by TSH-releasing hormone and thyroid hormone. Endocrinology, 118: 2125-2130.

Möller A, Xie Z, Sturm R, Renate S, Ralf E. 2011. Polybrominated diphenyl ethers (PBDEs) and alternative brominated flame retardants in air and seawater of the European Arctic. Environmental Pollution, 159: 1577-1583.

Nakari T, Huhtala S, 2010. In vivo and in vitro toxicity of decabromodiphenyl ethane, a flame retardant. Environmental Toxicology, 25: 333-338.

OECD (Organisation for economic Co-operation and Development). 2004. OECD SIDS initial assessment report: Tribromophenol. Available online. http: // www.inchem.org/documents/sids/sids/118796.pdf.

Qi H, Li W, Liu L, Song W, Ma W, Li Y. 2014b. Brominated flame retardants in the urban atmosphere of Northeast China: Concentrations, temperature dependence and gas-particle partitioning. Science of the Total Environment, 491-492: 60-66.

Qi H, Li W, Liu L, Zhang Z, Zhu N, Song W, Ma W, Li Y. 2014a. Levels, distribution and human exposure of new non-BDE brominated flame retardants in the indoor dust of China. Environmental Pollution, 195: 1-8.

Richard K, Hume R, Kaptein E, Kaptein E, Sanders JP, Van TH, De Herder WW, Den Hollander JC, Krenning EP, Visser TJ. 1998. Ontogeny of iodothyronine deiodinases in human liver. Journal of Clinical Endocrinology and Metabolism, 83: 2868-2874.

Routledge E, Sumpter J. 1996. Estrogenic activity of surfactants and some of their degradation products assessed using a recombinant yeast screen. Environmental Toxicology and Chemistry 15: 241-248.

Saunders DM, Higley EB, Hecker M, Mankidy R, Giesy JP. 2013. *In vitro* endocrine disruption and TCDD-like effects of three novel brominated flame retardants: TBPH, TBB, & TBCO. Toxicology Letters, 223: 252-259.

Saunders DM, Podaima M, Codling G, Giesy JP, Wiseman S. 2015. A mixture of the novel brominated flame retardants TBPH and TBB affects fecundity and transcript profiles of the HPGL-axis in Japanese medaka. Aquatic Toxicology, 158: 14-21.

Schuur AG, Legger FF, Van Meeteren ME, Moonen MJH, Van Leeuwen-Bol I, Bergman Å, Visser TJ, Brouwer A. 1998. *In vitro* inhibition of thyroid hormone sulfation by hydroxylated metabolites of halogenated aromatic hydrocarbons. Chemical Research in Toxicology, 11: 1075-1081.

Sheikh YM. 1975. 2,6-Dibromophenol and 2,4,6-tribromophenols. Antiseptic secondary metabolites of *Phoronopsis viridis*. Experientia, 31: 265-266.

Shi Z, Zhang L, Li J, Zhao Y, Sun Z, Zhou X, Wu Y. 2016. Novel brominated flame retardants in food composites and human milk from the Chinese Total Diet Study in 2011: Concentrations and a dietary exposure assessment. Environment International, 96: 82-90.

Skledar D G, Tomašič T, Carino A, Distrutti, Fiorucci Stefano, Mašic LP. 2016. New brominated flame retardants and their metabolites as activators of the pregnane X receptor. Toxicology Letters, 259: 116-123.

Smythe T A, Butt C M, Stapleton H M, Pleskach K, Ratnayake G, Song C Y, Riddel N, Konstantinov A, Tomy G T. 2017. Impacts of unregulated novel brominated flame retardants on human liver thyroid deiodination and sulfotransferation. Environmental Science and Technology, 51: 7245-7253.

Springer C, Dere E, Hall SJ, McDonnell EV, Robert SC, Butt CM, Stapleton HM, Watkins DJ, McClean MD, Webster EV, Schlezinger JJ, Boekelheide K. 2012. Rodent thyroid, liver and fetal testis toxicity of the monoester metabolite of bis-(2-ethylhexyl)tetrabromonophtalate (TBPH), a novel brominated flame retardant present in indoor dust. Environmental Health Perspectives, 120: 1711-1719.

Stapleton HM, Allen JG, Kelly SM, Konstantinov A, Klosterhaus S, Watkins D, McClean MD. Webster TF. 2008. Alternate and new brominated flame retardants detected in U.S. house dust. Environmental Science and Technology, 42: 6910-6916.

Sun R, Xi Z, Yan J, Yang H. 2012. Cytotoxicity and apoptosis induction in human HepG2 hepatoma cells by decabromodiphenyl ethane. Biomedical and Environmental Sciences, 25: 495-501.

Sun R, Xi Z, Zhang H, Zhang W. 2014. Subacute effect of decabromodiphenyl ethane on hepatotoxicity and hepatic enzyme activity in rats. Biomedical and Environmental Sciences, 27: 122-125.

Suzuki G, Takigami H, Watanabe M, Takahashi S, Nose K, Asari M, Sakai SI. 2008. Identification of brominated and chlorinated phenols as potential thyroid-disrupting compounds in indoor dusts. Environmental Science and Technology, 42: 1794-1800.

Tomy G T, Palace V P, Pleskach K, Ismail N, Oswald T, Danell R, Wautier K, Evans B. 2007. Dietary exposure of juvenile rainbow trout (*Oncorhynchus mykiss*) to 1, 2-bis(2, 4, 6-tribromophenoxy) ethane: Bioaccumulation parameters, biochemical effects, and metabolism. Environmental Science and Technology, 41: 4913-4918.

USEPA. 2006. Non-confidential 2006 IUR Records by Chemical. Inventory Update Reporting(IUR), US Environmental Protection Agency. http: //www.epa.gov/oppt/iur/ tools/data/index.html.

Verreault J, Gebbink WA, Gauthier LT, Gabrielsen GW, Letcher RJ. 2007. Brominated flame retardants in Glaucous Gulls from the Norwegian Arctic: More than just an issue of polybrominated diphenyl ethers. Environmental Science and Technology, 41: 4925-4931.

Visser TJ. 1994. Role of sulfation in thyroid hormone metabolism. Chemico-Biological Interactions, 92: 293-303.

Vorkamp K, Bossi R, Rigét FF, Skow H, Sonne C, Dietz R. 2015. Novel brominated flame retardants and dechlorane plus in Greenland air and biota. Environmental Pollution, 196: 284-291.

Wang F, Wang J, Dai J, Hu G, Wang J, Luo X, Mai B. 2010a. Comparative tissue distribution, biotransformation and associated biological effects by decabromodiphenyl ethane and decabrominated diphenyl ether in male rats after a 90-day oral exposure study. Environmental Science and Technology, 44: 5655-5660.

Wang J, Ma YJ, Chen SJ, Tian M, Luo XJ, Mai BX. 2010b. Brominated flame retardants in house dust from e-waste recycling and urban areas in South China: Implications on human exposure. Environment International, 36: 535-541.

Watanabe I, Kashimoto T, Tatsukawa R. 1986. Hexabromobenzene and its debrominated compounds in river and estuary sediments in Japan. Bulletin of Environmental Contamination and Toxicology, 36: 778-784.

Watanabe I, Sakai S. 2003. Environmental release and behavior of brominated flame retardants. Environment International, 29: 665-682.

WHO. 1997. Flame retardants: A general introduction, 192. Environmental health criteria, Geneve.

Wu JP, Guan YT, Zhang Y, Luo XJ, Zhi H, Chen SJ, Mai B. 2010. Trophodynamics of hexabromocyclododecanes and several other non-PBDE brominated flame retardants in a fresh water food web. Environmental Science and Technology, 44: 5490-5495.

Yu G, Bu Q, Cao Z, Du X, Xia J, Wu M, Huang J. 2016. Brominated flame retardants (BFRs): A review on environmental contamination in China. Chemosphere, 150: 479-490.

Zarean M, Keikha M, Poursafa P, Poursafa P, Khalighinejad P, Amid M, Kelishadi R. 2016. A systematic review on the adverse health effects of di-2-ethylhexyl phthalate. Environmental Science and Pollution Research, 23: 24642-24693.

Zhang X, Lu Q.2011. Production status and developing prospects of flame retardants. China Plastics Industry, 39: 1-5.

Zhang Y, Luo XJ, Wu JP, Liu J, Wang J, Chen SJ, Mai BX, 2010. Contaminant pattern and bioaccumulation of legacy and emerging organhalogen pollutants in the aquatic biota from an e-waste recycling region in south china. Environmental Toxicology & Chemistry, 29: 852-859.

Zhen X, Tang J, Xie Z, Wang R, Huang G, Zheng Q, Zhang K, Tian SY, Pan X, Li J, Zhang G. 2016. Polybrominated diphenyl ethers (PBDEs) and alternative brominated flame retardants (aBFRs) in sediments from four bays of the Yellow Sea, North China. Environmental Pollution, 213: 386-394.

Zheng J, Luo X J, Yuan J G, Wang J, Wang Y T, Chen S J, Mai B, Yang Z Y. 2011. Levels and sources of brominated flame retardants in human hair from urban, e-waste, and rural areas in South China. Environmental Pollution, 159: 3706-3713.

Zhu B, Lai NL, Wai TC, Chan LL, Lam JC, Lam PK, 2014. Changes of accumulation profiles from PBDEs to brominated and chlorinated alternatives in marine mammals from the south china sea. Environment International, 66: 65-70.

附录　缩略语（英汉对照）

AC　　　　　adenylate cyclase，腺苷酸环化酶

ACOX　　　　acyl-CoA oxidase，脂酰辅酶 A 氧化酶

ACTH　　　　adrenocorticotropic hormone，促肾上腺皮质激素

AhR　　　　　aryl hydrocarbon receptor，芳香烃受体

AhRR　　　　AhR repressor，芳香烃受体抑制子

AMA　　　　　amphibian metamorphosis assay，两栖类变态实验

AMH　　　　　anti-Müllerian hormone，抗缪勒氏管激素

APFO　　　　ammonium perfluorooctanoate，全氟辛酸铵盐

AR　　　　　androgen receptor，雄激素受体

ARNT　　　　AHR nuclear translocator，芳香烃受体核转位蛋白

AVPV　　　　anteroventral periventricular nucleus，腹侧脑室旁核区域

Basp1　　　　brain acid soluble protein 1，脑酸溶性蛋白 1

BCF　　　　　bioconcentration factor，生物富集因子

BEHv7　　　　highest eigen value n. 7 of Burden matrix，Burden 矩阵最高特征值

bFGF　　　　basic fibroblast growth factor，碱性成纤维细胞生长因子

BFRs　　　　brominated flame retardants，溴代阻燃剂

BPA　　　　　bisphenol A，双酚 A

BPF　　　　　bisphenol S，双酚 F

BPS　　　　　bisphenol S，双酚 S

BTP　　　　　butylated triphenyl phosphate，磷酸叔丁基二苯酯

BTBPE　　　　1,2-bis(2,4,6-tribromophenoxy)ethane，1,2-二（2,4,6-三溴苯氧基）乙烷

CALUX　　　　chemical activated luciferase gene expression，化学激活荧光素酶基因表达

cAMP　　　　cyclic adenosine monophosphate，环磷酸腺苷

CAP-23　　　　cytoskeleton associated protein-23，细胞骨架相关蛋白-23

CAR　　　　　constitutive activated/androstane receptor，组成性雄甾烷受体

CG　　　　　chorionic gonadotropin，绒毛膜促性腺激素

CHO　　　　　Chinese hamster ovary cells，中国仓鼠卵巢细胞

CoA	coactivator，共激活因子
CoMFA	comparative molecular field analysis，分子场分析法
CoMSIA	comparative similarity indices analysis，分子相似性指数
CoR	corepressor，共抑制因子
CpG	cytosine-phosphate-guanine，胞嘧啶鸟嘌呤二核苷酸
CPs	chlorinated paraffins，氯化石蜡
CRH	corticotrophin-releasing hormone，促肾上腺皮质激素释放激素
CYP3A1	cytochrome P4503A1，细胞色素 P4503A1
DBD	DNA-binding domain，DNA 结合域
DBDPE	decabromodiphenylethane，十溴二苯乙烷
DBP	di-n-butyl phthalate，邻苯二甲酸二丁酯
DDE	dichlorodiphenyldichloroethylene，滴滴伊
DDT	dichlorodiphenyltrichloroethane，滴滴涕
DEHP	di(2-ethylhexyl)phthalate，邻苯二甲酸二(2-乙基己基)酯
DES	diethylstilbestrol，己烯雌酚;dihydrodiethylstilbestrol，己烷雌酚
DHEA	dehydroepiandrosterone，去氢表雄酮
DHP	$17\alpha,20\beta$-dinydroxy-4-pregnene-3-one，$17\alpha,20\beta$-双羟孕酮
DHT	5α-reduced derivative dihydrotestosterone，5α-二氢睾酮
DHT	dihydrotestosterone，双氢睾酮
Dio	deiodinase，脱碘酶
EC_{50}	50% effective concentration，半数效应浓度
EDCs	endocrine-disrupting chemicals，内分泌干扰物
EER	estrogen-related receptor，雌激素相关受体
EGFR	epidermal growth factor receptor，激活表皮生长因子受体
EHDPP	2-ethylhexyl diphenyl phosphate，2-乙基己基二苯基磷酸酯
ELISA	enzyme-linked immunosorbent assay，酶联免疫吸附测定
ER	estrogenic receptor，雌激素受体
ERE	estrogen responsive element，雌激素应答元件
ERK	extracellular signal-regulated kinase，细胞外信号调节激酶
EROD	7-ethoxyresorufin-O-deethylase，7-乙氧基-3-异吩恶唑酮-脱乙基酶
FRTL5	rat thyroid cells，大鼠甲状腺细胞
FRTL-5	thyroid follicular cell lines，甲状腺囊泡细胞
FSH	follicle-stimulating hormone，卵泡刺激素

FTOHs	fluorotelomer alcohols，氟调聚物醇
GAP-43	growth associated protein 43，生长相关蛋白-43
GH	growth hormone，生长激素
GH3	rat pituitary tumor cells，大鼠垂体瘤细胞
GnRH	gonadotropin-releasing hormone，促性腺激素释放激素
GPER	G protein coupled estrogen receptor 1，G 蛋白耦联雌激素受体 1
GPR30	G protein-coupled receptor 30，G 蛋白耦联受体 30
GR	glucocorticoid receptor，糖皮质激素受体
GSI	gonadosomatic index，性腺指数
HBCD	hexabromocyclododecane，六溴环十二烷
HCB	hexachlorobenzene，六氯苯
hCG	human chorionic gonadotropin，人绒膜促性腺激素
HDL	high density lipoprotein，高密度脂蛋白
$HFPO_2$	dimer of hexafluoropropylene oxide，六氟环氧丙烷二聚体
HIF-1	hypoxia-inducible factor-1，缺氧诱导因子
HMGR	3-hydroxy-3-methyl glutaryl coenzyme A reductase，3-羟基-3-甲基戊二酸单酰辅酶 A 还原酶
HPA	hypothalamic-pituitary-adrenal，下丘脑-垂体-肾上腺
HPG	hypothalamus-pituitary-gonadal，下丘脑-垂体-性腺
HPT	hypothalamus-pituitary-thyroid，下丘脑-垂体-甲状腺
HSA	human serum albumin，人血清白蛋白
22R-HC	22R-hydroxycholesterol，22(R)-羟基胆固醇
3β-HSD	3β-hydroxysteroid dehydrogenase，3β-羟类固醇脱氢酶
17β-HSD	17β-hydroxysteroid dehydrogenase，17β-羟类固醇脱氢酶
11β-HSD2	11β-hydroxysteroid dehydrogenase type II，11β-羟类固醇脱氢酶 II
HSI	heptosomatic index，肝脏指数
11-KT	11-ketotestosterone，11-酮基睾酮
IC_{50}	half maximal inhibitory concentration，半数抑制浓度
IR	insulin resistance，胰岛素抗性
LBD	ligand binding domain，配体结合域
LBW	low birth weight，低出生体重
LD_{50}	median lethal dose，半数致死剂量
LDH	lactate dehydrogenase release，乳酸脱氢酶释放法

LDHx　　　　lactate dehydrogenase isoenzyme-x，乳酸脱氢酶同工酶

L-FABP　　　liver fatty acid binding protein，肝脏脂肪酸结合蛋白

LH　　　　　luteotropic hormone，促黄体生成素

LOEC　　　　lowest observed effect concentration，最低观察效应浓度

MAP-2　　　　microtubule associated protein 2，微管相关蛋白-2

MDRs　　　　multidrug resistance proteins，多药耐药蛋白

MIH　　　　　maturation-inducing hormone，成熟诱导激素

mLTC-1　　　mouse Leydig tumor cells，小鼠睾丸间质瘤细胞

MNGs　　　　multinucleated germ cells，多核精细胞

MPF　　　　　maturation-promoting factor，成熟促进因子

MR　　　　　mineral corticoid receptor，盐皮质激素受体

MRPs　　　　multidrug resistance associated proteins，多药耐药联合蛋白

Ms　　　　　mean electrotopological state，平均电性拓扑态

NBFRs　　　　novel brominated flame retardants，新型溴代阻燃剂

NGF　　　　　nerve growth factor，神经生长因子

NIS　　　　　sodium/iodide symporter，钠碘转运体

NMDA　　　　N-methyl-D-aspartic acid receptor，N-甲基-D-天冬氨酸受体

NOAEC　　　no observed adverse effect concentration，无可观察效应浓度

NP　　　　　nonylphenol，壬基酚

OATPs　　　　organic anion transporting polypeptides，有机阴离子转运多肽

OCPs　　　　organochlorides，有机氯杀虫剂

8-OHdG　　　8-hydroxy-2'-deoxyguanosine，8-羟基脱氧鸟苷

Oo　　　　　oogonia，卵原细胞

OPEs　　　　organophosphorus esters，有机磷酸酯

OPFRs　　　　organophosphorus flame retardants，有机磷阻燃剂

OR　　　　　odds ratio，比值比

p,p′-DDE　　*p,p′*-dichlorodiphenylethane，1,1-二氯-2,2-双对氯苯基乙烯

p,p′-DDT　　*p,p′*-dichlorodiphenyltrichloroethane，2,2-双 4-氯苯基-1,1,1-三氯乙烷

PAEs　　　　phthalic acid esters，邻苯二甲酸酯，酞酸酯

PAHs　　　　polycyclic aromatic hydrocarbons，多环芳烃化合物

Pax8　　　　paired box gene 8，双链复合蛋白 8

PBBs　　　　polybrominated biphenyls，多溴联苯

PBDDs　　　　polybrominated dibenzo-*p*-dioxins，多溴代二苯并-对-二噁英

PBDEs	polybrominated diphenyl ethers，多溴二苯醚
PBDFs	polybrominated dibenzodibenzofurans，多溴代二苯并呋喃
PCAs	polychlorinated alkanes，多氯代烷烃
PCBs	polychlorinated biphenyls，多氯联苯
PCP	pentachlorophenol，五氯酚
PFASs	perflurorinated alkylated substances，全氟烃基化合物
PFBS	perfluorobutane sulfonate，全氟丁基磺酸
PFCAs	perfluoroalkyl carboxylic acids，全氟羧酸类
PFCs	perfluorniated compounds，全氟代化合物
PFECAs	perfluoroalkyl ether carboxylic acids，全氟聚醚磺酸
PFESAs	perfluoroalkyl ether sulfonic acids，全氟聚醚羧酸
PFHxS	perfluorohexane sulfonate，全氟己基磺酸
PFOA	perfluorooctanoic acid，全氟辛酸
PFOI	perfluorooctyl iodide，全氟辛基碘烷
PFOS	perfluorooctane sulfonate，全氟辛基磺酸
PFPEs	perfluoropolyethers，全氟聚醚
PFSAs	perfluoroalkyl sulfonic acids，全氟磺酸类
PGC-1α	peroxisome proliferators-activated receptor-γ coactivator-1α，PPARγ 共激活因子 1α
PKA	protein kinase A，蛋白激酶 A
PLS	partial least squares，偏最小二乘法
PLTP	phospholipid transfer protein，磷脂转移蛋白
POPs	persistent organic pollutants，持久性有机污染物
POSF	perfluoro-1-octanesulfonyl fluoride，全氟辛基磺酰氟
PPAR	peroxisome proliferator activated receptor，过氧化物酶体增殖物激活受体
PreO	preovulatory oocytes，排卵前期卵母细胞
PreV	previtellogenic oocytes，卵黄发生前期卵母细胞
PRL	prolactin，催乳素
PROD	pyranose oxidase，吡喃葡萄糖氧化酶
P450scc	cholesterol side-chain cleavage enzyme，胆固醇侧链裂解酶
PTTG	pituitary tumor-transforming gene，垂体癌转化基因
PXR	pregnane X receptor，孕烷 X 受体

PI3K	phosphatidylinositol 3-kinase，磷脂酰肌醇-3 激酶
QM/MM	quantum mechanics/molecular mechanics，量子力学耦合分子力学
QSAR	quantitative structure-activity relationship，定量结构-活性关系
RAR	retinoic acid receptor，视黄酸受体
RXR	retinoid X receptor，维甲酸 X 受体
SDH	sorbitol dehydrogenase，山梨醇脱氢酶
SREBP-1C	sterol regulatory element binding protein 1C，类固醇调节元件结合蛋白 1C
StAR	steroidogenic acute regulatory protein，类固醇激素合成急性调节蛋白
SULTs	sulfotransferases，磺基转移酶
T	testosterone，睾酮
TBBPA	tetrabromobisphenol A，四溴双酚 A
TBB	2-ethylhexyl-2,3,4,5-tetrabromobenzoate, 2-乙基己基-2,3,4,5-四溴苯酸
TBG	thyroxine-binding globulin，甲状腺素结合球蛋白
TBOEP	tris(2-butoxyethyl)phosphate，磷酸三（2-正丁氧乙基）酯
TBPH	bis(2-ethylhexyl)-3,4,5,6-tetrabromo-phthalate, 四溴邻苯二甲酸双（2-乙基己基）酯
TCEP	tris(2-chloroethyl)phosphate，磷酸三 2-氯乙基酯
TCIPP	tris(2-chloroisopropyl)phosphate,三 2-氯-1-甲基乙基磷酸盐
TDCIPP	tris(1,3-dichloro-2-propyl)phosphate，磷酸三 1,3 二氯异丙基酯
TDI	tolerable daily intake，每日允许摄入量
TEP	triethyl phosphate，酸三乙酯
TET	ten-eleven translocation protein，1011 转运蛋白
TG	thyroglobolulin，甲状腺球蛋白
Tg	transgenetic，转基因
TH	thyroid hormone，甲状腺激素
TMF	trophic magnification factor，营养级放大因子
TNBP	tri-*n*-butyl phosphate，磷酸三丁酯
TPhP	triphenyl phosphate，磷酸三苯酯
TPO	thyroid peroxidase，甲状腺过氧化物酶
TPOAb	thyroid peroxidase antibody，甲状腺过氧化物酶抗体
TR	thyroid hormone receptor，甲状腺激素受体

TRE　　　　　　thyroid hormone response element，甲状腺激素应答元件

TRH　　　　　　thyrotropin-releasing hormone，促甲状腺激素释放激素

TSH　　　　　　thyroid-stimulating hormone，促甲状腺激素

TTF-1　　　　　thyroid transcription factor-1，甲状腺转录因子

TTR　　　　　　transthyretin，甲状腺素运载蛋白

TαT1　　　　　mouse pituitary cells，小鼠垂体细胞

T3　　　　　　　3,5,3'-triiodothyronine，3,5,3'-三碘甲状腺原氨酸

T4　　　　　　　3,5,3',5'-tetraiodothyronine，3,5,3',5'-四碘甲状腺原氨酸

UDPGTs　　　　uridine diphosphoglucuronyl transferases，尿苷二磷酸葡萄糖醛酸转移酶

VEGF　　　　　vascular endothelial growth factor，血管内皮生长因子

VEP　　　　　　vitelline envelope protein，卵黄壳蛋白

Vit　　　　　　　vitellogenic oocytes，卵黄期卵母细胞

VTG　　　　　　vitellogenin，卵黄蛋白原

XREM　　　　　xenobiotic response enhancer module，外源性化合物反应元件

索 引

B

报道基因 53, 307
吡喃葡萄糖氧化酶 139
表观遗传学 242
部分生命周期实验 36

C

长距离传输 5
持久性有机污染物 2
雌激素类干扰物 47
雌激素受体 54, 159, 237
雌激素相关受体 54, 240
雌雄同体 65, 67
促黄体生成素 28
促性腺激素 27

D

大鼠垂体瘤细胞 331
胆固醇侧链裂解酶 25, 89
短链氯化石蜡 356
多溴二苯醚 134

F

繁殖力 219
芳香烃受体 241
分子对接 146

G

肝脏指数 92
高毒性 6
共激活因子 21, 144
共抑制因子 20, 144
过氧化物酶体增殖物激活受体 241, 396

H

环境持久性 4, 302
环磷酸腺苷 90
活性氧 140

J

基本转录元件结合蛋白 155
计算毒理 332
甲状腺激素 16, 17
甲状腺激素受体 54, 143, 240
甲状腺激素受体 α 105
甲状腺激素应答元件 20
甲状腺类干扰物 47
甲状腺内分泌干扰 34, 37
甲状腺囊泡细胞 331
甲状腺球蛋白 17, 218
甲状腺素结合球蛋白 19
甲状腺素运载蛋白 19, 150
甲状腺转录因子 156
间质细胞 25
精子发生 28

L

类固醇激素 25, 242
类固醇生成因子-1 90
两栖类变态实验 109
两栖类完全变态实验 109
量子力学耦合分子力学 151
邻苯二甲酸单-2-乙基己基酯 276
邻苯二甲酸二（2-乙基己基）酯 266
邻苯二甲酸酯 265
六溴环十二烷 300
氯化石蜡 355

卵巢滤泡 217
卵黄蛋白原 33, 87, 246
卵黄壳蛋白 34
卵泡刺激素 28
卵泡发育 26

N

内分泌干扰物 45
囊状卵泡 269

Q

全氟代化合物 80
全氟磺酸类 81
全氟十二烷酸 100
全氟羧酸类 81
全氟辛基磺酸 80
全氟辛酸 80
全生命周期实验 35

S

三溴苯酚 399
神经毒性 345
生物放大因子 307
生物富集性 5
生长发育毒性 343
生殖内分泌干扰 35, 38
双酚 A 234
双链复合蛋白 8 156
斯德哥尔摩公约 3
四溴双酚 A 194

W

维甲酸 X 受体 54, 143, 149
五氯酚 211

X

细胞色素 P450 氧化酶 139
细胞增殖实验 144, 395
下丘脑-垂体-甲状腺轴 16

下丘脑-垂体-性腺轴 24
新型溴代阻燃剂 381
新型有机污染物 9
性腺指数 91
雄激素类干扰物 47
雄激素受体 54, 159, 239
溴代阻燃剂 132, 380

Y

营养级放大因子 359, 387
有机磷阻燃剂 327
原代培养细胞 393
孕激素受体 54
孕烷 X 受体 148, 240

Z

整合素 αVβ3 21
脂肪酸结合蛋白 4 396
重组酵母双杂交系统 52

其他

7-乙氧基-3-异吩噁唑酮-脱乙基酶 139
Calux 检测法 402
DNA 甲基化 278
GH3 细胞系 56
H295R 细胞 57, 336
HPGL 轴 169
LDH 法 389
MCF-7 细胞系 55
MTT 方法 388
MVLN 细胞系 56
BTBPE 382
DBDPE 381
TBB 383
TBPH 383
β-半乳糖苷酶 398
I 相代谢酶 154
II 相代谢酶 154
III 相代谢酶 154

彩 图

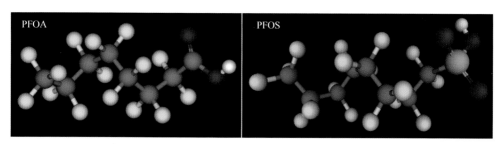

图 4-1 PFOA 和 PFOS 的结构式

灰色为碳原子,青色为氟原子,红色为氧原子,黄色为硫原子,白色为氢原子

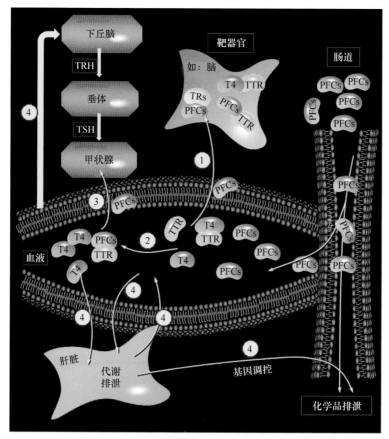

图 4-3 PFCs 造成甲状腺内分泌干扰效应可能的作用途径/机制

①PFCs 表现的激活剂效应直接结合于甲状腺激素核受体,并进一步激活下游基因表达及信号通路;②PFCs 能够与 T4 竞争性结合甲状腺素运载蛋白,该竞争作用可能导致甲状腺激素水平下降;③PFCs 可能直接作用于甲状腺组织,造成甲状腺组织发生病变,进而引起甲状腺内分泌系统紊乱;④PFCs 可能通过干扰 HPT 轴的调控功能,影响到甲状腺内分泌系统稳态,进而影响动物生长发育。TRH:促甲状腺激素释放激素;TSH:促甲状腺激素;TRs:甲状腺激素核受体;TTR:甲状腺素运载蛋白;T4:四碘甲状腺原氨酸;PFCs:全氟代化合物

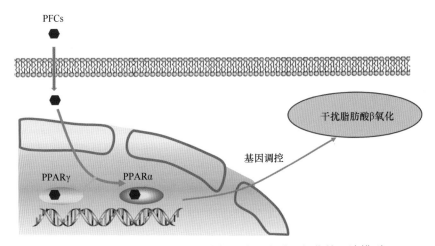

图 4-4 PFCs 通过 PPAR 受体途径影响脂肪酸 β 氧化的理论模型

PFCs, 全氟代化合物; PPARγ, 过氧化物酶体增殖物激活受体 γ; PPARα, 过氧化物酶体增殖物激活受体 α

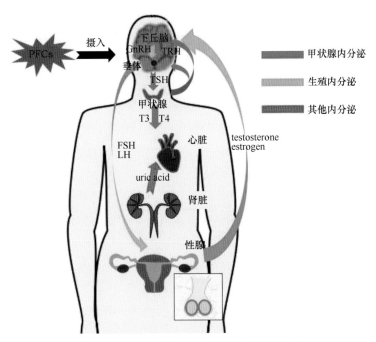

图 4-5 PFCs 对人体内分泌系统的干扰效应

PFCs: 全氟代化合物; GnRH: 促性腺激素释放激素; TRH: 促甲状腺激素释放激素; TSH: 促甲状腺激素; FSH: 卵泡刺激素; LH: 促黄体生成素; testosterone: 睾酮; estrogen: 雌激素; uric acid: 尿酸

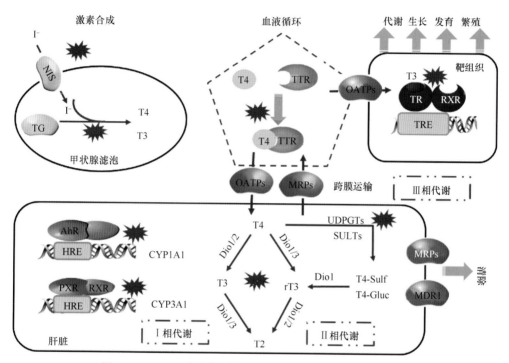

图 5-4　PBDEs 对哺乳动物甲状腺激素系统可能的干扰途径

PBDEs 可能通过影响碘的摄入干扰甲状腺激素的合成；与甲状腺激素竞争结合 TTR 影响其在血液中的循环；通过 AhR、PXR 受体及其调控的 I/II/III 相代谢酶影响甲状腺激素的代谢和清除；通过甲状腺激素受体影响生长代谢发育繁殖等功能。T4：四碘甲状腺原氨酸；T3：三碘甲状腺原氨酸；rT3：反式三碘甲状腺原氨酸；T2：二碘甲状腺原氨酸；NIS：钠碘转运体；TG：甲状腺球蛋白；TTR：甲状腺素运载蛋白；TR：甲状腺激素受体；RXR：维甲酸 X 受体；TRE：甲状腺激素应答元件；AhR：芳香烃受体；PXR：孕烷 X 受体；HRE：激素应答元件；CYP1A1/3A1：细胞色素 P450 酶 1A1/3A1；Dio 1/2/3：I/II/III 型脱碘酶；UDPGTs：尿苷二磷酸葡萄糖醛酸转移酶；SULTs：磺基转移酶；MRPs：多药耐药联合蛋白；MDR1：多药耐药蛋白 1；OATPs：有机阴离子转运多肽

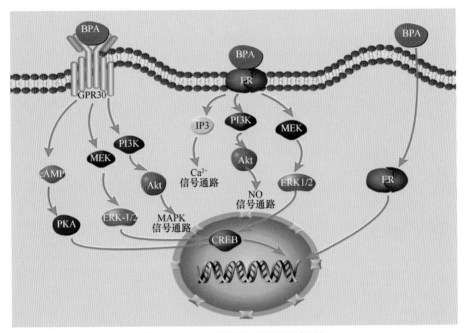

图 8-2 BPA 雌激素受体活化机制

GPR30：G 蛋白耦联受体 30；ER：雌激素受体；BPA：双酚 A；cAMP：环磷酸腺苷；MEK：丁酮；PI3K：胞内磷脂
酰肌醇激酶；IP3：三磷酸肌醇；PKA：cAMP 依赖蛋白激酶；ERK-1/2：细胞外信号调节激酶；Akt：蛋白激酶 B；CREB：
环磷腺苷效应元件结合蛋白；MAPK：丝裂原活化蛋白激酶（根据文献（Filippo et al., 2015）绘制）

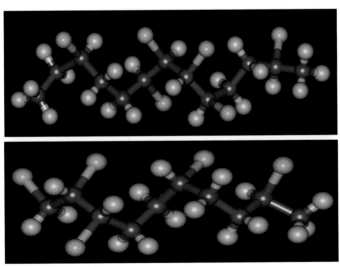

图 12-1 两种典型的短链氯化石蜡混合物（杨立新等，2015）

灰色为碳原子，绿色为氯原子，白色为氢原子